经典译丛·信息与通信技术

分数微积分

——理论基础与应用导论

Fractional Differential Equations

An Introduction to Fractional Derivatives, Fractional Differential
Equations, to Methods of their Solution and some of their Applications

［斯洛伐］ I. Podlubny 著

袁 晓 注译

电子工业出版社·

Publishing House of Electronics Industry

北京·BEIJING

内 容 简 介

本书是研究分数微积分的经典书籍，致力于论述任意实数阶导数和积分概念、任意实数阶微积分方程以及它们在不同领域的应用。主要目的是为读者展示分数微积分、分数微分方程及其解法与应用的基本概念与理论。全书内容包括分数微积分中的特殊函数、分数导数的经典定义与积分变换、分数阶系统描述与线性分数微分方程理论及其求解算法、分数阶控制理论与应用、分数阶元件与复杂系统行为过程的数学建模、分数算子的有理逼近与分抗逼近电路、标度拓展理论与非正则标度方程等。

本书可作为应用科学工作者，特别是工程技术人员学习分数微积分概念与理论基础、（线性）分数微分方程理论与应用的入门书，还可作为流变学、黏弹性力学、材料力学、电（解析）化学、混沌电路、信号与信息处理、生物学(生物系统电导与神经元的分数阶模型等)、电磁学等科技分支领域中工作者的参考用书。

Fractional Differential Equations：An Introduction to Fractional Derivatives，Fractional Differential Equations，to Methods of their Solution and some of their Applications

I. Podlubny

ISBN：9780125588409

Copyright ⓒ 1999 by Academic Press and copyright ⓒ 1998 Elsevier Inc. All rights reserved.

Authorized Chinese translation published by Publishing House of Electronics Industry.

《分数微积分——理论基础与应用导论》（袁晓注译）

ISBN：9787121388323

Copyright ⓒ Elsevier Inc. and Publishing House of Electronics Industry. All rights reserved.

版权贸易合同登记号 图字：01-2018-8898

图书在版编目(CIP)数据

分数微积分：理论基础与应用导论/(斯洛伐) I. 波德鲁布伊(I. Podlubny) 著；袁晓注译 . —北京：电子工业出版社，2021.1

(经典译丛. 信息与通信技术)

书名原文：Fractional Differential Equations：An Introduction to Fractional Derivatives, Fractional Differential Equations, to Methods of their Solution and some of their Applications

ISBN 978-7-121-38832-3

Ⅰ. ①分… Ⅱ. ①I… ②袁… Ⅲ. ①微积分-研究 Ⅳ. ①O172

中国版本图书馆 CIP 数据核字(2020)第 046548 号

责任编辑：马　岚　　文字编辑：袁　月
印　　刷：天津千鹤文化传播有限公司
装　　订：天津千鹤文化传播有限公司
出版发行：电子工业出版社
　　　　　北京市海淀区万寿路 173 信箱　邮编：100036
开　　本：787×1092　1/16　印张：23　字数：589 千字
版　　次：2021 年 1 月第 1 版
印　　次：2021 年 10 月第 2 次印刷
定　　价：89.00 元

凡所购买电子工业出版社图书有缺损问题，请向购买书店调换。若书店售缺，请与本社发行部联系，联系及邮购电话：(010)88254888，88258888。

质量投诉请发邮件至 zlts@ phei. com. cn，盗版侵权举报请发邮件至 dbqq@ phei. com. cn。

本书咨询联系方式：classic-series-info@ phei. com. cn。

注译序言

21 世纪以来，分数微积分受到人们的广泛关注，成为几乎所有使用微积分的学科领域的一个研究热点。

Igor Podlubny 所著的《分数微分方程》①自 1999 年出版以来，是一部得到广泛引用并在众多学科领域（特别是工程技术应用领域）具有持续影响力的著作。

《分数微分方程》是继经典著作《分数微积分：任意阶微分积分理论与应用》②、《分数积分与分数微分方程引论》③的又一部力作。相关领域专家普遍认为这三部著作是应用科学工作者，特别是工程技术人员学习分数微积分概念与理论基础、（线性）分数微分方程理论与应用等的首选入门书籍。本书主要优势在于它综合了前两部著作优点并向前推进与发展了分数微积分的应用范围，结合诸多学科领域中的大量简洁明晰的具体应用实例，以更加深入浅出的风格为广大读者初步展示出广袤而又神奇的分数微积分应用景象。

《分数微分方程》及其书中涉及的大量参考文献，可以帮助不同学科领域的读者尽快地理解与掌握分数微积分的初步研究方法与技巧。考虑到读者——所有科技领域中工作者的应用研究需要，特别提供了易于理解与领悟的应用实例来阐述基本概念和理论。基于同样理由，原著针对分数微分与分数积分的方式方法，都紧密结合现实应用而逐渐由浅入深地展开论述。写作的语言叙述方式和文体风格，力求适合广泛的潜在读者群，阅

---

① Igor Podlubny. *Fractional Differential Equations：An Introduction to Fractional derivatives，Fractional Differential Equations，to Methods of their Solution and some of their Applications*. Academic Press，San Diego，1999.

② Keith B. Oldham，Jerome Spanier. *The Fractional Calculus：Theory and Applications of differentiation and integration to Arbitrary Order*. Academic Press，INC.，New York-London，1974. 这是一部由化学家**奥尔德姆**（Oldham）与数学家**施帕尼尔**（Spanier）合作撰写的数学应用著作。该书是第一部全面致力于系统论述分数微积分概念、方法和应用的书籍。从物理、化学、工程应用等方面来看，该书无疑是这一方面的杰作，并且在这一深邃奥秘理论的应用发展过程中起着重要作用，因而被认为是"应用分数微积分（Applied Fractional Calculus）"的开山之作。

Oldham 等人在 20 世纪 60 代末期 70 年代初期，通过大量精细实验测试发现，众多复杂电解析化学过程中普遍存在一种半阶积分电解析（semi-integral electroanalysis）——新异极谱（neopolarograms）过程[92~96,175~180]。根据大量实验证实与深入理论分析，他们引进一类负半阶 RC 链电路——Oldham 分形链电路（fractal chain circuit），对所发现的新异极谱过程与系统进行电路建模与数学建模。该电路不仅可用于半无限长同轴传输线模型，还可用于多孔分形堤坝渗流过程的电模拟模型、分形多孔界面电极电气响应的电模拟等。非常确实和大量的实验证明，建立在电解分析化学方法基础之上的分数阶电路模型，能够成功地应用于许多其他领域，诸如扩散、热传导、质量迁移等复杂现象和过程。因此 Oldham 分形链电路持续不断地受到人们的关注和研究。随着时间的推移，人们运用新观点、新方法、新理论考察并发展 Oldham 分形链电路[19,96,97,99,142,143,148]。

Oldham 等人的发现从实践层面上证实，在自然界中确实存在具有半阶积分现象与过程，并表明它们并非是特殊个例而具有普遍性，从而促使人们不仅从实践层面上，而且从理论层面上开始关注与研究分数阶微积分现象与效应、现实世界中广泛存在的分数阶过程与系统等课题。

③ Kenneth S. Miller and Bertram Ross. *An Introduction to the Fractional Calculus and Fracrional Differential Equations*. John Wiley & Sons Inc.，New York，1993.

读后读者能够从中有效地学习和理解分数微积分的概念与理论，并能尽快地应用于自己的学科专业解决实际问题。

本注译中文版《分数微积分——理论基础与应用导论》在保持 Podlubny 原著《分数微分方程》结构、内容不变的基础上，主要以**脚注、增添插图、注译附录、注译参考文献**等形式，独立原文之译文而增补相关内容，以便读者能更加容易理解和领悟原文中的概念与定义、理论与方法，并能与时俱进地学习和了解相关课题的最新进展与研究成果等。

本书补充了与原著密切关联的内容，包括如下几个方面。

（1）对于广大读者不是很熟悉或不容易理解的内容（特别是重要的观点、论题、方法等）添加必要的注解、阐释、说明等，帮助读者更容易掌握与领悟原文内容。

（2）由于该书原文内容涉及众多学科领域，因此中文版以脚注形式增补了必要的概念、观点、方法等的说明与解释。

（3）为了使读者更容易理解，根据原文内容增加了部分图形、修改或纠正了原文图形中的失误与不当。原文中的图形仍然原样保留。

（4）弥补原文说法上或推导上的不完善，修正原文笔误以及明显失误、不恰当的认识，甚至不确切的观点。

（5）原著出版已超过二十年，分数阶微积分理论与应用不断向前发展，因而在相关地方以脚注形式增补了近年来适宜恰当的新发现、新理论、新认识、新观点、新方法等。

（6）增添的"**注译附录**"是与原文内容密切相关的全新内容，主要是分数（阶）算子、分数阶元件物理（模拟电路）实现的数学原理与方法等方面的论题。

（7）增添"**注译参考文献**"，主要包含脚注与注译附录中引用而原著"参考文献"没有收录的文献与近年来新的相关文献。

中文增补内容是着眼于分数微积分的应用而展开论述的，特别是材料力学、黏弹性力学、流变学、电子学、控制理论、分形理论、混沌学、信号处理与系统辨识、电路与系统等近年来分数微积分应用发展较为迅速的领域。

翻译基本上遵循如下原则：首先，尽可能将原文本意用中文准确地表达出来。然后按忠实于原文内容，顾及中西文化差异，对直译文字进行修改或再译，力求符合中文表述习惯，得到平顺易读的汉语文本。最后进行文字的精简与适当润色。

尽力做到"信""达"，注译者终究非专业翻译人，译文"雅"否，则垦望读者批评教正。①

注译者最早关注分数微积分问题，起源于 2000 年前后关于子波构造与对称性度量等方面的研究。[19,41,42,56] 从那时开始很自然地接触到分数阶导数概念，并发现分数微积分理论与应用，对于注译者来说，这是一个全新而又神奇的研究领域，且因此而感到高兴并

---

① "译笔用语体文，于前辈所持的信达雅之原则，自力求其不相违背。译者素不喜所谓欧化语体，所以也力求避免。译者以为一种译本，应当使读者在阅读的时候，感觉到他是在读一本中国书，和原文的中国书分不出来，越是分不出来，便越见得译笔的高明。……至于这一旨趣究属对不对，是要请读者及其他作译之人加以评论的。"（《译序》，〔英〕霭理士著，潘光旦译注，性心理学，北京：商务印书馆，2013）

　　"译事三难：信、达、雅。求其信已大难矣，顾信矣不达，虽译犹不译也，则达尚焉。""此在译者将全文神理融会于心，则下笔抒词，自善互备。至原文词理本深，难于共喻，则当前后引衬，以显其意。凡此经营，为达即所以为信也。"（严复译，天演论·译例言。〔英〕赫胥黎著，进化论与伦理学（附《天演论》），宋启林等译，北京大学出版社，2010）

跃跃欲试，但苦于文献资料匮乏①以及周遭无人指点与讨论，只能自己摸索着踟蹰前行。直到 2002 年年底，注译者得到 Oldham 与 Spanier 所著《分数微积分》(1974 年) 与 Podlubny 所著《分数微分方程》(1999 年) 的复印件，如获至宝，立即着手翻译这两部专著，并积极用于相关课程教学之中，为相关专业的研究生、本科生讲授和普及分数微积分概念与基本理论、应用原理与需要解决的问题，等等，激发同学们的兴趣与热情，鼓励及引导同学们结合自己专业特点开展相关方面的学习与探索性研究工作。这也是注译者出版注译中文版《分数微积分——理论基础与应用导论》的初衷与目的。一切是为了亲爱的读者学习与应用分数微积分去解决各自的专业问题。如果能激发国人开展相关研究的兴趣则是注译者梦寐以求的大好事了。

"分数微积分"概念最早可追溯到 1695 年**洛必达**②与**莱布尼茨**③的通信中所探讨的问题[153,226]：如果 $n = 1/2$，$\mathrm{d}^n y / \mathrm{d} x^n$ 意味着什么呢？

"What if n is fractional?" "This is an apparent paradox form which, one day, useful consequences will be drawn."

尽管"fractional calculus——分数微积分"实际上是一个误称误用，而使用"integration and differentiation of arbitrary order——任意阶积分与微分"更为恰当贴切，但人们考虑到早期洛必达首先使用"分数微积分"术语因此将其沿用至今。

---

① 当时互联网上文献资料的获取与现在相比真是有天壤之别。

② **洛必达**(L'Hospital, Guillaume François Antoine de, 1661~1704)[1:6-248] 法国数学家。出生于贵族家庭，年轻时代曾任骑兵军官。幼年时便显示出数学才华。求分子分母都趋于零的分式极限的法则，就是读者耳熟能详的**洛必达法则**(L'Hospital rule)[1:1-536]。

其实**约翰·伯努利**最先发现求解"0/0"型分式极限法则——后来被人们错误地命名为洛必达法则。1691 年伯努利高薪受聘于洛必达家中讲授微积分。大约一年后受聘为荷兰格罗宁根大学教授。洛必达希望讲授能够继续，他们在一笔丰厚月薪基础上达成协议，伯努利不仅需要继续寄给洛必达有关微积分方法的材料，包括他自己可能做出的任何新发现，而且还不可以透露于别人。这实际上是伯努利在为洛必达工作。洛必达觉得已经对伯努利支付了不错的报酬，便毫无愧疚地使用了伯努利在新数学中的大量发现与成果，发表在洛必达编著的第一本微积分教材《理解曲线的无穷小量分析》中。虽然伯努利对此不悦，但出版者对他进行致谢而使他对事情保持了沉默。[13:414]后来洛必达先伯努利而逝，伯努利最终在一本积分学著作中发表了自己的研究。

③ **莱布尼茨**(Leibniz, Gottfried Wilhelm, 1646~1716)[1:6-247,3:672] 德国数学家、物理学家、哲学家。他与**牛顿**(Newton, Isaac, 1643-1727)并称为微积分的创始人。莱布尼茨博学多才，兴趣广泛，其研究遍及社会科学与自然科学众多领域，著述涉及四十几个学科，被誉为"百科全书式的天才"。他曾试图调和天主教与基督教的矛盾；企图以数学为标准，将一切学科体系化；还想建立通用语言和文字等。

莱布尼茨 1684 年发表的论文《求极值和切线的新方法》是最早的微分学文献，1686 年他在《教师学报》上发表第一篇积分学论文。而牛顿在这方面的工作直到 18 世纪早期才发表，虽然它们早已在英国为人所知了。

"使莱布尼茨创立微积分的思想是数的序列**和**与**差**的逆关系！"[13:406]

"牛顿的研究是从速度和距离的概念着手的。"[13:413]

这个差别反映了牛顿的物理方向和莱布尼茨的哲学方向。[17:2-92]在物理领域速度距离之类是核心概念，而哲学上则着眼于物质的最终微粒。这些微粒莱布尼茨称为单子。牛顿完全是从变化率出发解决面积、体积问题的，对他来说，"求导"是基础，此过程与其逆解决了所有微积分问题。事实上，用累加"求和"方式计算面积、体积或重心在牛顿论著中很少见到。相反，莱布尼茨首先想的是累加求和。当然这些和仍是通过反微分计算的。

1691 年，洛必达支付优厚报酬聘请逗留于巴黎的**约翰·伯努利**①在家中讲授部分微积分新学问。当时仅牛顿、莱布尼茨及伯努利兄弟懂得这一数学最新知识。确信精通微积分之后，洛必达以浅显的方式解说并配以应用题例，编著了最早的微积分书籍《理解曲线的无穷小量分析》并于 1696 年出版。该书极为成功地使微积分知识及其记号开始通行于法国并逐渐遍及欧洲。洛必达是推广与应用微积分学的先驱。

洛必达常与莱布尼茨、伯努利兄弟研讨数学难题。学生常常会向老师提出一些很有意义的问题。洛必达的问题——"What if n is fractional ?"很自然地引出了经典微积分广义化课题。这也许与洛必达撰写第一部微积分教材不无关系。

1819 年，**拉克鲁瓦**②在巴黎出版的三卷本著作《微积分计算专论》第二版中，以两页篇幅明确地论述了"任意阶导数(derivative of arbitrary order)"问题。根据 $y = x^n (n \in \mathbb{Z}^+)$ 的正整数 p 次导数

$$\frac{\mathrm{d}^p y}{\mathrm{d} x^p} = \frac{n!}{(n-p)!} x^{n-p}$$

再利用伽马函数，对于 $y = x^\alpha (\alpha \in \mathbb{R}^+)$，拉克鲁瓦获得公式

$$\frac{\mathrm{d}^{1/2} y}{\mathrm{d} x^{1/2}} = \frac{\Gamma(1+\alpha)}{\Gamma\left(\frac{1}{2}+\alpha\right)} x^{\alpha-1/2}, \qquad \frac{\mathrm{d}^{1/2}}{\mathrm{d} x^{1/2}} x = \frac{2}{\sqrt{\pi}} x^{1/2}$$

1811 年，**傅里叶**③在法国科学院悬赏征求获胜论文《固体中的热运动理论》中推导出函数 $f(x)$ 的一种积分表达式——傅里叶积分公式[34;183]：

---

① **约翰·伯努利**(Bernoulli, Johann I, 1667—1748)[1:6-249]　瑞典数学家，变分法创始人之一。青年时代从商，后在其兄**雅各布·伯努利**(Bernoulli, Jacob I, 1654~1705)[1:6-247]指导下研究数学和医学。

约翰·伯努利的大量论著涉及微积分、微分方程、变分法、几何学与力学等学科。他同莱布尼茨在微积分方面共同获得了不少成果。他首先给出了函数的定义，提出"变量"概念与名词，发明指数运算，第一次对微积分做了系统的阐述，主张把"求和计算"改为"求整计算"，后来演变成专门术语"积分学(integral calculus)"，并于 1742 年出版《积分学教程》。

② **拉克鲁瓦**(Lacroix, Sylvestre François, 1765-1843)[226],[13;506,549,17;4-2]　法国数学家。18 世纪末，随着法国大革命重建整个欧洲大陆数学教育的浪潮，又随着数学家不断增长的教学而非研究需要，产生了如何把数学思想讲述给学生的课题，随之而来的是对"分析的严谨性"的不断增长的关切。因此拉克鲁瓦在教学的同时，撰写了大部头三卷本教材《微积分计算专论》，1797 年—1800 年发行第一版，1810 年—1819 年发行第二版。拉克鲁瓦把这部著作写成自牛顿、莱布尼茨时代以来所发展的微积分的集大成者。书中不仅讲述拉格朗日的观点——函数的导数是函数的泰勒级数一阶项系数，而且还按照达朗贝尔方式将 $\mathrm{d}y/\mathrm{d}x$ 定义为一种极限，也按欧拉的概念把 $\mathrm{d}y/\mathrm{d}x$ 看成无穷小量比率。拉克鲁瓦为此书的广泛包容性感到自豪，书中很自然地引出许多基本课题，也必然会论述分数阶微积分的概念与计算问题。

然而，为了他在巴黎的教学，拉克鲁瓦把三卷本教程缩减成一卷本教材《微积分导论》。这是一本持续流行的教科书，80 年内发行了九版。在这本著作中，拉克鲁瓦一开始就决定把微分运算建立在一类极限的概念上。

优秀的教科书不仅仅是教科书，还应当是指路明灯。这一点拉克鲁瓦应当是做到了。

③ **傅里叶**(Fourier, Jean Baptiste Joseph, 1768-1830)[1:6-259,2;7-147]　法国物理学家、数学家。傅里叶 1800 年开始并一生坚持不渝地从事热学研究，1807 年推导出热传导方程并于 1811 年获得法国科学院奖。傅里叶深信数学是解决实际问题的最卓越的工具，并坚信"对自然的深刻研究是数学最富饶的源泉"。这一见解已成为数学史上强调通过实际应用发展数学的一种代表性观点。

$$\pi f(x) = \int_{-\infty}^{\infty} f(t)\,\mathrm{d}t \int_{0}^{\infty} \cos q(x-t)\,\mathrm{d}q$$

由此傅里叶在 1822 年出版的《热的解析理论》中，形式上获得任意阶导数定义

$$\frac{\mathrm{d}^{\alpha}}{\mathrm{d}x^{\alpha}} f(x) = \frac{1}{\pi} \int_{-\infty}^{\infty} f(t)\,\mathrm{d}t \int_{0}^{\infty} q^{\alpha} \cos\left(q(x-t) + \frac{\pi}{2}\alpha\right)\mathrm{d}q \qquad （ⅰ）$$

式中"数 α 可取为想要的任何量，正数或负数"。[179;4,226],[34:224] 由此，傅里叶给出了三角函数对应的分数导数，比如

$$\frac{\mathrm{d}^{\alpha}}{\mathrm{d}x^{\alpha}} \sin(qx) = q^{\alpha} \sin\left(qx + \frac{\pi}{2}\alpha\right), \qquad \alpha > 0, \qquad q \geqslant 0$$

1823 年阿贝尔①研究等时降落轨迹问题时，经过严格推导得到半阶积分方程

$$T(x) = \int_{0}^{x} \frac{l'(\tau)\,\mathrm{d}\tau}{\sqrt{x-\tau}} = \sqrt{\pi}\, {}_0 D_y^{-1/2} \frac{\mathrm{d}l(x)}{\mathrm{d}x}$$

从而引出更为一般的**阿贝尔积分方程**②

$$\frac{1}{\Gamma(\alpha)} \int_{0}^{x} \frac{y(\tau)\,\mathrm{d}\tau}{(x-\tau)^{1-\alpha}} = f(x), \qquad 0 < \alpha < 1 \qquad （ⅱ）$$

并有解

$$y(x) = \frac{1}{\Gamma(1-\alpha)} \frac{\mathrm{d}}{\mathrm{d}x} \int_{0}^{x} \frac{f(\tau)}{(x-\tau)^{\alpha}}\,\mathrm{d}\tau$$

虽然阿贝尔当时没有从分数微积分角度认识与理解该问题，但人们认为阿贝尔是分数微积分应用第一人[179,226]（见后文**"分数微积分"理论与应用先驱-英雄时序榜**），其数学思想及其表达形式给后继者以启示。

阿贝尔求解上述积分方程的技巧简练而又优美，（很可能）引起了**刘维尔**③的关注或启发了刘维尔。刘维尔是第一个比较深入全面研究分数微积分理论与应用，并给出分数导数的逻辑定义的大师。[179,226]

1832 年刘维尔给出了指数函数的分数导数

$$\frac{\mathrm{d}^{\alpha}}{\mathrm{d}x^{\alpha}} \exp(qx) = q^{\alpha} \exp(qx), \qquad \alpha > 0, \qquad q \geqslant 0$$

1832—1855 年期间，刘维尔至少在 8 篇研究报告中论述了分数微积分问题，并从多个方向考虑分数导数与分数积分的定义。

---

① 阿贝尔（Abel，Niels Henrik，1802-1829）[1;6-259,2;1-5,133] 挪威数学家。幼年丧父，家境贫困，但从小酷爱数学，27 岁时因肺结核病逝。阿贝尔一生短暂，却在数学史上留下众多开创性成果。"阿贝尔留下的思想可供数学家工作 150 年。"2001 年挪威政府设立国际数学大奖——**阿贝尔奖**[2;1-5]，鼓励年轻人学习数学及科学并提高公众对数学的了解。奖金数额和获奖者的成就都与诺贝尔奖相当。

② 关于**等时降落问题**与**阿贝尔积分方程**请读者参看 6.3.1 节与 10.1 节或[133]。

③ 刘维尔（Liouville，Joseph，1809-1882）[1;6-269,2;14-339] 法国数学家，对函数论、微分方程和数论等有重要贡献。他是一个勇于创新的多产数学家，发表论文和注记约 400 篇，1836 年创办法文《纯粹与应用数学杂志》，很快被誉为《刘维尔杂志》。该杂志为 19 世纪法国数学的兴旺建立了不朽功勋。

刘维尔从经典微分概念与公式入手，给出了几种广义化方法与技巧[226]，并成功地应用分数微积分解决力学问题(特别是位势理论问题)与几何问题。

1847 年还是大学生的**黎曼**[1]（也许）受到刘维尔的影响，系统研究了幂函数的分数导数

$$\frac{\mathrm{d}^{\alpha}}{\mathrm{d}x^{\alpha}}x^{q} = \frac{\Gamma(1+q)}{\Gamma(1+q-\alpha)}x^{q-\alpha}, \qquad \alpha>0, \qquad x\geqslant 0, \qquad q\neq -1,-2,-3,\cdots$$

并导出一种分数积分定义式[179:6][121:36]——**黎曼分数积分**

$$I_{+}^{\alpha}f(t) = \frac{1}{\Gamma(\alpha)}\int_{0}^{t}\frac{f(\tau)}{(t-\tau)^{1-\alpha}}\mathrm{d}\tau, \qquad I_{-}^{\alpha}f(t) = \frac{1}{\Gamma(\alpha)}\int_{t}^{0}\frac{f(\tau)}{(\tau-t)^{1-\alpha}}\mathrm{d}\tau$$

由此引出现今人们常用的**黎曼−刘维尔分数导数**[2]

$$_{a}\mathrm{D}_{t}^{\alpha}f(t) = \frac{\mathrm{d}^{p}}{\mathrm{d}t^{p}}\left(\frac{1}{\Gamma(p-\alpha)}\int_{a}^{t}\frac{f(\tau)\mathrm{d}\tau}{(t-\tau)^{\alpha-p+1}}\right), \qquad p-1\leqslant \alpha < p \tag{ⅲ}$$

这可用"**先积分后微分**"的运算顺序来概述：$_{a}\mathrm{D}_{t}^{\alpha}f(t) = D^{p}I^{p-\alpha}f(t)$。

分数微积分的严谨的分析学定义，归功于**格林瓦尔与莱特尼科夫**[3]。1867 年格林瓦尔等首先将传统的任意整数 p 阶微分的**加权差商−极限**定义[4]

$$_{a}D_{t}^{p}f(t) = \frac{\mathrm{d}^{p}}{\mathrm{d}t^{p}}f(t) = \lim_{\substack{h\to 0 \\ Nh=t-a}}\frac{1}{h^{p}}\sum_{n=0}^{N}(-1)^{n}\binom{p}{n}f(t-nh), \qquad p\in\mathbb{Z}^{+}, \qquad p<n \tag{ⅳ}$$

与任意（正）整数 p 阶积分的**（黎曼）加权和积−极限**定义

$$_{a}I_{t}^{p}f(t) = \lim_{\substack{h\to 0 \\ Nh=t-a}}h^{p}\sum_{n=0}^{N}G_{p}^{n}f(t-nh) = \frac{1}{(p-1)!}\int_{a}^{t}(t-\tau)^{p-1}f(\tau)\mathrm{d}\tau, \qquad p\in\mathbb{Z}^{+}$$

$$G_{p}^{0} = 1, \qquad G_{p}^{n} = \left\langle\begin{matrix}p\\n\end{matrix}\right\rangle = \prod_{j=1}^{n}\left(1+\frac{p-1}{j}\right) \tag{ⅴ}$$

统一起来，然后广义化得到实数 α 阶微积分的分析学定义（使用导数符号表示）

$$_{a}D_{t}^{\alpha}f(t) = \lim_{\substack{h\to 0 \\ Nh=t-a}}\frac{1}{h^{\alpha}}\sum_{n=0}^{\infty}g_{n}^{(\alpha)}f(t-nh), \qquad \alpha\in\mathbb{R}^{+} \tag{ⅵ}$$

$$g_{0}^{(\alpha)} = 1, \qquad g_{n}^{(\alpha)} = (-1)^{n}\binom{\alpha}{n} = \left\langle\begin{matrix}-\alpha\\n\end{matrix}\right\rangle = \prod_{j=1}^{n}\left(1-\frac{\alpha+1}{j}\right), \qquad n\in\mathbb{N}$$

1868 年莱特尼科夫从理论上严格证明了上述结果，并与黎曼−刘维尔导数联系起来。因

---

① **黎曼**（Riemann，Bernhard，1826-1866）[1:6-269,2:13-71] 德国数学家、数学物理学家。早年跟从父亲和一位家乡教师接受初等教育，中学时代就热衷于课外的数学。黎曼著述不多，但却异常深刻，极富于概念的创造与想象。他对偏微分方程及其在物理学中的应用有重大贡献，甚至对物理学本身，如热学、电磁非超距作用与激波理论等也作出了重要贡献。

黎曼上大学期间（1846—1849）正是人们争论与检验当时提出的各种分数微积分定义的时期。他积极主动参与其中，1847 年从函数的泰勒级数展开的广义化出发，推导出分数积分定义式。但这些成果"Versuch einer Auffassung der Integration und Differentiation"在其去世后的 1876 年才公开出版。

② 参见 2.3 节。在定义式（ⅲ）中，积分下限 $a=-\infty$ 时对应的是刘维尔分数积分定义，$a=0$ 时是黎曼分数积分定义。定义式（ⅲ）是经改进后的现代形式。

③ **格林瓦尔**（Grünwald，Anton K，1838-1920） 德国数学家。**莱特尼科夫**（Letnikov，Aleksey Vasil'evich，1837-1888）俄国数学家。

④ 参见 2.2 节，特别是式（2.27）。

此现今称定义式（vi）为**格林瓦尔–莱特尼科夫分数导数**定义。[①]

可以证明（设 $f^{(k)}(t)$，$k=0,1,2,\cdots,n$ 在闭区间 $[a,b]$ 上连续）

$$_aD_t^\alpha f(t) = \sum_{k=0}^{p-1} \frac{f^{(k)}(a)(t-a)^{k-\alpha}}{\Gamma(1+k-\alpha)} + \frac{1}{\Gamma(p-\alpha)}\int_a^t \frac{f^{(p)}(\tau)\mathrm{d}\tau}{(t-\tau)^{\alpha-p+1}}, \qquad \begin{pmatrix} t\in[a,b] \\ p=\lceil\alpha\rceil \end{pmatrix} \quad (\text{vii})$$

19 世纪 80 年代**赫维赛德**[②]把函数 $f(t)$ 的 p 阶导数，看成求导算符 $D=\mathrm{d}/\mathrm{d}t$ 在函数上作用 p 次的结果：$D^pf(t)=\mathrm{d}^pf(t)/\mathrm{d}t^p$，根据微分积分是互逆运算而将算符 D 的"倒数"解释为积分算符：

$$D^{-1}f(t) = If(t) = \int_0^t f(\tau)\mathrm{d}\tau \Rightarrow f(t) = DIf(t)$$

使用如此符号将微分方程问题简化成符号代数运算，居然求得了电路微分方程的正确解！[③]由此赫维赛德发展出一套简练的符号演算概念与理论，并确定出 D 的分数幂形式，从而与**分数微积分**建立了很自然的内在联系。

后来，人们发现赫维赛德符号法与拉普拉斯变换法之间的内在联系，符号法才摆脱粗糙的形式而建立在严密的数学基础之上。现在通常称赫维赛德符号法为**运算微积**（operational calculus），并在许多领域得到广泛应用。[7;389]在运算微积中算符 D 不再解释为求导算符，而是代表一个复变量 s——**运算变量**（operational variable），并把函数 s^μ 当成 μ 阶微积算子看待。[④]

赫维赛德在考察传输线时发现半无限长阻容分布电缆的输入阻抗正比于负半阶算子 $s^{-1/2}$，也就是说，传输线系统对电信号具有半阶积分运算功能。这可能是人们最先发现具有分数阶运算性能的物理实体！

"There is a universe of mathematics lying in between the complete differentiations and integrations.（赫维赛德）"可以这样说：赫维赛德不仅是分数微积分的理论先驱，还是分数微积分的应用大师。

20 世纪 40 年代**里斯兄弟**[⑤]处理位势论问题时，需要考察具有性质

---

① 为了表示我们的敬意，将式（vi）中的加权系数 $g_n^{(\alpha)}$ 称为**格林瓦尔–莱特尼科夫系数**。值得注意的是

$$(1-z^{-1})^\alpha = \sum_{n=0}^\infty g_n^{(\alpha)}z^{-n}, \qquad \frac{1}{(1-z^{-1})^\alpha} = \sum_{n=0}^\infty G_\alpha^n z^{-n}, \qquad \alpha\in\mathbb{R}$$

② **赫维赛德**（Heaviside, Oliver, 1850-1925）[1;6-285,2;9-156,133] 英国物理学家、数学家。赫维赛德 16 岁离开学校在家自学电信技术与电磁理论，18 岁应聘为电报技师，24 岁因耳疾辞职以后便隐居农村（依靠亲友周济、政府救济金生活），全力独自专心于电磁理论及其应用等方面的科学研究并作出卓越贡献。在数学方面，赫维赛德创造性地运用数学工具而获得一些重大的物理发现，同时为数学本身提供新的概念与方法。赫维赛德是向量分析的创始人之一，并建立了系统的向量符号。赫维赛德的志趣不在数学的严密性，许多结果未经证明而直接采用，其数学技巧在当时的纯数学家眼里是不合逻辑且粗野可笑的，被讥讽为"严格主义者的扫兴人（Wet blankets of rigorists）"[179;2]。他主张并认为"Mathematics is an experimental science, and definitions do not come first, but later on."

③ 参见 6.3 节。

④ 赫维赛德的思想是，可以像使用代数量一样使用微分算子。在伪微分算子理论中，以数学上严格的方式实现了这一思想。现代泛函分析中包含了任意算子的这类运算的甚至更为一般的框架。现代泛函分析是诸如量子力学理论的基础。

⑤ **F. 里斯**（Frigyes Riesz, 1880-1956） 匈牙利数学家、教育家。[1;6-304,2;13-586]

M. 里斯（Marcel Riesz, 1886-1969） 匈牙利数学家，在分析数学与数学物理方面皆有建树。

$$\lim_{\alpha \to 2} D^\alpha = \frac{\mathrm{d}^2}{\mathrm{d}t^2}$$

的分数导数行为（当然这并不必定意味着与一阶导数具有相似性）。他们从刘维尔分数积分与导数出发，引入**里斯位势**①——**里斯分数积分**

$$^{\mathrm{Riesz}}I^\alpha f(t) = \frac{1}{2\Gamma(\alpha)\cos\left(\frac{\pi}{2}\alpha\right)} \int_{-\infty}^{\infty} \frac{f(\tau)\,\mathrm{d}\tau}{|t-\tau|^{1-\alpha}}, \qquad \alpha > 0, \qquad \alpha \neq 1,3,5,\cdots$$

与**里斯分数导数**[1:3-302,121:44]

$$^{\mathrm{Riesz}}D^\alpha f(t) = \frac{\Gamma(1+\alpha)\sin\left(\frac{\pi}{2}\alpha\right)}{\pi} \int_{0}^{\infty} \frac{f(t+\tau)-2f(t)+f(t-\tau)}{\tau^{1+\alpha}}\mathrm{d}\tau, \qquad 0 < \alpha < 2$$

1952 年 Feller 对里斯分数导数进行推广并给出一个对称形式的分数导数：

$$^{\mathrm{F}}D^\alpha f(t) = \frac{\Gamma(1+\alpha)\cos\left(\frac{\pi}{2}\alpha\right)}{\pi} \int_{0}^{\infty} \frac{f(t+\tau)-f(t-\tau)}{\tau^{1+\alpha}}\mathrm{d}\tau, \qquad 0 \leq \alpha < 1$$

这可看成左右黎曼-刘维尔分数导数的（对称）加权和。任意点处的里斯分数导数与函数在该点左、右两边的值都有关。

上述诸种关于整数阶微积分的广义化定义，是人们建立的相当完美的数学概念与理论，但它们存在某些固有特性而难应用于"现实世界"问题的数学描述，并造成物理理解上的困难。

1967 年**卡普途**[23]为了精确地描述现实**黏弹力场**（viscoelastic field）中的耗散过程（比如地震波在地球内部的传播、滞弹性管筒的扭转振动等），引入定义②

$$\frac{\mathrm{d}^{n+\alpha}}{\mathrm{d}t^{n+\alpha}}f(t) = \frac{1}{\Gamma(1-\alpha)} \int_{0}^{t} \frac{f^{(n+1)}(\tau)\,\mathrm{d}\tau}{(t-\tau)^\alpha}, \qquad 0 < \alpha < 1$$

现今人们称之为**卡普途分数导数**，并通常表示为

$$^{\mathrm{C}}_{a}D^\alpha_t f(t) = \frac{1}{\Gamma(n-\alpha)} \int_{a}^{t} \frac{f^{(n)}(\tau)\,\mathrm{d}\tau}{(t-\tau)^{\alpha-n+1}}, \qquad n-1 < \alpha \leq n \qquad (\text{viii})$$

这与黎曼-刘维尔分数导数 $_aD^\alpha_t f(t)$ 的运算顺序正好相反——**先微分后积分**：

$$^{\mathrm{C}}_{a}D^\alpha_t f(t) = I^{p-\alpha}D^p f(t)$$

当函数 $f(t)$ 在 $[a,b]$ 上有直到 $p-1$ 阶的连续可积导数 $f^{(k)}(t)$ 时，存在

$$_aD^\alpha_t f(t) = {}^{\mathrm{C}}_{a}D^\alpha_t f(t) + \sum_{k=0}^{p-1} \frac{f^{(k)}(a)(t-a)^{k-\alpha}}{\Gamma(1+k-\alpha)}, \qquad \begin{pmatrix} a \leq t \leq b \\ p = \lceil \alpha \rceil \end{pmatrix} \qquad (\text{ix})$$

显然，由式（ix）、式（viii）、式（vii）、式（vi）、式（iii），对于下限 $a \to -\infty$ 情形，当 $t \to -\infty$ 且 $f(t)$ 及其若干阶导数的极限值都为 0 时，必定得出：格林瓦尔-莱特尼科夫分数导数、黎曼-刘维尔分数导数与卡普途分数导数具有相同形式。

---

① **里斯位势**（Riesz potential）[1:3-302,121:44] 亦称 α 位势，是 F. 里斯为推广引力场中的牛顿位势而引进的。**位势论**（potential theory）是将物理学中位势概念一般化的一种数学理论。它与函数论、偏微分方程、调和分析、概率论等领域紧密相关。[2:23-231]

② 其实该定义形式也由多位其他研究者独立提出。[121:51] **卡普途**（Michele Caputo） 意大利地球物理学家。

$$\left.\begin{array}{r}_{-\infty}D_t^\alpha f(t)) \\ _{-\infty}\mathrm{D}_t^\alpha f(t) \\ _{-\infty}^{C}D_t^\alpha f(t)\end{array}\right\} = \frac{1}{\Gamma(p-\alpha)}\int_{-\infty}^{t}\frac{f^{(p)}(\tau)\,\mathrm{d}\tau}{(t-\tau)^{\alpha-p+1}} = \frac{\mathrm{d}^p}{\mathrm{d}t^p}\left(\frac{1}{\Gamma(p-\alpha)}\int_{-\infty}^{t}\frac{f(\tau)\,\mathrm{d}\tau}{(t-\tau)^{\alpha-p+1}}\right) \qquad (\text{X})$$

此处从分数阶微积运算的定义角度，简要地钩沉了分数微积分理论与应用的发展过程。根据注译者所掌握的部分文献资料[179][124,127,129~134]绘制出如下图所示不够完善的**"分数微积分"理论与应用先驱-英雄时序榜**，以飨读者。

分数微积分理论与应用这一奥妙深邃而又引人入胜、广袤而又神奇的有待开垦的领域，蕴藏着许多珍宝有待发掘。在这片新土地上，播下种粒，定会发芽，辛勤耕耘，必有硕果。

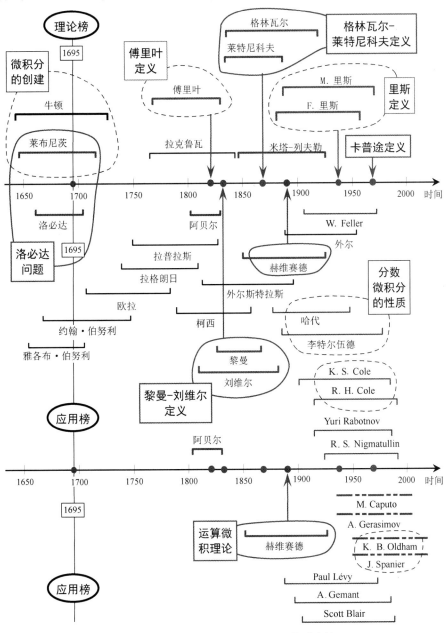

"分数微积分"理论与应用先驱-英雄时序榜

注 译 说 明

1. 参考文献编码

- 原文"参考文献"使用编码符号[1]，[2]，[3]等排序。
- "注译参考文献"使用编码符号〔1〕，〔2〕，〔3〕等排序。

2. 引文标注

- 正文中引文标注

[1~5]等同于[1，2，3，4，5]，表示参阅或引用自此编号的 5 种文献。

[65：21、127]表示参阅或引用自文献[65]第 21 页与第 127 页。

[65：式 18.1(27)]表示参阅或引用自文献[65]的公式 18.1(27)。

- 脚注引文标注

〔75~77〕等同于〔75，76，77〕，表示参阅或引用自此编号的 3 种文献。

〔1：3-551，2：22-81，3：379〕表示参阅或引用自文献〔1〕第 3 册(卷)第 551 页，文献〔2〕第 22 册(卷)第 81 页，文献〔3〕第 379 页。

〔1：3-55、456，18-279〕表示参阅或引用自文献〔1〕第 3 册(卷)第 55 页、第 456 页与第 18 册(卷)第 279 页。

3. 脚注标示与注释

- 脚注页内起始按顺序标示编排。
- 原文脚注使用编码格式 1，2，3…，每页重新编号。原文脚注很少。
- 注译脚注使用编码格式①，②，③…，每页重新编号。
- 注译脚注的注释目的，是提供必要的与原文密切关联的补充知识，并修正原著中的失误或不确之处等。

4. 公式编排

- 正文(即原英文的译文)公式：按原文格式以章统一顺序编排。
- 注译脚注公式：以"最邻近原则"，在原文公式编码基础上，后缀英文小写字母 a，b，c 等按顺序进行编排。例如，正文第 1 页注译脚注②中公式，最邻近的正文公式是式 (1.1)，因此该注译脚注中公式使用编码(1.1a)，(1.1b)，(1.1c)等按英文小写字母顺序后缀编排。

5. 插图标示与编号

插图以章统一顺序编号，前缀"图"字。

插图标示有三种形式：

- "图 1.1"表示原文第 1 章第一幅插图。
- "图 6.1*"表示第 6 章第一幅插图，上标符号" * "表示注译者新添加的插图，原文中没有该插图。
- "图 7.1+"表示第 7 章第一幅插图，上标符号"+"表示在原文插图基础上，注译者还添加了与"原文图形"内容相关的插图，或者对原文图形进行了重新绘制，或者对原文图形进行了某些纠正修改、说明等。

6. 数学符号

● **经典分数导数算符 (或算子)**

$_aD_t^\alpha$ （左）格林瓦尔-莱特尼科夫（Grünwald-Letnikov）分数导数

$_aD_t^\alpha$ （左）黎曼-刘维尔（Riemann-Liouville）分数导数

$_a^CD_t^\alpha$ （左）卡普途（Caputo）分数导数

$_a\widetilde{D}_t^\alpha$ 广义函数法分数导数：$_a\widetilde{D}_t^\alpha f(t) = f(t) * \Phi_\alpha(t)$

$\mathcal{D}^\alpha$ 米勒-罗斯（Miller-Ross）序贯分数导数：

$$\mathcal{D}^\alpha f(t) = D^{\alpha_1} D^{\alpha_2} \cdots D^{\alpha_n} f(t), \qquad \alpha = \alpha_1 + \alpha_2 + \cdots + \alpha_n$$

● **阶乘幂函数符号①**

$x^{\uparrow k} = x(x+1)\cdots(x+k-1)$ 升阶乘幂函数

$x^{\downarrow k} = x(x-1)\cdots(x-k+1)$ 降阶乘幂函数

$x^k = \underbrace{x \times x \cdots \times x}_{k次}$ （乘）幂函数

● **组合数及其相关数符号②**

$$C_n^k = \binom{n}{k} = \frac{n^{\downarrow k}}{k!}$$ 组合数，二项式系数

$$G_n^k = \left\langle \begin{matrix} n \\ k \end{matrix} \right\rangle = \frac{n^{\uparrow k}}{k!}$$ 格林瓦尔数

$$_1S_n^k = \left[\begin{matrix} n \\ k \end{matrix} \right]$$ 第一类斯特林数

$$_2S_n^k = \left\{ \begin{matrix} n \\ k \end{matrix} \right\}$$ 第二类斯特林数

● **积分变换符号**

$\mathcal{L}$ 拉普拉斯变换

$\mathcal{F}$ 傅里叶变换

$\mathcal{M}$ 梅林变换

● **数集符号**

$\mathbb{N}$ 自然数集，也称为非负整数集

$\mathbb{N}^+$ 正自然数集

$\mathbb{Z}$ 整数集

$\mathbb{Z}^+$ 正整数集

$\mathbb{Q}$ 有理数集

$\mathbb{R}$ 实数集

$\mathbb{R}^+$ 正实数集

$\mathbb{C}$ 复数集（代数闭域）

$\mathbb{K}$ 实数集$\mathbb{R}$ 或复数集$\mathbb{C}$

$\mathbb{R}^n$ n 维实向量空间

---

① 这些是组合学中三个基本的计数函数[1:2-13,3:560,20:45]。x^k读作"x 的 k 次幂"。$x^{\downarrow k}$读作"x 降 k 次幂"。$x^{\uparrow k}$读作"x 升 k 次幂"。

② 此处组合数及其相关数符号参考《数学辞海》[1]、《中国大百科全书》[2]、《数学词典》[3]、《数学手册》[4]、《数学指南——实用数学手册》[7]、《计算机程序设计艺术》[20]等文献，并考虑了习惯、历史与发展等因素汇总而成。

前　　言

本书致力于论述任意实数阶积分和导数概念、任意阶微分方程的解法，以及它们在不同领域的应用。

非整数阶导数理论可追溯到 1695 年 9 月 30 日，**莱布尼茨**（Leibniz）给**洛必达**（L' Hospital）[123]回信的一个列表注记，信中讨论了半阶导数的意义。

莱布尼茨的这一注记导致了任意阶导数和积分理论的出现，但直到十九世纪末，才由**刘维尔**、**格林瓦尔**、**莱特尼科夫**和**黎曼**等逐步地建立起粗略的理论框架。分数导数理论历史综述可在文献[44，153，179，226，232]中找到。

三个多世纪以来，分数导数理论的发展和研究主要局限于纯数学理论领域。然而，最近二十几年来许多研究者指出，非整数阶导数和积分非常适合描述众多现实材料特征，比如聚合物材料。业已证明，新的分数阶模型比先前的经典整数模型更有效。文献[30，254]中给出了基于非整数阶模型的基本物理解释。

分数导数对于不同材料和过程的记忆与遗传特性提供了精妙的描述手段和研究方法。分数导数的主要优点在于，比起经典的整数阶模型，它能更准确地表征现实材料和复杂物理过程的上述性质，而在经典的整数阶模型中却忽略了这些效应。分数导数的优势还表现在，它不但能够很好地对现实材料的力学与电学特性进行数学建模，而且对于物质的流变性能，以及许多其他领域中的问题建模也有良好表现。

非整数阶导数另一大应用领域是近年来兴起的复杂且精细的分形理论[142]。分形理论的发展更进一步推动了分数导数问题的深入研究，特别在自相似与多孔结构的动力学过程建模方面尤显突出。

分数积分和导数也出现在动力学系统的控制理论中。使用分数微分方程来描述被控系统或/和控制器的动力学特征更切实际。

在系统和过程的数学建模与仿真中，应用分数导数表征其性质时，就会自然地引入具有分数导数的微分方程，接着必须求解这样的方程。然而至今还没有找到求解这些方程的有效通用方法，甚至对于分数导数与积分最成功的应用情形亦是如此。

从物理、化学和工程应用的角度来看，Oldham 和 Spanier 的著作[179]《分数微积分：任意阶微分积分理论与应用》无疑是这一方面的杰作，并且在这一深奥理论的应用发展过程中，起着重要作用而被认为是"应用分数微积分（Applied Fractional Calculus）"书籍。该书是第一部全面致力于系统论述分数微积分概念、方法和应用的著作。

后来出现的有关论述（在不同领域中的）分数微积分问题的著作有：

Samko，Kilbas 和 Maritchev[232]编辑的俄文版专论《**分数阶积分和导数及它们的一些应用**》（Nauka I Tekhnika，Minsk，1987）

Gorenflo 和 Vessella 所著的[90]《**阿贝尔积分方程：分析与应用**》（Lecture Notes in Mathematics，vol.1461，Springer-Verlag，Berlin，1991）

Kiryakova 所著的[116]《**广义分数微积分与应用**》（Pitman Research Notes in Math.，no.301，Longman，Harlow，1994）

McBride 所著的[148]《分数微积分与广义函数的积分变换》（Res. Notes in Math，vol. 31，Pitman Press，San Francisco，1979）

Miller 和 Ross 所著的[153]《分数微积分和分数微分方程引论》（John Wiley & Sons Inc.，New York，1993）

Nishimoto 所著的[167]《**Nishimoto 分数微积分的本质**》（Descartes Press，Koriyama，1991）

Rubin 所著的[230]《**分数积分与势**》（Pitman Monographs and Surveys in Pure and Applied Mathematics，vol. 82，Longman，Harlow，1996）

Carpinteri 和 Mainardi 编辑的[35]《**连续介质力学中的分形与分数微积分**》（Springer Verlag，Vienna–New York，1997）

Yu. Rossikhin 和 Shitikova 编辑的[228]《**分数微积分在固体线性和非线性遗传力学问题中的应用**》（Appl. Mech. Rev.，vol. 50，no. 1，1997）

卡普途[24]在 1969 年的意大利语著作中，系统地使用他所原创定义的分数微分去表示和求解黏弹力学问题，并将他的《地震学与流变构造地质学讲座》（Univ. degli studi di Roma"La Sapienza"，1992~1993）也加入到分数微积分这一科学长廊之中。

Oustaloup 将分数导数在控制理论方面的应用编辑成丛书：

《分数阶线性系统》（Masson，Paris，1983）[183]

《CRONE 控制器》①（Hermes，Paris，1991）[185]

《稳定性》（Hermes，Paris，1994）[186]

《非整数阶导数：理论、综合与应用》（Hermes，Paris，1995）[187]

Oldham 和 Spanier[179]所著的《分数微积分：任意阶微分积分理论与应用》（1974），米勒（Miller）和罗斯（Ross）[153]所著的《分数微积分和分数微分方程引论》（1993）是应用科学家学习分数导数和分数微分方程的首选入门书。这两本书中的大量文献可帮助读者掌握分数微积分的初步研究方法。

本书的主要目的是为读者展示分数微分的基本理论、分数阶微分方程及其求解方法与应用。考虑到读者——所有科技分支领域中工作者的应用研究需要，特别注意提供了易于理解与领会的应用实例来阐述概念和理论。基于同样的理由，书中针对分数微分的方式方法，都紧密结合现实应用而论述。作者在写作的语言叙述方式和文体风格上，力求适合广泛的潜在读者群，阅读后能够从中有效地学习和理解分数微积分的概念与理论。

本书共 10 章。

第 1 章引入特殊函数理论，主要论述伽马函数（Γ 函数）、贝塔函数（B 函数）、**米塔–列夫勒**（Mittag-Leffler）函数和**赖特**（Wright）函数。这些特殊函数在分数导数与分数微分方程理论中起着至关重要的作用。

第 2 章陈述微分与积分概念广义化的一些方法。对于每一种情况，均从整数阶导数和积分入手，然后介绍怎样使用所选择的方法，广义化整数阶微分与积分到分数阶情形。在此重点考察格林瓦尔-莱特尼科夫、黎曼-刘维尔和卡普途分数导数，以及所谓的**序贯分数导数**（sequential fractional derivatives）。另外还讨论分数导数的广义函数方法、左和右分数导数概念。最后介绍这些不同定义的性质，包括复合运算规则、它们之间的相互联系，以及积分变

---

① CRONE 是法语"Commande Robuste d'Ordre Non Entier"的首字母缩略词，是"**稳健分数阶控制**（robust fractional-order control）"之意。相关内容读者可参见本书第 9 章引言部分。

换(拉普拉斯变换、傅里叶变换、梅林变换)的应用。

第3~8章专注于论述分数微分方程的处理方法。

第3章给出一些对于处理分数微分方程初始问题有用的存在性和唯一性定理,并用求解实例证明它们的有效性。该章也研究解结果与初始条件的依赖关系。

第4章论述求解线性分数微分方程的拉普拉斯变换法,并举例说明该方法的可行性。在此需要特别注意的是,包含"**标准**(standard)"与"**序贯**(sequential)"分数导数的分数微分方程之间的差别。该章同时也给出一些用拉普拉斯变换法求解偏微分方程的例子。

第5章首先给出分数**格林函数**的定义和性质,获得一般常线性分数微分方程解的格林函数显式表达式。紧接着研究特殊的单项、双项、三项和四项分数微分方程的求解。结合第4章和第5章的求解方法,对于常线性分数微分方程来说,就可能容易获得其初值问题的闭式解。

第6章讲述求解分数微分方程的一些其他解析方法,也即梅林变换法、幂级数法和Babenko符号法。这一章也包含求解分数阶积分方程的正交多项式法,并给出不同核类函数的谱关系概貌。该章所描述的所有方法都有实例说明。

第7章和第8章研究分数微分方程的数值求解算法。

第7章引入分数导数数值计算的**分数差分法**①,讨论其逼近。本章也论述"**短时记忆**"②原理,它允许我们快速估算分数导数。紧接着用高炉墙内热负载强度变化估算实例,阐明分数差分法和"短时记忆"原理的具体应用。最后采用分数导数的分数差分逼近,解决发散积分有限部分的数值估算问题。该问题通常出现在许多领域,特别在**断裂力学**(fracture mechanics)中,经常需要对有关发散积分的有限部分进行数值估算。

第8章应用分数差分法数值求解常分数微分方程初值问题。同时再一次用几个求解实例来验证分数差分法和"短时记忆"原理的实用价值和有效性。

第9、10两章,致力于分数微积分的应用,并用实例来展示前几章所给方法的具体应用步骤和求解过程。

第9章考察分数阶动力学系统和控制器问题。事实上,本章是前几章中所给方法的扩展应用。

第10章是分数导数在不同领域的应用综述。在某些学科,分数微积分已经得到一定程度的应用,而另一些领域则正处于发展的起始阶段。因为在科学技术的不同领域中,往往不同的事物或过程具有相同的描述方程,也许本章的内容会对分数微积分的未来应用带来某些启迪。

书末所列的259项文献,收集到1997年为止。当然,这绝非是有关分数微积分课题的全部参考资料。有兴趣的读者,会在我们提及的专论著作中发现许多另外的参考文献,特别是Samko,Kilbas和Maritchev编辑[232]的俄文版分数微积分百科全书式的《分数阶积分和导数及它们的一些应用》。

---

① 原文为"the difference approach",译为分数阶差分法,简称分数差分法。

② **短时记忆**——short-memory,也可译为**短暂记忆**。

致　谢

我非常感激那些给我帮助和支持的人们。

我衷心感谢 Francesco Mainardi 教授（意大利，波隆那大学），Michele Caputo（意大利，La Sapienza 大学），Rudolf Gorenflo 教授（德国，柏林自由大学），Virginin Kiryakova 教授（保加利亚，保加利亚科学院数学研究所），Hari M. Srivastava 教授（加拿大，维多利亚大学），Siegmar Kempfle 博士（德国，Bundeswehr 大学），Svante Westerlund 教授（瑞典，Kalmar 大学），Denis Matignon 教授（法国，Ecole Nationale Supérieure des Télécommunications），Ahmed ElSayed 博士（埃及，亚历山大大学），Imrich Koštial 教授（斯洛伐克，科西斯技术大学），Lubomír Dorčák 教授（科西斯技术大学）。感谢他们的信息交流与有价值的讨论。

我深切地感谢 W. F. Ames 教授（乔治亚技术研究所），是他建议我提交书稿。我深情地感谢 Vadim Komkov 教授的支持与激励。我非常感谢科学出版公司职员，特别是 Anne Gillaume 与 Linda Ratts Engelman，为本书付梓所做的精细准备工作。

我诚挚地感谢科西斯技术大学中心图书馆管理员 V. Juricová 夫人的帮助，感谢她为我搜集了许多论文资料。

我还要对 Jean Hopson 夫人，Serena Yeo 女士（British Council，Kosice）与 Ladislav Pivka 博士（科西斯技术大学）表示感谢，感谢她（他）们对本书不同部分所进行的语言文字润色与改进。

感谢开放社会基金会（Bratislava，斯洛伐克共和国），感谢 Charter 77 基金会（Bratislava），感谢科西斯技术大学校长 Karol Flórián 教授，感谢 B. E. R. G. 教务长 Dušan Malindžák 教授，在我的研究工作的不同阶段所给予的财政支持。

感谢 Mathworks 公司员工提供 MATLAB 软件，我用它计算并绘制了书中的一些图形。

我使用 $\mathrm{L^A T_E X}$ 排版系统编辑本书，因此也要感谢高德纳①发明 $\mathrm{T_E X}$ 与 Leslie Lamport 创立 $\mathrm{L^A T_E X}$。

我也要感谢爱妻 Katarina Kassayová 与我们的儿子 Igor 和 Martin，感谢她（他）们长期的理解、挚爱与支持。

---

① **高德纳**是 1974 年图灵奖获得者，算法与程序设计技术的先驱**唐纳德·欧文·克努特**（Donald Ervin Knuth）的中文名。高德纳是计算机排版系统 $\mathrm{T_E X}$ 和字型设计系统 METAFONT 的发明者，他因这些成就与大量创造性的影响深远的著作（特别是史诗级的七卷集巨著《计算机程序设计艺术》）而誉满全球。

目　　录

第1章 分数微积分中使用的特殊函数

本章介绍有关**特殊函数**①的基本理论，它们将会在后续章节中使用。在这里主要给出伽马函数(Γ 函数)、贝塔函数(B 函数)、米塔 列夫勒函数和赖特函数的某些基本知识。这些特殊函数在任意阶微分理论与分数微分方程理论中起着至关重要的作用。

1.1 伽马函数

毫无疑问，分数微积分遇到的基本函数之一是欧拉伽马函数 $\Gamma(z)$，它是阶乘 $n!$ 的推广，并且还允许变量 n 取非整数，甚至为复数值。②

本节回顾伽马函数的一些性质与结论，它们对于其他特殊函数和分数微积分是重要的。

---

① **特殊函数**(special function)[1;3-551,2;22-81,3;379,4;587] 初等函数以外常用的各种超越函数(特殊情况下也可能是代数函数)的总称。或者说：特殊函数是一些特定的非初等函数。

人们通常把一些高级超越函数总称为特殊函数，不是代数函数的完全解析函数通称为超越函数(transcendental function——非代数函数)[1;1-515]。指数函数、三角函数等都是超越函数。[3;316]

常见特殊函数有：Γ 函数、B 函数、超几何函数和汇合型超几何函数、椭圆函数、**勒让德**函数、**贝塞尔**函数等。一些正交型多项式，比如**雅可比**多项式、**切比雪夫**多项式、**埃尔米特**多项式等，通常也列入特殊函数内容之中。这些函数都定义在复数域上，是一定区域内的解析函数。[1;3-576,4;587,5]

特殊函数多半是寻求某些数学物理方程的解而得到的，种类繁多，而且不断有新的特殊函数出现。它们大多是根据求解微分方程(尤其是数学物理方程)或其他数学问题的需要，用级数或积分构造出来的。因此，"特殊函数一般是指某类微分方程的不能用初等函数有限形式表示的解函数。"[4;587]特殊函数也常用相应的母函数来定义。各种正交多项式都可以通过相应的母函数定义。递推公式既是特殊函数的重要性质之一，也是定义某些特殊函数的特殊手段。

由于同一特殊函数可以出现在多种数学物理问题中，因此，可能同一特殊函数却有不止一种名称，也可能同一特殊函数有不完全一致的定义，甚至两个完全不同的函数可能使用同一名称。这在应用中应当特别加以注意。特殊函数在物理学、工程技术、计算方法等方面有着广泛的应用。研究特殊函数常用的数学工具是解析函数理论，如围道积分、幂级数展开等。欧拉、拉普拉斯、傅里叶等数学大家，都在特殊函数方面做过奠基工作。

② 之所以称"欧拉伽马函数(Euler's gamma function)"，是因为欧拉(Leonhard Euler, 1707-1783)最早引入(约 1729 年)并系统地研究了 Γ 函数[1;1-561,3-551]。

欧拉[7;571]由定义 $\Gamma(n+1) = n! (n = 0,1,2,\cdots)$ 出发，这显然蕴含关系式
$$\Gamma(z+1) = z\Gamma(z), \qquad z = 1,2,\cdots$$
想知道对 z 的其他值，能否合理定义 $n!$。为了解决该问题，他求出上述函数方程的一个解，即收敛积分

$$\Gamma(x) = \int_0^\infty e^{-t} t^{x-1} dt, \qquad x \in \mathbb{R}^+ \tag{1.1a}$$

对广义定积分公式 $\int_0^1 (\ln x)^n dx = (-1)^n n!$ 进行分部积分，得到**欧拉表示式**[9;3]

$$\int_0^1 \left(\ln \frac{1}{x}\right)^n dx = n! \tag{1.1b}$$

1.1.1　伽马函数的定义

伽马函数(Γ 函数)用积分形式定义为①

$$\Gamma(z) = \int_0^\infty e^{-t} t^{z-1} dt \tag{1.1}$$

该积分在右半复平面 $\mathrm{Re}(z)>0$ 上收敛。其实，

$$\Gamma(x+iy) = \int_0^\infty e^{-t} t^{x-1+iy} dt = \int_0^\infty e^{-t} t^{x-1} e^{iy\log t} dt$$

$$= \int_0^\infty e^{-t} t^{x-1} [\cos(y\log t) + i\sin(y\log t)] dt \tag{1.2}$$

上式方括号中的表达式对于变量 t 的所有取值均是有界的；在无穷远处的收敛性由 e^{-t} 确定，而在 $t=0$ 处的收敛性则必须满足 $x=\mathrm{Re}(z)>1$。

1.1.2　伽马函数的一些性质

伽马函数的一个基本性质是满足函数方程②：

$$\Gamma(z+1) = z\Gamma(z) \tag{1.3}$$

用分部积分法容易证明

$$\Gamma(z+1) = \int_0^\infty e^{-t} t^z dt = [-e^{-t} t^z]_{t=0}^{t=\infty} + z\int_0^\infty e^{-t} t^{z-1} dt = z\Gamma(z)$$

显然，$\Gamma(1)=1$，利用式(1.3)，对于 $z=1,2,3,\cdots$ 可得

$$\Gamma(2) = 1 \cdot \Gamma(1) = 1 = 1!$$

$$\Gamma(3) = 2 \cdot \Gamma(2) = 2 \cdot 1! = 2!$$

$$\Gamma(4) = 3 \cdot \Gamma(3) = 3 \cdot 2! = 3!$$

$$\cdots$$

$$\Gamma(n+1) = n \cdot \Gamma(n) = n \cdot (n-1)! = n!$$

伽马函数另一个重要性质是它在点 $z=-n(n=0,1,2,\cdots)$ 处具有(一阶)单极点。为了证

(接上页)在上式中进行变量代换 $t=\ln(1/x)$，$x=e^{-t}$，得到

$$\int_0^\infty e^{-t} t^n dt = n! \tag{1.1c}$$

二百多年来，Γ 函数作为一种超越函数，具备了丰富和优美的特性，在数学的诸多分支以及物理、工程技术等领域都起着重要作用。[5,7,8,9] 它的重要性、丰富性、无处不有性集聚了几个世纪以来最优秀的数学家的智慧，他们的共同努力使得 Γ 函数已经成为高度发展了的系统理论。

　① 该积分形式——式(1.1)，通常称为**勒让德表示式**，也称为**第二型欧拉积分**(Euler integral of the second kind)[1:1-561]。Γ 函数的定义有多种形式。[5,7,9]

　② 式(1.3)通常称为**递推关系**(recurrence relationship)[159:16]，也称为**平移公式**(translation formula)[9;111]，它反映了 Γ 函数的**代数性质——平移性质**。显然，这是任何想要具有阶乘 $n!=n \cdot (n-1)!$ 这一性质的函数所必须满足的条件。当然，平移性质本身还不能很好地刻画 Γ 函数，但它可以帮助我们扩充 $\Gamma(z)$ 的定义域。

实这一性质，将定义式(1.1)写成形式：

$$\Gamma(z) = \int_0^1 e^{-t} t^{z-1} dt + \int_1^\infty e^{-t} t^{z-1} dt \qquad (1.4)$$

式(1.4)中第一项积分能用指数函数的幂级数展开来计算。如果 $\mathrm{Re}(z) = x > 0$，也即 z 在右半平面内，则 $\mathrm{Re}(z+k) = x + k > 0$ 且 $t^{z+k}\big|_{t=0} = 0$。由此得到

$$\int_0^1 e^{-t} t^{z-1} dt = \int_0^1 \sum_{k=0}^\infty \frac{(-t)^k}{k!} t^{z-1} dt = \sum_{k=0}^\infty \frac{(-1)^k}{k!} \int_0^1 t^{k+z-1} dt = \sum_{k=0}^\infty \frac{(-1)^k}{k!(k+z)}$$

式(1.4)中的第二积分项定义了一个复变量 z 的**整函数**①，并可写成

$$\varphi(z) = \int_1^\infty e^{-t} t^{z-1} dt = \int_1^\infty e^{(z-1)\log(t) - t} dt \qquad (1.5)$$

对于任意 z 与 $t \geq 1$，函数 $e^{(z-1)\log(t)-t}$ 关于变量 z 和 t 是连续函数。并且，如果 $t \geq 1$（从而有 $\log(t) \geq 0$），则 $e^{(z-1)\log(t)-t}$ 是 z 的整函数。考虑复平面($z = x + iy$)中的一个任意有界闭域 D，并记 $x_0 = \max_{z \in D} \mathrm{Re}(z)$，则有

$$\big| e^{-t} t^{z-1} \big| = \big| e^{(z-1)\log(t) - t} \big| = \big| e^{(x-1)\log(t) - t} \big| \cdot \big| e^{iy\log t} \big|$$
$$= \big| e^{(x-1)\log(t) - t} \big| \leqslant e^{(x_0-1)\log(t) - t} = e^{-t} t^{x_0-1}$$

这意味着积分式(1.5)在有界闭域 D 中一致收敛，函数 $\varphi(z)$ 在 D 中是正则的，且式(1.5)中的积分是可微分的。因为闭域 D 可任意选取，$\varphi(z)$ 在整个复平面均具有上述性质。从而 $\varphi(z)$ 是一个整函数，允许在积分中进行微分运算。

综合以上分析，有

$$\Gamma(z) = \sum_{k=0}^\infty \frac{(-1)^k}{k!} \frac{1}{z+k} + \int_1^\infty e^{-t} t^{z-1} dt$$
$$= \sum_{k=0}^\infty \frac{(-1)^k}{k!} \frac{1}{z+k} + \text{整函数} \qquad (1.6)$$

---

① **整函数**(entire function)[1;3-55,3;311] 整个复平面 $\mathbb{C}$ 内的**解析函数**(analytic function)[1;3-38,3;302]。或者说，在全复平面(不包含 ∞)内无奇点的函数称为整函数[4;525]。在复变函数论中，解析函数亦称**全纯函数**(holomorphic function)或**正则函数**(regular function)[8;415]。

多项式是整函数的特殊情形——最简单的整函数。指数函数是不取零值的整函数，而任一不取零值的整函数必形如 $e^{g(z)}$，其中 $g(z)$ 仍是一个整函数。有界整函数必是常数！不是多项式的整函数称为**超越整函数**，比如

$$e^z = \sum_{n=0}^\infty \frac{1}{n!} z^n, \qquad \sin(z) = \sum_{n=1}^\infty (-1)^{n-1} \frac{z^{2n-1}}{(2n-1)!}, \qquad \cos(z) = \sum_{n=0}^\infty (-1)^n \frac{z^{2n}}{(2n)!}$$

两个整函数的和、差、积、商(若分母恒不为零时)仍是整函数。整函数可以看成多项式的自然推广。

在全复平面(不包含 ∞)除极点外无其他奇点的函数称为**半纯函数**或**亚纯函数**(meromorphic function)[4;525]。或者说，亚纯函数是在复平面上除极点外无其他类型奇点的单值解析函数[1;3-38]。比如有理函数，复变三角函数

$$\tan(z) \text{、} \cot(z) \text{、} \sec(z) \text{、} \csc(z) \text{、} \mathrm{th}(z) \text{、} \mathrm{cth}(z)$$

等都是亚纯函数。亚纯的三角函数是可以用部分分式表示的[4;528]。

除有理函数外，其他的亚纯函数统称为**超越亚纯函数**(transcendental meromorphic function)[1;3-54]。

整函数与亚纯函数是单值解析函数中最基本的两类函数。

$\Gamma(z)$ 在点 $z = -n, n = 0, 1, 2, \cdots$ 仅具有简单极点。①

1.1.3　伽马函数的极限表示

伽马函数也可用极限来表示②

$$\Gamma(z) = \lim_{n \to \infty} \frac{n! \, n^z}{z(z+1)(z+2) \cdots (z+n)} \tag{1.7}$$

式中已假设 $\mathrm{Re}(z) > 0$。

为证明式(1.7)成立，引入辅助函数

$$f_n(z) = \int_0^n \left(1 - \frac{t}{n}\right)^n t^{z-1} \mathrm{d}t \tag{1.8}$$

进行变量代换 $\tau = t/n$，并重复运用分部积分法则得到

$$f_n(z) = n^z \int_0^1 (1 - \tau)^n \tau^{z-1} \mathrm{d}\tau = \frac{n^z}{z} n \int_0^1 (1 - \tau)^{n-1} \tau^z \mathrm{d}\tau$$

$$= \frac{n^z n!}{z(z+1) \cdots (z+n-1)} \int_0^1 \tau^{z+n-1} \mathrm{d}\tau$$

$$= \frac{n^z n!}{z(z+1) \cdots (z+n-1)(z+n)} \tag{1.9}$$

考虑到众所周知的极限，$\lim\limits_{n \to \infty} (1 - t/n)^n = \mathrm{e}^{-t}$，立即有

$$\lim_{n \to \infty} f_n(z) = \lim_{n \to \infty} \int_0^n \left(1 - \frac{t}{n}\right)^n t^{z-1} \mathrm{d}t = \int_0^\infty \mathrm{e}^{-t} t^{z-1} \mathrm{d}t \tag{1.10}$$

这就完成了伽马函数的极限表达式(1.7)的证明。辅助函数序列 $f_n(z)$ 一致收敛于伽马函数 $\Gamma(z)$，用 $f_n(z)$ 来估计 $\Gamma(z)$ 时，对于小的 n，其误差较大，此时需要进行调整。为证明式(1.10)，首先估计误差

$$\Delta = \int_0^\infty \mathrm{e}^{-t} t^{z-1} \mathrm{d}t - f_n(z) = \int_0^n \left[\mathrm{e}^{-t} - \left(1 - \frac{t}{n}\right)^n \right] t^{z-1} \mathrm{d}t + \int_n^\infty \mathrm{e}^{-t} t^{z-1} \mathrm{d}t \tag{1.11}$$

取任意正数 $\varepsilon > 0$。由于积分式(1.1)的收敛性，存在一个 N 使得对于 $n \geqslant N$ 有

$$\left| \int_n^\infty \mathrm{e}^{-t} t^{z-1} \mathrm{d}t \right| \leqslant \int_n^\infty \mathrm{e}^{-t} t^{x-1} \mathrm{d}t < \frac{\varepsilon}{3}, \qquad x = \mathrm{Re}(z) \tag{1.12}$$

现在固定 N 并考虑 $n > N$，可将 Δ 写成三项积分之和：

$$\Delta = \left(\int_0^N + \int_N^n \right) \left[\mathrm{e}^{-t} - \left(1 - \frac{t}{n}\right)^n \right] t^{z-1} \mathrm{d}t + \int_n^\infty \mathrm{e}^{-t} t^{z-1} \mathrm{d}t \tag{1.13}$$

最后一项小于 $\varepsilon/3$。对于第二项积分有

---

①　这表明 Γ 函数是亚纯函数(或半纯函数)，是非有理的超越亚纯函数！这一点将在 1.1.3 节中进行论述。

②　式(1.7)称为**欧拉-高斯公式**[9:120]。由它可将 $\Gamma(z)$ 展开成无穷乘积形式[4:587]：

$$\Gamma(z) = \lim_{n \to \infty} \frac{n! \, n^z}{z^{\uparrow(n+1)}} = \frac{1}{z} \prod_{n=1}^\infty \frac{(1 + 1/n)^z}{1 + z/n} \tag{1.7a}$$

这一公式也称为**欧拉乘积公式**[9:129]，它是欧拉给出的第一个伽马函数的定义[8:499]。

$$\left|\int_N^n \left[e^{-t} - \left(1 - \frac{t}{n}\right)^n\right] t^{z-1}\mathrm{d}t\right| \le \int_N^n \left[e^{-t} - \left(1 - \frac{t}{n}\right)^n\right] t^{x-1}\mathrm{d}t < \int_N^\infty e^{-t} t^{x-1}\mathrm{d}t < \frac{\varepsilon}{3} \tag{1.14}$$

式中如式(1.12)取 $x = \mathrm{Re}(z)$。

为了估计式(1.13)中的第一个积分项，需要引入辅助不等式：

$$0 < e^{-t} - \left(1 - \frac{t}{n}\right)^n < \frac{t^2}{2n}, \qquad 0 < t < n \tag{1.15}$$

这源于关系

$$1 - e^t \left(1 - \frac{t}{n}\right)^n = \int_0^t e^{\tau} \left(1 - \frac{\tau}{n}\right)^n \frac{\tau}{n}\mathrm{d}\tau \tag{1.16}$$

和不等式

$$0 < \int_0^t e^{\tau} \left(1 - \frac{\tau}{n}\right)^n \frac{\tau}{n}\mathrm{d}\tau < \int_0^t e^{\tau} \frac{\tau}{n}\mathrm{d}\tau = e^t \frac{t^2}{2n} \tag{1.17}$$

对等号两端同时微分就能证明关系式(1.16)。

利用辅助不等式(1.15)，对于大的 n 和固定的 N，得

$$\left|\int_0^N \left[e^{-t} - \left(1 - \frac{t}{n}\right)^n\right] t^{z-1}\mathrm{d}t\right| < \frac{1}{2n}\int_0^N t^{x-1}\mathrm{d}t < \frac{\varepsilon}{3} \tag{1.18}$$

考虑到不等式(1.12)，式(1.14)和式(1.18)，以及 $\varepsilon > 0$ 的任意性，在式(1.10)中交换极限与积分顺序，便能证明其正确性。

这样一来，在条件 $\mathrm{Re}(z) > 0$ 下，伽马函数的极限表达式(1.7)得到证明。

借助式(1.3)，条件 $\mathrm{Re}(z) > 0$ 能以如下方式减弱为 $z \neq 0, -1, -2, \cdots$

如果 $-m < \mathrm{Re}(z) \le -m+1$，$m$ 是正整数，则有

$$\begin{aligned}
\Gamma(z) &= \frac{\Gamma(z+m)}{z(z+1)\cdots(z+m-1)} \\
&= \frac{1}{z(z+1)\cdots(z+m-1)} \lim_{n\to\infty} \frac{n^{z+m} n!}{(z+m)\cdots(z+m+n)} \\
&= \frac{1}{z(z+1)\cdots(z+m-1)} \lim_{n\to\infty} \frac{(n-m)^{z+m} (n-m)!}{(z+m)(z+m+1)\cdots(z+n)} \\
&= \lim_{n\to\infty} \frac{n^z n!}{z(z+1)\cdots(z+n)}
\end{aligned} \tag{1.19}$$

因此极限表达式(1.7)除 $z \neq 0, -1, -2, \cdots$ 外，对所有 z 成立。①

1.1.4　贝塔函数

在许多情况下，用贝塔函数(B 函数)取代伽马函数值的某些组合更为方便。

---

① 这表明 Γ 函数在整个复平面上没有零点(恒不取零值：$|\Gamma(z)| > 0$)。因而其倒函数 $1/\Gamma(z)$ 是整函数。对所有 $z \in \mathbb{C}$，有**高斯乘积公式**[7;571]：

$$\frac{1}{\Gamma(z)} = \lim_{n\to\infty} \frac{1}{n^z n!} z(z+1)\cdots(z+n) = \lim_{n\to\infty} \frac{z^{\uparrow(n+1)}}{n^z n!} \tag{1.19a}$$

贝塔函数①通常定义为

$$B(z,w) = \int_0^1 \tau^{z-1}(1-\tau)^{w-1}d\tau, \qquad \text{Re}(z) > 0, \qquad \text{Re}(w) > 0 \qquad (1.20)$$

应用拉普拉斯变换，能够建立伽马函数与贝塔函数之间的关系。

考虑积分

$$h_{z,w}(t) = \int_0^t \tau^{z-1}(1-\tau)^{w-1}d\tau \qquad (1.21)$$

显然，$h_{z,w}(t)$ 是函数 t^{z-1} 和 t^{w-1} 的卷积且有 $h_{z,w}(1) = B(z,w)$。

因为两个函数卷积的拉普拉斯变换等于它们拉普拉斯变换的乘积，所以得

$$H_{z,w}(s) = \frac{\Gamma(z)}{s^z} \cdot \frac{\Gamma(w)}{s^w} = \frac{\Gamma(z)\Gamma(w)}{s^{z+w}} \qquad (1.22)$$

式中，$H_{z,w}(s)$ 是函数 $h_{z,w}(t)$ 的拉普拉斯变换。

另一方面，由于 $\Gamma(z)\Gamma(w)$ 是一常数，对式(1.22)右端进行拉普拉斯逆变换，就可以恢复原始函数 $h_{z,w}(t)$。由拉普拉斯变换的唯一性得

$$h_{z,w}(t) = \frac{\Gamma(z)\Gamma(w)}{\Gamma(z+w)} t^{z+w-1} \qquad (1.23)$$

取 $t=1$，对于贝塔函数有②

$$B(z,w) = \frac{\Gamma(z)\Gamma(w)}{\Gamma(z+w)} \qquad (1.24)$$

由此存在③

$$B(z,w) = B(w,z) \qquad (1.25)$$

贝塔函数的定义式(1.20)仅当 $\text{Re}(z) > 0$，$\text{Re}(w) > 0$ 时成立。借助解析延拓的伽马函数，则关系式(1.24)提供了在全复平面内贝塔函数的解析延拓。

利用贝塔函数，对伽马函数能够建立如下两个重要关系。

---

① **贝塔函数**(beta function)[1:1-560,3-552,4;590,5] 又称**第一型欧拉积分**(Euler integral of the first kind)。在实数中它是含参量积分定义的 C^∞ 类(即无限光滑函数类)二元函数：

$$B(x,y) = \int_0^1 \tau^{x-1}(1-\tau)^{y-1}d\tau, \qquad x \in \mathbb{R}^+, \qquad y \in \mathbb{R}^+ \qquad (1.20a)$$

$$= \int_0^{+\infty} \frac{\tau^{x-1}}{(1+\tau)^{x+y}}d\tau = \int_0^1 \frac{\tau^{x-1} + \tau^{y-1}}{(1+\tau)^{x+y}}d\tau = 2\int_0^{\pi/2} \sin^{2x-1}(\theta)\cos^{2y-1}(\theta)d\theta \qquad (1.20b)$$

这与**第二型欧拉积分**(Euler integral of the second kind)——Γ 函数，见式(1.1a)：

$$\Gamma(x) = \int_0^{+\infty} t^{x-1}e^{-t}dt, \qquad x \in \mathbb{R}^+$$

必然存在内在联系。B 函数与 Γ 函数统称为**欧拉积分**(Euler integral)[1:1-561]。

② 关系式(1.24)可以直接由 Γ 函数定义式(1.1a)与 B 函数定义式(1.20a)通过多次变量代换与交换积分次序等步骤巧妙证明[9:26]：

$$B(x,y) = \frac{\Gamma(x)\Gamma(y)}{\Gamma(x+y)}, \qquad x \in \mathbb{R}^+, \qquad y \in \mathbb{R}^+ \qquad (1.24a)$$

③ 关系式(1.25)称为 **B 函数的对称公式**[9:24]。在式(1.20)中，通过变量代换 $\tau = 1-t$，可得对称公式。

第一个重要关系是①

$$\Gamma(z)\Gamma(1-z) = \frac{\pi}{\sin(\pi z)} \tag{1.26}$$

在条件 $0 < \mathrm{Re}(z) < 1$ 下，公式(1.26)成立，则对于 $z \neq 0, \pm 1, \pm 2, \cdots$ 也成立。

利用式(1.24)与式(1.20)，得出

$$\Gamma(z)\Gamma(1-z) = B(z, 1-z) = \int_0^1 \left(\frac{t}{1-t}\right)^{z-1} \frac{\mathrm{d}t}{1-t} \tag{1.27}$$

式中积分当 $0 < \mathrm{Re}(z) < 1$ 时收敛。进行变量代换 $\tau = \frac{t}{1-t}$，有

$$\Gamma(z)\Gamma(1-z) = \int_0^\infty \frac{\tau^{z-1}}{1+\tau} \mathrm{d}\tau \tag{1.28}$$

现在考虑积分

$$\int_L f(s)\,\mathrm{d}s, \qquad f(s) = \frac{s^{z-1}}{1+s} \tag{1.29}$$

沿如图 1.1 所示围线 L 进行计算。沿正实半轴割破复平面。

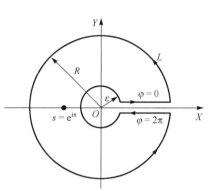

图 1.1　围线 L

函数 $f(\tau)$ 在 $s = \mathrm{e}^{\pi\mathrm{i}}$ 点有一个简单极点。因此对于 $R > 1$，有

$$\int_L f(s)\,\mathrm{d}s = 2\pi\mathrm{i}\left[\operatorname{Res} f(s)\right]_{s=\mathrm{e}^{\pi\mathrm{i}}} = -2\pi\mathrm{i}\mathrm{e}^{\mathrm{i}\pi z} \tag{1.30}$$

另一方面，沿圆周 $|s| = \varepsilon$ 和 $|s| = R$ 的积分随着 $\varepsilon \to 0$ 和 $R \to \infty$ 会消失，并且沿下割边沿的积分与沿上割边沿的积分，由于因子 $-\mathrm{e}^{2\pi\mathrm{i}z}$ 而不同。由此对于 $\varepsilon \to 0$ 和 $R \to \infty$，获得

$$\int_L f(s)\,\mathrm{d}s = 2\pi\mathrm{i}\left[\operatorname{Res} f(s)\right]_{s=\mathrm{e}^{\pi\mathrm{i}}} = -2\pi\mathrm{i}\mathrm{e}^{\mathrm{i}\pi z} = \Gamma(z)\Gamma(1-z)(1-\mathrm{e}^{2\pi\mathrm{i}z}) \tag{1.31}$$

$$\Gamma(z)\Gamma(1-z) = \frac{2\pi\mathrm{i}\mathrm{e}^{\mathrm{i}\pi z}}{\mathrm{e}^{2\pi\mathrm{i}z}-1} = \frac{\pi}{\sin(\pi z)}, \qquad 0 < \mathrm{Re}(z) < 1 \tag{1.32}$$

如果 $m < \mathrm{Re}(z) < m+1$，则可取 $z = \alpha + m$，$0 < \mathrm{Re}(\alpha) < 1$。由式(1.3)得

$$\Gamma(z)\Gamma(1-z) = (-1)^m \Gamma(\alpha)\Gamma(1-\alpha)$$

---

① 关系式(1.26)通常称为**余元公式**[4:588]，或欧拉互补公式(Euler complementary formula)[7:572]，也称为**反射公式**(reflection formula)[9:16],[159:18]。称它为"反射公式"是强调其**几何性质**。前面的平移公式(1.3)是反映 Γ 函数**代数性质**的函数方程。这里的反射公式(1.26)则反映 Γ 函数**解析性质**的函数方程，表现了极点分布的对称/非对称性质。反射公式也以其他形式出现[9:16]：

$$\Gamma(z)\Gamma(-z) = \frac{-\pi}{z\sin(\pi z)}, \qquad \Gamma(1+z)\Gamma(1-z) = \frac{\pi z}{\sin(\pi z)},$$

$$\Gamma(n+z)\Gamma(n-z) = \frac{\pi z}{\sin(\pi z)} \prod_{k=1}^{n-1}\left[(k+z)(k-z)\right] \tag{1.26a}$$

$$\Gamma\left(\frac{1}{2}+z\right)\Gamma\left(\frac{1}{2}-z\right) = \frac{\pi}{\cos(\pi z)}, \qquad \Gamma\left(\frac{2n+1}{2}+z\right)\Gamma\left(\frac{2n+1}{2}-z\right) = \frac{\pi}{\cos(\pi z)} \prod_{k=1}^{n}\left[\left(\frac{2k-1}{2}\right)^2 - z^2\right]$$

$$\tag{1.26b}$$

反射公式中蕴涵着许多良好的性质，隐藏着 Γ 函数的许多重要信息。

$$= \frac{(-1)^m \pi}{\sin(\pi\alpha)} = \frac{\pi}{\sin(\pi(\alpha+m))} = \frac{\pi}{\sin(\pi z)} \tag{1.33}$$

这就证明了对于 $z \neq 0, \pm 1, \pm 2, \cdots$，关系式（1.26）成立。

取 $z = \frac{1}{2}$，从式（1.26）得到伽马函数的一个有用的特殊值：

$$\Gamma\left(\frac{1}{2}\right) = \sqrt{\pi} \tag{1.34}$$

伽马函数的第二个重要关系式（借助贝塔函数就可获得）是**勒让德公式**①

$$\Gamma(z)\Gamma\left(z+\frac{1}{2}\right) = \sqrt{\pi}\, 2^{1-2z}\Gamma(2z), \qquad 2z \neq 0, -1, -2, \cdots \tag{1.35}$$

为证明关系式（1.35），考察特殊情形

$$B(z,z) = \int_0^1 [\tau(1-\tau)]^{z-1}\mathrm{d}\tau, \qquad \mathrm{Re}(z) > 0 \tag{1.36}$$

考虑到函数 $y(\tau) = \tau(1-\tau)$ 的对称性，并进行变量代换 $s = 4\tau(1-\tau)$，得到

$$B(z,z) = 2\int_0^{1/2} [\tau(1-\tau)]^{z-1}\mathrm{d}\tau = \frac{1}{2^{2z-1}}\int_0^1 s^{z-1}(1-s)^{-1/2}\mathrm{d}s = 2^{1-2z}B\left(z,\frac{1}{2}\right) \tag{1.37}$$

再利用关系式（1.24），从式（1.37）推导出勒让德公式（1.35）②。

对于式（1.35），取 $z = n + \frac{1}{2}$，得到伽马函数的一组特殊值

$$\Gamma\left(n+\frac{1}{2}\right) = \frac{\sqrt{\pi}\,\Gamma(2n+1)}{2^{2n}\Gamma(n+1)} = \frac{\sqrt{\pi}\,(2n)!}{2^{2n}n!} \tag{1.38}$$

---

① **勒让德公式**（Legendre formula）全称是**勒让德加倍公式**（Legendre's duplication formula）[8:503]，亦称 Γ 函数的**倍元公式**[4:588] 或称拉格朗日加倍公式（Lagrange's duplication formula）[7:572,9:31],[179:18]

$$\Gamma(2z) = \frac{4^z}{2\sqrt{\pi}}\Gamma(z)\Gamma\left(z+\frac{1}{2}\right) \tag{1.35a}$$

加倍公式结合平移公式（1.3）与反射公式（1.26），存在多种表达形式。

② 行文至此，完成了对 Γ 函数的如下三个重要性质的论述。

- **代数性质**：递推关系——平移公式

$$\Gamma(z+1) = z\Gamma(z), \qquad \Gamma(n+1) = n\Gamma(n) \tag{1.37a}$$

- **解析性质**：欧拉互补定理——余元公式——反射公式

$$\Gamma(z)\Gamma(1-z) = \frac{\pi}{\sin(\pi z)} \tag{1.37b}$$

- **加倍公式**

$$\Gamma(z)\Gamma\left(z+\frac{1}{2}\right) = \frac{\sqrt{\pi}}{2^{2z-1}}\Gamma(2z), \qquad 2z \neq 0, -1, -2, \cdots \tag{1.37c}$$

这三个函数方程已足够表征 Γ 函数的基本性质了！

关于 Γ 函数有如下精妙简炼定理：

维兰特的唯一性结果[7:572] 假设给定复平面 $\mathbb{C}$ 上的区域 D，它包含垂直带域 $S := \{z \in \mathbb{C} \mid 1 \leqslant \mathrm{Re}(z) < 2\}$。如果 $f: D \to \mathbb{C}$ 是满足如下性质的全纯函数：

（i）对 D 中的所有复数 z，若 $z+1$ 也属于 D，那么有 $f(z+1) = zf(z)$。

（ii）f 在 S 上有界，且 $f(1) = 1$。

那么函数 f 恒等于伽马函数 Γ。

当然它已包含了式(1.34)的特殊值 $\Gamma\left(\dfrac{1}{2}\right)=\sqrt{\pi}$。

1.1.5　围线积分表示

在伽马函数的定义式(1.1)中，积分变量 t 是实变量。如果 t 是复变量，则函数 $e^{(z-1)\log(t)-t}$ 有一个支点 $t=0$。沿实半轴从 $t=0$ 到 $t\to\infty$ 割破复平面 (t) 使该函数变成单值函数。这样一来，根据柯西定理[①]，积分

$$\int_C e^{-t}t^{z-1}\mathrm{d}t = \int_C e^{(z-1)\log(t)-t}\mathrm{d}t$$

对于在 $+\infty$ 有两个端点的任意绕行原点 $t=0$ 的围线 C，均得到相同的积分值。

考虑围线 C(图1.2)，它由三部分组成：上割边沿 $(+\infty,\varepsilon)$，中心在原点 $t=0$ 半径为 ε 的圆 C_ε 和下割边沿 $(\varepsilon,+\infty)$。

在上割边沿，取 $\log(t)$ 为实数值，有

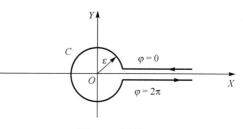

图1.2　围线 C

$$t^{z-1}=e^{(z-1)\log(t)}。$$

在下割边沿，必须用 $\log(t)+2\pi i$ 代替 $\log(t)$：

$$t^{z-1}=e^{(z-1)[\log(t)+2\pi i]}=e^{(z-1)\log(t)}e^{(z-1)2\pi i}=t^{z-1}e^{2(z-1)\pi i}$$

从而得

$$\int_C e^{-t}t^{z-1}\mathrm{d}t = \int_{+\infty}^{\varepsilon} e^{-t}t^{z-1}\mathrm{d}t + \int_{C_\varepsilon} e^{-t}t^{z-1}\mathrm{d}t + e^{2(z-1)\pi i}\int_{\varepsilon}^{+\infty} e^{-t}t^{z-1}\mathrm{d}t \tag{1.39}$$

现在证明当 $\varepsilon\to 0$ 时，沿 C_ε 的积分趋于零。事实上，在 C_ε 上取 $|t|=\varepsilon$ 并记

$$M=\max_{t\in C_\varepsilon}\left|e^{-y\arg(t)-t}\right|,\qquad y=\mathrm{Im}(z)$$

式中 M 不依赖于 t，有 $(z=x+\mathrm{i}y)$

$$\left|\int_{C_\varepsilon} e^{-t}t^{z-1}\mathrm{d}t\right| \leqslant \int_{C_\varepsilon}\left|e^{-t}t^{z-1}\right|\mathrm{d}t = \int_{C_\varepsilon}\left|t^{x-1}\right|\cdot\left|e^{-y\arg(t)-t}\right|\mathrm{d}t$$

$$\leqslant M\varepsilon^{x-1}\int_{C_\varepsilon}\mathrm{d}t = M\varepsilon^{x-1}\cdot 2\pi\varepsilon = 2\pi M\varepsilon^{x}$$

故有

$$\lim_{\varepsilon\to 0}\int_{C_\varepsilon} e^{-t}t^{z-1}\mathrm{d}t = 0 \tag{1.40}$$

$$\int_C e^{-t}t^{z-1}\mathrm{d}t = \int_{+\infty}^{0} e^{-t}t^{z-1}\mathrm{d}t + e^{2(z-1)\pi i}\int_{0}^{+\infty} e^{-t}t^{z-1}\mathrm{d}t \tag{1.41}$$

用式(1.1)得到

---

①　**柯西定理**，也称柯西积分定理(Cauchy's integral theorem)[1:3-42,2:12-551,3:305,4:518,7:563]，即复变函数沿不包括奇点的闭曲线上的积分为零![2:7-327a] 柯西积分定理有多种叙述形式。该定理是解析函数理论的最重要、最基本的定理。解析函数的许多性质都源自于此(或与之相当的其他定理)，比如导出重要的**柯西积分公式**(Cauchy's integral formulas)。

$$\Gamma(z) = \frac{1}{e^{2\pi i z} - 1} \int_C e^{-t} t^{z-1} dt \tag{1.42}$$

点 $z = 0, \pm 1, \pm 2, \cdots$ 是函数 $e^{2\pi i z} - 1$ 的零点。而点 $z = 1, 2, \cdots$ 不是 $\Gamma(z)$ 的极点，因为此时函数 $e^{-t} t^{z-1}$ 在复平面 (t) 是单值的和正则的，根据**柯西定理**

$$\int_C e^{-t} t^{z-1} dt = 0$$

如果 $z = 0, -1, -2, \cdots$，则函数 $e^{-t} t^{z-1}$ 不是 t 的整函数，它沿围线 C 的积分不等于零。因而点列 $z = 0, -1, -2, \cdots$ 是 $\Gamma(z)$ 的极点。根据**解析延拓原理**①，积分表达式(1.42)不仅对于 $\mathrm{Re}(z) > 0$（开始时就已假设）成立，而且在整个复平面 (z) 内均成立。

1.1.6　$1/\Gamma(z)$ 的围线积分表示

本节给出倒伽马函数 $1/\Gamma(z)$ 的积分表达公式。

为获得 $1/\Gamma(z)$ 的最简单积分表达式，在式(1.42)中用 $1-z$ 代替 z，有

$$\int_C e^{-t} t^{-z} dt = (e^{-2z\pi i} - 1) \Gamma(1 - z) \tag{1.43}$$

然后进行变量代换 $t = \tau e^{\pi i} = -\tau$。该代换将沿正实半轴割破的复平面 (t) 变换到沿负实半轴割破的复平面 (τ)。在 (τ) 平面的下割边沿 $\arg(\tau) = -\pi$，对应于 (t) 平面的上割边沿 $\arg(t) = 0$。围线 C 变换成图 1.3 所示的汉克尔(Hankel)围线 Ha。从而有

$$\int_C e^{-t} t^{-z} dt = -\int_{Ha} e^{\tau} (e^{\pi i} \tau)^{-z} d\tau = -e^{-z\pi i} \int_{Ha} e^{\tau} \tau^{-z} d\tau \tag{1.44}$$

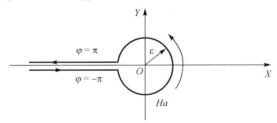

图 1.3　汉克尔围线 Ha

考虑关系式(1.43)和式(1.26)得

$$\int_{Ha} e^{\tau} \tau^{-z} d\tau = (e^{z\pi i} - e^{-z\pi i}) \Gamma(1 - z) = 2i \sin(\pi z) \Gamma(1 - z) = \frac{2\pi i}{\Gamma(z)} \tag{1.45}$$

由此，对于倒伽马函数有积分表达式

---

①　**解析延拓原理**(principle of analytic continuation)[1;3-60]　扩大解析函数定义域的原理。设平面上区域 D_1 与 D_2 有公共部分 d，函数 $f_1(z)$ 在 D_1 内解析，$f_2(z)$ 在 D_2 内解析，且在 $d = D_1 \cap D_2$ 上有 $f_1(z) = f_2(z)$，则函数

$$F(z) = \begin{cases} f_1(z), & z \in D_1 \backslash d \\ f_2(z), & z \in D_2 \backslash d \\ f_1(z) = f_2(z), & z \in d \end{cases}$$

是区域 $D = D_1 \cup D_2$ 上的单值解析函数。

若给定两个解析元素 $\{f_1(z), D_1\}$ 与 $\{f_2(z), D_2\}$，D_1 与 D_2 互不包含，其公共部分是区域 G，在区域 G 内有 $f_1(z) = f_2(z)$，则此两个解析函数互为直接解析延拓。

$$\frac{1}{\Gamma(z)} = \frac{1}{2\pi i} \int_{Ha} e^{\tau} \tau^{-z} d\tau \tag{1.46}$$

现在用 $\gamma(\varepsilon,\varphi)(\varepsilon>0, 0<\varphi\leqslant\pi)$ 表示由如下三部分构成的围线：

（1）$\arg\tau=-\varphi$，$|\tau|\geqslant\varepsilon$；

（2）$-\varphi\leqslant\arg\tau\leqslant\varphi$，$|\tau|=\varepsilon$；

（3）$\arg\tau=\varphi$，$|\tau|\geqslant\varepsilon$。

该围线是逆时针方向的，因而 $\arg\tau$ 是非递减函数，其形状如图 1.4 所示。

围线 $\gamma(\varepsilon,\varphi)$ 将复平面 τ 分解成两个区域，用 $G^-(\varepsilon,\varphi)$ 和 $G^+(\varepsilon,\varphi)$ 表示，分别对应围线 $\gamma(\varepsilon,\varphi)$ 的左侧和右侧（图 1.4）。

如果 $0<\varphi<\pi$，$G^-(\varepsilon,\varphi)$ 和 $G^+(\varepsilon,\varphi)$ 是无限区域。

如果 $\varphi=\pi$，则 $G^-(\varepsilon,\varphi)$ 变成一个圆 $|\tau|<\varepsilon$，而 $G^+(\varepsilon,\varphi)$ 变成一个除圆 $|\tau|<\varepsilon$ 和射线 $|\arg\varphi|=\pi$ 外的复平面。

现在需要证明：在式（1.46）中沿汉克尔围线 Ha 的积分，能够替代为沿围线 $\gamma(\varepsilon,\varphi)$ 的积分，也即

$$\frac{1}{\Gamma(z)} = \frac{1}{2\pi i} \int_{\gamma(\varepsilon,\varphi)} e^{\tau} \tau^{-z} d\tau, \qquad \varepsilon>0, \qquad \frac{\pi}{2}<\varphi\leqslant\pi \tag{1.47}$$

考虑图 1.5 所示的围线（$A^+B^+C^+D^+$），应用柯西定理得

$$0 = \int_{(A^+B^+C^+D^+)} e^{-\tau}\tau^{-z}d\tau = \int_{A^+}^{B^+} + \int_{B^+}^{C^+} + \int_{C}^{D^+} + \int_{D^+}^{A^+} \tag{1.48}$$

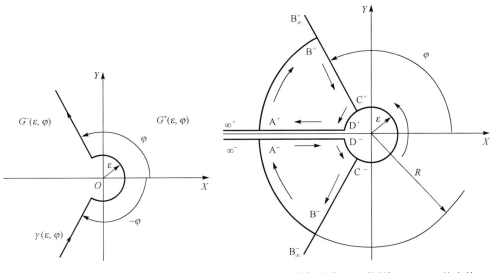

图 1.4　围线 $\gamma(\varepsilon,\varphi)$　　　　　图 1.5　汉克尔围线 Ha 到围线 $\gamma(\varepsilon,\varphi)$ 的变换

在圆弧（A^+B^+）上，有 $|\tau|=R$，并且

$$|e^{\tau}\tau^{-z}| = e^{R\cos(\arg\tau)-x\log R+y\arg\tau} \leqslant e^{-R\cos(\pi-\varphi)-x\log R+2\pi y}$$

由此而来

$$\lim_{R\to\infty}\int_{A^+}^{B^+} = 0 \tag{1.49}$$

在式（1.48）中取 $R\to\infty$，再用式（1.49）得

$$\int\limits_{C^+}^{D^+} + \int\limits_{D^+}^{\infty^+} + \int\limits_{B_\infty^\pm}^{C^+} = 0, \qquad \int\limits_{C^+}^{D^+} + \int\limits_{D^+}^{\infty^+} = \int\limits_{C^+}^{B_\infty^\pm} \qquad (1.50)$$

同理，考虑围线（A⁻D⁻C⁻B⁻）得

$$\int\limits_{\infty^-}^{D^-} + \int\limits_{D^-}^{C^-} = \int\limits_{B_\infty^-}^{C^-} \qquad (1.51)$$

综合式(1.50)和式(1.51)便可证明

$$\int\limits_{Ha} e^\tau \tau^{-z} d\tau = \left(\int\limits_{B_\infty^-}^{C^-} + \int\limits_{C^-}^{C^+} + \int\limits_{C^+}^{B_\infty^\pm} \right) e^\tau \tau^{-z} d\tau = \int\limits_{\gamma(\varepsilon,\varphi)} e^\tau \tau^{-z} d\tau$$

事实上，伽马倒函数 $1/\Gamma(z)$ 的积分表达式(1.47)对于所有 z 成立。

关于倒伽马函数，能够获得如下两个积分表达式。

第一个积分表达式对任意复数 z 成立。

在式(1.47)中进行变量代换 $\tau = \zeta^{1/\alpha}$（$\alpha < 2$），当 $1 \leq \alpha < 2$ 时，只考虑 $\pi/2 < \varphi < \pi/\alpha$ 情形的围线 $\gamma(\varepsilon, \varphi)$。由此，对于任意 $\varepsilon > 0$，得出积分表达式

$$\frac{1}{\Gamma(z)} = \frac{1}{2\pi\alpha i} \int\limits_{\gamma(\varepsilon,\varphi)} \exp(\zeta^{1/\alpha}) \zeta^{(1-z-\alpha)/\alpha} d\zeta, \qquad \alpha < 2, \frac{\pi\alpha}{2} < \mu < \min\{\pi, \pi\alpha\} \qquad (1.52)$$

注意在 $\mathrm{Re}(z) > 0$ 的情形下，对于 $\alpha = \pi/2$，式(1.47)仍然成立，从而得出 $1/\Gamma(z)$ 的另一个积分表达式：

$$\frac{1}{\Gamma(z)} = \frac{1}{2\pi i} \int\limits_{\gamma(\varepsilon,\pi/2)} e^u u^{-z} du, \qquad \varepsilon > 0, \qquad \mathrm{Re}(z) > 0 \qquad (1.53)$$

在式(1.53)中进行变量代换 $u = \sqrt{\zeta}$，获得积分表达式

$$\frac{1}{\Gamma(z)} = \frac{1}{4\pi i} \int\limits_{\gamma(\varepsilon,\pi)} \exp(\zeta^{1/2}) \zeta^{-(z+1)/2} d\zeta, \qquad \varepsilon > 0, \qquad \mathrm{Re}(z) > 0 \qquad (1.54)$$

应当强调的是，积分表达式(1.52)对任意 z 都有效，然而积分表达式(1.54)仅当 $\mathrm{Re}(z) > 0$ 时成立。

1.2　米塔–列夫勒函数

在整数阶微分方程理论中，指数函数 e^z 起着非常重要的作用。① 指数函数的**单参量广义化**(one-parameter generalization)形式表示为[65]

$$E_\alpha(z) = \sum_{k=0}^\infty \frac{z^k}{\Gamma(\alpha k + 1)} \qquad (1.55)$$

---

① 众所周知的事实是：复变整函数——解析指数函数 e^z 的幂级数展开为

$$e^z = \sum_{k=0}^\infty \frac{z^k}{k!} = \sum_{k=0}^\infty \frac{z^k}{\Gamma(k+1)} \qquad (1.55a)$$

本节所论述的**米塔–列夫勒函数**(Mittag-Leffler function)[155~157]正是由此开始的。随着分数微积分理论与应用的不断发展，米塔–列夫勒函数的重要性，无论如何强调都不为过。[152~154]甚至人们把它称为"the Queen Function of Fractional Calculus——分数微积分的**皇后函数**[154:2]"。

这是**米塔-列夫勒**①（1902 年）引入[155~157]，Wiman（1905 年）[256,257]也进行了研究的特殊函数。

　　双参量米塔-列夫勒函数在分数微积分中起着非常重要的作用，事实上它是由 Agarwal（1953 年）引进的[3]。Humbert 和 Agarwal 用拉普拉斯变换技术求得该函数的许多基本关系[107]。因此该函数曾被称为 Agarwal 函数。然而，Humbert 和 Agarwal 谦虚地认可了单参量米塔-列夫勒函数中的相同观点，这就是为什么双参量函数仍旧称为**米塔-列夫勒函数**的缘故。本书将沿用特殊函数基本手册[65]中使用的名称和概念。尽管我们跟随 Agarwal 使用了同样的名称，但这里给出的定义却与 Agarwal 的定义有所不同，引入了一个非常量因子。本节一些结论来源于 Dzhrbashyan[45]的《积分变换与复域中函数的表达》②第 3 章的内容。

　　关于米塔-列夫勒函数的零点分布问题在此不予讨论，值得研读的文献有[257，240，87，45：139-146]。

1.2.1　定义及其一些函数关系

　　米塔-列夫勒类**双参量函数**用级数展开定义为[65]

$$E_{\alpha,\beta}(z) = \sum_{k=0}^{\infty} \frac{z^k}{\Gamma(\alpha k + \beta)}, \qquad \alpha > 0, \qquad \beta > 0 \tag{1.56}$$

由此有

$$E_{1,1}(z) = \sum_{k=0}^{\infty} \frac{z^k}{\Gamma(k+1)} = \sum_{k=0}^{\infty} \frac{z^k}{k!} = e^z \tag{1.57}$$

$$E_{1,2}(z) = \sum_{k=0}^{\infty} \frac{z^k}{\Gamma(k+2)} = \sum_{k=0}^{\infty} \frac{z^k}{(k+1)!} = \frac{1}{z}\sum_{k=0}^{\infty} \frac{z^{k+1}}{(k+1)!} = \frac{e^z-1}{z} \tag{1.58}$$

$$E_{1,3}(z) = \sum_{k=0}^{\infty} \frac{z^k}{\Gamma(k+3)} = \sum_{k=0}^{\infty} \frac{z^k}{(k+2)!} = \frac{1}{z^2}\sum_{k=0}^{\infty} \frac{z^{k+2}}{(k+2)!} = \frac{e^z-1-z}{z^2} \tag{1.59}$$

并有通用公式

$$E_{1,m}(z) = \frac{1}{z^{m-1}}\left\{ e^z - \sum_{k=0}^{m-2} \frac{z^k}{k!} \right\} \tag{1.60}$$

　　双曲正弦与双曲余弦也是米塔-列夫勒函数式（1.56）的特例：

$$E_{2,1}(z^2) = \sum_{k=0}^{\infty} \frac{z^{2k}}{\Gamma(2k+1)} = \sum_{k=0}^{\infty} \frac{z^{2k}}{(2k)!} = \cosh(z) \tag{1.61}$$

---

　　①　**米塔-列夫勒**（Mittag-Leffler，Magnus Gösta，1846-1927）[1:6-282,2:16-15]　瑞典数学家。他的数学贡献主要在解析函数论方面：推广了外尔斯特拉斯的亚纯函数表示公式；证明在任意一个区域上的亚纯函数皆可表示为两个函数的商，其中每一个都在该区域内解析；给出著名的**米塔-列夫勒定理**[1:3-54]——具有给定极点和相应主要部分的亚纯函数的构造性存在定理。米塔-列夫勒一生著述达 119 种。他思想解放，善于组织，重视师资与图书资料设备建设，可谓是一位优秀教育家和科学攻关的优秀组织者。他在 1882 年创办的《数学学报（瑞典）》（Acta Mathematica）[1:6-493]是蜚声欧洲的重要数学杂志。

　　本书所论述的米塔-列夫勒函数 $E_\alpha(z)$ 及更广泛的相关函数类，比如双参量米塔-列夫勒函数 $E_{\alpha,\beta}(z)$、赖特函数 $W(z;\alpha,\beta)$ 等，在函数表达方面具有非凡本领，在分数微积分中越来越显现出其重要性。[152~154]

　　②　M. M. Dzhrbashyan. *Integral Transforms and Representations of Functions in the Complex Domain*. Nauka，Moscow，1966.

$$\mathrm{E}_{2,2}(z^2) = \sum_{k=0}^{\infty} \frac{z^{2k}}{\Gamma(2k+2)} = \frac{1}{z} \sum_{k=0}^{\infty} \frac{z^{2k+1}}{(2k+1)!} = \frac{\sinh(z)}{z} \tag{1.62}$$

n 阶双曲函数[65]，即广义化双曲正弦与余弦也能用米塔-列夫勒函数表达：

$$h_r(z,n) = \sum_{k=0}^{\infty} \frac{z^{nk+r-1}}{(nk+r-1)!} = z^{r-1}\mathrm{E}_{n,r}(z^n), \qquad r = 1,2,\cdots,n \tag{1.63}$$

同样，n 阶三角函数，即广义化的正弦和余弦也能用米塔-列夫勒函数表达：

$$k_r(z,n) = \sum_{j=0}^{\infty} \frac{(-1)^j z^{nj+r-1}}{(nj+r-1)!} = z^{r-1}\mathrm{E}_{n,r}(-z^n), \qquad r = 1,2,\cdots,n \tag{1.64}$$

用文献[2]中的公式(7.1.3)与公式(7.1.8)，获得

$$\mathrm{E}_{1/2,1}(z) = \sum_{k=0}^{\infty} \frac{z^k}{\Gamma(k/2+1)} = \mathrm{e}^{z^2}\mathrm{erfc}(-z) \tag{1.65}$$

式中 $\mathrm{erfc}(z)$ 是误差余函数(error function complement)，定义为

$$\mathrm{erfc}(z) = \frac{2}{\sqrt{\pi}} \int_z^{\infty} \mathrm{e}^{-t^2}\mathrm{d}t$$

对于 $\beta = 1$，得到单参量米塔-列夫勒函数：

$$\mathrm{E}_{\alpha,1}(z) = \sum_{k=0}^{\infty} \frac{z^k}{\Gamma(\alpha k+1)} \equiv \mathrm{E}_{\alpha}(z) \tag{1.66}$$

文献[153]为求解有理阶微分方程而引入的函数 $\mathcal{E}_t(\nu,a)$，是米塔-列夫勒函数式(1.56)的一个特例：

$$\mathcal{E}_t(\nu,a) = t^{\nu} \sum_{k=0}^{\infty} \frac{(at)^k}{\Gamma(\nu+k+1)} = t^{\nu}\mathrm{E}_{1,\nu+1}(at) \tag{1.67}$$

Rabotnov 函数[218] $\mathfrak{z}_{\alpha}(\beta,t)$ 也是双参量米塔-列夫勒函数式(1.56)的特例：

$$\mathfrak{z}_{\alpha}(\beta,t) = t^{\alpha} \sum_{k=0}^{\infty} \frac{\beta^k t^{k(\alpha+1)}}{\Gamma(k+1)(1+\alpha)} = t^{\alpha}\mathrm{E}_{\alpha+1,\alpha+1}(\beta t^{\alpha+1}) \tag{1.68}$$

依据关系式(1.67)和式(1.68)，从双参量米塔-列夫勒函数式(1.56)的性质，就能推导出米勒-罗斯函数和 Rabotnov 函数的性质。

Plotnikov[190] 与 Tseytlin[250] 研究工作中所用的**分数正弦** $Sc_{\alpha}(z)$ 和**分数余弦** $Cs_{\alpha}(z)$ 两个函数，恰好也是双参量米塔-列夫勒函数的特例：

$$Sc_{\alpha}(z) = \sum_{n=0}^{\infty} \frac{(-1)^n z^{(2-\alpha)n+1}}{\Gamma((2-\alpha)n+2)} = z\mathrm{E}_{2-\alpha,2}(-z^{2-\alpha}) \tag{1.69}$$

$$Cs_{\alpha}(z) = \sum_{n=0}^{\infty} \frac{(-1)^n z^{(2-\alpha)n}}{\Gamma((2-\alpha)n+1)} = \mathrm{E}_{2-\alpha,1}(-z^{2-\alpha}) \tag{1.70}$$

正弦和余弦函数的另外"**分数化**"形式也能用双参量米塔-列夫勒函数式(1.56)来表示。Luchko 和 Srivastava[128] 曾提出

$$\sin_{\lambda,\mu}(z) = \sum_{k=0}^{\infty} \frac{(-1)^k z^{2k+1}}{\Gamma(2\mu k+2\mu-\lambda+1)} = z\mathrm{E}_{2\mu,2\mu-\lambda+1}(-z^2) \tag{1.71}$$

$$\cos_{\lambda,\mu}(z) = \sum_{k=0}^{\infty} \frac{(-1)^k z^{2k}}{\Gamma(2\mu k+\mu-\lambda+1)} = \mathrm{E}_{2\mu,\mu-\lambda+1}(-z^2) \tag{1.72}$$

当然这两种形式的分数正弦和分数余弦性质来自于米塔-列夫勒函数式(1.56)的性质。

将米塔-列夫勒函数式(1.56)推广到**双变量**情形是 Humberth 和 Delerue[108]，Chak[36] 提出的，Srivastava[243] 进一步推广到如下系统化形式：

$$\xi_{\alpha,\beta,\lambda,\mu}^{\nu,\sigma}(x,y) = \sum_{m=0}^{\infty}\sum_{n=0}^{\infty} \frac{x^{m+\frac{\beta(\nu n+1)-1}{\alpha}} y^{n+\frac{\mu(\sigma m+1)-1}{\lambda}}}{\Gamma(m\alpha+(\nu n+1)\beta)\Gamma(n\lambda+(\sigma m+1)\mu)} \tag{1.73}$$

为了求解常系数线性分数微分方程，Hadid 和 Yu Luchko[100] 将米塔-列夫勒函数推广到**多变量**情形：

$$E_{(\alpha_1,\cdots,\alpha_m),\beta}(z_1,\cdots,z_m) = \sum_{k=0}^{\infty}\sum_{\substack{l_1+\cdots+l_m=k \\ l_1>0,\cdots,l_m>0}} \frac{(k;l_1,\cdots,l_m)\prod_{i=1}^{m}z_i^{l_i}}{\Gamma\left(\beta+\sum_{i=0}^{m}\alpha_i l_i\right)} \tag{1.74}$$

式中 $(k;l_1,\cdots,l_m)$ 是**多项式系数**[2]①。

1.2.2　双参量米塔-列夫勒函数的拉普拉斯变换

从关系式(1.57)可知，双参量米塔-列夫勒函数 $E_{\alpha,\beta}(z)$ 是指数函数 e^z 的广义化，因而指数函数是米塔-列夫勒函数的特例。

根据米塔-列夫勒函数和指数函数 e^z 之间的相同点，可获得米塔-列夫勒函数拉普拉斯变换的方法。为达此目的，我们用非传统方法来求解函数 $t^k e^{at}$ 的拉普拉斯变换。

首先证明

$$\int_0^{\infty} e^{-t} e^{\pm zt} dt = \frac{1}{1\mp z}, \qquad |z|<1 \tag{1.75}$$

对 e^z 进行级数展开，获得②

---

① **多项式系数**(multinomial coefficient)[1:2-12]　一类组合数，它是二项式

$$(x_1+x_2)^k = \sum_{i=0}^{k}\binom{k}{i}x_1^i x_2^{k-i}$$

展开式系数

$$\binom{k}{i} = C_k^i = \frac{k!}{(k-i)!i!}$$

的推广。多项式 $(x_1+x_2+\cdots+x_m)^k$ 的展开式(即多项式定理)[4:27,7:30]

$$(x_1+x_2+\cdots+x_m)^k = \sum_{l_1+l_2+\cdots+l_m=k}\binom{k}{l_1,l_2,\cdots,l_m}x_1^{l_1}x_2^{l_2}\cdots x_m^{l_m} \tag{1.74a}$$

中，因式 $x_2^{l_1}x_2^{l_2}\cdots x_m^{l_m}$ 的系数

$$(k;l_1,l_2,\cdots,l_m) = \binom{k}{l_1,l_2,\cdots,l_m} = \frac{k!}{l_1!l_2!\cdots l_m!}, \qquad l_1+l_2+\cdots+l_m=k \tag{1.74b}$$

多项式系数的组合意义为：将 k 个可辨球分放 m 个不同盒子 $T_1,T_2,\cdots,T_m$ 中。在 T_1 中放 l_1 个，在 T_2 中放 l_2 个，$\cdots$，在 T_m 中放 l_m 个，$l_1+l_2+\cdots+l_m=k$，若在同一盒子中不计球的次序，则共有 $(k;l_1,l_2,\cdots,l_m)$ 种放法。

② 原文式(1.76)、式(1.77)存在笔误。其实使用的是 $e^{\pm zt}$ 的级数展开：

$$e^{\pm zt} = \sum_{k=0}^{\infty}\frac{(\pm zt)^k}{k!} = \sum_{k=0}^{\infty}\frac{(\pm z)^k}{k!}t^k$$

$$\int_0^\infty e^{-t} e^{\pm zt} dt = \sum_{k=0}^\infty \frac{(\pm z)^k}{k!} \int_0^\infty e^{-t} t^k dt = \sum_{k=0}^\infty (\pm z)^k = \frac{1}{1 \mp z} \tag{1.76}$$

其次，对等式(1.75)两端关于变量 z 微分，结果为

$$\int_0^\infty e^{-t} t^k e^{\pm zt} dt = \frac{k!}{(1 \mp z)^{k+1}}, \qquad |z| < 1 \tag{1.77}$$

然后进行变量代换，就获得熟悉的函数 $t^k e^{\pm at}$ 的拉普拉斯变换对：

$$\int_0^\infty e^{-st} t^k e^{\pm at} dt = \frac{k!}{(s \mp a)^{k+1}}, \qquad \text{Re}(s) > |a| \tag{1.78}$$

现在考察双参量米塔-列夫勒函数式(1.56)。将式(1.56)代入如下积分中导出

$$\int_0^\infty e^{-t} t^{\beta-1} E_{\alpha,\beta}(zt^\alpha) dt = \frac{1}{1-z}, \qquad |z| < 1 \tag{1.79}$$

由此得到函数

$$t^{\alpha k+\beta-1} E_{\alpha,\beta}^{(k)}(\pm zt^\alpha), \qquad \left(E_{\alpha,\beta}^{(k)}(y) \equiv \frac{d^k}{dy^k} E_{\alpha,\beta}(y) \right)$$

的拉普拉斯变换[1]：

$$\int_0^\infty e^{-st} t^{\alpha k+\beta-1} E_{\alpha,\beta}^{(k)}(\pm at^\alpha) dt = \frac{k! s^{\alpha-\beta}}{(s^\alpha \mp a)^{k+1}}, \qquad \text{Re}(s) > |a|^{1/\alpha} \tag{1.80}$$

取 $\alpha=\beta=1/2$ 得到上式的一个特例

$$\int_0^\infty e^{-st} t^{\frac{k-1}{2}} E_{\frac{1}{2},\frac{1}{2}}^{(k)}(\pm a\sqrt{t}) dt = \frac{k!}{(\sqrt{s} \mp a)^{k+1}}, \qquad \text{Re}(s) > a^2 \tag{1.81}$$

该关系对于求解文献[179，153]中的半微分方程是有用的。

1.2.3　米塔-列夫勒函数的导数

级数表达式(1.56)的**黎曼-刘维尔分数阶微分**[2] $_0D_t^\gamma$（γ 为任意实数）是

$$_0D_t^\gamma \left[t^{\alpha k+\beta-1} E_{\alpha,\beta}^{(k)}(\lambda t^\alpha) \right] = t^{\alpha k+\beta-\gamma-1} E_{\alpha,\beta-\gamma}^{(k)}(\lambda t^\alpha) \tag{1.82}$$

文献[65]中的方程式18.1(25)给出了上式 $k=0$，$\lambda=1$ 和整数 γ 情形时的特例，并有

$$\left(\frac{d}{dt} \right)^m \left[t^{\beta-1} E_{\alpha,\beta}(t^\alpha) \right] = t^{\beta-m-1} E_{\alpha,\beta-m}(t^\alpha), \qquad m = 1,2,3,\cdots \tag{1.83}$$

式(1.83)有一些有趣的推论。取 $\alpha=m/n$（m 和 n 都是自然数）可得

$$\left(\frac{d}{dt} \right)^m \left(t^{\beta-1} E_{m/n,\beta}(t^{m/n}) \right) = t^{\beta-1} E_{m/n,\beta}(t^{m/n}) + t^{\beta-1} \sum_{k=1}^n \frac{t^{-\frac{m}{n}k}}{\Gamma\left(\beta - \frac{m}{n}k \right)}, \qquad m,n = 1,2,3,\cdots \tag{1.84}$$

设 $n=1$ 并考虑到伽马函数的基本性质

---

① 在式(1.80)和式(1.81)中，原文使用 p 表示拉普拉斯变量，译文中为了统一与诸多学科领域中人们的习惯，使用 s 表示拉普拉斯变量。

② **黎曼-刘维尔分数阶微分**将在2.3节中讲解。

$$\frac{1}{\Gamma(-v)} = 0, \qquad v = 0, 1, 2, \cdots$$

由式(1.84)获得

$$\left(\frac{\mathrm{d}}{\mathrm{d}t}\right)^m \left[t^{\beta-1} \mathrm{E}_{m,\beta}(t^m)\right] = t^{\beta-1} \mathrm{E}_{m,\beta}(t^m), \qquad m = 1, 2, 3, \cdots; \qquad \beta = 0 \sim m \qquad (1.85)$$

在式(1.84)中进行变量代换 $t = z^{n/m}$，有

$$\left(\frac{m}{n} z^{1-\frac{n}{m}} \frac{\mathrm{d}}{\mathrm{d}z}\right)^m \left[z^{(\beta-1)n/m} \mathrm{E}_{m/n,\beta}(z)\right] = z^{(\beta-1)n/m} \mathrm{E}_{m/n,\beta}(z) + t^{(\beta-1)n/m} \sum_{k=1}^{n} \frac{t^{-k}}{\Gamma\left(\beta - \frac{m}{n}k\right)} \qquad (1.86)$$

$$m, n = 1, 2, 3, \cdots$$

取 $m = 1$，获得表达式

$$\frac{1}{n} \frac{\mathrm{d}}{\mathrm{d}z}\left[z^{(\beta-1)n} \mathrm{E}_{1/n,\beta}(z)\right] = z^{\beta n-1} \mathrm{E}_{1/n,\beta}(z) + z^{\beta n-1} \sum_{k=1}^{n} \frac{t^{-k}}{\Gamma\left(\beta - \frac{k}{n}\right)}, \qquad n = 1, 2, 3, \cdots \qquad (1.87)$$

1.2.4　有关米塔–列夫勒函数的微分方程

值得注意的是关系式(1.84)~式(1.87)，也可理解成关于米塔–列夫勒函数的微分方程。也就是说，如果记

$$y_1(t) = t^{\beta-1} \mathrm{E}_{m/n,\beta}(t^{m/n})$$
$$y_2(t) = t^{\beta-1} \mathrm{E}_{m,\beta}(t^m)$$
$$y_3(t) = t^{(\beta-1)n/m} \mathrm{E}_{m/n,\beta}(t)$$
$$y_4(t) = t^{(\beta-1)n} \mathrm{E}_{1/n,\beta}(t)$$

则这些函数分别满足微分方程：

$$\frac{\mathrm{d}^m y_1(t)}{\mathrm{d}t^m} - y_1(t) = t^{\beta-1} \sum_{k=1}^{n} \frac{t^{-\frac{m}{n}k}}{\Gamma\left(\beta - \frac{m}{n}k\right)}, \qquad m, n = 1, 2, 3, \cdots \qquad (1.88)$$

$$\frac{\mathrm{d}^m y_2(t)}{\mathrm{d}t^m} - y_2(t) = 0, \qquad m = 1, 2, 3, \cdots; \beta = 0 \sim m \qquad (1.89)$$

$$\left(\frac{m}{n} t^{1-\frac{n}{m}} \frac{\mathrm{d}}{\mathrm{d}t}\right)^m y_3(t) - y_3(t) = t^{(\beta-1)n/m} \sum_{k=1}^{n} \frac{t^{-k}}{\Gamma\left(\beta - \frac{m}{n}k\right)}, \qquad m, n = 1, 2, \cdots \qquad (1.90)$$

$$\frac{1}{n} \frac{\mathrm{d}y_4(t)}{\mathrm{d}t} y_4(t) - t^{n-1} y_4(t) = t^{\beta n-1} \sum_{k=1}^{n} \frac{t^{-k}}{\Gamma\left(\beta - \frac{k}{n}\right)}, \qquad n = 1, 2, 3, \cdots \qquad (1.91)$$

1.2.5　求和公式

从如下熟悉的关系入手：

$$\sum_{v=0}^{m-1} \mathrm{e}^{\mathrm{i}2\pi vk/m} = \begin{cases} m, & k \equiv 0(\mathrm{mod}\ m) \\ 0, & k \not\equiv 0(\mathrm{mod}\ m) \end{cases} \qquad (1.92)$$

式中 $k \equiv p \pmod{m}$ 表示 $k-p$ 除以 m 的余数等于零 $(k，p$ 和 m 均为整数$)$。①

综合式(1.92)与米塔-列夫勒函数的定义式(1.56)，得到

$$\sum_{v=0}^{m-1} \mathrm{E}_{\alpha,\beta}(z\mathrm{e}^{\mathrm{i}2\pi v/m}) = m\mathrm{E}_{m\alpha,\beta}(z^m)，\qquad m \geqslant 1 \qquad (1.93)$$

在式(1.93)中用 $\dfrac{\alpha}{m}$ 代替 α，用 $z^{1/m}$ 代替 z，立即得

$$\mathrm{E}_{\alpha,\beta}(z) = \frac{1}{m}\sum_{v=0}^{m-1} \mathrm{E}_{\alpha,\beta}(z^{1/m}\mathrm{e}^{\mathrm{i}2\pi v/m})，\qquad m \geqslant 1 \qquad (1.94)$$

必须注意式(1.94)的特例：取 $m=2$ 和 $z=t^2$，有

$$\mathrm{E}_{\alpha,\beta}(z) + \mathrm{E}_{\alpha,\beta}(-z) = 2\mathrm{E}_{\alpha,\beta}(z^2) \qquad (1.95)$$

同理，从熟悉的公式

$$\sum_{v=-m}^{m} \mathrm{e}^{\mathrm{i}2\pi vk/(2m+1)} = \begin{cases} 2m+1，& k \equiv 0(\bmod\ 2m+1) \\ 0，& k \equiv 0(\bmod\ 2m+1) \end{cases} \qquad (1.96)$$

入手，就有

$$\mathrm{E}_{\alpha,\beta}(z) = \frac{1}{2m+1}\sum_{v=-m}^{m-1} \mathrm{E}_{\alpha/(2m+1),\beta}(z^{1/(2m+1)}\mathrm{e}^{\mathrm{i}2\pi v/(2m+1)})，\qquad m \geqslant 0 \qquad (1.97)$$

求和公式(1.93)的推广形式，已由 Srivastava（1994 年）[244] 求出

$$\sum_{v=0}^{m-1} \mathrm{e}^{\mathrm{i}2\pi v(m-n)/m}\mathrm{E}_{\alpha,\beta}(z\mathrm{e}^{\mathrm{i}2\pi v/m}) = mz^n\mathrm{E}_{m\alpha,\beta+n\alpha}(z^m) \qquad (1.98)$$

---

① 关系式(1.92)是一个重要的数学恒等式，在信号处理、离散数学、数论等诸多领域都有应用。

恒等式(1.92)所表达的意义是：m 周期**数字信号**（digital signal）[9~12] 的所有（共 m 个）数字谐波之和恒等于一个 m 周期 δ 数字信号。用数学语言来说就是：对于 m 周期数字信号，即满足 $s_m[k] = s_m[k+m]$（$k \in \mathbb{Z}$，$m \geqslant 2$）的数字信号，所有**有限** m 个数字谐波信号 $\varphi_v[k] = \mathrm{e}^{\mathrm{i}2\pi vk/m}$（$v = 0,1,\cdots,m-1$）之和

$$\sum_{v=0}^{m-1}\varphi_v[k] = \sum_{v=0}^{m-1}\mathrm{e}^{\mathrm{i}2\pi vk/m} = m\delta_m[k] = m\sum_{n\in\mathbb{Z}}\delta[k-nm]，\qquad \delta[k] = \begin{cases} 1，& k=0 \\ 0，& k\neq 0 \end{cases} \qquad (1.92a)$$

关系式(1.96)可以写成"关于 $2m+1$ 周期数字信号的谐波之和"[10~11]

$$\sum_{v=-m}^{m}\varphi_v[k] = \sum_{v=-m}^{m}\mathrm{e}^{\mathrm{i}2\pi vk/(2m+1)} = (2m+1)\delta_{2m+1}[k] \qquad (1.92b)$$

同样，对于 T-周期**模拟信号**（analog signal，也即**连续时间信号**）[10~12]

$$s_T(t) = s_T(t+T)，\qquad t \in \mathbb{R}，\qquad T \in \mathbb{R}^+$$

所有（无限多个）谐波 $\phi_v(t) = \mathrm{e}^{\mathrm{i}2\pi vt/T}$（$v \in \mathbb{Z}$）之和恒等于 T 周期 δ 模拟信号：

$$\sum_{v\in\mathbb{Z}}\phi_v(t) = T\delta_T(t) = T\sum_n\delta(t-nT)，\qquad \delta(t) = \begin{cases} \infty，& t=0 \\ 0，& t\neq 0 \end{cases} \qquad 1.92c)$$

式中定义的 $\delta(t)$ 称为模拟 δ 信号（亦称狄拉克 δ 函数），自变量——连续时间变量 t 取（连续的）实数值。

在信号分析与处理等学科中，为了区分连续时间变量 t 的函数——模拟信号 s 与离散时间变量 n 的函数——数字信号 s，根据自变量的取值特点，分别表示为

模拟信号 $s(t)，t \in \mathbb{R}$；　　　**数字信号** $s[n]，n \in \mathbb{Z}$

无论是模拟还是数字情形，周期信号的所有谐波之和恒等于同周期 δ 信号。反过来说：周期 δ 信号的傅里叶级数展开是所有谐波的平均，即

$$\textbf{数字情形：}\delta_m[n] = \frac{1}{m}\sum_{v=0}^{m-1}\varphi_v[n]；\qquad \textbf{模拟情形：}\delta_T(t) = \frac{1}{T}\sum_{v\in\mathbb{Z}}\phi_v(t) \qquad (1.92d)$$

显然，对于 $n=0$，关系式(1.98)就给出求和公式(1.93)。

1.2.6　米塔-列夫勒函数的积分

对式(1.56)逐项积分得

$$\int_0^z E_{\alpha,\beta}(\lambda t^\alpha) t^{\beta-1} dt = z^\beta E_{\alpha,\beta+1}(\lambda z^\alpha), \qquad \beta > 0 \tag{1.99}$$

关系式(1.99)是如下更一般关系的一个特例。对级数式(1.56)进行分数阶逐项积分获得

$$\frac{1}{\Gamma(\nu)} \int_0^z (z-t)^{\nu-1} E_{\alpha,\beta}(\lambda t^\alpha) t^{\beta-1} dt = z^{\beta+\nu-1} E_{\alpha,\beta+\nu}(\lambda z^\alpha), \qquad \beta > 0, \qquad \nu > 0 \tag{1.100}$$

由式(1.100)、式(1.57)、式(1.61)和式(1.62)，有

$$\frac{1}{\Gamma(\alpha)} \int_0^z (z-t)^{\alpha-1} e^{\lambda t} dt = z^\alpha E_{1,\alpha+1}(\lambda z), \qquad \alpha > 0 \tag{1.101}$$

$$\frac{1}{\Gamma(\alpha)} \int_0^z (z-t)^{\alpha-1} \cosh(\sqrt{\lambda}\, t) dt = z^\alpha E_{2,\alpha+1}(\lambda z^2), \qquad \alpha > 0 \tag{1.102}$$

$$\frac{1}{\Gamma(\alpha)} \int_0^z (z-t)^{\alpha-1} \frac{\sinh(\sqrt{\lambda}\, t)}{\sqrt{\lambda}\, t} dt = z^{\alpha+1} E_{2,\alpha+2}(\lambda z^2), \qquad \alpha > 0 \tag{1.103}$$

对米塔-列夫勒函数进行分数积分也可证明：

$$\frac{1}{\Gamma(\alpha)} \int_0^z (z-t)^{\alpha-1} E_{2\alpha,\beta}(t^{2\alpha}) t^{\beta-1} dt = -z^{\beta-1} E_{2\alpha,\beta}(z^{2\alpha}) + z^{\beta-1} E_{\alpha,\beta}(z^\alpha) \tag{1.104}$$

为证明式(1.104)，考察积分

$$\int_0^z E_{2\alpha,\beta}(t^{2\alpha}) t^{\beta-1} \left\{ 1 + \frac{(z-t)^\alpha}{\Gamma(1+\alpha)} \right\} dt$$

$$= \sum_{k=0}^\infty \frac{1}{\Gamma(2k\alpha+\beta)} \int_0^z t^{2k\alpha+\beta-1} \left\{ 1 + \frac{(z-t)^\alpha}{\Gamma(1+\alpha)} \right\} dt$$

$$= z^\beta \sum_{k=0}^\infty \frac{z^{2k\alpha}}{\Gamma(2k\alpha+\beta+1)} + z^\beta \sum_{k=0}^\infty \frac{z^{(2k+1)\alpha}}{\Gamma((2k+1)\alpha+\beta+1)}$$

$$= z^\beta \sum_{k=0}^\infty \frac{z^{k\alpha}}{\Gamma(k\alpha+\beta+1)} = z^\beta E_{\alpha,\beta+1}(z^\alpha) \tag{1.105}$$

比较式(1.105)和式(1.99)得

$$\int_0^z E_{2\alpha,\beta}(t^{2\alpha}) t^{\beta-1} \left\{ 1 + \frac{(z-t)^\alpha}{\Gamma(1+\alpha)} \right\} dt = \int_0^z E_{\alpha,\beta}(\lambda t^\alpha) t^{\beta-1} dt, \qquad \beta > 0 \tag{1.106}$$

关于变量 z 对式(1.106)进行微分，可获得式(1.104)。

对于双参量米塔-列夫勒函数还有一个有趣的关系，它与针对正交多项式的 Cristoffel-Darboux 公式相似，即

$$\int_0^t \tau^{\gamma-1} E_{\alpha,\gamma}(y\tau^\alpha)(t-\tau)^{\beta-1} E_{\alpha,\beta}(z(t-\tau)^\alpha) d\tau$$

$$= \frac{y\mathrm{E}_{\alpha,\gamma+\beta}(y\tau^{\alpha}) - z\mathrm{E}_{\alpha,\gamma+\beta}(z\tau^{\alpha})}{y - z}t^{\gamma+\beta-1}, \qquad \gamma > 0, \beta > 0 \tag{1.107}$$

式中，y 和 $z(y \neq z)$ 都是任意复数。

其实，应用双参量米塔-列夫勒函数的定义式(1.56)，立即有

$$\int_0^t \tau^{\gamma-1}\mathrm{E}_{\alpha,\gamma}(y\tau^{\alpha})(t-\tau)^{\beta-1}\mathrm{E}_{\alpha,\beta}(z(t-\tau)^{\alpha})\mathrm{d}\tau$$

$$= \sum_{n=0}^{\infty}\sum_{m=0}^{\infty}\frac{y^n z^m}{\Gamma(\alpha n + \gamma)\Gamma(\alpha m + \beta)}\int_0^t \tau^{\alpha n+\gamma-1}(t-\tau)^{\alpha m+\beta-1}\mathrm{d}\tau$$

$$= \sum_{n=0}^{\infty}\sum_{m=0}^{\infty}\frac{y^n z^m t^{\alpha(n+m)+\beta+\gamma-1}}{\Gamma(\alpha(n+m)+\beta+\gamma)}$$

$$= t^{\beta+\gamma-1}\sum_{n=0}^{\infty}\sum_{k=n}^{\infty}\frac{y^n z^{k-n} t^{\alpha k}}{\Gamma(\alpha k + \beta + \gamma)}$$

$$= t^{\beta+\gamma-1}\sum_{k=0}^{\infty}\frac{z^k t^{\alpha k}}{\Gamma(\alpha k + \beta + \gamma)}\sum_{n=0}^{k}\left(\frac{y}{z}\right)^n$$

$$= \frac{t^{\beta+\gamma-1}}{y-z}\sum_{k=0}^{\infty}\frac{t^{\alpha k}(y^{k+1}-z^{k+1})}{\Gamma(\alpha k + \beta + \gamma)} \tag{1.108}$$

再利用定义式(1.56)，可获得式(1.107)。

另外一个有用公式是双参量米塔-列夫勒函数和函数 $\mathrm{e}^{-x^2/4t}$ 之间的关系式：

$$\int_0^{\infty}\mathrm{e}^{-x^2/4t}\mathrm{E}_{\alpha,\beta}(x^{\alpha})x^{\beta-1}\mathrm{d}x = \sqrt{\pi}\,t^{\beta/2}\mathrm{E}_{\alpha/2,(\beta+1)/2}(t^{\alpha/2}), \qquad \beta > 0, t > 0 \tag{1.109}$$

该关系在求解扩散(热传导、物质输运)方程方面起着重要作用。

为了证明公式(1.109)，对每一个固定的 t 值下的级数

$$\mathrm{e}^{-x^2/4t}\mathrm{E}_{\alpha,\beta}(x^{\alpha})x^{\beta-1} = \sum_{k=0}^{\infty}\frac{x^{\alpha k+\beta-1}}{\Gamma(\alpha k + \beta)}\mathrm{e}^{-x^2/4t}, \qquad \beta > 0 \tag{1.110}$$

能够从 0 到 ∞ 逐项积分，并有

$$\int_0^{\infty}\mathrm{e}^{-x^2/4t}\mathrm{E}_{\alpha,\beta}(x^{\alpha})x^{\beta-1}\mathrm{d}x = \int_0^{\infty}\left(\sum_{k=0}^{\infty}\frac{x^{\alpha k+\beta-1}}{\Gamma(\alpha k + \beta)}\mathrm{e}^{-x^2/4t}\right)\mathrm{d}x$$

$$= \sum_{k=0}^{\infty}\frac{1}{\Gamma(\alpha k + \beta)}\int_0^{\infty}x^{\alpha k+\beta-1}e^{-x^2/4t}\mathrm{d}x$$

$$= \sum_{k=0}^{\infty}\frac{\Gamma\left(\dfrac{\alpha k + \beta}{2}\right)}{2\Gamma(\alpha k + \beta)}(2\sqrt{t})^{\alpha k+\beta} \tag{1.111}$$

再利用勒让德公式，即式(1.35)

$$\Gamma(z)\Gamma\left(z+\frac{1}{2}\right) = \sqrt{\pi}\,2^{1-2z}\Gamma(2z)$$

就得到公式(1.109)。

拉普拉斯变换式(1.80)，也是求取双参量米塔-列夫勒函数若干有用关系的出发点。

例如，由恒等式(s 表示拉普拉斯变换参量)

$$\frac{1}{s^2} = \frac{s^{\alpha-\beta}}{s^{\alpha}-1}[s^{\beta-2}-s^{\beta-\alpha-2}] \tag{1.112}$$

和函数 t^v 的拉普拉斯变换[62;式3(1)]

$$\mathcal{L}\{t^v;s\} = \frac{\Gamma(v+1)}{s^{v+1}}, \qquad \text{Re}(s) > 0 \tag{1.113}$$

推出

$$\int_0^t \tau^{\beta-1} \mathrm{E}_{\alpha,\beta}(\tau^\alpha) \left[\frac{(t-\tau)^{1-\beta}}{\Gamma(2-\beta)} - \frac{(t-\tau)^{\alpha-\beta+1}}{\Gamma(\alpha-\beta+2)} \right] \mathrm{d}\tau = t, \qquad 0 < \beta < 2, \qquad \alpha > 0 \tag{1.114}$$

利用恒等式

$$\frac{s^{2\alpha-\beta}}{s^{2\alpha}-1} \cdot s^{-\alpha} = \frac{s^{2\alpha-\beta}}{s^{2\alpha}-1} + \frac{s^{\alpha-\beta}}{s^\alpha-1} \tag{1.115}$$

的拉普拉斯逆变换，也能立即求出米塔-列夫勒函数的分数积分公式(1.104)。

使用拉普拉斯变换也能得出公式(1.109)。其实，如果用 $F(s)$ 表示一个函数 $f(t)$ 的拉普拉斯变换，也就是说

$$F(s) = \mathcal{L}\{f(t);s\} = \int_0^\infty \mathrm{e}^{-st} f(t) \mathrm{d}t$$

则[62;式4.1(33)]

$$\mathcal{L}\left\{ \frac{1}{\sqrt{\pi t}} \int_0^\infty \mathrm{e}^{-x^2/4t} f(x) \mathrm{d}x; s \right\} = \frac{F(s^{1/2})}{s^{1/2}} \tag{1.116}$$

在上式中取

$$f(x) = x^{\beta-1} \mathrm{E}_{\alpha,\beta}(x^\alpha) \tag{1.117}$$

并根据式(1.80)，有

$$F(s) = \frac{s^{\alpha-\beta}}{s^\alpha-1}$$

由此可得

$$\frac{F(s^{1/2})}{s^{1/2}} = \frac{s^{\alpha/2-(\beta+1)/2}}{s^{\alpha/2}-1} = \mathcal{L}\left\{ t^{\frac{\beta+1}{2}-1} \mathrm{E}_{\alpha,\beta}(t^{\frac{\alpha}{2}}); s \right\} \tag{1.118}$$

比较式(1.116)和式(1.118)得出关系式(1.109)。

同理，使用双参量米塔-列夫勒函数的拉普拉斯变换式(1.80)，从恒等式

$$\frac{s^{\alpha-\beta}}{s^\alpha-a} \cdot \frac{s^{\alpha-\gamma}}{s^\alpha+a} = \frac{s^{2\alpha-(\beta+\gamma)}}{s^{2\alpha}-a^2} \tag{1.119}$$

入手，可得两个双参量米塔-列夫勒函数的卷积关系式

$$\int_0^t \tau^{\beta-1} \mathrm{E}_{\alpha,\beta}(a\tau^\alpha)(t-\tau)^{\gamma-1} \mathrm{E}_{\alpha,\gamma}(-a(t-\tau)^\alpha) \mathrm{d}\tau = t^{\beta+\gamma-1} \mathrm{E}_{2\alpha,\beta+\gamma}(a^2 t^{2\alpha}), \qquad \beta > 0, \gamma > 0 \tag{1.120}$$

从式(1.107)也能获得关系式(1.120)。取 $z = -y$，然后利用关系式(1.95)就能推出式(1.120)。

1.2.7 渐近展开

对关系式(1.87)积分给出

$$E_{1/n,\beta}(z) = z^{(1-\beta)n}e^{z^n}\left\{z_0^{(1-\beta)n}e^{-z_0^n}E_{1/n,\beta}(z_0) + n\int_{z_0}^{z}e^{-\tau^n}\left(\sum_{k=0}^{n}\frac{\tau^{-k}}{\Gamma(\beta - k/n)}\tau^{\beta n-1}\right)d\tau\right\}, \qquad n \geqslant 1$$

$$(1.121)$$

该式对任意 $z_0 \neq 0$ 有效。

如果 $\beta = 1$，则在式 (1.121) 中可以取 $z_0 = 0$。这样就给出了

$$E_{1/n,1}(z) = e^{z^n}\left\{1 + n\int_{0}^{z}e^{-\tau^n}\left(\sum_{k=1}^{n-1}\frac{\tau^{k-1}}{\Gamma(k/n)}\right)d\tau\right\}, \qquad n \geqslant 2 \qquad (1.122)$$

在式 (1.122) 中取 $n=2$，得出

$$E_{1/2,1}(z) = e^{z^2}\left\{1 + \frac{2}{\sqrt{\pi}}\int_{0}^{z}e^{-\tau^2}d\tau\right\} \qquad (1.123)$$

由此得出渐近公式

$$E_{1/2,1}(z) \sim 2e^{z^2}, \qquad |\arg(z)| < \frac{\pi}{4}, \qquad |z| \to \infty \qquad (1.124)$$

对于米塔-列夫勒函数 $E_{\alpha,\beta}(z)$ 的一般渐近公式，由下面的定理给出。其中用到的围线 $\gamma(\varepsilon,\varphi)$ 和域 $G^{-}(\varepsilon,\varphi)$，$G^{+}(\varepsilon,\varphi)$，已经在 1.1.6 节定义过了。

现在分别论述 $\alpha < 2$，$\alpha = 2$ 和 $\alpha > 2$ 三种情况。

首先，求解对应的积分表达公式，它们是获得渐近公式的必经之路。

定理 1.1 设 $0 < \alpha < 2$ 且 β 是一个任意复数，则对于任意 $\varepsilon > 0$，且 μ 满足

$$\frac{\pi\alpha}{2} < \mu \leqslant \min\{\pi, \pi\alpha\} \qquad (1.125)$$

时，有

$$E_{\alpha,\beta}(z) = \frac{1}{2\alpha\pi i}\int_{\gamma(\varepsilon,\mu)}\frac{\exp(\zeta^{1/\alpha})\zeta^{(1-\beta)/\alpha}}{\zeta - z}d\zeta, \qquad z \in G^{-}(\varepsilon,\varphi), \qquad (1.126)$$

$$E_{\alpha,\beta}(z) = \frac{1}{\alpha}z^{(1-\beta)/\alpha}\exp(z^{1/\alpha}) + \frac{1}{2\alpha\pi i}\int_{\gamma(\varepsilon,\mu)}\frac{\exp(\zeta^{1/\alpha})\zeta^{(1-\beta)/\alpha}}{\zeta - z}d\zeta, \qquad z \in G^{+}(\varepsilon,\varphi)$$

$$(1.127)$$

下面证明该命题。

如果 $|z| < \varepsilon$，则

$$|z/\zeta| < 1, \qquad \zeta \in \gamma(\varepsilon,\mu) \qquad (1.128)$$

使用双参量米塔-列夫勒函数 $E_{\alpha,\beta}(z)$ 的定义式 (1.56) 与倒伽马函数 $1/\Gamma(s)$ 的积分表达式 (1.52)，并考虑不等式 (1.128)，对于 $\alpha < 2$ 与 $|z| < \varepsilon$，得

$$\begin{aligned}
E_{\alpha,\beta}(z) &= \sum_{k=0}^{\infty}\frac{1}{2\alpha\pi i}\left\{\int_{\gamma(\varepsilon,\mu)}\exp(\zeta^{1/\alpha})\zeta^{(1-\beta)/\alpha-k-1}d\zeta\right\}z^k \\
&= \frac{1}{2\alpha\pi i}\int_{\gamma(\varepsilon,\mu)}\exp(\zeta^{1/\alpha})\zeta^{(1-\beta)/\alpha-1}\left\{\sum_{k=0}^{\infty}\left(\frac{z}{\zeta}\right)^k\right\}d\zeta \\
&= \frac{1}{2\alpha\pi i}\int_{\gamma(\varepsilon,\mu)}\frac{\exp(\zeta^{1/\alpha})\zeta^{(1-\beta)/\alpha}}{\zeta - z}d\zeta
\end{aligned} \qquad (1.129)$$

根据条件式 (1.125)，该积分绝对收敛，并在 $G^{-}(\varepsilon,\varphi)$ 与 $G^{+}(\varepsilon,\varphi)$ 中定义了变量 z 的一个解析函数。另一方面，对于每一个

$$\mu \in (\pi\alpha/2, \min\{\pi, \pi\alpha\}),$$

所有圆 $|z|<\varepsilon$ 都位于 $G^-(\varepsilon,\varphi)$ 内。因此，根据解析延拓原理，积分式(1.129)不仅在圆 $|z|<\varepsilon$ 内，而且在整个域 $G^-(\varepsilon,\varphi)$ 内等于 $E_{\alpha,\beta}(z)$。式(1.126)得证。

取 $z \in G^+(\varepsilon,\varphi)$，则对于任意 $\varepsilon_1 > |z|$ 有 $z \in G^-(\varepsilon_1,\varphi)$。利用式(1.126)得

$$E_{\alpha,\beta}(z) = \frac{1}{2\alpha\pi i} \int_{\gamma(\varepsilon_1,\mu)} \frac{\exp(\zeta^{1/\alpha})\zeta^{(1-\beta)/\alpha}}{\zeta - z} d\zeta \tag{1.130}$$

另一方面，如果 $\varepsilon < |z| < \varepsilon_1$ 且 $-\mu < \arg(z) < \mu$，则利用柯西定理给出

$$\frac{1}{2\alpha\pi i} \int_{\gamma(\varepsilon_1,\mu)-\gamma(\varepsilon,\mu)} \frac{\exp(\zeta^{1/\alpha})\zeta^{(1-\beta)/\alpha}}{\zeta - z} d\zeta = \frac{1}{\alpha} z^{(1-\beta)/\alpha}\exp(\zeta^{1/\alpha}) \tag{1.131}$$

组合式(1.130)与式(1.131)，就获得积分表达式(1.127)。

定理 1.2　如果 $\operatorname{Re}(\beta)>0$，则对于任意 $\varepsilon>0$，有

$$E_{2,\beta}(z) = \frac{1}{4\pi i} \int_{\gamma(\varepsilon,\pi)} \frac{\exp(\zeta^{1/2})\zeta^{(1-\beta)/2}}{\zeta - z} d\zeta, \qquad z \in G^-(\varepsilon,\varphi) \tag{1.132}$$

$$E_{2,\beta}(z) = \frac{1}{2} z^{(1-\beta)/2}\exp(z^{1/2}) + \frac{1}{4\pi i} \int_{\gamma(\varepsilon,\pi)} \frac{\exp(\zeta^{1/2})\zeta^{(1-\beta)/2}}{\zeta - z} d\zeta, \qquad z \in G^-(\varepsilon,\varphi) \tag{1.133}$$

该定理证明与前一定理证明相似。但需要用式(1.54)替代倒伽马函数 $1/\Gamma(s)$ 的积分表达式(1.52)，从而引出关系式(1.132)。方程式(1.132)右边积分，对于 $\operatorname{Re}(\beta)>0$ 收敛，对于 $\operatorname{Re}(\beta)>1$ 绝对收敛。考虑到式(1.131)也对 $\alpha=2$ 与 $\mu=\pi$ 成立，就可获得式(1.133)。

现在应用定理 1.1 来建立如下渐近公式。

定理 1.3　如果 $0<\alpha<2$，β 是一个任意复数，而 μ 是任意实数，使得

$$\frac{\pi\alpha}{2} < \mu \leqslant \min\{\pi, \pi\alpha\} \tag{1.134}$$

则对于任意整数 $p \geqslant 1$，如下展开式成立：

$$E_{\alpha,\beta}(z) = \frac{1}{\alpha} z^{(1-\beta)/\alpha}\exp(z^{1/\alpha}) - \sum_{k=1}^{p} \frac{z^{-k}}{\Gamma(\beta - \alpha k)} + O(|z|^{-1-p}) \tag{1.135}$$

$$|z| \to \infty, \quad |\arg(z)| \leqslant \mu$$

为证明式(1.135)，令 φ 满足条件

$$\frac{\pi\alpha}{2} < \mu < \varphi \leqslant \min\{\pi, \pi\alpha\} \tag{1.136}$$

现在取 $\varepsilon=1$ 并将表达式

$$\frac{1}{\zeta - z} = -\sum_{k=1}^{p} \frac{\zeta^{k-1}}{z^k} + \frac{\zeta^p}{z^p(\zeta - z)} \tag{1.137}$$

代入定理 1.1 的方程式(1.127)，在区域 $G^+(1,\varphi)$，即在围线 $\gamma(1,\varphi)$ 的右边[①]，米塔-列夫勒函数 $E_{\alpha,\beta}(z)$ 具有表达式：

$$E_{\alpha,\beta}(z) = \frac{1}{\alpha} z^{(1-\beta)/\alpha}\exp(z^{1/\alpha}) - \sum_{k=1}^{p}\left(\frac{1}{2\pi i\alpha} \int_{\gamma(1,\varphi)} \exp(\zeta^{1/\alpha})\zeta^{(1-\beta)/\alpha+k-1} d\zeta\right) z^{-k}$$

$$+ \frac{1}{2\pi i\alpha z^p} \int_{\gamma(1,\varphi)} \exp(\zeta^{1/\alpha})\zeta^{(1-\beta)/\alpha+p} d\zeta \tag{1.138}$$

---

①　参见图 1.4：围线 $\gamma(\varepsilon,\varphi)$。

第一项积分，借助公式（1.52）算得

$$\frac{1}{2\pi i\alpha}\int_{\gamma(1,\varphi)}\exp(\zeta^{1/\alpha})\zeta^{(1-\beta)/\alpha+k-1}\mathrm{d}\zeta=\frac{1}{\Gamma(\beta-\alpha k)},k\geqslant1 \tag{1.139}$$

将该表达式代入式（1.138），并考虑条件式（1.136），得出

$$\mathrm{E}_{\alpha,\beta}(z)=\frac{1}{\alpha}z^{(1-\beta)/\alpha}\exp(z^{1/\alpha})-\sum_{k=1}^{p}\frac{z^{-k}}{\Gamma(\beta-\alpha k)}+\frac{1}{2\pi i\alpha z^{p}}\int_{\gamma(1,\varphi)}\exp(\zeta^{1/\alpha})\zeta^{(1-\beta)/\alpha+p}\mathrm{d}\zeta$$

$$|\arg(z)|\leqslant\mu,\qquad|z|>1 \tag{1.140}$$

对于大的 $|z|$，$|\arg(z)|\leqslant\mu$，估算积分

$$I_{p}(z)=\frac{1}{2\pi i\alpha z^{p}}\int_{\gamma(1,\varphi)}\exp(\zeta^{1/\alpha})\zeta^{(1-\beta)/\alpha+p}\mathrm{d}\zeta$$

对于大的 $|z|$，$|\arg(z)|\leqslant\mu$ 有

$$\min_{\zeta\in\gamma(1,\varphi)}|\zeta-z|=|z|\sin(\varphi-\mu)$$

从而获得

$$|I_{p}(z)|\leqslant\frac{|z|^{-1-p}}{2\pi\alpha\sin(\varphi-\mu)}\int_{\gamma(1,\varphi)}|\exp(\zeta^{1/\alpha})||\zeta^{(1-\beta)+p}|\mathrm{d}\zeta \tag{1.141}$$

右端积分收敛，因为对于满足 $\arg(\zeta)=\pm\varphi$ 与 $|\zeta|\geqslant1$ 的 ζ，始终成立

$$|\exp(\zeta^{1/\alpha})|=\exp\left[|\zeta|^{1/\alpha}\cos\left(\frac{\varphi}{\alpha}\right)\right]$$

式中由于条件式（1.136）而保持 $\cos(\varphi/\alpha)<0$。

联合方程式（1.140）与估计式（1.141），就获得渐近公式（1.135）。

定理 1.4 如果 $0<\alpha<2$，β 是一任意复数，μ 是满足

$$\frac{\pi\alpha}{2}<\mu<\min\{\pi,\pi\alpha\} \tag{1.142}$$

的任意实数，则对于任意整数 $p\geqslant1$，如下展开式成立：

$$\mathrm{E}_{\alpha,\beta}(z)=-\sum_{k=1}^{p}\frac{z^{-k}}{\Gamma(\beta-\alpha k)}+O(|z|^{-1-p}),\qquad|z|\to\infty,\qquad\mu\leqslant|\arg(z)|\leqslant\pi \tag{1.143}$$

为证明定理 1.4，取

$$\frac{\pi\alpha}{2}<\varphi<\mu<\min\{\pi,\pi\alpha\} \tag{1.144}$$

在方程式（1.126）中取 $\varepsilon=1$，并用公式（1.137），获得

$$\mathrm{E}_{\alpha,\beta}(z)=-\sum_{k=1}^{p}\frac{z^{-k}}{\Gamma(\beta-\alpha k)}+I_{p}(z),\qquad z\in G^{-}(1,\varphi) \tag{1.145}$$

式中 $I_{p}(z)$ 如前述一样。

对于大的 $|z|$，使得 $\mu\leqslant|\arg(z)|\leqslant\pi$，则

$$\min_{\zeta\in\gamma(1,\varphi)}|\zeta-z|=|z|\sin(\varphi-\mu)$$

成立。另外，区域 $\mu\leqslant|\arg(z)|\leqslant\pi$ 位于区域 $G^{-}(1,\varphi)$ 内，方程式（1.145）成立。因此对于大的 $|z|$，存在估计

$$|I_{p}(z)|\leqslant\frac{|z|^{-1-p}}{2\pi\alpha\sin(\varphi-\mu)}\int_{\gamma(1,\varphi)}|\exp(\zeta^{1/\alpha})||\zeta^{(1-\beta)+p}|\mathrm{d}\zeta,\qquad\mu\leqslant|\arg(z)|\leqslant\pi \tag{1.146}$$

联合方程式（1.145）与估计式（1.146），就获得渐近公式（1.143）。

如下两个定理，给出了在复平面不同部分米塔-列夫勒函数 $E_{\alpha,\beta}(z)$ 的行为估计。显然，它们是定理 1.3 与定理 1.4 的推论。

定理 1.5　如果 $\alpha < 2$，β 是任意实数，μ 满足 $\pi\alpha/2 < \mu < \min\{\pi, \pi\alpha\}$，且 C_1 与 C_2 都是实常数，则

$$|E_{\alpha,\beta}(z)| \leqslant C_1 (1+|z|)^{(1-\beta)/\alpha} \exp(\mathrm{Re}(z^{1/\alpha})) + \frac{C_2}{1+|z|}, \qquad |\arg(z)| \leqslant \mu, \ |z| \geqslant 0$$

$$(1.147)$$

定理 1.6　如果 $\alpha < 2$，β 是任意实数，μ 满足 $\pi\alpha/2 < \mu < \min\{\pi, \pi\alpha\}$，且 C 是实常数，则

$$|E_{\alpha,\beta}(z)| \leqslant \frac{C}{1+|z|}, \qquad \mu \leqslant |\arg(z)| \leqslant \pi, \qquad |z| \geqslant 0 \qquad (1.148)$$

现在我们将注意力转向 $\alpha \geqslant 2$ 的情形。

定理 1.7　如果 $\alpha \geqslant 2$，β 是任意数，则对于任意整数 $p \geqslant 1$，如下渐近公式成立：

$$E_{\alpha,\beta}(z) = \frac{1}{\alpha} \sum_n \left[z^{1/\alpha} \exp\left(\frac{2\pi i n}{\alpha}\right) \right]^{1-\beta} \exp\left\{ \exp\left(\frac{2\pi i n}{\alpha}\right) z^{1/\alpha} \right\}$$
$$- \sum_{k=1}^{p} \frac{z^{-k}}{\Gamma(\beta - \alpha k)} + O(|z|^{-1-p}) \qquad (1.149)$$

式中求和指标整数 n 满足条件

$$\left| \arg(z) + 2\pi n \right| \leqslant \frac{\pi\alpha}{2}$$

该定理的证明从式 (1.97)

$$E_{\alpha,\beta}(z) = \frac{1}{2m+1} \sum_{v=-m}^{m-1} E_{\alpha/(2m+1),\beta}(z^{1/(2m+1)} e^{i2\pi v/(2m+1)}), \qquad m \geqslant 0$$

(式中 $\alpha > 0$) 开始。考虑到定理中的条件 $\alpha \geqslant 2$，取整数 $m \geqslant 1$ 使得

$$\alpha_1 = \alpha/(2m+1) < 2$$

能够应用定理 1.3 与定理 1.4 于式 (1.97) 中求和的所有项。

取任意数 μ 满足不等式

$$\frac{\pi\alpha_1}{2} < \mu < \min\{\pi, \pi\alpha_1\}, \qquad \alpha_1 = \frac{\alpha}{2m+1}$$

考虑任意整数 $q \geqslant 1$，并用定理 1.3 中的渐近公式 (1.135) 与定理 1.4 中的渐近公式 (1.143)，获得

$$E_{\alpha,\beta}(z) = \frac{1}{\alpha} \sum \left(z^{1/\alpha} \exp\left(\frac{2\pi i n}{\alpha}\right) \right)^{1-\beta} \exp\left\{ \exp\left(\frac{2\pi i n}{\alpha}\right) z^{1/\alpha} \right\}$$
$$- \frac{1}{2m+1} \sum_{n=-m}^{m} \left\{ \sum_{k=1}^{q} \frac{z^{-k/(2m+1)} \exp\left(\dfrac{-2\pi i k n}{2m+1}\right)}{\Gamma\left(\beta - \dfrac{k\alpha}{2m+1}\right)} + O(|z|^{-(q+1)/(2m+1)}) \right\} \qquad (1.150)$$

式中第一求和项的求和指标整数 n 满足条件

$$\left| \arg\left[z^{1/(2m+1)} \exp\left(\frac{2\pi i n}{2m+1}\right) \right] \right| \leqslant \mu \qquad (1.151)$$

显然，条件式 (1.151) 等价于条件

$$\mid \arg(z) + 2\pi n \mid \leqslant (2m+1)\mu \tag{1.152}$$

现在假设固定 z 取值。如果取 $\mu_* > \pi\alpha/2$ 且 μ_* 充分靠近 $\pi\alpha/2$，则不等式

$$\mid \arg(z) + 2\pi n \mid \leqslant \frac{\pi\alpha}{2}, \qquad \mid \arg(z) + 2\pi n \mid \leqslant \mu_* \tag{1.153}$$

对于同样的整数 n 的集合成立。

由于数 $(2m+1)\mu$ 大于 $\pi\alpha/2$ 能够充分靠近 $\pi\alpha/2$，因此式（1.150）可写成

$$\begin{aligned}
\mathrm{E}_{\alpha,\beta}(z) = {} & \frac{1}{\alpha} \sum \left[z^{1/\alpha} \exp\left(\frac{2\pi \mathrm{i} n}{\alpha}\right) \right]^{1-\beta} \exp\left\{ \exp\left(\frac{2\pi \mathrm{i} n}{\alpha}\right) z^{1/\alpha} \right\} \\
& - \frac{1}{2m+1} \sum_{k=1}^{q} \frac{z^{-k/(2m+1)}}{\Gamma\left(\beta - \dfrac{k\alpha}{2m+1}\right)} \left\{ \sum_{n=-m}^{m} \exp\left(-\frac{2\pi \mathrm{i} k n}{2m+1}\right) \right\} \\
& + O\big(\mid z \mid^{-(q+1)/(2m+1)}\big)
\end{aligned} \tag{1.154}$$

式中第一求和项中整数 n 取值满足条件式（1.153）。

到目前为止，q 都被认定为任意自然数。现在考察给定 p 的情形，取

$$q = (2m+1)(p+1) - 1$$

那么，考虑到①

$$\sum_{n=-m}^{m} \exp\left(-\frac{2\pi \mathrm{i} k n}{2m+1}\right) = \begin{cases} 2m+1, & k \equiv 0\,[\bmod(2m+1)] \\ 0, & k \equiv 0\,[\bmod(2m+1)] \end{cases} \tag{1.155}$$

则由式（1.154）引出渐近公式（1.149）。完成定理 1.7 的证明。

1.3　赖特函数

赖特函数，在求解线性偏分数微分方程时起着重要作用，比如分数扩散-波动方程。这一函数是 1933 年由**赖特**（E. M. Wright）[258] 引入，它关联着双参量米塔-列夫勒函数 $\mathrm{E}_{\alpha,\beta}(z)$。借助拉普拉斯变换，Humbert 和 Agarwal（1953）[107] 求得许多有用的关系式。

为方便起见，本书采用 Mainardi 记号 $W(z;\alpha,\beta)$ 表示赖特函数。

1.3.1　赖特函数的定义

赖特函数定义为[65；式18.1(27)]

$$W(z;\alpha,\beta) = \sum_{k=0}^{\infty} \frac{z^k}{k!\,\Gamma(\alpha k + \beta)} \tag{1.156}$$

1.3.2　赖特函数的积分表达式

赖特函数可用积分表示[65；式18.1(29)]

$$W(z;\alpha,\beta) = \frac{1}{2\pi \mathrm{i}} \int_{Ha} \tau^{-\beta} \mathrm{e}^{\tau + z\tau^{-\alpha}} \mathrm{d}\tau \tag{1.157}$$

式中 Ha 表示汉克尔围线（图 1.3）。

---

① 式（1.155），也即式（1.96），表示了这样的事实：数字周期信号的所有有限个谐波之和恒等于同周期 δ 序列信号。

为证明式(1.157)，首先用 z 的幂级数写出被积函数，再用倒伽马函数的积分表达式(1.46)

$$\frac{1}{\Gamma(z)} = \frac{1}{2\pi i} \int_{Ha} e^{\tau} \tau^{-z} d\tau$$

进行逐项积分。

1.3.3 赖特函数与其他函数的关系

直接由定义式(1.156)有

$$W(z;0,1) = e^z \tag{1.158}$$

$$\left(\frac{z}{2}\right)^v W\left(\mp \frac{z^2}{4};1,v+1\right) = \begin{cases} J_v(z) \\ I_v(z) \end{cases} \tag{1.159}$$

取 $\beta = 1-\alpha$，得到 **Mainardi 函数** $M(z;\alpha)$：

$$W(-z;-\alpha,1-\alpha) = M(z;\alpha) = \sum_{k=0}^{\infty} \frac{(-1)^k z^k}{k!\Gamma(-\alpha(k+1)+1)} \tag{1.160}$$

Mainardi 研究了赖特函数的如下特例[131]：

$$W\left(-z;-\frac{1}{2},-\frac{1}{2}\right) = M\left(z;\frac{1}{2}\right) = \frac{1}{\sqrt{\pi}}\exp\left(-\frac{z^2}{4}\right) \tag{1.161}$$

可见赖特函数是指数函数与**贝塞尔函数**①的一个推广。对于 $\alpha>0$ 和 $\beta>0$，它是 z 中的一个整函数[65]。

Mainardi(1994 年)[131]指出，赖特函数 $W(z;\alpha,\beta)$ 在 z 域对于 $-1<\alpha<0$ 的情形仍然是一个整函数。

现在来证明这一陈述。利用熟悉的关系式(1.26)：

$$\Gamma(y)\Gamma(1-y) = \frac{\pi}{\sin(\pi y)}$$

能够将赖特函数写成形式

$$W(z;\alpha,\beta) = \frac{1}{\pi}\sum_{k=0}^{\infty} \frac{z^k \Gamma(1-\alpha k-\beta)\sin\pi(\alpha k+\beta)}{k!} \tag{1.162}$$

引进一个辅助优化级数

---

① **贝塞尔函数**[1:3-561,2:2-245,5:381,7:592]此处指的是**第一类贝塞尔函数及其变形**：

$$J_v(z) = \sum_{k=0}^{\infty} \frac{(-1)^k}{k!\Gamma(k+v+1)}\left(\frac{z}{2}\right)^{2k+v}, \qquad |\arg(z)| < \pi, \qquad I_v(z) = \sum_{k=0}^{\infty} \frac{1}{k!\Gamma(k+v+1)}\left(\frac{z}{2}\right)^{2k+v}$$

式中参量 v 是其阶数。由于这类函数经常出现在各种问题(比如悬链振动、行星椭圆运动等)中，引起了贝塞尔注意，贝塞尔于 1824 年开始对此进行系统研究，得出该类函数的一系列性质及其求值方法，为解决物理学与天文学的有关问题提供了重要工具。

一般地，贝塞尔函数是**贝塞尔方程**

$$\frac{d^2 w}{dz^2} + \frac{1}{z}\frac{dw}{dz} + \left(1 - \frac{v^2}{z^2}\right)w = 0$$

的解以及相关函数的总称，包括这些解的多种变形。这些函数在应用数学、工程物理等领域有很多应用。

贝塞尔(Bessel, Friedrich Wilhelm, 1784—1846)德国天文学家、大地测量学家、数学家。

$$S = \frac{1}{\pi} \sum_{k=0}^{\infty} \left| \frac{\Gamma(1-\alpha k-\beta)}{k!} \right| |z|^k \tag{1.163}$$

该级数对于条件 $-1<\alpha<0$ 的收敛半径无穷大：

$$R = \lim_{k \to \infty} \left| \frac{\Gamma(1-\alpha k-\beta)}{k!} \frac{(k+1)!}{\Gamma(1-\alpha k-\alpha-\beta)} \right| = \lim_{k \to \infty} \frac{k+1}{|\alpha|^{\alpha} k^{-\alpha}} = \infty \tag{1.164}$$

（这里使用了关系式[63：式1.18(4)]。）

比较级数式(1.156)和式(1.163)得出：对于 $\alpha>-1$ 和任意的 β，赖特函数 $W(z;\alpha,\beta)$ 是一个整函数，其级数表达式的收敛半径无穷大。

赖特函数与米塔–列夫勒函数之间存在一个有趣的关系——赖特函数的拉普拉斯变换能够用米塔–列夫勒函数来表达：

$$\begin{aligned}
\mathcal{L}\{W(t;\alpha,\beta);s\} &= \mathcal{L}\left\{ \sum_{k=0}^{\infty} \frac{t^k}{k!\Gamma(\alpha k+\beta)};s \right\} \\
&= \sum_{k=0}^{\infty} \frac{1}{k!\Gamma(\alpha k+\beta)} \cdot \frac{1}{s^{k+1}} \\
&= s^{-1} \mathrm{E}_{\alpha,\beta}(s^{-1})
\end{aligned} \tag{1.165}$$

第2章　分数导数与分数积分

本章讲解微分和积分概念广义化的几种方法。它们所引导出的这些定义与应用紧密相关。

2.1　基本概念与名称

数学往往是给事物巧起玄名的艺术，使人扑朔迷离。美名**分数微积分**（fractional calculus[①]）就是一个误称，第一眼瞧来神秘莫测，却是数学的基本要素之一。

例如，熟悉的**自然数**和**实数**诸类名称，它们无所不在。仔细想一想这些名称吧。**自然数**——一个天生的抽象概念，难道**数**本身不是**自然**就有的吗？[②]

----

① 英文名词 calculus 有如下意义：

（1）计算（法），演算，算出。

（2）微积分（学）。

（3）（结）石，卵石。

事实上，英文 calculate（计算）一词是从希腊文"卵石"演变而来的。古希腊人用小卵石记载畜群头数或部落人数。

英文单词 fractional 虽是多义词（既是形容词又是名词），但在数学上意义却是单一的：分数（的）、分式（的）。

② **自然数**（natural number）：人类由比较进而计量事物多少的需要形成了最早的"数，number"概念。自然数，在数学上，现在通用阿拉伯数字（又称印度-阿拉伯数字[1:1-16]），记为 0,1,2,3,…，阿拉伯数字始创于中印边界地区，后来传至阿拉伯地区，再至欧洲，由此欧洲人得出此名。

"自然数"概念初步形成在史前时期，详情现在人们已难以追溯。[13:4] 所有拥有文字的民族，很早就已掌握自然数并建立起计数系统。这表明自然数是人类文明发轫的标志之一！某些民族语言中有表示如"3 个人""3 只船"等词语而无表示抽象的"3"这样的词，这表明自然数概念形成并非那么容易的事情，而是经历了一个相当漫长的时期。受惠于先人，我们应当心怀感激之情。从小就习惯并熟练计数的今人，实难体味其形成过程之漫长，产生意义之重大。

具体地说，自然数是人们从**数数**（shǔ shù）过程中产生而来。**数数**，亦称**计数**（count）[1:1-14]。

计数——在被数事物的集合与自然数集合之间建立一一对应关系的过程。

作为**数数**结果，自然数反映了被数事物的个数，这是自然数作为**基数**的特点；作为**数数**过程，自然数又反映了被数事物的先后顺序，以及自然数的无限性质，这是自然数作为**序数**（ordinal number）[1:1-623,4-66]的特点。如果一个事物也没有，就形成了"0"的概念，0 比 1 小，所以 0 可以排在自然数列的最前面。

基数（cardinal number）[1:4-67]，集合论中亦称**势**（potency）[1:1-627]，是度量集合大小的量。

现代一般通过**佩亚诺公理**（Peano axiom）建立自然数概念。数学发展要求将自然数的一些基本性质抽象为公理化体系。1889 年意大利数学家、逻辑学家**佩亚诺**证明自然数的性质可以在少数几条公理基础上展开，从而首先给出公理形式的自然数定义。[2:17-308,3:3,5:602] 佩亚诺从不加定义的概念"1"、"自然数 N"、"**后继数**"出发，规定自然数满足 5 条公理：

实数[①]概念是自然数概念的推广。单词"real，现实的"强调的是：假设它们反映了现实事物的量的存在。实数反映了现实事物存在量的程度，但这并不改变它们本身不存在的事实[②]。在数学分析中，每一事物都有其顺序位置，而实数这一概念使得这种数学分析变得更加容易。但是谁要是真正地去计算某些事情，他会立即发现：现实世界中没有实数的位置空间。当今世界，计算问题几乎都是用数字计算机来完成的，而数字计算机仅能使用有限分数集去逼近无穷的不现实实数（unreal real numbers）。

---

(1) 1 是自然数 $1 \in \mathbb{N}$。

(2) 每个自然数 n 都有一后继数 $n^+ = n+1$。

(3) 如果 $n^+ = m^+$，则 $n = m$。

(4) 1 不是任何其他自然数的后继数。

(5) **归纳公理**：如果 1 具有性质 P，且任何具有性质 P 的自然数，其后继数也具有性质 P。

所有自然数的性质都可由这 5 条公理推导得出。显然，如此定义的**佩亚诺自然数集** $\mathbb{N} = \{1,2,3,\cdots\}$。现在人们对上述原始的佩亚诺公理进行了修正[1:1-18,2:17-308]而得到 $\mathbb{N} = \{0,1,2,3,\cdots\}$。

佩亚诺的这一公理系统，不仅是公理化中发生法的一个范例，建立起自然数的序数理论，同时还标志着当时数学分析算术化运动的终结。

自然数也可以基于有限集的基数来定义。**冯·诺伊曼**（J. von Neumann）于 1923 年给出自然数的集论定义。粗浅地说，以 ∅ 表示空集 $\{\}$，定义 ∅ 为 0，$\{0\} = \{\varnothing\}$ 为 1，$1 \cup \{1\} = \{\varnothing, \{\varnothing\}\}$ 为 2，…，一般地定义 $n \cup \{n\}$ 为 $n+1$。在此定义下，0 就是第一个自然数。这就是把 0 归入自然数的一种看法。数 1 是自然数的单位。空集 ∅ 的概念是理解冯·诺依曼自然数集论的起点。

空集（empty set）[1:4-58]，曾用名 null set，数学符号 ∅（丹麦文字母，读"欧"），不含任何元素的集合，其大小（或称为势）为**零**（zero）[1:1-18]，数学符号为 0。在自然数的标准集论定义中，人们使用集合对自然数进行模型化。在此语境中，数 0 就用空集 ∅ 加以模型化（或数学化）。

Empty，一个典型的英文词，其名词形式为 emptiness，来自于古英语 emti，有"未占有""空虚"等意。

0——数学史上引入最重要的数学概念之一！人类导入零概念与数 0 经历了漫长过程。空集概念出现得更晚。"有 being"作用于人的感官，开始了人类对自然的"客观存在"认识，而"无 nothingness"、"空虚 void"、"虚空 emptiness"，0，以及空集 ∅，都属于抽象的概念，是人类思维的产物。因此，"有"与"无"不是处于同一个认知层面上的概念。直到 1993 年新的国家标准定义的自然数集 $\mathbb{N}$ 中，才把 0 当成第一个自然数。

0 是一个具有奇特性质的数，"0"在数学童话中还是**数国度**的国王呢！（李毓佩著，有理数与无理数之战，武汉：湖北少儿出版社，2009）

"上帝创造了自然数，其余的是人的工作。"

① 实数（real number）[1:1-58,496,2:20-250,13]通俗地说，**有理数**（rational number）与**无理数**（irrational number）统称为实数。实数与数轴上的点可以一一对应！整数、分数统称为有理数。

自然数 1 通过有理运算（加、减、乘、除）而获得所有有理数！

人类对数的认识历史，是一个在实践中对数的运算需要的提升，是由简单逐渐向高级**扩充**发展的过程：

$$\mathbb{N} \longrightarrow \mathbb{Z} \longrightarrow \mathbb{Q} \longrightarrow \mathbb{R} \longrightarrow \mathbb{C} \longrightarrow \mathbb{H}$$

　自然数　　整数　　有理数　　实数　　复数　　四元数

认识和了解实数是建立严格的（数学）分析理论不可缺少的基础。人们通过长期不懈的努力，建立了多种形式上不同，而实质上等价的严格的实数理论。各种形式的构造性实数理论，都是首先从有理数出发去定义无理数的，也即是说，数轴上**有理点**（rational point）之间的所有空隙（**无理点**，irrational point），都可由**有理数**经过一定的方式加以确定。

② 数在自然界本身是不存在的，它是我们头脑中一个赋予外在事物特性的抽象概念。"没有直觉的概念是空洞的，没有概念的直觉是盲目的。"（康德）

现在回到"fractional calculus"名称论题，它并不意味着对**分数的演算**（calculus of fractions）。它既不是任何分析运算——微分运算、积分运算的分式演算，也不是**变分学**[①]中的概念。这里所说的"fractional calculus"是**任意阶积分**和**任意阶导数**理论中的一个名称，它是**整数阶微分**（integer-order differentiation）和整数 n 次积分（n-fold integration）概念的统一与推广。[②]

考虑整数 n 次积分（n-fold integrals）和整数 n 阶导数（n-fold derivatives）构成的无穷序列：

$$\cdots, \int_a^t \mathrm{d}\tau_2 \int_a^{\tau_2} f(\tau_1)\mathrm{d}\tau_1, \quad \int_a^t f(\tau_1)\mathrm{d}\tau_1, \quad f(t), \quad \frac{\mathrm{d}f(t)}{\mathrm{d}t}, \quad \frac{\mathrm{d}^2 f(t)}{\mathrm{d}t^2}, \cdots$$

任意实数 α 阶导数可以认为是这一运算序列的内插。我们将用 Davis[39] 1936 年提议的符号

$$_a D_t^\alpha f(t)$$

表记 α 阶导数运算。任意阶导数（习惯上）简称为**分数导数**[③]。

---

①　**变分学**（calculus of variations）[1:3-196,496,2:2-368,17:2-322] 亦称**变分法**，是研究**泛函极值**的一门学科。设给定一个函数集合 Y，并假定 Y 具有拓扑结构。若对 Y 中的每一个函数 y 按某一确定规则有一确定的实数 $J\{y\}$ 与之对应，就称在函数集合 Y 上给定了一个泛函 J。也就是说，"泛函（functional）"是"函数的函数（functional function）"！对于一元素（点）$y_0 \in Y$，若存在 y_0 的一个邻域 U，使得 $J\{y_0\}$ 是 $J\{y\}$ 在 U 中的最大（小）值，则称 $J\{y_0\}$ 是极大（小）值，y_0 称为极值函数。变分法的核心问题是求解泛函的极值函数和对应极值。

欧拉曾说："因为宇宙的结构是最完善的而且是最明智的上帝的创造，所以，如果在宇宙里没有某种极大或极小的法则，那就根本不会发生任何事情。"[17:2-322]

变分学理论的发展与力学、光学、弹性理论、电磁学、信号处理、控制理论等学科密切相关。同时变分学的理论成果又能应用到各学科之中。现代变分学在诸多学科的应用愈来愈广，并发展出优化与最优控制理论。

②　值得注意的是，英文"integer-order differentiation"与"n-fold integration"的中文翻译问题。

（1）order【数】❶阶，次，数量级，❷序，次序，序模。

此处 order，针对导数或微分运算而言，有"第多少次"的含义，具有"序数"的特点。因此按通常译法：integer-order differentiation⇒整数阶微分［运算］；n-order differentiation⇒第 n 阶微分［运算］，简称 n 阶微分。所有阶数 $n \geqslant 2$ 的微分统称为"**高阶微分**"。

（2）fold（$v.,n.$）原意是"折叠""折合""叠合""叠卷"等。-fold（后缀）——加在数字之后构成表示"…倍"，"…重"，"…次"，"…方面"等之意的形容词、副词。因此根据本书所论述对象，可将此处"n-fold integration"译成"第 n 次叠积分运算"，简称"n **次积分**"或"n **阶积分**"。所有次数 $n \geqslant 2$ 的积分，译为"**高次积分**"或"**高阶积分**"。

为了叙述简练与称谓统一，本注译本使用"n **阶积分**"、"**高阶积分**"译法对应"n **阶微分**"、"**高阶微分**"。

特别值得注意的是，概念 multiple integral——**多重积分**，简称**重积分**[1:1-549]，是指多元函数的定积分。而此时所论"n **阶积分**"是指一元函数的 n 次定积分。高阶积分与重积分，这两个有关积分的概念切不可混淆不清。

③　**分数导数**（fractional derivative）记为 $_a D_t^\alpha f(t)$，本书中用作**分数微分**（fractional differentiation）符号。如无特殊说明，这两种称谓（分数导数与分数微分）通常是同一概念。这里论述的"任意阶（arbitrary order）"α，是理论上的说法，实际实现时（特别是数值计算时）就只能是"**分数阶**（fractional-order）"，因此人们使用

$$\text{fractional-order calculus} \longrightarrow \text{fractional calculus}$$

分数阶微积分 ⟶ 分数微积分

这一称谓。当然，现实自然界中的过程或现象并不局限于"分数阶"情形，却应当是"任意阶"的天下。在具体电路实现中也可能得到任意阶的电路与系统[19]。

记号 $_aD_t^\alpha f(t)$ 中，下标 a 和 t 表示**分数微分**运算所关联的两个**界限**。我们沿用 Ross[227] 的叫法，称它们为分数微分的**端点**。分数微分符号 $_aD_t^\alpha f(t)$ 中，标明端点是很有必要的，这在应用分数微分解决现实问题时可以避免模棱两可的情况。

本书中词语**分数积分**(fractional integrals) 是指**任意阶积分**(integrals of arbitrary order)，它对应于负的 α 值。对于分数积分不另用记号，而将 $\beta>0$ 阶分数积分表记为①

$$_aD_t^{-\beta}f(t)$$

分数微分方程是指含有分数导数的方程；**分数积分方程**是指含有分数积分的方程。

分数阶系统(fractional-order system) 是指用一个分数微分方程或一个分数积分方程，或一组这样的方程所描述的系统。

2.2 格林瓦尔-莱特尼科夫分数导数

2.2.1 整数阶导数与积分的统一定义

本节讲解经常出现在经典分析学中，两个分离表述的基本概念：整数 n 阶导数和整数 n 次积分的统一定义。下面的论述将使我们明白，这些概念是紧密结合在一起的，而不是通常所认为的那样彼此分离。

考虑连续函数 $y=f(t)$。众所周知，函数 $f(t)$ 的一阶导数定义为②

$$f'(t) = \frac{df}{dt} = \lim_{h \to 0} \frac{f(t) - f(t-h)}{h} \tag{2.1}$$

两次应用该定义，可得出二阶导数：

---

① 这样一来，将(高阶)微分运算符号与(高次或高阶)积分运算符号统一成相同符号——这正合了微分与积分是一对互逆运算的本性。微分阶数(order) $\alpha>0$，积分次数(fold) $\beta=-\alpha>0$，统称为**运算阶**(operational order)，由阶数 α 的正负号确定是微分运算(正号)还是积分运算(负号)。

② 式(2.1)形式的定义通常称为**后向差商**(backward difference quotient)形式，亦称**左导数**(left derivative)。函数的一阶导数还有其他形式的定义，比如**前向差商**形式——**右导数**：

$$f'_+(t) = \frac{df}{dt} = \lim_{h \to 0} \frac{f(t+h) - f(t)}{h} \tag{2.1a}$$

对称差商形式——**对称导数**[1:1-529]：

$$f'_\pm(t) = \frac{df}{dt} = \lim_{h \to 0} \frac{f(t+h) - f(t-h)}{2h} \tag{2.1b}$$

对称导数是黎曼(1854 年)研究三角级数时引入的，故又称**黎曼导数**。在一定条件下(函数连续光滑)，上述三种不同形式定义得到的导数值是相等的。有时为了强调 $f'(t)$ 是函数而称为 f 的导函数。

根据上述导数的极限定义，导数的一个别名是**微商**(differential quotient)。由微分 $df=f'dt$ 知，导数 f' 可以看成函数的微分 df 与自变量的微分 dt 之商而得名。这套符号是莱布尼茨创立微积分时引入的，事实证明这是极其方便的，许多重要的求导运算法则就是通过这些符号推导而来的。这是精心挑选的数学符号的性质![7:257]

符号 $f'(t)$ 由拉格朗日于 18 世纪末引入。除此之外，人们还使用其他符号。一个是我们前面使用的**阿博加斯特**(Arbogst, L. F. A.)于 1800 年引入的 Df，它形象地反映了从函数 f 经过微分运算 D 得到新函数 Df，并把 D 称为**微分算符**或**微分算子**(differential operator)。

从(数字)信号处理角度来看，后向差商形式满足**因果性**(causality)要求，而前向差商形式与对称差商形式则具有非因果性质。[10-12]

$$f''(t) = \frac{\mathrm{d}^2 f}{\mathrm{d}t^2} = \lim_{h \to 0} \frac{f'(t) - f'(t-h)}{h}$$

$$= \lim_{h \to 0} \frac{1}{h} \left\{ \frac{f(t) - f(t-h)}{h} - \frac{f(t-h) - f(t-2h)}{h} \right\} \tag{2.2}$$

$$= \lim_{h \to 0} \frac{f(t) - 2f(t-h) + f(t-2h)}{h^2}$$

由式(2.1)和式(2.2)获得

$$f'''(t) = \frac{\mathrm{d}^3 f}{\mathrm{d}t^3} = \lim_{h \to 0} \frac{f(t) - 3f(t-h) + 3f(t-2h) - f(t-3h)}{h^3} \tag{2.3}$$

最后归纳导出[①]

$$f^{(n)}(t) = \frac{\mathrm{d}^n f}{\mathrm{d}t^n} = \lim_{h \to 0} \frac{1}{h^n} \sum_{r=0}^{n} (-1)^r \binom{n}{r} f(t - rh) \tag{2.4}$$

式中

$$C_n^r = \binom{n}{r} = \frac{n(n-1)(n-2)\cdots(n-r+1)}{r!} \tag{2.5}$$

是常用的二项式系数记号。

现在，考察式(2.1)~式(2.4)中分式的一般形式：

$$f_h^{(p)}(t) = \frac{1}{h^p} \sum_{r=0}^{n} (-1)^r \binom{p}{r} f(t - rh) \tag{2.6}$$

式中 p 是一任意整数，n 也是整数。

显然，对于 $p \leqslant n$，有

$$\lim_{h \to 0} f_h^{(p)}(t) = f^{(p)}(t) = \frac{\mathrm{d}^p f}{\mathrm{d}t^p} \tag{2.7}$$

因为当 $r > p$ 时，从式(2.5)可知，$C_p^p = \binom{p}{p}$ 之后的所有二项式系数都等于 0。

考察负的 p 值，即 $p < 0$。为了方便，记[②]

---

① 整数 n 阶前向差商形式的右导数为

$$f_+^{(n)}(t) = \frac{\mathrm{d}^n f}{\mathrm{d}t^n} = \lim_{h \to 0} \frac{1}{h^n} \sum_{r=0}^{n} (-1)^r \binom{n}{r} f(t + rh) = \lim_{h \to 0} \frac{1}{(-h)^n} \sum_{r=0}^{n} (-1)^r \binom{n}{r} f(t - rh) \tag{2.4a}$$

整数 n 阶对称导数为[1:1-259]

$$f_{\pm}^{(n)}(t) = \frac{\mathrm{d}^n f}{\mathrm{d}t^n} = \lim_{h \to 0} \frac{1}{h^n} \sum_{r=0}^{n} (-1)^r \binom{n}{r} f\left(t + \frac{n-2r}{2}h\right) \tag{2.4b}$$

② 式(2.5)所定义的二项式系数(亦称组合数)通常使用符号 $C_n^r = \binom{n}{r}$ 表示。为了表示对格林瓦尔在分数微积分发展方面所作重要贡献的敬意，而将式(2.8)所定义的数称为**格林瓦尔数**(Grünwald numbers)，并用记号 $G_p^r = \left\langle \begin{matrix} p \\ r \end{matrix} \right\rangle$ 表示。[57]原文使用符号 $\left[\begin{matrix} p \\ r \end{matrix} \right]$ 表示 G_p^r，译文使用符号 $\left\langle \begin{matrix} p \\ r \end{matrix} \right\rangle$ 表示 G_p^r。这是因为人们早已使用 $\left[\begin{matrix} p \\ r \end{matrix} \right]$ 表示第一类无符号**斯特林数**(Stirling numbers)，使用 $\left\{ \begin{matrix} p \\ r \end{matrix} \right\}$ 表示第二类无符号**斯特林数**。[1:2-17,9;143,20;63,137;1046]

(线性)组合数 C_p^r、格林瓦尔数 G_p^r 的生成函数分别是

$$\left\langle {p \atop r} \right\rangle = \frac{p(p+1)\cdots(p+r-1)}{r!} \tag{2.8}$$

则有

$$\left({-p \atop r} \right) = \frac{-p(-p-1)\cdots(-p-r+1)}{r!} = (-1)^r \left\langle {p \atop r} \right\rangle \tag{2.9}$$

在式(2.6)中用$-p$代替p可写出

$$f_h^{(-p)}(t) = \frac{1}{h^{-p}} \sum_{r=0}^n \left\langle {p \atop r} \right\rangle f(t-rh) \tag{2.10}$$

式中p为正整数。

如果固定n，则当$h \to 0$时，$f_h^{(-p)}(t)$趋于乏味的极限0。为了使$f_h^{(-p)}(t)$达到非零极限，必须假设当$h \to 0$时，迫使$n \to \infty$。取$h = (t-a)/n$，a是一个实常数，并考虑$f_h^{(-p)}(t)$的极限或是有限值，或是无穷值，表记成

$$\lim_{\substack{h \to 0 \\ nh=t-a}} f_h^{(-p)}(t) = {}_aD_t^{-p}f(t) \tag{2.11}$$

事实上，符号${}_aD_t^{-p}f(t)$表示对函数$f(t)$进行的一种确定的**运算操作**[①]，a和t是与该操作相关联的限制端点。

$$(1+z^{-1})^p = \sum_{r=0}^{\infty} C_p^r z^{-r}, \qquad C_p^r = \left({p \atop r} \right) = \frac{p(p-1)\cdots(p-r+1)}{r!} = \frac{p^{\downarrow r}}{r!}, \qquad p \in \mathbb{N}^+ \tag{2.8a}$$

$$(1-z^{-1})^{-p} = \sum_{r=0}^{\infty} G_p^r z^{-r}, \qquad G_p^r = \left\langle {p \atop r} \right\rangle = \frac{p(p+1)\cdots(p+r-1)}{r!} = \frac{p^{\uparrow r}}{r!}, \qquad p \in \mathbb{N}^+ \tag{2.8b}$$

式(2.5)与式(2.8)所定义的两类系数C_p^r与G_p^r，可以直接推广到任意实数阶情形。

- **广义组合数——广义二项式系数** C_α^r　对于所有自然数$r \in \mathbb{N}$以及所有实数$\alpha \in \mathbb{R}$，定义

$$C_\alpha^0 = \left({\alpha \atop 0} \right) = 1 \qquad C_\alpha^r = \left({\alpha \atop r} \right) = \frac{\alpha^{\downarrow r}}{r!} = \prod_{j=1}^r \left(\frac{\alpha+1}{j} - 1 \right) \tag{2.8c}$$

- **广义格林瓦尔数** G_α^r　对于所有自然数$r \in \mathbb{N}^+$以及所有实数$\alpha \in \mathbb{R}$，定义

$$G_\alpha^0 = \left\langle {\alpha \atop 0} \right\rangle = 1 \qquad G_\alpha^r = \left\langle {\alpha \atop r} \right\rangle = \frac{\alpha^{\uparrow r}}{r!} = \prod_{j=1}^r \left(\frac{\alpha-1}{j} + 1 \right) \tag{2.8d}$$

显然有(参见式(2.9))

$$G_{-\alpha}^r = (-1)^r C_\alpha^r \tag{2.8e}$$

因此，我们也可称$G_{-\alpha}^r$为**带符号广义二项式系数**，记为$g_r^{(\alpha)} = G_{-\alpha}^r$，并称之为**格林瓦尔加权系数**(Grünwald weighting coefficients)，简称**格林瓦尔系数**。

在 MATLAB 中，可使用如下简洁语句获得广义二项式系数 Car 与广义格林瓦尔数 Gar。

```
Car = cumprod([1,(a+1)./[1:r]-1]);
Gar = cumprod([1,(a-1)./[1:r]+1]);
```

有兴趣的读者可参考 http://www.mathworks.com/matlabcentral/fileexchange/3673。

　　① **运算操作**：此处是指先对函数$f(t)$按式(2.10)进行**有理运算**，然后进行式(2.11)给定的**极限运算**。

　　运算(operation)也称**演算**(calculation)，是数学的最基本概念之一，是指对"数"的一些计算规则。人们根据运算难易程度划分出不同的**运算等级**(operation grade)，依据数的计算规则将基本运算分为**原运算**(direct operation，也称直接运算)与**逆运算**(inverse operation)。根据运算对象和研究范围可归纳出如下**运算类型**：

下面考察最简单的几种特殊情形。

第一种情况，取 $p=1$，有[①]

$$f_h^{(-1)}(t) = h \sum_{r=0}^{n} f(t-rh) \tag{2.12}$$

考虑到约束条件 $t-nh=a$，并假设函数 $f(t)$ 连续，则推出

$$\lim_{\substack{h \to 0 \\ nh=t-a}} f_h^{(-1)}(t) = {_aD_t^{-1}}f(t) = \int_0^{t-a} f(t-z)\,\mathrm{d}z = \int_a^t f(\tau)\,\mathrm{d}\tau \tag{2.13}$$

第二种情况，对于 $p=2$，

$$\binom{2}{r} = \frac{2 \cdot 3 \cdot \cdots \cdot (2+r-1)}{r!} = r+1$$

从而有

$$f_h^{(-2)}(t) = h \sum_{r=0}^{n} (r+1)hf(t-rh) \tag{2.14}$$

记 $t+h=y$，则可写出

$$f_h^{(-2)}(t) = h \sum_{r=1}^{n+1} (rh)f(y-rh) \tag{2.15}$$

取 $h \to 0$，再利用式(2.13)获得(当 $h \to 0$ 时 $y \to t$)[②]

表 2.1　运算类型

运算等级	直接运算	逆运算	运算类型
一级运算	加法	减法	} 算术运算 } 代数运算
二级运算	乘法	除法	(有理运算)
三级运算	乘方	开方	
四级运算	积分	微分	分析运算——极限运算

在初等数学中，除代数运算外的其他运算都称为初等超越运算，简称**超越运算**（transcendental operation）。它包括无理指数的幂运算、对数运算、三角函数运算及反三角函数运算等。

极限（limit）[1:1-516,2:10-600,7:231,242] 是数学分析的基础概念。极限指的是变量（或数列、函数等）在一定的变化过程中，从总体来说，逐渐稳定的这样一种变化趋势以及所趋向的数值（极限值）。极限方法是数学分析用以研究函数的基本方法。分析的各种基本概念（比如连续、微分、积分和级数等）都是建立在极限概念的基础之上的，然后才有分析的全部理论、计算和应用。极限以各种形式出现并贯穿于整个数学分析之中！

深入细致理解与掌握极限理论，是学习分数微积分的基础。

①　因为格林瓦尔数 $G_1^r=1(r \in \mathbb{N})$，代入式(2.11)得到式(2.12)。这正是**黎曼求和**公式。

②　其实，直接由式(2.14)与积分的黎曼求和–极限定义可推导出式(2.16)。显然有

$${_aD_t^{-2}}f(t) = \lim_{\substack{h \to 0 \\ nh=t-\alpha}} f_h^{(-2)}(t) = \lim_{\substack{h \to 0 \\ nh=t-\alpha}} h \sum_{r=0}^{n} (rh)f(t-rh) + \lim_{\substack{h \to 0 \\ nh=t-\alpha}} h \cdot \left[h \sum_{r=0}^{n} f(t-rh) \right]$$

令 $z=rh$，$\mathrm{d}z=h$，则得

$${_aD_t^{-2}}f(t) = \int_0^{t-a} zf(t-z)\,\mathrm{d}z + \lim_{\substack{h \to 0 \\ nh=t-\alpha}} h \int_0^{t-a} f(t-z)\,\mathrm{d}z = \int_a^t (t-\tau)f(\tau)\,\mathrm{d}\tau$$

同样，直接由式(2.17)也可推导出式(2.20)。

$$\lim_{\substack{h \to 0 \\ nh = t-a}} f_h^{(-2)}(t) = {}_aD_t^{-2}f(t) = \int_0^{t-a} zf(t-z)\,\mathrm{d}z = \int_a^t (t-\tau)f(\tau)\,\mathrm{d}\tau \tag{2.16}$$

第三种情况，即 $p = 3$，将会展示出 ${}_aD_t^{-p}$ 的一般表达形式。考虑到

$$\left\langle \begin{matrix} 3 \\ r \end{matrix} \right\rangle = \frac{3 \cdot 4 \cdot \cdots \cdot (3+r-1)}{r!} = \frac{(r+1)(r+2)}{1 \cdot 2}$$

并代入式(2.10)，有

$$f_h^{(-3)}(t) = \frac{h}{1 \cdot 2} \sum_{r=0}^n (r+1)(r+2)h^2 f(t-rh) \tag{2.17}$$

仿照前面的方法，令 $t+h=y$，则上式可写成

$$f_h^{(-3)}(t) = \frac{h}{1 \cdot 2} \sum_{r=1}^{n+1} r(r+1)h^2 f(y-rh) \tag{2.18}$$

进一步也可写成

$$f_h^{(-3)}(t) = \frac{h}{1 \cdot 2} \sum_{r=1}^{n+1} (rh)^2 f(y-rh) + \frac{h^2}{1 \cdot 2} \sum_{r=1}^{n+1} rh f(y-rh) \tag{2.19}$$

现在取 $h \to 0$，则 $y \to t$ 并有

$$\lim_{\substack{h \to 0 \\ nh = t-a}} \frac{h^2}{1 \cdot 2} \sum_{r=0}^n rh f(t-rh) = \lim_{\substack{h \to 0 \\ nh = t-a}} h \int_a^t (t-\tau)f(\tau)\,\mathrm{d}\tau = 0$$

从而获得

$$_aD_t^{-3}f(t) = \frac{1}{2!} \int_0^{t-a} z^2 f(t-z)\,\mathrm{d}z = \frac{1}{2!} \int_a^t (t-\tau)^2 f(\tau)\,\mathrm{d}\tau \tag{2.20}$$

关系式(2.13)~式(2.20)揭示出存在一般表达式：

$$_aD_t^{-p}f(t) = \lim_{\substack{h \to 0 \\ nh = t-a}} h^p \sum_{r=1}^{n+1} \left\langle \begin{matrix} p \\ r \end{matrix} \right\rangle f(t-rh) = \frac{1}{(p-1)!} \int_a^t (t-\tau)^{p-1} f(\tau)\,\mathrm{d}\tau \tag{2.21}$$

为了用**归纳法**证明公式(2.21)，我们不得不证明：如果它对于某些 p 成立，则它对于 $p+1$ 也应当成立。

引入函数

$$f_1(t) = \int_a^t f(\tau)\,\mathrm{d}\tau = \lim_{\substack{h \to 0 \\ nh = t-a}} h \sum_{r=0}^n f(t-rh) \tag{2.22}$$

显然，该函数具有性质 $f_1(a) = 0$，仔细考察①

$$_aD_t^{-p-1}f(t) = \lim_{\substack{h \to 0 \\ nh = t-a}} h^{p+1} \sum_{r=0}^n \left\langle \begin{matrix} p+1 \\ r \end{matrix} \right\rangle f(t-rh)$$

---

① 式(2.23)的推导过程中使用了导数的后向差商近似：

$$f(t-rh) \approx \frac{f_1(t-rh) - f_1[t-(r+1)h]}{h}$$

$$
\begin{aligned}
&= \lim_{\substack{h \to 0 \\ nh = t-a}} h^p \sum_{r=0}^{n} \left\langle \begin{matrix} p+1 \\ r \end{matrix} \right\rangle f_1(t-rh) \\
&\quad - \lim_{\substack{h \to 0 \\ nh = t-a}} h^p \sum_{r=0}^{n} \left\langle \begin{matrix} p+1 \\ r \end{matrix} \right\rangle f_1(t-(r+1)h)
\end{aligned}
\tag{2.23}
$$

用式(2.8)容易验证

$$
\left\langle \begin{matrix} p+1 \\ r \end{matrix} \right\rangle = \left\langle \begin{matrix} p \\ r \end{matrix} \right\rangle + \left\langle \begin{matrix} p+1 \\ r-1 \end{matrix} \right\rangle
\tag{2.24}
$$

这里必须取

$$
\left\langle \begin{matrix} p+1 \\ -1 \end{matrix} \right\rangle = 0 \quad ^{①}
$$

将式(2.24)应用到式(2.23)的第一求和项中,并在其第二求和项中用 $r-1$ 取代 r 就给出

---

① 事实上,根据升阶乘幂定义

$$
x^{\uparrow r} = x(x+1)\cdots(x+r-1) = \frac{\Gamma(x+r)}{\Gamma(x)} \Rightarrow x^{\uparrow(-r)} = \frac{\Gamma(x-r)}{\Gamma(x)} = \frac{1}{(x-1)(x-2)\cdots(x-r)} = \frac{1}{(x-1)^{\downarrow r}}
\tag{2.24a}
$$

可得

$$
G_p^{-r} = \left\langle \begin{matrix} p \\ -r \end{matrix} \right\rangle = \frac{p^{\uparrow(-r)}}{(-r)!} = \frac{1}{(p-1)^{\downarrow r}(-r)!} = 0, \quad r \in \mathbb{Z}^+
\tag{2.24b}
$$

其实,可以规定(或定义)任意实数 x 的升与降 0 阶乘幂 $x^{\uparrow 0} = x^{\downarrow 0} = 1$。因此格林瓦尔数

$$
G_n^0 = 1, \qquad G_n^1 = n, \qquad n \in \mathbb{Z}
$$

如同(线性)组合数 C_n^r 一样,格林瓦尔数 G_n^r 也具有简单递推公式:

$$
\left\langle \begin{matrix} n \\ r \end{matrix} \right\rangle = \left\langle \begin{matrix} n \\ r-1 \end{matrix} \right\rangle + \left\langle \begin{matrix} n-1 \\ r \end{matrix} \right\rangle \Leftrightarrow G_n^r = G_n^{r-1} + G_{n-1}^r \quad (n \in \mathbb{Z}, r \in \mathbb{N})
\tag{2.24c}
$$

$$
\left(\begin{matrix} n \\ r \end{matrix} \right) = \left(\begin{matrix} n-1 \\ r-1 \end{matrix} \right) + \left(\begin{matrix} n-1 \\ r \end{matrix} \right) \Leftrightarrow C_n^r = C_{n-1}^{r-1} + C_{n-1}^r \quad (n \in \mathbb{Z}, r \in \mathbb{N})
\tag{2.24d}
$$

由算法公式(2.24b)、式(2.24c)、式(2.24d)容易算出(部分)线性组合数与格林瓦尔数(表2.2、表2.3)。在式(2.8e)中已经给出了这两类组合数的内在关系: $G_{-n}^r = (-1)^r C_n^r$, $C_{-n}^r = (-1)^r G_n^r$。

表 2.2　格林瓦尔数表

$G_n^r = \left\langle \begin{matrix} n \\ r \end{matrix} \right\rangle$		$r(r \in \mathbb{N})$										
		0	1	2	3	4	5	6	7	8	9	⋯
n ($n \in \mathbb{Z}$)	-4	1	-4	6	-4	1						
	-3	1	-3	3	-1							
	-2	1	-2	1			$G_n^r = G_n^{r-1} + G_{n-1}^r$					
	-1	1	-1				$G_n^0 = 1, \quad G_n^1 = n$					
	0	1	(0)				$G_n^r = 0 (n \leqslant 0, \ r > |n|)$					
	1	1	1	1	1	1	1	1	1	1	1	⋯
	2	1	2	3	4	5	6	7	8	9	10	⋯
	3	1	3	6	10	15	21	28	36	45	55	⋯

$$_aD_t^{-p-1}f(t)= \lim_{\substack{h\to 0 \\ nh=t-a}} h^p \sum_{r=0}^{n} \left\langle \begin{matrix} p \\ r \end{matrix} \right\rangle f_1(t-rh)$$

$$+ \lim_{\substack{h\to 0 \\ nh=t-a}} h^p \sum_{r=0}^{n} \left\langle \begin{matrix} p+1 \\ r-1 \end{matrix} \right\rangle f_1(t-rh) - \lim_{\substack{h\to 0 \\ nh=t-a}} h^p \sum_{r=1}^{n+1} \left\langle \begin{matrix} p+1 \\ r-1 \end{matrix} \right\rangle f_1(t-rh)$$

$$=\,_aD_t^{-p}f_1(t) + \lim_{\substack{h\to 0 \\ nh=t-a}} h^p \left\langle \begin{matrix} p+1 \\ -1 \end{matrix} \right\rangle f_1(t) - \lim_{\substack{h\to 0 \\ nh=t-a}} h^p \left\langle \begin{matrix} p+1 \\ n \end{matrix} \right\rangle f_1(t-(n+1)h)$$

$$=\,_aD_t^{-p}f_1(t) - (t-a)^p \lim_{n\to\infty} \left\langle \begin{matrix} p+1 \\ n \end{matrix} \right\rangle \frac{1}{n^p} f_1\left(a - \frac{t-a}{n}\right)$$

由函数 $f_1(t)$ 的定义式（2.22）推出

$$\lim_{n\to\infty} f_1\left(a - \frac{t-a}{n}\right) = 0$$

再考虑到已知极限式（1.7），则有

$$\lim_{n\to\infty} \left\langle \begin{matrix} p+1 \\ n \end{matrix} \right\rangle \frac{1}{n^p} = \lim_{n\to\infty} \frac{(p+1)(p+2)\cdots(p+n)}{n^p n!} = \frac{1}{\Gamma(p+1)}$$

最后获得

$$_aD_t^{-p-1}f(t)=\,_aD_t^{-p}f_1(t) = \frac{1}{(p-1)!} \int_a^t (t-\tau)^{p-1} f_1(\tau)\,\mathrm{d}\tau$$

$$= - \left. \frac{(t-\tau)^p f_1(\tau)}{p!} \right|_{\tau=a}^{\tau=t} + \frac{1}{p!} \int_a^t (t-\tau)^p f(\tau)\,\mathrm{d}\tau \qquad (2.25)$$

$$= \frac{1}{p!} \int_a^t (t-\tau)^p f(\tau)\,\mathrm{d}\tau$$

用归纳法证明公式（2.21）完毕。

接下来证明公式（2.21）是 p 次积分的一个表达式。

从 a 到 t，对关系

表 2.3　组合数表——二项式系数表

$G_n^r = \binom{n}{r}$		$r(r\in\mathbb{N})$										
		0	1	2	3	4	5	6	7	8	9	...
	−3	1	−3	−6	10	−15	21	−28	36	−45	55	...
	−2	1	−2	3	−4	5	−6	7	−8	9	−10	...
	−1	1	−1	1	−1	1	−1	1	−1	1	−1	...
n $(n\in\mathbb{Z})$	0	1	(0)									
	1	1	1									
	2	1	2	1								
	3	1	3	3	1							
	4	1	4	6	4	1						

$$\boxed{C_n^r = C_{n-1}^{r-1} + C_{n-1}^r}$$
$$C_n^0 = 1, \qquad C_n^1 = n$$
$$C_n^r = 0 \,(0\leqslant n, \quad r>n)$$

$$\frac{\mathrm{d}}{\mathrm{d}t}\big[\,_aD_t^{-p}f(t)\,\big] = \frac{1}{(p-2)!}\int_a^t (t-\tau)^{p-2}f(\tau)\,\mathrm{d}\tau =\,_aD_t^{-p+1}f(t)$$

进行积分，获得

$$_aD_t^{-p}f(t) = \int_a^t \big[\,_aD_t^{-p+1}f(t)\,\big]\,\mathrm{d}t$$

$$_aD_t^{-p+1}f(t) = \int_a^t \big[\,_aD_t^{-p+2}f(t)\,\big]\,\mathrm{d}t$$

$$\cdots$$

从而有

$$_aD_t^{-p}f(t) = \int_a^t \mathrm{d}t \int_a^t \big[\,_aD_t^{-p+2}f(t)\,\big]\,\mathrm{d}t = \int_a^t \mathrm{d}t \int_a^t \mathrm{d}t \int_a^t \big[\,_aD_t^{-p+3}f(t)\,\big]\,\mathrm{d}t$$

$$= \underbrace{\int_a^t \mathrm{d}t \int_a^t \mathrm{d}t \cdots \int_a^t}_{p\text{次}} f(t)\,\mathrm{d}t \tag{2.26}$$

由此可见，连续函数 $f(t)$ 的整数 n 阶导数式(2.4)与 p 次(p-fold)积分式(2.21)是一般表达式

$$_aD_t^p f(t) = \lim_{\substack{h\to 0 \\ nh=t-a}} h^{-p} \sum_{r=0}^n (-1)^r \binom{p}{r} f(t-rh) \tag{2.27}$$

的特例：如果 $p=m$，则表示 m 阶导数，如果 $p=-m$，则表示 m 次积分。

这一结果很自然地引出微分与积分概念的广义化问题：能否容许式(2.27)中的阶数参量 p 取任意实数甚至取复数？

下面我们将集中讨论 p 取实数值的情形。

2.2.2　任意阶积分

首先考察 $p<0$ 的情况。为简洁起见，在表达式(2.27)中用 $-p$ 代替 p，则有

$$_aD_t^{-p}f(t) = \lim_{\substack{h\to 0 \\ nh=t-a}} h^p \sum_{r=0}^n \left\langle \begin{matrix} p \\ r \end{matrix} \right\rangle f(t-rh) \tag{2.28}$$

如前面所假设，式中 h 与 n 的取值满足约束关系

$$nh=t-a$$

为证明式(2.28)中极限的存在性并算出该极限值，需要如下定理(**莱特尼科夫**[①]，1868年)[124]。

定理 2.1(莱特尼科夫定理)　取一序列 $\beta_k(k=1,2,\cdots)$ 并假定满足

$$\lim_{k\to\infty}\beta_k = 1 \tag{2.29}$$

$$\lim_{n\to\infty}\alpha_{n,k} = 0, \qquad \forall k \tag{2.30}$$

$$\lim_{n\to\infty}\sum_{k=1}^n \alpha_{n,k} = A, \qquad \forall k \tag{2.31}$$

---

① **莱特尼科夫**(A. V. Letnikov, 1837—1888)　俄国数学家。

$$\sum_{k=1}^{n} |\alpha_{n,k}| < K, \qquad \forall n \tag{2.32}$$

则

$$\lim_{n \to \infty} \sum_{k=1}^{n} \alpha_{n,k} \beta_k = A \tag{2.33}$$

证明： 条件式(2.29)允许取

$$\beta_k = 1 - \sigma_k, \qquad \lim_{k \to \infty} \sigma_k = 0 \tag{2.34}$$

由条件式(2.30)推出，对于每一个固定的 r 有①

$$\lim_{n \to \infty} \sum_{k=1}^{r-1} \alpha_{n,k} \beta_k = 0 \tag{2.35}$$

$$\lim_{n \to \infty} \sum_{k=1}^{r-1} \alpha_{n,k} = 0 \tag{2.36}$$

利用关系式(2.35)、式(2.34)、式(2.31)和式(2.36)，可得

$$\lim_{n \to \infty} \sum_{k=1}^{n} \alpha_{n,k} \beta_k = \lim_{n \to \infty} \sum_{k=r}^{n} \alpha_{n,k} \beta_k = \lim_{n \to \infty} \sum_{k=r}^{n} \alpha_{n,k} - \lim_{n \to \infty} \sum_{k=r}^{n} \alpha_{n,k} \sigma_k$$

$$= \lim_{n \to \infty} \sum_{k=1}^{n} \alpha_{n,k} - \lim_{n \to \infty} \sum_{k=r}^{n} \alpha_{n,k} \sigma_k$$

$$= A - \lim_{n \to \infty} \sum_{k=r}^{n} \alpha_{n,k} \sigma_k$$

利用式(2.36)和式(2.32)，可进行如下估计：

$$\left| A - \lim_{n \to \infty} \sum_{k=1}^{n} \alpha_{n,k} \sigma_k \right| < \lim_{n \to \infty} \sum_{k=r}^{n} |\alpha_{n,k}| \cdot |\sigma_k|$$

$$< \sigma^* \lim_{n \to \infty} \sum_{k=r}^{n} |\alpha_{n,k}| < \sigma^* \lim_{n \to \infty} \sum_{k=1}^{n} |\alpha_{n,k}|$$

$$< \sigma^* K$$

式中 $\sigma^* = \max_{k \geq r} |\sigma_k|$。

由式(2.34)推出，对于每一个任意小的 $\varepsilon > 0$，存在 r 使得 $\sigma^* < \varepsilon / K$，且有

$$\left| A - \lim_{n \to \infty} \sum_{k=1}^{n} \alpha_{n,k} \sigma_k \right| < \varepsilon$$

故定理的结论式(2.33)成立。

定理 2.1——莱特尼科夫定理有一个简单推论。即如果取

$$\lim_{k \to \infty} \beta_k = B$$

则有

$$\lim_{n \to \infty} \sum_{k=1}^{n} \alpha_{n,k} \beta_k = AB \tag{2.37}$$

事实上，引入序列

---

① 当正整数 r 固定时，式(2.35)和式(2.36)中的求和项的项数为 $r-1$，是有限的，从而其极限为0。

$$\widetilde{\beta}_k = \frac{\beta_k}{B}, \qquad \lim_{k \to \infty} \widetilde{\beta}_k = 1$$

应用定理 2.1 获得

$$\lim_{n \to \infty} \sum_{k=1}^{n} \alpha_{n,k} \widetilde{\beta}_k = \lim_{n \to \infty} \sum_{k=1}^{n} \alpha_{n,k} \frac{\beta_k}{B} = A$$

从而式(2.37)得证。

为了使用定理 2.1 计算式(2.28)的极限，可写出

$$
\begin{aligned}
{}_a D_t^{-p} f(t) &= \lim_{\substack{h \to 0 \\ nh = t-a}} h^p \sum_{r=0}^{n} \left\langle \begin{matrix} p \\ r \end{matrix} \right\rangle f(t - rh) \\
&= \lim_{\substack{h \to 0 \\ nh = t-a}} \sum_{r=0}^{n} \frac{1}{r^{p-1}} \left\langle \begin{matrix} p \\ r \end{matrix} \right\rangle h \ (rh)^{p-1} f(t - rh) \\
&= \frac{1}{\Gamma(p)} \lim_{\substack{h \to 0 \\ nh = t-a}} \sum_{r=0}^{n} \frac{\Gamma(p)}{r^{p-1}} \left\langle \begin{matrix} p \\ r \end{matrix} \right\rangle h \ (rh)^{p-1} f(t - rh) \\
&= \frac{1}{\Gamma(p)} \lim_{n \to \infty} \sum_{r=0}^{n} \frac{\Gamma(p)}{r^{p-1}} \left\langle \begin{matrix} p \\ r \end{matrix} \right\rangle \frac{t-a}{n} \left(r \frac{t-a}{n} \right)^{p-1} f\left(t - r \frac{t-a}{n} \right)
\end{aligned}
$$

并取

$$\beta_r = \frac{\Gamma(p)}{r^{p-1}} \left\langle \begin{matrix} p \\ r \end{matrix} \right\rangle, \qquad \alpha_{n,r} = \frac{t-a}{n} \left(r \frac{t-a}{n} \right)^{p-1} f\left(t - r \frac{t-a}{n} \right)$$

利用式(1.7)有

$$\lim_{r \to \infty} \beta_r = \lim_{r \to \infty} \frac{\Gamma(p)}{r^{p-1}} \left\langle \begin{matrix} p \\ r \end{matrix} \right\rangle = 1。 \tag{2.38}$$

显然，如果函数 $f(t)$ 在闭区域 $[a,t]$ 连续，则

$$
\begin{aligned}
\lim_{n \to \infty} \sum_{r=0}^{n} \alpha_{n,r} &= \lim_{n \to \infty} \sum_{r=0}^{n} \frac{t-a}{n} \left(r \frac{t-a}{n} \right)^{p-1} f\left(t - r \frac{t-a}{n} \right) \\
&= \lim_{h \to 0} \sum_{r=0}^{n} h \ (rh)^{p-1} f(t - rh) \\
&= \int_a^t (t - \tau)^{p-1} f(\tau) \mathrm{d}\tau
\end{aligned}
\tag{2.39}
$$

考虑式(2.38)和式(2.39)，再应用定理 2.1 最终算出

$$
{}_a D_t^{-p} f(t) = \lim_{\substack{h \to 0 \\ nh = t-a}} h^p \sum_{r=0}^{n} \left\langle \begin{matrix} p \\ r \end{matrix} \right\rangle f(t - rh) = \frac{1}{\Gamma(p)} \int_a^t (t - \tau)^{p-1} f(\tau) \mathrm{d}\tau \tag{2.40}
$$

如果导数 $f'(t)$ 在 $[a,b]$ 内连续，则使用分部积分法可将式(2.40)写成

$$
{}_a D_t^{-p} f(t) = \frac{f(a) \ (t-a)^p}{\Gamma(p+1)} + \frac{1}{\Gamma(p+1)} \int_a^t (t - \tau)^p f'(\tau) \mathrm{d}\tau \tag{2.41}
$$

如果函数 $f(t)$ 具有 $m+1$ 阶连续导数，则

$$
{}_a D_t^{-p} f(t) = \sum_{k=0}^{m} \frac{f^{(k)}(a) \ (t-a)^{p+k}}{\Gamma(p+k+1)} + \frac{1}{\Gamma(p+m+1)} \int_a^t (t - \tau)^{p+m} f^{(m+1)}(\tau) \mathrm{d}\tau \tag{2.42}
$$

由式(2.42)立即给出 ${}_a D_t^{-p} f(t)$ 在 $t=a$ 处的渐近表示。

2.2.3　任意阶导数

现在讨论 $p>0$ 的情况。我们的目的如前所述是计算极限

$$_aD_t^pf(t) = \lim_{\substack{h\to 0 \\ nh=t-a}} h^{-p} \sum_{r=0}^{n} (-1)^r \binom{p}{r} f(t-rh) = \lim_{\substack{h\to 0 \\ nh=t-a}} f_h^{(p)}(t) \tag{2.43}$$

式中

$$f_h^{(p)}(t) = h^{-p} \sum_{r=0}^{n} (-1)^r \binom{p}{r} f(t-rh) \tag{2.44}$$

为了算出式(2.43)中的极限(值)，首先需要将 $f_h^{(p)}(t)$ 用下述方法进行转换。

利用熟悉的二项式系数性质

$$\binom{p}{r} = \binom{p-1}{r} + \binom{p-1}{r-1} \tag{2.45}$$

可写出

$$\begin{aligned}
f_h^{(p)}(t) &= h^{-p} \sum_{r=0}^{n} (-1)^r \binom{p-1}{r} f(t-rh) + h^{-p} \sum_{r=1}^{n} (-1)^r \binom{p-1}{r-1} f(t-rh) \\
&= h^{-p} \sum_{r=0}^{n} (-1)^r \binom{p-1}{r} f(t-rh) + h^{-p} \sum_{r=0}^{n-1} (-1)^{r+1} \binom{p-1}{r} f(t-(r+1)h) \\
&= (-1)^n \binom{p-1}{n} h^{-p} f(a) + h^{-p} \sum_{r=0}^{n-1} (-1)^r \binom{p-1}{r} \Delta f(t-rh)
\end{aligned} \tag{2.46}$$

式中

$$\Delta f(t-rh) = f(t-rh) - f(t-(r+1)h)$$

显然，$\Delta f(t-rh)$ 是函数 $f(\tau)$ 在点 $\tau=t-rh$ 的一阶后向差分。

从式(2.46)开始，重复 m 次应用二项式系数的性质式(2.45)，获得：

$$\begin{aligned}
f_h^{(p)}(t) &= (-1)^n \binom{p-1}{n} h^{-p} f(a) + (-1)^{n-1} \binom{p-2}{n-1} h^{-p} \Delta f(a+h) \\
&\quad + h^{-p} \sum_{r=0}^{n-2} (-1)^r \binom{p-2}{r} \Delta^2 f(t-rh) \\
&= (-1)^n \binom{p-1}{n} h^{-p} f(a) + (-1)^{n-1} \binom{p-2}{n-1} h^{-p} \Delta f(a+h) \\
&\quad + (-1)^{n-2} \binom{p-3}{n-2} h^{-p} \Delta^2 f(a+2h) \\
&\quad + h^{-p} \sum_{r=0}^{n-3} (-1)^r \binom{p-3}{r} \Delta^3 f(t-rh)
\end{aligned} \tag{2.47}$$

$$\begin{aligned}
&= \cdots \\
&= \sum_{k=0}^{m} (-1)^{n-k} \binom{p-k-1}{n-k} h^{-p} \Delta^k f(a+kh) \\
&\quad + h^{-p} \sum_{r=0}^{n-m-1} (-1)^r \binom{p-m-1}{r} \Delta^{m+1} f(t-rh)
\end{aligned} \tag{2.48}$$

现在估算式(2.48)的第一求和式中第 k 项的极限:

$$\lim_{\substack{h\to 0 \\ nh=t-a}} (-1)^{n-k}\binom{p-k-1}{n-k}h^{-p}\Delta^k f(a+kh)$$

$$= \lim_{\substack{h\to 0 \\ nh=t-a}} (-1)^{n-k}\binom{p-k-1}{n-k}(n-k)^{p-k}\left(\frac{n}{n-k}\right)^{p-k}\times(nh)^{-p+k}\frac{\Delta^k f(a+kh)}{h^k}$$

$$= (t-a)^{-p+k}\lim_{n\to\infty}(-1)^{n-k}\binom{p-k-1}{n-k}(n-k)^{p-k}\times\lim_{n\to\infty}\left(\frac{n}{n-k}\right)^{p-k}\times\lim_{h\to 0}\frac{\Delta^k f(a+kh)}{h^k}$$

$$= \frac{f^{(k)}(a)(t-a)^{-p+k}}{\Gamma(-p+k+1)} \tag{2.49}$$

这是因为由伽马函数的极限表达式(1.7)可得出

$$\lim_{n\to\infty}(-1)^{n-k}\binom{p-k-1}{n-k}(n-k)^{p-k}$$

$$= \lim_{n\to\infty}\frac{(-p+k+1)(-p+k+2)\cdots(-p+n)}{(n-k)^{-p+k}(n-k)!} = \frac{1}{\Gamma(-p+k+1)}$$

与

$$\lim_{n\to\infty}\left(\frac{n}{n-k}\right)^{p-k} = 1$$

$$\lim_{h\to 0}\frac{\Delta^k f(a+kh)}{h^k} = f^{(k)}(a)$$

根据极限式(2.49), 容易写出式(2.48)的第一求和式的极限。

为了估算式(2.48)的第二求和式的极限, 首先将它写成

$$h^{-p}\sum_{r=0}^{n-m-1}(-1)^r\binom{p-m-1}{r}\Delta^{m+1}f(t-rh)$$

$$= \frac{1}{\Gamma(-p+m+1)}\sum_{r=0}^{n-m-1}(-1)^r\Gamma(-p+m+1)\binom{p-m-1}{r}r^{-m+p}$$

$$\times h(rh)^{m-p}\frac{\Delta^{m+1}f(t-rh)}{h^{m+1}} \tag{2.50}$$

为了应用定理2.1, 取

$$\beta_r = (-1)^r\Gamma(-p+m+1)\binom{p-m-1}{r}r^{-m+p}$$

$$\alpha_{n,r} = h(rh)^{m-p}\frac{\Delta^{m+1}f(t-rh)}{h^{m+1}}, \qquad h = \frac{t-a}{n}$$

由式(1.7)可以验证

$$\lim_{r\to\infty}\beta_r = \lim_{r\to\infty}(-1)^r\Gamma(-p+m+1)\binom{p-m-1}{r}r^{-m+p} = 1 \tag{2.51}$$

另外, 如果 $m-p>-1$, 则

$$\lim_{\substack{n \to \infty \\ nh = t-a}} \sum_{r=0}^{n-m-1} \alpha_{n,r} = \lim_{\substack{n \to \infty \\ nh = t-a}} \sum_{r=0}^{n-m-1} h\,(rh)^{m-p} \frac{\Delta^{m+1} f(t-rh)}{h^{m+1}}$$

$$= \int_a^t (t-\tau)^{m-p} f^{(m+1)}(\tau)\,\mathrm{d}\tau \qquad (2.52)$$

综合式(2.51)和式(2.52),并利用定理2.1算出

$$\lim_{\substack{h \to 0 \\ nh = t-a}} h^{-p} \sum_{r=0}^{n-m-1} (-1)^r \binom{p-m-1}{r} \Delta^{m+1} f(t-rh)$$

$$= \frac{1}{\Gamma(-p+m+1)} \int_a^t (t-\tau)^{m-p} f^{(m+1)}(\tau)\,\mathrm{d}\tau \qquad (2.53)$$

最后使用式(2.49)和式(2.53),获得式(2.43)的极限

$$_aD_t^p f(t) = \lim_{\substack{h \to 0 \\ nh = t-a}} f_h^{(p)}(t)$$

$$= \sum_{k=0}^m \frac{f^{(k)}(a)\,(t-a)^{-p+k}}{\Gamma(-p+k+1)} + \frac{1}{\Gamma(-p+m+1)} \int_a^t (t-\tau)^{m-p} f^{(m+1)}(\tau)\,\mathrm{d}\tau \qquad (2.54)$$

获得公式(2.54)的假设条件有:

(1) $f^{(k)}(t)(k=1\sim m+1)$ 在闭区间 $[a,t]$ 连续;

(2) m 是满足条件 $m>p-1$ 的整数。

对于 m,其最小可能取值由不等式 $m<p<m+1$ 确定。

2.2.4 $(t-a)^\beta$ 的分数导数

计算幂函数

$$f(t) = (t-a)^v$$

的格林瓦尔-莱特尼科夫分数导数 $_aD_t^p f(t)$,式中 v 是一个实数。

从负的 p 值,即从阶数为 $-p$ 的分数积分计算入手。使用公式(2.40)

$$_aD_t^p (t-a)^v = \frac{1}{\Gamma(-p)} \int_a^t (t-\tau)^{-p-1} (\tau-a)^v \mathrm{d}\tau \qquad (2.55)$$

为了使积分收敛假设 $v>-1$。在式(2.55)中进行变量代换

$$\tau = a + \xi(t-a)$$

然后用 B 函数的定义式(1.20)得:

$$_aD_t^p (t-a)^v = \frac{1}{\Gamma(-p)} (t-a)^{v-p} \int_0^1 \xi^v (1-\xi)^{-p-1} \mathrm{d}\xi$$

$$= \frac{1}{\Gamma(-p)} B(-p, v+1) (t-a)^{v-p}$$

$$= \frac{\Gamma(v+1)}{\Gamma(v-p+1)} (t-a)^{v-p}, \qquad p<0, \qquad v>-1 \qquad (2.56)$$

现在考察 $0 \leqslant m \leqslant p < m+1$ 的情形。为了应用公式(2.54),使其积分收敛,必须要求 $v>m$,从而有

$$_aD_t^p (t-a)^v = \frac{1}{\Gamma(-p+m+1)} \int_a^t (t-\tau)^{m-p} \frac{\mathrm{d}^{m+1} (\tau-a)^v}{\mathrm{d}\tau^{m+1}} \mathrm{d}\tau \qquad (2.57)$$

这是因为所有的非积分相加项均等于零①。

考虑到

$$\frac{d^{m+1}(\tau-a)^v}{d\tau^{m+1}}=v(v-1)\cdots(v-m)(\tau-a)^{v-m-1}=\frac{\Gamma(v+1)}{\Gamma(v-m)}(\tau-a)^{v-m-1}$$

并进行变量代换 $\tau=a+\xi(t-a)$，得

$$_aD_t^p(t-a)^v=\frac{\Gamma(v+1)}{\Gamma(v-m)\Gamma(-p+m+1)}\int_a^t(t-\tau)^{m-p}(\tau-a)^{v-m-1}d\tau$$

$$=\frac{\Gamma(v+1)B(-p+m+1,v-m)}{\Gamma(v-m)\Gamma(-p+m+1)}(t-a)^{v-p}$$

$$=\frac{\Gamma(v+1)}{\Gamma(-p+v+1)}(t-a)^{v-p} \tag{2.58}$$

式(2.58)在形式上与式(2.56)完全一样。由此得出结论：幂函数 $f(t)=(t-a)^v$ 的格林瓦尔-莱特尼科夫分数导数可表示为：

$$_aD_t^p(t-a)^v=\frac{\Gamma(v+1)}{\Gamma(-p+v+1)}(t-a)^{v-p}, \qquad p<0,\ v>-1\ \text{或}\ 0\leqslant m\leqslant p<m+1,\ v>m \tag{2.59}$$

后面研究分数微分的另外一些解法时，还要回到幂函数的格林瓦尔-莱特尼科夫分数导数公式(2.59)。那时，虽然公式一样，但其应用条件将不同。

从理论观点来看，能够用格林瓦尔-莱特尼科夫定义来求解分数导数的函数类((m+1)次连续可微函数)是不多见的。幸好我们遇到的大多数应用问题，无论是物理的、化学的，还是其他过程涉及的函数，一般都是非常光滑的函数。

2.2.5　具有整数阶导数的复合运算

值得注意的是，在公式(2.54)中仅有一个约束，即条件 $m>p-1$，如果用 s 取代 m，则公式(2.54)可改写成

$$_aD_t^pf(t)=\sum_{k=0}^s\frac{f^{(k)}(a)(t-a)^{-p+k}}{\Gamma(-p+k+1)}$$

$$+\frac{1}{\Gamma(-p+s+1)}\int_a^t(t-\tau)^{s-p}f^{(s+1)}(\tau)d\tau \tag{2.60}$$

因此假设 $m<p<m+1$。

在式(2.60)中，为了进行 p 阶分数导数的整数 n 阶求导计算，取 $s\geqslant m+n-1$。结果是

---

① 对于幂函数 $f(t)=(t-a)^v$，$v>m$，有

$$\frac{d^kf(a)}{dt^k}=\frac{d^k(t-a)^v}{dt^k}\Big|_{t=a}=v^{\downarrow k}(t-a)^{v-k}\Big|_{t=a}=0$$

式中 $v^{\downarrow k}$ 是称为**阶乘幂**(factorial power) $n!=n(n-1)\cdots3\cdot2\cdot1$ 的类似阶乘的积[20;45]：

- **降阶乘幂**(decrease factorial power) $v^{\downarrow k}=v(v-1)\cdots(v-k+1)$，读成"$v$ 降 k 次乘幂"。
- **升阶乘幂**(increase factorial power) $v^{\uparrow k}=v(v+1)\cdots(v+k-1)$，读成"$v$ 升 k 次乘幂"。

$$\frac{\mathrm{d}^n}{\mathrm{d}t^n}(\ _aD_t^pf(t)) = \sum_{k=0}^{s} \frac{f^{(k)}(a)\ (t-a)^{-p-n+k}}{\Gamma(-p-n+k+1)}$$

$$+ \frac{1}{\Gamma(-p-n+s+1)}\int_a^t (t-\tau)^{s-p-n}f^{(s+1)}(\tau)\mathrm{d}\tau \qquad (2.61)$$

$$= \ _aD_t^{p+n}f(t) \qquad (2.62)$$

因为 $s \geqslant m+n-1$ 是任意的，取 $s=m+n-1$。从而有

$$\frac{\mathrm{d}^n}{\mathrm{d}t^n}(\ _aD_t^pf(t)) = \ _aD_t^{p+n}f(t)$$

$$= \sum_{k=0}^{m+n-1} \frac{f^{(k)}(a)\ (t-a)^{-p-n+k}}{\Gamma(-p-n+k+1)} + \frac{1}{\Gamma(m-p)}\int_a^t (t-\tau)^{m-p-1}f^{(m+n)}(\tau)\mathrm{d}\tau \quad (2.63)$$

反过来，考虑整数阶导数 $\dfrac{\mathrm{d}^nf(t)}{\mathrm{d}t^n}$ 的分数 p 阶导数 $_aD_t^p\left(\dfrac{\mathrm{d}^nf(t)}{\mathrm{d}t^n}\right)$ 问题。使用公式(2.60)，得

$$_aD_t^p\left(\frac{\mathrm{d}^nf(t)}{\mathrm{d}t^n}\right) = \sum \frac{f^{(n+k)}(a)\ (t-a)^{-p+k}}{\Gamma(-p+k+1)}$$

$$+ \frac{1}{\Gamma(-p+s+1)}\int_a^t (t-\tau)^{s-p}f^{(n+s+1)}(\tau)\mathrm{d}\tau \qquad (2.64)$$

此时取 $s=m-1$，则有

$$_aD_t^p\left(\frac{\mathrm{d}^nf(t)}{\mathrm{d}t^n}\right) = \sum_{k=0}^{m-1} \frac{f^{(n+k)}(a)\ (t-a)^{-p+k}}{\Gamma(-p+k+1)} + \frac{1}{\Gamma(m-p)}\int_a^t (t-\tau)^{m-p-1}f^{(m+n)}(\tau)\mathrm{d}\tau \quad (2.65)$$

比较式(2.63)和式(2.65)，获得结论

$$\frac{\mathrm{d}^n}{\mathrm{d}t^n}(\ _aD_t^pf(t)) = \ _aD_t^p\left(\frac{\mathrm{d}^nf(t)}{\mathrm{d}t^n}\right) + \sum_{k=0}^{n-1} \frac{f^{(k)}(a)\ (t-a)^{-p-n+k}}{\Gamma(-p-n+k+1)} \qquad (2.66)$$

式(2.66)说明：一般来说，运算 $\dfrac{\mathrm{d}^n}{\mathrm{d}t^n}$ 和运算 $_aD_t^p$ 顺序的互换性，即

$$\frac{\mathrm{d}^n}{\mathrm{d}t^n}(\ _aD_t^pf(t)) = \ _aD_t^p\left(\frac{\mathrm{d}^nf(t)}{\mathrm{d}t^n}\right) = \ _aD_t^{p+n}f(t) \qquad (2.67)$$

成立是有条件的。仅当下端点 $t=a$，且函数 $f(t)$ 的整数阶导数

$$f^{(k)}(a) = 0, \qquad k=0,1,2,\cdots,n-1 \qquad (2.68)$$

的情况下，两种运算的顺序才能交换。

2.2.6　分数导数的复合运算

本小节考虑分数 p 阶导数的分数 q 阶导数——分数导数的复合运算：

$$_aD_t^q(\ _aD_t^pf(t))$$

分别考虑两种情况：$p<0$ 和 $p>0$。

第一种情况是指，对函数 $f(t)$ 的分数 $-p>0$ 阶积分进行（依赖于 q 取值的正负符号）$q>0$ 阶导数运算或 $-q>0$ 阶积分运算。

第二种情况是指，**外运算**①的对象是函数 $f(t)$ 的分数 $p>0$ 阶导数。

对于整数阶微分，上述两种复合运算具有相同结果，那就是众所周知的性质：

$$\frac{\mathrm{d}^n}{\mathrm{d}t^n}\left(\frac{\mathrm{d}^m f(t)}{\mathrm{d}t^m}\right)=\frac{\mathrm{d}^m}{\mathrm{d}t^m}\left(\frac{\mathrm{d}^n f(t)}{\mathrm{d}t^n}\right)=\frac{\mathrm{d}^{m+n}f(t)}{\mathrm{d}t^{m+n}}$$

情况 1：$p<0$

首先取 $q<0$，则有

$$_aD_t^q(_aD_t^p f(t))=\frac{1}{\Gamma(-q)}\int_a^t(t-\tau)^{-q-1}(_aD_\tau^p f(\tau))\mathrm{d}\tau$$

$$=\frac{1}{\Gamma(-q)\Gamma(-p)}\int_a^t(t-\tau)^{-q-1}\mathrm{d}\tau\int_a^\tau(\tau-\xi)^{-p-1}f(\xi)\mathrm{d}\xi$$

$$=\frac{1}{\Gamma(-q)\Gamma(-p)}\int_a^t f(\xi)\mathrm{d}\xi\int_\xi^t(t-\tau)^{-q-1}(\tau-\xi)^{-p-1}\mathrm{d}\tau$$

$$=\frac{1}{\Gamma(-p-q)}\int_a^t(t-\xi)^{-p-q-1}f(\xi)\mathrm{d}\xi$$

$$=\ _aD_t^{p+q}f(t) \tag{2.69}$$

式中，

$$\int_\xi^t(t-\tau)^{-q-1}(\tau-\xi)^{-p-1}\mathrm{d}\tau=(t-\xi)^{-p-q-1}\int_0^1(1-z)^{-q-1}z^{-p-1}\mathrm{d}z$$

$$=\frac{\Gamma(-q)\Gamma(-p)}{\Gamma(-p-q)}(t-\xi)^{-p-q-1}$$

上式推算过程中使用了变量代换 $\tau=\xi+z(t-\xi)$ 和贝塔函数的定义式 (1.20)。

现在假设 $0<n<q<n+1$。注意到 $q=(n+1)+(q-n-1)$，式中 $q-n-1<0$，再利用式 (2.62) 和式 (2.69)，得

$$_aD_t^q(_aD_t^p f(t))=\frac{\mathrm{d}^{n+1}}{\mathrm{d}t^{n+1}}\{_aD_t^{q-n-1}(_aD_t^p f(t))\}$$

$$=\frac{\mathrm{d}^{n+1}}{\mathrm{d}t^{n+1}}\{_aD_t^{p+q-n-1}f(t)\}$$

$$=\ _aD_t^{p+q}f(t) \tag{2.70}$$

综合式 (2.69) 和式 (2.70)，得出结论：如果 $p<0$，则对于任意实数 q 存在②

$$_aD_t^q(_aD_t^p f(t))=\ _aD_t^{p+q}f(t)，\qquad p<0,\ q\in\mathbb{R}$$

情况 2：$p>0$

假设 $0\le m<p<m+1$。根据式 (2.54)，有

---

①　**外运算**(outer operation)　这里是指复合运算 $_aD_t^q(_aD_t^p f(t))$ 中括号之外的运算 $_aD_t^q$。因而可称括号之内的运算 $_aD_t^p$ 为**内运算**(inner operation)，p 为内运算阶数，而 q 为外运算阶数。这样一来，第一种复合运算可表述为：外运算的对象是函数的分数 $-p>0$ 阶积分——通俗地说就是"先积分"的分数阶复合运算。第二种复合运算是"先求导"或"先微分"的分数阶复合运算。

②　为便于读者理解，注译者在该复合运算规则后添加了复合公式成立的条件——也即适用的范围。该结论表明："先积分"的分数阶复合运算遵循规则：$_aD_t^q(_aD_t^p f(t))=\ _aD_t^{p+q}f(t)$。

$$_aD_t^p f(t) = \lim_{\substack{h \to 0 \\ nh = t-a}} f_h^{(p)}(t) = \sum_{k=0}^{m} \frac{f^{(k)}(a)(t-a)^{-p+k}}{\Gamma(-p+k+1)}$$

$$+ \frac{1}{\Gamma(-p+m+1)} \int_a^t (t-\tau)^{m-p} f^{(m+1)}(\tau) \mathrm{d}\tau \qquad (2.71)$$

取 $q<0$，并计算 $_aD_t^q(_aD_t^p f(t))$。

检查式(2.71)的右端。对于 $k=0,1,\cdots,m-1$，函数 $(t-a)^{-p+k}$ 是不可积的奇异函数，因而 $_aD_t^p f(t)$ 的实数 q 阶导数仅当

$$f^{(k)}(a) = 0, \qquad k = 0,1,\cdots,m-1 \qquad (2.72)$$

时存在。

式(2.71)右端的积分等于 $_aD_t^{p-m-1} f(t)$，即函数 $f(t)$ 的 $-p+m+1$ 阶分数积分。结合条件式(2.72)，$f(t)$ 的 p 次导数表达式(2.71)的形式为

$$_aD_t^p f(t) = \frac{f^{(m)}(a)(t-a)^{-p+m}}{\Gamma(-p+m+1)} + _aD_t^{p-m-1} f^{(m+1)}(t) \qquad (2.73)$$

现在，可得式(2.73)给定的 p 阶导数的 $q<0$ 阶导数(也即 $-q>0$ 阶积分)：

$$_aD_t^q(_aD_t^p f(t)) = \frac{f^{(m)}(a)(t-a)^{-p-q+m}}{\Gamma(-p-q+m+1)}$$

$$+ \frac{1}{\Gamma(-p-q+m+1)} \int_a^t \frac{f^{(m+1)}(\tau)\mathrm{d}\tau}{(t-\tau)^{p+q-m}} \qquad (2.74)$$

上式使用了关系

$$_aD_t^q(_aD_t^{p-m-1} f^{(m+1)}(t)) = _aD_t^{p+q-m-1} f^{(m+1)}(t)$$

$$= \frac{1}{\Gamma(-p-q+m+1)} \int_a^t \frac{f^{(m+1)}(\tau)\mathrm{d}\tau}{(t-\tau)^{p+q-m}}$$

考虑到条件式(2.72)与公式(2.71)，立即得①

$$_aD_t^q(_aD_t^p f(t)) = _aD_t^{p+q} f(t), \qquad q<0, \qquad 0 \leqslant m < p < m+1 \qquad (2.75)$$

现在取 $0 \leqslant n < q < n+1$。假设函数 $f(t)$ 满足条件式(2.72)，考虑 $q-n-1<0$ 并利用式(2.75)，有

$$_aD_t^q(_aD_t^p f(t)) = \frac{\mathrm{d}^{n+1}}{\mathrm{d}t^{n+1}}\{_aD_t^{q-n-1}(_aD_t^p f(t))\}$$

$$= \frac{\mathrm{d}^{n+1}}{\mathrm{d}t^{n+1}}\{_aD_t^{p+q-n-1} f(t)\}$$

$$= _aD_t^{p+q} f(t) \qquad (2.76)$$

这与式(2.75)相同。②

由此得出结论：如果 $p<0$，则关系式(2.75)对于任意实数 q 成立；如果 $0 \leqslant m < p < m+1$，则关系式(2.75)对于任意实数 q 也成立(前提是函数 $f(t)$ 满足条件式(2.72))。

---

①　为便于读者理解，注译者为复合运算公式(2.75)添加了该公式成立的条件，也即适用的范围：在满足条件式(2.72)时，"**先微分后积分**"的分数阶复合运算遵循规则 $_aD_t^q(_aD_t^p f(t)) = _aD_t^{p+q} f(t)$。

②　在满足条件(2.72)下，"**先微分后也微分**"的分数阶复合运算也遵循规则：$_aD_t^q(_aD_t^p f(t)) = _aD_t^{p+q} f(t)$。

更进一步，如果

$$0 \leqslant m < p < m+1, \qquad 0 \leqslant n < q < n+1$$

且函数 $f(t)$ 满足条件

$$f^{(k)}(a) = 0, k = 0, 1, \cdots, r-1 \tag{2.77}$$

式中 $r = \max(n, m)$，则分数微分算子 $_aD_t^p$ 和 $_aD_t^q$ 可交换，即

$$_aD_t^q(_aD_t^p f(t)) = _aD_t^p(_aD_t^q f(t)) = _aD_t^{p+q} f(t) \tag{2.78}$$

2.3　黎曼–刘维尔分数导数

格林瓦尔–莱特尼科夫分数导数是由后向差分求极限导出，使用起来不方便。表达式 (2.54)

$$\begin{aligned}
_aD_t^p f(t) &= \lim_{\substack{h \to 0 \\ nh = t-a}} f_h^{(p)}(t) \\
&= \sum_{k=0}^{m} \frac{f^{(k)}(a)(t-a)^{-p+k}}{\Gamma(-p+k+1)} + \frac{1}{\Gamma(-p+m+1)} \int_a^t (t-\tau)^{m-p} f^{(m+1)}(\tau) \, d\tau
\end{aligned}$$

中存在积分，看起来在计算上很方便，但对于非积分项又会怎样呢？答案简单且精妙：把表达式 (2.54) 看成**积分–微分表达**形式的一种特例[①]：

$$_aD_t^p f(t) = \left(\frac{d}{dt}\right)^{m+1} \left(\frac{1}{\Gamma(m+1-p)} \int_a^t (t-\tau)^{m-p} f(\tau) \, d\tau \right), \qquad m \leqslant p < m+1 \tag{2.79}$$

表达式 (2.79) 就是最为著名的分数导数定义，通常称为**黎曼–刘维尔定义**。

表达式 (2.54) 是假定函数 $f(t)$ 必须在 $m+1$ 阶连续可微的条件下，根据格林瓦尔–莱特尼科夫分数导数获得的。显然，在同样的假定条件下，表达式 (2.54) 也能重复使用分部积分与（整数阶）求导运算从式 (2.79) 推出，即

$$\begin{aligned}
_aD_t^p f(t) &= \left(\frac{d}{dt}\right)^{m+1} \int_a^t (t-\tau)^{m-p} f(\tau) \, d\tau \\
&= \sum_{k=0}^{m} \frac{f^{(k)}(a)(t-a)^{-p+k}}{\Gamma(-p+k+1)} \\
&\quad + \frac{1}{\Gamma(-p+m+1)} \int_a^t (t-\tau)^{m-p} f^{(m+1)}(\tau) \, d\tau \\
&= _aD_t^p f(t), \qquad m \leqslant p < m+1
\end{aligned} \tag{2.80}$$

这样一来，当 $t \geqslant 0$ 时，如果函数 $f(t)$ 具有 $m+1$ 阶连续导数，则格林瓦尔–莱特尼科夫定义式 (2.43) 或同样条件下得出的积分形式 (2.54)，就等价于黎曼–刘维尔定义 (2.79)。

从纯数学角度来看，具有 $m+1$ 阶连续导数的函数类是很狭窄的。然而如此类型的函数类对于应用却是十分重要，因为大多数动力学过程对应的函数是充分光滑且不允许间断。懂得这一事实，对于正确应用分数微积分解决实际问题至关重要。特别是黎曼–刘维尔定义式 (2.79)，提供了降低函数 $f(t)$ 约束条件的绝好契机。也就是说，函数 $f(t)$ 可积就够了，对于 $t > a$，积分式 (2.79) 存在且可进行 $m+1$ 次微分。对式 (2.79) 中赋予函数 $f(t)$ 的这一弱

[①]　原文的定义式 (2.79) 中无因子 $1/\Gamma(m+1-p)$。该定义采用了"先积分后求导"的复合运算规则。

条件是必要的，例如，在求解**阿贝尔积分方程**①时就是如此。

首先考察在黎曼-刘维尔定义式(2.79)下如何将整数阶积分与微分统一起来。

2.3.1　整数阶导数与积分的统一定义

假设函数 $f(\tau)$ 在每一有限区间 (a,t) 连续且可积；函数也可以在点 $\tau=a$ 具有 $r<1$ 阶**可积奇异性**(integrable singularity)：

$$\lim_{\tau \to a}(\tau-a)^r f(t) = c$$

式中 c 是不等于 0 的常数。那么积分

$$f^{(-1)}(t) = \int_a^t f(\tau)\,\mathrm{d}\tau \tag{2.81}$$

存在且是有限值。也就是说，当 $t \to a$ 时，该积分等于 0。进行变量代换

$$\tau = a + y(t-a)$$

并记 $\varepsilon = t - a$，因为 $r < 1$，可得

$$\lim_{t \to a} f^{(-1)}(t) = \lim_{t \to a}\int_a^t f(\tau)\,\mathrm{d}\tau = \lim_{t \to a}(t-a)\int_0^1 f(a+y(t-a))\,\mathrm{d}y$$

$$= \lim_{\varepsilon \to 0}\varepsilon^{1-r}\int_0^1 (\varepsilon y)^r f(a+y\varepsilon)y^{-r}\,\mathrm{d}y = 0 \tag{2.82}$$

由此考虑**二次积分**②

$$f^{(-2)}(t) = \int_a^t \mathrm{d}\tau_1 \int_a^{\tau_1} f(\tau)\,\mathrm{d}\tau = \int_a^t f(\tau)\,\mathrm{d}\tau \int_\tau^t \mathrm{d}\tau_1$$

$$= \int_a^t (t-\tau)f(\tau)\,\mathrm{d}\tau \tag{2.83}$$

---

①　**阿贝尔积分方程**(Abel integral equation)[1;3-495,3;415,4;774,8;1016,46;736] 是指方程

$$\frac{1}{\Gamma(\alpha)}\int_a^t \frac{f(\tau)\mathrm{d}\tau}{(t-\tau)^{1-\alpha}} = F(t), \qquad a \leqslant t \leqslant b, \qquad 0 < \alpha < 1 \tag{2.80a}$$

式中 $F(t)$ 是已知函数，$f(t)$ 是未知函数。当 $F'(t)$ 连续且 $F(a)=0$ 时，方程的解是

$$f(t) = \frac{1}{\Gamma(1-\alpha)}\frac{\mathrm{d}}{\mathrm{d}t}\int_a^t \frac{F(\tau)\mathrm{d}\tau}{(t-\tau)^\alpha}, \qquad a \leqslant t \leqslant b \tag{2.80b}$$

早在 1823 年，**阿贝尔**(Abel N H, 1802–1829)研究地球引力场中的一个质点下落轨迹与时间关系问题时，提出了后人以他名字命名的积分方程，这是历史上出现最早的积分方程。

有关阿贝尔积分方程的更进一步内容，可参阅第 6.3.1 节与图 6.1*、10.1.1 节与图 10.1*。

②　**二次积分**(two-fold integral) $f^{(-2)}(t) = \int_a^t \mathrm{d}\tau_1 \int_a^{\tau_1} f(\tau)\mathrm{d}\tau$ 的四个端点几何关系如下图：

被积函数 $f(\tau)$ 的积分端点是 a 与 t，也即是说 $\tau \in [a,t]$，积分变量 τ_1 的取值区间是 $[\tau,t]$，因此有式(2.83)。

式(2.83)与式(2.16)是一致的。

对式(2.83)积分给出 $f(\tau)$ 的**三次积分**(three-fold integral):

$$f^{(-3)}(t) = \int_a^t \mathrm{d}\tau_1 \int_a^{\tau_1} \mathrm{d}\tau_2 \int_a^{\tau_2} f(\tau_3)\mathrm{d}\tau_3 = \int_a^t \mathrm{d}\tau_1 \int_a^{\tau_1} (\tau_1 - \tau)f(\tau)\mathrm{d}\tau$$

$$= \frac{1}{2}\int_a^t (t-\tau)^2 f(\tau)\mathrm{d}\tau \tag{2.84}$$

依此类推,一般情况下有柯西公式

$$f^{(-n)}(t) = \frac{1}{\Gamma(n)}\int_a^t (t-\tau)^{n-1}f(\tau)\mathrm{d}\tau \tag{2.85}$$

现在假定 $n \geqslant 1$ 固定并取整数 $k \geqslant 0$。显然,可得

$$f^{(-k-n)}(t) = \frac{1}{\Gamma(n)}D^{-k}\int_a^t (t-\tau)^{n-1}f(\tau)\mathrm{d}\tau \tag{2.86}$$

式中符号 $D^{-k}(k \geqslant 0)$ 表示 k **阶积分**[①]。

另一方面,对于固定的 $n \geqslant 1$ 和整数 $k \geqslant n$,$f(t)$ 的 $(k-n)$ 次导数可写成

$$f^{(k-n)}(t) = \frac{1}{\Gamma(n)}D^k\int_a^t (t-\tau)^{n-1}f(\tau)\mathrm{d}\tau \tag{2.87}$$

式中符号 $D^k(k \geqslant 1)$ 表示 k **阶微分**。

可见式(2.86)和式(2.87)可以统一成式(2.87),其中 $n(n \geqslant 1)$ 是固定整数,如果 $k \leqslant 0$,则符号 D^k 表示 $-k$ 阶积分,如果 $k>0$,则符号 D^k 表示 k 阶微分。

- 如果 $k = n-1, n-2, \cdots$,则式(2.87)给出函数 $f(t)$ 的叠积分。
- 对于 $k = n$,则给出函数 $f(t)$ 自身。
- 对于 $k = n+1, n+2, \cdots$,则给出函数 $f(t)$ 的 $k-n = 1, 2, \cdots$ 阶导数。

2.3.2　任意阶积分

为了拓展整数 n 阶积分到非整数阶 n,可从柯西公式(2.85)入手,并用实数 $p>0$ 代替整数 n:

$$_a\mathrm{D}_t^{-p}f(t) = \frac{1}{\Gamma(p)}\int_a^t (t-\tau)^{p-1}f(\tau)\mathrm{d}\tau \tag{2.88}$$

在式(2.85)中,整数 n 必须满足条件 $n \geqslant 1$;对应 p 的约束则要弱一些:为了使积分(2.88)存在,必须有 $p>0$。

进一步,在一定合理假设

$$\lim_{p \to 0} {}_a\mathrm{D}_t^{-p}f(t) = f(t) \tag{2.89}$$

条件下,可使得

$$_a\mathrm{D}_t^0 f(t) = f(t) \tag{2.90}$$

如果对于 $t \geqslant 0$,函数 $f(t)$ 具有连续导数,则关系式(2.89)的证明非常简单。在这种情况下,通过分部积分并利用式(1.3)给出

---

① "k 阶积分"是原文"k iterated integrations"意译。从字面上可译为"k 次叠积分"。

$$_aD_t^{-p}f(t) = \frac{(t-a)^p f(a)}{\Gamma(p+1)} + \frac{1}{\Gamma(p+1)}\int_a^t (t-\tau)^p f'(\tau)d\tau$$

并得到

$$\lim_{p\to 0}{_aD_t^{-p}}f(t) = f(a) + \int_a^t f'(\tau)d\tau = f(a) + (f(t) - f(a)) = f(t)$$

如果 $f(t)$ 仅仅对于 $t \geq a$ 连续，则关系式（2.89）的证明有些冗长。在这种情况下，可将 $_aD_t^{-p}f(t)$ 写成形式

$$_aD_t^{-p}f(t) = \frac{1}{\Gamma(p)}\int_a^t (t-\tau)^{p-1}(f(\tau) - f(t))d\tau + \frac{f(t)}{\Gamma(p)}\int_a^t (t-\tau)^{p-1}d\tau$$

$$= \frac{1}{\Gamma(p)}\int_a^{t-\delta} (t-\tau)^{p-1}(f(\tau) - f(t))d\tau \tag{2.91}$$

$$+ \frac{1}{\Gamma(p)}\int_{t-\delta}^t (t-\tau)^{p-1}(f(\tau) - f(t))d\tau \tag{2.92}$$

$$+ \frac{f(t)(t-a)^p}{\Gamma(p+1)} \tag{2.93}$$

首先研究积分式（2.92）。因为 $f(t)$ 连续，对于每一个 $\delta > 0$，存在 $\varepsilon > 0$ 使得

$$|f(\tau) - f(t)| < \varepsilon$$

从而对于积分式（2.92），有估计：

$$|I_2| < \frac{\varepsilon}{\Gamma(p)}\int_{t-\delta}^t (t-\tau)^{p-1}d\tau < \frac{\varepsilon\delta^p}{\Gamma(p+1)} \tag{2.94}$$

再考虑到当 $\delta \to 0$ 时 $\varepsilon \to 0$，对于所有 $p \geq 0$ 获得

$$\lim_{\delta \to 0}|I_2| = 0 \tag{2.95}$$

现在取任意 $\varepsilon > 0$，并选择 δ 对于所有 $p \geq 0$，使得

$$|I_2| < \varepsilon \tag{2.96}$$

对于这一选定的 δ，积分式（2.91）有估计：

$$|I_1| < \frac{M}{\Gamma(p)}\int_a^{t-\delta} (t-\tau)^{p-1}d\tau \leq \frac{M}{\Gamma(p+1)}((t-a)^p - \delta^p) \tag{2.97}$$

由此而来，固定 $\delta > 0$ 推出

$$\lim_{p\to 0}|I_1| = 0 \tag{2.98}$$

考虑到

$$|_aD_t^{-p}f(t) - f(t)| \leq |I_1| + |I_2| + |f(t)| \cdot \left|\frac{(t-a)^p}{\Gamma(p+1)} - 1\right|$$

并应用极限式（2.95）、式（2.98）与估计式（2.96）得

$$\limsup_{p\to 0}|_aD_t^{-p}f(t) - f(t)| \leq \varepsilon$$

式中 ε 可以选得要多小就多小。这样一来必有

$$\limsup_{p\to 0}|_aD_t^{-p}f(t) - f(t)| = 0$$

并证明了如果对于 $t \geq a$，函数 $f(t)$ 连续，则式（2.89）成立。

如果对于 $t \geq a$，函数 $f(t)$ 连续，则由式（2.88）所定义的任意实数阶积分具有如下重要

性质：

$$_a\mathrm{D}_t^{-p}(_a\mathrm{D}_t^{-q}f(t)) = _a\mathrm{D}_t^{-p-q}f(t) \tag{2.99}$$

事实上，有

$$_a\mathrm{D}_t^{-p}(_a\mathrm{D}_t^{-q}f(t)) = \frac{1}{\Gamma(q)}\int_a^t (t-\tau)^{q-1} {_a\mathrm{D}_t^{-p}}f(\tau)\,\mathrm{d}\tau$$

$$= \frac{1}{\Gamma(p)\Gamma(q)}\int_a^t (t-\tau)^{q-1}\mathrm{d}\tau\int_a^\tau (\tau-\xi)^{p-1}f(\xi)\,\mathrm{d}\xi$$

$$= \frac{1}{\Gamma(p)\Gamma(q)}\int_a^t f(\xi)\,\mathrm{d}\xi\int_\xi^t (t-\tau)^{q-1}(\tau-\xi)^{p-1}\mathrm{d}\tau$$

$$= \frac{1}{\Gamma(p+q)}\int_a^t (\tau-\xi)^{p+q-1}f(\xi)\,\mathrm{d}\xi$$

$$= _a\mathrm{D}_t^{-p-q}f(t)$$

从 ξ 到 t 的积分运算使用了**变量代换** $\tau = \xi + \varsigma(t-\xi)$，这样在计算过程中可利用贝塔函数（式(1.20)）。①

显然，可交换 p 和 q，从而有

$$_a\mathrm{D}_t^{-p}(_a\mathrm{D}_t^{-q}f(t)) = _a\mathrm{D}_t^{-q}(_a\mathrm{D}_t^{-p}f(t)) = _a\mathrm{D}_t^{-p-q}f(t) \tag{2.100}$$

也许读者已注意到，（复合运算）法则式(2.100)与整数阶导数的著名性质

---

① 变量代换法：

$$\int_\xi^t (t-\tau)^{q-1}(\tau-\xi)^{p-1}\mathrm{d}\tau = \int_0^1 [(t-\xi)(1-\varsigma)]^{q-1}[\varsigma(t-\xi)]^{p-1}(t-\xi)\,\mathrm{d}\varsigma$$

$$= (t-\xi)^{p+q-1}\int_0^1 (1-\varsigma)^{q-1}\varsigma^{p-1}\,\mathrm{d}\varsigma$$

$$= (t-\xi)^{p+q-1}B(p,q) = (t-\xi)^{p+q-1}\frac{\Gamma(p)\Gamma(q)}{\Gamma(p+q)}$$

上述结论，也可由含 $(ax+b)$，$(cx+d)$ 的积分公式[4:255,7:150]

$$\int (ax+b)^m(cx+d)^n\mathrm{d}x = \frac{1}{a(m+n+1)}\left[(ax+b)^m(cx+d)^n + n(ad-bc)\int (ax+b)^m(cx+d)^{n-1}\mathrm{d}x\right]$$

导出递推公式（取 $a=1$，$b=-\xi$，$c=-1$，$d=t$）

$$\int_\xi^t (\tau-\xi)^{p-1}(t-\tau)^{q-1}\mathrm{d}\tau = \frac{(q-1)(t-\xi)}{p+q-1}\int_\xi^t (\tau-\xi)^{p-1}(t-\tau)^{q-2}\mathrm{d}\tau$$

$$= \frac{(q-1)(q-2)(t-\xi)^2}{(p+q-1)(p+q-2)}\int_\xi^t (\tau-\xi)^{p-1}(t-\tau)^{q-3}\mathrm{d}\tau$$

$$= \cdots = \frac{(q-1)(q-2)\cdots 2\cdot 1\times(t-\xi)^{q-1}}{(p+q-1)(p+q-2)\cdots(p+1)}\int_\xi^t (\tau-\xi)^{p-1}\mathrm{d}\tau = \frac{\Gamma(q)(t-\xi)^{p+q-1}}{(p+q-1)(p+q-2)\cdots(p+1)p}$$

$$= \frac{\Gamma(p)\Gamma(q)}{\Gamma(p+q)}(t-\xi)^{p+q-1}$$

也许读者还会有更巧妙的求解方法。

$$\frac{\mathrm{d}^n}{\mathrm{d}t^n}\left(\frac{\mathrm{d}^m f(t)}{\mathrm{d}t^m}\right)=\frac{\mathrm{d}^m}{\mathrm{d}t^m}\left(\frac{\mathrm{d}^n f(t)}{\mathrm{d}t^n}\right)=\frac{\mathrm{d}^{m+n}f(t)}{\mathrm{d}t^{m+n}} \tag{2.101}$$

是一样的。

2.3.3 任意阶导数

整数 $k-n$ 阶导数表达式(2.87)

$$f^{(k-n)}(t)=\frac{1}{\Gamma(n)}D^k\int_a^t(t-\tau)^{n-1}f(\tau)\mathrm{d}\tau$$

为拓展微分概念到非整数阶开辟了一条道路。也就是说，可以保留整数 k，而用一个实数 α 取代整数 n 使得 $k-\alpha>0$。这样一来给出

$$_a\mathrm{D}_t^{k-\alpha}f(t)=\frac{1}{\Gamma(\alpha)}\frac{\mathrm{d}^k}{\mathrm{d}t^k}\int_a^t(t-\tau)^{\alpha-1}f(\tau)\mathrm{d}\tau,0<\alpha\leq1 \tag{2.102}$$

式中对于 α 仅有基本约束 $\alpha>0$，这是使该积分收敛的必要条件。然而，这一约束在不失却其一般性的要求下，可以进一步限制为更狭窄的条件：$0<\alpha\leq1$。利用任意实数阶积分性质式(2.100)与定义式(2.102)能够轻易证明这一点。

记 $p=k-\alpha$，式(2.102)可以写成

$$_a\mathrm{D}_t^p f(t)=\frac{1}{\Gamma(k-p)}\frac{\mathrm{d}^k}{\mathrm{d}t^k}\int_a^t(t-\tau)^{k-p-1}f(\tau)\mathrm{d}\tau,k-1\leq p<k \tag{2.103}$$

或

$$_a\mathrm{D}_t^p f(t)=\frac{\mathrm{d}^k}{\mathrm{d}t^k}(_a\mathrm{D}_t^{-(k-p)}f(t)),k-1\leq p<k \tag{2.104}$$

如果 $p=k-1$，则得到传统的整数 $k-1$ 阶导数：

$$_a\mathrm{D}_t^{k-1}f(t)=\frac{\mathrm{d}^k}{\mathrm{d}t^k}(_a\mathrm{D}_t^{-(k-(k-1))}f(t))=\frac{\mathrm{d}^k}{\mathrm{d}t^k}(_a\mathrm{D}_t^{-1}f(t))=f^{(k-1)}(t)$$

进一步，利用式(2.90)，对于 $p=k\geq1$ 和 $t>a$，可以得出

$$_a\mathrm{D}_t^p f(t)=\frac{\mathrm{d}^k}{\mathrm{d}t^k}(_a\mathrm{D}_t^0 f(t))=\frac{\mathrm{d}^k f(t)}{\mathrm{d}t^k}=f^{(k)}(t) \tag{2.105}$$

这意味着对于 $t>a$，阶数 $p=k\geq1$ 的黎曼-刘维尔分数导数式(2.103)与传统的 k 阶导数是一致的。

现在论述黎曼-刘维尔分数导数的一些基本性质。

第一，也许是黎曼-刘维尔分数导数最重要的性质：对于 $p>0$ 和 $t>a$，存在

$$_a\mathrm{D}_t^p(_a\mathrm{D}_t^{-p}f(t))=f(t) \tag{2.106}$$

这说明相同阶数 p 的黎曼-刘维尔分数微分算子 $_a\mathrm{D}_t^p$ 与黎曼-刘维尔分数积分算子 $_a\mathrm{D}_t^{-p}$ 是左可逆的(left inverse)。

为了证明性质式(2.106)，考察整数 $p=n\geq1$ 阶情形：

$$_a\mathrm{D}_t^n(_a\mathrm{D}_t^{-n}f(t))=\frac{\mathrm{d}^n}{\mathrm{d}t^n}\int_a^t(t-\tau)^{n-1}f(\tau)\mathrm{d}\tau=\frac{\mathrm{d}}{\mathrm{d}t}\int_a^t f(\tau)\mathrm{d}\tau=f(t)$$

现在取 $k-1\leq p<k$ 并用复合法则(2.100)于黎曼-刘维尔分数积分，可写出

$$_a\mathrm{D}_t^{-k}f(t)=_a\mathrm{D}_t^{-(k-p)}(_a\mathrm{D}_t^{-p}f(t)) \tag{2.107}$$

从而得出，

$$_a\mathrm{D}_t^p(_a\mathrm{D}_t^{-p}f(t)) = \frac{\mathrm{d}^k}{\mathrm{d}t^k}\{_a\mathrm{D}_t^{-(k-p)}(_a\mathrm{D}_t^{-p}f(t))\}$$

$$= \frac{\mathrm{d}^k}{\mathrm{d}t^k}\{_a\mathrm{D}_t^{-k}f(t)\} = f(t)$$

性质式(2.106)证毕。

与传统整数阶微分和积分一样，分数微分和积分的运算顺序不可交换。

如果函数 $f(t)$ 的分数导数 $_a\mathrm{D}_t^p f(t)$（$k-1 \leqslant p < k$）可积，则

$$_a\mathrm{D}_t^{-p}(_a\mathrm{D}_t^p f(t)) = f(t) - \sum_{j=1}^{k}[_a\mathrm{D}_t^{p-j}f(t)]_{t=a}\frac{(t-a)^{p-j}}{\Gamma(p-j+1)} \tag{2.108}$$

事实上，一方面，有

$$_a\mathrm{D}_t^{-p}(_a\mathrm{D}_t^p f(t)) = \frac{1}{\Gamma(p)}\int_a^t(t-\tau)^{p-1}{}_a\mathrm{D}_\tau^p f(\tau)\mathrm{d}\tau$$

$$= \frac{\mathrm{d}}{\mathrm{d}t}\left\{\frac{1}{\Gamma(p+1)}\int_a^t(t-\tau)^p{}_a\mathrm{D}_\tau^p f(\tau)\mathrm{d}\tau\right\} \tag{2.109}$$

另一方面，重复利用分部积分，然后再使用性质式(2.100)，获得

$$\frac{1}{\Gamma(p+1)}\int_a^t(t-\tau)^p{}_a\mathrm{D}_\tau^p f(\tau)\mathrm{d}\tau$$

$$= \frac{1}{\Gamma(p+1)}\int_a^t(t-\tau)^p\frac{\mathrm{d}^k}{\mathrm{d}\tau^k}\{_a\mathrm{D}_\tau^{-(k-p)}f(\tau)\}\mathrm{d}\tau$$

$$= \frac{1}{\Gamma(p-k+1)}\int_a^t(t-\tau)^{p-k}\{_a\mathrm{D}_\tau^{-(k-p)}f(\tau)\}\mathrm{d}\tau$$

$$- \sum_{j=1}^{k}\left[\frac{\mathrm{d}^{k-j}}{\mathrm{d}t^{k-j}}(_a\mathrm{D}_t^{-(k-p)}f(t))\right]_{t=a}\frac{(t-a)^{p-j+1}}{\Gamma(2+p-j)}$$

$$= \frac{1}{\Gamma(p-k+1)}\int_a^t(t-\tau)^{p-k}\{_a\mathrm{D}_\tau^{-(k-p)}f(\tau)\}\mathrm{d}\tau$$

$$- \sum_{j=1}^{k}[_a\mathrm{D}_t^{p-j}f(t)]_{t=a}\frac{(t-a)^{p-j+1}}{\Gamma(2+p-j)} \tag{2.110}$$

$$= {}_a\mathrm{D}_\tau^{-(k-p+1)}(_a\mathrm{D}_t^{-(k-p)}f(t))$$

$$- \sum_{j=1}^{k}[_a\mathrm{D}_t^{p-j}f(t)]_{t=a}\frac{(t-a)^{p-j+1}}{\Gamma(2+p-j)} \tag{2.111}$$

$$= {}_a\mathrm{D}_t^{-1}f(t) - \sum_{j=1}^{k}[_a\mathrm{D}_t^{p-j}f(t)]_{t=a}\frac{(t-a)^{p-j+1}}{\Gamma(2+p-j)} \tag{2.112}$$

式(2.110)中所有项的存在性源自于 $_a\mathrm{D}_t^p f(t)$ 的可积性，正是这一条件使得所有分数导数

$$_a\mathrm{D}_t^{p-j}f(t), \qquad j=1,2,\cdots,k$$

在 $t=a$ 点处有界。

综合式(2.109)和式(2.112)，关系式(2.108)证毕。

不得不注意的一个重要特例是：如果 $0 < p < 1$，则有

$$_a\mathrm{D}_t^{-p}(_a\mathrm{D}_t^p f(t)) = f(t) - [_a\mathrm{D}_t^{p-1}f(t)]_{t=a}\frac{(t-a)^{p-1}}{\Gamma(p)}\text{。} \tag{2.113}$$

性质式(2.106)是更一般性质

$$_a\mathrm{D}_t^p(_a\mathrm{D}_t^{-q}f(t)) = _a\mathrm{D}_t^{p-q}f(t) \tag{2.114}$$

的一个特例。上式中假设 $f(t)$ 连续，并且当 $p \geqslant q \geqslant 0$ 时导数 $_a\mathrm{D}_t^{p-q}f(t)$ 存在。

必须重视的两种情况是：$q \geqslant p \geqslant 0$ 与 $p > q \geqslant 0$。

如果 $q \geqslant p \geqslant 0$，则应用性质式(2.100)和式(2.106)获得

$$_a\mathrm{D}_t^p(_a\mathrm{D}_t^{-q}f(t)) = _a\mathrm{D}_t^p(_a\mathrm{D}_t^{-p}{}_a\mathrm{D}_t^{-(q-p)}f(t))$$
$$= _a\mathrm{D}_t^{-(q-p)}f(t) = _a\mathrm{D}_t^{p-q}f(t)$$

考察 $p > q \geqslant 0$ 情形。取整数 m、n 使得

$$0 \leqslant m-1 \leqslant p < m, \qquad 0 \leqslant n \leqslant p-q < n$$

显然，$n \leqslant m$。那么，利用式(2.103)与式(2.100)，获得

$$_a\mathrm{D}_t^p(_a\mathrm{D}_t^{-q}f(t)) = \frac{\mathrm{d}^m}{\mathrm{d}t^m}\{_a\mathrm{D}_t^{-(m-p)}(_a\mathrm{D}_t^{-q}f(t))\}$$
$$= \frac{\mathrm{d}^m}{\mathrm{d}t^m}\{_a\mathrm{D}_t^{p-q-m}f(t)\}$$
$$= \frac{\mathrm{d}^n}{\mathrm{d}t^n}\{_a\mathrm{D}_t^{p-q-n}f(t)\} = _a\mathrm{D}_t^{p-q}f(t)$$

前面论述的式(2.108)是如下更一般性质的一个特例：

$$_a\mathrm{D}_t^{-p}(_a\mathrm{D}_t^q f(t)) = _a\mathrm{D}_t^{q\ p}f(t) - \sum_{j=1}^{k}[_a\mathrm{D}_t^{q-j}f(t)]_{t=a}\frac{(t-a)^{p-j}}{\Gamma(1+p-j)}, \qquad 0 \leqslant k-1 \leqslant q < k \tag{2.115}$$

为了证明公式(2.115)，首先应用式(2.100)(当 $q \leqslant p$ 时)或式(2.114)(当 $q \geqslant p$ 时)，然后再使用式(2.108)，就给出：

$$_a\mathrm{D}_t^{-p}(_a\mathrm{D}_t^q f(t)) = _a\mathrm{D}_t^{q-p}\{_a\mathrm{D}_t^{-q}(_a\mathrm{D}_t^q f(t))\}$$
$$= _a\mathrm{D}_t^{q-p}\left\{f(t) - \sum_{j=1}^{k}[_a\mathrm{D}_t^{q-j}f(t)]_{t=a}\frac{(t-a)^{q-j}}{\Gamma(p-j+1)}\right\}$$
$$= _a\mathrm{D}_t^{q-p}f(t) - \sum_{j=1}^{k}[_a\mathrm{D}_t^{q-j}f(t)]_{t=a}\frac{(t-a)^{p-j}}{\Gamma(p-j+1)}$$

推导过程中应用了幂函数导数公式(2.117)：

$$_a\mathrm{D}_t^{q-p}\left\{\frac{(t-a)^{q-j}}{\Gamma(1+q-j)}\right\} = \frac{(t-a)^{p-j}}{\Gamma(1+p-j)}$$

2.3.4 $(t-a)^\beta$ 的分数导数

现在计算幂函数

$$f(t) = (t-a)^v, \qquad v \in \mathbb{R}$$

的黎曼-刘维尔分数导数 $_a\mathrm{D}_t^p f(t)$。

为此目的，假定 $n-1 \leqslant p < n$，并回顾黎曼-刘维尔分数导数的定义

$$_a\mathrm{D}_t^p f(t) = \frac{\mathrm{d}^n}{\mathrm{d}t^n}(_a\mathrm{D}_t^{-(n-p)}f(t)), \qquad n-1 \leqslant p < n \tag{2.116}$$

将幂函数的 $\alpha = n - p$ 阶分数积分——已在公式 (2.56) 中得出

$$_a\mathrm{D}_t^{-\alpha}((t-a)^v) = \frac{\Gamma(1+v)}{\Gamma(1+v+\alpha)}(t-a)^{v+\alpha}$$

代入式 (2.116) 得

$$_a\mathrm{D}_t^p((t-a)^v) = \frac{\Gamma(1+v)}{\Gamma(1+v-p)}(t-a)^{v-p} \tag{2.117}$$

对 $f(t) = (t-a)^v$ 仅有的限制是具有可积性，也即 $v > -1$。

2.3.5　黎曼-刘维尔分数导数与整数阶导数的复合运算[①]

在许多应用问题中，往往出现的是黎曼-刘维尔分数导数与整数阶导数的复合运算。

首先考察实数 p 阶黎曼-刘维尔分数导数的 n 次导数

$$\frac{\mathrm{d}^n}{\mathrm{d}t^n}(_a\mathrm{D}_t^p f(t)), \qquad p \in \mathbb{R}$$

应用黎曼-刘维尔分数导数的定义式 (2.102)，得

$$\frac{\mathrm{d}^n}{\mathrm{d}t^n}(_a\mathrm{D}_t^{k-\alpha} f(t)) = \frac{1}{\Gamma(\alpha)}\frac{\mathrm{d}^{n+k}}{\mathrm{d}t^{n+k}}\int_a^t (t-a)^{\alpha-1}f(\tau)\mathrm{d}\tau = {}_a\mathrm{D}_t^{n+k-\alpha}f(t), \qquad 0 < \alpha \leqslant 1 \tag{2.118}$$

记 $p = k - \alpha$，则有

$$\frac{\mathrm{d}^n}{\mathrm{d}t^n}(_a\mathrm{D}_t^p f(t)) = {}_a\mathrm{D}_t^{n+p}f(t) \tag{2.119}$$

为了研究**逆阶运算**(reversed order of operations)，必须使用

$$_a\mathrm{D}_t^{-n} f^{(n)}(t) = \frac{1}{(n-1)!}\int_a^t (t-\tau)^{n-1}f^{(n)}(\tau)\mathrm{d}\tau$$

$$= f(t) - \sum_{j=0}^{n-1}\frac{f^{(j)}(a)(t-a)^j}{\Gamma(j+1)} \tag{2.120}$$

$$_a\mathrm{D}_t^p g(t) = {}_a\mathrm{D}_t^{p+n}(_a\mathrm{D}_t^{-n} g(t)) \tag{2.121}$$

应用式 (2.120)、式 (2.121) 和式 (2.117) 得

$$_a\mathrm{D}_t^p\left(\frac{\mathrm{d}^n f(t)}{\mathrm{d}t^n}\right) = {}_a\mathrm{D}_t^{p+n}(_a\mathrm{D}_t^{-n} f^{(n)}(t))$$

$$= {}_a\mathrm{D}_t^{p+n}\left(f(t) - \sum_{j=0}^{n-1}\frac{f^{(j)}(a)(t-a)^j}{\Gamma(j+1)}\right)$$

$$= {}_a\mathrm{D}_t^{p+n}f(t) - \sum_{j=0}^{n-1}\frac{f^{(j)}(a)(t-a)^{j-p-n}}{\Gamma(1+j-p-n)} \tag{2.122}$$

这一结果与关系式 (2.66) 是一样的。

从以上研究发现，和格林瓦尔-莱特尼科夫导数一样，黎曼-刘维尔分数导数算子 $_a\mathrm{D}_t^p$ 与 $\frac{\mathrm{d}^n}{\mathrm{d}t^n}$ 是可交换的。也就是说，

$$\frac{\mathrm{d}^n}{\mathrm{d}t^n}(_a\mathrm{D}_t^p f(t)) = {}_a\mathrm{D}_t^p\left(\frac{\mathrm{d}^n f(t)}{\mathrm{d}t^n}\right) = {}_a\mathrm{D}_t^{p+n}f(t) \tag{2.123}$$

---

① 原文标题是"2.3.5 Composition with Integer-order Derivatives"。该译文标题根据本小节内容而来。

成立，但应在下端点 $t=a$ 处，函数 $f(t)$ 的整数阶导数满足条件

$$f^{(k)}(a) = 0, \qquad k = 0, 1, \cdots, n-1 \tag{2.124}$$

2.3.6　分数导数的复合运算

现在回到我们所关注的两个分数黎曼-刘维尔导数算子：

$$_a\mathrm{D}_t^p, m-1 \leqslant p < m, \qquad {}_a\mathrm{D}_t^q, n-1 \leqslant q < n$$

的复合运算问题。

依次使用黎曼-刘维尔分数导数的定义式（2.104）、公式（2.108）和整数阶导数的复合运算法则式（2.119），有

$$
\begin{aligned}
_a\mathrm{D}_t^p({}_a\mathrm{D}_t^q f(t)) &= \frac{\mathrm{d}^m}{\mathrm{d}t^m}\{ {}_a\mathrm{D}_t^{-(m-p)}({}_a\mathrm{D}_t^q f(t)) \} \\
&= \frac{\mathrm{d}^m}{\mathrm{d}t^m}\left\{ {}_a\mathrm{D}_t^{p+q-m} f(t) - \sum_{j=1}^{n} \left[{}_a\mathrm{D}_t^{q-j} f(t) \right]_{t=a} \frac{(t-a)^{m-p-j}}{\Gamma(1+m-p-j)} \right\} \\
&= {}_a\mathrm{D}_t^{p+q} f(t) - \sum_{j=1}^{n} \left[{}_a\mathrm{D}_t^{q-j} f(t) \right]_{t=a} \frac{(t-a)^{-p-j}}{\Gamma(1-p-j)}
\end{aligned}
\tag{2.125}
$$

交换 p 和 q（随之也交换 m 和 n），可写出

$$_a\mathrm{D}_t^q({}_a\mathrm{D}_t^p f(t)) = {}_a\mathrm{D}_t^{p+q} f(t) - \sum_{j=1}^{m} \left[{}_a\mathrm{D}_t^{p-j} f(t) \right]_{t=a} \frac{(t-a)^{-q-j}}{\Gamma(1-q-j)} \tag{2.126}$$

比较式（2.125）和式（2.126）得知：一般情况下，黎曼-刘维尔分数导数算子 $_a\mathrm{D}_t^p$ 和 $_a\mathrm{D}_t^q$ 不可交换，（除去无甚意义的 $p=q$ 情况外）仅有一种例外：对于 $p \neq q$，仅当式（2.125）和式（2.126）右端的两个求和项消失后，才会有

$$_a\mathrm{D}_t^p({}_a\mathrm{D}_t^q f(t)) = {}_a\mathrm{D}_t^q({}_a\mathrm{D}_t^p f(t)) = {}_a\mathrm{D}_t^{p+q} f(t) \tag{2.127}$$

为此不得不同时满足两个条件：

$$\left[{}_a\mathrm{D}_t^{p-j} f(t) \right]_{t=a} = 0, \qquad j = 1, 2, \cdots, m \tag{2.128}$$

$$\left[{}_a\mathrm{D}_t^{q-j} f(t) \right]_{t=a} = 0, \qquad j = 1, 2, \cdots, n \tag{2.129}$$

如象 2.3.7 小节将要证明的那样，如果 $f(t)$ 具有足够高的连续导数阶数，则条件式（2.128）等价于

$$f^{(j)}(a) = 0, \qquad j = 0, 1, \cdots, m-1 \tag{2.130}$$

条件式（2.129）等价于

$$f^{(j)}(a) = 0, \qquad j = 0, 1, \cdots, n-1 \tag{2.131}$$

如果

$$f^{(j)}(a) = 0, \qquad j = 0, 1, \cdots, r-1, \qquad r = \max(n, m) \tag{2.132}$$

则关系式（2.127）成立（即 p 次和 q 次导数运算顺序可以交换）。

2.3.7　黎曼-刘维尔定义与格林瓦尔-莱特尼科夫定义之间的关系

如象 2.3 节开篇所论述那样，任意实数阶微分的黎曼-刘维尔定义与格林瓦尔-莱特尼科夫定义之间存在密切关系。两种定义方法的精确等价条件论述如下。

假设函数 $f(t)$ 在区间 $[a, T]$ 内 $(n-1)$ 次连续可微且 $f^{(n)}(t)$ 在区间 $[a, T]$ 可积，则对于每一个 $p(0<p<n)$，黎曼-刘维尔导数 $_a\mathrm{D}_t^p f(t)$ 存在且与格林瓦尔-莱特尼科夫导数 $_a D_t^p f(t)$ 一致。如果 $0 \leqslant m-1 \leqslant p < m \leqslant n$，则对于 $a < t < T$，存在

$$_aD_t^pf(t) =_aD_t^pf(t) = \sum_{j=0}^{m-1}\frac{f^{(j)}(a)\,(t-a)^{j-p}}{\Gamma(1+j-p)} + \frac{1}{\Gamma(m-p)}\int_a^t\frac{f^{(m)}(\tau)\mathrm{d}\tau}{(t-\tau)^{p-m+1}} \qquad (2.133)$$

其实，一方面，上式右端等于格林瓦尔-莱特尼科夫分数导数$_aD_t^pf(t)$，另一方面，它也可写成

$$\frac{\mathrm{d}^m}{\mathrm{d}t^m}\left\{\sum_{j=0}^{m-1}\frac{f^{(j)}(a)\,(t-a)^{m+j-p}}{\Gamma(1+m+j-p)} + \frac{1}{\Gamma(2m-p)}\int_a^t(t-\tau)^{2m-p-1}f^{(m)}(\tau)\mathrm{d}\tau\right\}$$

自 m 以后，使用分部积分，黎曼-刘维尔分数导数$_aD_t^pf(t)$取成形式

$$\frac{\mathrm{d}^m}{\mathrm{d}t^m}\left\{\frac{1}{\Gamma(m-p)}\int_a^t(t-\tau)^{m-p-1}f(\tau)\mathrm{d}\tau\right\} = \frac{\mathrm{d}^m}{\mathrm{d}t^m}\{\,_aD_t^{-(m-p)}f(t)\} =_aD_t^pf(t)$$

从许多应用问题角度来看，关系式(2.133)的下述特例是重要的。

如果函数 $f(t)$ 在区间 $[a,T]$ 内连续，$f'(t)$ 在区间 $[a,T]$ 可积，则对每一个 $p(0<p<1)$，黎曼-刘维尔分数导数$_aD_t^pf(t)$和格林瓦尔-莱特尼科夫分数导数$_aD_t^pf(t)$二者均存在并能写成形式

$$_aD_t^pf(t) =_aD_t^pf(t) = \frac{f(a)\,(t-a)^{-p}}{\Gamma(1-p)} + \frac{1}{\Gamma(1-p)}\int_a^t(t-\tau)^{-p}f'(\tau)\mathrm{d}\tau \qquad (2.134)$$

显然，由表达式(2.134)给出的导数是可积的。

从式(2.133)推出的另一个重要性质是：$p(>0)$阶导数的存在就暗示着对于满足 $0<q<p$ 的所有 q 阶导数存在。

更准确地说，如果一个给定的连续函数 $f(t)$，具有可积导数，其黎曼-刘维尔(或格林瓦尔-莱特尼科夫)分数导数$_aD_t^pf(t)$存在且可积，则对每一个满足 $0<q<p$ 的 q，分数导数$_aD_t^qf(t)$也存在且可积。

其实，如果记 $g(t) =_aD_t^{-(1-p)}f(t)$，则可以写出

$$_aD_t^pf(t) = \frac{\mathrm{d}}{\mathrm{d}t}(_aD_t^{-(1-p)}f(t)) = g'(t)$$

注意 $g'(t)$ 是可积分的，再考虑到公式(2.134)和不等式

$$0<1+q-p<1$$

得出结论：导数$_aD_t^{1+q-p}g(t)$存在且可积。从而应用式(2.114)就获得

$$_aD_t^{1+q-p}g(t) =_aD_t^{1+q-p}(_aD_t^{-(1-p)}f(t)) =_aD_t^qf(t)$$

格林瓦尔-莱特尼科夫分数导数与黎曼-刘维尔分数导数之间的关系式(2.133)及其推论，对于应用问题的表述，分数导数的运算操作，以及分数阶微分方程初值问题的物理意义理解等是十分重要的。

在关于 $f(t)$ 的相同假设情况下(即在区间 $[a,T]$，$f(t)$ 函数 $(m-1)$ 次连续可微且其 m 阶导数可积)，当满足 $m-1<p<m$ 时，条件

$$[\,_aD_t^pf(t)]_{t=a} = 0 \qquad (2.135)$$

等价于条件

$$f^{(j)}(a) = 0, \qquad j=0,1,\cdots,m-1 \qquad (2.136)$$

其实，如果满足条件式(2.136)并在式(2.133)中取 $t\to a$，立即得出式(2.135)。

另一方面，如果满足条件式(2.135)，那么式(2.133)等号两边依次同乘因式

$$(t-a)^{p-j}, \qquad j=m-1,m-2,m-3,\cdots,1,0$$

与此同时当 $t \to a$ 时，取极限就依次得到条件式 (2.136)：

$$f^{(m-1)}(a) = 0, f^{(m-2)}(a) = 0, \cdots, f''(a) = 0, f'(a) = 0, f(a) = 0$$

由此而来，当且仅当式 (2.136) 成立时，式 (2.135) 成立。

从条件式 (2.135) 与条件式 (2.136) 等价性立即推出：如果在端点 $t=a$ 处，对于某些 $p > 0$，函数 $f(t)$ 的 p 阶导数等于零，则所有 $q (0 < q < p)$ 阶导数在 $t=a$ 处也等于零：

$$\left[{}_a\mathrm{D}_t^q f(t) \right]_{t=a} = 0$$

2.4　其他一些定义

广义化微分和积分概念的其他方法中，值得关注的方法有两种：**卡普途**提出的方法与基于**广义函数(分布)**①的方法。对于应用问题的表述和求解以及对它们的理解，这些方法可能是有用的。

---

① **广义函数**(generalized function)[1:3-125,2:8-268,3:358,7:510,519,21,22] 亦称**分布**(distribution)。定义在一类"性质良好"的函数空间中的连续线性泛函，起源于量子力学中的狄拉克 δ 函数，是经典函数概念的推广。

考虑某个一维温度分布 $T(x)$，"测得在点 x_0 的温度 $T(x_0)$"是无法精确实现，任何精密仪器测量得到的结果至多是点 x_0 附近温度的综合平均效应。粗糙地说，实际能够测量的是**量值**

$$(T, \varphi) = \int_{-\infty}^{\infty} T(x)\varphi(x)\mathrm{d}x, \tag{2.136a}$$

式中 φ 表示"综合平均"的权重——**测试函数**(testing function)，它表征了整个测量系统的测试特性。各种各样的测量相当于 φ 在某个函数类 F 中变化。这样一来，人们就可把函数看成用于某个函数类 F 上的泛函：

$$\varphi \to (T, \varphi)_{\circ}$$

大约在 1930 年著名的英国数学家、物理学家**狄拉克**(Dirac, P A M, 1902 – 1984)在量子物理研究中，为了描述与数学处理某些物理量(特别是研究某种无穷大的量)需要引入"非正规函数(improper function)"——狄拉克 δ 函数[1:3-126,9:23,91,23:58,24:58]：

$$\delta(x) = \begin{cases} +\infty & (x = 0) \\ 0 & (x \neq 0) \end{cases}, \qquad \int_{-\infty}^{\infty} \delta(x)\mathrm{d}x = 1 \tag{2.136b}$$

对任何连续函数 $T(x)$ 都有

$$\int_{-\infty}^{\infty} T(x)\delta(x)\mathrm{d}x = T(0), \qquad \int_{-\infty}^{\infty} T(x)\delta(x-a)\mathrm{d}x = T(a), \qquad a \in \mathbb{R} \tag{2.136c}$$

"因此，用 $\delta(x-a)$ 乘 x 的一个函数，并对所有 x 积分这一过程，等效于用 a 代替 x 的过程。"这表明"虽然非正规函数本身没有**定义明确的值**，但当它在被积函数中作为一个因子出现时，积分却有**定义明确的值**。"[23:59,24:59]

"按照函数的通用数学定义，要求一个函数在它的范围内每一点都有一确定的值，在这个意义下 $\delta(x)$ 就不是一个函数，而是更一般性的某种东西(something)，我们可以称之为一个'非正规函数'，以指出它不同于通常意义下的函数。因此，不是一个能象普通函数那样一般地运用于数学分析中的函数，而是要把它的用途限制于某些显然不能引起前后矛盾的简单的表现形式中。"[23:58,24:58]

在经典函数概念与积分理论中，怪函数 $\delta(x)$ 是无法理解的。然而对物理学家却是极其有用的函数。用它描述一切点量，比如点质量、点电荷、偶极子、瞬时冲击力、瞬时信号源等，不仅物理含义明确，而且还可当成普通函数参与运算(比如微分积分，傅里叶变换，参与微分方程求解等)，所得数学结论与物理(实验或现象、过程等)现实有着惊人的吻合！从而，促使数学家们去合理地解释诸如 δ 函数这类怪函数，为它们确立严格的数学基础。

由卡普途发展出来的方法，优点在于，对于分数阶微分方程初始问题的初始条件列写，形式上仅仅需要整数阶导数在下端点(初始时间)$t=a$的极限值，比如$y'(a)$，$y''(a)$，等等。

广义函数法允许考虑和使用**狄拉克 δ 函数**$\delta(t)$和**赫维赛德函数**$H(t)$。这两个函数频繁地用于测试信号与信号加载的建模(或建模阶段)。[①]

2.4.1 卡普途分数导数

由式(2.103)定义的黎曼-刘维尔型分数微分，在分数导数和分数积分理论发展进程中，以及在纯数学研究中的应用(整数阶微分方程的求解、新函数类的定义、级数求和等等)发挥着重要作用。

然而，当代技术要求给出一个非常确实可操作的纯数学定义。这一方面已经开展了许多研究工作，特别在**黏弹性力学**(viscoelasticity)理论，**遗传固体力学**(hereditary solid mechanics)理论中，分数导数比起传统的整数阶导数，能更好的表征材料性质。基于**增强的流变模型**

人们最初理解方式之一，是把 δ 函数设想成直线上某种分布所对应的"密度"函数。如果引入特殊的直线质量分布(在$x=0$点置单位质量而其余位置为 0 质量)的分布函数——**赫维赛德函数**：

$$H(x) = \begin{cases} 0, & x \leqslant 0 \\ 1, & x > 0 \end{cases} \tag{2.136d}$$

就可将难以理解的积分$\int T(x)\delta(x)\mathrm{d}x$看成普通的**黎曼-斯蒂尔杰斯积分**[1:1-549]$\int T(x)\mathrm{d}H(x)$。所以广义函数理论又称为分布理论。

用分布的观点为这些非规则的怪函数建立(数学)基础虽然很直观，但对于复杂情况就显得繁琐而不很明确。后来随着泛函分析的发展，人们(主要是法国数学家 L·施瓦茨大约在 1950 年)用泛函分析观点为广义函数建立了一整套严格的理论。在这一理论中，每个连续函数都可看成广义函数，每个广义函数都是无穷可微且比经典函数更方便处理。对广义函数定义的各种运算除了古典分析中对运算的种种约束，从而能够在更大范围进行运算，使它们运用起来很方便。[7;396,25;156]

"广义函数理论使微分学摆脱了由于不可微函数的存在带来的某些困难。"[21;111]

狄拉克给出 δ 函数的另一种定义，是把它看成赫维赛德函数$H(x)$的"微分系数(differential coefficient)"：

$$\frac{\mathrm{d}}{\mathrm{d}x}H(x) = \delta(x) \tag{2.136e}$$

在应用中，通常使用具有良好性质的函数序列，比如以下各具某种良好性质的函数列

$$\dot{\delta}_n(x) = \begin{cases} n, & |x| < \frac{1}{2n} \\ 0, & |x| > \frac{1}{2n} \end{cases}, \quad \ddot{\delta}_n(x) = \frac{n}{\sqrt{\pi}}\exp(-n^2x^2), \quad \dddot{\delta}_n(x) = \frac{n}{\pi} \cdot \frac{1}{1+n^2x^2}, \quad \ddddot{\delta}_n(x) = \frac{\sin(nx)}{\pi n}, \cdots$$

$$\tag{2.136f}$$

逼近 δ 函数[8;83]：$\lim\limits_{n\to\infty}\delta_n(x) = \delta(x)$。

为非规则的怪函数建立严格数学基础的方法并不是唯一的。也有把广义函数看成解析函数的边界值，并由此发展出超函数理论。广义函数的定义并不完全统一，而是具有一定程度的灵活性，可以根据问题的需要适当地定出相应的广义函数类。

δ 函数应用上取得的巨大成就再一次表明，**成功的形式计算总可以用恰当的数学阐述给予严格证明**。[7;396]

① 在电工学、电子学、系统分析、信号分析与处理、控制理论与应用等领域，$\delta(t)$亦称为**单位冲激函数**(unit impulse function)，赫维赛德函数$H(t)$亦称**单位阶跃函数**(unit step function，常用$u(t)$表示)。[10~12] "单位"二字把这两个广义函数提升到"度量标准"的地位。可见$\delta(t)$与$H(t)$或$u(t)$在这些领域的重要性。

(enhanced rheological models）的数学建模，自然地引导出具有分数阶导数的微分方程，引导出这类方程初始条件的列写规则。

应用问题所要求的分数导数定义中，应当包含物理可理解的初始条件，也即包含 $f'(a)$，$f''(a)$ 等诸如此类具有明确物理意义、数学意义的初始条件。

遗憾的是，黎曼–刘维尔方法所引进的初始条件中，包含着下端点 $t=a$ 处黎曼–刘维尔分数导数的极限值，比如说

$$\begin{cases} \lim_{t\to a} {}_a\mathrm{D}_t^{\alpha-1} f(t) = b_1 \\ \lim_{t\to a} {}_a\mathrm{D}_t^{\alpha-2} f(t) = b_2 \\ \qquad \cdots \\ \lim_{t\to a} {}_a\mathrm{D}_t^{\alpha-n} f(t) = b_n \end{cases} \tag{2.137}$$

式中 $b_k(k=1,2,\cdots,n)$ 是给定常数。

尽管具有如此初始条件的初始值问题，在数学上能够成功地求解（参见文献［232］与本书中的解例），但是它们的解结果实际上却是无用的，因为人们对这类初始条件缺乏明确的物理解释。

在确切完美的数学理论与实践需求之间存在矛盾冲突。这一矛盾的破解，首先归功于1967年卡普途的论文［23］①与两年后出版的著作［24］（《Elasticità e Dissipazione》），以及1994年 El-sayed[55,56] 在**巴拿赫空间**②中的拓展研究。

卡普途导数定义形式为③

---

① "Linear model of dissipation whose Q is almost frequency independent-II, *Geophys. J. R. Astr. Soc.*，1967，13：529~539"——reprinted in Fract. Calc. Appl. Anal. 11，4-14（2008）。这是一篇很值得希望走上"分数微积分"道路的读者研读的文献。

② **巴拿赫空间**（Banach space）[1:3-117,2:1-478,3:338,4:499,21,22] 按范数导出的距离完备的赋范线性空间，它是泛函分析研究的基本对象之一。

所谓**赋范线性空间**（normed linear space）是指对于一个线性空间 X 中的每一个元素 x，都规定一个"**范数**"（它相当于向量的长度）$\|x\| \geqslant 0$，表记为 $(X,\|\cdot\|)$。确切地说，若 X 是实数域（或复数域）K 上一个线性空间，对于每一个 $x \in X$ 都有一个实数 $\|x\|$ 与之对应并满足条件：（1）$\|x\| \geqslant 0$，当且仅当 $x=0$ 时，$\|x\|=0$；（2）对任意 $a \in K$，有 $\|ax\| = |a| \|x\|$；（3）$\|x+y\| \leqslant \|x\| + \|y\|$，这时便称 X 是一个赋范线性空间。

由范数自然地诱导出两个元素 x，$y \in X$ 之间的距离 $d(x,y) = \|x-y\|$，使得 X 成为度量空间（亦称距离空间）。因此可以在 $(X,\|\cdot\|)$ 中讨论极限。若 $(X,\|\cdot\|)$ 中的每一个柯西序列都有极限，则 X 称为是**完备的**。

巴拿赫空间比距离空间具有更丰富的特性。**巴拿赫**（Banach S，1892-1945，波兰数学家）在1922年正式发表的博士论文中首次提出赋范空间概念，这一概念成功地在一般情况下，把几何与代数方法用于线性分析问题。

对巴拿赫空间上各种算子的研究构成泛函分析的重要组成部分，并在偏微分方程、积分方程和计算方法等领域内有着广泛应用。学习与掌握泛函分析概念与理论，对于学习与理解分数微积分是大有裨益的事情。

③ 这是"**先求导后积分**"的复合运算形式——**微分–积分表达式**。黎曼–刘维尔分数导数的定义形式则是"**先积分后求导**"的复合运算形式（式（2.79））——**积分–微分表达式**（integro-differential expression）

$$_a\mathrm{D}_t^\alpha f(t) = \left(\frac{\mathrm{d}}{\mathrm{d}t}\right)^m \left(\frac{1}{\Gamma(m-\alpha)} \int_a^t \frac{f(\tau)\,\mathrm{d}\tau}{(t-\tau)^{\alpha+1-m}}\right), \qquad m-1 \leqslant \alpha < m \tag{2.138a}$$

再看格林瓦尔–莱特尼科夫分数导数（式（2.54））

$$_a D_t^\alpha f(t) = \lim_{h\to 0} f_h^{(\alpha)}(t) = \sum_{k=0}^{m-1} \frac{f^{(k)}(a)(t-a)^{-\alpha+k}}{\Gamma(-\alpha+k+1)} + \frac{1}{\Gamma(m-\alpha)} \int_a^t \frac{f^{(m)}(\tau)\,\mathrm{d}\tau}{(t-\tau)^{\alpha+1-m}} \tag{2.138b}$$

$$_{a}^{C}D_{t}^{\alpha}f(t)=\frac{1}{\Gamma(n-\alpha)}\int_{a}^{t}\frac{f^{(n)}(\tau)\mathrm{d}\tau}{(t-\tau)^{\alpha+1-n}},\qquad n-1<\alpha<n \tag{2.138}$$

当函数 $f(t)$ 满足一定条件下，随着 $\alpha\to n$，卡普途导数就变成了传统意义上的整数 n 阶导数 $f^{(n)}(t)$。其实，假设 $0\leqslant n-1<\alpha<n$，并且对于每一个 $T>a$，函数 $f(t)$ 在区间 $[a,T]$ 具有 $n+1$ 阶连续有界导数，则

$$\lim_{\alpha\to n}{}_{a}^{C}D_{t}^{\alpha}f(t)=\lim_{\alpha\to n}\left(\frac{f^{(n)}(a)(t-a)^{n-\alpha}}{\Gamma(n-\alpha+1)}+\frac{1}{\Gamma(n-\alpha+1)}\int_{a}^{t}(t-\tau)^{n-\alpha}f^{(n+1)}(\tau)\mathrm{d}\tau\right)$$

$$=f^{(n)}(a)+\int_{a}^{t}f^{(n+1)}(\tau)\mathrm{d}\tau$$

$$=f^{(n)}(t),\qquad n=1,2,\cdots$$

这就是说，与格林瓦尔-莱特尼科夫方法和黎曼-刘维尔方法一样，卡普途方法也提供了整数阶导数之间的一个**内插**(interpolation)。

卡普途方法主要优点在于，具有卡普途导数的分数微分方程的初始条件形式与整数阶微分方程的初始条件形式是相同的，亦即未知函数在下端点 $t=a$ 处整数阶导数的极限值。

为了明确初始条件在形式上的差异（当然这种差异必定与分数微分方程中所使用的是黎曼-刘维尔分数导数还是卡普途分数导数密切相关），让我们回顾有关 $a=0$ 时的拉普拉斯变换情形。

黎曼-刘维尔分数导数的拉普拉斯变换公式是①

$$\int_{0}^{\infty}e^{-st}\{{}_{0}D_{t}^{\alpha}f(t)\}\mathrm{d}t=s^{\alpha}F(s)-\sum_{k=0}^{n-1}s^{k}{}_{0}D_{t}^{\alpha-k-1}f(t)\mid_{t=0},\qquad n-1\leqslant\alpha<n \tag{2.139}$$

卡普途分数导数的拉普拉斯变换公式[23]（见 2.8.3 节）是

$$\int_{0}^{\infty}e^{-st}\{{}_{0}^{C}D_{t}^{\alpha}f(t)\}\mathrm{d}t=s^{\alpha}F(s)-\sum_{k=0}^{n-1}s^{\alpha-k-1}f^{(k)}(0),\qquad n-1<\alpha\leqslant n \tag{2.140}$$

由此可见，黎曼-刘维尔分数导数的拉普拉斯变换，需要应用式(2.137)所示类型的初始条件，这将会造成物理理解上的困难。与此相反，卡普途导数的拉普拉斯变换则是应用具有明确物理意义的经典整数阶导数。

拉普拉斯变换法频繁地用于许多应用问题的求解。选择适当的拉普拉斯变换，就必须通晓所使用的分数导数定义类型（即初始条件的类型），这对于应用是至关重要的。

黎曼-刘维尔定义式(2.103)与卡普途定义式(1.138)之间另一个差异是：常数的卡普途导数是 0，而给定一个常数 C，在下端点为有限值 a 时，黎曼-刘维尔分数导数不等于 0，却有

$$_{0}D_{t}^{\alpha}C=\frac{Ct^{-\alpha}}{\Gamma(1-\alpha)} \tag{2.141}$$

这一事实在应用上会产生理解上的矛盾。例如在 Ochmann 和 Makarov（1993 年）[174] 的研究中，就不得不使用 $a=-\infty$ 时的黎曼-刘维尔定义。这是因为，一方面，从物理观点来看，需要一个常数的分数导数等于零的结果；而另一方面，要求如果 $a\to-\infty$，式(2.141)给出 0。这一要求的物理意义是，我们所分析的物理过程的起始时间，应当设置到 $t\to-\infty$。在这种设定下，物理过程的暂态效应就无法加以研究。然而，对于稳态过程的考察，取 $a\to-\infty$

---

①　参见 2.8.2 节，式(2.139)即是式(2.248)。

却是必要的假设。比如研究**分数阶动力学系统**[①]对周期输入信号的响应，**黏弹材料**（viscoelastic materials）体内的波动传播等问题时便是这样。

在黎曼-刘维尔和卡普途两种定义中，如果都取 $a = -\infty$ 并要求函数 $f(t)$ 及其 $t \to -\infty$ 时的导数具有合理的行为，则获得相同的公式

$$_{-\infty}D_t^\alpha f(t) = {}_{-\infty}^C D_t^\alpha f(t) = \frac{1}{\Gamma(n-\alpha)} \int_{-\infty}^t \frac{f^{(n)}(\tau)\mathrm{d}\tau}{(t-\tau)^{\alpha+1-n}}, \qquad n-1 < \alpha < n \qquad (2.142)$$

这表明，对于稳态动力学过程研究，黎曼-刘维尔分数导数和卡普途分数导数两种定义必须给出相同结果。

分数导数的黎曼-刘维尔与卡普途两种方法之间还有一个值得一提，并且似乎对应用还算重要的差异。那就是，对于卡普途导数，有

$$_a^C D_t^\alpha({}_a^C D_t^m f(t)) = {}_a^C D_t^{\alpha+m} f(t), \qquad m = 0,1,2,\cdots; n-1 < \alpha < n \qquad (2.143)$$

与此同时，对于黎曼-刘维尔导数却有

$$_a D_t^m({}_a D_t^\alpha f(t)) = {}_a D_t^{\alpha+m} f(t), \qquad m = 0,1,2,\cdots; n-1 < \alpha < n \qquad (2.144)$$

以上两式中微分算子的交换条件是不同的：

$$_a^C D_t^\alpha({}_a^C D_t^m f(t)) = {}_a^C D_t^m({}_a^C D_t^\alpha f(t)) = {}_a^C D_t^{\alpha+m} f(t),$$
$$f^{(s)}(0) = 0, s = n, n+1, \cdots, m; \quad m = 0,1,2,\cdots,; n-1 < \alpha < n \qquad (2.145)$$

$$_a D_t^m({}_a D_t^\alpha f(t)) = {}_a D_t^\alpha({}_a D_t^m f(t)) = {}_a D_t^{\alpha+m} f(t),$$
$$f^{(s)}(0) = 0, s = 0,1,2,\cdots, m; \quad m = 0,1,2,\cdots,; n-1 < \alpha < n \qquad (2.146)$$

可见，与黎曼-刘维尔方法相反，卡普途导数对 $f^{(s)}(0)$，$s = 0,1,2,\cdots,n-1$ 的取值没有限制。

2.4.2　广义函数法

该方法是观察柯西公式（2.85）

$$f^{(-n)}(t) = \frac{1}{\Gamma(n)} \int_a^t (t-\tau)^{n-1} f(\tau)\mathrm{d}\tau$$

而引出。这表明 $f(t)$ 的 n 次积分允许用**单次积分运算**（single integration）来完成。上式可写成函数 $f(t)$ 与幂函数 t^{n-1} 的卷积运算：

$$f^{(-n)}(t) = f(t) * \frac{t^{n-1}}{\Gamma(n)} \qquad (2.147)$$

式中对于 $t < a$ 和 $t < 0$，两个函数 $f(t)$ 和 t^{n-1} 分别用 0 取代，星号表示卷积运算

$$f(t) * g(t) = \int_{-\infty}^\infty f(\tau) g(t-\tau)\mathrm{d}\tau$$

考虑函数 $\Phi_p(t)$ 并定义为[76]

$$\Phi_p(t) = \begin{cases} \dfrac{t^{p-1}}{\Gamma(p)}, & t > 0 \\ 0, & t \leqslant 0 \end{cases} \qquad (2.148)$$

[①]　**分数阶动力学系统**（fractional-order dynamic system）的有关内容可参阅文献：〔26〕Tarasov V E. Fractional Dynamics：*Applications of Fractional Calculus to Dynamics of Particles，Fields and Media*. 北京：高等教育出版社，2010；〔27〕Petráš I. *Fractional-Order Nonlinear Systems：Modeling，Analysis and Simulation*. 北京：高等教育出版社，2011.

使用函数 $\Phi_p(t)$①，公式(2.147)可看成函数 $f(t)$ 与 $\Phi_p(t)$ 更一般的卷积

$$f^{(-p)}(t) = f(t) * \Phi_p(t) \tag{2.149}$$

的一个特例。

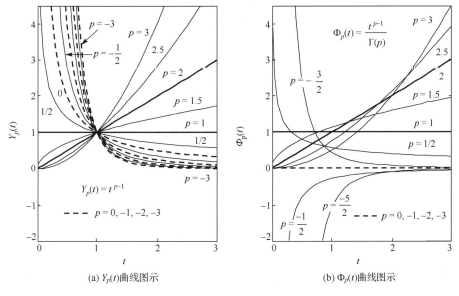

(a) $Y_p(t)$曲线图示　　　　　　　　(b) $\Phi_p(t)$曲线图示

图 2.1* 　幂函数 $Y_p(t) = t^{p-1}$ 与 $\Phi_p(t) = t^{p-1}/\Gamma(p)$ 对比

为了以同样方法处理参量 p 的正负两类值，将函数 $\Phi_p(t)$ 考虑成广义函数会带来方便。广义函数性质[76]读者是熟悉的，其最基本的性质是

$$\lim_{p \to -k} \Phi_p(t) = \Phi_{-k}(t) = \delta^{(k)}(t), \qquad k = 0, 1, 2, \cdots \tag{2.150}$$

式中 $\delta(t)$ 是狄拉克 δ 函数[76]。$\delta(t)$ 通常用于应用问题中冲击加载(冲击力)的刻画。

狄拉克 δ 函数的 k 阶导数②与 $f(t)$ 的卷积由下式给出

$$\int_{-\infty}^{\infty} f(\tau)\delta^{(k)}(t-\tau)\mathrm{d}\tau = f^{(k)}(t) \tag{2.151}$$

显然，如果 p 是正整数($p = n$)，则式(2.149)就降简为式(2.147)。另一方面，由式(2.150)和狄拉克 δ 函数性质推知，对于负整数 $p(p = -n, n > 0)$，则有

$$f^{(0)}(t) = f(t) * \Phi_0(t) = f(t) * \delta(t) = f(t)$$
$$f^{(1)}(t) = f(t) * \Phi_{-1}(t) = f(t) * \delta'(t) = f'(t)$$

①　函数 $\Phi_p(t)$ 与幂函数 $Y_p(t) = t^{p-1}$ 是有所区别的(图 2.1*)。特别是当 p 取非正整数时(参见图 2.1* 中粗黑虚曲线)，应当有式(2.150)：$\Phi_{-k}(t) = \delta^{(k)}(t)$。而当 $p = 1$，2 时，这两个函数完全一致(参见图 2.1* 中粗黑实曲线)，这是因为 $\Gamma(1) = \Gamma(2) = 1$ 之故，并有 $\Phi_1(t) = H(t)$，$\Phi_2(t) = tH(t)$。$H(t)$ 是赫维赛德单位阶跃函数，在一些应用领域，比如电路与系统、信号分析与处理等领域通常用符号 $u(t)$ 表示[10,11]。

有兴趣的读者，可以考虑式(2.148)所定义的函数 $\Phi_p(t)$ 与式(2.8)所定义的(广义)格林瓦尔系数 G_p^r 之间有什么样的内在关联。这是一个很有意义的问题。

②　即 $\Phi_{-k}(t) = \delta^{(k)}(t)$。需要特别注意的是，在分布(广义函数)理论框架中，这些函数对象具有无限可微、对称等优良性质，且比函数更方便处理(参见式(2.136f)所给出的情形)。

…

$$f^{(k)}(t)=f(t)*\Phi_{-k}(t)=f(t)*\delta^{(k)}(t)=f^{(k)}(t)$$

因此，一个广义函数 $f(t)$ 的整数阶积分和导数二者均可以作为卷积式（2.149）的特例而得到。这对于非整数的 p 也同样有意义。这意味着卷积式（2.149）不但为一个广义函数的 n 阶积分与 n 阶导数提供了一个统一形式，而且为拓展这些概念到实数阶 p 开辟了一条道路，从而使得我们能够对于一个广义函数 $f(t)$（在 $t<a$ 时等于零），定义出实数 p 阶导数[①]：

$$_a\widetilde{D}_t^p f(t)=f(t)*\Phi_p(t) \tag{2.152}$$

函数 $\Phi_p(t)$ 的另一性质，即导出的重要推论是

$$\Phi_p(t-a)*\Phi_q(t)=\Phi_{p+q}(t-a) \tag{2.153}$$

为证明式（2.153），首先假设 $p>0$ 和 $q>0$。进行变量代换 $\tau=a+\zeta(t-a)$ 并利用贝塔函数式（1.20），获得

$$\begin{aligned}
\Phi_p(t-a)*\Phi_q(t) &= \int_a^t \frac{(\tau-a)^{p-1}}{\Gamma(p)}\frac{(t-\tau)^{q-1}}{\Gamma(q)}\mathrm{d}\tau \\
&= \frac{1}{\Gamma(p)\Gamma(q)}\int_a^t (\tau-a)^{p-1}(t-\tau)^{q-1}\mathrm{d}\tau \\
&= \frac{(t-a)^{p+q-1}}{\Gamma(p)\Gamma(q)}\int_0^1 \zeta^{p-1}(1-\zeta)^{q-1}\mathrm{d}\zeta \\
&= \frac{(t-a)^{p+q-1}}{\Gamma(p+q)}
\end{aligned} \tag{2.154}$$

且关于 p 和 q **解析延拓**（analytic continuation）。式（2.153）得证。

从式（2.153）可推出：如果当 $t<a$ 时，函数 $f(t)$ 为零，那么

$$(f(t)*\Phi_p(t))*\Phi_q(t)=f(t)*(\Phi_p(t)*\Phi_q(t))=f(t)*\Phi_{p+q}(t) \tag{2.155}$$

由此立即得到**复合定律**（composition law）：对所有 p 和 q 存在

$$_a\widetilde{D}_t^p(_a\widetilde{D}_t^q f(t))=_a\widetilde{D}_t^q(_a\widetilde{D}_t^p f(t))=_a\widetilde{D}_t^{p+q} f(t) \tag{2.156}$$

如此简单的复合法则，是使用广义函数的最大优点。

由式（2.153），直接可得广义函数

$$\Phi_{q+1}(t)=\frac{t_+^q}{\Gamma(q+1)}=\begin{cases}\dfrac{t^q}{\Gamma(q+1)}, & (t>0) \\ 0, & (t\leqslant 0)\end{cases}$$

的实数 p 阶导数形式为

$$_a\widetilde{D}_t^p\left(\frac{(t-a)^q}{\Gamma(q+1)}\right)=\frac{(t-a)^{p-q}}{\Gamma(1+q-p)}, \qquad t>a \tag{2.157}$$

在特定情形 $q=0$ 时，获得赫维赛德单位阶跃函数 $H(t)$ 的分数导数

$$_a\widetilde{D}_t^p H(t-a)=\frac{(t-a)^{-p}}{\Gamma(1-p)}, \qquad t>a \tag{2.158}$$

一般地，对所有 $b<a$，有

---

① 严格地说来，为了与式（2.147）~式（2.151）等表示一致，式（2.152）应当写成

$$_a\widetilde{D}_t^p f(t)=f(t)*\Phi_{-p}(t), \qquad p\in\mathbb{R} \tag{2.152a}$$

$$_b\widetilde{D}_t^p H(t-a) = \begin{cases} \dfrac{(t-a)^{-p}}{\Gamma(1-p)}, & t>a \\ 0, & b\leqslant t \leqslant a \end{cases} \tag{2.159}$$

在式(2.157)中，取 $q=-n-1(n\geqslant 0)$，就获得狄拉克 δ 函数的 n 次导数后的 p 阶分数导数

$$_a\widetilde{D}_t^p \delta^{(n)}(t-a) = \frac{(t-a)^{-n-p-1}}{\Gamma(-n-p)}, \qquad t>a \tag{2.160}$$

一般地，对 $b<a$，有

$$_b\widetilde{D}_t^p \delta^{(n)}(t-a) = \begin{cases} \dfrac{(t-a)^{-n-p-1}}{\Gamma(-n-p)}, & t>a \\ 0, & b\leqslant t \leqslant a \end{cases} \tag{2.161}$$

最后，如果 $q-p+1=-n(n\geqslant 0)$，则从式(2.157)推出

$$_a\widetilde{D}_t^p \left(\frac{(t-a)^{p-n-1}}{\Gamma(p-n)} \right) = \delta^{(n)}(t-a), \qquad t>a \tag{2.162}$$

关系式(2.158)、式(2.160)和式(2.162)给出了三种函数：幂函数、赫维赛德单位阶跃函数 $H(t)$ 与狄拉克 δ 函数相互之间有益而又有用的联系。

广义函数法为人们在黎曼-刘维尔方法、卡普途方法之间，以及它们与传统的和广义化的整数阶导数之间建立有益联系奠定了基础。

使用函数 $\Phi_p(t)$，黎曼-刘维尔定义式(2.103)可写成

$$_aD_t^p f(t) = \frac{d^n}{dt^n}(f(t) * \Phi_{n-p}(t)) \tag{2.163}$$

卡普途定义式可写成

$$_a^C D_t^p f(t) = \frac{d^n f(t)}{dt^n} * \Phi_{n-p}(t) \tag{2.164}$$

而关系式(2.133)可取形式

$$_aD_t^p f(t) = {}_a^C D_t^p f(t) + \sum_{k=0}^{n-1} \Phi_{k-p+1}(t-a)f^{(k)}(a) \tag{2.165}$$

取 $p \to n$，n 是一正整数，再用式(2.150)，由式(2.165)得

$$_aD_t^n f(t) = {}_a^C D_t^n f(t) + \sum_{k=0}^{n-1} \delta^{(n-k-1)}(t-a)f^{(k)}(a) \tag{2.166}$$

将关系式(2.166)同熟悉的关系式——经典导数 $f_C^{(n)}(t)$ 与广义导数 $\widetilde{f}^{(n)}(t)$ 之间的关系

$$\widetilde{f}^{(n)}(t) = f_C^{(n)} f(t) + \sum_{k=0}^{n-1} \delta^{(n-k-1)}(t-a)f^{(k)}(a) \tag{2.167}$$

(式中 $\widetilde{f}(t) = f(t)$，$t\geqslant a$ 和 $\widetilde{f}(t) \equiv 0$，$t<a$)进行比较，得出结论：

黎曼-刘维尔定义式(2.79)可作为(在广义函数意义下)导数概念的广义化，与此同时，卡普途导数定义式(2.138)是经典意义下微分的广义化。

同样结论可在 Matignon(1996 年)[143]的研究成果中找到，他给出了分布意义下的分数导数与"**光滑分数导数**(smooth fractional derivative)"(同卡普途导数一致)之间的关系；Mainardi (1996 年)在文献[135]中也讨论了分数微分的黎曼-刘维尔定义与卡普途定义之间的关系。

2.5 序贯分数导数

任意阶微分与积分的核心是**叠积分**(iterated integration)与**叠微分**(iterated differentiation)的广义化问题。

所有这些方法的基本目的相同：用非整数参量 p "取代"一种表记符号为

$$\frac{\mathrm{d}^n}{\mathrm{d}t^n}$$

的运算操作中整数参量 n。虽然，其他细节有所不同(比如函数类型，用 p "取代" n 的方法，p 的非整数值的一些性质)，但所有努力的目的却很明确：用一非整数 p 直接过渡而取代整数 n。

除以上方法之外，还存在广义化微分和积分的另外一条思路，虽然不那么有名，但对许多应用却极其重要。该方法的得来是基于对如下事实的观察：经典的整数 n 阶微分可以简化成一阶微分**运算列**①

$$\frac{\mathrm{d}^n f(t)}{\mathrm{d}t^n} = \underbrace{\frac{\mathrm{d}}{\mathrm{d}t}\frac{\mathrm{d}}{\mathrm{d}t}\cdots\frac{\mathrm{d}}{\mathrm{d}t}}_{n} f(t) \tag{2.168}$$

如果有一恰当的方法，可以用非整数阶导数 $D^\alpha(0 \leqslant \alpha \leqslant 1)$ 来"取代"一阶导数 $\mathrm{d}/\mathrm{d}t$，那么，就有可能考虑类似式(2.168)一样的运算列：

$$D^{n\alpha} f(t) = \underbrace{D^\alpha D^\alpha \cdots D^\alpha}_{n} f(t) \tag{2.169}$$

米勒(Miller)与**罗斯**(Ross)将上式(其中 D^α 是黎曼-刘维尔分数导数)所定义的广义微分称为**序贯微分**，并在著作《分数微积分与分数微分方程》[153]第六章第 4 节，研究了用式(2.169)类型的**序贯分数导数**写出的微分方程。②

当然，序贯分数导数中的 D^α 也可理解为格林瓦尔-莱特尼科夫分数导数、卡普途分数导数，或者在此还没想到的任何其他类型的分数导数。

在式(2.169)中，分数导数的阶数不必全都相同，也可用不同分数阶导数分别取代式(2.168)中的每一个一阶导数，即考虑更一般的表达式：

$$\mathcal{D}^\alpha f(t) = D^{\alpha_1} D^{\alpha_2} \cdots D^{\alpha_n} f(t) \tag{2.170}$$
$$\alpha = \alpha_1 + \alpha_2 + \cdots + \alpha_n$$

这也称为**序贯分数导数**。根据所要解决的问题，式(2.170)中的符号 $\mathcal{D}^\alpha$ 可以为黎曼-刘维尔导数，格林瓦尔-莱特尼科夫导数、卡普途导数，或者任何其他广义微分算子的不同变形。由此而来，黎曼-刘维尔分数导数和卡普途分数导数也不过仅仅是式(2.170)所定义的序贯导数的特例。

---

① 原文是"a series of first-order differentiations"。根据所表述的内容，我们将"series"译成"运算列"。

② **序贯微分**是"sequential differentiation"的汉语译文，**序贯分数导数**是"sequential fractional derivative"的汉语译文。这些概念、名称译法是值得深入考量的问题。

仔细研读[153]中相关论述，以及此处的论述，特别考虑到更一般的表达式(2.170)所在含义，也可将"sequential differentiation"译成"序阶微分"，将"sequential fractional derivative"译成"序阶分数微分"，等等。

也许读者还有更为妥帖准确的译法。

其实，黎曼–刘维尔分数导数可写成

$$_a\mathrm{D}_t^p f(t) = \underbrace{\frac{\mathrm{d}}{\mathrm{d}t}\frac{\mathrm{d}}{\mathrm{d}t}\cdots\frac{\mathrm{d}}{\mathrm{d}t}}_{n}\,_a D_t^{-(n-p)}f(t), \qquad n-1\leqslant p<n \tag{2.171}$$

与此同时，卡普途分数微分算子可写成

$$_a^c D_t^p f(t) = \,_a\mathrm{D}_t^{-(n-p)}\underbrace{\frac{\mathrm{d}}{\mathrm{d}t}\frac{\mathrm{d}}{\mathrm{d}t}\cdots\frac{\mathrm{d}}{\mathrm{d}t}}_{n}f(t), \qquad n-1<p\leqslant n \tag{2.172}$$

由于微分算子 $\mathrm{d}/\mathrm{d}t$ 和 $_a\mathrm{D}_t^{-(n-p)}$ 的不同组合顺序，对于具有相同累加阶数 p 的黎曼–刘维尔导数和卡普途导数，其性质是不同的。

读者们知道，对于分数积分，无论是格林瓦尔–莱特尼科夫方法，还是黎曼–刘维尔方法，总是成立

$$D^p D^q f(t) = D^q D^p f(t) = D^{p+q}f(t), \qquad p<0, q<0 \tag{2.173}$$

正是由于这一点，我们没有理由考虑**序贯积分算子**。①

然而，就一般情况来说，对于 $p>0$ 和/或 $q>0$，式(2.173)并不成立（这揭示了黎曼–刘维尔分数导数和卡普途分数导数之间的差异）。因此，只能从序贯分数导数算子着手才有益处，才能给出新结果。

另一方面，序贯分数导数能以很自然的方式进入物理与应用科学的不同实际问题公式之中。实际上，建模过程或问题产生的原始微分方程中，经常遇见的是一个导数关系式嵌入到另外一个导数关系式。如果在这些相互嵌套关系中的导数都为分数导数，则在最终表达式（方程）中，一般地将会包含序贯分数导数。

值得一提的是，至少从 1958 年起，Dzhrbashyan 和 Nersesyan 首先考察和应用形如式(2.170)的**序贯分数积分–微分算子**($\alpha_1<0, \alpha_2>0, \cdots, \alpha_n>0$)，并应用于不同问题的研究[45~47,49,50]。本书也将**序贯分数导数**称为**米勒–罗斯分数导数**②，因为是他们在《分数微积分与分数微分方程》[153]第六章中清晰地概括出（单）黎曼–刘维尔分数导数与序贯分数导数之间的差别。

2.6　左和右分数导数

到目前为止，所考虑的分数导数 $_a D_t^p f(t)$ 都是固定下端点 a 而移动上端点 t，并假定 $a<t$。当然，反过来考虑也是可以的，移动下端点 t 而固定上端点 b。

假设函数 $f(t)$ 定义在区间 $[a,b]$ 上，a 和 b 甚至可以是无穷的。

下端点在区间 $[a,b]$ 左端的分数导数 $_a D_t^p f(t)$ 称为**左分数导数**，上端点在区间 $[a,b]$ 右端

---

①　"Because of this, we do not see a reason for considering sequential **integral** operators." 也就是说，对于积分的复合运算——"先积分($q<0$)后也积分($p<0$)"的运算，由于满足运算规则式(2.173)，就没必要考虑"序贯积分"这样的问题了！

②　**米勒–罗斯分数导数**，也许这是一个好的选择，避免了对"sequential fractional derivative"译法的纠结。正好与其他几种经典"分数导数"称谓相并列！格林瓦尔–莱特尼科夫分数导数，黎曼–刘维尔分数导数，卡普途分数导数等。或者直接译为或称为"米勒–罗斯序贯分数导数↔Miller-Ross sequential fractional derivative"。

的分数导数称为**右分数导数**①。显然，左与右分数导数的概念可引入到任何形式的分数导数——黎曼–刘维尔导数、格林瓦尔–莱特尼科夫导数、卡普途导数和其他本书没有考虑的分数导数之中。

例如，如果 $k-1 \leqslant p < k$，则左黎曼–刘维尔分数导数，由式(2.79)所定义

$$_a\mathrm{D}_t^p f(t) = \frac{1}{\Gamma(k-p)}\left(\frac{\mathrm{d}}{\mathrm{d}t}\right)^k \int_a^t (t-\tau)^{k-p-1} f(\tau)\,\mathrm{d}\tau \tag{2.174}$$

相对应的右黎曼–刘维尔分数导数定义[232]为

$$_t\mathrm{D}_b^p f(t) = \frac{1}{\Gamma(k-p)}\left(-\frac{\mathrm{d}}{\mathrm{d}t}\right)^k \int_t^b (\tau-t)^{k-p-1} f(\tau)\,\mathrm{d}\tau \tag{2.175}$$

右卡普途导数和右格林瓦尔–莱特尼科夫导数也可以用同样方式定义。

左、右分数导数概念，可以从物理和数学两方面来理解。

也许如下关于左、右分数导数的物理解释对我们有所帮助。

假设 t 是时间变量，函数 $f(t)$ 描述某一确定动力学过程随时间的演变过程。如果取 $\tau < t$（t 表示**当前时刻**，present moment），则过程 f 的状态 $f(\tau)$ 属于该过程的**过去**（past）；如果取 $\tau > t$，则 $f(\tau)$ 属于过程 f 的**未来**（future）。

从这一观点来看，左导数式(2.174)，就是对过程 f 过去状态的一种运算操作，而右导数式(2.175)就是对过程 f 未来状态的一种运算操作(图 2.2)。

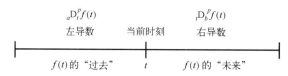

图 2.2　函数 $f(t)$ "过去"与"未来"运算的左与右导数

在物理学中，**因果性原理**说的是：起始时刻为 $\tau = a$ 的过程，其**当前状态**（present state）——$f(t)$ 的**当前值**（current value），依赖于所有以前(过去)的状态 $f(\tau)$（$a \leqslant \tau < t$）。因为我们不能感知任何过程的当前状态与其未来发展结果之间的依存关系，所以本书仅考察左导

---

①　此处论述的**左分数导数**（left fractional derivative），**右分数导数**（right fractional derivative），很显然，它们是经典的两个**单侧导数**（one-sided derivative）[1:1-528]概念的推广！

　　左导数（left derivative）——式(2.1)与式(2.4)

$$f'_-(t) = \lim_{h\to 0}\frac{f(t)-f(t-h)}{h}, \qquad f^{(n)}_-(t) = \frac{\mathrm{d}^n f}{\mathrm{d}t^n} = \lim_{h\to 0}\frac{1}{h^n}\sum_{r=0}^n (-1)^r \binom{n}{r} f(t-rh)$$

　　右导数（right derivative）——式(2.1a)与式(2.4a)

$$f'_+(t) = \lim_{h\to 0}\frac{f(t+h)-f(t)}{h}, \qquad f^{(n)}_+(t) = \frac{\mathrm{d}^n f}{\mathrm{d}t^n} = \lim_{h\to 0}\frac{1}{(-h)^n}\sum_{r=0}^n (-1)^r \binom{n}{r} f(t+rh)$$

　　注意上述整数阶左、右导数的原始定义与式(2.174)、式(2.175)所定义的左、右黎曼–刘维尔分数导数在形式上存在的区别与联系！

　　在经典微积分中，函数 f 在 t 可微的充分必要条件是，在这一点的两个单侧导数都存在且相等：$f'_-(t) = f'_+(t)$。

　　对称分数导数可由整数阶**对称导数**[1:1-529]定义式(2.1b)、式(2.4b)直接广义化而得到吗？

数。也许有朝一日，用动力学过程的观点，也将会得到右导数的确切物理解释。①

　　另一方面，从数学角度考察右导数，使我们想起左微分算子的共轭算子。也就是说，仅仅使用左导数与右导数，便可发展出完备的分数微分方程理论，特别是有界值问题的分数微分方程理论。

　　至此，上述从动力学角度关于分数导数与分数积分的理解，似乎是最为明确和可用的。20 世纪 90 年代初，Nigmatullin(1992 年)[165]试图寻找静态分形(static fractal)结构与分数积分之间的关系，但从 Rutman(1994 年)[231]的评论得知：静态分形与分数微积分或分数微分之间恰当的实际有用关系还没有建立起来。

2.7　分数导数的性质

　　现在回过头来关注分数阶积分和分数阶微分的性质，它们在应用中频繁出现。

　　① **因果性原理**(causality principle)[2;30-107,8;486]——物质世界中各种现象之间存在着客观的联系。一个现象是由另外一个或一些现象引起，它又会导致一个或一些新现象出现。引起一定现象的现象称为**原因**(cause)，产生的现象是**结果**(effect)。

　　因果性(causality)，也称**因果关系**，它客观地存在于物质世界的运动和变化之中！

　　因果性原理要求原因一定发生在前，结果一定相随在后——结果不能先于原因(the effect cannot precede the cause)[8;486]；又要求一定的原因同一定的结果之间存在规律性的联系！因果性原理实质上反映了物质世界各种事物或现象不可能无中生有(有果无因)，也不可能有归于无(有因无果)！

　　在物理学中，不同层次的物质世界，因果关系表现出不同形式。但因果关系始终与物质世界的运动和变化联系在一起！探索一定层次一定形式运动的原因是科学研究的基本动力之一，人们对于客观对象运动发展规律的每一步新认识又扩大了因果关系范畴。[28;1075]

　　在系统理论[29]、信号分析与处理[9~11]、电路与系统[19,30]、控制理论与应用等等领域，因果性，也即**物理可实现性**(realizability)。如果一个(考虑单输入单输出)线性系统的单位冲激响应是 $h(t)$，输入信号——原因为 $x(t)$，输出信号——结果是 $y(t)$，则有

$$y(t) = h(t) * x(t) = \int_{-\infty}^{\infty} h(\tau)x(t-\tau)\mathrm{d}\tau = \int_{-\infty}^{\infty} x(\tau)h(t-\tau)\mathrm{d}\tau$$

因果性要求系统的单位冲激响应必须满足因果性：

$$h(t)\begin{cases} \equiv 0, & t<0 \\ \neq 0, & t\geq 0 \end{cases}$$

从而有

$$y(t) = \int_{0}^{\infty} h(\tau)x(t-\tau)\mathrm{d}\tau = \int_{-\infty}^{t} x(\tau)h(t-\tau)\mathrm{d}\tau$$

这一关系表明：**因果系统**(causal system)的当前时刻 t 的输出 $y(t)$ 与系统的未来输入 $x(\tau)(\tau>t)$ 无关。通俗地说：因果系统的输出变化一定发生在输入变化之后！

　　不考虑因果性进行系统设计时，会导致物理不可实现或不稳定的结果！[1;5-120]

　　物理学中，宏观因果性原理使人容易理解，微观因果性原理却令人们十分纠葛。

　　理论物理学家**玻恩**(Max Born, 1882~1970)著有《关于因果与机遇的自然哲学》(侯德彭译，商务印书馆，1964)一书，受到爱因斯坦的高度重视！"现在我当然已经读了它，并且读得很有兴趣，以致我迟了一个钟头回家吃中饭。"[100;1-600]

　　"善不由外来兮，名不可以虚作。孰无施而有报兮，孰不实而有获?"(屈原：九章·抽思)我们自己是一个因果系统还是一个非因果系统呢?

　　我们现在的生活质量、幸福感等——当前状态同未来有关系吗?

2.7.1　线性性质

同整数阶微分一样，分数微分是线性运算：

$$D^p(\lambda f(t)+\mu g(t))=\lambda D^p f(t)+\mu D^p g(t) \tag{2.176}$$

式中，D^p 表示本书中所考察的各种形式的分数微分。

分数微分的线性性直接来源于对应定义。例如，对于式(2.43)所定义的格林瓦尔-莱特尼科夫分数导数，有

$$
\begin{aligned}
{}_aD_t^p(\lambda f(t)+\mu g(t)) &= \lim_{\substack{h\to 0\\ nh=t-a}} h^{-p}\sum_{r=0}^{n}(-1)^r\binom{p}{r}(\lambda f(t-rh)+\mu g(t-rh))\\
&= \lambda\lim_{\substack{h\to 0\\ nh=t-a}} h^{-p}\sum_{r=0}^{n}(-1)^r\binom{p}{r}f(t-rh)+\mu\lim_{\substack{h\to 0\\ nh=t-a}} h^{-p}\sum_{r=0}^{n}(-1)^r\binom{p}{r}g(t-rh)\\
&= \lambda\,{}_aD_t^p f(t)+\mu\,{}_aD_t^p g(t)
\end{aligned}
$$

同理，对于式(2.103)所定义的 $p(k-1\le p<k)$ 阶黎曼-刘维尔分数导数，有

$$
\begin{aligned}
{}_aD_t^p(\lambda f(t)+\mu g(t)) &= \frac{1}{\Gamma(k-p)}\frac{d^k}{dt^k}\int_a^t(t-\tau)^{k-p-1}(\lambda f(\tau)+\mu g(\tau))d\tau\\
&= \frac{\lambda}{\Gamma(k-p)}\frac{d^k}{dt^k}\int_a^t(t-\tau)^{k-p-1}f(\tau)d\tau+\frac{\mu}{\Gamma(k-p)}\frac{d^k}{dt^k}\int_a^t(t-\tau)^{k-p-1}g(\tau)d\tau\\
&= \lambda\,{}_aD_t^p f(t)+\mu\,{}_aD_t^p g(t)
\end{aligned}
$$

2.7.2　分数导数的莱布尼茨法则

给定函数 $\varphi(t)$ 和 $f(t)$，乘积 $\varphi(t)f(t)$ 的 n 阶导数可用**莱布尼茨法则**[1]进行计算：

$$\frac{d^n}{dt^n}(\varphi(t)f(t))=\sum_{k=0}^{n}\binom{n}{k}\varphi^{(k)}(t)f^{(n-k)}(t) \tag{2.177}$$

观察式(2.177)的右端，用实值参数 p 取代整数参数 n。也就是说，用格林瓦尔-莱特尼科夫分数导数 ${}_aD_t^{p-k}f(t)$ 取代整数阶导数 $f^{(n-k)}(t)$，并表记成[2]

$$\Omega_n^p(t)=\sum_{k=0}^{n}\binom{p}{k}\varphi^{(k)}(t)\,{}_aD_t^{p-k}f(t) \tag{2.178}$$

计算求和式(2.178)。

首先，假定 $p=q<0$，则对于所有 k，存在 $p-k=q-k<0$，根据式(2.40)可得

---

[1] **莱布尼茨法则**(Leibniz rule)，又称**莱布尼茨公式**[1:1-531,4:197]或**莱布尼茨乘积法则**[7:258]。这个函数乘积的求导法则类似于二项式公式。它是莱布尼茨于 1695 年首先使用而得名。

利用数学归纳法，可以把莱布尼茨法则推广到有限个函数积的高阶导数情形[4:197,13:1-203]：对于正整数 m，n，存在求导法则

$$(f_1 f_2\cdots f_m)^{(n)}=\sum_{\substack{\sum k_i=n\\0\le k_i\le n}}\binom{n}{k_1,k_2,\cdots,k_m}f_1^{(k_1)}f_2^{(k_2)}\cdots f_m^{(k_m)}=\sum_{\substack{\sum k_i=n\\0\le k_i\le n}}\frac{n!}{k_1!k_2!\cdots k_m!}f_1^{(k_1)}f_2^{(k_2)}\cdots f_m^{(k_m)} \tag{2.177a}$$

式中 $\binom{n}{k_1,k_2,\cdots,k_m}=(n;k_1,k_2,\cdots,k_m)$ 表示**多项式系数**，参见式(1.74b)。

[2] 原文的式(2.178)、式(2.180)等中使用正体大写希腊字母 Ω，译文改用斜体大写希腊字母 $\varOmega$。

$$_aD_t^{p-k}f(t) = \frac{1}{\Gamma(-q+k)}\int_a^t (t-\tau)^{-q+k-1}f(\tau)\,\mathrm{d}\tau \tag{2.179}$$

引出

$$\Omega_n^q(t) = \sum_{k=0}^n \binom{q}{k}\frac{1}{\Gamma(-q+k)}\int_a^t (t-\tau)^{-q+k-1}\varphi^{(k)}(t)f(\tau)\,\mathrm{d}\tau \tag{2.180}$$

$$= \int_a^t \left\{\sum_{k=0}^n \binom{q}{k}\frac{1}{\Gamma(-q+k)}(t-\tau)^k\varphi^{(k)}(t)\right\}\frac{f(\tau)}{(t-\tau)^{q+1}}\mathrm{d}\tau \tag{2.181}$$

再结合伽马函数的反射公式(1.26)，有

$$\binom{q}{k}\frac{1}{\Gamma(-q+k)} = \frac{\Gamma(q+1)}{k!\,\Gamma(q-k+1)}\cdot\frac{1}{\Gamma(-q+k)} \tag{2.182}$$

$$= \frac{\Gamma(q+1)}{k!}\cdot\frac{\sin(k-q)\pi}{\pi} \tag{2.183}$$

$$= (-1)^{k+1}\frac{\Gamma(q+1)}{k!}\cdot\frac{\sin(q\pi)}{\pi} \tag{2.184}$$

因此，表达式(2.181)取如下形式：

$$\Omega_n^q(t) = -\frac{\sin(q\pi)}{\pi}\Gamma(q+1)\int_a^t\left\{\sum_{k=0}^n\frac{(-1)^k}{k!}\varphi^{(k)}(t)(t-\tau)^k\right\}\frac{f(\tau)\mathrm{d}\tau}{(t-\tau)^{q+1}} \tag{2.185}$$

利用**泰勒定理**，可以写出①

$$\sum_{k=0}^n\frac{(-1)^k}{k!}\varphi^{(k)}(t)(t-\tau)^k = \varphi(t) - \varphi'(t)(t-\tau) + \cdots + (-1)^n\frac{\varphi^{(n)}(t)}{n!}(t-\tau)^n$$

---

① 原文该式存在的明显笔误已经纠正。

泰勒定理(Taylor theorem)[1:1-537,3:274,4:219,7:266,14:1-504] 如果函数$\varphi(t)$在a点的某邻域$\zeta(a)$内有直到$n+1$阶连续导数，那么在此邻域内$\varphi(t)$具有展开式——**泰勒(局部)公式**

$$\varphi(t) = T_n(t) + r_n(t) = \sum_{k=0}^n\frac{\varphi^{(k)}(a)}{k!}(t-a)^k + \frac{1}{n!}\int_a^t(t-\xi)^n\varphi^{(n+1)}(\xi)\mathrm{d}\xi, \qquad t\in\zeta(a) \tag{2.185a}$$

式中$T_n(t)$称为**泰勒多项式**，$r_n(t)$称为**泰勒积分余项**(integral remainder)。

在不同的条件下，余项$r_n(t)$可以写成不同形式。除泰勒积分形式外，常用形式有

- 拉格朗日余项(1797 年)：$r_n(t) = \dfrac{\varphi^{(n+1)}(\xi)}{(n+1)!}(t-a)^{n+1}$, $\qquad \xi\in\zeta(a)$

- 柯西余项(1826 年)：$r_n(t) = \dfrac{\varphi^{(n+1)}[a+\theta(t-a)]}{n!}(1-\theta)^n(t-a)^{n+1}$, $\qquad 0<\theta<1$

- 佩亚诺余项：$r_n(t) = o((t-a)^n)$，只要φ在a处n次可微。

如果把泰勒展开式进行到$(t-a)$的任意次高的乘幂，则有$\varphi(t) = \sum_{k=0}^\infty\dfrac{\varphi^{(k)}(a)}{k!}(t-a)^k$，无论它是否收敛，以及它的无穷求和是否等于$\varphi(t)$，都称它为函数$\varphi(t)$的**泰勒级数**。[4:220]

在泰勒公式(2.185a)中，用τ替代t，用t替代a，有

$$\varphi(\tau) = \sum_{k=0}^n\frac{(-1)^k}{k!}\varphi^{(k)}(t)(t-\tau)^k - \frac{1}{n!}\int_\tau^t(\tau-\xi)^n\varphi^{(n+1)}(\xi)\mathrm{d}\xi, \qquad \tau\in\zeta(a) \tag{2.185b}$$

泰勒定理是局部分析中最重要的一个定理。利用泰勒级数可以得到关于函数局部行为的许多结论[7:263]。

$$= \varphi(\tau) + \frac{1}{n!} \int_\tau^t \varphi^{(n+1)}(\xi)(\tau-\xi)^n \mathrm{d}\xi$$

由此得①

$$
\begin{aligned}
\Omega_n^q(t) = & -\frac{\sin(q\pi)\Gamma(q+1)}{\pi} \int_a^t (t-\tau)^{-q-1} \varphi(\tau) f(\tau) \mathrm{d}\tau \\
& -\frac{\sin(q\pi)\Gamma(q+1)}{\pi n!} \int_a^t (t-\tau)^{-q-1} f(\tau) \mathrm{d}\tau \int_\tau^t \varphi^{(n+1)}(\xi)(\tau-\xi)^n \mathrm{d}\xi \\
= & \frac{1}{\Gamma(-q)} \int_a^t (t-\tau)^{-q-1} \varphi(\tau) f(\tau) \mathrm{d}\tau \\
& + \frac{1}{n!\Gamma(-q)} \int_a^t (t-\tau)^{-q-1} f(\tau) \mathrm{d}\tau \int_\tau^t \varphi^{(n+1)}(\xi)(\tau-\xi)^n \mathrm{d}\xi \\
= & {}_aD_t^q(\varphi(t)f(t)) + R_n^q(t) \quad\quad\quad (2.186)
\end{aligned}
$$

式中余项

$$R_n^q(t) = \frac{1}{n!\Gamma(-q)} \int_a^t (t-\tau)^{-q-1} f(\tau) \mathrm{d}\tau \int_\tau^t \varphi^{(n+1)}(\xi)(\tau-\xi)^n \mathrm{d}\xi \quad (2.187)$$

现在考虑 $p>0$ 情形。

第一步需要证明：$\Omega_n^p(t)$ 的计算可简化为对某一确定负值 q 时 Ω_n^q 的计算。

由于 $\Gamma(0) = \infty$，不得不取 $\binom{p-1}{-1} = 0$，并利用二项式系数的熟悉性质

$$\binom{p}{k} = \binom{p-1}{k} + \binom{p-1}{k-1}$$

可以写出

$$\Omega_n^p(t) = \sum_{k=0}^n \binom{p-1}{k} \varphi^{(k)}(t) \, {}_aD_t^{p-k} f(t) + \sum_{k=1}^n \binom{p-1}{k-1} \varphi^{(k)}(t) \, {}_aD_t^{p-k} f(t) \quad (2.188)$$

在第二求和项中用 $k+1$ 代替 k 就有

$$\Omega_n^p(t) = \sum_{k=0}^n \binom{p-1}{k} \varphi^{(k)}(t) \frac{\mathrm{d}}{\mathrm{d}t}({}_aD_t^{p-k-1} f(t)) + \sum_{k=0}^{n-1} \binom{p-1}{k} \frac{\mathrm{d}\varphi^{(k)}(t)}{\mathrm{d}t} \cdot {}_aD_t^{p-k-1} f(t) \quad (2.189)$$

$$\Omega_n^p(t) = \binom{p-1}{n} \varphi^{(n)}(t) \, {}_aD_t^{p-n} f(t) + \frac{\mathrm{d}}{\mathrm{d}t} \sum_{k=0}^{n-1} \binom{p-1}{k} \varphi^{(k)}(t) \, {}_aD_t^{p-k-1} f(t) \quad (2.190)$$

在上式右边先加后减表达式

$$\frac{\mathrm{d}}{\mathrm{d}t}\left\{ \binom{p-1}{n} \varphi^{(n)}(t) \, {}_aD_t^{p-n-1} f(t) \right\}$$

可得

$$\Omega_n^p(t) = \frac{\mathrm{d}}{\mathrm{d}t} \sum_{k=0}^n \binom{p-1}{k} \varphi^{(k)}(t) \, {}_aD_t^{p-k-1} f(t) \quad\quad (2.191)$$

$$-\binom{p-1}{n} \varphi^{(n+1)}(t) \, {}_aD_t^{p-n-1} f(t) \quad\quad\quad (2.192)$$

---

① 式(2.186)的推导过程中使用了函数的反射公式(1.26)。

或

$$\Omega_n^p(t) = \frac{\mathrm{d}}{\mathrm{d}t}\Omega_n^{p-1}(t) - \binom{p-1}{n}\varphi^{(n+1)}(t)\,_aD_t^{p-n-1}f(t) \qquad (2.193)$$

关系式(2.193)表明：$\Omega_n^p(t)$ 的计算可以简化为 $\Omega_n^{p-1}(t)$ 的计算。重复这一操作就能将 $\Omega_n^p(t)(p>0)$ 的计算简化为 $\Omega_n^q(t)(q<0)$ 的计算。

假设 $0<p<1$，则有 $p-1<0$。根据式(2.186)，有

$$\Omega_n^{p-1}(t) = {}_aD_t^{p-1}(\varphi(t)f(t)) + R_n^{p-1}(t) \qquad (2.194)$$

为了综合利用式(2.194)和式(2.193)，不得不对式(2.194)关于变量 t 微分。注意到①

$$\frac{\mathrm{d}}{\mathrm{d}t}R_n^{p-1}(t) = \frac{-p}{n!\Gamma(-p+1)}\int_a^t (t-\tau)^{-p-1}f(\tau)\mathrm{d}\tau\int_\tau^t \varphi^{(n+1)}(\xi)(\tau-\xi)^n\mathrm{d}\xi$$
$$+ \frac{(-1)^n\varphi^{(n+1)}(t)}{n!\Gamma(-p+1)}\int_a^t (t-\tau)^{-p+n}f(\tau)\mathrm{d}\tau \qquad (2.195)$$

和关系式②(因为 $n-p>0$)

$$\int_a^t (t-\tau)^{-p+n}f(\tau)\mathrm{d}\tau = \Gamma(-p+n+1)\,_aD_t^{p-n-1}f(t) \qquad (2.196)$$

获得

$$\frac{\mathrm{d}}{\mathrm{d}t}\Omega_n^{p-1}(t) = {}_aD_t^p(\varphi(t)f(t)) + \frac{(-1)^n\Gamma(-p+n+1)\varphi^{(n+1)}(t)}{n!\Gamma(-p+1)} \cdot {}_aD_t^{p-n-1}f(t) + R_n^p(t)$$

$$= {}_aD_t^p(\varphi(t)f(t)) + \binom{p-1}{n}\varphi^{(n+1)}(t)\,_aD_t^{p-n-1}f(t) + R_n^p(t) \qquad (2.197)$$

将该式代入式(2.193)给出

$$\Omega_n^p(t) = {}_aD_t^p(\varphi(t)f(t)) + R_n^p(t) \qquad (2.198)$$

这与式(2.186)具有相同的形式。

利用数学归纳法能够证明：对于所有满足 $p+1<n$ 的 p，关系式(2.198)成立。

显然，关系式(2.198)给出了两函数乘积的分数微分求解法则。该法则是整数阶微分莱布尼茨法则的推广，因而在分数微分情形中继续保留莱布尼茨称谓是很方便的。

分数微分情形的莱布尼茨法则：如果 $f(\tau)$ 在 $[a,t]$ 连续，$\varphi(\tau)$ 在 $[a,t]$ 具有 $n+1$ 阶连续导数，则两函数乘积 $\varphi(t)f(t)$ 的分数导数由下式给出：

$$_aD_t^p(\varphi(t)f(t)) = \sum_{k=0}^n \binom{p}{k}\varphi^{(k)}(t)\,_aD_t^{p-k}f(t) - R_n^p(t) \qquad (2.199)$$

式中 $n \geq p+1$，且有

---

① 推导式(2.195)要特别小心谨慎，特别是积分端点参量的转换。怎样简洁推导该结果是值得探讨的问题。

② 即关系式(2.40)：

$$_aD_t^{-p}f(t) = \frac{1}{\Gamma(p)}\int_a^t (t-\tau)^{p-1}f(\tau)\mathrm{d}\tau$$

这正是格林瓦尔-莱特尼科夫分数积分计算公式，也是分数积分的定义式(见式(2.88))。[124;1]

$$R_n^p(t) = \frac{1}{n!\Gamma(-p)} \int_a^t (t-\tau)^{-p-1} f(\tau) \mathrm{d}\tau \int_\tau^t \varphi^{(n+1)}(\xi)(\tau-\xi)^n \mathrm{d}\xi \qquad (2.200)$$

式(2.199)中的求和项可看成无穷级数的部分和，而 $R_n^p(t)$ 是该级数的余项。

为了进行两个积分变量顺序的交换，递次取

$$\xi = \tau + \zeta(t-\tau), \qquad \tau = a + \eta(t-a)$$

则对于余项 $R_n^p(t)$，获得表达式：

$$R_n^p(t) = \frac{(-1)^n}{n!\Gamma(-p)} \int_a^t (t-\tau)^{n-p} f(\tau) \mathrm{d}\tau \int_0^1 \varphi^{(n+1)}(\tau+\zeta(t-\tau))\zeta^n \mathrm{d}\zeta$$

$$= \frac{(-1)^n (t-a)^{n-p+1}}{n!\Gamma(-p)} \int_0^1\!\!\int_0^1 F_a(t,\zeta,\eta) \mathrm{d}\eta \mathrm{d}\zeta \qquad (2.201)$$

$$F_a(t,\zeta,\eta) = f(a+\eta(t-a)) \varphi^{(n+1)}(a+(t-a)(\zeta+\eta-\zeta\eta))$$

由此直接推出：如果 $f(\tau)$ 和 $\varphi(\tau)$ 在 $[a,t]$ 内所有导数连续，则

$$\lim_{n\to\infty} R_n^p(t) = 0$$

在这一条件下，分数导数的莱布尼茨法则取成形式：

$$_aD_t^p(\varphi(t)f(t)) = \sum_{k=0}^{\infty} \binom{p}{k} \varphi^{(k)}(t) \, _aD_t^{p-k} f(t) \qquad (2.202)$$

莱布尼茨法则式(2.202)，对于一个多项式与一个(已知分数导数的)函数乘积的分数导数计算特别有用。

为了修正上述关于 $R_n^p(t)$ 的计算结果，必须证明：对于有限取值的 $p>0$ 情况，$R_n^p(t)$ 具有一个有限值。

函数

$$\frac{f(\tau) \int_\tau^t \varphi^{(n+1)}(\xi)(\tau-\xi)^n \mathrm{d}\xi}{(t-\tau)^{p+1}} \qquad (2.203)$$

当 $\tau=t$ 时给出不定式 $0/0$。求此极限需要用到**洛必达法则**。分子、分母分别关于 τ 微分得

$$\frac{f'(\tau) \int_\tau^t \varphi^{(n+1)}(\xi)(\tau-\xi)^n \mathrm{d}\xi + nf(\tau) \int_\tau^t \varphi^{(n+1)}(\xi)(\tau-\xi)^{n-1} \mathrm{d}\xi}{-(p+1)(t-\tau)^p} \qquad (2.204)$$

对于 $\tau=t$，再次给出一个不定式 $0/0$。尽管如此，若 $m<p\leqslant m+1$，那么使用洛必达法则 $m+2$ 次，在分母上将得到 $(t-\tau)^{p-m-1}$(对于 $\tau=t$ 给出无穷大)，与此同时，分子中各项将包含如下形式的乘积

$$\int_\tau^t \varphi^{(n+1)}(\xi)(\tau-\xi)^{n-k} \mathrm{d}\xi \qquad (2.205)$$

如果 $n>k$，当 $\tau\to t$ 时该积分消失。显然，k 不能大于 $m+2$，因此可取 $n\geqslant m+2$，并且对于 $\tau\to t$，函数式(2.203)将趋于 0。这意味着式(2.200)中的积分在经典意义下甚至于在 $p>-1$ 时也存在。

利用格林瓦尔-莱特尼科夫分数导数和黎曼-刘维尔分数导数之间的联系，可看出：在上述关于函数 $f(t)$ 和 $\varphi(t)$ 的条件下，莱布尼茨法则式(2.202)对于黎曼-刘维尔分数导数也成立。

2.7.3　复合函数的分数导数

由分数导数莱布尼茨法则可以推出复合函数分数导数的计算法则。

取一个解析函数 $\varphi(t)$ 和 $f(t) = H(t-a)$，$H(t)$ 是赫维赛德函数。利用莱布尼茨法则式(2.202)和赫维赛德函数的分数导数公式(2.158)，可写出：

$$_aD_t^p(\varphi(t)f(t)) = \sum_{k=0}^{\infty} \binom{p}{k} \varphi^{(k)}(t) \,_aD_t^{p-k}H(t-a)$$

$$= \frac{(t-a)^{-p}}{\Gamma(1-p)}\varphi(t) + \sum_{k=1}^{\infty} \binom{p}{k} \frac{(t-a)^{k-p}}{\Gamma(k-p+1)}\varphi^{(k)}(t) \qquad (2.206)$$

现在，假设 $\varphi(t)$ 是一个复合函数：

$$\varphi(t) = F(h(t)) \qquad (2.207)$$

借助**法·迪·布鲁诺公式**[2:§24.1.2]①，$\varphi(t)$ 的 k 阶导数：

$$\frac{\mathrm{d}^k}{\mathrm{d}t^k}F(h(t)) = k!\sum_{m=1}^{k} F^{(m)}(h(t)) \sum \prod_{r=1}^{k} \frac{1}{a_r!}\left(\frac{h^{(r)}(t)}{r!}\right)^{a_r} \qquad (2.208)$$

式中求和 $\sum$ 扩展到所有满足

$$\sum_{r=1}^{k} ra_r = k \quad \text{和} \quad \sum_{r=1}^{k} a_r = m$$

的非负整数值 $a_1, a_2, \cdots, a_k$ 组合。

将式(2.207)和式(2.208)代入式(2.206)，获得复合函数的分数导数计算公式：

$$_aD_t^pF(h(t)) = \frac{(t-a)^{-p}}{\Gamma(1-p)}\varphi(t) + \sum_{k=1}^{\infty}\binom{p}{k}\frac{k!(t-a)^{k-p}}{\Gamma(k-p+1)}\sum_{m=1}^{k}F^{(m)}(h(t))\sum\prod_{r=1}^{k}\frac{1}{a_r!}\left(\frac{h^{(r)}(t)}{r!}\right)^{a_r}$$

$$(2.209)$$

式中求和 $\sum$ 与系数 a_r 意义如前说明。

2.7.4　单参量积分的黎曼-刘维尔分数导数

经典分析中，对上限为参量的积分求微分，存在读者熟知的法则[68]②

$$\frac{\mathrm{d}}{\mathrm{d}t}\int_0^t F(t,\tau)\mathrm{d}\tau = \int_0^t \frac{\partial F(t,\tau)}{\partial t}\mathrm{d}\tau + F(t,t-0) \qquad (2.210)$$

对于分数阶导数微分也有类似结论。

---

① **法·迪·布鲁诺**(Faà di Bruno)公式——复合函数的高阶导数法则[4:197]：

$$\frac{\mathrm{d}^k}{\mathrm{d}t^k}(f(g(t))) = \sum_{\sum i_r=i,\sum_{r=1}^{l}ri_r=k} \frac{k!f^{(i)}}{i_1!i_2!\cdots i_l!}\left(\frac{g^{(1)}}{1!}\right)^{i_1}\left(\frac{g^{(2)}}{2!}\right)^{i_l}\cdots\left(\frac{g^{(l)}}{l!}\right)^{i_l} = \sum_{\sum i_r=i,\sum_{r=1}^{l}ri_r=k} k!f^{(i)}\prod_{r=1}^{l}\frac{1}{i_r!}\left(\frac{g^{(r)}}{r!}\right)^{i_r}$$

式中 $f^{(i)} = \mathrm{d}^i f/\mathrm{d}x^i$，$g^{(r)} = \mathrm{d}^r g/\mathrm{d}t^r$。

② 即积分的求导法则[4:286,14:2-77]。一般地，对于二元函数 $f(x,t)$，当积分限为参量 t 的可微函数 $a(t)$ 和 $b(t)$ 时，存在如下积分号下的微分法则

$$\frac{\mathrm{d}}{\mathrm{d}t}\int_{a(t)}^{b(t)}f(x,t)\mathrm{d}x = \int_{a(t)}^{b(t)}\frac{\partial f(x,t)}{\partial t}\mathrm{d}x + f(b(t),t)\frac{\mathrm{d}b(t)}{\mathrm{d}t} - f(a(t),t)\frac{\mathrm{d}a(t)}{\mathrm{d}t} \qquad (2.210a)$$

对单参量积分进行黎曼-刘维尔分数微分，当上限也依赖同一参量时，存在运算法则：

$$_0D_t^\alpha \int_0^t K(t,\tau)\,\mathrm{d}\tau = \int_\tau^t {}_\tau D_t^\alpha K(t,\tau)\,\mathrm{d}\tau + \lim_{\tau\to t-0} {}_\tau D_t^{\alpha-1} K(t,\tau), \qquad 0<\alpha<1 \qquad (2.211)$$

用式(2.210)，有

$$\begin{aligned}
_0D_t^\alpha \int_0^t K(t,\tau)\,\mathrm{d}\tau &= \frac{1}{\Gamma(1-\alpha)} \frac{\mathrm{d}}{\mathrm{d}t} \int_0^t \frac{\mathrm{d}\eta}{(t-\eta)^\alpha} \int_0^\eta K(\eta,\tau)\,\mathrm{d}\tau \\
&= \frac{1}{\Gamma(1-\alpha)} \frac{\mathrm{d}}{\mathrm{d}t} \int_0^t \mathrm{d}\tau \int_\tau^t \frac{K(\eta,\tau)\,\mathrm{d}\eta}{(t-\eta)^\alpha} \\
&= \frac{\mathrm{d}}{\mathrm{d}t} \int_0^t \widetilde{K}(t,\tau)\,\mathrm{d}\tau \\
&= \int_0^t \frac{\partial}{\partial t} \widetilde{K}(t,\tau)\,\mathrm{d}\tau + \lim_{\tau\to t-0} \widetilde{K}(t,\tau) \\
&= \int_0^t {}_\tau D_t^\alpha K(t,\tau)\,\mathrm{d}\tau + \lim_{\tau\to t-0} {}_\tau D_t^{\alpha-1} K(t,\tau) \qquad (2.212)
\end{aligned}$$

式中

$$\widetilde{K}(t,\xi) = \frac{1}{\Gamma(1-\alpha)} \int_\xi^t \frac{K(\eta,\xi)\,\mathrm{d}\eta}{(t-\eta)^\alpha}$$

必须注意如下重要特例。如果用 $K(t-\tau)f(\tau)$ 代替 $K(t,\tau)$，则关系式(2.211)取成形式

$$_0D_t^\alpha \int_0^t K(t-\tau)f(\tau)\,\mathrm{d}\tau = \int_0^t {}_0D_\tau^\alpha K(\tau)f(t-\tau)\,\mathrm{d}\tau + \lim_{\tau\to+0} f(t-\tau)\, {}_0D_t^{\alpha-1}K(\tau) \qquad (2.213)$$

值得注意的是，在一般公式(2.211)的右边，存在具有移动下端点 τ 的分数导数，而在式(2.213)中的所有分数导数，则存在相同的下端点，皆为 0。这一有意义的简化，对于求解那些必须计算卷积积分的分数微分应用问题是非常有用的。

2.7.5　下端点附近的行为

2.3.7 节中业已证明：如果 $f(t)$ 在 $[a,t]$ 中连续且具有充分高阶的连续导数，则格林瓦尔-莱特尼科夫导数 $_aD_t^p f(t)$ 和黎曼-刘维尔导数 $_aD_t^p f(t)$ 是一致的。

为研究分数导数下端点即 $t\to a+0$ 附近的行为，假设函数 $f(t)$ **解析**①，至少对于某小正量 ε，在区间 $[a,\varepsilon]$ 内解析，利用泰勒级数，该函数在该小区间能够表示为

$$f(t) = \sum_{k=0}^\infty \frac{f^{(k)}(a)}{k!}(t-a)^k \qquad (2.214)$$

应用幂函数的分数微分公式(2.117)，逐项求解式(2.214)中的每一项给出

$$_aD_t^p f(t) = {}_aD_t^p f(t) = \sum_{k=0}^\infty \frac{f^{(k)}(a)}{\Gamma(k-p+1)}(t-a)^{k-p} \qquad (2.215)$$

由此而来，如果 $f(t)$ 具有式(2.214)所示形式，则有

$$_aD_t^p f(t) = {}_aD_t^p f(t) \sim \frac{f(a)}{\Gamma(1-p)}(t-a)^{-p}, \qquad t\to a+0 \qquad (2.216)$$

---

① 此处所说"**解析**(analytic)"是指实函数 $f(t)$ 可用泰勒多项式或泰勒级数表示。

与

$$\lim_{t\to a+0}{}_aD_t^p f(t) = \lim_{t\to a+0}{}_aD_t^p f(t) = \begin{cases} 0, & p<0 \\ f(a), & p=0 \\ \infty, & p>0 \end{cases} \qquad (2.217)$$

如果 $f(t)$ 在 $t=a$ 点具有**可积奇点**①，那么该函数可写成形式

---

①　**可积奇点**(integrable singularity)　　**奇点**(singularity，singular point)是研究函数在一点附近性态(主要指局部性质)所常用的概念。

在复变函数论中，(复)函数的解析性或全纯性遭到破坏的点称为**奇点**——函数不解析的点。若函数 $f(z)$ 在点 $z=z_0$ 的任一邻域内不能展开成**泰勒级数**，则点 $z=z_0$ 称为 $f(z)$ 的一个奇点。具有孤立性(在奇点 z_0 的一个邻域 $|z-z_0|<\rho$ 内除 z_0 外解析)的奇点称为**孤立奇点**(isolated singularity)[1:3-44,4:524,8:438]。

在环域 $H: r<|z-a|<R(0\leq r<R\leq+\infty)$ 内解析的函数 $f(z)$ 可展开成双边幂级数——**洛朗级数**：

$$f(z) = \sum_{k=-\infty}^{\infty} c_k(z-a)^k \qquad (2.217a)$$

$$c_k = \frac{1}{2\pi i}\oint_{|\zeta-a|=\rho} \frac{f(\zeta)}{(\xi-a)^{k+1}}d\zeta, \qquad k\in\mathbb{Z}, 0\leq r<\rho<R\leq+\infty$$

与泰勒级数一样，洛朗级数也是唯一的！洛朗级数式(2.217a)的负幂部分($k\in\mathbb{Z}^-$)称为**主要部分**，其余非负幂部分($k\in\mathbb{N}$)称为**解析部分**(或正则部分)。在挖去孤立奇点 z_0 而形成环域上的解析函数 $f(z)$ 的洛朗级数

$$f(z) = \sum_{k=-\infty}^{\infty} c_k(z-z_0)^k \qquad (2.217b)$$

如果没有负幂项($c_k=0$，$k\in\mathbb{Z}^-$)，$\lim_{z\to z_0}f(z)=A$(A 为有限值)，则奇点 z_0 是 $f(z)$ 的**可去奇点**；如果只有有限个负幂项($c_k=0$，$k\leq-1$)，$\lim_{z\to z_0}f(z)=\infty$，则奇点 z_0 是 $f(z)$ 的**极点**(pole)；如果存在无限个负幂项，则 $\lim_{z\to z_0}f(z)$ 不存在(随趋于 z 的 z_0 方式而定)[31:58]，奇点 z_0 是 $f(z)$ 的**本性奇点**(essential singular point)。

多值函数还有一种奇点，即**支点**(branch point)。函数在 $m-1$ 阶孤立支点 z_0 邻域上的展式为

$$f(z) = \sum_{k=-\infty}^{\infty} c_k(z-z_0)^{k/m} \qquad (2.217c)$$

幂指数 k/m 是分数，这正是支点邻域上展式的特征。[31:59]这很自然地使我们联想并引入**分数阶奇点**或**分数阶极点**概念来！

对于一元实变函数 $f(x)$，可以使用泰勒级数来研究某点邻域的性态(即所谓局部性质)。在数学分析中，已知有任意阶导数的实变函数不一定展成幂级数，能否展成幂级数要通过余项的估计来判别！[32:89]

在微积分中，对可微函数 $y=f(x)$，有如下结果。

(1) 如果 $f'(a)\neq0$，即 a 是 f 的**正常点**(regular point)，则在点 a 附近 f 存在逆函数。此时在点 a 附近 f 的性态很简单。

(2) 如果 $f'(a)=0$，即 a 是 f 的**奇点**，那么在点 a 附近 f 的性态就变得复杂，$f(a)$ 或为**极值点**(extreme point)，或是**拐点**(inflection point)，等等。由此可见，正是在奇点附近函数才有丰富多彩的性态！

有了统一的整数阶微积分定义，是否可以仿效复变函数情形，把具有孤立奇点 $x=a$ 的函数 $f(x)$ 展开成洛朗级数呢？即

$$f(x) = \sum_{k=-\infty}^{\infty} c_k(x-a)^k = \sum_{k=0}^{\infty} c_k(x-a)^k + \sum_{k=1}^{\infty}\frac{c_{-k}}{(x-a)^k} = f_1(x)+f_2(x), \quad x\in\mathbb{R}, a\in\mathbb{R} \qquad (2.217d)$$

如果上式成立，那么 $f(x)$ 的性态能否通过该级数来考察？对 $f(x)$ 进行积分

$$f(t) = (t-a)^q f_*(t)$$

式中 $f_*(a) \neq 0$ 且 $q > -1$。进一步假设 $f_*(t)$ 能够用其泰勒级数表示，可写出

$$f(t) = (t-a)^q f_*(t) = (t-a)^q \sum_{k=0}^{\infty} \frac{f_*^{(k)}(a)}{k!}(t-a)^k \tag{2.218}$$

$$= \sum_{k=0}^{\infty} \frac{f_*^{(k)}(a)}{k!}(t-a)^{q+k} \tag{2.219}$$

对级数式（2.219）逐项进行黎曼-刘维尔分数微分，得出

$$_aD_t^p f(t) = \sum_{k=0}^{\infty} \frac{f_*^{(k)}(a)}{k!} \frac{\Gamma(q+k+1)}{\Gamma(q+k-p+1)}(t-a)^{q+k-p} \tag{2.220}$$

由此有

$$_aD_t^p f(t) \approx \frac{f_*(a)\Gamma(q+1)}{\Gamma(q-p+1)}(t-a)^{q-p}, \qquad t \to a+0 \tag{2.221}$$

与

$$\lim_{t \to a+0} {_aD_t^p f(t)} = \begin{cases} 0, & p < q \\ \dfrac{f_*(a)\Gamma(q+1)}{\Gamma(q-p+1)}, & p = q \\ \infty, & p > q \end{cases} \tag{2.222}$$

2.7.6　远离下端点的行为

为研究分数导数远离下端点，即 $t \to \infty$ 处的行为，从 2.7.3 节中解析函数 $\varphi(t)$ 的分数导数公式入手：

$$_aD_t^p \varphi(t) = \sum_{k=0}^{\infty} \binom{p}{k} \frac{(t-a)^{k-p}}{\Gamma(k-p+1)} \varphi^{(k)}(t) \tag{2.223}$$

应用二项式系数定义和 Γ 函数的反射公式（1.26），关系式（2.223）可写成

$$_aD_t^p \varphi(t) = \sum_{k=0}^{\infty} \frac{\Gamma(p+1)}{\Gamma(k+1)\Gamma(p-k+1)} \frac{(t-a)^{k-p}}{\Gamma(k-p+1)} \varphi^{(k)}(t)$$

$$F(x) = \int f(x)\mathrm{d}x = (x-a)\sum_{k=0}^{\infty} c_k \frac{(x-a)^k}{k+1} - (x-a)\sum_{k=1}^{\infty} \frac{c_{-k}}{(k-1)(x-a)^k} = F_1(x) - F_2(x) \tag{2.217e}$$

那么 $f(x)$ 的可积性由式（2.217e）的第二部分——主要部分 $F_2(x)$ 确定。也即是说，如果 $F_2(x)$ 有界，则 $f(x)$ 可能可积。对于本性奇点，$F_2(x)$ 肯定无界，$f(x)$ 不可积。对于 $q(q \in \mathbb{N}^+)$ 阶孤立极点 a，$f(x)$ 的主要部分

$$f_2(x) = \sum_{k=1}^{q} \frac{c_{-k}}{(x-a)^k} = \frac{g_2(x)}{(x-a)^q} \Rightarrow |F_2(x)| = \left| \int \frac{g_2(x)}{(x-a)^q}\mathrm{d}x \right| \leqslant G_2 \frac{|x-a|^{1-q}}{1-q} < +\infty \Rightarrow q < 1$$

这说明孤立极点 a 的阶数满足 $q < 1$ 时（也就是说，a 是分数阶极点），$f(x)$ 才有可能是可积函数。

"**奇点**（singularity）"（或称"奇异性"）是分析学、复变函数、泛函分析、微分方程、解析几何、高等几何、代数几何、微分几何、拓扑学、动力系统、控制理论等众多领域时常出现的一个名词！从 20 世纪 30 年代莫尔斯的临界点理论开始，现在已发展成一门新兴的数学学科——**奇点理论**[1:2-722,5:392]。奇点理论在自然科学中的应用已取得了重大成就——20 世纪 60 年代末托姆创立**突变理论**（catastrophe theory）[1:2-730,743,2:22-350]，被广泛地应用于物理、医学、经济学以及社会科学等领域。可见，奇点（奇异性）是重要的概念。

$$= \frac{\Gamma(p+1)\sin(p\pi)}{-\pi} \sum_{k=0}^{\infty} \frac{(-1)^k(t-a)^{k-p}}{(k-p)k!} \varphi^{(k)}(t) \tag{2.224}$$

假设 t 远离下端点 a，也即 $|t| \gg |a|$，此时可写出[①]

$$(t-a)^{k-p} = t^{k-p}\left(1-\frac{a}{t}\right)^{k-p} = t^{k-p}\left(1-\frac{(k-p)a}{t}+O\left(\frac{a^2}{t^2}\right)\right) \tag{2.225}$$

从而有

$$(t-a)^{k-p} \approx t^{k-p} + \frac{(p\ k)at^k}{t^{p+1}}, \qquad |t| \gg |a| \tag{2.226}$$

将式(2.226)代入式(2.224)获得

$$_aD_t^p \varphi(t) \approx \frac{\Gamma(p+1)\sin(p\pi)}{-\pi}\left\{ \sum_{k=0}^{\infty} \frac{(-1)^k t^{k-p}}{(k-p)k!}\varphi^{(k)}(t) + \frac{a}{t^{p+1}}\sum_{k=0}^{\infty}\frac{(-1)^k t^k}{k!}\varphi^{(k)}(t) \right\} \tag{2.227}$$

再利用式(2.223)给出

$$_aD_t^p\varphi(t) \approx {}_0D_t^p\varphi(t) + \frac{a\Gamma(p+1)\sin(p\pi)\varphi(0)}{\pi t^{p+1}}, \qquad |t| \gg |a| \tag{2.228}$$

取 $t \to \infty$，得出结论：对于大的 t，存在

$$_aD_t^p\varphi(t) \approx {}_0D_t^p\varphi(t) \tag{2.229}$$

这表明，当 $t \to \infty$ 时，动力学过程 $\varphi(t)$ 起始时刻的影响(暂态效应的影响)已消失，从而对于大的 t 值，下端点 $t=a$ 的分数导数能够用下端点 $t=0$ 的分数导数取代。

下端点和上端点形成的大跨度区间问题，也可从另外一个角度考虑：固定 t 而使 $a \to -\infty$，即所研究过程起始于负无穷远处。此时 $|a| \gg |t|$，并有

$$(t-a)^{k-p} = a^{k-p}\left(1-\frac{t}{a}\right)^{k-p} = a^{k-p}\left(1-\frac{(k-p)t}{a}+O\left(\frac{t^2}{a^2}\right)\right) \tag{2.230}$$

由此得

$$(t-a)^{k-p} \approx a^{k-p} + \frac{(p-k)ta^k}{a^{p+1}}, \qquad |a| \gg |t| \tag{2.231}$$

将式(2.231)代入式(2.224)，给出

$$_aD_t^p\varphi(t) \approx \frac{\Gamma(p+1)\sin(p\pi)}{-\pi}\left\{ \sum_{k=0}^{\infty} \frac{(-1)^k(t-(t-a))^{k-p}}{(k-p)k!}\varphi^{(k)}(t) \right.$$
$$\left. + \frac{t}{a^{p+1}}\sum_{k=0}^{\infty}\frac{(-1)^k(t-(t-a))^k}{k!}\varphi^{(k)}(t) \right\} \tag{2.232}$$

再利用式(2.223)，得到

$$_aD_t^p\varphi(t) \approx {}_{t-a}D_t^p\varphi(t) + \frac{t\Gamma(p+1)\sin(p\pi)\varphi(t-a)}{\pi a^{p+1}}, \qquad |a| \gg |t| \tag{2.233}$$

因此，由以上分析可得结论：当 $\varphi(t)$ 满足一定条件时，对于大负值的 a，一个固定上端点处的分数导数能够用一个移动下端点处的分数导数来替代：

$$_aD_t^p\varphi(t) \approx {}_{t-a}D_t^p\varphi(t) \tag{2.234}$$

---

① 应用二项式展开 $(1-x)^\alpha = \sum\limits_{k=0}^{\infty}(-1)^k\binom{\alpha}{k}x^k$，$|x|<1$

2.8　分数导数的拉普拉斯变换

2.8.1　拉普拉斯变换的基本知识

让我们来回顾一些有关**拉普拉斯变换**①的基本事实。

定义复变量 s②的函数

$$F(s) = \mathcal{L}\{f(t);s\} = \int_0^\infty \mathrm{e}^{-st}f(t)\,\mathrm{d}t \tag{2.235}$$

为原函数 $f(t)$ 的拉普拉斯变换。为了使式（2.235）中积分存在，$f(t)$ 必须是 α 指数阶函数，也即意味着，存在正常数 M 和 T 使得

$$\mathrm{e}^{-\alpha t}|f(t)| \leqslant M, \qquad \forall\, t > T$$

换句话说，当 $t \to \infty$ 时，函数 $f(t)$ 的增长不得快于一个确定的指数函数③。

本书用大写字母表记拉普拉斯变换，如 $F(s)$，用小写字母表记原函数，如 $f(t)$。

原函数 $f(t)$ 能够由拉普拉斯逆变换 $F(s)$ 恢复出来：

---

①　**拉普拉斯**（Laplace，Pierre-Simon，1749~1827）[1:6-257,2:13-277,3:675] 法国天文学家、数学家，因研究太阳系稳定性的动力学问题被誉为法国的牛顿。大约在 1779~1782 年拉普拉斯首先给出并考虑形如式（2.235）那样的积分方程，后来人们称它为**拉普拉斯变换**。[101:645] 对一个实变量函数进行拉普拉斯变换，并在复数域中进行各种运算，再将运算结果逆变换求得实数域中的相应结果，往往比直接在实数域中求解在计算上容易得多！拉普拉斯在 1812 年出版的《概率的分析理论》中，大量运用了拉普拉斯变换、生成函数和许多其他数学工具。

拉普拉斯变换可把微分方程转化为容易求解的代数方程进行处理，从而使计算得以简化，并可采用**传输函数**（transfer function，通常是严格的真有理函数）替代微分方程来描述系统特征，这为采用简便的图解方法确定系统，分析系统的运行过程，以及综合系统提供了可能性。

读者朋友所熟知的两大积分变换——拉普拉斯变换与傅里叶变换，在众多工程科学与技术领域都得到了广泛应用。虽然从形式上，拉普拉斯变换是傅里叶变换的推广，傅里叶变换是拉普拉斯变换的特例，但从出现的时间上来看，拉普拉斯变换（大约 1779~1782 年）早于傅里叶变换（大约 1807~1811 年[34]）！

②　复变量 s 称为**拉普拉斯（变换）变量**。在信号分析与处理中称为**复频率变量**：$s = \sigma + \mathrm{j}\Omega$；在运算微积中，特别是分数微积分中，又称为**运算变量**（operational variable）[19,26,27]。拉普拉斯变换定义式（2.235）时常称为**单边拉普拉斯变换**（one-sided Laplace transform）[4:553,10:515]。如果积分下限扩展到 $-\infty$，则称为**双边拉普拉斯变换**（two-sided Laplace transform）[10:471]。在信号与系统中，主要讨论的是双边拉普拉斯变换。

③　因此，这一条件通常称为**弱增长性条件**[7:390]。更严格地有如下**存在性定理**[4:553]：

如果函数 $f(t)$ 满足如下三个条件，那么它的拉普拉斯变换存在。

（1）实变量 t 的复值函数 $f(t)$ 和 $f'(t)$ 在 $t \geqslant 0$ 上除掉有第一类间断点（在任一有限区间上至多有有限多个）外连续；

（2）当 $t < 0$ 时，$f(t) = 0$；

（3）$f(t)$ 是有限阶的，也就是说可以找到常数 α 和 M，使得 $|f(t)| \leqslant M\mathrm{e}^{\alpha}(t \geqslant 0)$。式中常数 α 称为 $f(t)$ 的增长**指数阶**（exponential order）[8:965]，$f(t)$ 是有界函数时，可取 $\alpha = 0$。

如果满足上述三个条件，那么 $f(t)$ 的拉普拉斯变换 $F(s)$ 存在且是半平面 $\mathrm{Re}(s) > \alpha$ 上的解析函数（即全纯函数）——具有无穷多次可微性。而逆变换（即式（2.236））在 $f(t)$ 的连续点处成立。

满足条件（2）的信号称为**因果信号**（causal signal）。因此式（2.235）常常称为**因果拉普拉斯变换**。

$$f(t) = \mathcal{L}^{-1}\{F(s);t\} = \int_{c-j\infty}^{c+j\infty} e^{st}F(s)\,ds, \qquad c = \mathrm{Re}(s) > c_0 \tag{2.236}$$

式中，c_0 位于拉普拉斯积分式（2.235）绝对收敛的右半平面内。

直接用式（2.236）求解拉普拉斯逆变换通常是复杂的。然而，有时它却能给出所求的未知原函数 $f(t)$ 的有用信息。

对于 $t<0$ 时均等于零的两函数 $f(t)$ 与 $g(t)$ 卷积

$$f(t) * g(t) = \int_0^t f(t-\tau)g(\tau)\,d\tau = \int_0^t f(\tau)g(t-\tau)\,d\tau \tag{2.237}$$

的拉普拉斯变换，在 $F(s)$ 和 $G(s)$ 存在假设下，等于它们的拉普拉斯变换乘积：

$$\mathcal{L}\{f(t) * g(t);s\} = F(s)G(s) \tag{2.238}$$

我们将利用式（2.238）来计算黎曼-刘维尔分数积分的拉普拉斯变换。

另一个有用性质是，函数 $f(t)$ 的整数 n 阶导数的拉普拉斯变换公式：

$$\mathcal{L}\{f^{(n)}(t);s\} = s^n F(s) - \sum_{k=0}^{n-1} s^{n-k-1} f^{(k)}(0)$$

$$= s^n F(s) - \sum_{k=0}^{n-1} s^k f^{(n-k-1)}(0) \tag{2.239}$$

该性质用分部积分法从定义式（2.235）就可获得，当然必须假定相应积分存在。

在下一小节论述分数导数的拉普拉斯变换时，取下端点 $a=0$。

2.8.2 黎曼-刘维尔分数导数的拉普拉斯变换

式（2.88）定义的 $p>0$ 阶黎曼-刘维尔和格林瓦尔-莱特尼科夫分数积分，可写成函数 $g(t)=t^{p-1}$ 和 $f(t)$ 的卷积：

$$_0D_t^{-p}f(t) = {_0}D_t^{-p}f(t) = \frac{1}{\Gamma(p)}\int_0^t (t-\tau)^{p-1}f(\tau)\,d\tau = \frac{1}{\Gamma(p)}g(t) * f(t) \tag{2.240}$$

函数 $g(t)=t^{p-1}$ 的拉普拉斯变换是[62]

$$G(s) = \mathcal{L}\{t^{p-1};s\} = \Gamma(p)s^{-p} \tag{2.241}$$

因此，利用卷积的拉普拉斯变换式（2.238），得到黎曼-刘维尔和格林瓦尔-莱特尼科夫分数积分的拉普拉斯变换：

$$\mathcal{L}\{_0D_t^{-p}f(t);s\} = \mathcal{L}\{_0D_t^{-p}f(t);s\} = s^{-p}F(s) \tag{2.242}$$

现在回到黎曼-刘维尔分数导数的拉普拉斯变换计算问题。为此写出形式

$$_0D_t^p f(t) = g^{(n)}(t) \tag{2.243}$$

$$g(t) = {_0}D_t^{-(n-p)}f(t) = \frac{1}{\Gamma(n-p)}\int_0^t (t-\tau)^{n-p-1}f(\tau)\,d\tau, \qquad n-1 \leqslant p < n \tag{2.244}$$

使用整数阶导数的拉普拉斯变换公式（2.239）导出

$$\mathcal{L}\{_0D_t^{-p}f(t);s\} = s^n G(s) - \sum_{k=0}^{n-1} s^k g^{(n-k-1)}(0) \tag{2.245}$$

函数 $g(t)$ 的拉普拉斯变换用式（2.242）得出：

$$G(s) = s^{-(n-p)}F(s) \tag{2.246}$$

另外，从黎曼-刘维尔分数导数定义式（2.103）推出

$$g^{(n-k-1)}(t) = \frac{\mathrm{d}^{n-k-1}}{\mathrm{d}t^{n-k-1}}{}_0\mathrm{D}_t^{-(n-p)}f(t) = {}_0\mathrm{D}_t^{p-k-1}f(t) \tag{2.247}$$

将式(2.246)和式(2.247)代入式(2.245)，就获得 $p>0$ 阶黎曼–刘维尔分数导数拉普拉斯变换的最终表达式：

$$\mathcal{L}\{{}_0\mathrm{D}_t^p f(t);s\} = s^p F(s) - \sum_{k=0}^{n-1} s^k \left[{}_0\mathrm{D}_t^{p-k-1}f(t)\right]_{t=0}, \qquad n-1 \leqslant p < n \tag{2.248}$$

该黎曼–刘维尔分数导数的拉普拉斯变换公式是大家所熟悉的(参见[179]或[153])。然而，其实际应用性能由于下端点 $t=0$ 处分数导数的极限值缺乏明确物理解释而受到限制。至写作此书时，其物理解释仍然不得而知。

2.8.3　卡普途分数导数的拉普拉斯变换

为建立卡普途分数导数的拉普拉斯变换公式，将卡普途导数定义式(2.138)写成如下形式：

$$ {}_0^C\mathrm{D}_t^p f(t) = {}_0\mathrm{D}_t^{-(n-p)}g(t), \qquad g(t) = f^{(n)}(t) \tag{2.249}$$

$$n-1 < p \leqslant n \tag{2.250}$$

由黎曼–刘维尔分数积分的拉普拉斯变换公式(2.242)可得

$$\mathcal{L}\{{}_0^C\mathrm{D}_t^p f(t);s\} = s^{-(n-p)}G(s) \tag{2.251}$$

根据式(2.239)，有

$$G(s) = s^n F(s) - \sum_{k=0}^{n-1} s^{n-k-1} f^{(k)}(0) = s^n F(s) - \sum_{k=0}^{n-1} s^k f^{(n-k-1)}(0) \tag{2.252}$$

将上式代入式(2.251)，就获得卡普途分数导数的拉普拉斯变换公式：

$$\mathcal{L}\{{}_0^C\mathrm{D}_t^p f(t);s\} = s^p F(s) - \sum_{k=0}^{n-1} s^{p-k-1} f^{(k)}(0), \qquad n-1 < p \leqslant n \tag{2.253}$$

由于上式包含函数 $f(t)$ 本身及其导数在下端点 $t=0$ 的取值，它们存在明确的物理解释(例如 $f(0)$ 是初始位置，$f'(0)$ 是初始速度，$f''(0)$ 是初始加速度)，从而就能用它来求解那些具有传统形式初始条件的常系数线性分数微分方程。

2.8.4　格林瓦尔–莱特尼科夫分数导数的拉普拉斯变换

首先考虑 $0 \leqslant p < 1$ 情形。当下端点 $a=0$ 时，函数 $f(t)$ (在 $t=0$ 处有界)的格林瓦尔–莱特尼科夫分数导数(式(2.54))

$$ {}_a\mathrm{D}_t^p f(t) = \sum_{k=0}^{m} \frac{f^{(k)}(a)(t-a)^{-p+k}}{\Gamma(-p+k+1)} + \frac{1}{\Gamma(-p+m+1)} \int_a^t (t-\tau)^{m-p} f^{(m+1)}(\tau)\,\mathrm{d}\tau $$

可写成

$$ {}_0\mathrm{D}_t^p f(t) = \frac{f(0)t^{-p}}{\Gamma(1-p)} + \frac{1}{\Gamma(1-p)} \int_0^t (t-\tau)^{-p} f'(\tau)\,\mathrm{d}\tau \tag{2.254}$$

使用幂函数的拉普拉斯变换公式(2.241)、卷积的拉普拉斯变换公式(2.238)和整数阶导数的拉普拉斯变换公式(2.239)，获得：

$$\mathcal{L}\{{}_0\mathrm{D}_t^p f(t);s\} = \frac{f(0)}{s^{1-p}} + \frac{1}{s^{1-p}}(sF(s) - f(0)) = s^p F(s) \tag{2.255}$$

文献[75](1990 年)给出了公式(2.255)的一个应用例子。

在经典意义下，阶数 $p>1$ 的格林瓦尔-莱特尼科夫分数导数的拉普拉斯变换是不存在的。原因是公式(2.54)的求和项中有非可积函数。此类函数的拉普拉斯变换由发散积分给出。然而，幂函数的拉普拉斯变换表达式(2.241)，关于参数 p 允许**解析延拓**①。该方法等价广义函数(分布)法[76]。在此意义下，发散积分称为**有限部分积分**(finite-part integrals)。沿着这一思路，假设 $m<p<m+1$，并使用幂函数的拉普拉斯变换式(2.241)、卷积的拉普拉斯变换公式(2.238)与整数阶导数的拉普拉斯变换公式(2.239)，可以获得

$$\mathcal{L}\{{}_0D_t^p f(t);s\} = \sum_{k=0}^{m} f^{(k)}(0)\mathcal{L}\left\{\frac{t^{p+k}}{\Gamma(-p+m+1)};s\right\} + \mathcal{L}\left\{\frac{t^{m-p}}{\Gamma(-p+m+1)} * f^{(m+1)}(t);s\right\}$$

$$= \sum_{k=0}^{m} f^{(k)}(0)s^{p-k-1} + s^{p-m-1}\left(s^{m+1}F(s) - \sum_{k=0}^{m} f^{(k)}(0)s^{m-k}\right)$$

$$= s^p F(s) \tag{2.256}$$

这样得到与公式(2.255)相同的结果。

在实际应用中，我们必须铭记于心：在经典意义下，公式(2.256)仅仅对于条件 $0<p<1$ 才成立；对于条件 $p>1$，公式(2.256)在广义函数(分布)意义下才成立。因此，应用问题公式中必须使用广义函数语言概念，结果的解释也必须使用广义函数观点。

2.8.5　米勒-罗斯序贯分数导数的拉普拉斯变换

对于米勒-罗斯序贯导数，引入符号：

$${}_a\mathcal{D}_t^{\sigma_m} \equiv {}_aD_t^{\alpha_m}\,{}_aD_t^{\alpha_{m-1}}\cdots {}_aD_t^{\alpha_1} \tag{2.257}$$

$${}_a\mathcal{D}_t^{\sigma_{m-1}} \equiv {}_aD_t^{\alpha_{m-1}}\,{}_aD_t^{\alpha_{m-1}}\cdots {}_aD_t^{\alpha_1} \tag{2.258}$$

$$\sigma_m = \sum_{j=1}^{m}\alpha_j, \qquad 0<\alpha_j\leqslant 1,\ j=1,2,\cdots,m-1$$

对于式(2.257)所示的序贯导数，可建立如下拉普拉斯变换公式：

$$\mathcal{L}\{{}_0\mathcal{D}_t^{\sigma_m} f(t);s\} = s^{\sigma_m}F(s) - \sum_{k=0}^{m-1} s^{\sigma_m-\sigma_{m-k}}\left[{}_0\mathcal{D}_t^{\sigma_{m-k-1}} f(t)\right]_{t=0} \tag{2.259}$$

$${}_a\mathcal{D}_t^{\sigma_{m-k-1}} \equiv {}_aD_t^{\alpha_{m-k-1}}\,{}_aD_t^{\alpha_{m-k-1}}\cdots {}_aD_t^{\alpha_1},\ 0\leqslant k\leqslant m-1$$

式(2.259)的一个特例是：对于 m 次可微的 $f(t)$，$\alpha_m=\mu$，$\alpha_k=1$，$1\leqslant k\leqslant m-1$ 早已由卡普途获得[24:41]。取

$$\alpha_1=\mu, \quad \alpha_k=1, \quad k=2,3,\cdots,m$$

很显然导出经典公式(2.248)。

为证明公式(2.259)，首先回顾黎曼-刘维尔分数导数的拉普拉斯变换公式(2.248)。当 $0<\alpha\leqslant 1$ 时，式(2.248)的形式为

$$\mathcal{L}\{{}_0D_t^{\alpha} f(t);s\} = s^{\alpha}F(s) - \left[{}_0D_t^{\alpha-1} f(t)\right]_{t=0} \tag{2.260}$$

接着连续使用上式 m 次：

---

① 解析延拓(analytic continuation)[1:3-60]——扩大解析函数定义域的概念。如果函数 $f(z)$ 在复数 z 平面的区域 G 内解析，函数 $F(z)$ 在复数 z 平面的区域 G^* 内解析，G 为 G^* 的真子集，且在 G 内有 $F(z)=f(z)$，则称函数 $F(z)$ 是函数 $f(z)$ 从 G 到 G^* 的解析延拓。如果 G，G^*，$f(z)$ 均给定，满足条件的函数 $F(z)$ 存在，则它必然是唯一的。此处所说的"关于参数 p，允许解析延拓"是指我们可以延拓 p 的适用范围。

$$\begin{aligned}
\mathcal{L}\{\,_0\mathcal{D}_t^{\sigma_m}f(t)\,;s\} &= \mathcal{L}\{\,_0D_t^{\alpha_m}\,_0\mathcal{D}_t^{\sigma_{m-1}}f(t)\,;s\} \\
&= s^{\alpha_m}\mathcal{L}\{\,_0\mathcal{D}_t^{\sigma_{m-1}}f(t)\,;s\} - [\,_0D_t^{\alpha_m-1}\,_0\mathcal{D}_t^{\sigma_{m-1}}f(t)\,]_{t=0} \\
&= s^{\alpha_m}\mathcal{L}\{\,_0\mathcal{D}_t^{\sigma_{m-1}}f(t)\,;s\} - [\,_0\mathcal{D}_t^{\sigma_m-1}f(t)\,]_{t=0} \\
&= s^{\alpha_m+\alpha_{m-1}}\mathcal{L}\{\,_0\mathcal{D}_t^{\sigma_{m-2}}f(t)\,;s\} - s^{\alpha_m}[\,_0\mathcal{D}_t^{\sigma_{m-1}-1}f(t)\,]_{t=0} - [\,_0\mathcal{D}_t^{\sigma_m-1}f(t)\,]_{t=0} \\
&\quad \cdots \quad \cdots \quad \cdots \\
&= s^{\sigma_m}F(s) - \sum_{k=0}^{m-1}s^{\sigma_m-\sigma_{m-k}}[\,_0\mathcal{D}_t^{\sigma_{m-k-1}}f(t)\,]_{t=0}
\end{aligned}$$

2.9　分数导数的傅里叶变换

2.9.1　傅里叶变换的基本知识

在区间$(-\infty,\infty)$绝对可积连续函数$h(t)$的**指数傅里叶变换**①定义为

$$H(\Omega) = \mathcal{F}\{h(t)\,;\Omega\} = \int_{-\infty}^{\infty}\mathrm{e}^{\mathrm{j}\Omega t}h(t)\,\mathrm{d}t \tag{2.261}$$

原函数$h(t)$能从其傅里叶变换$H(\Omega)$的**逆变换**恢复出来：

$$h(t) = \mathcal{F}^{-1}\{H(\Omega)\,;t\} = \frac{1}{2\pi}\int_{-\infty}^{\infty}\mathrm{e}^{-\mathrm{j}\Omega t}H(\Omega)\,\mathrm{d}\Omega \tag{2.262}$$

像拉普拉斯变换一样，人们通常用大写字母表记傅里叶变换，用小写字母表记原函数。②

---

① **指数傅里叶变换**(exponential Fourier transform)也即人们常说的**傅里叶变换**，此处强调"指数"是为了突出变换核$\exp(\mathrm{j}\Omega t)$是指数函数。其中参变量Ω称为**模拟角频率**(analog angle frequency)，$\Omega=2\pi f$，f称为模拟频率。在电路网络分析与综合设计中，使用**频率指数变量**

$$\varpi = \lg f = \lg\frac{\Omega}{2\pi} \Leftrightarrow f = 10^{\varpi}$$

往往更为简洁方便。[19]频率指数变量ϖ通常也简称频率变量。

模拟频率f是表征**模拟信号**(analog signal)——**连续时间信号**(continuous-time signal)随时间变化快慢程度的特征量。如果时间单位为秒，模拟频率f的 SI 单位是赫兹(Hz)。模拟频率的取值是不受限制的：$f\in\mathbb{R}$。

与模拟角频率Ω相对应的概念是**数字频率**(digital frequency)ω。[10~12]

数字频率ω是表征**数字信号**(digital signal)——**离散时间信号**(discrete-time signal)随时间变化快慢程度的特征量。它是无量纲无单位的标量——**量纲一的量**并具有2π周期性。数字频率的取值是受限制的：$\omega\in[-\pi,\pi]$。

原文中使用符号ω表示模拟频率。注译本为了区分模拟频率与数字频率而使用符号Ω替代了原文的ω。

② 人们将傅里叶正逆变换对——正变换公式(2.261)与逆变换公式(2.262)统称为傅里叶变换(对)：

$$H(\Omega)\overset{\text{FT}}{\Leftrightarrow}h(t) \tag{2.262a}$$

式中t称为时间变量，Ω称为模拟(角)频率变量。

在数学中，通常使用对称形式定义傅里叶变换(对)[4;567,7;394,8;931]：

$$H(\Omega) = \frac{1}{\sqrt{2\pi}}\int_{-\infty}^{\infty}h(t)\mathrm{e}^{-\mathrm{j}\Omega t}\mathrm{d}t\overset{\text{FT}}{\Leftrightarrow}h(t) = \frac{1}{\sqrt{2\pi}}\int_{-\infty}^{\infty}H(\Omega)\mathrm{e}^{\mathrm{j}\Omega t}\mathrm{d}\Omega \tag{2.262b}$$

两个定义在区间 $(-\infty,\infty)$ 的函数 $h(t)$ 与 $g(t)$ 卷积

$$h(t) * g(t) = \int_{-\infty}^{\infty} h(\tau)g(t-\tau)\mathrm{d}\tau = \int_{-\infty}^{\infty} g(\tau)h(t-\tau)\mathrm{d}\tau \qquad (2.263)$$

的傅里叶变换，在 $H(\Omega)$ 和 $G(\Omega)$ 存在条件下，等于它们的乘积：

$$\mathscr{F}\{h(t)*g(t);\Omega\} = H(\Omega)G(\Omega) \qquad (2.264)$$

该性质可用来计算黎曼–刘维尔分数积分的傅里叶变换与分数导数的傅里叶变换。

傅里叶变换的另一个频繁用于求解应用问题的有用性质是：如果当 $t \to \pm\infty$ 时，$h(t)$，$h'(t),\cdots,h^{(n-1)}(t)$ 已消没（vanish），则函数 $h(t)$ 的 n 阶导数的傅里叶变换是①

$$\mathscr{F}\{h^{(n)}(t);\Omega\} = (-\mathrm{j}\Omega)^n H(\Omega) \qquad (2.265)$$

对于线性动力学系统的**频域分析**（frequency domain analysis），傅里叶变换是一个强有力的工具。

一般情形下，在众多应用领域（特别是信号与系统，电路网络分析与综合，信号分析与处理等领域），人们更喜爱使用非对称定义形式[2:7-147,10:213,25:84]：

$$\hat{h}(\Omega) = \int_{-\infty}^{\infty} h(t)\mathrm{e}^{-\mathrm{j}\Omega t}\mathrm{d}t \overset{\text{FT}}{\Longleftrightarrow} h(t) = \frac{1}{2\pi}\int_{-\infty}^{\infty} \hat{h}(\Omega)\mathrm{e}^{\mathrm{j}\Omega t}\mathrm{d}\Omega \qquad (2.262\mathrm{c})$$

此处使用符号 $\hat{h}(\Omega)$ 是为了与函数 $h(t)$ 的拉普拉斯变换 $H(s)$ 以及其他**积分变换**相区别，并把 $\hat{h}(\Omega)$ 称为信号 $h(t)$ 的**频谱**（spectrum）。使用定义公式 (2.262c) 的主要理由之一是它更易于数学与物理理解[7:394]，因为它与现实的测试一致并符合人类的直观感受。

显然，以上三种定义形式都违背了物理因果性原理！因为它们都需要信号 $h(t)$ 的未来信息。当然对于因果函数或因果信号（即当 $t<0$ 时，$h(t)=0$），以上三种定义形式仍然有效。

傅里叶变换是由傅里叶级数（大约在 1807 年之前提出）而来，比拉普拉斯变换的提出时间（大约 1779~1782 年间）要晚些时候。有关傅里叶提出傅里叶级数、傅里叶积分以及傅里叶变换等的思路历程，读者可研读经典著作《热的解析理论》（[法]傅里叶著，桂质亮译，北京：北京大学出版社，2008）[34]。"一首数学的诗。"

虽然大多数经典著作读起来可能艰涩难懂，但对于进行科学探索的读者来说，恰当或有选择地研读少数几本还是大有裨益！

伽利略，《关于托勒密和哥白尼两大世界体系的对话》（1632 年）——自然科学的结论不以人的意志而转移。上天与人间，格物之机理，同出一脉。上天与人间都没有上帝的位置。[36]

牛顿，《自然哲学之数学原理》（1687 年），一本"连他自己也看不懂的书"，但它揭示了宇宙的最伟大定律而成为深邃智慧的纪念碑。[35]

傅里叶，《热的解析理论》（1822 年）以其对热传导问题的精湛处理，为人类科学探索提供了最为经典的范本，不仅突破了牛顿原理所规定的理论力学范围，而且开创了数学物理的崭新领域。[34;2]

麦克斯韦，《电磁通论》（1873 年），夹叙夹议，没有遵循严格的"演绎"顺序，采用历史的、实验的现实过程的白描风格，为我们呈现出科学史中的一部超级巨著。

爱因斯坦，《狭义与广义相对论浅说》（1916 年），"力求以最简单、最明了的方式"讲解宇宙的主要概念，"形式是否优美的问题应该留给裁缝和鞋匠去考虑"。[38]

阅读这些经典著作，您就会更为深刻理解"滚滚长江东逝水，浪花淘尽英雄"所包含的意义！

① 式 (2.264)，称为傅里叶变换的**卷积性质**（convolution property）[4:567,8:951,10:222] 或**卷积法则**[7:398]。

式 (2.265) 称为傅里叶变换的**微分性质**[8:946,10:217] 或**微分法则**[7:398]。这一性质或法则对于在频域广义化与理解分数导数或分数微分极其有用[41,42]。利用傅里叶变换分析由微分方程描述的线性时不变系统时，这一性质极其重要与方便。

2.9.2　分数积分的傅里叶变换

首先计算下端点 $a=-\infty$ 时，黎曼-刘维尔分数积分的傅里叶变换，即

$$_{-\infty}\mathrm{D}_t^{-\alpha}g(t)=\frac{1}{\Gamma(\alpha)}\int_{-\infty}^{t}(t-\tau)^{\alpha-1}g(\tau)\mathrm{d}\tau,\qquad 0<\alpha<1 \tag{2.266}$$

函数 $h(t)=\dfrac{t^{\alpha-1}}{\Gamma(\alpha)}$ 的拉普拉斯变换（参见式(2.241)）可写成

$$\frac{1}{\Gamma(\alpha)}\int_0^\infty t^{\alpha-1}\mathrm{e}^{-st}\mathrm{d}t=s^{-\alpha} \tag{2.267}$$

取 $s=-\mathrm{j}\Omega$，Ω 是实数。依据**狄利克雷定理**[68:564]①得知，此时如果 $0<\alpha<1$，则积分式(2.267)收敛。由此获得函数

$$h_+(t)=\begin{cases}\dfrac{t^{\alpha-1}}{\Gamma(\alpha)}, & (t>0)\\[2mm] 0, & (t\leqslant0)\end{cases}$$

的傅里叶变换具有如下形式：

$$\mathcal{F}\{h_+(t);\Omega\}=(-\mathrm{j}\Omega)^{-\alpha} \tag{2.268}$$

现在求解黎曼-刘维尔分数积分式(2.266)的傅里叶变换。式(2.266)可重写成函数 $h_+(t)$ 与 $g(t)$ 的卷积形式（如式(2.263)那样）

$$_{-\infty}\mathrm{D}_t^{-\alpha}g(t)=h_+(t)*g(t) \tag{2.269}$$

利用卷积法则式(2.264)，获得

$$\mathcal{F}\{_{-\infty}\mathrm{D}_t^{-\alpha}g(t);\Omega\}=(-\mathrm{j}\Omega)^{-\alpha}G(\Omega) \tag{2.270}$$

式中 $G(\Omega)$ 是函数 $g(t)$ 的傅里叶变换。②

式(2.270)也给出了格林瓦尔-莱特尼科夫分数积分 $_{-\infty}\mathrm{D}_t^{-\alpha}g(t)$ 和卡普途分数积分 $_{-\infty}^{\mathrm{C}}\mathrm{D}_t^{-\alpha}g(t)$ 的傅里叶变换。因为此时它们与黎曼-刘维尔分数积分一致。

2.9.3　分数导数的傅里叶变换

现在计算分数导数的傅里叶变换。

考虑下端点 $a=-\infty$，要求 $g(t)$ 存在**合理行为**(resonable behaviour)，当 $t\to-\infty$ 时可通过分部积分计算，黎曼-刘维尔、格林瓦尔-莱特尼科夫和卡普途分数导数定义可写成相同形式：

$$\left.\begin{matrix}_{-\infty}\mathrm{D}_t^{\alpha}g(t)\\ _{-\infty}D_t^{\alpha}g(t)\\ _{-\infty}^{\mathrm{C}}D_t^{\alpha}g(t)\end{matrix}\right\}=\frac{1}{\Gamma(n-\alpha)}\int_{-\infty}^{t}\frac{g^{(n)}(\tau)\mathrm{d}\tau}{(t-\tau)^{\alpha+1-n}}=_{-\infty}\mathrm{D}_t^{\alpha-n}g^{(n)}(t),\qquad n-1<\alpha<n \tag{2.271}$$

利用黎曼-刘维尔分数积分的傅里叶变换式(2.270)，然后再利用整数阶导数的傅里叶变换式(2.265)，就能给出下端点 $a=-\infty$ 时，黎曼-刘维尔、格林瓦尔-莱特尼科夫和卡普途

---

① **狄利克雷定理**(Dirichlet theorem)，亦称**狄利克雷-若尔当经典定理**[3:297,7:397]。

如果原函数满足狄利克雷条件：(1)绝对可积；(2)只有有限个极值点；(3)只有有限个第一类间断点。那么，傅里叶变换存在。[4:567,7:397,10:139]

② 称式(2.270)为傅里叶变换的**积分性质**(integration property)或积分法则。

分数导数的指数傅里叶变换，即式(2.271)的傅里叶变换：

$$\mathcal{F}\{D^{\alpha}g(t);\Omega\} = (-j\Omega)^{\alpha-n}\mathcal{F}\{g^{(n)};\Omega\}$$
$$= (-j\Omega)^{\alpha-n}(-j\Omega)^{n}G(\Omega)$$
$$= (-j\Omega)^{\alpha}G(\Omega) \tag{2.272}$$

式中符号 D^{α} 表示提及到的任何分数导数：黎曼–刘维尔分数导数 ${}_{-\infty}D_{t}^{\alpha}$、格林瓦尔–莱特尼科夫分数导数 ${}_{-\infty}D_{t}^{\alpha}g(t)$ 或卡普途分数导数 ${}_{-\infty}^{C}D_{t}^{\alpha}g(t)$。

　　分数导数的傅里叶变换已经在某些方面得到应用，例如，Beyer 和 Kempfle(1995 年)[19] 用来分析带有分数阶阻尼项(damping term)的振荡方程：

$$y''(t) + a\,{}_{-\infty}D_{t}^{\alpha}y(t) + by(t) = f(t) \tag{2.273}$$

Kempfle 和 Gaul(1996 年)[115] 用来构造常系数线性分数微分方程的全局解，而 Nigmatullin 和 Ryabov(1997 年)[166] 隐式地用来研究绝缘材料中的**弛豫过程**①。

2.10　分数导数的梅林变换

2.10.1　梅林变换的基本知识

　　函数 $f(t)$ 的**梅林变换** $F(s)$，在区间 $(0,\infty)$ 定义为

$$F(s) = \mathcal{M}\{f(t);s\} = \int_{0}^{\infty}f(t)t^{s-1}\mathrm{d}t \tag{2.274}$$

式中 s 是复数，满足

$$\gamma_{1} < \mathrm{Re}(s) < \gamma_{2}$$

　　如果函数 $f(t)$ 在每一个闭区间 $[a,b] \subset (0,\infty)$ 上分段连续并且满足

$$\int_{0}^{1}|f(t)|t^{\gamma_{1}-1}\mathrm{d}t < \infty, \qquad \int_{1}^{\infty}|f(t)|t^{\gamma_{2}-1}\mathrm{d}t < \infty \tag{2.275}$$

则梅林变换式(2.274)存在。

　　如果函数 $f(t)$ 在每一个闭区间 $[a,b] \subset (0,\infty)$ 上也满足**狄利克雷条件**②，则函数 $f(t)$ 能够通过梅林逆变换公式得以恢复：

$$f(t) = \frac{1}{2\pi\mathrm{i}}\int_{\gamma-\mathrm{i}\infty}^{\gamma+\mathrm{i}\infty}F(s)t^{-s}\mathrm{d}s, \qquad 0 < t < \infty \tag{2.276}$$

式中 $\gamma_{1} < \gamma < \gamma_{2}$。③ 式(2.276)中的积分围线是 Bromwich 围线(图 2.3 的围线 Br)。

---

　　①　**弛豫过程**(relaxation processes)，又称张弛过程。系统从一个定态向另一个定态演化的过程。

　　受扰动的系统在偏离平衡态后又回复到平衡态的现象称为**弛豫**[1:5-138,2:3-517,6:863]。由偏离平衡的非平衡态回复到平衡态所需要的时间称为弛豫时间，它既依赖于系统的性质，还与被研究的物理量有关。在弛豫时间中发生的状态变化就称为弛豫过程。

　　②　参见第 88 页的注释①。

　　③　正变换公式(2.274)与逆变换公式(2.276)组成**梅林变换对**：

$$F(s) \overset{\mathrm{MT}}{\longleftrightarrow} f(t) \tag{2.276a}$$

这与前两节论述的拉普拉斯变换与傅里叶变换等统称为**积分变换**——通过参变量积分将时域函数或信号 $f(t)$ 转变成参变量域(或变换域)中的一个函数：

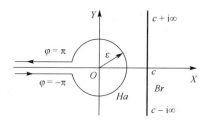

图 2.3　Bromwich 围线 (Br) 与汉克尔围线 (Ha)

由梅林正变换定义式 (2.274) 推出①

$$\mathcal{M}\{t^{\alpha}f(t);s\} = \mathcal{M}\{f(t);s+\alpha\} = F(s+\alpha) \tag{2.277}$$

函数 $f(t)$ 和 $g(t)$ 的**梅林卷积**

$$f(t) * g(t) = \int_0^{\infty} f(t\tau)g(\tau)\mathrm{d}\tau \tag{2.278}$$

在梅林变换 $F(s)$ 和 $G(s)$ 存在的条件下，有如下关系[249]：

$$\mathcal{M}\left\{\int_0^{\infty} f(t\tau)g(\tau)\mathrm{d}\tau;s\right\} = F(s)G(1-s) \tag{2.279}$$

再综合式 (2.277) 和式 (2.279) 得到

$$\mathcal{M}\left\{t^{\lambda}\int_0^{\infty} \tau^{\mu}f(t\tau)g(\tau)\mathrm{d}\tau;s\right\} = F(s+\lambda)G(1-s-\lambda+\mu) \tag{2.280}$$

重复使用分部积分，对于整数阶导数的梅林变换，有如下关系式：

$$\begin{aligned}
\mathcal{M}\{f^{(n)}(t);s\} &= \int_0^{\infty} f^{(n)}(t)t^{s-1}\mathrm{d}t \\
&= \left[f^{(n-1)}(t)t^{s-1}\right]_0^{\infty} - (s-1)\int_0^{\infty} f^{(n-1)}(t)t^{s-2}\mathrm{d}t \\
&= \left[f^{(n-1)}(t)t^{s-1}\right]_0^{\infty} - (s-1)\mathcal{M}\{f^{(n-1)}(t);s-1\} \\
&= \cdots \\
&= \sum_{k=0}^{n-1} (-1)^k \frac{\Gamma(s)}{\Gamma(s-k)}\left[f^{(n-k-1)}(t)t^{s-k-1}\right]_0^{\infty} + (-1)^n \frac{\Gamma(s)}{\Gamma(s-n)}F(s-n)
\end{aligned}$$

$$F(s) = \int_a^b K(s,t)f(t)\mathrm{d}t \tag{2.276b}$$

式中 $K(s,t)$ 称为积分变换的核(kernel)，亦称积分核或变换核。前述三种积分变换的正变换核分别是

拉普拉斯变换：e^{-st}，傅里叶变换：$\mathrm{e}^{\mathrm{j}\Omega t}$，梅林变换：$t^{s-1}$

逆变换核分别是

拉普拉斯变换：e^{st}，傅里叶变换：$\mathrm{e}^{-\mathrm{j}\Omega t}$，梅林变换：$t^{-s}$

由此可见，此三种积分变换中梅林变换核最简单。如果将三种积分变换定义与性质进行比照，读者将会发现许多有益的结论。

①　式 (2.277) 可简写成

$$\mathcal{M}:t^{\alpha}f(t) \xleftrightarrow{\mathrm{MT}} F(s+\alpha) \tag{2.277a}$$

该性质对应于拉普拉斯变换与傅里叶变换的变换域**平移性质**：

$$\mathcal{L}:\mathrm{e}^{-\alpha t}f(t) \xleftrightarrow{\mathrm{LT}} F(s+\alpha) \tag{2.277b}$$

$$\mathcal{F}:\mathrm{e}^{\mathrm{j}\alpha t}f(t) \xleftrightarrow{\mathrm{FT}} F(\Omega+\alpha) \tag{2.277c}$$

$$= \sum_{k=0}^{n-1} \frac{\Gamma(1-s+k)}{\Gamma(1-s)} \left[f^{(n-k-1)}(t) t^{s-k-1} \right]_0^\infty + \frac{\Gamma(1-s+n)}{\Gamma(1-s)} F(s-n) \quad (2.281)$$

式中 $F(s)$ 是 $f(t)$ 的梅林变换。

如果上式中的 $f(t)$ 和 $\mathrm{Re}(s)$ 使得所有代入端点 $t=0$ 与 $t=\infty$ 的项为零值，则取最简单形式：

$$\mathcal{M}\{f^{(n)}(t);s\} = \frac{\Gamma(1-s+n)}{\Gamma(1-s)} F(s-n) \quad (2.282)$$

2.10.2　黎曼-刘维尔分数积分的梅林变换

现在计算黎曼-刘维尔分数积分 ${}_0D_t^{-\alpha}f(t), (\alpha>0)$ 的梅林变换。进行变量代换 $\tau=t\xi$，可写出

$$\begin{aligned}
{}_0D_t^{-\alpha}f(t) &= \frac{1}{\Gamma(\alpha)} \int_0^t (t-\tau)^{\alpha-1} f(\tau) \mathrm{d}\tau = \frac{t^\alpha}{\Gamma(\alpha)} \int_0^1 (1-\xi)^{\alpha-1} f(t\xi) \mathrm{d}\xi \\
&= \frac{t^\alpha}{\Gamma(\alpha)} \int_0^\infty f(t\xi) g(\xi) \mathrm{d}\xi
\end{aligned} \quad (2.283)$$

式中

$$g(t) = \begin{cases} (1-t)^{\alpha-1}, & (0 \leqslant t < 1) \\ 0, & (t \geqslant 1) \end{cases}$$

函数 $g(t)$ 的梅林变换给出简单的欧拉贝塔函数式(1.20)

$$\mathcal{M}\{g(t);s\} = \mathrm{B}(\alpha,s) = \frac{\Gamma(\alpha)\Gamma(s)}{\Gamma(\alpha+s)} \quad (2.284)$$

这样一来，利用公式(2.280)、式(2.283)和式(2.284)，获得

$$\mathcal{M}\{{}_0D_t^{-\alpha}f(t);s\} = \frac{1}{\Gamma(\alpha)} F(s+\alpha) \mathrm{B}(\alpha,1-s-\alpha)$$

或

$$\mathcal{M}\{{}_0D_t^{-\alpha}f(t);s\} = \frac{\Gamma(1-s-\alpha)}{\Gamma(\alpha)} F(s+\alpha) \quad (2.285)$$

式中 $F(s)$ 是函数 $f(t)$ 的梅林变换。

公式(2.285)的特例是 $f(t)$ 的 n 阶导数的梅林变换式(2.282)，它能够从形式上取 $\alpha=-n$ 通过式(2.285)得到。

2.10.3　黎曼-刘维尔分数导数的梅林变换

取 $0 \leqslant n-1 < \alpha < n$，根据黎曼-刘维尔分数导数定义，可写出

$$ {}_0D_t^\alpha f(t) = \frac{\mathrm{d}^n}{\mathrm{d}t^n} {}_0D_t^{-(n-\alpha)} f(t) $$

暂时表记 $g(t) = {}_0D_t^{-(n-\alpha)} f(t)$，并使用式(2.281)和式(2.285)，则有：

$$\mathcal{M}\{{}_0D_t^\alpha f(t);s\} = \mathcal{M}\left\{ \frac{\mathrm{d}^n}{\mathrm{d}t^n} {}_0D_t^{\alpha-n} f(t);s \right\} = \mathcal{M}\{g^{(n)}(t);s\}$$

$$= \sum_{k=0}^{n-1} \frac{\Gamma(1-s+k)}{\Gamma(1-s)} \left[g^{(n-k-1)}(t) t^{s-k-1} \right]_0^\infty + \frac{\Gamma(1-s+n)}{\Gamma(1-s)} G(s-n)$$

$$= \sum_{k=0}^{n-1} \frac{\Gamma(1-s+k)}{\Gamma(1-s)} \left[\frac{d^{n-k-1}}{dt^{n-k-1}} {}_0D_t^{\alpha-n}f(t) t^{s-k-1} \right]_0^\infty$$

$$+ \frac{\Gamma(1-s+n)}{\Gamma(1-s)} \frac{\Gamma(1-(s-n)-(n-\alpha))}{\Gamma(1-(s-n))} \times F((s-n)+(n-\alpha))$$

$$(2.286)$$

或

$$\mathcal{M}\{{}_0D_t^\alpha f(t); s\} = \sum_{k=0}^{n-1} \frac{\Gamma(1-s+k)}{\Gamma(1-s)} \left[{}_0D_t^{\alpha-k-1}f(t) t^{s-k-1} \right]_0^\infty + \frac{\Gamma(1-s+n)}{\Gamma(1-s)} F(s-\alpha)$$

$$(2.287)$$

如果 $0<\alpha<1$，则式（2.287）具有形式：

$$\mathcal{M}\{{}_0D_t^\alpha f(t); s\} = \left[{}_0D_t^{\alpha-1}f(t) t^{s-1} \right]_0^\infty + \frac{\Gamma(1-s+\alpha)}{\Gamma(1-s)} F(s-\alpha)$$

$$(2.288)$$

如果式（2.287）中的 $f(t)$ 和 $\mathrm{Re}(s)$ 使得所有代入极限 $t=0$ 与 $t=\infty$ 的项为零值，则它取如下最简单形式：

$$\mathcal{M}\{{}_0D_t^\alpha f(t); s\} = \frac{\Gamma(1-s+\alpha)}{\Gamma(1-s)} F(s-\alpha)$$

$$(2.289)$$

2.10.4　卡普途分数导数的梅林变换

取 $0 \leqslant n-1 < \alpha < n$，暂时表记 $h(t) = f^{(n)}(t)$，并用式（2.285）和式（2.281），有

$$\mathcal{M}\{{}_0^C D_t^\alpha f(t); s\} = \mathcal{M}\{{}_0D_t^{-(n-\alpha)} f^{(n)}(t); s\} = \mathcal{M}\{{}_0D_t^{-(n-\alpha)} h(t); s\}$$

$$= \frac{1-s-(n-\alpha)}{\Gamma(1-s)} H(s+(n-\alpha))$$

$$= \frac{\Gamma(1-s-n+\alpha)}{\Gamma(1-s)} \times \left\{ \sum_{k=0}^{n-1} \frac{\Gamma(1-(s+n-\alpha)+k)}{\Gamma(1-(s+n-\alpha))} \left[f^{(n-k-1)}(t) t^{(s+n-\alpha)-k-1} \right]_0^\infty \right.$$

$$\left. + \frac{\Gamma(1-(s+n-\alpha)+n)}{\Gamma(s+n-\alpha-n)} F((s+n-\alpha)-n) \right\}$$

$$= \sum_{k=0}^{n-1} \frac{\Gamma(1-s-n+\alpha+k)}{\Gamma(1-s)} \left[f^{(n-k-1)}(t) t^{s+n-\alpha-k-1} \right]_0^\infty + \frac{\Gamma(1-s-\alpha)}{\Gamma(1-s)} F(s-\alpha)$$

$$(2.290)$$

即

$$\mathcal{M}\{{}_0^C D_t^\alpha f(t); s\} = \sum_{k=0}^{n-1} \frac{\Gamma(\alpha-k-s)}{\Gamma(1-s)} \left[f^{(k)}(t) t^{s-\alpha-k} \right]_0^\infty + \frac{\Gamma(1-s-\alpha)}{\Gamma(1-s)} F(s-\alpha)$$

$$(2.291)$$

对于 $0<\alpha<1$，上式可写成

$$\mathcal{M}\{{}_0^C D_t^\alpha f(t); s\} = \frac{\Gamma(\alpha-s)}{\Gamma(1-s)} \left[f(t) t^{s-\alpha} \right]_0^\infty + \frac{\Gamma(1-s-\alpha)}{\Gamma(1-s)} F(s-\alpha)$$

$$(2.292)$$

如果式（2.291）中的 $f(t)$ 和 $\mathrm{Re}(s)$ 使得所有代入极限 $t=0$ 与 $t=\infty$ 的项为零值，则它取如下最简单形式：

$$\mathcal{M}\{{}_{0}^{C}D_t^{\alpha}f(t)\,;s\} = \frac{\Gamma(1-s+\alpha)}{\Gamma(1-s)}F(s-\alpha) \tag{2.293}$$

2.10.5　米勒-罗斯分数导数的梅林变换

先来回顾由式(2.257)和式(2.258)定义的米勒-罗斯(序贯)分数导数记号:

$$_a\mathcal{D}_t^{\sigma_m} \equiv {}_aD_t^{\alpha_m}{}_aD_t^{\alpha_{m-1}}\cdots{}_aD_t^{\alpha_1}$$

$$_a\mathcal{D}_t^{\sigma_{m-1}} \equiv {}_aD_t^{\alpha_{m-1}}{}_aD_t^{\alpha_{m-1}}\cdots{}_aD_t^{\alpha_1}$$

$$\sigma_m = \sum_{j=1}^{m}\alpha_j, \qquad 0<\alpha_j\leqslant 1, \qquad j=1,2,\cdots,m$$

从 $m=2$ 入手,暂记 $g(t) = {}_0D_t^{\beta}f(t)$ 并使用式(2.287),则有

$$\begin{aligned}
\mathcal{M}\{{}_0\mathcal{D}_t^{\sigma_2}f(t)\,;s\} &= \mathcal{M}\{{}_0D_t^{\alpha_2}g(t)\,;s\} \\
&= \left[{}_0D_t^{\alpha_2-1}g(t)\,t^{s-1}\right]_0^{\infty} + \frac{\Gamma(1-s+\alpha_2)}{\Gamma(1-s)}G(s-\alpha_2) \\
&= \left[{}_0D_t^{\sigma_2-1}g(t)\,t^{s-1}\right]_0^{\infty} + \frac{\Gamma(1-s+\alpha_2)}{\Gamma(1-s)}\left\{\left[{}_0D_t^{\alpha_1-1}f(t)\,t^{s-\alpha_2-1}\right]_0^{\infty}\right. \\
&\quad \left. + \frac{\Gamma(1-(s-\alpha_2)+\alpha_1)}{\Gamma(1-(s-\alpha_2))}F((s-\alpha_2)-\alpha_1)\right\} \\
&= \left[{}_0\mathcal{D}_t^{\sigma_2-1}g(t)\,t^{s-1}\right]_0^{\infty} + \frac{\Gamma(1-s-\alpha_2)}{\Gamma(1-s)}\left[{}_0\mathcal{D}_t^{\sigma_1-1}f(t)\,t^{s-\alpha_2-1}\right]_0^{\infty} + \frac{\Gamma(1-s+\sigma_2)}{\Gamma(1-s)}F(s-\sigma_2)
\end{aligned} \tag{2.294}$$

通过归纳法可证明:一般情况下,米勒-罗斯序贯分数导数的梅林变换是

$$\begin{aligned}
\mathcal{M}\{{}_0\mathcal{D}_t^{\sigma_n}f(t)\,;s\} &= \sum_{k=1}^{n}\frac{\Gamma(1-s+\sigma_n-\sigma_k)}{\Gamma(1-s)}\left[{}_0\mathcal{D}_t^{\sigma_k-1}f(t)\,t^{s-\sigma_n+\sigma_k-1}\right]_0^{\infty} \\
&\quad + \frac{\Gamma(1-s+\sigma_n)}{\Gamma(1-s)}F(s-\sigma_n)
\end{aligned} \tag{2.295}$$

如果公式(2.295)中的 $f(t)$ 和 $\mathrm{Re}(s)$ 使得所有代入极限 $t=0$ 与 $t=\infty$ 的项为零值,则它取如下最简单形式:

$$\mathcal{M}\{{}_0\mathcal{D}_t^{\sigma_n}f(t)\,;s\} = \frac{\Gamma(1-s+\sigma_n)}{\Gamma(1-s)}F(s-\sigma_n) \tag{2.296}$$

这同式(2.287)(黎曼-刘维尔导数的梅林变换)与式(2.291)(卡普途导数的梅林变换)在形式上是一样的。因此,对于 $t=0$ 与 $t=\infty$ 处具有恰当行为的函数,黎曼-刘维尔、卡普途和米勒-罗斯三种分数导数的梅林变换可以是一致的。这与分数导数的拉普拉斯变换和傅里叶变换时得到的结论是多么的一致呀!

在三种分数导数共同存在的条件下,利用式(2.277)给出

$$\mathcal{M}\{t^{\alpha}D^{\alpha}f(t)\,;s\} = \frac{\Gamma(1-s)}{\Gamma(1-s-\alpha)}F(s) \tag{2.297}$$

与

$$\mathcal{M}\left\{\sum_{k=0}^{n} a_k t^{\alpha+k} D^{\alpha+k} f(t) ; s\right\} = F(s) \Gamma(1-s) \sum_{k=0}^{n} \frac{a_k}{\Gamma(1-s-\alpha-k)}$$

$$= \frac{F(s) \Gamma(1-s)}{\Gamma(1-s-\alpha)} \sum_{k=0}^{n} (-1)^k a_k \prod_{j=0}^{k-1} (s+\alpha+j) \qquad (2.298)$$

式中 D^{α} 表示黎曼-刘维尔，或卡普途，或格林瓦尔-莱特尼科夫分数导数[①]。

特别地，有

$$\mathcal{M}\left\{t^{\alpha+1} D^{\alpha+1} f(t) + t^{\alpha} D^{\alpha} f(t) ; s\right\} = \frac{\Gamma(1-s)(1-s-\alpha)}{\Gamma(1-s-\alpha)} F(s) \qquad (2.299)$$

如果取 $\alpha=1$，则给出梅林变换的著名性质

$$\mathcal{M}\{t^2 f''(t) + t f'(t) ; s\} = s^2 F(s) \qquad (2.300)$$

这一关系经常在应用问题中得到使用。

---

① 在式(2.298)的求和符号中

$$\frac{a_k}{\Gamma(1-s-\alpha-k)} = \frac{a_k}{\Gamma(1-s-\alpha)} \cdot \frac{\Gamma(1-s-\alpha)}{\Gamma(1-s-\alpha-k)} \qquad (2.298\text{a})$$

$$= \frac{a_k}{\Gamma(1-s-\alpha)} \cdot (-s-\alpha)^{\downarrow k}$$

$$= \frac{(-1)^k a_k}{\Gamma(1-s-\alpha)} \cdot (s+\alpha)^{\uparrow k} \qquad (2.298\text{b})$$

在式(2.298a)中使用伽马函数的反射公式(1.26)也能得出式(2.298b)。

第3章 分数微分方程：解的存在性与唯一性定理

本章论述分数阶微分方程初值问题解的**存在性**与**唯一性**问题。这里针对方程给出的所有结果，是用米勒-罗斯序贯分数导数的形式来表达的。这就允许我们将此处所得结果，直接应用于具有黎曼-刘维尔分数导数，格林瓦尔-莱特尼科夫分数导数，以及卡普途分数导数的分数微分方程之中，把它们当成米勒-罗斯序贯分数导数特例看待。

首先，考虑**连续系数的线性分数微分方程**(linear fractional differential equation with continuous coefficients)情形，并证明单项分数微分方程和 n 项分数微分方程的存在性与唯一性定理。

其次，给出一般形式分数微分方程的存在性与唯一性定理。我们也以实例展示，性质的证明方法在某些时候能够直接用于分数微分方程初值问题的求解。

最后，研究一般形式的分数微分方程的解与初始条件的依赖关系，并证明初始条件小的变化，可能在不包含区间起点(——出现在所考察方程中的分数导数的下端点)的子区间内仅仅引起解结果小的变化①。

3.1 线性分数微分方程

本节讨论具有序贯导数的线性分数微分方程初值问题解的存在性与唯一性。
考虑初值问题：

$$_0\mathcal{D}_t^{\sigma_n}y(t) + \sum_{j=1}^{n-1} p_j(t)\,_0\mathcal{D}_t^{\sigma_{n-j}}y(t) + p_n(t)y(t) = f(t), \qquad 0<t<T<\infty \qquad (3.1)$$

$$\left[_0\mathcal{D}_t^{\sigma_k-1}y(t)\right]_{t=0} = b_k, \qquad k=1,\cdots,n \qquad (3.2)$$

式中

---

① 初始条件(或初始值)的小变动导致解结果的小变动，则称初值问题的解是**稳定的**(stable)，或称所研究的初值问题是适定的(well-posed)；如果初始条件的微小变化而引起解结果较大的增长，则初值问题是不适定的(ill-posed)。[1:3-435,7:405]

读者知道，微分方程理论，就是研究微分方程在什么条件下有解，即解的存在性问题；和有多少个解，即解的唯一性问题，以及解的各种性质和求解方法等。此外，还要应用微分方程来描述和解释自然现象，把它们用于各门科学与工程技术之中去解决实际问题。

存在性、唯一性、解的稳定性是微分方程研究中的基本问题。

更一般地，**解的稳定性**(stability of solution)是指解对定解条件的某种连续依赖关系。如果定解条件中的数据的微小改变只引起定解问题的解结果很小改变，则称定解问题关于定解条件是稳定的。

如果定解问题的解存在、唯一并且关于定解条件是稳定的，则称定解问题的提法是适定的。如果解的存在性、唯一性与解对定解条件的连续依赖性三者之一不满足，则称为**不适定问题**(ill-posed problem)[1:3-435]。从实际中得来的定解问题还要回到实际中去，回答实际所提出的问题。由于测量不可能绝对精密，来自实践之中的定解条件不可避免带有细微误差，所以一般来说，不稳定的解结果没有实际价值。

一个定解问题如果不是适定的，那么就应当修改问题的提法使其适定。[31:148]

本章所论述的分数微分方程关于初值问题都是适定问题，所以始终沿着解的存在性、唯一性、稳定性这一思路展开阐释。

$$_a\mathcal{D}_t^{\sigma_k} \equiv {_aD_t^{\alpha_k}}{_aD_t^{\alpha_{k-1}}}\cdots{_aD_t^{\alpha_1}}$$

$$_a\mathcal{D}_t^{\sigma_{k-1}} \equiv {_aD_t^{\alpha_{k-1}}}{_aD_t^{\alpha_{k-1}}}\cdots{_aD_t^{\alpha_1}}$$

$$\sigma_k = \sum_{j=1}^{k} \alpha_j, \qquad k = 1, 2, \cdots, n$$

$$0 < \alpha_j \leqslant 1, \qquad j = 1, 2, \cdots, n$$

并且 $f(t) \in L_1(0,T)$，也即

$$\int_0^T |f(t)| \,\mathrm{d}t < \infty$$

为表记简单，下文中对于 $t > T$，假定 $f(t) \equiv 0$。

作为求解第一步，考虑 $p_k(t) \equiv 0 (k = 1, \cdots, n)$ 情形。

定理 3.1　如果 $f(t) \in L_1(0,T)$，则方程

$$_0\mathcal{D}_t^{\sigma_n} y(t) = f(t) \tag{3.3}$$

具有唯一解 $y(t) \in L_1(0,T)$ 满足初始条件式(3.2)。

证明： 对于所考虑问题，构造一个解。应用序贯分数导数的拉普拉斯变换式(2.259)于方程式(3.3)，给出

$$s^{\sigma_n} Y(s) - \sum_{k=0}^{n-1} s^{\sigma_n - \sigma_{n-k}} \left[_0\mathcal{D}_t^{\sigma_{n-k}-1} y(t) \right]_{t=0} = F(s) \tag{3.4}$$

式中 $Y(s)$ 和 $F(s)$ 分别表示 $y(t)$ 和 $f(t)$ 的拉普拉斯变换。由初始条件式(3.2)可写出

$$Y(s) = s^{-\sigma_n} F(s) + \sum_{k=0}^{n-1} b_{n-k} s^{-\sigma_{n-k}} \tag{3.5}$$

再进行拉普拉斯逆变换得到

$$y(t) = \frac{1}{\Gamma(\sigma_n)} \int_0^t (t - \tau)^{\sigma_n - 1} f(\tau) \,\mathrm{d}\tau + \sum_{k=0}^{n-1} \frac{b_{n-k}}{\Gamma(\sigma_{n-k})} t^{\sigma_{n-k}-1} \tag{3.6}$$

或者，取 $i = n - k$，

$$y(t) = \frac{1}{\Gamma(\sigma_n)} \int_0^t (t - \tau)^{\sigma_n - 1} f(\tau) \,\mathrm{d}\tau + \sum_{i=1}^{n} \frac{b_i}{\Gamma(\sigma_i)} t^{\sigma_i - 1} \tag{3.7}$$

利用幂函数的黎曼-刘维尔分数微分规则式(2.117)，并考虑到

$$\frac{1}{\Gamma(-m)} = 0, \qquad m = 0, 1, 2, \cdots$$

容易获得

$$_0\mathcal{D}_t^{\sigma_k} \left(\frac{t^{\sigma_i - 1}}{\Gamma(\sigma_i)} \right) = \begin{cases} \dfrac{t^{\sigma_i - \sigma_k - 1}}{\Gamma(\sigma_i - \sigma_k)}, & k < i \\ 0, & k \geqslant i \end{cases} \tag{3.8}$$

$$_0\mathcal{D}_t^{\sigma_k - 1} \left(\frac{t^{\sigma_i - 1}}{\Gamma(\sigma_i)} \right) = \begin{cases} \dfrac{t^{\sigma_i - \sigma_k}}{\Gamma(1 + \sigma_i - \sigma_k)}, & k < i \\ 1, & k = i \\ 0, & k > i \end{cases} \tag{3.9}$$

式中，$k = 1, \cdots, n$，$i = 1, \cdots, n$。

由式(3.7)可得 $y(t) \in L_1(0,T)$。利用式(3.8)与式(3.9)，将表达式(3.7)定义的函数 $y(t)$ 直接代入方程式(3.3)与初始条件式(3.2)，就可验证 $y(t)$ 得到满足。这就证明了解的

存在性。

唯一性来自于分数微分的线性与拉普拉斯变换性质。事实上，如果所考虑的问题存在两个解，$y_1(t)$ 和 $y_2(t)$，则函数

$$z(t) = y_1(t) - y_2(t)$$

必须满足方程 $_0\mathcal{D}_t^{\sigma}z(t) = 0$ 与零初始条件。从而 $z(t)$ 的拉普拉斯变换 $Z(s) = 0$，且在所考虑的区间内几乎处处有 $z(t) = 0$，这就证明在 $L_1(0,T)$ 中，解是唯一的。

现在我们能够证明式(3.1)~式(3.2)的解的存在性与唯一性了。

定理 3.2　如果 $f(t) \in L_1(0,T)$，且 $p_j(t)(j=1,\cdots,n)$ 在闭区间 $[0,T]$ 都是连续函数，则初值式(3.1)~式(3.2)具有唯一解 $y(t) \in L_1(0,T)$。

证明：该定理证明方法使用的基本技巧，在[50](1968 年)中就能找到。

假设式(3.1)~式(3.2)具有一个解结果 $y(t)$，并记

$$_0\mathcal{D}_t^{\sigma_n}y(t) = \varphi(t) \tag{3.10}$$

利用定理 3.1，可以写出

$$y(t) = \frac{1}{\Gamma(\sigma_n)}\int_0^t (t-\tau)^{\sigma_n - 1}\varphi(t)\,\mathrm{d}t + \sum_{i=1}^n b_i \frac{t^{\sigma_i - 1}}{\Gamma(\sigma_i)} \tag{3.11}$$

将式(3.11)代入方程式(3.1)，写出形式方程

$$_0\mathcal{D}_t^{\sigma_n}y(t) + \sum_{k=1}^{n-1} p_{n-k}(t)\,_0\mathcal{D}_t^{\sigma_k}y(t) + p_n(t)y(t) = f(t)$$

再利用式(3.8)，对于函数 $\varphi(t)$，得到**第二类沃尔泰拉积分方程**[①]：

$$\varphi(t) + \int_0^t K(t,\tau)\varphi(\tau)\,\mathrm{d}t = g(t) \tag{3.12}$$

式中

$$K(t,\tau) = p_n(t)\frac{(t-\tau)^{\sigma_n - 1}}{\Gamma(\sigma_n)} + \sum_{k=1}^{n-1} p_{n-k}(t)\frac{(t-\tau)^{\sigma_n - \sigma_k - 1}}{\Gamma(\sigma_n - \sigma_k)}$$

$$g(t) = f(t) - p_n(t)\sum_{i=1}^n b_i \frac{t^{\sigma_i - 1}}{\Gamma(\sigma_i)} - \sum_{k=1}^{n-1} p_{n-k}(t)\sum_{i=k+1}^n b_i \frac{t^{\sigma_i - \sigma_k - 1}}{\Gamma(\sigma_i - \sigma_k)}$$

因为函数 $p_j(t)(j=1,\cdots,n)$ 在 $[0,T]$ 内均连续，所以核函数 $K(t,\tau)$ 能够写成一个**弱奇异核**(weakly singular kernel)形式

$$K(t,\tau) = \frac{K^*(t,\tau)}{(t-\tau)^{1-\mu}} \tag{3.13}$$

---

①　**积分方程**(integral equation)[1:3-489,495,2:10-506,4:750]

$$\int_a^t K(t,\tau)\varphi(\tau)\,\mathrm{d}\tau = \psi(t), \quad \varphi(t) - \lambda\int_a^t K(t,\tau)\varphi(\tau)\,\mathrm{d}\tau = \psi(t),$$

$$A(t)\varphi(t) - \lambda\int_a^t K(t,\tau)\varphi(\tau)\,\mathrm{d}\tau = \psi(t) \tag{3.12a}$$

分别称为第一、第二、第三类**沃尔泰拉积分方程**(Volterra integral equations)。式中 $\varphi(t)$ 是未知函数，λ 是参数，$\psi(t)$ 与 $A(t)$ 是区间 $a \leqslant t \leqslant b$ 上连续的已知函数，$K(t,\tau)$ 是定义在区域 $a \leqslant \tau \leqslant t \leqslant b$ 上的已知连续函数。

沃尔泰拉(Volterra Vito, 1860-1940, 意大利数学家)是积分方程一般理论的创立者。

其中 $K^*(t,\tau)$ 对于 $0 \leqslant t \leqslant T$, $0 \leqslant \tau \leqslant T$ 连续, 并且

$$\mu = \min\{\sigma_n, \sigma_n - \sigma_{n-1}, \sigma_n - \sigma_{n-2}, \cdots, \sigma_n - \sigma_1\} = \min\{\sigma_n, \alpha_n\}$$

同理, $g(t)$ 能够写成形式

$$g(t) = \frac{g^*(t)}{t^{1-\nu}} \tag{3.14}$$

其中 $g^*(t)$ 在 $[0,T]$ 内连续, 并且

$$\begin{aligned} \nu &= \min\{\sigma_1, \cdots, \sigma_n; \sigma_2 - \sigma_1, \cdots, \sigma_n - \sigma_1; \sigma_3 - \sigma_2, \cdots, \sigma_n - \sigma_2; \cdots; \sigma_n - \sigma_{n-1}\} \\ &= \min\{\sigma_1, \cdots, \sigma_n; \alpha_2, \cdots, \alpha_n\} \\ &= \min\{\alpha_1, \alpha_2, \cdots, \alpha_n\} \end{aligned}$$

显然, $0 < \mu \leqslant 1$, $0 < \nu \leqslant 1$。已知(例如[220]中)具有弱奇异核式(3.13)和右端 $g(t) \in L_1(0,T)$ 的方程式(3.12)存在一个唯一解 $\varphi(t) \in L_1(0,T)$。那么, 根据定理3.1、式(3.10)、式(3.2)的唯一解 $y(t) \in L_1(0,T)$, 同时也是式(3.1)~式(3.2)的解, 并能够用式(3.11)来确定。这样一来, 定理3.2证明结束。

在许多应用问题中, 也是本书所考虑的情形, 赋予函数 $y(t)$ 零初始条件与其整数阶导数是必要的。主要理由有三[①]:

- 根据分数导数的物理解释(见2.6节)推知, 零初始条件意味着函数 $y(t)$ 所表示过程的**绝对起点**(absolute beginning)。
- 式(3.2)类型的初始条件的**数值逼近困难**。
- 在赋予函数 $y(t)$ 及其整数阶导数的零初始条件下, 黎曼-刘维尔、格林瓦尔-莱特尼科夫、卡普途、米勒-罗斯导数具有**一致性**(coincidence); 该一致性避免了对问题表述与求解(过程与结果)的歧义出现。

由于上述原因, 我们分别研究定理3.2的几种特殊情形。

假设 $m-1 \leqslant \sigma_n < m$, 且有

$$y^{(j)}(0) = 0, \qquad j = 0,1,\cdots,m-1 \tag{3.15}$$

此时, 利用黎曼-刘维尔导数的复合规则(见2.3.6节), 就可使用相同阶数 σ_k 的黎曼-刘维尔分数导数, 取代方程式(3.1)中所有序贯分数导数, 从而给出

$$\,_0D_t^{\sigma_n}y(t) + \sum_{j=1}^{n-1} p_j(t)\,_0D_t^{\sigma_{n-j}}y(t) + p_n(t)y(t) = f(t) \tag{3.16}$$

回顾2.3.7节论述并注意到, 零初始条件式(3.15)推出所有条件式(3.2)都为零, 也即是说有 $b_k = 0$, $k = 1,2,\cdots,n$。更进一步, 取 $f(t)$ 为连续函数, 则如下命题成立。

定理3.3 如果 $f(t)$ 与 $p_j(t)$ $(j=1,\cdots,n)$ 在闭区间 $[0,T]$ 都是连续函数, 则初值问题式(3.16)、式(3.15)在满足

$$m-1 \leqslant \sigma_n < m, \qquad \sigma_n > \sigma_{n-1} > \sigma_{n-2} > \cdots > \sigma_2 > \sigma_1 > 0$$

时, 具有唯一解 $y(t)$ 并在 $[0,T]$ 中连续。

3.2 一般形式的分数微分方程

除线性分数微分方程外, 非线性方程也出现在应用问题中。为此, 本节讨论一般形式

---

① 三理由中的黑体与下着重点为译者所加。

下，米勒-罗斯序贯分数导数所构成的分数微分方程初值问题解的存在性与唯一性。由于在米勒-罗斯、黎曼-刘维尔、格林瓦尔-莱特尼科夫，以及卡普途分数导数之间存在关联性，因此下面给出的结果，能够用于所有上述分数导数的不同变体形式。

考虑初值问题

$$_0\mathcal{D}_t^{\sigma_n}y(t)=f(t,y) \tag{3.17}$$

$$\left[_0\mathcal{D}_t^{\sigma_k-1}y(t)\right]_{t=0}=b_k,\qquad k=1,\cdots,n \tag{3.18}$$

式中

$$_a\mathcal{D}_t^{\sigma_k}\equiv D_t^{\alpha_k}D_t^{\alpha_{k-1}}\cdots D_t^{\alpha_1}$$

$$_a\mathcal{D}_t^{\sigma_k-1}\equiv D_t^{\alpha_k-1}{}_aD_t^{\alpha_{k-1}}\cdots{}_aD_t^{\alpha_1}$$

$$\sigma_k=\sum_{j=1}^k\alpha_j,\qquad k=1,2,\cdots,n$$

$$0<\alpha_j\leq1,\qquad j=1,2,\cdots,n$$

假设 $f(t,y)$ 定义在平面 (t,y) 的一个域 G 中，并定义一个区域 $R(h,K)\subset G$ 作为点 $(t,y)\in G$ 的一个集合，使其满足不等式

$$0<t<h,\qquad\left|t^{1-\sigma_1}y(t)-\sum_{i=1}^n b_i\frac{t^{\sigma_i-\sigma_1}}{\Gamma(\sigma_i)}\right|\leq K \tag{3.19}$$

式中 h 与 K 均为常数。

定理 3.4　取 $f(t,y)$ 为定义在域 G 上的实值连续函数，且关于变量 y 在域 G 中满足李普希茨条件，即有

$$|f(t,y_1)-f(t,y_2)|\leq A|y_1-y_2|$$

使得

$$|f(t,y)|\leq M<\infty,\qquad\forall(t,y)\in G$$

再假设

$$K\geq\frac{Mh^{\sigma_n-\sigma_1+1}}{\Gamma(1+\sigma_n)}$$

则式(3.17)和式(3.18)在区域 $R(h,K)$ 中存在唯一且连续的解 $y(t)$。

证明：证明方法基于 Pitcher 和 Sewell(1938 年)[188]与 Al-Bassam(1965 年)[4]的思路和技巧。

首先，将式(3.17)与式(3.18)变形为一个等价的分数积分方程。

利用公式(3.7)，或不断地使用复合规则式(2.108)，进行阶数为 $\alpha_n,\alpha_{n-1},\cdots,\alpha_1$ 的一系列分数积分获得

$$y(t)=\sum_{i=1}^n\frac{b_i}{\Gamma(\sigma_i)}t^{\sigma_i-1}+\frac{1}{\Gamma(\sigma_n)}\int_0^t(t-\tau)^{\sigma_n-1}f(\tau,y(\tau))\mathrm{d}\tau \tag{3.20}$$

可见，如果 $y(t)$ 满足式(3.17)和式(3.18)，则它也满足方程式(3.20)。

另一方面，如果 $y(t)$ 是方程式(3.20)的一个解，则将式(3.20)代入序贯分数导数算子 $_0\mathcal{D}_t^{\sigma_n}$ 并应用公式(3.8)，就获得分数微分方程式(3.17)。使用式(3.9)能证明，如果 $y(t)$ 满足式(3.20)，则它满足条件式(3.18)。由此而来，方程式(3.20)等价于初值问题式(3.17)和式(3.18)。

现在用如下(递推)关系定义函数序列 $y_0(t),y_1(t),y_2(t),\cdots$。

$$y_0(t) = \sum_{i=1}^{n} \frac{b_i}{\Gamma(\sigma_i)} t^{\sigma_i - 1} \tag{3.21}$$

$$y_m(t) = \sum_{i=1}^{n} \frac{b_i}{\Gamma(\sigma_i)} t^{\sigma_i - 1} + \frac{1}{\Gamma(\sigma_n)} \int_0^t (t-\tau)^{\sigma_n - 1} f(\tau, y_{m-1}(\tau)) d\tau, \qquad m = 1,2,3,\cdots \tag{3.22}$$

需要证明的是 $\lim\limits_{m \to \infty} y_m(t)$ 存在，并给出方程式(3.20)所需要的解结果 $y(t)$。

第一步，使用归纳法能够证明，在 $0 < t \le h$ 的条件下，对于所有 m，存在 $y_m(t) \in R(h, K)$。有

$$\left| t^{1-\sigma_1} y_m(t) - \sum_{i=1}^{n} b_i \frac{t^{\sigma_i - \sigma_1}}{\Gamma(\sigma_i)} \right| = \left| \frac{t^{1-\sigma_1}}{\Gamma(\sigma_n)} \int_0^t (t-\tau)^{\sigma_n - 1} f(\tau, y_{m-1}(\tau)) d\tau \right|$$

$$\le \frac{M t^{\sigma_n - \sigma_1 + 1}}{\Gamma(1 + \sigma_n)} \le \frac{M h^{\sigma_n - \sigma_1 + 1}}{\Gamma(1 + \sigma_n)} \le K \tag{3.23}$$

同样理由，对于 $y_1(t)$ 有同样的不等式

$$\left| t^{1-\sigma_1} y_1(t) - \sum_{i=1}^{n} b_i \frac{t^{\sigma_i - \sigma_1}}{\Gamma(\sigma_i)} \right| \le \frac{M h^{\sigma_n - \sigma_1 + 1}}{\Gamma(1 + \sigma_n)} \le K$$

进一步，使用归纳法能够证明，对于所有 m，

$$|y_m(t) - y_{m-1}(t)| \le \frac{M A^{m-1} t^{m\sigma_n}}{\Gamma(1 + m\sigma_n)} \tag{3.24}$$

采用式(3.23)，对于 $m=1$，有

$$|y_1(t) - y_0(t)| \le \frac{M t^{\sigma_n}}{\Gamma(1 + \sigma_n)}, \qquad 0 < t \le h \tag{3.25}$$

再假定

$$|y_{m-1}(t) - y_{m-2}(t)| \le \frac{M A^{m-2} t^{(m-1)\sigma_n}}{\Gamma(1 + (m-1)\sigma_n)}, \qquad 0 < t \le h \tag{3.26}$$

采用式(3.22)和式(3.26)，再调用幂函数的黎曼-刘维尔分数导数公式(2.117)，有

$$|y_m(t) - y_{m-1}(t)| \le \frac{A}{\Gamma(\sigma_n)} \int_0^t (t-\tau)^{\sigma_n} |y_{m-1}(\tau) - y_{m-2}(\tau)| d\tau$$

$$\le \frac{M A^{m-1}}{\Gamma(1 + (m-1)\sigma_n)} \frac{1}{\Gamma(\sigma_n)} \int_0^t (t-\tau)^{\sigma_n - 1} \tau^{(m-1)\sigma_n} d\tau$$

$$= \frac{M A^{m-1}}{\Gamma(1 + (m-1)\sigma_n)} {}_0 D_t^{-\sigma_n} t^{(m-1)\sigma_n}$$

$$= \frac{M A^{m-1}}{\Gamma(1 + (m-1)\sigma_n)} \frac{\Gamma(1 + (m-1)\sigma_n) t^{(m-1)\sigma_n + \sigma_n}}{\Gamma(1 + (m-1)\sigma_n + \sigma_n)}$$

$$= \frac{M A^{m-1} t^{m\sigma_n}}{\Gamma(1 + m\sigma_n)} \tag{3.27}$$

这意味着，对于所有 m，式(3.24)成立。

现在考察级数

$$y^*(t) = \lim_{m \to \infty} (y_m(t) - y_0(t)) = \sum_{j=1}^{\infty} (y_j(t) - y_{j-1}(t)) \tag{3.28}$$

根据估计式(3.24)，对于 $0 \le t \le h$，上式各项的绝对值小于如下收敛数值级数中的对

应项

$$M\sum_{j=1}^{\infty}\frac{MA^{j-1}h^{j\sigma_n}}{\Gamma(1+j\sigma_n)}=\frac{M}{A}(\mathrm{E}_{\sigma_n,1}(Ah_n^{\sigma})-1) \tag{3.29}$$

式中 $\mathrm{E}_{\lambda,\mu}(z)$ 是米塔-列夫勒函数（参见 1.2 节）。这就是说，级数式(3.28)一致收敛。显然，级数式(3.28)的每一项 $(y_j(t)-y_{j-1}(t))$，对于 $0\leqslant t\leqslant h$，是变量 t 的连续函数。因此，级数式(3.28)的和 $y^*(t)$，对于 $0\leqslant t\leqslant h$ 是一个连续函数。从而，对于 $0<t\leqslant h$，

$$y(t)=\lim_{m\to\infty}y_m(t)=y_0(t)+y^*(t)$$

是一个连续函数。

序列 $y_m(t)$ 的一致收敛性，允许在关系式(3.22)中取 $m\to\infty$。这就给出了方程式(3.20)，同时也证明，由式(3.21)和式(3.22)所定义的过程得出的极限函数 $y(t)$，是方程式(3.20)的一个解。

最后，证明**解的唯一性**。假设 $\widetilde{y}(t)$ 是方程式(3.20)的另一解，它在区间 $0<t\leqslant h$ 上连续。那么，由方程式(3.20)推出，函数 $z(t)=y(t)-\widetilde{y}(t)$ 满足方程①

$$z(t)=\frac{1}{\Gamma(\sigma_n)}\int_0^t(t-\tau)^{\sigma_n-1}f(\tau,z(\tau))\mathrm{d}\tau \tag{3.30}$$

从而得出 $z(0)=0$。因此，$z(t)$ 对于 $0\leqslant t\leqslant h$ 是连续的。这就引出，对于 $0\leqslant t\leqslant h$，$|z(t)|<B$（B 是常数），并从方程式(3.30)获得②

$$|z(t)|\leqslant\frac{ABt^{\sigma_n}}{\Gamma(1+\sigma_n)},\qquad 0\leqslant t\leqslant h \tag{3.31}$$

---

①　由方程式(3.20)应当有

$$z(t)=\sum_{i=1}^n\frac{b_i}{\Gamma(\sigma_i)}t^{\sigma_i-1}+\frac{1}{\Gamma(\sigma_n)}\int_0^t(t-\tau)^{\sigma_n-1}f(\tau,z(\tau))\mathrm{d}\tau \tag{3.30a}$$

②　由方程式(3.20)与 $z(t)=y(t)-\widetilde{y}(t)$，有

$$z(t)=\frac{1}{\Gamma(\sigma_n)}\int_0^t(t-\tau)^{\sigma_n-1}\{f(\tau,y(\tau))-f(\tau,\widetilde{y}(\tau))\}\mathrm{d}\tau \tag{3.31a}$$

根据 $y(t)$ 与 $\widetilde{y}(t)$ 的连续性必有 $z(0)=0$，$z(t)$ 对于 $0\leqslant t\leqslant h$ 是连续的。再由**李普希茨条件**与 $z(t)$ 的有界性

$$|f(\tau,y(\tau))-f(\tau,\widetilde{y}(\tau))|\leqslant A|y(\tau)-\widetilde{y}(\tau)|=A|z(\tau)|,\qquad|z(t)|<B,\qquad 0\leqslant t\leqslant h$$

存在估计

$$|z(t)|\leqslant\frac{A}{\Gamma(\sigma_n)}\int_0^t(t-\tau)^{\sigma_n-1}|z(\tau)|\mathrm{d}\tau,\qquad 0\leqslant t\leqslant h \tag{3.31b}$$

因此不等式(3.31)成立。使用估计式(3.31b)与不等式(3.31)并利用公式(2.102)与公式(2.117)，得到

$$|z(t)|\leqslant\frac{A}{\Gamma(\sigma_n)}\int_0^t(t-\tau)^{\sigma_n-1}|z(\tau)|\mathrm{d}\tau\leqslant\frac{BA^2}{\Gamma(\sigma_n+1)}\cdot\underbrace{\frac{1}{\Gamma(\sigma_n)}\int_0^t(t-\tau)^{\sigma_n-1}\tau^{\sigma_n}\mathrm{d}\tau}_{\text{黎曼-刘维尔积分}_0\mathrm{D}_t^{-\sigma_n}t^{\sigma_n}}=\frac{B(At^{\sigma_n})^2}{\Gamma(2\sigma_n+1)} \tag{3.31c}$$

不断重复上述估计过程有

$$|z(t)|\leqslant\frac{B(At^{\sigma_n})^j}{\Gamma(j\sigma_n+1)},\qquad 0\leqslant t\leqslant h,\quad j=1,2,3,\cdots \tag{3.31d}$$

值得读者注意的是，原文方程式(3.30)与不等式(3.32)存在明显笔误问题。应当将方程式(3.30)修正为方程式(3.30a)，将不等式(3.32)修正为不等式(3.31d)。

重复该估计 j 次，获得

$$|z(t)| \leqslant \frac{A^j B t^{j\sigma_n}}{\Gamma(\sigma_n)}, \qquad j = 1, 2, \cdots \tag{3.32}$$

可以看出，上式右端除去常数乘子 B 就是米塔–列夫勒函数 $\mathrm{E}_{\sigma_n,1}(At^{\sigma_n})$ 级数的通项[①]。因此，对所有的 t，有

$$\lim_{j\to\infty} \frac{A^j t^{j\sigma_n}}{\Gamma(j\sigma_n + 1)} = 0$$

当 $j\to\infty$ 时取式(3.32)的极限，从而得出结论：$z(t) \equiv 0$，对于 $0 < t \leqslant h$ 有 $\widetilde{y}(t) \equiv y(t)$。定理 3.4 证明结束。

3.3　作为解法的存在性与唯一性定理

在某些情况下，定理 3.4 能直接用于求解分数微分方程。下面用两实例说明。

例 3.1　考虑序贯分数导数形式的初值问题(记号与定理 3.4 中的记号相同)

$$_0\mathcal{D}_t^{\sigma_n} y(t) = \lambda y(t) \tag{3.33}$$

$$\left[_0\mathcal{D}_t^{\sigma_k-1} y(t) \right]_{t=0} = b_k, \qquad k = 1, \cdots, n \tag{3.34}$$

此时有 $f(t, y) = \lambda y$。按照与证明定理 3.4 相同的思路，取

$$y_0(t) = \sum_{i=1}^n b_i \frac{t^{\sigma_i-1}}{\Gamma(\sigma_i)} \tag{3.35}$$

$$\begin{aligned}
y_m(t) &= y_0(t) + \frac{\lambda}{\Gamma(\sigma_n)} \int_0^t (t-\tau)^{\sigma_n-1} y_{m-1}(\tau)\,\mathrm{d}\tau \\
&= y_0(t) + \lambda\,_0D_t^{-\sigma_n} y_{m-1}(t), \qquad m = 1, 2, 3, \cdots
\end{aligned} \tag{3.36}$$

使用式(3.35)和式(3.36)，并利用幂函数的分数微分公式(2.117)，得到

$$y_1(t) = y_0(t) + \lambda\,_0D_t^{-\sigma_n}\left\{ \sum_{i=1}^n b_i \frac{t^{\sigma_i-1}}{\Gamma(\sigma_i)} \right\} = y_0(t) + \lambda \sum_{i=1}^n b_i \frac{t^{\sigma_n+\sigma_i-1}}{\Gamma(\sigma_n+\sigma_i)}$$

$$\begin{aligned}
y_2(t) &= y_0(t) + \lambda\,_0D_t^{-\sigma_n} y_1(t) \\
&= y_0(t) + \lambda\,_0D_t^{-\sigma_n}\left\{ y_0(t) + \lambda \sum_{i=1}^n b_i \frac{t^{\sigma_n+\sigma_i-1}}{\Gamma(\sigma_n+\sigma_i)} \right\} \\
&= y_0(t) + \lambda \sum_{i=1}^n b_i \frac{t^{\sigma_n+\sigma_i-1}}{\Gamma(\sigma_n+\sigma_i)} + \lambda^2 \sum_{i=1}^n b_i \frac{t^{2\sigma_n+\sigma_i-1}}{\Gamma(2\sigma_n+\sigma_i)} \\
&= \sum_{i=1}^n b_i \sum_{k=0}^2 \frac{\lambda^k t^{k\sigma_n+\sigma_i-1}}{\Gamma(k\sigma_n+\sigma_i)}
\end{aligned}$$

使用归纳法能够证明

$$y_m(t) = \sum_{i=1}^n b_i \sum_{k=0}^m \frac{\lambda^k t^{k\sigma_n+\sigma_i-1}}{\Gamma(k\sigma_n+\sigma_i)}, \qquad m = 1, 2, 3, \cdots \tag{3.37}$$

当 $m\to\infty$ 时，式(3.37)取极限，就获得初值问题式(3.33)和式(3.34)的解

---

① 参见定义式(1.56)

$$\mathrm{E}_{\sigma_n,1}(At^{\sigma_n}) = \sum_{j=0}^\infty \frac{A^j t^{j\sigma_n}}{\Gamma(j\sigma_n+1)}$$

$$y(t) = \sum_{i=1}^{n} b_i \sum_{k=0}^{\infty} \frac{\lambda^k t^{k\sigma_n + \sigma_i - 1}}{\Gamma(k\sigma_n + \sigma_i)} = \sum_{i=1}^{n} b_i t^{\sigma_i - 1} \mathrm{E}_{\sigma_n, \sigma_i}(\lambda t^{\sigma_n}) \tag{3.38}$$

式中 $\mathrm{E}_{\alpha,\beta}(z)$ 是米塔-列夫勒函数（参见 1.2 节）。在这一特例中，解式（3.38）还可用拉普拉斯变换方法求出。

若 $n=1$ 且 $\alpha_1 = 1$，则初值问题式（3.33）和式（3.34）的形式取为

$$y'(t) = \lambda y(t), \qquad y(0) = b_1 \tag{3.39}$$

再结合关系式（1.57），式（3.38）给出了问题式（3.39）的经典解

$$y(t) = b_1 \mathrm{E}_{1,1}(\lambda t) = \mathrm{e}^{\lambda t}$$

例 3.2 [4] 考虑黎曼-刘维尔分数导数形式的初值问题①

$$_0 D_t^{\alpha} y(t) = t^{\alpha} y(t), \qquad \left[_0 D_t^{\alpha-1} y(t) \right]_{t=0} = b \tag{3.40}$$

式中 $0 < \alpha < 1$。

此时，$f(t, y) = t^{\alpha} y$。按照与证明定理 3.4 相同的思路，取

$$y_0(t) = b \frac{t^{\alpha-1}}{\Gamma(\alpha)} \tag{3.41}$$

$$y_m(t) = b \frac{t^{\alpha-1}}{\Gamma(\alpha)} + \frac{1}{\Gamma(\alpha)} \int_0^t (t-\tau)^{\alpha-1} \tau^{\alpha} y_{m-1}(\tau) \, \mathrm{d}\tau, \qquad m = 1, 2, 3, \cdots \tag{3.42}$$

使用式（3.35）与式（3.36），并利用幂函数的分数微分公式（2.117），通过归纳法能够证明

$$y_m(t) = b \frac{t^{\alpha-1}}{\Gamma(\alpha)} + b \sum_{k=1}^{m} \frac{\Gamma(2\alpha)\Gamma(4\alpha)\cdots\Gamma(2k\alpha)}{\Gamma(\alpha)\Gamma(3\alpha)\cdots\Gamma(2k\alpha + \alpha)} t^{\alpha(2k+1)-1}, \qquad m = 1, 2, 3, \cdots$$

再对 $m \to \infty$ 取极限，得出解结果

$$y(t) = b \frac{t^{\alpha-1}}{\Gamma(\alpha)} + b \sum_{k=1}^{\infty} \frac{\prod_{j=1}^{k} \Gamma(2j\alpha)}{\prod_{j=0}^{k} \Gamma(2j\alpha + \alpha)} t^{\alpha(2k+1)-1} \tag{3.43}$$

3.4　解与初始条件的依赖关系

本节论述初始条件的小变化引起解结果的变化问题。

在初始条件式（3.18）中引入一个小量变化

$$\left[_0 \mathcal{D}_t^{\sigma_k - 1} y(t) \right]_{t=0} = b_k + \delta_k, \qquad k = 1, \cdots, n \tag{3.44}$$

式中 $\delta_k (k = 1, \cdots, n)$ 均为任意常数。

下述定理是 Al-Bassam（1965 年）结果[4]的一种广义化。

定理 3.5　假设定理 3.4 成立。如果 $y(t)$ 是满足初始条件式（3.18）时方程式（3.17）的一个解，而 $\tilde{y}(t)$ 是满足初始条件式（3.44）时相同方程的一个解，则对于 $0 < t \leqslant h$ 不等式

$$\left| y(t) - \tilde{y}(t) \right| \leqslant \sum_{i=1}^{n} |\delta_i| t^{\sigma_i - 1} \mathrm{E}_{\sigma_n, \sigma_i}(A t_n^{\sigma}) \tag{3.45}$$

---

① 严格地，方程式（3.40）应当为

$$_0 \mathrm{D}_t^{\alpha} y(t) = t^{\alpha} y(t), \qquad \left[_0 \mathrm{D}_t^{\alpha-1} y(t) \right]_{t=0} = b$$

成立。式中 $E_{\alpha,\beta}(z)$ 是米塔-列夫勒函数。

证明：根据定理 3.4，有

$$y(t) = \lim_{m \to \infty} y_m(t)$$

$$y_0(t) = \sum_{i=0}^{n} b_i \frac{t^{\sigma_i - 1}}{\Gamma(\sigma_i)} \tag{3.46}$$

$$y_m(t) = y_0(t) + \frac{1}{\Gamma(\sigma_n)} \int_0^t (t - \tau)^{\sigma_n - 1} f(\tau, y_{m-1}(\tau)) \mathrm{d}\tau, \qquad m = 1, 2, \cdots \tag{3.47}$$

与

$$\widetilde{y}(t) = \lim_{m \to \infty} \widetilde{y}_m(t)$$

$$\widetilde{y}_0(t) = \sum_{i=0}^{n} (b_i + \delta_i) \frac{t^{\sigma_i - 1}}{\Gamma(\sigma_i)} \tag{3.48}$$

$$\widetilde{y}_m(t) = \widetilde{y}_0(t) + \frac{1}{\Gamma(\sigma_n)} \int_0^t (t - \tau)^{\sigma_n - 1} f(\tau, \widetilde{y}_{m-1}(\tau)) \mathrm{d}\tau, \qquad m = 1, 2, \cdots \tag{3.49}$$

从式(3.46)与式(3.48)直接推导得出

$$|y_0(t) - \widetilde{y}_0(t)| \leqslant \sum_{i=1}^{n} |\delta_i| \frac{t^{\sigma_i - 1}}{\Gamma(\sigma_i)} \tag{3.50}$$

接着使用关系式(3.47)和式(3.49)、函数 $f(t, y)$ 的**李普希茨条件**①、不等式(3.50)、以及幂函数的黎曼-刘维尔分数微分规则式(2.117)，获得②

$$|y_1(t) - \widetilde{y}_1(t)| = \left| \sum_{i=1}^{n} \delta_i \frac{t^{\sigma_i - 1}}{\Gamma(\sigma_i)} + \frac{1}{\Gamma(\sigma_n)} \int_0^t (t - \tau)^{\sigma_n - 1} \{ f(\tau, y_0(\tau)) - f(\tau, \widetilde{y}_0(\tau)) \} \mathrm{d}\tau \right|$$

---

① **李普希茨条件**（Lipschitz condition）[1:1-526,3-154,7:431] 限制函数增量变化大小的一种不等式形式的条件。若函数 $f(s)$ 是区间 I 上的函数，存在正常数 L 和 $\alpha(0 < \alpha \leqslant 1)$，使得只要 $x_1, x_2 \in I$ 就有

$$|f(x_1) - f(x_2)| \leqslant L |x_1 - x_2|^{\alpha}$$

则函数 f 称为在区间 I 上满足李普希茨条件，或称为 I 上的 α 阶李普希茨函数，在数学上记为 $f \in \mathrm{Lip}\alpha(I)$ 或 $f \in \Lambda_\alpha(I)$。式中正常数 L 称为李普希茨常数。对任意 $\alpha(0 < \alpha \leqslant 1)$，$\alpha$ 阶李普希茨函数都是连续函数。特别地，属于 Lip1 的函数为绝对连续函数。

一阶李普希茨条件是**李普希茨**（Lipschitz, Rudolf Otto Sigismund, 1832—1903, 德国数学家）[1:6-277] 在 1864 年研究傅里叶级数的收敛判别法时引进的，并在 1873 年把它用于微分方程有唯一解问题的讨论。$0 < \alpha < 1$ 的 α 阶李普希茨条件是**赫尔德**（Hölder, Otto Ludwig, 1859~1937, 德国数学家）[1:6-289] 在刻画函数光滑程度——正则性（regularity）[1:3-357] 时引进的一个概念。因而人们又称李普希茨条件为**赫尔德条件**，称 α 为赫尔德指数。信号中的高斯白噪声的光滑性很差，其赫尔德指数为 $\alpha = -1/2$。

在定理 3.4 中给出了函数 $f(t, y)$ 的李普希茨条件：

$$|f(t, y_1) - f(t, y_2)| \leqslant A |y_1 - y_2|$$

② 推导过程中使用了任意阶黎曼-刘维尔导数公式(2.102)：

$${}_a\mathrm{D}_t^{k-\alpha} f(t) = \frac{1}{\Gamma(\alpha)} \frac{\mathrm{d}^k}{\mathrm{d}t^k} \int_a^t (t - \tau)^{\alpha - 1} f(\tau) \mathrm{d}\tau, \qquad 0 < \alpha \leqslant 1$$

与幂函数 $f(t) = (t-a)^\nu$ 的积分公式(2.117)：

$${}_a\mathrm{D}_t^{-\alpha}((t-a)^\nu) = \frac{\Gamma(1+\nu)}{\Gamma(1+\nu+\alpha)} (t-a)^{\nu+\alpha}$$

$$\leqslant \sum_{i=1}^{n} |\delta_i| \frac{t^{\sigma_i-1}}{\Gamma(\sigma_i)} + \frac{A}{\Gamma(\sigma_n)} \int_0^t (t-\tau)^{\sigma_n-1} |y_0(\tau) - \tilde{y}_0(\tau)| \mathrm{d}\tau$$

$$\leqslant \sum_{i=1}^{n} |\delta_i| \frac{t^{\sigma_i-1}}{\Gamma(\sigma_i)} + \frac{A}{\Gamma(\sigma_n)} \int_0^t (t-\tau)^{\sigma_n-1} \left\{ \sum_{i=1}^{n} |\delta_i| \frac{\tau^{\sigma_i-1}}{\Gamma(\sigma_i)} \right\} \mathrm{d}\tau$$

$$\leqslant \sum_{i=1}^{n} |\delta_i| \frac{t^{\sigma_i-1}}{\Gamma(\sigma_i)} + A\,_0\mathrm{D}_t^{-\sigma_n} \left\{ \sum_{i=1}^{n} |\delta_i| \frac{t^{\sigma_i-1}}{\Gamma(\sigma_i)} \right\}$$

$$= \sum_{i=1}^{n} |\delta_i| \frac{t^{\upsilon_i-1}}{\Gamma(\sigma_i)} + A \sum_{i=1}^{n} |\delta_i| \frac{t^{\sigma_n+\sigma_i-1}}{\Gamma(\sigma_n+\sigma_i)}$$

$$= \sum_{i=1}^{n} |\delta_i| t^{\sigma_i-1} \sum_{k=0}^{1} \frac{A^k t^{k\sigma_n}}{\Gamma(k\sigma_n+\sigma_i)}$$

同理(并利用上述结论), 有

$$|y_2(t) - \tilde{y}_2(t)| \leqslant \sum_{i=1}^{n} |\delta_i| \frac{t^{\sigma_i-1}}{\Gamma(\sigma_i)} + \frac{A}{\Gamma(\sigma_n)} \int_0^t (t-\tau)^{\sigma_n-1} |y_1(\tau) - \tilde{y}_1(\tau)| \mathrm{d}\tau$$

$$\leqslant \sum_{i=1}^{n} |\delta_i| \frac{t^{\sigma_i-1}}{\Gamma(\sigma_i)} + A\,_0\mathrm{D}_t^{-\sigma_n} \left\{ \sum_{i=1}^{n} |\delta_i| \frac{t^{\sigma_i-1}}{\Gamma(\sigma_i)} + A \sum_{i=1}^{n} |\delta_i| \frac{t^{\sigma_n+\sigma_i-1}}{\Gamma(\sigma_n+\sigma_i)} \right\}$$

$$= \sum_{i=1}^{n} |\delta_i| \frac{t^{\sigma_i-1}}{\Gamma(\sigma_i)} + A \sum_{i=1}^{n} |\delta_i| \frac{t^{\sigma_n+\sigma_i-1}}{\Gamma(\sigma_n+\sigma_i)} + A^2 \sum_{i=1}^{n} |\delta_i| \frac{t^{2\sigma_n+\sigma_i-1}}{\Gamma(2\sigma_n+\sigma_i)}$$

$$= \sum_{i=1}^{n} |\delta_i| t^{\sigma_i-1} \sum_{k=0}^{2} \frac{A^k t^{k\sigma_n}}{\Gamma(k\sigma_n+\sigma_i)}$$

由此归纳得到

$$|y_m(t) - \tilde{y}_m(t)| \leqslant \sum_{i=1}^{n} |\delta_i| t^{\sigma_i-1} \sum_{k=0}^{m} \frac{A^k t^{k\sigma_n}}{\Gamma(k\sigma_n+\sigma_i)}, \qquad m=1,2,\cdots \qquad (3.51)$$

当 $m \to \infty$ 时对式(3.51)取极限, 就有

$$|y(t) - \tilde{y}(t)| \leqslant \sum_{i=1}^{n} |\delta_i| t^{\sigma_i-1} \sum_{k=0}^{\infty} \frac{A^k t^{k\sigma_n}}{\Gamma(k\sigma_n+\sigma_i)}$$

$$= \sum_{i=1}^{n} |\delta_i| t^{\sigma_i-1} \mathrm{E}_{\sigma_n,\sigma_i}(At^{\sigma_n})$$

定理 3.5 得证。

从该定理推知, 在初始条件式(3.18)中, 0 与 h 之间的每个微小的变化量 ε, 仅仅引起闭区间 $[\varepsilon,h]$ (不包含零值)内解结果的微小变化。

另一方面, 在 $[0,\varepsilon]$ 中, 解结果则可能发生值得注意的变化。如果非扰动初始条件式 (3.18)全为零(也即, $b_k=0$, $k=1,2,\cdots,n$), 则非扰动解 $y(t)$ 在 $[0,\varepsilon]$ 内连续, 因此有界。然而, 解结果 $\tilde{y}(t)$, 对应扰动初始条件, 可能包含形如 $\delta_i t^{\sigma_i-1}/\Gamma(\sigma_i)$ 的项, 对于 $\sigma_i<1$, 就会使得扰动解在 $t=0$ 处无界。

第4章　分数微分方程：拉普拉斯变换法

分数阶的微分方程，越来越频繁地出现在众多研究领域与工程应用之中。这就需要一个有效而又易于使用的方法来求解诸如此类的方程。

然而，已知的方法存在一定缺陷。文献[179]（1974年）、文献[153]（1993年）和文献[13]（1991年）中所详细阐述的求解**有理阶数**分数微分方程的方法，却不能用于**任意实数阶**的情形。另一方面，文献[232]（1987年）描述的迭代法，虽然可以用于求解任意实数阶分数微分方程，但是它和级数法[179,70]一样，仅对于相当简单的方程有效。其他作者在研究中，比如文献[13]（1991年）和文献[29]（1971年）使用单参数米塔–列夫勒函数

$$E_\alpha(z) = \sum_{k=0}^{\infty} \frac{z^k}{\Gamma(\alpha k + 1)}$$

还有一些研究，比如文献[235]（1989年）和文献[80]（1991年）提出使用 Fox H-函数[69]，它似乎太通用了而不适合在应用领域中频繁使用。

为了取代这众多的不同求解方法，我们在此引入一种解法，既无这些方法的缺陷，而又适合求解分数微分方程描述的一大类初值问题。此方法就是利用拉普拉斯变换方法，并以双参数米塔–列夫勒函数

$$E_{\alpha,\beta}(z) = \sum_{k=0}^{\infty} \frac{z^k}{\Gamma(\alpha k + \beta)}, \qquad \alpha > 0, \beta > 0$$

的拉普拉斯变换公式①为基点的求解方法。我们期望该方法对于出现在物理、化学、电分析化学、工程等领域中的不同应用问题的求解是有用的。

本章研究**定常系数**（constant coefficients）**分数线性微分方程**的求解问题。

4.1 节给出"**标准**（standard）"分数微分方程的某些初值问题的解结果。其中一些问题还使用了早期的其他研究者的其他解法，对比结果突显了在相同的情况下，拉普拉斯变换法的简单性与求解功能。

4.2 节，拓展这里提出的方法应用于所谓"**序贯**（sequential）"分数微分方程（即方程以米勒–罗斯序贯导数表示）。为此目的，需要使用式（2.259）给出的米勒–罗斯序贯分数导数的拉普拉斯变换。对于"序贯"方程，考虑类似 4.1 节中所求解的问题。当然，得到的解法，是不同于 4.1 节的解法。

本章用于求解分数微分方程的**运算微积分**②，是由 Luchko 与 Srivastava（1995年）[128]，Hadid 与 Luchko（1996年）[100]发展起来的。Gorenflo 和 Luchko（1995年）[86]也发展出一种运

---

① 即单边拉普拉斯变换式（1.80）：

$$\int_0^{\infty} e^{-st} t^{\alpha k+\beta-1} E_{\alpha,\beta}^{(k)}(\pm at^\alpha)\, dt = \frac{k!\, s^{\alpha-\beta}}{(s^\alpha \mp a)^{k+1}}, \qquad \mathrm{Re}(s) > |a|^{1/\alpha}$$

这是一个内容丰富的公式！读者在阅读该章及其以下内容之前，回头研读 1.2.2 节并理解它，对后文所论述求解方法及其应用的掌握大有益处。

② **运算微积分**（operational calculus）亦称算子的函数演算，也可简称算子演算。相关内容参见 6.3 节。

算方法求解广义第二类阿贝尔积分方程。

4.1　标准分数微分方程

下面例子说明如何应用式(1.80)，求解**定常系数分数阶微分方程**。本章采用分数导数的拉普拉斯变换经典公式，如文献[179：134]或文献[153：123]所给出的那样

$$\int_0^\infty e^{-st}\, {}_0D_t^\alpha f(t)\,\mathrm{d}t = s^\alpha F(s) - \sum_{k=0}^{n-1} s^k \left[{}_0D_t^{\alpha-k-1} f(t) \right]_{t=0}, \qquad n-1 < \alpha \le n \tag{4.1}$$

4.1.1　常线性分数微分方程

本节给出一些分数阶**常线性微分方程**求解的例子。

例 4.1　考虑文献[179：157]中所求解方程①的一个推广方程

$$ {}_0D_t^{1/2} f(t) + a f(t) = 0, \qquad t>0; \qquad \left[{}_0D_t^{-1/2} f(t) \right]_{t=0} = C \tag{4.2}$$

利用拉普拉斯变换获得

$$F(s) = \frac{C}{s^{1/2}+a}, \qquad C = \left[{}_0D_t^{-1/2} f(t) \right]_{t=0}$$

再借助式(1.81)进行逆变换给出方程式(4.2)的解

$$f(t) = C t^{-1/2} E_{1/2,1/2}(-a\sqrt{t}) \tag{4.3}$$

使用 $E_{\alpha,\beta}(z)$ 的级数展开式(1.56)，容易验证，对于 $a=1$，方程式(4.3)的解

$$f(t) = C\left(\frac{1}{\sqrt{\pi t}} - e^t \,\mathrm{erfc}(\sqrt{t}) \right)$$

与文献[179]中利用更复杂的思路求得的结果一致。

例 4.2　考虑方程

$$ {}_0D_t^Q f(t) + {}_0D_t^q f(t) = h(t) \tag{4.4}$$

这"遭遇到非常巨大的困难，除非差值 $Q-q$ 是整数或半整数"[179:156]。

假设 $0<q<Q<1$，方程式(4.4)的拉普拉斯变换引出

$$(s^Q + s^q) F(s) = C + H(s) \tag{4.5}$$

$$C = \left[{}_0D_t^{q-1} f(t) + {}_0D_t^{Q-1} f(t) \right]_{t=0}$$

从而有

$$F(s) = \frac{C+H(s)}{s^Q+s^q} = \frac{C+H(s)}{s^q(s^{Q-q}+1)} = \left[C+H(s) \right] \frac{s^{-q}}{s^{Q-q}+1} \tag{4.6}$$

对于 $\alpha=Q-q$ 与 $\beta=Q$，借助式(1.80)反演之后，就得到解结果

$$f(t) = C G(t) + \int_0^t G(t-\tau) h(\tau)\,\mathrm{d}\tau \tag{4.7}$$

---

①　即**半微分方程**(semidifferential equation)：

$$\frac{\mathrm{d}^{\frac{1}{2}} f}{\mathrm{d}t^{\frac{1}{2}}} + f = 0$$

在 Oldham 与 Spanier 的著作中，对该方程的求解技巧很耐人寻味的。[179:157]

$$C = \left[{}_0D_t^{q-1}f(t) + {}_0D_t^{Q-1}f(t) \right]_{t=0}, \qquad G(t) = t^{Q-1}\mathrm{E}_{Q-q,Q}(-t^{Q-q})$$

对于 $0<q<Q<n$ 的情形，比如文献[184]中获得的方程，同样能够进行求解。

例4.3　考虑非零初始条件的**非齐次分数微分方程**①所确定的初值问题，

$$_0D_t^\alpha y(t) - \lambda y(t) = h(t), \qquad t>0 \tag{4.8}$$

$$\left[{}_0D_t^{\alpha-k}y(t) \right]_{t=0} = b_k, \qquad k=1,2,\cdots,n \tag{4.9}$$

式中 $n-1<\alpha<n$。式(4.8)在文献[232]（1987年）中已用迭代法求解。借助拉普拉斯变换和公式(1.80)，能够直接且容易得出同样的解结果。

考虑到初值条件式(4.9)，方程式(4.8)的拉普拉斯变换产生

$$s^\alpha Y(s) - \lambda Y(s) = H(s) + \sum_{k=1}^n b_k s^{k-1}$$

$$Y(s) = \frac{H(s)}{s^\alpha - \lambda} + \sum_{k=1}^n b_k \frac{s^{k-1}}{s^\alpha - \lambda} \tag{4.10}$$

使用式(1.80)进行拉普拉斯逆变换，可得：

$$y(t) = \sum_{k=1}^n b_k t^{\alpha-k}\mathrm{E}_{\alpha,\alpha-k+1}(\lambda t^\alpha) + \int_0^t (t-\tau)^{\alpha-1}\mathrm{E}_{\alpha,\alpha}(\lambda(t-\tau)^\alpha)h(\tau)\mathrm{d}\tau \tag{4.11}$$

4.1.2　偏线性分数微分方程

这里提出的方法能够成功地用于求解分数阶的偏线性微分方程。

例4.4　Nigmatullin 分数扩散方程

考虑一维空域中**分数扩散方程**的**初始边值问题**②

$$_0D_t^\alpha u(x,t) = \lambda^2 \frac{\partial^2 u(x,t)}{\partial x^2}, \qquad t>0, -\infty<x<\infty \tag{4.12}$$

$$\lim_{x\to\pm\infty} u(x,t) = 0; \qquad \left[{}_0D_t^{\alpha-1}u(x,t) \right]_{t=0} = \varphi(x) \tag{4.13}$$

此处假定 $0<\alpha<1$。一个式(4.12)类型的方程，由 Nigmatullin（1986年）[164] 和 Westerlund（1991年）[253] 导出，Mainardi（1994年）[131] 对其进行了研究。我们将给出式(4.12)的一种简单解法，这再次证实使用米塔-列夫勒函数式(1.56)的优势。

考察边界条件式(4.13)，关于变量 x 进行傅里叶变换，得到

$$_0D_t^\alpha \bar{u}(\zeta,t) + \lambda^2\zeta^2 \bar{u}(\zeta,t) = 0 \tag{4.14}$$

$$\left[{}_0D_t^{\alpha-1}\bar{u}(\zeta,t) \right]_{t=0} = \bar{\varphi}(\zeta) \tag{4.15}$$

---

①　**非齐次分数微分方程**（non-homogeneous fractional differential equation），齐次（homogeneous）与非齐次（non-homogeneous）在数学、物理、化学、生物等学科中具有丰富的含义。

在方程式(4.8)中，$h(t)\not\equiv 0$ 时称为非齐次（分数）微分方程，而

$$_0D_t^\alpha y(t) - \lambda y(t) = 0 \tag{4.8a}$$

称为齐次分数微分方程。

②　**初始边值问题**（initial boundary value problem），既有初值条件也有边界条件的问题，有时也称为**混合问题**（mixed problem）。它与**初值问题**、**边值问题**构成微分方程的三类**定解问题**[1:3-434,31:148]。

在数学上，边界条件和初始条件合称为**定解条件**（deterministic conditions of solution），数学物理方程本身（并不连带定解条件）称为**泛定方程**（universal equation）。定解条件提出具体问题，泛定方程提供解决问题的依据，作为一个整体，称为定解问题。[31:148] 方程式(4.12)是一泛定方程，其定解条件由式(4.13)给出。

式中 ζ 是傅里叶变换参量①。

对式(4.14)进行拉普拉斯变换并用初始条件式(4.15)，可得②

$$\overline{U}(\zeta,s) = \frac{\overline{\varphi}(\zeta)}{s^\alpha + \lambda^2\zeta^2} \tag{4.16}$$

利用式(1.80)式(4.16)进行拉普拉斯逆变换有

$$\overline{u}(\zeta,t) = \overline{\varphi}(\zeta)t^{\alpha-1}E_{\alpha,\alpha}(-\lambda^2\zeta^2 t^\alpha) \tag{4.17}$$

然后进行傅里叶逆变换得到式(4.12)~式(4.13)的解

$$u(x,t) = \int_{-\infty}^{\infty} G(x-\xi,t)\,\overline{\varphi}(\xi)\mathrm{d}\xi \tag{4.18}$$

$$G(x,t) = \frac{1}{\pi}\int_0^\infty t^{\alpha-1}E_{\alpha,\alpha}(-\lambda^2\zeta^2 t^\alpha)\cos(\zeta x)\mathrm{d}\zeta \tag{4.19}$$

计算积分式(4.19)。对其进行拉普拉斯变换并用文献[62]中的式(1.2)~式(1.11)，可得出

$$g(x,s) = \frac{1}{\pi}\int_0^\infty \frac{\cos(\zeta x)\mathrm{d}\zeta}{\lambda^2\zeta^2 + s^2} = \frac{1}{2\lambda}s^{-\alpha/2}\mathrm{e}^{-|x|\lambda^{-1}s^{\alpha/2}} \tag{4.20}$$

再进行拉普拉斯逆变换得

$$G(x,t) = \frac{1}{4\lambda\,\pi\mathrm{i}}\int_0^\infty \mathrm{e}^{st}s^{-\alpha/2}\exp(-|x|\lambda^{-1}s^{\alpha/2})\mathrm{d}s \tag{4.21}$$

进行变量代换 $\sigma = st$ 和 $z = |x|\lambda^{-1}t^{-\rho}(\rho = \alpha/2)$，并将 Bromwich 围线 Br 转换成汉克尔围线 Ha(见图 2.2)，如 Mainardi(1994 年)[131]，从而得到

$$G(x,t) = \frac{t^{1-\rho}}{2\lambda}\frac{1}{2\pi\mathrm{i}}\int_{Ha} \mathrm{e}^{\sigma-z\sigma^\rho}\frac{\mathrm{d}\sigma}{\sigma^\rho} = \frac{1}{2\lambda}t^{1-\rho}W(-z,-\rho,\rho), \qquad z = \frac{|x|}{\lambda t^\rho} \tag{4.22}$$

式中 $W(z;\lambda,\mu)$ 是赖特函数式(1.156)。应当注意的是，刚才计算的是函数

$$u_1(\zeta) = t^{\alpha-1}E_{\alpha,\alpha}(-\lambda^2\zeta^2 t^\alpha)$$

的傅里叶余弦变换。

容易验证，$\alpha = 1$ 时(传统扩散方程)，分数格林函数式(4.22)简化为经典表达式

$$G(x,t) = \frac{1}{2\lambda\,\sqrt{\pi t}}\exp\left(-\frac{x^2}{4\lambda^2 t}\right) \tag{4.23}$$

例 4.5　Schneider-Wyss 分数扩散方程

下面例子说明，本章方法也能有效用于分数积分方程。考虑 Schneider-Wyss 类扩散方程[235](为简单与便于同前面例子对比，讨论一维空域情形)

$$u(x,t) = \varphi(x) + \lambda^2 \,_0D_t^{-\alpha}\frac{\partial^2 u(x,t)}{\partial x^2}, \qquad -\infty < x < \infty, t > 0 \tag{4.24}$$

---

① 原文中使用符号 β 表示傅里叶变换参量。译文中为了避免与双参量米塔-列夫勒函数 $E_{\alpha,\beta}(t)$ 中的第二个参量 β 混淆而使用符号 ζ 表示此处的傅里叶变换参量。

② 此处需要注意的是，对函数 $u(x,t)$ 先后进行了两种变换——傅里叶变换与拉普拉斯变换

$$u(x,t)\xrightarrow[\text{关于变量}x]{\text{FT}}\overline{u}(\zeta,t)\xrightarrow[\text{关于变量}t]{\text{LT}}\overline{U}(\zeta,s)$$

对函数 $\varphi(x)$ 进行了傅里叶变换：$\varphi(x)\xrightarrow{\text{FT}}\overline{\varphi}(\zeta)$。

$$\lim_{x \to \pm\infty} u(x,t) = 0, \qquad u(x,0) = \varphi(x) \tag{4.25}$$

对空域变量 x 进行傅里叶变换，对时域变量 t 进行拉普拉斯变换得：

$$\overline{U}(\zeta,s) = \frac{\overline{\varphi}(\zeta)s^{\alpha-1}}{s^\alpha + \lambda^2\zeta^2} \tag{4.26}$$

式中 $\overline{U}(\zeta,s)$ 是 $u(x,t)$ 的傅里叶–拉普拉斯变换，ζ 是傅里叶变换参量，而 s 是拉普拉斯变换参量。

如例 4.4 那样，进行拉普拉斯与傅里叶逆变换，得出式(4.24)的解

$$u(x,t) = \int_{-\infty}^{\infty} G(x-\xi,t)\varphi(\xi)\,\mathrm{d}\xi \tag{4.27}$$

$$G(x,t) = \frac{1}{\pi}\int_0^\infty E_{\alpha,1}(-\lambda^2\zeta^2 t^\alpha)\cos(\zeta x)\,\mathrm{d}\zeta \tag{4.28}$$

计算积分式(4.28)。对其进行拉普拉斯变换并用文献[62]中的式(1.2)~(1.11)，得出

$$g(x,s) = \frac{s^{\alpha-1}}{\pi}\int_0^\infty \frac{\cos(\zeta x)\,\mathrm{d}\zeta}{s^\alpha + \lambda^2\zeta^2} = \frac{1}{2\lambda}s^{\frac{\alpha}{2}-1}\exp(-|x|\lambda^{-1}s^{\alpha/2}) \tag{4.29}$$

再进行拉普拉斯逆变换给出

$$G(x,t) = \frac{1}{4\lambda\pi\mathrm{i}}\int_{Br} e^{st}s^{\frac{\alpha}{2}-1}\exp(-|x|\lambda^{-1}s^{\alpha/2})\,\mathrm{d}s \tag{4.30}$$

进行变量代换 $\sigma = st$ 和 $z = |x|\lambda^{-1}t^{-\rho}(\rho = \alpha/2)$ 并将 Bromwich 围线 Br 转换成汉克尔围线 Ha（见图 2.2），如 Mainardi(1994 年)[131]，推导获得

$$G(x,t) = \frac{t^{1-\rho}}{2\lambda}\frac{1}{2\pi\mathrm{i}}\int_{Ha} e^{\sigma-z\sigma^\rho}\frac{\mathrm{d}\sigma}{\sigma^{1-\rho}} = \frac{1}{2\lambda}t^{-\rho}M(z;\rho), \qquad z = \frac{|x|}{\lambda t^\rho} \tag{4.31}$$

式中 $M(z;\rho) = W(-z;-\rho,1-\rho)$ 是 Mainardi 函数式(1.160)。

最后的表达式与 Mainardi[131] 用另外方法得出的解表达式完全一样。

需要指出的是，就像前面的例子那样，仅仅是计算函数

$$u_2(\zeta) = E_{\alpha,1}(-\lambda^2\zeta^2 t^\alpha)$$

的傅里叶余弦变换。

对于 $\alpha = 1$，分数格林函数式(4.31)也简化为经典表达式(4.23)。同理，空域任意维数问题同样可解。

对于 $\alpha = 1$，两个扩散问题的广义化(Nigmatullin 类型，即 Schneider 和 Wyss 提供的方程)，给出标准扩散问题且解降简为经典解。很显然，对于 $t \to 0$，与 $t \to \infty$，式(4.18)和式(4.27)的渐近行为是不同的，可参见文献[80]中有关标准松弛方程的两种不同广义化的讨论，以及文献[72]中有关两类分数模型——其一是基于分数导数，其一是基于分数积分——对于力学应变松弛问题的论述。

该差别是由不同类型初始条件引起。解的类型取决于初始条件数目与类型。

4.2　序贯分数微分方程

考虑初值问题

$${}_0\boldsymbol{L}_t y(t) = f(t); \qquad {}_0\mathcal{D}_t^{\sigma_{k-1}}y(t)\big|_{t=0} = b_k, \qquad k = 1,\cdots,n \tag{4.32}$$

$$_aL_ty(t) \equiv {}_a\mathcal{D}_t^{\sigma_n}y(t) + \sum_{k=1}^{n-1}p_k(t)\,{}_a\mathcal{D}_t^{\sigma_{n-k}}y(t) + p_n(t)y(t) \tag{4.33}$$

式中米勒–罗斯序贯导数使用如下记号

$$_a\mathcal{D}_t^{\sigma_k} \equiv {}_aD_t^{\alpha_k}\,{}_aD_t^{\alpha_{k-1}}\cdots\,{}_aD_t^{\alpha_1}$$

$$_a\mathcal{D}_t^{\sigma_{k-1}} \equiv {}_aD_t^{\alpha_{k-1}}\,{}_aD_t^{\alpha_{k-1}}\cdots\,{}_aD_t^{\alpha_1}$$

$$\sigma_k = \sum_{j=1}^{k}\alpha_j, \qquad k=1,2,\cdots,n;\ 0<\alpha_j\le 1,\ j=1,2,\cdots,n$$

依据米勒和罗斯[153]所用术语, 方程式(4.32)是一个**序贯分数微分方程**(sequential fractional differential equation)。使用式(1.80)的优势, 为了将拉普拉斯变换方法, 拓展应用到如此具有定常系数的方程, 可用公式(2.259)。

4.2.1 常线性分数微分方程

本节给出恒定系数"标准"线性常分数微分方程的"序贯"类似解结果。当然, 必须取适当的初始条件, 并应用序贯分数导数。

例 4.6 考虑类似例 4.1 的序贯问题

$$_0D_t^\alpha({}_0D_t^\beta y(t)) + ay(t) = 0 \tag{4.34}$$

$$\left[{}_0D_t^{\alpha-1}({}_0D_t^\beta y(t))\right]_{t=0} = b_1, \qquad \left[{}_0D_t^{\beta-1}y(t)\right]_{t=0} = b_2 \tag{4.35}$$

式中 $0<\alpha<1$, $0<\beta<1$, $\alpha+\beta=1/2$。

序贯分数导数的拉普拉斯变换公式(2.259), 允许我们利用初始条件式(4.35)。为了使用式(2.259), 取 $\alpha_1=\beta$, $\alpha_2=\alpha$, 和 $m=2$。由此有 $\sigma_1=\beta$, $\sigma_2=\alpha+\beta$。从而方程式(4.34)的拉普拉斯变换由式(2.259)给出:

$$(s^{\alpha+\beta}+a)Y(s) = s^\alpha b_2 + b_1 \tag{4.36}$$

$$Y(s) = b_2\frac{s^\alpha}{s^{\alpha+\beta}+a} + b_1\frac{1}{s^{\alpha+\beta}+a} \tag{4.37}$$

借助式(1.80)进行拉普拉斯反演, 求出问题式(4.34)与式(4.35)的解

$$y(t) = b_2 t^{\beta-1}\mathrm{E}_{\alpha+\beta,\beta}(-at^{\alpha+\beta}) + b_1 t^{\alpha+\beta-1}\mathrm{E}_{\alpha+\beta,\alpha+\beta}(-at^{\alpha+\beta}) \tag{4.38}$$

对于 $\beta=0$ 和 $\alpha=1/2$(当然还需假设 $b_2=0$), 从式(4.38)获得例 4.1 的解。

例 4.7 考虑类似例 4.2 的序贯问题:

$$_0D_t^\alpha({}_0D_t^\beta y(t)) + {}_0D_t^q y(t) = h(t) \tag{4.39}$$

式中 $0<\alpha<1$, $0<\beta<1$, $0<q<1$, $\alpha+\beta=Q>q$。

方程式(4.39)的拉普拉斯变换由式(2.259)给出:

$$(s^{\alpha+\beta}+s^q)Y(s) = H(s) + s^\alpha b_2 + b_1 \tag{4.40}$$

$$b_1 = \left[{}_0D_t^{\alpha-1}({}_0D_t^\beta y(t))\right]_{t=0} + \left[{}_0D_t^{q-1}y(t)\right]_{t=0}$$

$$b_2 = \left[{}_0D_t^{\beta-1}y(t)\right]_{t=0}$$

从而写出

$$Y(s) = \frac{s^{-q}H(s)}{s^{\alpha+\beta-q}+1} + b_2\frac{s^{\alpha-q}}{s^{\alpha+\beta-q}+1} + b_1\frac{s^{-q}}{s^{\alpha+\beta-q}+1} \tag{4.41}$$

再借助式(1.80)进行拉普拉斯逆变换, 求得方程的解:

$$y(t) = b_2 t^{\beta-1}\mathrm{E}_{\alpha+\beta-q,\beta}(-t^{\alpha+\beta-q}) + b_1 t^{\alpha+\beta-q}\mathrm{E}_{\alpha+\beta-q,\alpha+\beta}(-t^{\alpha+\beta-q})$$

$$+ \int_0^t (t - \tau)^{\alpha + \beta - 1} E_{\alpha + \beta - q, \alpha + \beta} (- (t - \tau)^{\alpha + \beta - q}) h(\tau) d\tau \qquad (4.42)$$

容易看出，这一解结果将例 4.2 的解作为特例包含于其中。

例 4.8　考虑序贯分数微分方程的初值问题

$$_0D_t^{\alpha_2} (_0D_t^{\alpha_1} y(t)) - \lambda y(t) = h(t) \qquad (4.43)$$

$$[_0D_t^{\alpha_2 - 1} (_0D_t^{\alpha_1} y(t))]_{t=0} = b_1, \qquad [_0D_t^{\alpha_1 - 1} y(t)]_{t=0} = b_2 \qquad (4.44)$$

考虑 $0 < \alpha_1 < 1$，$0 < \alpha_2 < 1$。方程式(4.43)的拉普拉斯变换由式(2.259)给出

$$(s^{\alpha_1 + \alpha_2} - \lambda) Y(s) = H(s) + s^{\alpha_2} b_2 + b_1$$

再借助式(1.80)进行拉普拉斯逆变换后，获得方程的解

$$y(t) = b_2 t^{\alpha_1 - 1} E_{\alpha, \alpha_1} (\lambda t^\alpha) + b_1 t^{\alpha - 1} E_{\alpha, \alpha} (\lambda t^\alpha)$$

$$+ \int_0^t (t - \tau)^{\alpha - 1} E_{\alpha, \alpha} (\lambda (t - \tau)^\alpha) h(\tau) d\tau, \qquad \alpha = \alpha_1 + \alpha_2 \qquad (4.45)$$

如果取例 4.3 中相同的 α 值，那么利用式(1.56)、式(1.82)与式(2.213)，容易证实，式(4.45)是方程式(4.43)的一个解。值得注意的是，如果 $b_1 \neq 0$，$b_2 \neq 0$，则式(4.45)不是例 4.3 中方程式(4.8)的一个解。另一方面，方程式(4.8)与式(4.43)二者都非常接近另外一个解：在两种情形中，都是分数格林函数 $G(t) = t^{\alpha - 1} E_{\alpha, \alpha} (\lambda t^\alpha)$。第 5 章将再次考察该问题。

4.2.2　偏线性分数微分方程

例 4.9　考虑分数扩散-波动方程的 Mainardi(1994 年)[131]初值问题

$$_0D_t^\alpha u(x, t) = \lambda^2 \frac{\partial^2 u(x, t)}{\partial x^2}, \qquad |x| < \infty, t > 0 \qquad (4.46)$$

$$u(x, 0) = f(x), \qquad |x| < \infty \qquad (4.47)$$

$$\lim_{x \to \pm \infty} u(x, t) = 0, \qquad t > 0 \qquad (4.48)$$

式中 $0 < \alpha < 1$。

初始条件式(4.47)的类型提醒我们，方程式(4.46)中的分数导数，必须理解为适当选择后的序贯分数导数

$$_0\mathcal{D}_t^\alpha = {}_0D_t^{\alpha_2} {}_0D_t^{\alpha_1}$$

对于 $\alpha_2 = \alpha - 1$，$\alpha_1 = 1$，以及 $k = 2$（此时给出卡普途公式[24]），将拉普拉斯变换公式(2.259)，即

$$\mathcal{L}\{_0D_t^{\alpha_1} y(t); s\} = s^\alpha Y(s) - s^{\alpha - 1} y(0) \qquad (4.49)$$

应用于问题式(4.46)~式(4.48)，求出：

$$s^\alpha \bar{u}(x, s) - s^{\alpha - 1} f(x) = \lambda^2 \frac{\partial^2 \bar{u}(x, s)}{\partial x^2}, \qquad |x| < \infty \qquad (4.50)$$

$$\lim_{x \to \pm \infty} \bar{u}(x, s) = 0, \qquad t > 0 \qquad (4.51)$$

使用傅里叶指数变换于方程式(4.50)，并利用边界条件式(4.51)，立即获得

$$U(\zeta, s) = \frac{s^{\alpha - 1}}{s^\alpha + \lambda^2 \zeta^2} F(\zeta) \qquad (4.52)$$

式中 $U(\zeta, s)$ 和 $F(\zeta)$ 分别是 $\bar{u}(x, s)$ 和 $f(x)$ 的傅里叶变换。

分式 $\dfrac{s^{\alpha-1}}{s^{\alpha}+\lambda^2\zeta^2}$ 的拉普拉斯逆变换是 $\mathrm{E}_{\alpha,1}(-\lambda^2\zeta^2 t^{\alpha})$。因而，进行傅里叶与拉普拉斯逆变换给出解结果

$$u(x,t) = \int_{-\infty}^{\infty} G(x-\xi,t)f(\xi)\,\mathrm{d}\xi \tag{4.53}$$

$$G(x,t) - \frac{1}{\pi}\int_0^{\infty} \mathrm{E}_{\alpha,1}(-\lambda^2\zeta^2 t^{\alpha})\cos(\zeta x)\,\mathrm{d}\zeta$$

$$= \frac{1}{2\lambda}t^{-\rho}W(-z;-\rho,1-\rho) \tag{4.54}$$

式中 $W(z;\lambda,\mu)$ 是赖特函数式(1.156)。这一解等同于 Schneider-Wyss 分数(积分-微分)扩散方程式(4.27)的解。

第5章 分数格林函数

第4章所研究的两类相对应的"标准"与"序贯(sequential)"分数微分方程，其解存在共同点：它们都具有相同的**分数格林函数**。

格林函数①概念第一次出现在分数微分方程中，似乎是在 Meshkov 著《金属的黏弹性质》

---

① **格林函数**(Green's function)[1:3-472,3;401,4;724,8;61,592,662,31;240] 研究微分方程(包括常微分方程与偏微分方程)边值问题的重要工具。简言之，格林函数是满足一定边值条件的共轭微分方程的基本解。

格林函数描述由高度集中的外部影响 ε 所产生的物理效应[7;416,457,504,562,31;414]——在 5.1.1 节中的条件(b)描述的就是这种效应。格林函数在数学物理方法中，又称为**源函数**或**影响函数**[28;398]。

格林函数，1830 年前后由英国科学家**格林**(George Green，1793~1841)[1;6-264,2;7-422,17;3-65,46;268]引进。1828年格林完成"An Essay on the Application of Mathematical Analysis to the Theories of Electricity and Magnetism"并自费印刷成册。该文企图用彻底的数学方式论述静电磁学，给出了分析学中著名的"格林函数"与"格林定理"，对多维位势方程理论的发展具有奠基性作用。但该文未受重视，直到他去世后的 1850 年在克雷尔《数学杂志》上发表，人们才开始认识到它的巨大价值。虽然拉普拉斯与泊松等已用到过位势函数，但"**位势**[1;3-301,4;.46;728]"这个名称是格林首先引入的。拉普拉斯等人的方法只适用于某些特殊的几何形体，格林则发展出较一般的理论。

格林从泊松的论文中，自学到许多关于位势函数的概念并移用于电磁学。他从**位势方程**

$$\Delta V = \frac{\partial^2 V}{\partial x^2} + \frac{\partial^2 V}{\partial y^2} + \frac{\partial^2 V}{\partial z^2} = 0 \tag{5.1a}$$

入手，证明：假设 V 与 U 是 x，y，z 的任意两连续函数，导数在任意物体的任何点上都不为无穷，则有

$$\iiint U\Delta V dV + \iint U \frac{\partial V}{\partial n} d\sigma = \iiint V\Delta U dv + \iint V \frac{\partial U}{\partial n} d\sigma \tag{5.1b}$$

式中 n 是物体表面指向内部的法向，$dv = dxdydz$ 是体积元，$d\sigma$ 是曲面元。

这就是格林建立的对推动位势论进一步发展极为关键的格林定理。

格林的证明完全基于物理的理由。从存在性观点看，位势理论的基本问题是要证明，存在一个位势函数 V，其值在一个区域的边界上给定，区域内满足位势方程式(5.1a)。格林指出 V 和它的每一个一阶导数在物体内部连续这一要求，可以用来代替 V 的导数所应满足的边界条件。根据这一事实，格林用 V 在边界上的值 $\bar{V}$(假定已给定)与另一个具有如下性质的函数 U 来表示物体内部的 V。

(1) 表面上必须为零：$U = 0$。

(2) 在物体内部一个固定的但未确定的点 P 上，U 像 $1/r$ 一样变为无穷，r 是 P 与任何另外一点的距离。

(3) 在物体内部，U 满足位势方程：$\Delta U = 0$。

如果 U 已知(它可能比较容易求得，因为 U 满足比 V 更为简单的条件)，那么 V 在每一内点可表示成

$$4\pi V = -\iint \bar{V} \frac{\partial U}{\partial n} d\sigma \tag{5.1c}$$

式中积分展布于曲面上，而 $\partial U/\partial n$ 是 U 沿垂直于曲面指向物体内部方向上的导数。这个由格林引进的特殊的奇异函数 U——黎曼称之为**格林函数**(现在人们习惯用 G 表示)，已成为现代偏微分方程论的一项基本工具，并被日益广泛地应用于现代物理的诸多领域(量子碰撞、基本粒子理论、固体物理等)。

对于格林函数的理解与掌握，有兴趣的读者可参阅[8：662~674]。该书比较详细地论述了一维格林函数，格林函数与狄拉克 δ 函数的关系等，与此同时还给出一些一维问题的格林函数求解习题。

格林自学成大师的故事，是人类励志的典范！从少年时代开始，长期在自家磨坊做工，坚持不懈自学掌握了高等数学与有关物理知识。40 岁时被推荐进入剑桥大学，45 岁获得学士学位。格林的研究工作孕育了以汤姆孙、斯托克斯、麦克斯韦等为代表的剑桥数学物理学派。

(Metallurgia，Moscow，1974 年)中[149]，也就是后面所要考察的形式为式(5.19)的方程。

米勒与罗斯[153]在《分数微积分与分数微分方程》(1993 年)第 V 章中，提议并使用分数格林函数求解仅包含阶数为 $k\alpha(k$ 是整数)的分数微分方程。

本章以文献[201](1994 年)和文献[208](1995 年)为基础，给出一个更一般的分数格林函数定义，并讨论其某些性质，以及定常系数分数线性微分方程初值问题的**构造解**(constructing solution)所应具备的必要条件。

在此，针对定常系数的常分数线性微分方程，仅用其格林函数给出初值问题的解结果。根据该解结果，初值问题的求解降简为寻找分数格林函数问题。对于某些特殊情形(一，二，三和四项方程)，可获得显式的分数格林函数表达式。

我们将以任意定常系数的分数线性常微分方程解的显式表达式来结束本章。

5.1　定义与性质

考察齐次初始条件 $b_k=0(k=1,\cdots,n)$ 时的方程式(4.32)，也即

$$_0\boldsymbol{L}_t y(t)=f(t);\qquad [_0\mathcal{D}_t^{\sigma_{k}-1}y(t)]_{t=0}=0,\qquad k=1,\cdots,n \qquad (5.1)$$

$$_a\boldsymbol{L}_t y(t)\equiv{}_a\mathcal{D}_t^{\sigma_n}y(t)+\sum_{k=1}^{n-1}p_k(t)\,_a\mathcal{D}_t^{\sigma_{n-k}}y(t)+p_n(t)y(t)$$

$$_a\mathcal{D}_t^{\sigma_k}\equiv{}_a\mathcal{D}_t^{\alpha_k}\mathcal{D}_t^{\alpha_{k-1}}\cdots\mathcal{D}_t^{\alpha_1};\qquad _a\mathcal{D}_t^{\sigma_{k}-1}\equiv{}_a\mathcal{D}_t^{\alpha_{k}-1}\,_a\mathcal{D}_t^{\alpha_{k-1}}\cdots\,_a\mathcal{D}_t^{\alpha_1}$$

$$\sigma_k=\sum_{j=1}^{k}\alpha_j,\qquad k=1,2,\cdots,n;\qquad 0<\alpha_j\leqslant 1,\ j=1,2,\cdots,n$$

如下定义是文献[160](1969 年，俄文)中给出的"**分数化**(fractionalization)"格林函数形式。

5.1.1　定义

如果函数 $G(t,\tau)$ 满足如下条件：

(a) 对于每一个 $\tau\in(0,t)$ 有 $_\tau\boldsymbol{L}_t G(t,\tau)=0$；

(b) $\lim\limits_{\tau\to t-0}(_\tau\mathcal{D}_t^{\sigma_{k}-1}G(t,\tau))=\delta_{k,n}$，$k=0\sim n$，($\delta_{k,n}$ 是**克罗内克 δ 函数**①)；

(c) $\lim\limits_{\substack{\tau,t\to+0\\\tau<t}}(_\tau\mathcal{D}_t^{\sigma_k}G(t,\tau))=0$，$k=0,1,\cdots,n-1$

则称 $G(t,\tau)$ 为方程式(5.1)的格林函数。

---

① **克罗内克 δ 函数**(Kronecker's δ function)[7;628]：

$$\delta_{k,n}=\begin{cases}1,&k=n\\0,&k\neq n\end{cases}$$

$\delta_{k,n}$ 称为克罗内克符号。

显然，$\delta_{k,n}$ 函数是数字 δ 序列(函数)[10-12]并有

$$\delta_{k,n}=\delta[k-n],\qquad k\in\mathbb{Z},n\in\mathbb{Z}$$

这与模拟 δ 函数——狄拉克 δ 函数具有本质性区别：

$$\delta(t)=\begin{cases}\infty,&t=0\\0,&t\neq 0\end{cases},\qquad \int_t\delta(t)\mathrm{d}t=1$$

5.1.2 性质

1. 使用式(2.211)，能够证明 $y(t) = \int_0^t G(t,\tau)f(\tau)\mathrm{d}\tau$ 是式(5.1)的解。

首先概述该命题证明过程。使用式(2.211)和格林函数定义条件(b)计算
$$_0\mathcal{D}_t^{\sigma_1}y(t),\,_0\mathcal{D}_t^{\sigma_2}y(t),\cdots,\,_0\mathcal{D}_t^{\sigma_n}y(t)$$
获得

$$
\begin{aligned}
_0\mathcal{D}_t^{\sigma_1}y(t) &= {_0D_t^{\alpha_1}}\int_0^t G(t,\tau)f(\tau)\mathrm{d}\tau \\
&= \int_0^t {_\tau D_t^{\alpha_1}}G(t,\tau)f(\tau)\mathrm{d}\tau + \lim_{\tau\to t-0} {_\tau D_t^{\alpha_1-1}}G(t,\tau)f(\tau) \\
&= \int_0^t {_\tau\mathcal{D}_t^{\sigma_1}}G(t,\tau)f(\tau)\mathrm{d}\tau
\end{aligned}
\tag{5.2}
$$

$$
\begin{aligned}
_0\mathcal{D}_t^{\sigma_2}y(t) &= {_0D_t^{\alpha_2}}({_0D_t^{\alpha_1}}y(t)) = {_0D_t^{\alpha_2}}\int_0^t {_\tau D_t^{\alpha_1}}G(t,\tau)f(\tau)\mathrm{d}\tau \\
&= \int_0^t {_\tau D_t^{\alpha_2}}({_\tau D_t^{\alpha_1}}G(t,\tau))f(\tau)\mathrm{d}\tau + \lim_{\tau\to t-0}{_\tau D_t^{\alpha_2-1}}({_\tau D_t^{\alpha_1}}G(t,\tau))f(\tau) \\
&= \int_0^t {_\tau\mathcal{D}_t^{\sigma_2}}G(t,\tau)f(\tau)\mathrm{d}\tau
\end{aligned}
\tag{5.3}
$$

$$\cdots$$

$$
\begin{aligned}
_0\mathcal{D}_t^{\sigma_{n-1}}y(t) &= {_0D_t^{\alpha_{n-1}}}({_0D_t^{\sigma_{n-2}}}y(t)) = {_0D_t^{\alpha_{n-1}}}\int_0^t {_\tau\mathcal{D}_t^{\sigma_{n-2}}}G(t,\tau)f(\tau)\mathrm{d}\tau \\
&= \int_0^t {_\tau D_t^{\alpha_{n-1}}}({_\tau\mathcal{D}_t^{\sigma_{n-2}}}G(t,\tau))f(\tau)\mathrm{d}\tau + \lim_{\tau\to t-0}{_\tau D_t^{\alpha_{n-1}-1}}({_\tau\mathcal{D}_t^{\sigma_{n-2}}}G(t,\tau))f(\tau) \\
&= \int_0^t {_\tau\mathcal{D}_t^{\sigma_{n-1}}}G(t,\tau)f(\tau)\mathrm{d}\tau
\end{aligned}
\tag{5.4}
$$

$$
\begin{aligned}
_0\mathcal{D}_t^{\sigma_n}y(t) &= {_0D_t^{\alpha_n}}({_0\mathcal{D}_t^{\sigma_{n-1}}}y(t)) = {_0D_t^{\alpha_n}}\int_0^t {_\tau\mathcal{D}_t^{\sigma_{n-1}}}G(t,\tau)f(\tau)\mathrm{d}\tau \\
&= \int_0^t {_\tau \mathrm{D}_t^{\alpha_n}}({_\tau\mathcal{D}_t^{\sigma_{n-1}}}G(t,\tau))f(\tau)\mathrm{d}\tau + \lim_{\tau\to t-0}{_\tau D_t^{\alpha_n-1}}({_\tau\mathcal{D}_t^{\sigma_{n-1}}}G(t,\tau))f(\tau) \\
&= \int_0^t {_\tau\mathcal{D}_t^{\sigma_n}}G(t,\tau)f(\tau)\mathrm{d}\tau + f(t)
\end{aligned}
\tag{5.5}
$$

用对应的系数乘这些方程并求和，立即得

$$
_0\boldsymbol{L}_t y(t) = \int_0^t {_\tau\boldsymbol{L}_t}G(t,\tau)f(\tau)\mathrm{d}\tau + f(t) = f(t)
\tag{5.6}
$$

从而完成证明。

2. 对于定常系数的分数微分方程，有
$$G(t,\tau) \equiv G(t-\tau)$$

这是很显然的，因为如此情形下，格林函数能够通过拉普拉斯变换方法求得。

方程的类型(标准的或序贯的)，对于确定格林函数并不重要，因为在格林函数定义中的条件(b)，所有的非整数项相加会消失。

3. 格林函数 $G(t,\tau)$ 的适当导数构成齐次 $(f(t) \equiv 0)$ 方程式(4.32)的一个线性独立解集(例 4.3 和例 4.8 已给出了简单的说明)。

让我们以定常系数的线性分数微分方程为例来阐明这一点。定常系数的线性分数微分方程是这项研究的主题，对于此类情形有 $G(t,\tau) = G(t-\tau)$。

取 $0 < \lambda < \sigma_n$。首先，函数

$$y_\lambda(t) = {}_0D_t^\lambda G(t) \tag{5.7}$$

是对应齐次方程的一个解。其实，

$${}_0\boldsymbol{L}_t y_\lambda(t) = {}_0\boldsymbol{L}_t({}_0D_t^\lambda G(t)) = {}_0D_t^\lambda({}_0\boldsymbol{L}_t G(t)) = 0 \tag{5.8}$$

在此使用了 ${}_0\boldsymbol{L}_t\,{}_0D_t^\lambda = {}_0D_t^\lambda\,{}_0\boldsymbol{L}_t$，这来自于分数格林函数定义中的条件(c)。

其次，

$${}_0D_t^{\sigma_n-\lambda-1} y_\lambda(t)\,\big|_{t=0} = 1 \tag{5.9}$$

事实上，

$$\begin{aligned}\left[{}_0D_t^{\sigma_n-\lambda-1} y_\lambda(t)\right]_{t=0} &= \left[{}_0D_t^{\sigma_n-\lambda-1}({}_0D_t^\lambda G(t))\right]_{t=0} \\ &= \left[{}_0D_t^{\sigma_n-1} G(t)\right]_{t=0} = 1\end{aligned} \tag{5.10}$$

这里使用了关系

$${}_0D_t^{\sigma_n-\lambda-1}\,{}_0D_t^\lambda G(t) = {}_0D_t^{(\sigma_n-\lambda-1)+\lambda} G(t) \tag{5.11}$$

此式来自于格林函数定义中的条件(c)，之后使用了条件(b)。

可见有了方程式(5.1)的分数格林函数，就能确定相对应的齐次方程的特解，这对于满足非齐次初始条件是必要的。

由此而来，具有定常系数的线性分数微分方程的求解，就简化为寻找分数格林函数。从而可立即写出满足给定非齐次初始条件的非齐次方程的解。

该解结果具有形式

$$y(t) = \sum_{k=1}^n b_k \psi_k(t) + \int_0^t G(t-\tau)f(\tau)\,\mathrm{d}\tau \tag{5.12}$$

$$b_k = \left[{}_0\mathcal{D}_t^{\sigma_k-1} y(t)\right]_{t=0} \tag{5.13}$$

$$\psi_k(t) = {}_0\mathcal{D}_t^{\sigma_n-\sigma_k} G(t), \qquad {}_0\mathcal{D}_t^{\sigma_n-\sigma_k} \equiv {}_aD_t^{\alpha_n}{}_aD_t^{\alpha_{n-1}}\cdots{}_aD_t^{\alpha_{k+1}} \tag{5.14}$$

由这一结果，接下来几节求解分数格林函数，包括一般线性分数微分方程的一些显式表达式。

5.2　单项方程

对于定常系数单项分数阶微分方程

$$a \cdot {}_0D_t^\alpha y(t) = f(t) \tag{5.15}$$

式中的导数可以是"经典"形式(即 Oldham 和 Spanier 著作[179]中所考虑的情形)或是"序贯"(米勒和罗斯)形式，分数格林函数 $G_1(t)$ 可以由表达式

$$g_1(p) = \frac{1}{ap^\alpha} \tag{5.16}$$

的拉普拉斯逆变换求出。

对式(5.16)进行拉普拉斯逆变换给出

$$G_1(t) = \frac{1}{a} \frac{t^{\alpha-1}}{\Gamma(\alpha)} \tag{5.17}$$

在齐次初始条件下，方程式(5.15)的解是

$$y(t) = \frac{1}{a\Gamma(\alpha)} \int_0^t \frac{f(\tau)\mathrm{d}\tau}{(t-\tau)^{1-\alpha}} = \frac{1}{a}\, _0D_t^{-\alpha}f(t) \tag{5.18}$$

使用[188：引理3.3]，容易证明，若 $f(t)$ 在 $[0,\infty)$ 内连续，则表达式(5.18)给出方程式(5.15)的解结果。

5.3　双项方程

对于定常系数双项分数阶微分方程

$$a\, _0D_t^{\alpha}y(t) + b\,y(t) = f(t) \tag{5.19}$$

式中的导数可以是"经典"形式(即 Oldham 和 Spanier 著作[179]中所考虑的情形)或是"序贯"(米勒和罗斯)形式，分数格林函数 $G_2(t)$ 可由

$$g_2(p) = \frac{1}{ap^{\alpha}+b} = \frac{1}{a}\, \frac{1}{p^{\alpha}+\dfrac{b}{a}} \tag{5.20}$$

的拉普拉斯逆变换求出

$$G_2(t) = \frac{1}{a} t^{\alpha-1} \mathrm{E}_{\alpha,\alpha}\left(-\frac{b}{a}t^{\alpha}\right) \tag{5.21}$$

函数 $G_2(t)$ 在例4.1与例4.3的解结果中起着关键作用。

在式(5.21)中取 $b=0$ 并利用米塔–列夫勒函数的定义式(1.56)，就获得单项方程的格林函数 $G_1(t)$。

5.4　三项方程

对于定常系数的三项分数阶微分方程

$$a\, _0D_t^{\beta}y(t) + b\, _0D_t^{\alpha}y(t) + c\,y(t) = f(t) \tag{5.22}$$

式中的导数可以是"经典"形式(即 Oldham 和 Spanier 著作[179]中所考虑的情形)或是"序贯"(米勒和罗斯)形式，分数格林函数 $G_3(t)$ 可由

$$g_3(p) = \frac{1}{ap^{\beta}+bp^{\alpha}+c} \tag{5.23}$$

的拉普拉斯逆变换求出。

假定 $\beta>\alpha$，$g_3(p)$ 可写成①

---

① 式中使用了幂级数展开式——**几何级数**(geometric series)[1：1-111,3：282,4：226,7：114]公式

$$\frac{1}{1\pm x} = \sum_{k=0}^{\infty}(\mp 1)^k x^k, \qquad |x| < 1$$

在式(5.32)和式(5.37)中也使用了该幂级数展开式。几何级数又称**等比级数**——由等比数列构成的级数。

$$g_3(p) = \frac{1}{c} \frac{cp^{-\alpha}}{ap^{\beta-\alpha}+b} \cdot \frac{1}{1 + \dfrac{cp^{-\alpha}}{ap^{\beta-\alpha}+b}}$$

$$= \frac{1}{c} \sum_{k=0}^{\infty} (-1)^k \left(\frac{c}{a}\right)^{k+1} \frac{p^{-\alpha k-\alpha}}{\left(p^{\beta-\alpha}+\dfrac{b}{a}\right)^{k+1}} \tag{5.24}$$

逐项反演,根据[42;§22]中有关拉普拉斯变换的一般展开定理,使用式(1.80)推出

$$G_3(t) = \frac{1}{c} \sum_{k=0}^{\infty} \frac{(-1)^k}{k!} \left(\frac{c}{a}\right)^k t^{\beta(k+1)-1} E_{\beta-\alpha,\beta+\alpha k}^{(k)} \left(-\frac{b}{a} t^{\beta-\alpha}\right) \tag{5.25}$$

式中 $E_{\lambda,\mu}(z)$ 是双参数米塔-列夫勒函数,而

$$E_{\lambda,\mu}^{(k)}(y) \equiv \frac{d^k}{dy^k} E_{\lambda,\mu}(y) = \sum_{j=0}^{\infty} \frac{(j+k)! y^j}{j! \Gamma(\lambda j + \lambda k + \mu)}, \qquad k = 0,1,2,\cdots \tag{5.26}$$

在该解中已假定 $a \neq 0$,否则,就得到双项方程式(5.19)。当然,也可假设 $c \neq 0$,由于对于 $c = 0$,有

$$g_3(p) = \frac{1}{ap^{\beta}+bp^{\alpha}} = \frac{p^{-\alpha}}{ap^{\beta-\alpha}+b}$$

并且能够像双项方程的情形那样,进行同样的拉普拉斯反演。

方程式(5.22)的两个特例,在 Bagley 与 Torvik[16]($\beta=2$ 和 $\alpha=3/2$)和卡普途[24]($\beta=2$ 和 $0<\alpha<1$)那里得到研究。容易证明,卡普途的解是式(5.25)的一个特例。

其实,将式(5.26)代入式(5.25),并改变求和顺序,获得

$$G_3(t) = \frac{1}{c} \sum_{k=0}^{\infty} \frac{(-1)^k}{k!} \left(\frac{c}{a}\right)^{k+1} t^{\beta(k+1)-1} \sum_{j=0}^{\infty} \frac{(j+k)! \left(-\dfrac{b}{a} t^{\beta-\alpha}\right)^j}{j! \Gamma(j(\beta-\alpha)+k(\beta-\alpha)+\beta+\alpha k)} \tag{5.27}$$

$$= \frac{1}{c} \sum_{k=0}^{\infty} (-1)^k \left(\frac{c}{a}\right)^{k+1} \sum_{j=0}^{\infty} (-1)^j \left(\frac{b}{a}\right)^j \frac{(j+k)! t^{\beta(j+k)+\beta-1-\alpha j}}{k! j! \Gamma(\beta(j+k+1)-\alpha j)} \tag{5.28}$$

$$= \frac{1}{a} \sum_{j=0}^{\infty} \left(\frac{-b}{a}\right)^j \sum_{k=0}^{\infty} \left(\frac{-c}{a}\right)^k \binom{j+k}{k} \frac{t^{\beta(j+k+1)-\alpha j-1}}{\Gamma(\beta(j+k+1)-\alpha j)} \tag{5.29}$$

对于 $\beta=2$,该表达式等同于卡普途获得的表达式[24;公式(2.27)]。

5.5 四项方程

对于定常系数四项分数阶微分方程

$$a\,_0D_t^{\gamma}y(t) + b\,_0D_t^{\beta}y(t) + c\,_0D_t^{\alpha}y(t) + dy(t) = f(t) \tag{5.30}$$

如前面各节,式中导数可以是"经典"形式或"序贯"形式,分数格林函数 $G_4(t)$ 可由如下表达式的拉普拉斯逆变换求得

$$g_4(p) = \frac{1}{ap^{\gamma}+bp^{\beta}+cp^{\alpha}+d} \tag{5.31}$$

假定 $\gamma > \beta > \alpha$,$g_4(p)$ 可写成

$$g_4(p) = \frac{1}{ap^{\gamma}+bp^{\beta}} \frac{1}{1 + \dfrac{cp^{\alpha}+d}{ap^{\gamma}+bp^{\beta}}}$$

$$= \frac{a^{-1}p^{-\beta}}{p^{\gamma-\beta}+a^{-1}b} \frac{1}{1+\dfrac{a^{-1}cp^{\alpha-\beta}+a^{-1}dp^{-\beta}}{p^{\gamma-\beta}+a^{-1}b}}$$

$$= \sum_{m=0}^{\infty}(-1)^m \frac{a^{-1}p^{-\beta}}{(p^{\gamma-\beta}+a^{-1}b)^{m+1}}\left(\frac{c}{a}p^{\alpha-\beta}+\frac{d}{a}p^{-\beta}\right)^m$$

$$= \sum_{m=0}^{\infty}(-1)^m \frac{a^{-1}p^{-\beta}}{(p^{\gamma-\beta}+a^{-1}b)^{m+1}}\sum_{k=0}^{m}\binom{m}{k}\frac{c^k d^{m-k}}{a^m}p^{\alpha k-\beta m}$$

$$= \frac{1}{a}\sum_{m=0}^{\infty}(-1)^m\left(\frac{d}{a}\right)^m\sum_{k=0}^{m}\binom{m}{k}\left(\frac{c}{d}\right)^k\frac{p^{\alpha k-\beta m-\beta}}{(p^{\gamma-\beta}+a^{-1}b)^{m+1}} \tag{5.32}$$

逐项反演，根据文献[42：§22]中有关拉普拉斯变换的一般展开定理，使用式(1.80)给出方程式(5.30)所确定的分数格林函数的最终表达式

$$G_4(t)=\frac{1}{a}\sum_{m=0}^{\infty}\frac{1}{m!}\left(\frac{-d}{a}\right)^m\sum_{k=0}^{m}\binom{m}{k}\left(\frac{c}{d}\right)^k\times t^{\gamma(m+1)-\alpha k-1}\mathrm{E}_{\gamma-\beta,\gamma+\beta m-\alpha k}^{(m)}\left(-\frac{b}{a}t^{\gamma-\beta}\right) \tag{5.33}$$

在该结果中已假设 $a\neq0$，否则就得到三项方程式(5.22)。当然也可假设 $d\neq0$，因为在 $d=0$ 情形下，写出

$$g_4(p)=\frac{p^{-\alpha}}{ap^{\gamma-\alpha}+bp^{\beta-\alpha}+c} \tag{5.34}$$

之后，就能够像三项方程的情形那样进行同样的拉普拉斯反演。

5.6 一般情况：n 项方程

上述几节结论本质上能够推广。

对于定常系数的 n 项分数阶微分方程

$$a_n D^{\beta_n}y(t)+a_{n-1}D^{\beta_{n-1}}y(t)+\cdots+a_1 D^{\beta_1}y(t)+a_0 D^{\beta_0}y(t)=f(t) \tag{5.35}$$

式中，导数 $D^\alpha\equiv{}_0D_t^\alpha$，可以是"经典"形式，或是"序贯"形式，相对应的分数格林函数 $G_n(t)$ 可由如下表达式的拉普拉斯逆变换求得

$$g_n(p)=\frac{1}{a_n p^{\beta_n}+a_{n-1}p^{\beta_{n-1}}+\cdots+a_1 p^{\beta_1}+a_0 p^{\beta_0}} \tag{5.36}$$

假设 $\beta_n>\beta_{n-1}>\cdots>\beta_1>\beta_0$，则 $g_n(p)$ 可写成

$$g_n(p)=\frac{1}{a_n p^{\beta_n}+a_{n-1}p^{\beta_{n-1}}}\frac{1}{1+\dfrac{\sum_{k=0}^{n-2}a_k p^{\beta_k}}{a_n p^{\beta_n}+a_{n-1}p^{\beta_{n-1}}}}$$

$$=\frac{a_n^{-1}p^{-\beta_{n-1}}}{p^{\beta_n-\beta_{n-1}}+\dfrac{a_{n-1}}{a_n}}\frac{1}{1+\dfrac{a_n^{-1}p^{-\beta_{n-1}}\sum_{k=0}^{n-2}a_k p^{\beta_k}}{p^{\beta_n-\beta_{n-1}}+\dfrac{a_{n-1}}{a_n}}}$$

$$
= \sum_{m=0}^{\infty} \frac{(-1)^m a_n^{-1} p^{-\beta_{n-1}}}{\left(p^{\beta_n - \beta_{n-1}} + \dfrac{a_{n-1}}{a_n}\right)^{m+1}} \left(\sum_{k=0}^{n-2} \left(\frac{a_k}{a_n}\right) p^{\beta_k - \beta_{n-1}}\right)^m
$$

$$
= \sum_{m=0}^{\infty} \frac{(-1)^m a_n^{-1} p^{-\beta_{n-1}}}{\left(p^{\beta_n - \beta_{n-1}} + \dfrac{a_{n-1}}{a_n}\right)^{m+1}} \sum_{\substack{k_0 + k_1 + \cdots + k_{n-2} = m \\ k_0 \geq 0; \cdots; k_{n-2} \geq 0}} (m; k_0, k_1, \cdots, k_{n-2}) \prod_{i=0}^{n-2} \left(\frac{a_i}{a_n}\right)^{k_i} p^{(\beta_i - \beta_{n-1}) k_i}
$$

$$
= \frac{1}{a_n} \sum_{m=0}^{\infty} (-1)^m \sum_{\substack{k_0 + k_1 + \cdots + k_{n-2} = m \\ k_0 \geq 0; \cdots; k_{n-2} \geq 0}} (m; k_0, k_1, \cdots, k_{n-2}) \times \prod_{i=0}^{n-2} \left(\frac{a_i}{a_n}\right)^{k_i} \frac{p^{-\beta_{n-1} + \sum_{i=0}^{n-2} (\beta_i - \beta_{n-1}) k_i}}{\left(p^{\beta_n - \beta_{n-1}} + \dfrac{a_{n-1}}{a_n}\right)^{m+1}}
$$

$$
\tag{5.37}
$$

式中 $(m; k_0, k_1, \cdots, k_{n-2})$ 是**多项式系数**[2]①。

逐项反演，根据文献[42,§22]中有关拉普拉斯变换的一般展开定理，可使用式(1.80)给出方程式(5.35)所确定的分数格林函数的最终表达式

$$
G_n(t) = \frac{1}{a_n} \sum_{m=0}^{\infty} \frac{(-1)^m}{m!} \sum_{\substack{k_0 + k_1 + \cdots + k_{n-2} = m \\ k_0 \geq 0; \cdots; k_{n-2} \geq 0}} (m; k_0, k_1, \cdots, k_{n-2}) \prod_{i=0}^{n-2} \left(\frac{a_i}{a_n}\right)^{k_i} t^{(\beta_n - \beta_{n-1}) m + \beta_n + \sum_{j=0}^{n-2} (\beta_{n-1} - \beta_j) k_j - 1}
$$

$$
\times \mathrm{E}_{\beta_n - \beta_{n-1}, +\beta_n + \sum_{j=0}^{n-2} (\beta_{n-1} - \beta_j) k_j}^{(m)} \left(-\frac{a_{n-1}}{a_n} t^{\beta_n - \beta_{n-1}}\right)
\tag{5.38}
$$

---

① **多项式系数**(multinomial coefficients)[1:2~12,3:463,4:27,7:30]　　多项式 $(x_1 + x_2 + \cdots x_n)^m$ 的级数展开

$$
(x_1 + x_2 + \cdots x_n)^m = \sum_{k_1 + k_2 + \cdots + k_n = m} \binom{m}{k_1, k_2, \cdots, k_n} x_1^{k_1} x_2^{k_2} \cdots x_n^{k_n}, \qquad 0 \leq k_i \leq m, i = 1 \sim n
$$

的系数

$$
(m; k_0, k_1, \cdots, k_{n-2}) = \binom{m}{k_1, k_2, \cdots, k_n} = \frac{m!}{k_1! k_2! \cdots k_n!}
$$

上述公式统称为**多项式定理**(multinomial theorem)，是**二项式定理**

$$
(a + b)^m = \sum_{k=0}^{m} \binom{m}{k} a^{m-k} b^k = \sum_{k=0}^{m} C_m^k a^{m-k} b^k \quad \text{或} \quad (1 + z)^m = \sum_{k=0}^{m} \binom{m}{k} z^k = \sum_{k=0}^{m} C_m^k z^k
$$

的推广。

牛顿 24 岁(1667 年)时，凭直觉推理[43,44]发现指数 m 不是自然数的二项式公式。对于任意实数 α，存在如下级数形式的一般公式——**牛顿二项式公式**[1:1~115,7:30]：

$$
(1 + z)^{\alpha} = \sum_{k=0}^{\infty} C_{\alpha}^k z^k, \qquad |z| < 1, \qquad C_{\alpha}^k = \binom{\alpha}{k} = \frac{\alpha(\alpha - 1) \cdots (\alpha - k + 1)}{k!} = \frac{\alpha^{\downarrow k}}{k!}
$$

为了证明该级数收敛，人们花费了很长时间，直到 1774 年，67 岁的欧拉(1707—1783)才获得成功。因此上述公式又称为**欧拉二项式定理**(Euler binomial theorem)[7:30]。

另外，我们有

$$
(1 - z^{-1})^{\alpha} = \sum_{k=0}^{\infty} g_k^{(\alpha)} z^{-k}, \qquad z \neq 0, \qquad g_k^{(\alpha)} = (-1)^k \binom{\alpha}{k} = \left\langle \begin{array}{c} -\alpha \\ k \end{array} \right\rangle = \frac{(-\alpha)^{\uparrow k}}{k!}
$$

式中 $g_k^{(\alpha)}$ 为(一阶逼近)格林瓦尔-莱特尼科夫加权系数(又称带符号的广义二项式系数)。

第6章 分数阶方程的其他求解方法

本章进一步论述一些求解分数阶积分与微分方程的解析方法。它们是梅林变换法、幂级数法与 Babenko 符号法。最后讨论求解分数阶积分方程的正交多项式法，并给出不同核类型的(所谓)谱关系。本章描述的所有方法也都给出了实例说明。

6.1 梅林变换法

在某些情况下，分数微分方程的解可用梅林变换(见 2.10 节)获得。

例 6.1 考察方程

$$t^{\alpha+1}D^{\alpha+1}y(t)+t^{\alpha}D^{\alpha}y(t)=f(t) \tag{6.1}$$

如果假设

$$y(0)=y'(0)=0, \qquad y(\infty)=y'(\infty)=0 \tag{6.2}$$

则 D^{α} 可以是黎曼-刘维尔分数导数，或者卡普途分数导数，或者米勒-罗斯分数导数。

对方程式(6.1)进行梅林变换，并利用公式(2.299)，得到

$$Y(s)=F(s)\frac{\Gamma(1-s-\alpha)}{\Gamma(1-s)(1-s-\alpha)}=F(s)G(1-s) \tag{6.3}$$

$$G(s)=\frac{\Gamma(s-\alpha)}{\Gamma(s)(s-\alpha)}=\frac{\Gamma(s-\alpha+1)}{\Gamma(s)(s-\alpha)^2} \tag{6.4}$$

如果函数 $G(s)$ 的梅林逆变换 $g(t)$ 已知，则方程式(6.1)的解是函数 $f(t)$ 与 $g(t)$ 的梅林卷积式(2.278)

$$y(t)=\int_0^\infty f(t\tau)g(\tau)\mathrm{d}\tau \tag{6.5}$$

能够证明，对于 $t>1$，$g(t)=0$。实际上，它的梅林变换 $G(s)$ 可写成

$$G(s)=G_1(s)G_2(s), \qquad G_1(s)=\frac{\Gamma(s-\alpha)}{\Gamma(s)}, \qquad G_2(s)=\frac{1}{s-\alpha} \tag{6.6}$$

使用[62]中式 7.3(20)和式 7.1(3)，求得 $G_1(s)$ 和 $G_2(s)$ 的梅林逆变换

$$g_1(t)=\begin{cases}\dfrac{t^{-\alpha}(1-t)^{\alpha-1}}{\Gamma(\alpha)} & 0<t<1, \\ 0, & t>1,\end{cases} \qquad g_2(t)=\begin{cases}t^{-\alpha}, & 0<t<1 \\ 0, & t>1\end{cases} \tag{6.7}$$

再利用同一表中的公式 6.1(14)，得出 $G(s)$ 的梅林逆变换

$$g(t)=\int_0^\infty g_1\left(\frac{t}{\tau}\right)g_2(\tau)\frac{\mathrm{d}\tau}{\tau} \tag{6.8}$$

对于 $g_1(t)$ 和 $g_2(t)$，由式(6.7)知，当 $t>1$ 时，$g(t)=0$，而对于 $0<t<1$ 有

$$g(t)=\int_t^1 g_1\left(\frac{t}{\tau}\right)g_2(\tau)\frac{\mathrm{d}\tau}{\tau} \tag{6.9}$$

计算积分式(6.9),或反演式(6.4)给定的 $G(s)$,对于 $0<t<1$,就能获得函数 $g(t)$ 的一个显式表达。在第二种情形中,可以使用**留数定理**①。式(6.4)给定的函数

$$G(s) = \frac{\Gamma(s-\alpha+1)}{\Gamma(s)(s-\alpha)^2}$$

在 $s=\alpha$ 具有一个**双重极点**,在 $s=-n+\alpha-1(n=0,1,2,\cdots)$ 具有**普通极点**,所有这些极点都位于左半平面内。由此而来,利用留数定理给出②

$$g(t) = \frac{1}{2\pi i}\int_{Br} G(s)t^{-s}\mathrm{d}s$$

$$= \left[\mathrm{Res}G(s)t^{-s}\right]_{s=\alpha} + \sum_{n=0}^{\infty}\left[\mathrm{Res}G(s)t^{-s}\right]_{s=-n+\alpha-1}$$

$$= \frac{t^{-\alpha}}{\Gamma(\alpha)}(\ln(t)+\psi(\alpha)-\gamma) + \sum_{n=0}^{\infty}\frac{(-1)^n t^{n-\alpha+1}}{(n+1)\Gamma(n+2)\Gamma(-n+\alpha-1)} \qquad (6.10)$$

式中 $\gamma=0.577215\cdots$ 是欧拉数③,$\psi(z)=\Gamma'(z)/\Gamma(z)$ 是伽马函数的对数导数[63:1.7节]。④

---

① **留数定理**(residue theorem),亦称**柯西留数定理**(1826 年)。[1:3-43,3:308,4:527,7:547,8:455,31:61]

如果复变函数 $f(z)$ 在简单闭曲线 C 的内部 D,除有限个极点 $a_1,\cdots,a_N$ 外解析,那么 $f(z)$ 沿 C 正向(逆时针方向)积分等于 $f(z)$ 在 C 内部各奇点(即极点)上留数之和的 $2\pi i$ 倍,即

$$\int_C f(z)\mathrm{d}z = 2\pi i\sum_{n=1}^{N}\left[\mathrm{Res}f(z)\right]_{z=a_n} \qquad (6.9a)$$

m 阶极点 a 的留数计算公式是

$$\left[\mathrm{Res}f(z)\right]_{z=a} = \lim_{z\to a}\frac{\mathrm{d}^{m-1}}{\mathrm{d}z^{m-1}}\frac{(z-a)^m f(z)}{(m-1)!}, \qquad m=1,2,\cdots \qquad (6.9b)$$

柯西留数定理,对于读者来说应当是耳熟能详的事实。该定理意义重大。它表明,为了计算复积分,对于计算整个积分而言只需要知道被积函数在积分路径内各奇点处的行为便足够了!大家知道,积分计算往往是十分乏味的苦差事。在很多情况下它将计算量降到最低!利用该定理,大量不易的积分计算(包括实变函数与复变函数)可归结为局部的留数计算!

留数概念及发展是柯西的一个重要贡献。[17:3-16]"一定是上帝把留数计算这一漂亮技巧送给柯西去发现的。"

留数定理真正体现了民间说法:**"数学是避免计算的艺术"**。[7:547]

② 原文式(6.10)中的明显错误已纠正。复变函数 $G(s)$ 的所有极点均匀等间隔分布在实轴上,因此积分围线为 Bromwich 围线"Br"——平行于虚轴的直线(见图 2.2)。

③ **欧拉常数**(Euler constant)[1:1-517,3-552,4:593,5:14]

$$\gamma = -\psi(1) = -\frac{\Gamma'(1)}{\Gamma(1)} = \lim_{n\to\infty}\left\{1+\frac{1}{2}+\frac{1}{3}+\cdots+\frac{1}{n}-\ln n\right\} = 0.57721566490\cdots$$

它在伽马函数理论中经常用到。其存在性可从上式大括号中数列递减且有下界得到。虽然人们早就猜想它是超越数,但至今还不知道它是不是无理数! γ 是欧拉在 1740 年首先指出的,它出现在大量数学公式之中[7:4]。

④ 由公式(6.9b),有

$$\left[\mathrm{Res}G(s)t^{-s}\right]_{s=\alpha} = \lim_{s\to\alpha}\frac{\mathrm{d}}{\mathrm{d}s}\frac{\Gamma(s-\alpha+1)t^{-s}}{\Gamma(s)} = \frac{-t^{-\alpha}}{\Gamma(\alpha)}\left[\ln(t)+\psi(\alpha)-\gamma\right] \qquad (6.10a)$$

$$\left[\mathrm{Res}G(s)t^{-s}\right]_{s=-n+\alpha-1} = \lim_{s\to-n+\alpha-1}(s+n-\alpha+1)\cdot\frac{\Gamma(s-\alpha)t^{-s}}{\Gamma(s)(s-\alpha)}$$

$$= \frac{t^{n-\alpha+1}}{-(n+1)\Gamma(-n+\alpha-1)}\lim_{s\to-n+\alpha-1}\frac{s+n-\alpha+1}{1/\Gamma(s-\alpha)}$$

因此，方程式(6.1)的解，将在 $t=0$ 与 $t\to\infty$ 处消失，故有

$$y(t) = \int_0^1 f(t\tau)g(\tau)\mathrm{d}\tau \tag{6.11}$$

式中函数 $g(t)$ 由表达式(6.10)给出，该式中的幂级数对于 $|t|<1$ 收敛。

借助公式(2.298)，同样可以求解形如

$$\sum_{k=0}^n a_k t^{\alpha+k} D^{\alpha+k} y(t) = f(t)$$

的分数微分方程。

6.2 幂级数法

幂级数法，是求解分数微分方程与分数积分方程最简明方法。该方法的基本思想是寻找一个幂级数形式的解，过程中必须确定级数的系数。

有时可能发现系数的通项表达式，而另外时候却仅仅可能求得系数的递归关系。在这两种情形中，解结果都能够用**级数的部分求和**进行**近似计算**。这就是为什么幂级数法频繁地用来求解应用问题的缘故。

幂级数法不可忽视的缺点是，对于所有出现在分数阶方程中的已知(给定)**函数**与**非定常系数**(non-constant coefficients)需要进行幂级数展开，然而，在实际问题中，已知函数与非定常系数通常都是实际测量结果，此时，它们的幂级数展开几乎都是不可能获得的。

另一方面，许多重要的问题引出非线性分数微分与积分方程，或者引出具有非定常系数的分数阶方程，这些方程在目前仅能借助幂级数法来求解。

下面研究几个使用幂级数法求解的例子。

6.2.1 单项方程

第一个例子是单项方程，因为方程的左端只有一项

$$_0D_t^\alpha y(t) = f(t), \qquad t>0 \tag{6.12}$$

式中假设 $0<\alpha<1$。

$$= \frac{t^{n-\alpha+1}}{-(n+1)\Gamma(-n+\alpha-1)} \lim_{s\to-n+\alpha-1} \frac{1}{[1/\Gamma(s-\alpha)]'} \tag{6.10b}$$

$1/\Gamma(s-\alpha)$ 是全平面上的解析函数，其导函数存在且解析。由反射公式(1.45)得

$$\left(\frac{1}{\Gamma(s-\alpha)}\right)' = \left(\frac{\Gamma(1-s+\alpha)\sin(\pi(s-\alpha))}{\pi}\right)'$$

$$= \frac{\Gamma'(1-s+\alpha)\sin(\pi(s-\alpha))}{\pi} + \Gamma(1-s+\alpha)\cos(\pi(s-\alpha)) \tag{6.10c}$$

将式(6.9c)代入式(6.9b)获得

$$[\mathrm{Res}G(s)t^{-s}]_{s=-n+\alpha-1} = \frac{(-1)^n t^{n-\alpha+1}}{(n+1)\Gamma(n+2)\Gamma(-n+\alpha-1)} \tag{6.10d}$$

式(6.10a)中的求导运算，可以在 MATLAB 的 Command Window 中使用符号运算求得

```
>> syms s a t
>> Resa = simplify(diff(gamma(s-a+1)/gamma(s)/t^s,s))
Resa = (Psi(s-a+1)-Psi(s)-log(t))/(t^s)/gamma(s) * gamma(s-a+1)
```

a) 首先取初始条件

$$y(0) = 0 \qquad (6.13)$$

并假设函数 $f(t)$ 能够以泰勒级数展开,

$$f(t) = \sum_{n=0}^{\infty} \frac{f^{(n)}(0)}{n!} t^n \qquad (6.14)$$

且对于 $0 \leqslant t \leqslant R$ 收敛, R 为收敛半径。

回顾幂函数的黎曼–刘维尔分数微分规则式(2.117), 可写出

$$_0D_t^\alpha t^v = \frac{\Gamma(1+v)}{\Gamma(1+v-\alpha)} t^{v-\alpha} \qquad (6.15)$$

考虑式(6.15)并注意到, 能以如下幂级数形式来寻找方程式(6.12)的解结果

$$y(t) = t^\alpha \sum_{n=0}^{\infty} y_n t^n = \sum_{n=0}^{\infty} y_n t^{n+\alpha} \qquad (6.16)$$

将式(6.16)和式(6.14)代入方程式(6.12), 并用式(6.15), 立即可得

$$\sum_{n=0}^{\infty} y_n \frac{\Gamma(1+n+\alpha)}{\Gamma(n+1)} t^n = f(t) = \sum_{n=0}^{\infty} \frac{f^{(n)}(0)}{n!} t^n \qquad (6.17)$$

比较两边级数的系数给出

$$y_n = \frac{f^{(n)}(0)}{\Gamma(1+n+\alpha)}, \qquad n = \overline{1, \infty} \qquad (6.18)$$

因此, 在上述假设条件下, 方程式(6.12)的解为

$$y(t) = t^\alpha \sum_{n=0}^{\infty} \frac{f^{(n)}(0)}{\Gamma(1+n+\alpha)} t^n, \qquad 0 \leqslant t \leqslant R \qquad (6.19)$$

对于简单方程式(6.12)情形, 很容易将表达式(6.19)变换成

$$y(t) = \sum_{n=0}^{\infty} \frac{f^{(n)}(0)}{n!} \frac{\Gamma(n+1)}{\Gamma(1+n+\alpha)} t^{n+\alpha}$$

$$= \sum_{n=0}^{\infty} \frac{f^{(n)}(0)}{n!} {}_0D_t^{-\alpha} t^n = {}_0D_t^{-\alpha} \left\{ \sum_{n=0}^{\infty} \frac{f^{(n)}(0)}{n!} t^n \right\}$$

$$= {}_0D_t^{-\alpha} f(t) \qquad (6.20)$$

当然, 为寻找解 $y(t)$ 来满足零初始条件式(6.13), 因此直接对方程式(6.12)两端进行 α 阶分数积分, 并应用黎曼–刘维尔分数导数运算的复合律(见 2.3.6 节), 就能给出表达式(6.20)。然而, **逆算子**的计算常常是不可能的。

如果方程式(6.12)的右端具有形式

$$f(t) = t^\beta g(t), \qquad \beta > -1 \qquad (6.21)$$

$$g(t) = \sum_{n=0}^{\infty} \frac{g^{(n)}(0)}{n!} t^n$$

幂级数法也能应用。

在如此情形下, 能够找到满足初始条件式(6.13)的解具有如下形式

$$y(t) = t^{\alpha+\beta} \sum_{n=0}^{\infty} y_n t^n = \sum_{n=0}^{\infty} y_n t^{n+\alpha+\beta} \qquad (6.22)$$

再用前面相同手段确定出系数 y_n。结果是

$$y_n = \frac{\Gamma(1+n+\beta) g^{(n)}(0)}{\Gamma(1+n+\alpha+\beta) \Gamma(n+1)}, \qquad n = \overline{1, \infty} \qquad (6.23)$$

b) 如果我们不得不面对非零初始条件

$$y(0) = A, \qquad A \neq 0 \tag{6.24}$$

求解方程式(6.12)，那么，仅当(见2.7.5节)

$$f(t) \sim \frac{At^{-\alpha}}{\Gamma(1-\alpha)}, \qquad t \to 0 \tag{6.25}$$

时解存在。

假设

$$f(t) = \frac{At^{-\alpha}}{\Gamma(1-\alpha)} + \sum_{n=1}^{\infty} f_n t^{n-\alpha} \tag{6.26}$$

式中系数 f_n 都是已知的，那么可找出解具有形式

$$y(t) = \sum_{n=0}^{\infty} y_n t^n \tag{6.27}$$

将式(6.27)和式(6.26)代入方程式(6.12)，获得

$$\sum_{n=0}^{\infty} y_n \frac{\Gamma(1+n)}{\Gamma(1+n-\alpha)} t^{n-\alpha} = f(t) = \frac{At^{-\alpha}}{\Gamma(1-\alpha)} + \sum_{n=1}^{\infty} f_n t^{n-\alpha} \tag{6.28}$$

从而有

$$y_0 = A; \ y_n = \frac{\Gamma(1+n-\alpha)}{\Gamma(n+1)} f_n, \qquad n = \overline{1, \infty} \tag{6.29}$$

c) 最后，对于方程式(6.12)，考虑初始条件

$$_0D_t^{\alpha-1} y(t) \big|_{t=0} = B \tag{6.30}$$

式中 B 为常数。

在此情形下，所寻找的解形式为

$$y(t) = t^{\alpha-1} \sum_{n=0}^{\infty} y_n t^n = \sum_{n=0}^{\infty} y_n t^{n+\alpha-1} \tag{6.31}$$

假设函数 $f(t)$ 能展开为泰勒级数式(6.14)。将式(6.31)和式(6.14)代入方程式(6.12)，再用幂函数的导数式(6.15)并回调 $1/\Gamma(0) = 0$(见1.1.2节)，在对求和指标进行简单变换之后，获得

$$\sum_{n=0}^{\infty} y_{n+1} \frac{\Gamma(n+\alpha+1)}{\Gamma(n+1)} t^n = \sum_{n=0}^{\infty} \frac{f^{(n)}(0)}{\Gamma(n+1)} t^n \tag{6.32}$$

系数对比有

$$y_{n+1} = \frac{f^{(n)}(0)}{\Gamma(n+\alpha+1)}, \qquad n = \overline{0, \infty} \tag{6.33}$$

系数 y_0 必须由初始条件式(6.30)来确定。利用公式(6.15)有

$$_0D_t^{\alpha-1} y(t) = \sum_{n=0}^{\infty} y_n \, _0D_t^{\alpha-1} t^{n+\alpha+1} = \sum_{n=0}^{\infty} y_n \frac{\Gamma(n+\alpha)}{\Gamma(n+1)} t^n \tag{6.34}$$

取 $t \to 0$，得到

$$y_0 = \frac{B}{\Gamma(\alpha)} \tag{6.35}$$

这些例子表明，甚至最简单的分数阶方程，如单项方程式(6.12)，都需要特别注意初始条件的形式。初始条件与方程右端形式，确定了解的类型。仅仅通过观察分析初始条件，方程右端形式，以及解类型的推测，就能获得有关解的可能形式结构。这就是幂级数法的解

题思路。在用幂级数表示解形式的思想中，关键点归功于幂函数式(2.117)或式(6.15)的微分规则。

6.2.2　非定常系数方程

对于分数微分方程，考虑初值问题

$$\frac{\mathrm{d}}{\mathrm{d}t}(f(t)(y(t)+1)) + \lambda\,_0D_t^{1/2}y(t) = 0, \qquad 0<t<1 \tag{6.36}$$

$$y(0) = 0 \tag{6.37}$$

式中 $f(t)$ 是一个已给定函数。对于 $f(t)$ 的某些特殊类型，式(6.36)~式(6.37)允许我们用幂级数法获得一个解析解。例如，假设

$$f(t) = \sum_{n=0}^{\infty} f_n t^{n/2}, \qquad f_0 = 1 \tag{6.38}$$

则找出的解 $y(t)$ 具有同样的分数幂级数形式

$$y(t) = \sum_{n=1}^{\infty} y_n t^{n/2} \tag{6.39}$$

将式(6.39)和式(6.38)代入方程式(6.36)，比较最终幂级数系数引出递归关系

$$y_1 = -f_1, \qquad \sum_{k=0}^{n} y_{n+1-k} f_k + \lambda y_n \frac{\Gamma\left(\dfrac{n}{2}+1\right)}{\Gamma\left(\dfrac{n+3}{2}\right)} = -f_{n+1} \tag{6.40}$$

由于解式(6.39)的结构形式，初始条件式(6.37)自动得到满足。

比如取

$$f(t) = 1 - \sqrt{t} \tag{6.41}$$

则从式(6.40)推出

$$y_1 = 1$$

$$y_2 = y_1 \left(1 - \lambda \frac{\Gamma(3/2)}{\Gamma(2)}\right)$$

$$\cdots$$

$$y_{n+1} = y_n \left(1 - \lambda \frac{\Gamma\left(\dfrac{n+2}{2}\right)}{\Gamma\left(\dfrac{n+3}{2}\right)}\right) \tag{6.42}$$

对一个任意取定的 λ，级数式(6.39)在区间 $0 \le t < 1$ 内收敛。如果

$$\lambda = \frac{\Gamma\left(\dfrac{n+2}{2}\right)}{\Gamma\left(\dfrac{n+3}{2}\right)}$$

则解 $y(t)$ 由一个有限求和给出，比如，

$$\lambda = \frac{\Gamma(2)}{\Gamma(3/2)} = \frac{2}{\sqrt{\pi}}, \qquad y(t) = \sqrt{t} \tag{6.43}$$

$$\lambda = \frac{\Gamma(5/2)}{\Gamma(2)} = \frac{3\sqrt{\pi}}{4}, \qquad y(t) = \sqrt{t} + \left(1 - \frac{3\pi}{8}\right)t \tag{6.44}$$

如果取 $f(t)$ 具有形式[11]

$$f(t) = \frac{1 - t^{n+1/2}}{1 + \dfrac{\Gamma(n+3/2)t^n}{\lambda\Gamma(n+1)}} \tag{6.45}$$

则解结果为

$$y(t) = \frac{\Gamma(n+3/2)t^n}{\lambda\Gamma(n+1)} \tag{6.46}$$

物理问题导出分数微分方程式(6.36)与初值问题式(6.36)~式(6.37)的数值求解方法将在8.3.3节论述。

6.2.3　双项非线性方程

考察双项非线性分数微分方程描述的初值问题

$$_0D_t^{1/2}y(t) - \lambda\,(y(t) - y_0)^2 = 0, \qquad t > 0 \tag{6.47}$$
$$y(0) = 0 \tag{6.48}$$

式中 λ 和 y_0 均是给定常数。

在此种情形下，所寻求的解具有分数幂级数形式

$$y(t) = \sum_{n=1}^{\infty} y_n t^{n/2} \tag{6.49}$$

根据观察分析，$_0D_t^{1/2}y(t)$ 与 $(y-A)^2$ 生成相同形式的级数。显然，解式(6.49)自动满足初始条件式(6.48)。

将式(6.49)代入方程式(6.47)，再用式(6.15)，比较分数幂级数系数，对于系数 y_n 获得如下递归关系

$$y_1 = \lambda y_0^2 \frac{\Gamma(1)}{\Gamma\left(\dfrac{3}{2}\right)}$$

$$y_2 = 2\lambda y_0 y_1 \frac{\Gamma\left(\dfrac{3}{2}\right)}{\Gamma(2)}$$

$$y_3 = \lambda\,(y_1^2 + 2y_0 y_2)\frac{\Gamma(2)}{\Gamma\left(\dfrac{5}{2}\right)}$$

$$\cdots$$

$$y_n = \lambda \sum_{k=0}^{n-1} y_k y_{n-k-1} \frac{\Gamma\left(\dfrac{n+1}{2}\right)}{\Gamma\left(\dfrac{n+2}{2}\right)}$$

为了求得级数式(6.49)的收敛区间，式中系数 y_n 通过上述递归关系来确定是困难的。然而，计算结果表明，该级数能够用来计算小 t 值的解。

6.3　Babenko 符号演算法

　　本节论述 Babenko[11] 著俄文版《热能与物质传输》(1986 年)中，求解不同类型分数积分与微分方程时所用方法。Babenko 法本身接近**拉普拉斯变换法**①。它比拉普拉斯变换法有更

---

　　①　Babenko 法，全称是 Babenko **符号演算法**(Babenko's symbolic calculus method)，简称符号法。符号法是**运算微积**(operational calculus)的原始形式。[19,31:85]

　　1892 年，英国无线电工程师**赫维赛德**，把函数 $y(t)$ 的 n 阶导数看成求导算符 $p = d/dt$ 在函数上作用 n 次的结果：$p^n y(t) = d^n y(t)/dt^n$。根据微积分基本定理——微分与积分是一对互逆运算(演算)，算符 p 的"倒数"则解释为积分算符

$$\frac{1}{p} y(t) = \int_0^t y(\tau) d\tau$$

比如，对于单位阶跃函数 $u(t)$ ——**赫维赛德函数**(通常也用符号 $H(t)$ 表示)，存在

$$\frac{1}{p} u(t) = \int_0^t u(t) d\tau = \frac{1}{1!} t u(t), \qquad \frac{1}{p^2} u(t) = \int_0^t \int_0^{\tau_1} u(\tau) d\tau d\tau_1 = \frac{1}{2!} t^2 u(t), \cdots, \frac{1}{p^n} u(t) = \frac{1}{n!} t^n u(t)$$

$$(6.49a)$$

　　赫维赛德把符号法用于求解线性微分方程，大大促进了符号法的应用。比如，电阻 R 与电感 L 串联电路的微分方程是

$$L \frac{d}{dt} i(t) + R i(t) = E \cdot u(t), \qquad t \geqslant 0 \tag{6.49b}$$

式中 $i(t)$ 是回路电流，E 是恒压源的电势。赫维赛德把该方程改写成

$$i(t) = \frac{E}{Lp + R} u(t) \tag{6.49c}$$

算符 p 出现在分母中，本身看起来没有什么特别意义。式(6.49c)顶多只能当成"$i(t)$ 是微分方程式(6.49b)的解"这句话的数学表述。但是，赫维赛德竟然把算符分式展开为几何级数，并逐项使用式(6.49a)，即

$$i(t) = \frac{E}{Lp + R} u(t) = \frac{E}{Lp} \cdot \frac{1}{1 + \frac{R}{L} \frac{1}{p}} u(t) = \frac{E}{Lp} \sum_{n=0}^{\infty} (-1)^n \frac{R^n}{L^n} \frac{1}{p^n} u(t)$$

$$= \frac{E}{R} \sum_{n=0}^{\infty} (-1)^n \frac{R^{n+1}}{L^{n+1}} \frac{t^{n+1} u(t)}{(n+1)!} = \frac{E}{R} \left[1 - \sum_{n=0}^{\infty} \frac{1}{n!} \left(-\frac{R}{L} \right)^n \right] u(t)$$

$$= \frac{E}{R} \left\{ 1 - \exp\left(-\frac{R}{L} t \right) \right\} u(t), \qquad t \geqslant 0 \tag{6.49d}$$

　　赫维赛德居然这样使用符号的代数运算，求得了电路微分方程的正确解！由此他发展出一套符号演算概念与理论，使分析复杂电路的微积分方程简化为简单的代数运算！赫维赛德取得的成就使当时的数学家们大为吃惊。当然，赫维赛德也不可避免地得出了一系列的计算错误。后来杰弗莱斯指出，这是由于赫维赛德没有考虑到算符 p 与 $1/p$ 的次序是不可交换的。

$$\frac{1}{p} p f(t) = \int_0^t d\tau f'(\tau) = f(t) - f(0), \qquad p \frac{1}{p} f(t) = \frac{d}{dt} \int_0^t d\tau f(\tau) = f(t) \tag{6.49e}$$

　　作为无线电工程师，赫维赛德不怎么考虑数学的严密性，没有给出相应的数学论证，许多结果未经证明而直接采用，因此曾被讥讽为"严格主义者的扫兴人(Wet blankets of rigorists)"。[179;2],[19;iii]

宽广应用，比如，拉普拉斯变换法总是需要验证形式解的**有效性**(validity)。而一般情况下，如此验证却不是一项简单的功课。

6.3.1 符号法的思想

现在用如下事例来说明 Babenko 法的基本思想。

考虑第二类阿贝尔积分方程[①]

后来，人们发现了符号法与拉普拉斯变换法之间的内在联系，符号法才摆脱粗糙的形式而建立在严密的拉普拉斯变换基础之上，现在人们通常称为**运算微积**。[31;86] 在运算微积中，符号 p 不再解释为算符，而是代表一个复变量——拉普拉斯变量 s——**运算变量**(operational variable)[19;1]。

使用拉普拉斯变换法求解微分方程式(6.49b)。对该方程两端分别进行拉普拉斯变换

$$L[sI(s)-i(0^-)]+RI(s)=\frac{E}{s}\Leftrightarrow I(s)=\frac{Li(0^-)+E/s}{Ls+R}=\frac{i(0^-)}{s+R/L}+\frac{E}{R}\left(\frac{1}{s}-\frac{1}{s+R/L}\right) \qquad (6.49f)$$

则有

$$i(t)=\mathcal{L}^{-1}\{I(s);t\}=i(0^-)\exp\left(-\frac{R}{L}t\right)u(t)+\frac{E}{R}\left[1-\exp\left(-\frac{R}{L}t\right)\right]u(t) \qquad (6.49g)$$

如果 $i(0^-)=0$，就得到式(6.49d)。

拉普拉斯变换法具有坚实的数学理论基础。

① **阿贝尔积分方程**(Abel integral equation)[1:3-495,4:774,17:4-134]——具有弱奇性核

$$K(t,\tau)=\frac{1}{\Gamma(\alpha)}\frac{1}{[p(t)-p(\tau)]^{1-\alpha}} \qquad (6.50a)$$

的(第一类与第二类)沃尔泰拉积分方程

$$\frac{1}{\Gamma(\alpha)}\int_0^t\frac{y(\tau)}{(t-\tau)^{1-\alpha}}d\tau=f(t), \qquad 0\leq t\leq a, \qquad 0<\alpha<1 \qquad (6.50b)$$

$$y(t)+\frac{\lambda}{\Gamma(\alpha)}\int_0^t\frac{y(\tau)}{(t-\tau)^{1-\alpha}}d\tau=f(t), \qquad 0\leq t\leq a, \qquad 0<\alpha<1 \qquad (6.50c)$$

这些方程是奇异积分方程。第一个自觉地直接应用并求解积分方程的人就是阿贝尔(Abel, N H, 1802—1829)。

1823 年，阿贝尔在一本不出名的杂志上发表论文，研究地球表面引力场中的力学问题：求解一个质点的落体运动轨迹与时间的关系(见图 6.1*)。考虑一个质量为 m 的质点从 $P(x,y)$ 点出发(初始速度为 0)，沿着位于铅直平面上的一条光滑曲线(即运动轨道)无摩擦下滑至 $O(0,0)$ 点。显然，由于能量守恒，质点在轨道上滑行速率 v 与轨道曲线形状无关，但运行时间长度 t 却不然——t 与轨道形状密切关联。

取轨道曲线上中间某点 $Q(X,\eta)$，并用 l 表示轨道子段 QO 曲线长度。l 可用 Q 点纵坐标 η 表示：$l=l(\eta)$，显然，有 $l(0)=0$，$l(y)=L$(轨道总长)。质点以 0 初始速率从 $P(x,y)$ 出发下滑至 $Q(X,\eta)$，所经过路径长度(即轨道子段 PQ 曲线长度)为 $\zeta(\eta)=L-l(\eta)$，在 Q 点运动速率

$$v(\eta)=\frac{d\zeta(\eta)}{dt}=-\frac{dl(\eta)}{dt}=-\frac{l'(\eta)d\eta}{dt}$$

根据能量守恒定律，有

$$\frac{1}{2}mv^2=mg(y-\eta)\Leftrightarrow v(\eta)=\sqrt{2g(y-\eta)}=-\frac{l'(\eta)d\eta}{dt}$$

式中 g 是重力加速度。因此，质点从起点 P 轨道下滑至 Q 点的滑行时间

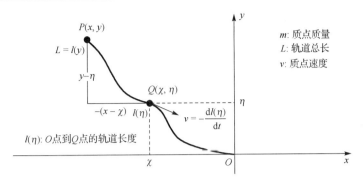

图 6.1* 阿贝尔轨迹与时间问题示意图

$$y(t) + \frac{\lambda}{\Gamma(\alpha)} \int_0^t (t-\tau)^{\alpha-1} y(\tau) \mathrm{d}\tau = f(t), t > 0 \tag{6.50}$$

式中假设 $\alpha > 0$，λ 为常数。记

$$D^{-\alpha} y(t) \equiv {}_0D_t^{-\alpha} y(t) = \frac{1}{\Gamma(\alpha)} \int_0^t (t-\tau)^{\alpha-1} y(\tau) \mathrm{d}\tau \tag{6.51}$$

可将方程式(6.50)写成

$$(1 + \lambda D^{-\alpha}) y(t) = f(t) \tag{6.52}$$

并能够立即写出解的符号形式

$$y(t) = (1 + \lambda D^{-\alpha})^{-1} f(t) \tag{6.53}$$

式中 $(1+\lambda D^{-\alpha})^{-1}$ 表示算子 $(1+\lambda D^{-\alpha})$ 的**左逆算子**(left inverse operator)。

表达式(6.53)是简洁的，但不适合应用问题和计算。使用 $(1+\lambda D^{-\alpha})^{-1}$ 的二项式展开，可将式(6.53)写成

$$y(t) = \sum_{n=0}^{\infty} (-1)^n \lambda^n D^{-\alpha n} f(t) \tag{6.54}$$

对于许多函数 $f(t)$，表达式(6.54)右端所有分数积分都能显式计算，所以在这些情形下，式(6.54)给出一个级数样式的形式解，某些时候可以算出级数的和。

例如，取 $f(t) = t$。对于幂函数的黎曼-刘维尔分数微分，用式(2.117)给出

$$D^{-\alpha n} f(t) = D^{-\alpha n} t = \frac{\Gamma(2) t^{\alpha n+1}}{\Gamma(\alpha n+2)} = \frac{t^{\alpha n+1}}{\Gamma(\alpha n+2)}$$

$$t = \frac{-1}{\sqrt{2g}} \int_P^Q \frac{l'(\eta) \mathrm{d}\eta}{\sqrt{y-\eta}}$$

下滑至终点 O 的滑行时间

$$T(y) = \frac{-1}{\sqrt{2g}} \int_P^O \frac{l'(\eta) \mathrm{d}\eta}{\sqrt{y-\eta}} = \frac{1}{\sqrt{2g}} \int_0^y \frac{l'(\eta) \mathrm{d}\eta}{\sqrt{y-\eta}} = \frac{1}{\sqrt{2g}} \int_0^y (y-\eta)^{-1/2} \frac{\mathrm{d}l(\eta)}{\mathrm{d}\eta} \mathrm{d}\eta = \frac{\sqrt{\pi}}{\sqrt{2g}} {}_0D_y^{-1/2} \frac{\mathrm{d}l(y)}{\mathrm{d}y}$$

$$\tag{6.50d}$$

显然，对任何一条轨道曲线来说，滑行时间 T 依赖于起始高度 y。

阿贝尔提出的问题是：给定 T 作为 y 的函数，求 $l(y)$。这样一来，阿贝尔便引出一个更为一般的问题——方程式(6.50b)，后人称为阿贝尔积分方程。关于上述问题更详细的论述，读者可参阅 D Valério, et al. Some pioneers of the applications of fractional calculus. *Fractional Calculus and Applied Analysis*, 2014, 17(2): 552-578

将该式代入式(6.54)，可得

$$y(t) = \sum_{n=0}^{\infty} \frac{(-1)^n \lambda^n t^{\alpha n+1}}{\Gamma(\alpha n + 2)} = t \sum_{n=0}^{\infty} \frac{(-\lambda t^\alpha)^n}{\Gamma(\alpha n + 2)} = t E_{\alpha,2}(-\lambda t^\alpha) \tag{6.55}$$

式中 $E_{\alpha,\beta}(t)$ 是由式(1.65)所定义的双参量米塔-列夫勒函数。解式(6.55)也可用第 4 章论述的拉普拉斯变换法，使用米塔-列夫勒函数的任意阶微分与积分公式(1.82)求出来。

此外，表达式(6.54)也可用来求解方程式(6.50)的闭式解。例如，使用黎曼-刘维尔分数积分定义式(2.88)与米塔-列夫勒函数定义式(1.56)，可写出

$$y(t) = \sum_{n=0}^{\infty} (-1)^n \lambda^n D^{-\alpha n} f(t)$$

$$= \sum_{n=0}^{\infty} (-1)^n \lambda^n \frac{1}{\Gamma(\alpha n)} \int_0^t (t-\tau)^{\alpha n-1} f(\tau) \, d\tau$$

$$= \sum_{n=0}^{\infty} (-1)^n \lambda^n \frac{1}{\Gamma(\alpha n + 1)} \frac{d}{dt} \int_0^t (t-\tau)^{\alpha n} f(\tau) \, d\tau$$

$$= \frac{d}{dt} \int_0^t \left\{ \sum_{n=0}^{\infty} \frac{(-\lambda)^n (t-\tau)^{\alpha n}}{\Gamma(\alpha n + 1)} \right\} f(\tau) \, d\tau$$

$$= \frac{d}{dt} \int_0^t E_{\alpha,1}(-\lambda(t-\tau)^\alpha) f(\tau) \, d\tau \tag{6.56}$$

以如此方式获得的解只是形式上的。交换求和与积分顺序需要正当理由，也即相同的最终结果必须也能用某些其他方法求得。例如，在所考察的情况中，表达式(6.56)也可借助第 4 章论述的拉普拉斯变换法求出来。

6.3.2　在热传导和物质输运中的应用

如下面例子所表明那样，Babenko 法也可用来解决某些有关热传导和物质输运理论中的偏微分方程问题。

考虑半平面中的简单**热传递问题**①：

---

① 　**热传递问题**(heat transfer problem)[2:18-323,4:720,28:875,31:163,34,45:608] 在不做功的情况下发生的能量从高温物体迁移到低温物体，或热量从物体中高温部分迁移到低温部分的现象称为热传递。

热传递有**热对流**、**热传导**、**热辐射**三种形式。存在第四种热传递吗？真空声子热传递(2019 年)！

此处所论述的热传递问题，针对的是热传导。由于温度不均匀，热量从物体温度高的地方向温度低的地方转移的宏观现象称为热传导。

热传导强弱用"单位时间内通过单位横截面积的热量"表示，称为**热流强度**或**热通量**(heat flux)，记为 q。热传递的起源是温度分布 $T = T(\mathbf{r},t)$ 的不均匀。温度不均匀的程度用**温度梯度**

$$\nabla T = \partial T / \partial \mathbf{n}$$

表示。根据傅里叶**热传导(实验)定律**(law of conduction)[2:17-215,34:15,45:609]，有

$$q = -\kappa \nabla T = -\kappa \frac{\partial T}{\partial \mathbf{n}}$$

负号表示热传导方向与温度梯度相反——热量总是沿着温度减小的方向进行传导的，比例系数 κ 称为热传导率。考虑最简单的一维线空间内的热传导问题，则有

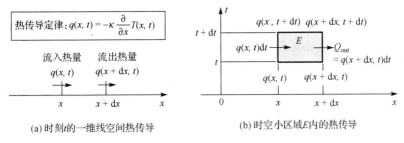

图 6.2* 一维热传导方程的推导示意图

$$\left(\frac{\partial}{\partial t}-\frac{\partial^2}{\partial x^2}+\gamma\right)T(x,t)=0,\qquad t>0;\ 0<x<\infty \tag{6.57}$$

$$T(0,t)=T_s(t) \tag{6.58}$$

$$T(\infty,t)=0 \tag{6.59}$$

$$T(x,0)=0 \tag{6.60}$$

式中常数 γ 与函数 $T_s(t)$ 是给定的。现在来求边界上的**热通量**(heat flux)，也即求解

$$q(x,t)=-\kappa\frac{\partial}{\partial x}T(x,t) \tag{6.57a}$$

考察如图 6.2* 所示的**时空小区域** $E=[t,t+\mathrm{d}t]\times[x,x+\mathrm{d}x]$ 内热传导过程。在小时间区间 $[t,t+\mathrm{d}t]$ 内，流入时空小区域 E 的热量 $Q_{\mathrm{in}}=q(x,t)\mathrm{d}t$，流出热量 $Q_{\mathrm{out}}=[q(x,t)+\partial q(x,t)/\partial x]\mathrm{d}t$，净流入 E 的热量是

$$Q_E=Q_{\mathrm{in}}-Q_{\mathrm{out}}\approx-\frac{\partial q(x,t)}{\partial x}\mathrm{d}t=\kappa\frac{\partial^2 T(x,t)}{\partial x^2}\mathrm{d}t \tag{6.57b}$$

温度分布随时间变化所积累的热量是

$$Q_t\approx c\rho\frac{\partial T(x,t)}{\partial t}\mathrm{d}t \tag{6.57c}$$

式中 c 是比热容，ρ 是一维线密度。如果 E 内外均无**热源**(heat source)与**热汇**(heat sink)，那么，热量守恒定律要求 $Q_t=Q_E$，从而导出一维线空间的热传导方程为

$$\frac{\partial T(x,t)}{\partial t}-\frac{\kappa}{c\rho}\frac{\partial^2 T(x,t)}{\partial x^2}=0 \tag{6.57c}$$

在 E 上存在外加热源 $f(x,t)=F(x,t)/(c\rho)$ 的情况下，得出一维热传导方程的一般形式

$$\frac{\partial T(x,t)}{\partial t}-\frac{\kappa}{c\rho}\frac{\partial^2 T(x,t)}{\partial x^2}=\frac{F(x,t)}{c\rho}=f(x,t) \tag{6.57d}$$

式中 $F(x,t)$ 是外加热源密度。

同理，三维热传导方程的一般形式为

$$\frac{\partial T}{\partial t}-\frac{\kappa}{c\rho}\Delta T=\frac{F(x,y,z,t)}{c\rho}=f(x,y,z,t),\qquad \Delta=\frac{\partial^2}{\partial x^2}+\frac{\partial^2}{\partial y^2}+\frac{\partial^2}{\partial z^2} \tag{6.57e}$$

式中 Δ 是拉普拉斯算子。

自然界还有很多现象同样可以用偏微分方程式(6.57e)进行描述。比如粒子在介质中的扩散过程等，因此方程式(6.57e)又称为扩散方程，它是最典型的一种抛物型偏微分方程。

关于热传导方程的推导问题，傅里叶在《热的解析理论》中有十分简洁精辟的论述。[34:33~56]特别是傅里叶对"热传导原理"[34:15~17]、"环中变化的热运动方程"[34:37~39]等的论述与见解，对于开始从事科研探索的年轻人来说，很有启迪作用。它为人们如何"考察实验所教给我们的知识"——提炼与发现自然定律，提供了很值得借鉴的精妙范例与学习的榜样。

$$q_s(t) = \frac{\partial T}{\partial x}\bigg|_{x=0}$$

首先，假定方程式(6.57)可以写成形式

$$\left(L - \frac{\partial}{\partial x}\right)\left(L + \frac{\partial}{\partial x}\right) T(x,t) = 0 \tag{6.61}$$

式中算子 L 由如下符号表达式来定义

$$L = \sqrt{\frac{\partial}{\partial t} + \gamma} = \sqrt{D + \gamma}, \qquad D \equiv \frac{\partial}{\partial t} \tag{6.62}$$

然后，利用边界条件式(6.59)，注意到原始方程式(6.57)的所有衰减解结果也是方程式(6.61)中第二个算子相对应方程

$$\left(L + \frac{\partial}{\partial x}\right) T(x,t) = 0 \tag{6.63}$$

的解结果①。

在方程式(6.63)中取 $x = 0$，得到边界上所需的热通量

$$q_s(t) = -\sqrt{D + \gamma}\, T_s(t) \tag{6.64}$$

为了计算，必须清楚地理解式(6.64)中的算子意义。

第一个思路是利用形式上的二项式展开：

$$q_s(t) = -\sqrt{D + \gamma}\, T_s(t) = -D^{1/2}\sqrt{1 + \gamma D^{-1}}\, T_s(t)$$

$$= -\sum_{n=0}^{\infty} \binom{1/2}{n} \gamma^n D^{\frac{1}{2} - n} T_s(t) \tag{6.65}$$

第二个思路由 Babenko 提出，它基于恒等式

$$L^2 = \sqrt{D + \gamma}\,\sqrt{D + \gamma} = D + \gamma \tag{6.66}$$

这在某些情形，允许将算子 L 写成形式

$$L = \sqrt{D + \gamma} = e^{-\gamma t} D^{1/2} e^{\gamma t} \tag{6.67}$$

其实，如果 $f(0) = f'(0) = 0$（这是一个必要条件；见 2.3.6 节），那么

$$L^2 f(t) = (e^{-\gamma t} D^{1/2} e^{\gamma t})(e^{-\gamma t} D^{1/2} e^{\gamma t}) f(t)$$

$$= e^{-\gamma t} D e^{\gamma t} f(t) = e^{-\gamma t}\{e^{\gamma t} Df(t) + \gamma e^{\gamma t} f(t)\}$$

$$= Df(t) + \gamma f(t) = (D + \gamma) f(t) \tag{6.68}$$

由此，如果给定的**曲面温度**(surface temperature) $T_s(t)$ 满足条件

$$T_s(0) = T_s'(0) = 0$$

那么，热通量式(6.64)可写成

$$q_s(t) = -e^{-\gamma t} D^{1/2} e^{\gamma t} T_s(t) \tag{6.69}$$

式中 $D^{1/2}$ 表示半阶黎曼-刘维尔分数导数。

一般来说，Babenko 法的**正当性**(justification)是不知道的，因而对于每一个特定问题，

　　"对自然的深入研究是数学发现最丰富的源泉。这种研究在提供一个确定的研究对象的同时，不仅具有排除模糊问题和盲目计算的优点，还是形成分析本身的、发现我们想弄清楚的、自然科学应当永远保留的那些基本原理的可靠方法：这些就是再现于一切自然作用之中的基本原理。"[34:5]

　　①　为什么"原始方程式(6.57)的所有**衰减解结果**也是方程式(6.63)的解结果"？

寻找如此合理的解释是必要的。然而，Babenko 解法仍然是确定解的可能形式的一个强有力的工具。在 Babenko 的著作[11]中，给出了符号法求解出现在热传导与物质输运问题中的整数和分数阶微分方程的大量应用事例。

6.3.3　Babenko 符号法与拉普拉斯变换法的联系

在 Babenko 法与拉普拉斯变换法之间存在确定关联。

考察一个半平面内 $\gamma=0$ 的热传导问题式(6.57)~式(6.60)。在此情况下有

$$L = D^{1/2} = {}_0D_t^{1/2} \tag{6.70}$$

并且对于边界上的热通量解结果具有形式

$$q_s(t) = -{}_0D_t^{1/2}T_s(t) \tag{6.71}$$

该结果用后面 7.7.3 节中所描述的拉普拉斯变换法也可以获得。

6.4　正交多项式法

大家熟悉的**第一类积分方程**①的定解是一个**不适定问题**[248]②。

例如，在经典阿贝尔积分方程($0<\alpha<1$)

---

①　方程式(6.72)是第一类阿贝尔积分方程。前面论述的方程式(6.50)是第二类阿贝尔积分方程。

②　**不适定问题**(ill-posed problem)[1:3-435,495,46:38]，与**适定问题**(well-posed problem)相对应的定解问题。一个定解问题，如果解的(1)**存在性**、(2)**唯一性**和(3)解对定解条件的连续依赖性(又称为解的**稳定性**)三者得以满足，就称为适定问题。如三者之一不满足则称为不适定问题。

数学物理问题的适定性这一概念是法国数学家**阿达马**(Jacques Hadamard)[1:6-294]于 1923 年首先提出的。如果条件(3)不满足，那么就称为阿达马意义下的不适定问题。一般说的不适定问题，常指阿达马意义下的不适定问题。

通常从物理学与工程问题中提出的偏微分方程，由于其固有的性质，它对某些定解条件是适定的。

在经典的数学物理中，只研究适定问题，所以在相当一段时间内，人们认为不适定问题不反映客观的物理现象而没有研究价值。随着生产和科学技术的进步，在许多领域，比如地球物理、自动控制、连续介质力学、电磁学、热的扩散理论、大气物理、天体物理、全息照相、电子聚焦问题等，都出现了大量的不适定问题。很多应用问题，特别是要求数值解时常常是不适定的。

不适定问题例子是由阿达马首先发现并加以研究的，并指出：拉普拉斯方程的柯西初值问题

$$u_{xx}+u_{yy}=0, \qquad u(x,0)=0, \qquad \frac{\partial u}{\partial y}(x,0)=\frac{\sin(nx)\sinh(ny)}{n^k} \tag{6.72a}$$

在解析解的意义下存在唯一解

$$u(x,y)=\frac{\sin(nx)\sinh(ny)}{n^{k+1}} \tag{6.72b}$$

由于 $|\partial u(x,0)/\partial y|\leqslant 1/n^k$，所以当 n 充分大时，u 与 $\partial u/\partial y$ 在 $y=0$ 处的值可以任意小，但按照双曲正弦函数 $\sinh(ny)$ 的性质，当 n 充分大时不管 $y(>0)$ 怎么小，解 u 都可取相当大的值，从而破坏了解对初始条件的连续依赖性！

接下来将会看到，阿贝尔奇异积分方程式(6.72)的解中存在已知函数的微分运算，就是一个不适定问题。

由于人们所面对的大量的不适定问题的数据，常常是通过测量给出的近似值，因此通常不可能得到精确解。这样一来，人们不得不寻找满足方程但只是近似地适合定解条件的所谓近似解，或近似地满足方程的近似解。当然，这些解结果一般不是唯一的，但若对近似解所在的函数类加以适当的限制，比如紧性的限制，那么就能保证近似解对(测量)数据的连续依赖性。

$$\frac{1}{\Gamma(\alpha)}\int_0^t \frac{y(\tau)}{(t-\tau)^{1-\alpha}}\mathrm{d}\tau = f(t), \qquad 0 < t < 1 \tag{6.72}$$

中，主要困难是出现在方程式(6.72)的显式解公式中的微分运算①。在许多应用问题中，函

---

① 第一类阿贝尔积分方程式(6.72)是最早被研究的一种带弱奇性核(式(6.50a))的奇异积分方程。

对于给定函数 $f(t)$ 适当加以限制下，阿贝尔积分方程式(6.72)可用间接方法求解。[4:774,46:736] 方程两边各除以因式 $(x-t)^\alpha$（x 是一个参数），再对 t 从 0 到 x 积分，可得

$$\frac{1}{\Gamma(\alpha)}\int_0^x \left\{\int_0^t \frac{y(\tau)}{(t-\tau)^{1-\alpha}}\mathrm{d}\tau\right\}\frac{\mathrm{d}t}{(x-t)^\alpha} = \int_0^x \frac{f(t)}{(x-t)^\alpha}\mathrm{d}t \tag{6.72c}$$

$$左边: 0 \leqslant \tau \leqslant t \leqslant x, \qquad 右边: 0 \leqslant t \leqslant x \tag{6.72d}$$

首先应当铭记于心的是：该方程两边诸变量必须满足关系式(6.72d)。交换方程式(6.72c)左边的积分次序，有

$$\int_0^t \underbrace{\left\{\frac{1}{\Gamma(\alpha)}\int_0^x \frac{\mathrm{d}t}{(t-\tau)^{1-\alpha}(x-t)^\alpha}\right\}}_{H(x,\tau)} y(\tau)\,\mathrm{d}t = \int_0^t H(x,\tau)y(\tau)\,\mathrm{d}\tau = \int_0^x \frac{f(t)}{(x-t)^\alpha}\mathrm{d}t$$

为了保证该方程成立，方程左边关于积分变量 τ 的积分上限 t 必须修改为 x，得到

$$\int_0^x H(x,\tau)y(\tau)\,\mathrm{d}\tau = \int_0^x \frac{f(t)}{(x-t)^\alpha}\mathrm{d}t \tag{6.72e}$$

这样一来，$H(x,\tau) = \dfrac{1}{\Gamma(\alpha)}\displaystyle\int_0^x \dfrac{\mathrm{d}t}{(t-\tau)^{1-\alpha}(x-t)^\alpha}$ 的积分下限 0，在变量关系 $0 \leqslant \tau \leqslant t \leqslant x$ 约束下必须修改为 τ，即有

$$H(x,\tau) = \frac{1}{\Gamma(\alpha)}\int_\tau^x \frac{\mathrm{d}t}{(t-\tau)^{1-\alpha}(x-t)^\alpha} \tag{6.72f}$$

令 $v = \dfrac{t-\tau}{x-\tau}$，则有

$$H(x,\tau) = \frac{1}{\Gamma(\alpha)}\int_0^1 \frac{\mathrm{d}v}{v^{1-\alpha}(1-v)^\alpha} = \frac{1}{\Gamma(\alpha)}\cdot\frac{\pi}{\sin(\pi\alpha)} = \Gamma(1-\alpha)$$

代入式(6.72c)有

$$\Gamma(1-\alpha)\int_0^x y(\tau)\,\mathrm{d}\tau = \int_0^x \frac{f(t)}{(x-t)^\alpha}\mathrm{d}t \Rightarrow \int_0^t y(\tau)\,\mathrm{d}\tau = \frac{1}{\Gamma(1-\alpha)}\int_0^t \frac{f(\tau)}{(t-\tau)^\alpha}\mathrm{d}\tau$$

对该方程两边求导，便得到阿贝尔积分方程(6.72)的解

$$y(t) = \frac{1}{\Gamma(1-\alpha)}\frac{\mathrm{d}}{\mathrm{d}t}\int_0^t \frac{f(\tau)}{(t-\tau)^\alpha}\mathrm{d}\tau \tag{6.72g}$$

如果 $f(t)$ 不能使该方程右边存在且连续，那么阿贝尔积分方程(6.72)没有连续解。

上述求解的关键点是：诸变量约束关系式(6.72d)、修改积分限获得方程式(6.72e)与式(6.72f)。

第一类阿贝尔积分方程的一般形式为

$$\int_0^t \frac{G(t,\tau)}{(t-\tau)^{1-\alpha}}y(\tau)\,\mathrm{d}\tau = f(t), \qquad 0 < \alpha < 1 \tag{6.72h}$$

如果 G、G_t 与 f' 都是连续的，且有 $G(t,t) \neq 0$，那么按上述间接求解方法可将方程(6.72h)化为与之等价的第二类沃尔泰拉积分方程。当 $G(t,\tau) \equiv 1$ 时，求得解式[46:737]

$$y(t) = \frac{\sin(\alpha\pi)}{\pi}\left[t^{-\alpha}f(0) + \int_0^t \frac{f'(\tau)}{(t-\tau)^\alpha}\mathrm{d}\tau\right] \tag{6.72i}$$

类似地，推广的阿贝尔方程

数 $f(t)$ 通过测量(或近似计算)是已知的, 微分运算会引起测量数据中的噪声放大, 从而得出错误的数值结果。人们企图规避这一困难, 比如文献[67](1964 年)、文献[154](1969 年)和文献[82](1987 年)中就叙述了这样方法。很显然, 对于当今物理学、工程和其他领域的大量应用问题, 无微分运算的解形式会更有用。由 Popov 在文献[211](1963 年)中提出并在其专著《Stress Concentration near Punches, Cuts, Thin Inclusions and Supporters》(俄文版, Nauka, Moscow, 1982 年)[213]中得到详细论述的**正交多项式解法**, 为 $f(t)$ 中存在噪声的某些类型的第一类积分方程数值求解, 提供了一种技术工具。Gorcnflo 和 Kovetz 在文献[85](1966 年)中也提出一种求解阿贝尔积分方程的类似方法。

本节论述正交多项式解法应用于分数积分方程的求解。重点叙述求解方法, 并给出谱系关系集与两个(说明)例子。在此所用特殊函数记号与[2]一致。

下文将使用记号:

$$_pF_q\begin{pmatrix} a_1 & a_2 & \cdots & a_p \\ b_1 & b_2 & \cdots & b_q \end{pmatrix} z\end{pmatrix}\ \text{超几何函数}①$$

$$\int_0^t \frac{y(\tau)}{[p(t) - q(\tau)]^\alpha}\mathrm{d}\tau = f(t), \qquad 0 < \alpha < 1 \tag{6.72j}$$

解结果为

$$y(t) = \frac{\sin(\alpha\pi)}{\pi}\frac{\mathrm{d}}{\mathrm{d}t}\int_0^t \frac{p'(\tau)f(\tau)\mathrm{d}\tau}{[p(t) - q(\tau)]^{1-\alpha}} \tag{6.72k}$$

① 此处的"超几何函数(hypergeometric function)"更准确的称谓应当是"巴恩斯广义超几何函数"。

超几何函数——亦称高斯超几何函数, 是由**高斯级数**——**超几何级数**所给出的单位圆内单值解析函数, 用 $F(\alpha,\beta,\gamma,z)$ 表示。[1:1-581,3-555,5:152,7:592,46:655]

超几何级数是几何级数与牛顿二项式级数等的一种推广。[1:1-581,3-554,4:617]

$$\frac{1}{1 \pm z} = \sum_{k=0}^\infty (\mp 1)^k z^k = F(1,1,1,\pm z), \qquad |z| < 1 \tag{6.73a}$$

几何级数

$$(1 + z)^\alpha = \sum_{k=0}^\infty \binom{\alpha}{k} z^k = \sum_{k=0}^\infty \frac{\alpha^{\downarrow k}}{k!} z^k = F(-\alpha,1,1,-z), \qquad |z| < 1 \tag{6.73b}$$

二项式级数

$$F(\alpha,\beta,\gamma,z) = \frac{\Gamma(\gamma)}{\Gamma(\alpha)\Gamma(\beta)}\sum_{k=0}^\infty \frac{\Gamma(\alpha + k)\Gamma(\beta + k)}{k!\ \Gamma(\gamma + k)} z^k = \sum_{k=0}^\infty \frac{\alpha^{\uparrow k}\beta^{\uparrow k}}{\gamma^{\uparrow k}}\frac{z^k}{k!}, \qquad |z| < 1, \gamma \notin -\mathbb{N} \tag{6.73c}$$

超几何级数——高斯级数(1812 年)

$$= \frac{\Gamma(\gamma)}{\Gamma(\alpha)\Gamma(\gamma - \beta)}\int_0^1 \frac{t^{\beta-1}(1 - t)^{\gamma-\beta-1}}{(1 - tz)^\alpha}\mathrm{d}t, \qquad 0 < \mathrm{Re}\beta < \mathrm{Re}\gamma, |\arg(1 - z)| < \pi \tag{6.73d}$$

超几何微分方程的积分解式

$$= \frac{\Gamma(\gamma)}{\Gamma(\alpha)\Gamma(\beta)}\frac{1}{2\pi\mathrm{i}}\int_{-\mathrm{i}\infty}^{+\mathrm{i}\infty} \frac{\Gamma(\alpha + t)\Gamma(\beta + t)\Gamma(-t)}{\Gamma(\gamma + t)}(-z)^t\mathrm{d}t, \qquad |\arg(-z)| < \pi \tag{6.73e}$$

巴恩斯积分表示($\alpha \notin -\mathbb{N}, \beta \notin -\mathbb{N}, \alpha-\beta \notin -\mathbb{Z}$)

$\Gamma(\alpha+t)$ 和 $\Gamma(\beta+t)$ 的极点保持在积分路线的左边, $\Gamma(-t)$ 的极点保持在积分路线的右边。

$\Gamma(z)$ 欧拉伽玛函数

$\mathrm{B}(x,y)$ 欧拉贝塔函数

$P_m^{\alpha,\beta}(t)$ 雅可比多项式

$$Q_m^{\alpha,\beta}(t) = (1-t)^{\alpha}(1+t)^{\beta}P_m^{\alpha,\beta}(t)$$

6.4.1　正交多项式法的核心思想

用第一类特征柯西奇异积分方程

$$\frac{1}{\pi}\int_{-1}^{1}\frac{y(\tau)\mathrm{d}\tau}{\tau-t} = f(t), \qquad -1 < t < 1 \tag{6.73}$$

(式中 $f(t)$ 给定而 $y(t)$ 未知)的求解实例，引入正交多项式法的基本思想。①

方程式(6.73)在弹性理论、断裂力学、流体力学、电学、声学以及其他应用科学中起

高斯超几何级数是**高斯超几何方程**——两系数 $p(z)$ 与 $q(z)$ 具有三个正则奇点(0、1、∞)的**富克斯型方程**

$$\frac{\mathrm{d}^2 w}{\mathrm{d}z^2} + p(z)\frac{\mathrm{d}w}{\mathrm{d}z} + q(z)w(z) = 0 \Leftrightarrow z(1-z)w'' + [\gamma-(\alpha+\beta+1)z]w' - \alpha\beta w = 0 \tag{6.73f}$$

的解 $w(z) = F(\alpha,\beta,\gamma,z)$，并在单位圆($|z|<1$)内单值解析。超几何函数 $F(\alpha,\beta,\gamma,z)$ 是重要的一类特殊函数。凡是具有三个正则奇点的富克斯型方程[1;3-554,5;72]

$$w'' + p(z)w' + q(z)w = 0 \tag{6.73g}$$

的解都可用超几何函数来表示，比如勒让德函数、特种球多项式、雅可比多项式、切比雪夫多项式等。

再进一步推广高斯级数，得到**巴恩斯广义超几何函数**与**巴恩斯级数**

$${}_pF_q\begin{pmatrix}\alpha_1 & \alpha_2 & \cdots & \alpha_p \\ \beta_1 & \beta_2 & \cdots & \beta_q\end{pmatrix}z\Big) = \sum_{k=0}^{\infty}\frac{\alpha_1^{\uparrow k}\alpha_2^{\uparrow k}\cdots\alpha_p^{\uparrow k}}{\beta_1^{\uparrow k}\beta_2^{\uparrow k}\cdots\beta_q^{\uparrow k}}\cdot\frac{z^k}{k!}, \qquad |z|<1 \tag{6.73h}$$

当 $p=2$，$q=1$ 时，广义超几何函数就是高斯超几何函数；当 $p=q=1$ 时，称为**汇合型超几何函数**[由超几何方程的两个奇点(1 与 ∞)"汇合"为一而产生]或**库默尔(Kummer)函数**[1;3-559,599,5;327]。

巴恩斯广义超几何函数及高斯超几何函数可用来表示许多初等函数、高级超越函数及它们之中的一些**母函数**(generating function，又称为**生成函数**)[1;3-572,3;467,560,4;608,5;194,46;655]，因而有广泛应用。

① 柯西积分公式与柯西积分定理对于本书的读者来说，应当是耳熟能详的知识点。

柯西积分定理是解析函数理论的最重要最基本的定理——在函数 $f(z)$ 没有奇异性的区域 D 内，积分仅仅依赖于积分路径 C 的端点。由此导出著名的柯西积分公式——有限单连通区域 D 内的解析函数 $f(z)$，对于 D 内任意一条可求长的简单闭曲线 γ 所围成区域内任意一点 z，必有

$$f(z) = \frac{1}{2\pi\mathrm{i}}\int_{\gamma}\frac{f(w)}{w-z}\mathrm{d}w, \qquad f^{(n)}(z) = \frac{n!}{2\pi\mathrm{i}}\int_{\gamma}\frac{f(w)}{(w-z)^{n+1}}\mathrm{d}w, \qquad n=1,n=2,\cdots \tag{6.74a}$$

式中积分在 γ 上沿着逆时针方向(数学意义的正方向)进行。

柯西积分公式启发人们研究(闭)曲线 γ 上可积函数 $\varphi(z)$ 的柯西型积分[1;3-42,4;769,46;390]

$$F(z) = \frac{1}{2\pi\mathrm{i}}\int_{\gamma}\frac{\varphi(w)}{w-z}\mathrm{d}w \tag{6.74b}$$

当 $z\notin\gamma$ 时，上述柯西型积分所确定函数 $F(z)$ 是解析函数！

对于 γ 上几乎所有点 $\zeta\in\gamma$，当 z 从 γ 的**内侧点** z_i 及**外侧点** z_e 沿不与 γ 相切的曲线分别趋近于 ζ 时，有极限

$$\lim_{z_i\to\zeta}F(z_i) = \varphi_i(\zeta) = \frac{1}{2\pi\mathrm{i}}\int_{\gamma}\frac{\varphi(w)}{w-\zeta}\mathrm{d}w + \frac{1}{2}\varphi(\zeta) \tag{6.74c}$$

着重要作用。

为了获得方程式(6.73)的解，将使用如下三个关系

$$\frac{1}{\pi} \int_{-1}^{1} \frac{T_n(\tau) \mathrm{d}\tau}{(\tau - t)\sqrt{1 - \tau^2}} = U_{n-1}(t), \qquad -1 < t < 1, \qquad n = \overline{1, \infty} \qquad (6.74)$$

$$\frac{1}{\pi} \int_{-1}^{1} \frac{U_n(\tau)\sqrt{1 - \tau^2}\,\mathrm{d}\tau}{\tau - t} = -T_{n+1}(t), \qquad -1 < t < 1, \qquad n = \overline{0, \infty} \qquad (6.75)$$

$$\frac{1}{\pi} \int_{-1}^{1} \frac{P_n^{\frac{1}{2}, -\frac{1}{2}}(\tau)}{\tau - t} \sqrt{\frac{1 - \tau}{1 + \tau}}\,\mathrm{d}\tau = -P_n^{-\frac{1}{2}, \frac{1}{2}}(t), \qquad -1 < t < 1, \qquad n = \overline{0, \infty} \qquad (6.76)$$

式中，$T_n(t)$ 是**第一类切比雪夫多项式**，$U_n(t)$ 是**第二类切比雪夫多项式**，$P_m^{\alpha,\beta}(t)$ 是**雅可比多项式**①。

$$\lim_{z_e \to \zeta} F(z_e) = \varphi_e(\zeta) = \frac{1}{2\pi \mathrm{i}} \int_{\gamma} \frac{\varphi(w)}{w - \zeta}\mathrm{d}w - \frac{1}{2}\varphi(\zeta) \qquad (6.74\mathrm{d})$$

以上两个等式中的积分都是广义积分，w 与 ζ 是(闭)曲线 γ 上的任意两点。

柯西型积分广泛应用于研究解析函数的边界性质、边值问题及奇异积分方程等，所以它是解决众多工程技术难题的一个强有力的数学工具。

① **切比雪夫多项式**[1;3~574,645,3;114,529,4;608,5;194,46;657]：对于 $-1 < t < 1$，定义

$$T_n(t) = \cos[n \arccos(t)] = \frac{n}{2} \sum_{k=0}^{[n/2]} (-1)^k \frac{(n-k-1)!}{(n-2k)!\,k!} (2t)^{n-2k} = F\left(n, -n, \frac{1}{2}, \frac{1-t}{2}\right) \qquad (6.75\mathrm{a})$$

$$= (-)^n \frac{\sqrt{1-t^2}}{(2n-1)!!} \frac{\mathrm{d}^n}{\mathrm{d}t^n}[(1-t^2)^{n-1/2}] \qquad (6.75\mathrm{b})$$

（罗德里格斯公式）[46;657]

$$U_n(t) = \frac{\sin[(n+1)\arccos t]}{\sin(\arccos t)} = \frac{n}{2} \sum_{k=0}^{[n/2]} (-1)^k \frac{(n-k)!}{(n-2k)!\,k!} (2t)^{n-2k} = (n+1)F\left(-n, n+1, \frac{3}{2}, \frac{1-t}{2}\right) \qquad (6.75\mathrm{c})$$

$$= (-)^n \frac{1}{\sqrt{1-t^2}} \frac{n+1}{(2n+1)!!} \frac{\mathrm{d}^n}{\mathrm{d}t^n}[(1-t^2)^{n+1/2}] \qquad (6.75\mathrm{d})$$

（罗德里格斯公式）[46;657]

显然，$|T_n(t)| \leq 1$，$T_n(\pm 1) = (\pm 1)^n$，$|U_n(t)| \leq n+1$，$U_n(\pm 1) = (\pm 1)^n(n+1)$。

切比雪夫多项式是基本的正交多项式之一。两类切比雪夫多项式 $\{T_n(t)\}$，$\{U_n(t)\}$ 在闭区间 $[-1,1]$ 内关于权函数 $1/\sqrt{1-t^2}$、$\sqrt{1-t^2}$ 正交

$$\int_{-1}^{1} \frac{T_n(t) T_m(t)}{\sqrt{1-t^2}}\mathrm{d}t = \frac{\pi}{2}\delta_{nm}(1 + \delta_{n0}), \qquad \int_{-1}^{1} U_n(t) U_m(t) \sqrt{1-t^2}\,\mathrm{d}t = \delta_{nm} \qquad (6.75\mathrm{e})$$

切比雪夫提出并讨论了极值问题：对于闭区间 $[-1,1]$ 上的连续函数 $f(t)$ 与给定整数 $n \geq 0$，寻求极小值问题

$$E_n(f) = \min_{p \in P_n} \max_{-1 \leq t \leq 1} |f(t) - p(t)| \qquad (6.75\mathrm{f})$$

的解（P_n 是次数小于或等于 n 的代数多项式全体所构成的集合）。常称能使此极小值 $E_n(f)$ 实现的多项式为 $f(t)$ 的 n 次**最佳逼近多项式**。在 $[-1,1]$ 上，t^n 的 $n-1$ 次最佳逼近多项式就是 $t^n - T_n(t)/2^n$，其最佳逼近值是 $E_n(t^n) = 1/2^n$。

关系式(6.74)~式(6.76)统称为**谱系关系**(spectral relationships)。

那些能够简化成柯西奇异积分方程式(6.73)的应用问题本性,确定着解的类型。在柯西奇异积分方程的经典理论中,研究如下三类情况。

a) 在 $t = \pm 1$ 无界的解。

b) 在 $t = -1$ 无界, $t = 1$ 有界(或者等价情形,在 $t = -1$ 有界, $t = 1$ 无界)的解。

c) 在 $t = \pm 1$ 有界的解。

正交多项式法允许我们解决所有这三种问题。

a) 在 $t = \pm 1$ 无界的解

假设所寻求的解在两端 $t = \pm 1$ 处无界,则对比方程式(6.73)与谱系关系式(6.74),所寻找的解 $y(t)$ 可能具有第一类切比雪夫多项式级数形式

$$y(t) = \frac{1}{\sqrt{1-t^2}} \sum_{n=0}^{\infty} y_n T_n(t) \tag{6.77}$$

式中系数 y_n 必须求出。

将式(6.77)代入方程式(6.73),利用谱系关系式(6.74),以及已知积分①

$$\frac{1}{\pi} \int_{-1}^{1} \frac{\mathrm{d}\tau}{(\tau - t)\sqrt{1-\tau^2}} = 0$$

获得

$$\sum_{n=1}^{\infty} y_n U_{n-1}(t) = f(t), \qquad -1 < t < 1 \tag{6.78}$$

为了确定系数 y_n,在方程式(6.78)两边同乘 $U_{n-1}(t)$,并从 $t = -1$ 到 $t = 1$ 积分。考虑到

切比雪夫多项式在逼近论与计算数学等中有重要应用。

雅可比多项式(Jacobi polynomial)[1:3-574,648,4:614,5:190,46:657] 也称超几何多项式。

$$P_n^{\alpha,\beta}(t) = \binom{n+\alpha}{n} F\left(-n, n+\alpha+\beta+1, \alpha+1, \frac{1-t}{2}\right) \tag{6.76a}$$

$$= (-)^n \binom{n+\beta}{n} F\left(-n, n+\alpha+\beta+1, \beta+1, \frac{1+t}{2}\right) \tag{6.76b}$$

$$= \frac{(-)^n}{2^n n!} \frac{1}{(1-t)^\alpha (1+t)^\beta} \frac{\mathrm{d}^n}{\mathrm{d}t^n}\left[(1-t)^{n+\alpha}(1+t)^{n+\beta}\right] \tag{6.76c}$$

(罗德里格斯公式)[46:657]

$$= \frac{1}{2^n} \sum_{k=0}^{n} \binom{n+\alpha}{k}\binom{n+\beta}{n-k}(t-1)^{n-k}(t+1)^k \tag{6.76d}$$

雅可比多项式是一种基本的正交多项式。$\{P_n^{\alpha,\beta}(t)\}$ 在闭区间 $[-1,1]$ 内关于权函数 $\rho(t) = (1-t)^\alpha (1+t)^\beta$ 是一个完备正交函数系。

$$\int_{-1}^{1} P_n^{\alpha,\beta}(t) P_m^{\alpha,\beta}(t) \rho(t)\mathrm{d}t = \frac{2^{\alpha+\beta+1}\Gamma(n+\alpha+1)\Gamma(n+\beta+1)}{(2n+\alpha+\beta+1)\Gamma(n+\alpha+\beta+1)n!}\delta_{nm} \tag{6.76e}$$

许多重要的多项式,比如切比雪夫多项式、勒让德多项式、超球多项式等,都是雅可比多项式的特殊情形。

① 如果切比雪夫多项式的谱系关系式(6.74)成立,那么必有该积分公式。由两类切比雪夫多项式的定义公式

$$T_n(\cos(\theta)) = \cos(n\theta), U_n(\cos(\theta)) = \sin[(n+1)\theta]/\sin(\theta),$$

必有 $T_0(t) = 1$, $U_{-1}(t) = 0$。

第二类切比雪夫多项式的正交性[①]

$$\int_{-1}^{1} U_k(t) U_m(t) \sqrt{1-t^2}\, dt = \begin{cases} \dfrac{\pi}{2}, & k=m \\[2mm] 0, & k \neq m \end{cases}$$

得到

$$y_n = \frac{2}{\pi} \int_{-1}^{1} f(t) U_{n-1}(t) \sqrt{1-t^2}\, dt, \qquad n=1,2,\cdots \tag{6.79}$$

常数 y_0 可以根据使解唯一的辅助条件求得。例如，如果辅助条件为

$$\int_{-1}^{1} y(t)\, dt = A \quad (A\ 为常数) \tag{6.80}$$

那么

$$\int_{-1}^{1} y(t)\, dt = \sum_{n=0}^{\infty} y_n \int_{-1}^{1} \frac{T_n(t)\, dt}{\sqrt{1-t^2}} = \sum_{n=0}^{\infty} y_n \int_{-1}^{1} \frac{T_n(t) T_0(t)\, dt}{\sqrt{1-t^2}} = \pi y_0 \tag{6.81}$$

由此而来

$$y_0 = A/\pi \tag{6.82}$$

式(6.77)、式(6.79)和式(6.82)给出了方程(6.73)的**无界函数**类的解结果。

b）在 $t=-1$ 无界和在 $t=1$ 有界的解

假设所寻求的解在 $t=-1$ 无界在 $t=1$ 有界。此时对比方程式(6.73)与谱系关系式(6.74)，所寻求的解 $y(t)$ 可能具有雅可比多项式级数 $P_n^{-1/2,1/2}(t)$ 形式：

$$y(t) = \sqrt{\frac{1-t}{1+t}} \sum_{n=0}^{\infty} y_n P_n^{\frac{1}{2},-\frac{1}{2}}(t) \tag{6.83}$$

式中系数 y_n 是待定的。

将式(6.83)代入方程(6.73)，利用谱系关系式(6.76)，得到

$$-\sum_{n=0}^{\infty} y_n P_n^{-\frac{1}{2},\frac{1}{2}}(t) = f(t), \quad -1<t<1 \tag{6.84}$$

为了确定 y_n，在方程式(6.84)两边同乘 $P_n^{-1/2,1/2}(t)$，并从 $t=-1$ 到 $t=1$ 积分。考虑到雅可比多项式 $P_n^{-1/2,1/2}(t)$ 的正交性[②]

$$\int_{-1}^{1} P_k^{-\frac{1}{2},\frac{1}{2}}(t) P_m^{-\frac{1}{2},\frac{1}{2}}(t) \sqrt{\frac{1+t}{1-t}}\, dt = \begin{cases} \dfrac{\Gamma^2(m+1/2)}{\Gamma^2(m+1)}, & k=m \\[2mm] 0, & k \neq m \end{cases}$$

就得

$$y_n = \frac{\Gamma^2(n+1)}{\Gamma^2(n+1/2)} \int_{-1}^{1} f(t) P_n^{-\frac{1}{2},\frac{1}{2}}(t) \sqrt{\frac{1+t}{1-t}}\, dt, \qquad n \in \mathbb{N} \tag{6.85}$$

公式(6.83)和式(6.85)给出了方程式(6.73)在 $t=-1$ 无界而在 $t=1$ 有界类形的解结果。与无界类解结果相对比，不需要任何附加条件，就能确定方程式(6.73)的唯一解。这是因为解的可选择类型是比较狭窄的。

---

① 即式(6.75e)。

② 即式(6.76e)。

c) 在 $t=\pm1$ 有界的解

最后，假设所寻求的解在两端 $t=\pm1$ 有界。那么，对比方程式(6.73)与谱系关系式(6.75)，所寻求的解 $y(t)$ 可能具有第二类切比雪夫多项式级数形式：

$$y(t) = \sqrt{1-t^2} \sum_{n=0}^{\infty} y_n U_n(t) \qquad (6.86)$$

式中系数 y_n 是待定的。

将式(6.86)代入方程式(6.73)，利用谱系关系式(6.75)，就得到

$$-\sum_{n=0}^{\infty} y_n T_{n+1}(t) = f(t), \qquad -1 < t < 1 \qquad (6.87)$$

为了确定 y_n，在方程式(6.87)两边同乘 $T_{n+1}(t)$，$n=0,1,2,\cdots$，并从 $t=-1$ 到 $t=1$ 进行积分。考虑到第二类切比雪夫多项式的正交性

$$\int_{-1}^{1} \frac{T_k(t) T_m(t)}{\sqrt{1-t^2}} dt = \begin{cases} \pi, & k=m=0 \\ \dfrac{\pi}{2}, & k=m\neq0 \\ 0, & k\neq m \end{cases}$$

就获得

$$y_n = \frac{2}{\pi} \int_{-1}^{1} \frac{f(t) T_{n+1}(t)}{\sqrt{1-t^2}} dt, \qquad n \in \mathbb{N} \qquad (6.88)$$

用 $T_0(t)$ 乘式(6.87)并从 $t=-1$ 到 $t=1$ 积分，得到方程式(6.73)的解存在条件为 $t=\pm1$ 两端有界函数类结构形式：

$$\int_{-1}^{1} \frac{f(t) dt}{\sqrt{1-t^2}} = 0 \qquad (6.89)$$

如果柯西奇异积分方程式(6.73)的右边满足条件式(6.89)，则解 $y(t)$ 由公式(6.86)和式(6.88)给出；否则解不存在。

值得注意的是，谱系关系式(6.74)~式(6.76)也允许用来求解第二类特征柯西奇异积分方程

$$y(t) - \frac{\lambda}{\pi} \int_{-1}^{1} \frac{y(\tau) d\tau}{\tau - t} = f(t), \qquad -1 < t < 1 \qquad (6.90)$$

与所谓**完全方程**(complete equations)对应的特征方程式(6.73)与式(6.90)，即

$$\frac{1}{\pi} \int_{-1}^{1} \left(\frac{1}{\tau - t} + K(t,\tau) \right) y(\tau) d\tau = f(t), \qquad -1 < t < 1 \qquad (6.91)$$

$$y(t) - \frac{\lambda}{\pi} \int_{-1}^{1} \left(\frac{1}{\tau - t} + K(t,\tau) \right) y(\tau) d\tau = f(t), \qquad -1 < t < 1 \qquad (6.92)$$

式中核函数 $K(t,\tau)$ 不含奇异性。对应的积分方程降简为一个无限的线性代数方程组，通过**归约方法**①就可求得近似解。此解法过程的细节与正当性(justification)在文献[213](1982年)中就能找到。

6.4.2　正交多项式法的一般技巧

现在，着重讲述文献[213](1982年)中的正交多项式解法的一般技巧。

---

① **归约方法**——the method of reduction。

考虑第一类积分方程

$$\int_a^b K(t,\tau)y(\tau)\mathrm{d}\tau = f(t), \qquad a < t < b \tag{6.93}$$

假设与方程核 $K(t,\tau)$ 关联的积分算子存在一个**谱系关系**。这意味着存在两个正交多项式族，$\{p_n^+(t)\}_{n=0}^{\infty}$ 和 $\{p_n^-(t)\}_{n=0}^{\infty}$，以及非零数集 $\{\sigma_n\}_{n=0}^{\infty}$ 使得

$$\int_a^b K(\iota,\tau)p_n^+(\tau)p_+(\tau)\mathrm{d}\tau = \sigma_n g_+(t)p_n^-(t), \qquad a < t < b, \ n = \overline{0,\infty} \tag{6.94}$$

假设多项式 $p_n^+(t)$ 和 $p_n^-(t)$ 在开区间 (a,b) 内标准正交，也就是说

$$\int_a^b \frac{p_m^{\pm}(t)p_n^{\pm}(t)\mathrm{d}t}{w_{\pm}(t)} = \delta_{nm}, \qquad w_{\pm}^{-1}(t) = p_{\pm}(t)g_{\mp}(t) \tag{6.95}$$

式中 δ_{nm} 为克罗内克 δ 序列。

这样一来，就能找出方程式(6.93)的解具有级数形式

$$y(t) = p_+(t)\sum_{m=0}^{\infty} y_m p_m^+(t), \qquad a < t < b \tag{6.96}$$

式中系数 y_m 待定。

将式(6.96)代入方程式(6.93)，利用谱系关系式(6.94)，得到

$$g_+(t)\sum_{m=0}^{\infty} \sigma_m y_m p_m^-(t) = f(t), \qquad a < t < b \tag{6.97}$$

用 $p_-(t)p_n^-(t)$ 乘方程式(6.97)两边，对 t 从 a 到 b 进行积分，再借助标准正交性条件式(6.95)，给出

$$y_n\sigma_n = f_n, \qquad f_n = \int_a^b f(t)p_-(t)p_n^-(t)\mathrm{d}\tau \tag{6.98}$$

由此求出 y_n。因而方程式(6.93)的解结果，可以显式地写成

$$y(t) = p_+(t)\sum_{m=0}^{\infty} \frac{f_m p_m^+(t)}{\sigma_m^+} \tag{6.99}$$

虽然在拥有核 $R(t,\tau)$ 的第一类方程

$$\int_a^b R(t,\tau)y(\tau)\mathrm{d}\tau = f(t), \qquad a < t < b \tag{6.100}$$

中，谱系关系是未知的，但通常可写成形式

$$\int_a^b \{K(t,\tau) + D(t,\tau)\}y(\tau)\mathrm{d}\tau = f(t), \qquad a < t < b \tag{6.101}$$

式中 $D(t,\tau)$ 是一个**正则核**①。将式(6.96)代入式(6.101)，利用谱系关系式(6.94)和标准正交性条件式(6.95)，引出无限的线性代数方程组：

$$\sigma_n y_n + \sum_{m=0}^{\infty} d_{nm}y_m = f_n, \qquad n = \overline{0,\infty} \tag{6.102}$$

---

① **正则核**(regular kernel)　无奇异性的方程核。

$$d_{nm} = \int\limits_a^b \int\limits_a^b D(t,\tau) p_-(t) p_+(\tau) p_m^+(\tau) p_n^-(t) \, \mathrm{d}t \mathrm{d}\tau$$

式中 f_n 意义如前。

无限方程组式（6.102）能够用**归约方法**近似解出。值得注意的是，第一类积分方程式（6.101）的解简约为第二类无限线性代数方程式（6.102）的解。从近似数值求解角度来看，这是一种优势。在文献［112］（1962 年）、文献［111］（1986 年）和文献［213］（1982 年）中可找到对于方程式（6.102），归约方法的收敛条件。

对于某些方程的核 $K(t,\tau)$，可能不止一个已知谱系关系。例如，在柯西奇异核 $(t-\tau)^{-1}$ 的情形，对于经典的雅可比多项式就有三个谱系关系（参见［63：式 10.12(47)、式 10.12(48)］与［213：304、式 A-12.4］），而对于广义的雅可比多项式，却有无限多的谱系关系［192］（也要注意后文中的谱系关系式（6.114），式（6.113），式（6.117））。在此类情况下，谱系关系的明确选择，依赖于所考察的积分方程问题的特性。问题特性确定着解的类型。选择解类型之后，必须选定谱系关系，如果必要的话，用附加条件确定附加常数（也就是说，找出唯一解），或者用可解性条件（通常是针对方程的右边，例如文献［192］和文献［193］）确定附加常数。

能够获得一个恰当的谱系关系，对于正交多项式法的应用是一个必要条件。针对各种各样的第一类和第二类积分算子，在文献［213］中给出了一大批的谱系关系，但没有包含本处给出的谱系关系。

在接下来的几节中，给出一些服务于如下三类分数微分算子的谱系关系集。

● 具有核 $R(t,\tau) = |t-\tau|^{-\alpha}$ 的**里斯分数积分**（Riesz fractional integral）。

● 左黎曼–刘维尔分数积分：

$$_aD_t^{-\alpha} f(t) = \frac{1}{\Gamma(\alpha)} \int_a^t (t-\tau)^{\alpha-1} f(\tau) \, \mathrm{d}\tau \tag{6.103}$$

● 右黎曼–刘维尔分数积分——有时也称为**外尔分数积分**

$$_tD_b^{-\alpha} f(t) = \frac{1}{\Gamma(\alpha)} \int_t^b (\tau-t)^{\alpha-1} f(\tau) \, \mathrm{d}\tau \tag{6.104}$$

6.4.3　里斯分数位势

从**里斯位势算子**[232]，具有核 $|x-t|^{-v}$ 的积分算子的谱系关系求解入手①。

---

① **位势、位势算子**与核函数概念。

位势（potential）[1:3-302, 2:23-231, 8:68, 17:2-263, 46:728]概念，最早来源于物理学中的万有引力理论。

万有引力定律[2:22-564]是牛顿（1687）从开普勒天体运行规律中，把太阳与行星当成**质点**[2:28-423]处理，经过缜密的数学推导得出。18 世纪科学研究的主要问题之一是：确定一个非质点物体对另外一个物体的万有引力作用大小。最重要的情况是：太阳对行星的引力，地球对其外部或内部质点的引力，地球对另外一个连续质量体的引力，等等。当时人们根据万有引力定律确信：一质量密度为 ρ 的连续质量体 M（见图 6.3*），对一被看成质点的单位质量 $p(x,y,z)$ 所施加的万有引力 F，是构成 M 的全体小连续质量体 $m(\xi,\eta,\zeta)$ 所施加引力 f_m 的总和。

如果小质量体 m 的体积元如此之小，以至于可以看成集中在点 (ξ,η,ζ) 的一个质点，那么，按牛顿万有引力定律与力的分解，引力向量 f_m 的分量是

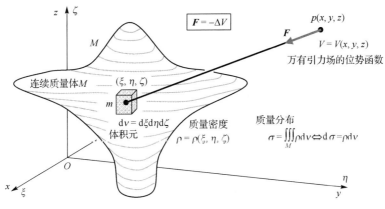

图 6.3* 　万有引力场的位势

定理 6.1 　如果 $\alpha>-1$，$\beta>-1$，$0<v<1$ 且 γ 是一个任意实数，则对于 $-1<x<1$，下式成立：

$$\int_{-1}^{1}\left(\mathrm{sign}(x-t)+\frac{\tan(\pi\gamma)}{\tan(v\pi/2)}\right)\frac{Q_m^{\alpha,\beta}(t)}{|x-t|^v}\mathrm{d}t$$

$$=\frac{\sin[\pi(\gamma-v/2)]\Phi_1(x)+\sin[\pi(\gamma+v/2-\beta)]\Phi_2(x)}{\Gamma(v)\sin(\pi v/2)\cos(\gamma\pi)},\quad m=0,1,2,\cdots \qquad (6.105)$$

式中

$$f_{mx}=-\kappa\rho\frac{x-\xi}{r^3}\mathrm{d}\nu,\qquad f_{my}=-\kappa\rho\frac{y-\eta}{r^3}\mathrm{d}\nu,\qquad f_{mz}=-\kappa\rho\frac{z-\zeta}{r^3}\mathrm{d}\nu \qquad (6.104a)$$

式中 $\kappa=GM$ 是牛顿引力定律中的常数，$\rho=\rho(\xi,\eta,\zeta)$ 是连续体质量密度，$r=\sqrt{(x-\xi)^2+(y-\eta)^2+(z-\zeta)^2}$ 是欧几里得距离，$\mathrm{d}\nu=\mathrm{d}\xi\mathrm{d}\eta\mathrm{d}\zeta$ 是体积元。整个连续质量体 M 对单位质点 p 的总引力 $\boldsymbol{F}=\iiint_M f_m\mathrm{d}\nu$ 分量是

$$F_x=\kappa\iiint_M\rho\frac{x-\xi}{r^3}\mathrm{d}\nu,\qquad F_y=\kappa\iiint_M\rho\frac{y-\eta}{r^3}\mathrm{d}\nu,\qquad F_z=\kappa\iiint_M\rho\frac{z-\zeta}{r^3}\mathrm{d}\nu \qquad (6.104b)$$

其中积分展布于整个吸引连续质量体 M 之上。这些积分是存在的，并且当质点 p 在 M 内部也是如此。

为了分别处理三个分量，人们引入一个称为**位势函数**，通常简称**势函数** $V(x,y,z)$，使得它的偏导数就是总引力 $\boldsymbol{F}$ 的分量：

$$-\frac{\partial V}{\partial x}=F_x,\quad -\frac{\partial V}{\partial y}=F_y,\quad -\frac{\partial V}{\partial z}=F_z \qquad (6.104c)$$

或写成简化形式

$$\boldsymbol{F}=-\nabla V,\qquad \nabla=\left(\frac{\partial}{\partial x},\frac{\partial}{\partial y},\frac{\partial}{\partial z}\right) \qquad (6.104d)$$

式中，∇ 是梯度算子。显然，位势函数

$$V(x,y,z)=\kappa\iiint_M\frac{\rho}{r}\mathrm{d}\nu=\iiint_M\frac{\kappa\rho(\xi,\eta,\zeta)\mathrm{d}\xi\mathrm{d}\eta\mathrm{d}\zeta}{\sqrt{(x-\xi)^2+(y-\eta)^2+(z-\zeta)^2}}=\iiint_M K\rho\mathrm{d}\nu=\iiint_M K\mathrm{d}\sigma \qquad (6.104e)$$

是一个**标量函数**。如此定义的位势 V 称为**牛顿位势**，积分核

$$K=\frac{1}{r}=\frac{1}{\sqrt{(x-\xi)^2+(y-\eta)^2+(z-\zeta)^2}}=K(r)$$

称为**牛顿核**或 **2 核**（2 kernel）。

一般地，对于 n 维空间 $\mathbb{R}^n$ 中的两点 x 与 y，$r=|x-y|$ 表示**欧几里德范数**（即欧几里德距离），给定一实数 $\alpha(0<\alpha<n,\ 1\le p\le n/\alpha)$，定义[1:3-250,302]

$$\Phi_1(x) = \frac{\Gamma(m+\alpha+1)\Gamma(m+v)\Gamma(\beta-v+1)(-1)^m}{2^{-\alpha-\beta+v-1}\Gamma(m+\alpha+\beta-v+2)m!} \times {}_2F_1\left(\begin{matrix} m+v, v-m-\alpha-\beta-1 \\ -\beta+v \end{matrix}\middle| \frac{1+x}{2}\right) \quad (6.106)$$

$$\Phi_2(x) = \frac{\Gamma(m+\beta+1)\Gamma(v-\beta-1)(-1)^{m+1}}{2^{-\alpha}(1+x)^{v-\beta-1}} \times {}_2F_1\left(\begin{matrix} m+\beta+1, -m-\alpha \\ \beta-v+2 \end{matrix}\middle| \frac{1+x}{2}\right) \quad (6.107)$$

证明： 为了证明该命题，考虑积分①

$$J(x) = \int_{-1}^{1} k(x-t)Q_m^{\alpha,\beta}(t)\,\mathrm{d}t, \qquad |x| \leqslant 1 \quad (6.108)$$

$$\mathrm{Re}(\alpha,\beta) > -1, \qquad m = 0, 1, 2, \cdots$$

式中函数 $k(z)$ 定义为

$$k(z) = \mathrm{e}^{\mathrm{i}\pi\gamma} \int_0^{\infty} s^{v-1}\mathrm{e}^{\mathrm{i}zs}\,\mathrm{d}s, \qquad 0 < v < 1 \quad (6.109)$$

将式(6.109)代入方程式(6.108)，交换积分顺序，对于雅可比多项式使用**罗德里格斯公式**②，再进行分部积分获得：

$$J(x) = (-\mathrm{i})^m B(m+\beta+1, m+\alpha+1)\mathrm{e}^{\mathrm{i}\pi\gamma}2^{m+\alpha+\beta+1}(m!)^{-1}$$

$$\times \int_0^{\infty} s^{m+v-1}\mathrm{e}^{\mathrm{i}(1+x)s} {}_1F_1\left(\begin{matrix} m+\beta+1 \\ 2m+\alpha+\beta+2 \end{matrix}\middle| -2\mathrm{i}s\right)\mathrm{d}s \quad (6.110)$$

借助[62：式6.9(9)]计算积分式(6.110)，再使用[63：式2.10(2)]求出

$$J(x) = \mathrm{e}^{\mathrm{i}\pi(\gamma-v/2)}\Phi_1(x) + \mathrm{e}^{\mathrm{i}\pi(\gamma+v/2-\beta)}\Phi_2(x) \quad (6.111)$$

式中 $\Phi_1(x)$ 与 $\Phi_2(x)$ 分别由式(6.106)与式(6.107)给定。

另一方面，借助文献[62]的式6.5(1)和式6.5(21)，积分式(6.109)可表示成

$$K(x,y) = K_\alpha^n(x-y) = A(n,\alpha)|x-y|^{\alpha-n} = \frac{A(n,\alpha)}{r^{n-\alpha}}, \qquad A(n,\alpha) = \pi^{\alpha-n/2}\frac{\Gamma((n-\alpha)/2)}{\Gamma(\alpha/2)} \quad (6.104\mathrm{f})$$

为 α **核——里斯核**，式中 $A(n,\alpha)$ 是正规化因子。由此定义：对于一给定函数 $\rho \in L^p(\mathbb{R}^n)$ 的 α **位势——里斯位势**(Riesz potential)函数

$$V(x) = \int_{\mathbb{R}^n} K(x,y)\rho(y)\,\mathrm{d}y = \int_{\mathbb{R}^n} \frac{A(n,\alpha)}{|x-y|^{n-\alpha}}\rho(y)\,\mathrm{d}y = \int_{\mathbb{R}^n} K_\alpha^n(x-y)\rho(y)\,\mathrm{d}y = (K_\alpha^n * \rho)(y) \quad (6.104\mathrm{g})$$

α 位势是里斯(1880—1956)推广牛顿位势而引进的一般位势概念。里斯位势又称**分数次积分**，对应的积分算子，称为**里斯位势算子**(Riesz potential operator)。

由此可以归结：所谓位势，就是某个核函数 $K(x,y)$ 确定的参变量积分。或者说一个梯度场，比如引力场 $\boldsymbol{F}(x)$，静电场 $\boldsymbol{E}(x)$，稳定热场 $\boldsymbol{T}(x)$ 等的参变量积分，一般在 $\mathbb{R}^n(n \geqslant 2)$ 中，由公式

$$\boldsymbol{G}(x) = -\nabla V(x) = -\left(\frac{\partial V}{\partial x_1}, \frac{\partial V}{\partial x_2}, \cdots, \frac{\partial V}{\partial x_n}\right) \quad (6.104\mathrm{h})$$

给出**矢量场**时，**标量函数**(scalar function) $V = V(x)$ 称为该矢量场的位势(函数)。

① 式(6.105)与式(6.108)之中 $Q_m^{\alpha,\beta}(t)$ 是由雅可比多项式 $P_m^{\alpha,\beta}(t)$(式(6.76a))所定义的多项式：

$$Q_m^{\alpha,\beta}(t) = (1-t)^\alpha (1+t)^\beta P_m^{\alpha,\beta}(t)$$

② **罗德里格斯公式**，即公式(6.76c)：

$$P_n^{\alpha,\beta}(t) = \frac{(-1)^n}{2^n n!}\frac{1}{(1-t)^\alpha(1+t)^\beta}\frac{\mathrm{d}^n}{\mathrm{d}t^n}[(1-t)^{n+\alpha}(1+t)^{n+\beta}]$$

一个多项式如果能够使用一个函数的 n 阶导数乘上适当的因子表示出来，这种表达式通常就称为这个多项式的罗德里格斯公式。[46;657]

$$k(z) = \Gamma(v) \, |z|^{-v} \exp\left\{ \mathrm{i}\pi\left(\gamma + \frac{v}{2}\mathrm{sign}(z) \right) \right\} \qquad (6.112)$$

将式(6.112)代入方程式(6.108)，考虑到方程式(6.111)，并分出虚部，就获得了式(6.105)，从而结束定理 6.1 的证明。用 $\gamma+1/2$ 取代 γ 之后取其实部，可得出同样的最终表达式。

定理 6.2 如果 $\alpha>-1$，$\beta>-1$ 且 $0<v<1$，则对于 $-1<x<1$，下式成立：

$$\int_{-1}^{1} \frac{Q_m^{\alpha,\beta}(t)}{|x-t|^v}\mathrm{d}t = \frac{\cos(\pi v/2)\Phi_1(x) + \cos[\pi(v/2-\beta)]\Phi_2(x)}{\Gamma(v)\cos(\pi v/2)}, \qquad m = 0,1,2,\cdots$$

式中 $\Phi_1(x)$ 与 $\Phi_2(x)$ 意义同定理 6.1。

证明：这是定理 6.1 的一个特例：$\gamma=1/2$。

定理 6.3 如果 $\alpha>-1$，$\beta>-1$ 且 $0<v<1$，则对于 $-1<x<1$，下式成立：

$$\int_{-1}^{1} 2\frac{\mathrm{sign}(x-t)}{|x-t|^v}Q_m^{\alpha,\beta}(t)\mathrm{d}t = \frac{-\sin(\pi v/2)\Phi_1(x) + \sin[\pi(v/2-\beta)]\Phi_2(x)}{\Gamma(v)\sin(\pi v/2)}, \qquad m = 0,1,2,\cdots$$

式中 $\Phi_1(x)$ 与 $\Phi_2(x)$ 意义同定理 6.1。

证明：这是定理 6.1 的一个特例：$\gamma=0$。

定理 6.4 如果 $0<v<1$，γ 是一个任意实数，r 和 k 为整数且使得 $r>-1+\gamma-v/2$，$k>-1-\gamma-v/2$，则对于 $-1<x<1$，下式成立：

$$\int_{-1}^{1}\left(\mathrm{sign}(x-t) + \frac{\tan(\pi\gamma)}{\tan(v\pi/2)} \right)\frac{Q_m^{-\gamma+\frac{v}{2}+r,\,\gamma+\frac{v}{2}+k}(t)}{|x-t|^v}\mathrm{d}t$$

$$= \frac{\pi\,(-1)^{r+k+1}\sin[\pi(\gamma-v/2)]2^{r+k+1}\Gamma(m+v)}{m!\,\Gamma(v)\sin(\pi v/2)\cos(\gamma\pi)\sin\pi(-\gamma+v/2-k)}P_{m+r+k+1}^{\gamma+\frac{v}{2}-r-1,\,-\gamma+\frac{v}{2}-k-1}(x), \qquad m+r+k+1\geq0 \quad (6.113)$$

证明：其实，在式(6.105)中取 $\beta=\gamma+v/2+k$（此时此刻，式(6.105)中的第二项不出现）和 $\alpha=-\gamma+v/2+r$（由于该选择，$\Phi_1(x)$ 变成一个多项式），就获得式(6.113)，从而完成定理 6.4 的证明。

定理 6.4 是 Popov 公式[213：298、式 A-6.3]的一个推广。

定理 6.5 （经典里斯位势的谱系关系）如果 $0<v<1$，r 与 k 都为整数且使得 $r>-\dfrac{v+1}{2}$，$k>-\dfrac{v+3}{2}$，则对于 $-1<x<1$，下式成立：

$$\int_{-1}^{1} \frac{Q_m^{\frac{v-1}{2}+r,\,\frac{v+1}{2}+k}(t)}{|x-t|^v}\mathrm{d}t = \frac{\pi\,(-1)^r 2^{r+k+1}\Gamma(m+v)}{m!\,\Gamma(v)\cos(v\pi/2)}P_{m+r+k+1}^{\frac{v-1}{2}-r,\,\frac{v-3}{2}-k}(x), \qquad m+r+k+1\geq0$$

$$(6.114)$$

证明：这是定理 6.4 的一个特例：$\gamma=1/2$。

一般情况下，在方程式(6.113)和式(6.114)右边的雅可比多项式，均是与**非可积权函数**正交的雅可比多项式[192]。

为了研究经典雅可比多项式，在加上定理 6.5 的条件下，必定有

$$\frac{v-1}{2}-r>-1, \qquad \frac{v-3}{2}-k>-1 \qquad (6.115)$$

仅有一对 r 和 k 取值同时满足定理 6.5 的条件与式(6.115)：$r=0$，$k=-1$。此时，方程

式(6.114)具有如下简单形式。

定理 6.6　如果 $0<v<1$，则对于 $-1<x<1$，下式成立：

$$\int_{-1}^{1}\frac{Q_m^{(v-1)/2,(v-1)/2}(t)}{|x-t|^v}\mathrm{d}t = \frac{\pi\Gamma(m+v)}{m!\ \Gamma(v)\cos(v\pi/2)}P_m^{\frac{v-1}{2},\frac{v-1}{2}}(x),\qquad m=0,1,2,\cdots\quad(6.116)$$

定理 6.7　如果 $0<v<1$，r 和 k 都为整数且使得 $r>-1-\dfrac{v}{2}$，$k>-1-\dfrac{v}{2}$，则对于 $-1<x<1$，下式成立：

$$\int_{-1}^{1}\frac{\mathrm{sign}(x-t)}{|x-t|^v}Q_m^{\frac{v}{2}+r,\frac{v}{2}+k}(t)\mathrm{d}t = \frac{(-1)^r\pi\Gamma(m+v)}{2^{-r-k-1}m!\ \Gamma(v)\sin(\pi v/2)}P_{m+r+k+1}^{\frac{v}{2}-r-1,\frac{v}{2}-k-1}(x),\qquad m+r+k+1\geqslant 0$$

$$(6.117)$$

证明：这是定理 6.4 的一个特例：$\gamma=0$。

对于经典雅可比多项式，定理 6.7 存在四种特例，即

（ⅰ）$r=k=-1$

（ⅱ）$r=-1$，$k=0$

（ⅲ）$r=0$，$k=-1$

（ⅳ）$r=k=0$

但其中仅有三种互不相同，因为（ⅱ）与（ⅲ）引出同样的公式。我们有如下定理。

定理 6.8　如果 $0<v<1$，则对于 $-1<x<1$，如下公式均有效：

$$\int_{-1}^{1}\frac{\mathrm{sign}(x-t)}{|x-t|^v}Q_m^{\frac{v}{2}-1,\frac{v}{2}-1}(t)\mathrm{d}t = -\frac{\pi\Gamma(m+v)}{2m!\ \Gamma(v)\sin(\pi v/2)}P_{m-1}^{\frac{v}{2},\frac{v}{2}}(x),\qquad m=1,2,3,\cdots$$

$$(6.118)$$

$$\int_{-1}^{1}\frac{\mathrm{sign}(x-t)}{|x-t|^v}Q_m^{\frac{v}{2},\frac{v}{2}}(t)\mathrm{d}t = \frac{2\pi\Gamma(m+v)}{m!\ \Gamma(v)\sin(\pi v/2)}P_{m+1}^{\frac{v}{2}-1,\frac{v}{2}-1}(x),\qquad m=0,1,2,\cdots$$

$$(6.119)$$

$$\int_{-1}^{1}\frac{\mathrm{sign}(x-t)}{|x-t|^v}Q_m^{\frac{v}{2}-1,\frac{v}{2}}(t)\mathrm{d}t = -\frac{\pi\Gamma(m+v)}{m!\ \Gamma(v)\sin(\pi v/2)}P_m^{\frac{v}{2},\frac{v}{2}-1}(x),\qquad m=0,1,2,\cdots$$

$$(6.120)$$

在式(6.118)~式(6.120)中取 $v\to 1$，获得熟悉的第一和第二类加权切比雪夫多项式的希尔伯特变换公式[63：式 10.12(47)、式 10.12(48)]，以及加权雅可比多项式 $P_m^{-1/2,1/2}(x)$ 的**希尔伯特变换**①公式[213：304、式 A-12.4]。

6.4.4　左黎曼-刘维尔分数积分和导数

定理 6.9　如果 $0<v<1$，r 和 k 都为整数且使得 $r>v-1$，$k>-1-v$，则对于 $-1<x<1$，下式

---

　①　**希尔伯特变换**（Hilbert transform）　一种理论和应用上都重要的奇异积分变换。解析函数 $f(z)=u+iv$，在域的边界上用其虚部表示实部，和反过来表示的关系式称为希尔伯特变换对。当域是上半复平面，希尔伯特变换及其逆变换是：

$$u(x)=\frac{1}{\pi}\int_{-\infty}^{+\infty}\frac{v(t)\mathrm{d}t}{t-x},\qquad v(x)=\frac{-1}{\pi}\int_{-\infty}^{+\infty}\frac{u(t)\mathrm{d}t}{t-x},\qquad -\infty<x<+\infty$$

成立：

$$\int_{-1}^{x} \frac{Q_m^{r,v+k}(t)}{(x-t)^v} dt = \frac{\pi (-1)^{r+1} 2^{r+k+1} \Gamma(m+v)}{m! \ \Gamma(v) \sin(v\pi)} P_{m+r+k+1}^{v-r-1,-k-1}(x), \qquad m=0,1,2,\cdots \quad (6.121)$$

证明： 这是定理 6.4 的一个特例：$\gamma = v/2$。

关系式(6.121)也能用分数微分符号写成：

$$_{-1}D_t^{1-v}\{Q_n^{r,v+k}(t)\} = \frac{\pi (-1)^{r+1} 2^{r+k+1} \Gamma(n+v)}{n! \ \Gamma(v) \sin(v\pi)} P_{n+r+k+1}^{v-r-1,-k-1}(t), \qquad (6.122)$$

$$|t|<1, \ 0<v<1, r>v-1, k>-1-v, r=\overline{0,\infty}, k=\overline{0,\infty}$$

一般情况下，在方程式(6.121)右边的雅可比多项式，均是与非可积权函数正交的雅可比多项式[192]。

为了考虑经典的雅可比多项式，除定理 6.9 中的条件外，必须满足

$$v-r-1>-1, \qquad -k-1>-1 \qquad (6.123)$$

这样一来，仅有一对 r 和 k 取值同时满足定理 6.9 的条件与式(6.123)：$r=0$，$k=-1$。此时，方程式(6.121)引出如下定理。

定理 6.10　如果 $0<v<1$，则对于 $-1<x<1$，下式成立：

$$\int_{-1}^{x} \frac{Q_m^{0,v-1}(t)}{(x-t)^v} dt = -\frac{\pi \Gamma(m+v)}{m! \ \Gamma(v) \sin(v\pi)} P_m^{v-1,0}(x), \qquad m=0,1,2,\cdots \quad (6.124)$$

取 $v=1-\lambda\ (0<\lambda<1)$ 并进行明显的变量代换，就得到

$$\int_{0}^{y} \frac{Q_m^{0,-\lambda}(2\tau-1)}{(y-\tau)^{1-\lambda}} d\tau = \frac{\pi \Gamma(m-\lambda+1)}{2^\lambda m! \ \Gamma(1-\lambda) \sin(\lambda\pi)} P_m^{-\lambda,0}(2y-1), \qquad 0<y<1; m=0,1,2,\cdots$$

$$(6.125)$$

在式(6.125)左边的积分是一个多重 λ 阶黎曼-刘维尔分数积分。λ 阶黎曼-刘维尔分数积分定义为（例如[179, 232]）

$$_aD_y^{-\lambda} f(y) = \frac{1}{\Gamma(\lambda)} \int_{a}^{y} (y-\tau)^{\lambda-1} f(\tau) d\tau, \qquad y>a \qquad (6.126)$$

利用该记号，就可以将式(6.125)写成如下形式。

定理 6.11　如果 $0<\lambda<1$，则对于 $0<t<1$，下式成立：

$$_0D_t^{-\lambda} Q_m^{0,-\lambda}(2t-1) = \frac{\Gamma(m-\lambda+1)}{2^\lambda m!} P_m^{-\lambda,0}(2t-1), \qquad m=0,1,2,\cdots \quad (6.127)$$

定理 6.12　如果 $0<\lambda<1$，则对于 $0<t<1$，下式成立：

$$_0D_t^{\lambda} P_m^{-\lambda,0}(2t-1) = \frac{2^\lambda m!}{\Gamma(m-\lambda+1)} Q_m^{0,-\lambda}(2t-1), \qquad m=0,1,2,\cdots \quad (6.128)$$

证明： 将黎曼-刘维尔分数微分算子作用于方程式(6.127)两边，再使用如下性质（例如[179, 232]）：

$$_0D_t^{\lambda}(_0D_t^{-\lambda} f(t)) = f(t)$$

就得到了式(6.128)。

定理 6.13　如果 $0 \leqslant n-1<p<n$，n 为整数，则对于 $0<t<1$，下式成立：

$$_0D_t^{p} Q_m^{0,p-n}(2t-1) = \begin{cases} \dfrac{\Gamma(m+p+1)}{2^{n-p} m!} P_{m-n}^{p,n}(2t-1), & m \geqslant n \\ 0, & m<n \end{cases} \qquad (6.129)$$

证明： 对方程式(6.127)两边关于 t 微分 n 次再用[63：式10.8(17)]，得出

$$\frac{\mathrm{d}^n}{\mathrm{d}t^n}{}_0D_t^{-\lambda}Q_m^{0,-\lambda}(2t-1) = \begin{cases} \dfrac{\Gamma(m+n-\lambda+1)}{2^\lambda m!}P_{m-n}^{n-\lambda,n}(2t-1), & m \geq n \\[3mm] 0, & m < n \end{cases} \quad (6.130)$$

在上式左边，可认出 $p = n-\lambda$ 阶黎曼-刘维尔分数导数，例如文献[179，232]）。这就允许我们将式(6.130)写成式(6.129)。

定理 6.14 如果 $\alpha > -1$，$\beta > -1$ 且 $\lambda > 0$，则对于 $0 < t < 1$，下式成立：

$${}_0D_t^{-\lambda}Q_m^{\alpha,\beta}(2t-1) = \frac{(-1)^m\Gamma(\lambda)\Gamma(m+\beta+1)2^{\alpha+\beta}}{\Gamma(\beta+\lambda+2)m!}$$

$$\times(1-t)^{\alpha+\lambda}t^{\beta+\lambda}{}_2F_1\left(\begin{matrix} -m+\lambda, \alpha+\beta+m+\lambda+1 \\ \beta+\lambda+1 \end{matrix}\middle| t\right), \quad m = 0,1,2,\cdots \ (6.131)$$

证明： 在方程式(6.105)中取 $\gamma = v/2$，获得

$$\int_{-1}^{x}(x-t)^{-v}Q_m^{\alpha,\beta}(t)\mathrm{d}t = \frac{\sin(\pi(v-\beta))}{\Gamma(v)\sin(\pi v)}\Phi_2(x) \quad (6.132)$$

将式(6.106)代入式(6.132)，设 $v = 1-\lambda$ 并使用[63：式2.9(2)]就得式(6.131)。

6.4.5 有关左黎曼-刘维尔分数积分的其他谱系关系

如下有关切比雪夫多项式与**勒让德多项式**①的谱系关系，是 Podlubny 借助有限傅里叶变

---

① **勒让德多项式**（Legendre polynomials）[1:3-222,573,643,3:380,4:622,5:233,31:331,530,46:656]勒让德方程

$$(1-t^2)w'' - 2tw' + \lambda w = 0 \quad (6.132a)$$

在有界条件 $|w(\pm 1)| < \infty$ 下，本征值 $\lambda = n(n+1)$（$n \in \mathbb{N}$）时的本征函数（参见[31：300]，理解如何求解勒让德方程，对读者是大有裨益的事情）：

$$\begin{aligned} P_n(t) &= \frac{1}{2^n}\sum_{k=0}^{[n/2]}\frac{(-1)^k(2n-2k)!}{k!\,(n-k)!\,(n-2k)!}t^{n-2k} = F\left(-n,n+1,1,\frac{1-t}{2}\right) \\ &= \frac{(2n)!}{2^n n!}t^n F\left(-\frac{n}{2},\frac{1-n}{2},\frac{1}{2}-n,t^{-2}\right) \\ &= \frac{1}{2^n n!}\frac{\mathrm{d}^n}{\mathrm{d}t^n}(t^2-1) \ (\text{罗德里格斯公式}) \end{aligned} \quad (6.132b)$$

历史上，1872~1785 年勒让德在研究球状体引力与行星绕日运行的**位势函数**（参见第 144 页脚注①）时，引进了勒让德多项式。

首先，勒让德在球坐标系（图 6.4*）中，写出沿矢径 r 方向的吸引力分量（由于物体是绕 z 轴旋转形成，所以外点 p 的 α 坐标可以取为 0）

$$P(r,\beta,0) = \iiint_S \frac{\kappa\rho(r-r'\cos\theta)}{d^3}\mathrm{d}v = \iiint_S \frac{\kappa\rho(r-r'\cos\theta)}{\sqrt{r^2+r'^2-2rr'\cos\theta}^3}r'^2\sin\beta'\mathrm{d}\beta'\mathrm{d}\alpha'\mathrm{d}r' \quad (6.132c)$$

然后，勒让德令 $x = r'/r$，$t = \cos\theta$，则有

$$P(r,\beta,0) = \iiint_S \frac{\kappa\rho(r',\beta',\alpha')(1-xt)x^2}{\sqrt{1-2tx+x^2}^3}\sin\beta'\mathrm{d}\beta'\mathrm{d}\alpha'\mathrm{d}r' \quad (6.132d)$$

为了计算该积分，勒让德把被积函数式中分母写成

$$\frac{1}{\sqrt{1-2tx+x^2}} = \frac{1}{\sqrt{x-t+\sqrt{t^2-1}}}\frac{1}{\sqrt{x-t-\sqrt{t^2-1}}}$$

即知分母根式作为 x 的函数在有限处的奇点是 $t \pm \sqrt{t^2-1}$。因此只要 $|x| < \min\left|t \pm \sqrt{t^2-1}\right|$，就能进行泰勒展开

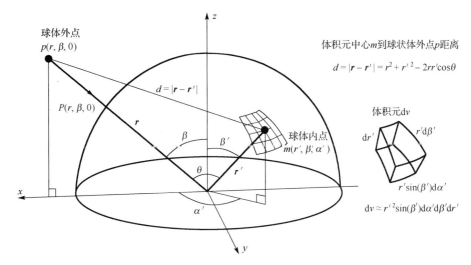

图 6.4* 　球状连续质量体的万有引力与位势示意图

换性质得出来的[191]。式(6.135)可在[2：式 22.13.10]中发现。

$$_{-1}D_t^{-1/2}\left\{\frac{T_n(t)}{\sqrt{1+t}}\right\} = \frac{\sqrt{\pi}}{2}(P_n(t)-P_{n-1}(t)),\qquad P_{-1}\equiv 0,\ |t|<1,\ n=\overline{0,\infty} \tag{6.133}$$

$$_{-1}D_t^{-1/2}\{U_n(t)\sqrt{1+t}\} = \frac{\sqrt{\pi}}{2}(P_n(t)+P_{n+1}(t)),\qquad |t|<1,\ n=\overline{0,\infty} \tag{6.134}$$

$$_{-1}D_t^{-1/2}\{P_n(t)\} = \frac{2\sqrt{\pi}}{2n+1}\cdot\frac{T_n(t)+T_{n+1}(t)}{\sqrt{1+t}},\qquad |t|<1,\ n=\overline{0,\infty} \tag{6.135}$$

格根鲍尔多项式与**雅可比多项式**①，存在谱系关系([216：式 2.212(9)]，[91])：

$$\frac{1}{\sqrt{1-2tx+x^2}} = \sum_{n=0}^{\infty} P_n(t)x^n \tag{6.132e}$$

系数 $P_n(-t)=(-1)^n P_n(t)$ 是勒让德多项式，上式左边是勒让德多项式的生成函数！$P_n(x)$ 是轴对称球函数。[31;332]

在 $-1\leqslant t=\cos\theta\leqslant 1$ 条件下，展开式(6.132e)的收敛范围是 $|x|<1$。

勒让德多项式 $\{P_n(t)\}$ 在区间 $[-1,1]$ 是正交完备函数集：

$$\int_{-1}^{1} P_m(t)P_n(t)\,\mathrm{d}t = \frac{2}{2n+1}\delta_{mn} \tag{6.132f}$$

① 　**格根鲍尔多项式**(Gegenbauer polynomial)[1;3-575,649,4;615,5;305,46;657] $C_n^\lambda(t)$，亦称**超球**(ultraspherical)**多项式**，是雅可比多项式的特殊情形：

$$C_n^\lambda(t) = \frac{1}{\Gamma(\lambda)}\sum_{k=0}^{[n/2]}\frac{(-1)^k\Gamma(n+\lambda-k)}{k!\,(n-2k)!}(2t)^{n-2k} = \frac{(2\lambda)_n}{n!}F\left(-n,n+2\lambda,\lambda+\frac{1}{2},\frac{1-t}{2}\right)$$

$$= \frac{(-1)^n}{2^n n!}\frac{(2\lambda)_n}{(\lambda+1/2)_n}(1-t^2)^{-\lambda+1/2}\frac{\mathrm{d}^n}{\mathrm{d}x^n}[(1-t^2)^{n+\lambda-1/2}]\ (\text{罗德里格斯公式})。 \tag{6.136a}$$

其生成函数是[4;616]

$$(1-2tx+x^2)^{-\lambda} = \sum_{n=0}^{\infty}C_n^\lambda(t)x^n,\qquad \lambda>-\frac{1}{2},\ -1<x<1,\ |t|<1 \tag{6.136b}$$

当 $\lambda=1/2$ 时(即式(6.132e))，就得到轴对称球函数——勒让德多项式：$P_n(t)=C_n^{1/2}(t)$。

$$_{-1}D_t^{-\alpha}\{(1+t)^{\beta-1/2}C_n^{(\beta)}(t)\}=\sigma_n^{\alpha,\beta}(1+t)^{\alpha+\beta-1/2}P_n^{\beta-\alpha-1/2,\beta+\alpha-1/2}(t) \tag{6.136}$$

$$\sigma_n^{\alpha,\beta}(x)=\frac{\Gamma(2\beta+n)\Gamma(\beta+1/2)}{\Gamma(2\beta)\Gamma(\alpha+\beta+n+1/2)},\qquad |t|<1,\ \alpha>0,\ \beta>1/2,\ n=\overline{0,\infty}$$

对于雅可比多项式，Askey（1975 年）[8]获得了另外的谱系关系：

$$_{-1}D_t^{-\mu}\{(1+t)^{\beta}P_n^{\alpha,\beta}(t)\}=\frac{\Gamma(n+\beta+1)}{\Gamma(n+\beta+\mu+1)}P_n^{\alpha-\mu,\beta+\mu}(t),\qquad |t|<1,\ \alpha>-1,\ \beta>-1,\ \mu>0 \tag{6.137}$$

如下有关拉盖尔多项式①的公式，大概首先由 Kogbetliantz（参见[247：383]）获得

$$_0D_t^{-\alpha}\{t^{\beta}L_n^{(\beta)}(t)\}=\frac{\Gamma(\beta+n+1)}{\Gamma(\alpha+\beta+n+1)}t^{\alpha+\beta}L_n^{\alpha+\beta}(t),\qquad t>0,\ \alpha>0,\ \beta>-1,\ n=\overline{0,\infty} \tag{6.138}$$

6.4.6　右黎曼–刘维尔分数积分的谱系关系

如下有关切比雪夫多项式与勒让德多项式的谱系关系是 Podlubny 借助有限傅里叶变换性质得出的[191]；式（6.141）可在[2：式 22.13.11]中发现。

$$_tD_1^{-1/2}\left\{\frac{T_n(t)}{\sqrt{1-t}}\right\}=\frac{\sqrt{\pi}}{2}(P_n(t)+P_{n-1}(t)),\qquad P_{-1}\equiv0,\ |t|<1,\ n=\overline{0,\infty} \tag{6.139}$$

$$_tD_1^{-1/2}\{U_n(t)\sqrt{1-t}\}=\frac{\sqrt{\pi}}{2}(P_n(t)-P_{n+1}(t)),\qquad |t|<1,\ n=\overline{0,\infty} \tag{6.140}$$

$$_tD_1^{-1/2}\{P_n(t)\}=\frac{2\sqrt{\pi}}{2n+1}\cdot\frac{T_n(t)-T_{n+1}(t)}{\sqrt{1-t}},\qquad |t|<1,\ n=\overline{0,\infty} \tag{6.141}$$

对于格根鲍尔多项式，Gorenflo 和 Vu Kim Tuan 获得谱系关系（1995 年）[91]：

$$_tD_1^{-k/2}\{Y_n^{(k/2)}(t)\}=\frac{n!\ \Gamma(k/2)}{2^{(2-k)/2}\Gamma(n+k)}(1-t)^{(k-1)/2}C_n^{(k/2)}(t),\qquad |t|<1,\ n=\overline{0,\infty},\ k=\overline{0,\infty} \tag{6.142}$$

式中函数

$$Y_n^{(k/2)}(t)=\frac{\cos[(n+k/2)\arccos(t)]}{\sqrt{1-t^2}}$$

---

① **拉盖尔多项式**（Laguerre polynomials）[1；3-223，574，646，4；610，5；361，7；123，1091]　拉盖尔方程

$$t\frac{\mathrm{d}^2y}{\mathrm{d}t^2}+(1-t)\frac{\mathrm{d}y}{\mathrm{d}t}+ny=0 \tag{6.138a}$$

的多项式解，

$$L_n(t)=\sum_{k=0}^{n}\frac{(-1)^k}{k!}\binom{n}{k}t^k=\frac{1}{n!}\mathrm{e}^t\frac{\mathrm{d}^n}{\mathrm{d}t^n}[\mathrm{e}^{-t}t^n] \tag{6.138b}$$

其生成函数展开为

$$\frac{1}{1-x}\exp\left(-\frac{tx}{1-x}\right)=\sum_{n=0}^{\infty}L_n(t)x^n \tag{6.138c}$$

拉盖尔多项式$\{L_n(t)\}$在区间$[0,+\infty)$上关于权函数 e^{-t} 正交：

$$\int_{-1}^{1}L_n(t)L_m(t)\mathrm{e}^{-t}\mathrm{d}t=\delta_{mn} \tag{6.138d}$$

在 $(-1,1)$ 内与权函数 $w(t)=\sqrt{1-t^2}$ 正交：

$$\int_{-1}^{1} Y_n^{(k/2)}(t) Y_m^{(k/2)}(t) \sqrt{1-t^2}\,\mathrm{d}t = \frac{\pi}{2}\delta_{nm}$$

并能用切比雪夫多项式 $(U_{-1}(t)\equiv 0)$ 表达。对于偶数 k，有

$$Y_n^{(k/2)}(t) = (1-t^2)^{-1/2} T_{n+k/2}(t) \tag{6.143}$$

对于奇数 k，则有

$$Y_n^{(k/2)}(t) = \frac{1}{\sqrt{2}}\big[(1-t^2)^{-1/2} T_{n+\frac{k-1}{2}}(t) - (1-t^2)^{1/2} U_{n+\frac{k-3}{2}}(t)\big] \tag{6.144}$$

如下关于雅可比多项式的谱系关系是 Askey(1975 年)[8] 获得的：

$$_tD_1^{-\mu}\{(1-t)^{\alpha} P_n^{\alpha,\beta}(t)\} = \frac{\Gamma(n+\alpha+1)}{\Gamma(n+\alpha+\mu+1)} P_n^{\alpha+\mu,\beta-\mu}(t), \qquad |t|<1, \ \alpha>-1, \ \beta>-1, \ \mu>0 \tag{6.145}$$

对于拉盖尔多项式的谱系关系由 Popov[213：307、式 B-7.2] 给出：

$$_tD_\infty^{-\alpha}\{\mathrm{e}^{-t} L_n^{(\beta)}(t)\} = \mathrm{e}^{-t} L_n^{(\beta-\alpha)}(t), \qquad \alpha>0, \ \beta>\alpha-1, \ n=\overline{0,\infty} \tag{6.146}$$

6.4.7　蠕变理论中的 Arutyunyan 方程求解

作为正交多项式法的第一个简单例子，我们考察线性蠕变理论①的**平面接触问题**中，

---

①　**蠕变理论**(creep theory)[2：18-537,47；322,409,49；272,63；198,85~89]　**蠕变**(creep)——由不变应力(stress) σ 引起(黏弹性)**材料应变**(strain) γ 随时间 t 的增加而变化的现象。许多材料(如金属、高分子材料、岩石与冰等)在一定条件下都表现出蠕变的性质。麦克斯韦与开尔文很早就认识到材料显示出时间效应。麦克斯韦 1869 年发现，材料可以是弹性的，也可以是黏性的。对于黏性材料，应力不能保持恒定，而是以某一速率减小到零，速率取决于施加的起始应力值与材料的性质。这种现象称为**应力松弛**(stress relaxation)，如图 6.5*(a)所示。应力虽然不变，但材料棒却可随时间继续变形。这种性能就是材料的蠕变，如图 6.5*(b)所示。

蠕变与应力松弛是物质内部结构变化的外部显现。由于蠕变，材料在某一瞬时的应力状态不仅与该瞬时的变形有关，而且与该瞬时以前的变形有关。材料在恒定应力 σ 作用下，应变 ε 随时间 t 变化的关系称为蠕变函数 $\gamma=\varphi(\sigma)$，如图 6.5*(c)所示。

许多工程问题都涉及蠕变。蠕变理论是属于**流变学**(rheology)[2：14-358,47；322] 研究的范畴。人们经过长期探索得知，一切材料都具有时间效应。这样就出现了流变学，并在 20 世纪 30 年代得以蓬勃发展。材料的流变性能表现在蠕变与应力松弛两个方面。

不存在一个适用于一切材料的统一的蠕变理论。对金属材料而言，主要有老化理论、强化理论与蠕变后效理论。如果以 $p=\gamma-\gamma_0$ 表示蠕变的应变(γ_0 是起始应变)，$\dot{p}$ 表示蠕变应变率，那么，对于单向受力情形，这些理论的不同在于：老化理论认为，在恒应力作用下，时间以显函数出现于蠕变应变的表达式之中，即 $p=f(\sigma,t)$；强化理论认为，蠕变应变率主要取决于蠕变应变，即有 $\dot{p}=f(\sigma,p)$；蠕变后效理论则认为，蠕变现象实质上就是塑性后效，去除应力之后，后效应变是不可恢复的。材料变形规律 $\sigma=\zeta(\gamma)$，可分解成两部分：

$$\zeta(\gamma) = \sigma(t) + \int_0^t K(t-\tau)\sigma(\tau)\,\mathrm{d}\tau \tag{6.147a}$$

式中 K 称为影响函数，表示在某时刻的单位时间内，单位应力在此后时刻所引起的变形。对于一般线性黏弹性材料的蠕变与应力松弛过程，可用如下积分方程表达，

$$\dot{\gamma} = \int \varphi(t-\tau)\dot{\sigma}(\tau)\,\mathrm{d}\tau, \qquad 0<\tau<t \tag{6.147b}$$

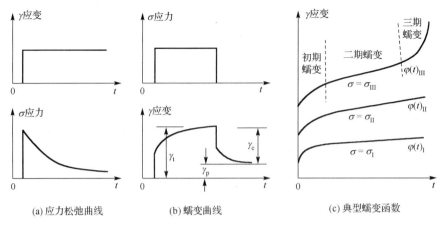

(a) 应力松弛曲线　　　(b) 蠕变曲线　　　(c) 典型蠕变函数

图 6.5* 　黏弹性材料的应力松弛与蠕变现象

Arutyunyan 得到的方程，该问题能够简化为具有里斯核的方程

$$\int_{-1}^{1}\frac{p(\tau)\mathrm{d}\tau}{|t-\tau|^{\alpha}}=f(t), \qquad |t|<1 \tag{6.147}$$

的求解。

现在我们用正交多项式法来获取方程式(6.147)的解式。

谱系关系式(1.116)提示存在解形式：

$$p(\tau)=\sum_{n=0}^{\infty}p_{n}Q_{n}^{\frac{\alpha-1}{2},\frac{\alpha-1}{2}}(\tau) \tag{6.148}$$

将式(6.148)代入式(6.147)并不断利用谱系关系式(1.116)给出：

$$\sum_{n=0}^{\infty}p_{n}\frac{\pi\Gamma(n+\alpha)}{n!\ \Gamma(\alpha)\cos\dfrac{\alpha\pi}{2}}P_{n}^{\frac{\alpha-1}{2},\frac{\alpha-1}{2}}(t)=f(t), \qquad |t|<1 \tag{6.149}$$

再利用雅可比多项式的正交性，求出系数

$$p_{n}=f_{n}\frac{(2n+\alpha)\Gamma^{2}(n+\alpha)\Gamma(\alpha)\cos(\alpha\pi/2)}{\pi 2^{\alpha}\Gamma^{2}\left(n+\dfrac{\alpha+1}{2}\right)}, \qquad n=\overline{0,\infty} \tag{6.150}$$

$$f_{n}=\int_{-1}^{1}f(t)(1-t^{2})^{(\alpha-1)/2}P_{n}^{\frac{\alpha-1}{2},\frac{\alpha-1}{2}}(t)\mathrm{d}t, \qquad n=\overline{0,\infty} \tag{6.151}$$

式(6.148)、式(6.150)和式(6.151)给出了方程式(6.147)的显式解。为了解的数值计算，可以使用 Popov 求积公式[213：37-39]。这些求积公式无需知道雅可比多项式根的知识，无需考虑被积函数的振荡性。

6.4.8　阿贝尔积分方程的求解

作为第二个例子，考察经典的阿贝尔积分方程式(6.72)

$$\frac{1}{\Gamma(\alpha)}\int_{0}^{t}\frac{y(\tau)}{(t-\tau)^{1-\alpha}}\mathrm{d}\tau=f(t), \qquad 0<t<1$$

假设右端的 $f(t)$ 在 $t=0$ 有界。此时，已知 $y(t)\sim\mathrm{const}\cdot t^{-\alpha}(t\to 0)$。因而可用谱系关系式(6.127)，并得出所求的解具有形式

$$y(t) = t^{-\alpha} \sum_{n=0}^{\infty} y_n P_n^{0,-\alpha}(2t-1) \tag{6.152}$$

使用确定 y_n 的常规步骤，引出结果：

$$y_n = \frac{(2n-\alpha+1)\Gamma(n+1)}{4\Gamma(n-\alpha+1)} f_n, f_n = \int_0^1 f(t) P_n^{-\alpha,0}(2t-1)(1-t)^{-\alpha}\mathrm{d}t, \qquad n = \overline{0,\infty} \tag{6.153}$$

式(6.152)和式(6.153)给出了方程式(6.72)的显式解。为了进行解的数值计算，可用上述 Popov 求积公式。

6.4.9　有限部分积分

上节给出了一些具有与非可积权函数正交的雅可比多项式的谱系关系。近年来，如此广义多项式理论才刚刚得以发展，因此本小节与接下来一小节，只给出非常基本的有关知识，它们对于应用是必要的。

由于权函数的非可积性，主要问题是发散积分的有限部分概念。

1923 年阿达马[99]①给出了一个发散积分的有限部分定义，他所考察的积分是

$$I(\lambda) = \int_a^b f(x)(x-a)^\lambda \mathrm{d}x, \qquad \lambda < -1 \tag{6.154}$$

对于如式(6.154)那样具有非可积权函数的发散积分，阿达马求得并使用了**第一正则化公式**(first regularization formulas)。

---

① 　阿达马(Hadamard, Jacques-Salomon, 1865-1963)[1:6-294,2:1-17,3:687,46:2]　　法国数学家。对素数理论(证明素数定理)、复变函数论与偏微分方程中一些基本理论的建立有重要贡献。

在实域里，阿达马的贡献体现在常微分方程定性理论、泛函分析、线性二阶偏微分方程定解问题和流体力学上。他的《变分学教程》一书奠定了泛函分析的基础。在偏微分方程方面，阿达马坚持柯西提倡的定解问题方向，明确了定解问题的含义，完善了适定性的要求。

阿达马根据二阶方程的**特征表达式**[1:3-440,4:710]得出分型的结论：

- 双曲型(hyperbolic type)偏微分方程[1:3-444,2:20-519,4:711]——描述振动波动现象的一类重要偏微分方程

$$\frac{\partial^2 u}{\partial t^2} - \sum_{i=1}^n \frac{\partial^2 u}{\partial x_i^2} = 0 \ \text{或}\ \frac{\partial^2 u}{\partial t^2} - \sum_{i=1}^n \frac{\partial^2 u}{\partial x_i^2} + \varPhi = 0 \tag{6.154a}$$

- 椭圆型(elliptic type)偏微分方程[1:3-452,2:22-485,4:711,46:683]——许多定常物理过程引出的方程

$$\sum_{i=1}^n \frac{\partial^2 u}{\partial x_i^2} + \varPhi = 0 \tag{6.154b}$$

典型代表是**拉普拉斯方程**与**泊松方程**

$$\sum_{i=1}^n \frac{\partial^2 u}{\partial x_i^2} = 0, \qquad \sum_{i=1}^n \frac{\partial^2 u}{\partial x_i^2} = -4\pi\rho(x) \tag{6.154c}$$

- 抛物型偏微分方程[1:3-460,2:17-215,4:712]——描述热传导现象或分子在介质中扩散过程的一类重要方程

$$\frac{\partial^2 u}{\partial t^2} - a^2 \sum_{i=1}^n \frac{\partial^2 u}{\partial x_i^2} = f(t,x) \ \text{或}\ \sum_{i=1}^{n-m} \frac{\partial^2 u}{\partial x_i^2} + \varPhi = 0, \qquad m > 0 \tag{6.154d}$$

以上各式中 $\varPhi$ 为不包含二阶导数的项。阿达马提出了一般方程基本解的概念。有了基本解，模双曲型方程的柯西问题的解，就可用一个发散积分的有限部分表示；椭圆型方程就可形成势代表解，从而求得狄利克雷问题的解结果。间接地求解抛物型方程的基本解的步骤，也是阿达马提出。

"他不愧为线性二阶偏微分方程理论的总结者、奠基者和开拓者。"

在[192](Podlubny. 1992 年)中，研究了一类与非可积权函数正交的雅可比多项式。在其他结果中，已经获得如下有限部分积分的正则化公式：如果 $f(x)$ 在 $[-1,1]$ 上连续可微，则

$$\int_{-1}^{1} \frac{f(x)\,\mathrm{d}x}{(1-x)^{\alpha+1}(1+x)^{\beta+1}} = \frac{1}{4\alpha\beta} \int_{-1}^{1} \frac{\alpha-\beta-(\alpha+\beta)x}{(1-x)^{\alpha}(1+x)^{\beta}} f'(x)\,\mathrm{d}x$$

$$+ \frac{(\alpha+\beta)(\alpha+\beta-1)}{4\alpha\beta} \int_{-1}^{1} \frac{f(x)\,\mathrm{d}x}{(1-x)^{\alpha}(1+x)^{\beta}} \qquad (6.155)$$

式中 α 和 β 必须满足如下条件：

$$\alpha<1, \qquad \beta<1, \qquad \alpha\neq0, \qquad \beta\neq0, \qquad \alpha+\beta\neq0;1$$

如果式(6.155)右边的两个积分，在通常意义下存在，那么右边的积分值就给出了左边积分的有限值结果。[①] 在数学上，此处使用了关于 α 和 β 的**解析延拓**。

后面将用到的正则化公式(6.155)的众多特例之一，是 $\alpha=\beta=1/2$ 时情形：

$$\int_{-1}^{1} \frac{f(x)\,\mathrm{d}x}{(1-x^2)^{3/2}} = -\int_{-1}^{1} \frac{xf'(x)\,\mathrm{d}x}{(1-x^2)^{1/2}} \qquad (6.156)$$

我们还要提到公式(6.155)的两个特例：

$$\int_{-1}^{1} \frac{f(x)\,\mathrm{d}x}{(1-x)^{\alpha+1}(1+x)^{1-\alpha}} = -\frac{1}{2\alpha} \int_{-1}^{1} \frac{f'(x)\,\mathrm{d}x}{(1-x)^{\alpha}(1+x)^{-\alpha}}, \qquad 0<\alpha<1 \qquad (6.157)$$

$$\int_{-1}^{1} \frac{f(x)\,\mathrm{d}x}{(1-x)^{\alpha+1}(1+x)^{2-\alpha}} = \frac{1}{4\alpha(1-\alpha)} \int_{-1}^{1} \frac{(2\alpha-1-x)f'(x)\,\mathrm{d}x}{(1-x)^{\alpha}(1+x)^{1-\alpha}}, \qquad 0<\alpha<1 \qquad (6.158)$$

使用式(6.156)，容易计算，比如有限部分积分：

$$I_0 = \int_{-1}^{1} \frac{\mathrm{d}x}{(1-x^2)^{3/2}} = 0 \qquad (6.159)$$

$$I_2 = \int_{-1}^{1} \frac{x^2\,\mathrm{d}x}{(1-x^2)^{3/2}} = -\int_{-1}^{1} \frac{2x^2\,\mathrm{d}x}{(1-x^2)^{1/2}} = -\pi \qquad (6.160)$$

$$I_4 = \int_{-1}^{1} \frac{x^4\,\mathrm{d}x}{(1-x^2)^{3/2}} = -\int_{-1}^{1} \frac{4x^4\,\mathrm{d}x}{(1-x^2)^{1/2}} = -\frac{3\pi}{2} \qquad (6.161)$$

$$\int_{-1}^{1} \frac{x^{2n+1}\,\mathrm{d}x}{(1-x^2)^{3/2}} = -\int_{-1}^{1} \frac{(2n+1)x^{2n+1}\,\mathrm{d}x}{(1-x^2)^{1/2}} = 0, \qquad n\geqslant0 \qquad (6.162)$$

经典意义下的积分恒等规则也能用于有限部分积分。例如，成立

$$\int_{a}^{b} = \int_{a}^{c} + \int_{c}^{b}$$

等等。然而，关于不等式的操作应当小心谨慎。例如，知道 $f(x)$ 在 $[a,b]$ 上为正，关于式(6.154)或式(6.156)类型的有限部分积分结果的符号，我们却不能确定。事实上，它也可能是零，比如式(6.159)，或为负，比如式(6.160)。

利用正则化公式能对有限部分积分进行估计。

---

① 发散积分的有限部分积分与对应的发散积分本身是两个不同的概念。因此，严格地说来，在正则化公式(6.155)左端的积分符号之前应当加上表示"有限部分积分"的标识(比如符号 F. P.)，等号才成立。这与"柯西主值积分"标识符号"V. P."的道理一样。[1:1-559]

注意到黎曼-刘维尔分数导数可写成有限部分积分形式

$$_a\mathrm{D}_t^\alpha f(t) = \frac{1}{\Gamma(-\alpha)} \int_a^t f(\tau)(t-\tau)^{-\alpha-1}\mathrm{d}\tau \tag{6.163}$$

是有益处的，这还可以考虑成两个广义函数：$\Phi_{-\alpha}(t) = t^{-\alpha-1}/\Gamma(-\alpha)$ 和 $f(t)$ 的卷积。因此，分数导数的有限部分积分形式，等价于 2.4.2 节所描述的广义函数方法。然而，对我们来说，有限部分积分方法似乎在一定程度上更具简明性。

6.4.10　与非可积权函数正交的雅可比多项式

Bateman 手稿计划(1955 年)[64] 的作者们注释道，经典雅可比多项式 $P_b^{\alpha,\beta}(t)$ 的大部分关系，甚至当 $\alpha<-1$ 或 $\beta<-1$ 时，或 $\alpha<-1$ 和 $\beta<-1$ 同时满足时，(形式上)都能使用。该注释为参数 α 和 β 无约束取值的雅可比多项式广义化大开方便之门。

如此广义雅可比多项式，第一个实际应用是 Popov 和 Onishchuk[181](1980 年)发现的。他们将具有刚性结构的板材问题简化为具有光滑核的积分方程。对于此种情形雅可比多项式 $P_n^{\alpha,\beta}(t)$，就如他们所证明那样，全为**本征函数**①。这就使得他们获得积分方程的解是傅里叶-雅可比级数形式。

本节利用[192](1992 年)中所提出理论的某些部分结论来解决问题。

为了应用与非可积权函数正交的雅可比多项式，求解分数积分和分数微分方程，首要任务是需要一个能够计算函数 $f(t)$ 的傅里叶-雅可比系数的工具。假设 $f(t)$ 在闭区间 $[-1,1]$ 连续可微，$0<\alpha$，$\beta<1$，$\alpha\neq0$，$\beta\neq0$ 且 $\alpha+\beta\neq0$；1，则如下公式正好提供了这样一个工具：

$$\int_{-1}^1 \frac{f(t)P_n^{-\alpha-1,-\beta-1}(t)\,\mathrm{d}t}{(1-t)^{\alpha+1}(1+t)^{\beta+1}} = \frac{1}{2n}\int_{-1}^1 \frac{f'(t)P_{n-1}^{-\alpha,-\beta}(t)\,\mathrm{d}t}{(1-t)^\alpha(1+t)^\beta}, \qquad n=\overline{1,\infty} \tag{6.164}$$

公式(6.164)可用来计算所考虑的雅可比多项式($n\geqslant1$)的平方范数：

$$\begin{aligned}
\|P_n^{-\alpha-1,-\beta-1}(t)\|^2 &= \int_{-1}^1 (P_n^{-\alpha-1,-\beta-1}(t))^2(1-t)^{-\alpha-1}(1+t)^{-\beta-1}\mathrm{d}t \\
&= \frac{1}{2n}\int_{-1}^1 \frac{(P_n^{-\alpha-1,-\beta-1}(t))'P_{n-1}^{-\alpha,-\beta}(t)\,\mathrm{d}t}{(1-t)^\alpha(1+t)^\beta} \\
&= \frac{n-\alpha-\beta-1}{4n}\|P_n^{-\alpha,-\beta}\|^2 \tag{6.165} \\
&= \frac{2^{-\alpha-\beta-1}\Gamma(n-\alpha)\Gamma(n-\beta)}{(2n-\alpha-\beta-1)n!\,\Gamma(n-\alpha-\beta-1)} \tag{6.166}
\end{aligned}$$

从形式上看，式(6.166)与[64]中的式 10.8(4)一样。然而，在我们的情况下，式(6.166)表征了有限部分积分的**正则值**(regularized value)。

由式(6.166)推出，对于 $n\geqslant1$，有

$$\|P_n^{-\alpha-1,-\beta-1}\|^2 \begin{cases} >0, & n>\alpha+\beta+1 \\ =0, & n=\alpha+\beta+1 \\ <0, & n<\alpha+\beta+1 \end{cases} \tag{6.167}$$

这意味着所论述雅可比多项式的平方范数不总是正的，也可为负或零值，它依赖于 α，β 和

---

① **本征函数**(eigenfunction)也译为**特征函数**。

n 的组合。如此范数称为**不定范数**(indefinite norm)[10]。在如此正交多项式中,傅里叶级数的收敛性应当在**不定度量空间**①中来考察。此外,因为只有有限个具有负值平方范数的多项式,所以这些不定度量空间均是 Pontryagin 空间(其定义可在文献[10]中找到)。后文中我们仅仅很精要地给出,所考察的广义雅可比多项式的适当应用中,那些有用结果的评述。

Q 度量与 Q 正交性

设 F 为闭区间 $[-1,1]$ 上连续可微函数的一个线性空间。考虑**实线性模式**

$$\{f,g\} = \int_{-1}^{1} f(t)g(t)(1-t)^{-\alpha-1}(1+t)^{-\beta-1}\mathrm{d}t$$

该模式显然有如下性质:

1. $\{f,g\} = \{g,f\}$;
2. $\{\lambda_1 f_1 + \lambda_2 f_2, g\} = \lambda_1\{f_1,g\} + \lambda_2\{f_2,g\}$;
3. $\{f,f\}$ 可以为正,为负或零。

其实,由式(6.159),式(6.160)与式(6.161)推出,对于 $\alpha=0.5$ 和 $\beta=0.5$,有

$$\{1,1\}=0, \qquad \{t,t\}=-\pi, \qquad \{1-t^2,1-t^2\}=\frac{\pi}{2}$$

线性模式 $\{f,g\}$ 是 F 中的一个不定度量(Q 度量)[10]。如果 $\{f,f\}>0$, $\{f,f\}<0$, 或 $\{f,f\}=0$, 则分别称 $f(t)$ 是 Q 正性的, Q 负性的, 或 Q 中性的。

如果 $\{f,g\}=0$, 则称函数 $f(t)$ 和 $g(t)$ 是 Q 正交的,表记为 $f\{\perp\}g$。

例如, $f(t)=t$ 是 Q 负性的, $g(t)=1$ 是 Q 中性的, $h(t)=1-t^2$ 是 Q 正性的,并且 $f\{\perp\}g$, 因为 $\{t,1\}=0$。

同理,对于经典雅可比多项式有如下定理。

定理 6.15 $P_n^{-\alpha-1,-\beta-1}(t)$ 对于所有低阶多项式 $\Pi_m(t)$ 是 Q 正交的:

$$\{P_n^{-\alpha-1,-\beta-1},\Pi_m\}=0, \qquad m<n$$

我们还有如下 Buniakowski 不等式。

定理 6.16 如果 $f(t)\in F$ 与 $g(t)\in F$ 都不是 Q 负性函数,则

$$\left(\int_{-1}^{1}\frac{f(t)g(t)\mathrm{d}t}{(1-t)^{\alpha+1}(1+t)^{\beta+1}}\right)^2 \leqslant \int_{-1}^{1}\frac{f^2(t)\mathrm{d}t}{(1-t)^{\alpha+1}(1+t)^{\beta+1}}\int_{-1}^{1}\frac{g^2(t)\mathrm{d}t}{(1-t)^{\alpha+1}(1+t)^{\beta+1}}$$

一个函数系统 $S=\{s_i(t)\}_{i\in I}$, 这里 I 是一个任意的指标集,如果

$$\{s_i,s_j\}=\sigma_i\delta_{ij}, \qquad \sigma_i\neq 0, \qquad i\in I, \qquad j\in I$$

(δ_{ij} 为克罗内克尔 δ 序列),则称 S 是一个 Q 正交系统。

定理 6.17 系统 $S_{\alpha,\beta}=\{P_n^{-\alpha-1,-\beta-1}\}$ 是一个 Q 正交系统。

一个 Q 正交系统 $S\subset F$, 如果不存在 $h(t)\in F$ 使得 $h(t)\notin S$ 与 $h(t)\not\equiv 0$ 且 $h\{\perp\}S$, 则称 S 为 Q 闭系统(Q-closed system)。

定理 6.18 系统 $S_{\alpha,\beta}$ 是一个 Q 闭系统。

将 S 分解成两个子系统, S^+ 和 S^-, 分别组成 Q 正性和 Q 负性函数(系统)。较小那个子系统的函数个数称之为系统 S 的**不定性程度**②,并表记为 $r(S)$。

---

① **不定度量空间**(indefinite metric space) 赋予了不定范数的度量空间。

② **不定性程度** 原文是 range of indefiniteness。根据文中的定义,不定性程度 $r(S)$ 是一个自然数。

定理 6.19　对于系统 $S_{\alpha,\beta}$，有

$$r(S_{\alpha,\beta}) = \begin{cases} [\alpha+\beta+1], & \alpha+\beta+1>0 \\ 0, & \alpha+\beta+1<0 \end{cases}$$

经典雅可比多项式系统的不定性程度等于零，因此其 Q 正交性成为**普通正交性**（usual orthogonality）。

傅里叶–雅可比级数

现在假定

$$0<\alpha<1, \qquad 0<\beta<1, \qquad \alpha+\beta\neq0;1$$

并且 F 是闭区间 $[-1,1]$ 上一个连续可微函数的线性空间。

考虑广义雅可比多项式，它们与非可积权函数正交，因而允许函数在傅里叶–雅可比级数中，形式上进行展开，如此级数具有如下唯一性质。

定理 6.20　如果对于 $f_1(t) \in F$ 和 $f_2(t) \in F$，它们的傅里叶级数在雅可比多项式 $P_n^{-\alpha-1,-\beta-1}(t)$ 中均相等，则 $f_1(t)=f_2(t)$。

这些级数对于来自 F 的函数收敛。

定理 6.21　对于函数 $f(t)$，在雅可比多项式 $P_n^{-\alpha-1,-\beta-1}(t)$ 中的傅里叶级数在闭区间 $[-1+\varepsilon,1-\varepsilon]$ 内一致收敛于 $f(t)$，式中 ε 是一个 0 与 1 之间的任意常数。

对于如此级数的傅里叶–雅可比系数的计算来说，必定用到式（6.164）和式（6.166）。

第7章 分数导数的数值计算

本章论述一类简单而有效的分数阶导数计算方法。该方法基于的事实是，对于出现在现实物理与工程应用中的一大类函数，两种定义——黎曼-刘维尔定义和格林瓦尔-莱特尼科夫定义——是等价的。这就允许我们使用来自于格林瓦尔-莱特尼科夫定义的近似方法计算两种类型的分数导数。

我们也在本章简明陈述"**短时记忆**"原理(principle of "short memory")，应用该原理将降低计算量，并给出该原理应用的两个适当例子：高炉墙中热流量计算与**有限部分积分**的数值估算。

7.1 分数阶导数的黎曼-刘维尔定义与格林瓦尔-莱特尼科夫定义

黎曼-刘维尔(分数导数)定义

回顾 2.3 节，分数阶导数的黎曼-刘维尔定义(见式(2.79))为

$$_aD_t^\alpha f(t) = \frac{1}{\Gamma(n-\alpha)}\left(\frac{\mathrm{d}}{\mathrm{d}t}\right)^n \int_a^t \frac{f(\tau)\mathrm{d}\tau}{(t-\tau)^{\alpha-n+1}}, \qquad n-1 < \alpha < n \tag{7.1}$$

格林瓦尔-莱特尼科夫(分数导数)定义

分数导数的格林瓦尔-莱特尼科夫定义(见式(2.43)和式(2.54))为①

$$_aD_t^\alpha f(t) = \lim_{h\to 0} \frac{_a\Delta_h^\alpha f(t)}{h^\alpha}, \, _a\Delta_h^\alpha f(t) = \sum_{j=0}^{\left[\frac{t-a}{h}\right]} (-1)^j \binom{\alpha}{j} f(t-jh) \tag{7.2}$$

式中[x]表示取 x 的整数部分②。

对于应用中很重要的一大类函数，两种定义等价(见 2.3.7 节)。这就允许列写问题公式时使用黎曼-刘维尔定义，数值求解时转而采用格林瓦尔-莱特尼科夫定义。

---

① 为区分两种定义，第 2 章使用符号 $_aD_t^\alpha$ 表示(左)格林瓦尔-莱特尼科夫分数导数的算符(见式(2.43)和式(2.54))，使用符号 $_aD_t^\alpha$ 表示(左)黎曼-刘维尔分数导数的算符(式(2.79))。由于两种定义在一定条件下等价(式(2.80))，因此常常可以不加区分使用这两种算符。严格地，式(7.1)中应当使用算符 $_aD_t^\alpha$ 。

② 数学上对实数 x 取整有不同取法。**取整**(round)，通常又称为**数的舍入**(roundoff)。

在计算中，常用的实数 x 取整方式有以下几种形式：

取整类型	取整符号	数学意义	MATLAB 函数
• 向上取整(round toward plus infinity)	$\lceil x \rceil$	$x \leqslant \lceil x \rceil < x+1$	ceil
• 向下取整(round toward minus infinity)	$\lfloor x \rfloor$	$x-1 < \lfloor x \rfloor \leqslant x$	floor
• 向零取整(round toward zero)	$[x]$	$\begin{cases} x<0, [x]=\lceil x \rceil \\ x>0, [x]=\lfloor x \rfloor \end{cases}$	fix
• 舍入取整(round to the nearest integer)	$]x[$	$[x+\mathrm{sign}(x)/2]$	round

复数 $z = x+\mathrm{i}y$ 的取整是分别独立地对实部与虚部取整，比如 $[z] = [x]+\mathrm{i}[y]$ 。

7.2　分数导数的逼近

7.2.1　分数差分法

我们使用来自于格林瓦尔–莱特尼科夫分数导数定义的逼近

$$_aD_t^\alpha f(t) \approx \frac{_a\Delta_h^\alpha f(t)}{h^\alpha} \tag{7.3}$$

进行计算。

图 7.1⁺～7.4⁺中①分别给出了赫维赛德函数、正弦函数、余弦函数与对数函数的 $\alpha(0 \leqslant \alpha \leqslant 1)$ 阶分数导数图示。在此使用了逼近式(7.3)进行计算。

---

① 　这四图是注译者参照原文使用 MATLAB 重新绘制而成。

图 7.1⁺～7.4⁺中的"(a)原文图形",是由式(7.3)右端的近似差商公式,即式(7.2)计算结果绘制——视点大约是 view(60, 30)。重绘时尽量保持了原文原图风貌。

图 7.1⁺～7.4⁺中的(b)是由函数的分数导数 $_aD_t^\alpha f(t)$ 的解析表达式直接算出数据而绘制的图形。从理论上有[179;105;103]:

$$_0D_t^\alpha H(t) = \frac{t^{-\alpha}}{\Gamma(1-\alpha)} \tag{7.3a}$$

$$_aD_t^\alpha \sin(t) = \sin(t+\pi\alpha/2) , \qquad _aD_t^\alpha \cos(t) = \cos(t+\pi\alpha/2) \tag{7.3b}$$

$$_0D_t^\alpha \log(t) = \frac{t^{-\alpha}}{\Gamma(1-\alpha)} [\log(t)-\gamma-\psi(1-\alpha)] \tag{7.3c}$$

式中 $\gamma = \psi(1) \approx 0.5772$ 是欧拉常数, $\psi(\alpha) = d\log(\Gamma(\alpha))/d\alpha$, 在 MATLAB 中可由 psi 函数实现。

图 7.1⁺(c)和图 7.3⁺(c)是原图图形的另一视点(视点大约是 view(145, 35))下显示情形。

绘制图 7.1⁺(b)、图 7.2⁺(b)、图 7.3⁺(b)、图 7.4⁺(b),图 7.1⁺(c)、图 7.3⁺(c)目的是为了观察近似计算的逼近功效,使读者有一个直观感受。

计算式(7.3)近似数值 $G = {_a\Delta_h^\alpha H(t)/h^\alpha}$ 的 m 程序如下:

```
da = 1/10; a = 0:da:1;   M = length(a);%%% 计算 α=0:0.1:1
h = 1/5; t =0:h:6; N = length(t);%%% 计算 t=0:h:6
j = 0:N-1;[A,J] = meshgrid(a,j);
C = gamma(A+1)./gamma(A-J+1)./gamma(J+1);%%% 计算广义二项式系数 C_α^j
g = ((-1).^J).*C;      g = g./(h.^A);%%% 计算 g_j^{(α)},g(j,α)=h^{-α}(-1)^j C_α^j
ft = f(t);%%% 计算函数 f(t)值,在四幅图形中分别用 H(t)、sin(t)、cos(t)、log(t)替代
for n = 1:N
    gg = zeros(1,M);
    for j = 1:n
        gg = gg+ g(j,:)*ft(n-j+1);
    end
    G(n,:) = gg;%%%G=_aΔ_h^α H(t)/h^α
end
```

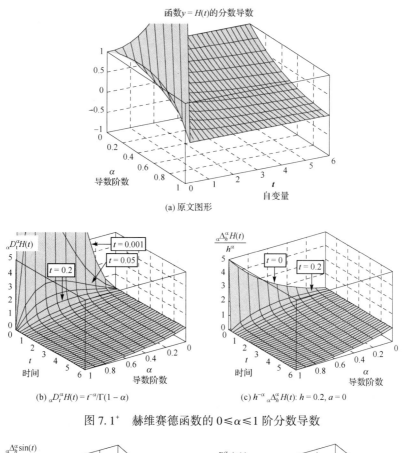

图 7.1⁺   赫维赛德函数的 $0 \leqslant \alpha \leqslant 1$ 阶分数导数

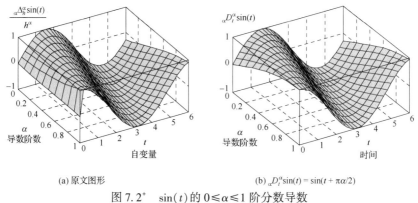

图 7.2⁺ $\sin(t)$ 的 $0 \leqslant \alpha \leqslant 1$ 阶分数导数

显然，广义二项式系数 $C_\alpha^j \xrightarrow{j \to \infty} 0$，这是 7.3 中所论"短时记忆"原理的数学理论基础。关于式(7.2)中格林瓦尔-莱特尼科夫定义的加权系数 $g_j^{(\alpha)} = (-1)^j C_\alpha^j$ 计算问题，文献〔57〕中进行了详细论述。

使用差商公式(7.3)近似计算格林瓦尔-莱特尼科夫分数导数的结果与起点 $t = a$ 的取值密切相关。图 7.1⁺ 至图 7.4⁺ 中所考虑的四种函数，需要特别注意的是对数函数 $\log(t)$ 的情形。在图 7.4⁺(a)中，取 $h = 0.2$，$a = h/10 = 0.02$，绘图时取 $t = 0.42; h; 6.02$。a 的取值($a > 0$，但不能取 $a = 0$)对 $h_a^{-\alpha} \Delta_h^\alpha \log(t)$ 在 $t = 0$ 的小邻域有一定影响。

仔细观察图 7.1⁺ 至图 7.4⁺，读者你会发现或得出什么样的结论呢？在理论上 $_0 D_0^\alpha \log(0) = z(\alpha) = ?$

对上述程序与此处四幅图形的深入理解，有助于读者掌握与领悟分数导数及其格林瓦尔-莱特尼科夫分数导数近似计算的意义！

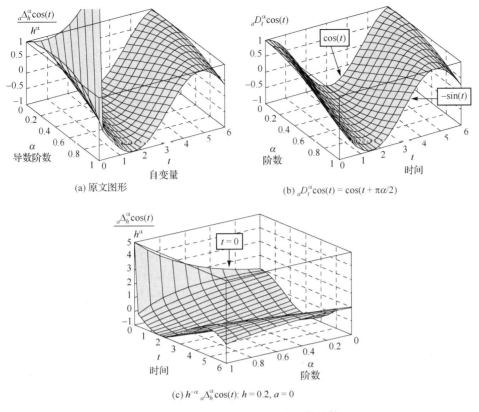

图 7.3$^+$ $\cos(t)$ 的 $0 \leqslant \alpha \leqslant 1$ 阶分数导数

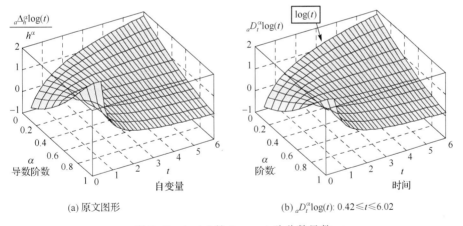

图 7.4$^+$ $\log(t)$ 的 $0 \leqslant \alpha \leqslant 1$ 阶分数导数

我们看到，从 $\alpha = 0$ 过渡到 $\alpha = 1$，就得到传统的一阶导数。**赫维赛德函数**①和**余弦函**

---

① 对于赫维赛德函数 $H(t)$，在理论上$^{[179:105]}$有

$$_0D_t^\alpha H(t) = \frac{t^{-\alpha}}{\Gamma(1-\alpha)}, \qquad _0D_t^\alpha H(t) \xrightarrow{t \to 0} \infty$$

但 $h^{-\alpha} {}_0\Delta_h^\alpha H(0) = h^{-\alpha} C_\alpha^0 H(0)\,(0 \leqslant \alpha \leqslant 1)$ 却是有限的！对于函数 $\cos(t)$，也有 $h^{-\alpha} {}_0\Delta_h^\alpha \cos(0) = h^{-\alpha}$，$0 \leqslant \alpha \leqslant 1$。

两种数值结果就是图 7.1$^+$c、图 7.3$^+$c 中 $t = 0$ 所对应曲线。

数[1]的导数在 $t=0$ 无界。这一结论，与一个在初始点 $t=0$ 取非零值（但有界）函数的黎曼-刘维尔分数导数的（人们所熟悉的）渐近性一致[153,179,232]。

由于 $\log(t)$ 及其导数在 $t=0$ 无界，图 7.4^+(a) 中画不出 $t=0$ 小邻域的取值曲线。

7.2.2　求积公式的应用

使用其他方法也可进行数值逼近。从黎曼-刘维尔定义出发，进行 n 次**分部积分**运算，就能获得包含 $f^{(n)}(\tau)$ 的积分逼近（也可参见文献[179]）。在这样的数值逼近工作中，我们偏爱系统地使用逼近式(7.3)。

7.3　"短时记忆"原理

对于 $t \gg a$，在分数导数逼近式(7.3)，以及在式(8.4)、式(8.25)和式(8.55)（见第 8 章）中的被加项数目，将变得非常大。然而，从格林瓦尔-莱特尼科夫定义式(7.2)中的系数表达式推出，对于大的 t 值，靠近下端点（"**起始点** start point"）$t=a$ 处，函数 $f(t)$ 行为的过往"历史"作用，在一定假设条件下可以忽略[2]。这些考察引导我们总结出"短时记忆"原理公式，它意味着只需考虑函数 $f(t)$ 在"**近来的过去**（recent past）"的行为，即在区间 $[t-L, t]$ 的行为：

$$_aD_t^\alpha f(t) \approx {}_{t-L}D_t^\alpha f(t), \qquad t > a+L \tag{7.4}$$

式中 L 是"**记忆长度**（memory length）"。

换句话说，根据短时记忆原理公式(7.4)，具有下限 a 的分数导数可用具有移动下限 $t-L$ 的分数导数来逼近。因此，逼近式(7.3)中的加项数目总不会大于 $[L/h]$。

当然，这样的简化，在计算精度上将受到某些惩罚。如果对于 $a \leq t \leq b$，存在 $f(t) \leq M$，这是应用中常会发生的事情，那么利用式(7.4)，由短时记忆原理所引起的误差，容易建立估计：

$$\Delta(t) = \left| {}_aD_t^\alpha f(t) - {}_{t-L}D_t^\alpha f(t) \right| \leq \frac{ML^{-\alpha}}{|\Gamma(1-\alpha)|}, \qquad a+L \leq t \leq b \tag{7.5}$$

该不等式可以用来确定，给定要求精度 ε 情况下的"**记忆长度**"L。如果

---

① 原文此处就是"the cosine function"，注译者认为应当是**对数函数**"the logarithmic function"。因为对数函数 $\log(t)$ 及其导数

$$_0D_t^\alpha \log(t) = \frac{t^{-\alpha}}{\Gamma(1-\alpha)}\left[\log(t) - \gamma - \psi(1-\alpha)\right]$$

在 $t=0$ 才是无界的[179:102]，而 $h^{-\alpha}{}_0\Delta_h^\alpha \cos(0) = h^{-\alpha}(0 \leq \alpha \leq 1)$ 却是有界的。显然有

$$h^{-\alpha}{}_0\Delta_h^\alpha \log(0) \xrightarrow{\alpha \to 0} \infty$$

很自然的一个问题是，当 $0 < \alpha < 1$ 时，$_a\Delta_h^\alpha \log(0) = ?$

② 因为被加项数目 $n = \left[\dfrac{t-a}{h}\right]$ 很大时，广义二项式系数

$$C_\alpha^j = \binom{\alpha}{j} = \frac{\Gamma(\alpha+1)}{\Gamma(\alpha-j+1)\Gamma(j+1)} \xrightarrow{j \to n} 0$$

从而使得被加项

$$(-1)^j C_\alpha^j f(a+(n-j)h) \xrightarrow{j \to n} 0$$

可以忽略。这便是"短时记忆"原理的数学理论基础！

$$L \geqslant \left(\frac{M}{\varepsilon \mid \Gamma(1-\alpha) \mid} \right)^{1/\alpha} \qquad (7.6a)$$

则

$$\Delta(t) \leqslant \varepsilon, \qquad a+L \leqslant t \leqslant b \qquad (7.6b)$$

为了结束本节，我们要提及的是，所列写的"短时记忆"原理公式(7.4)，连同误差估计公式(7.5)一起，在某种意义上完全回答了文献[182]所列出的 Love 问题，也即文献[232]中所建立的具有不同下限的分数积分关系问题。

从历史观点来看，必须提到沃尔泰拉的研究工作，在[252：第Ⅳ章](1976 年)中出现了同样的观点——**"受限后遗效应**(limited after-effect)"假设。

在 7.7 节将使用"短时记忆"原理，计算使用分数导数表示的高炉墙内热载荷变化情况。

7.4　逼近阶

首先回顾一些有关整数阶导数逼近的基本事实。[①]

---

①　此处所说"**基本事实**(basic facts)"主要指**逼近精度**与**逼近阶**(order of approximation)有关概念与知识。

逼近阶是指导数的数值计算——**数值微分**(numerical differentiation)[1:4-214,2:20-494,46:619,52:230]的逼近精度阶，也即依赖采样步距 h 的误差估计 $O(h^p)$ 的阶数 p。

最自然最简单的数值微分方法就是用差商代替导数。一般方法是，根据函数或信号 $f(t)$ 的离散时间点

$$t_j = t_0 + jh, \qquad j \in \mathbb{Z}$$

的采样值 $f_j = f(t_j)$，寻找一个能近似 $f(t)$ 的**插值函数**(interpolating function) $I(t)$，即

$$f(t) = I(t) + R(t,h)$$

将插值函数的导数 $I^{(k)}(t_0)$ 作为待求导数 $f^{(k)}(t_0)$ 的近似值：

$$f^{(k)}(t_0) = I^{(k)}(t_0) + R^{(k)}(t_0,h), \qquad k = \overline{0,K} \qquad (7.7a)$$

余项 $R^{(k)}(t_0,h)$ 给出近似值 $I^{(k)}(t_0)$ 的截断误差。如果逼近误差

$$R^{(k)}(t_0,h) = O(h^p) \qquad (7.7b)$$

则称近似值 $I^{(k)}(t_0)$ 具有逼近精度 $O(h^p)$，p 称为逼近阶。[52;22,230]例如，函数一阶导数的两点前向差商、后向差商的逼近阶 $p=1$：

$$f'(t_0) = \frac{f(t_0+h)-f(t_0)}{h} + O(h) = \frac{f(t_0)-f(t_0-h)}{h} + O(h) \qquad (7.7c)$$

而两点(对称)**中心差商**的逼近阶[52;232] $p=2$：

$$f'(t_0) = \frac{f(t_0+h)-f(t_0-h)}{2h} + O(h^2) \qquad (7.7d)$$

而四点(对称)中心差商的逼近阶[52;233] $p=4$：

$$f'(t_0) = \frac{-f(t_0+2h)+8f(t_0+h)-8f(t_0-h)+f(t_0-2h)}{12h} + O(h^4) \qquad (7.7e)$$

一般来说，如果函数 $f(h)$ 的近似为 $g(h)$，且存在实常数 M 与正整数 p，当 h 足够小时，满足

$$|f(h)-g(h)| \leqslant Mh^p \qquad (7.7f)$$

则称 $g(h)$ 以 p 阶逼近精度 $O(h^p)$ 近似 $f(h)$，并表示为

$$f(h) = g(h) + O(h^p) \qquad (7.7g)$$

上式的数学意义是，逼近的截断误差 $E(f,h) = f(h)-g(h)$ 以与 h^p 相同的方式趋近于零。

显然，在理论上，逼近阶 p 越大越好，但实际上的数值逼近却未必尽然。

　　众所周知，**后向有限差分**①运算可以用来逼近整数阶导数。例如，对于一个固定时刻 t 与一个小**步距** h，可用两点后向差分逼近一阶导数：

$$y'(t) \approx \overline{y'(t)} = \frac{y(t)-y(t-h)}{h} \tag{7.7}$$

这是从一阶导数的经典定义中省略极限运算 $\lim_{h\to 0}$ 而得到的。由于这一点，在关系式 (7.7) 中存在依赖于 h 的**不精确性**(inaccuracy)。在知道 $y(t)$ 和 $y(t-h)$ 的准确值的假定下，就可估计该不精确性。将 $y(t-h)$ 写成泰勒级数形式有

$$\overline{y'(t)} = \frac{y(t)-y(t-h)}{h} = y'(t) - \frac{y''(t)}{2}h + \cdots = y'(t) + O(h)$$

这意味着

$$\overline{y'(t)} - y'(t) = O(h) \tag{7.8}$$

换句话说，两点后向差分公式给出了 $y'(t)$ 的**一阶逼近**。

　　现在证明式 (7.3) 给出 α 阶导数的一阶逼近。为了简洁，习惯地假设 $a=0$，离散化步距 h 与节点数 n 是相关的：$t=nh$，这里 t 是被计算导数的时刻点。此时，能够将 α 阶导数的逼近写成

$$_0\overline{D^\alpha_t}f(t) = h^{-\alpha}\sum_{j=0}^{n}(-1)^j\binom{\alpha}{j}f(t-jh) \tag{7.9}$$

$$= h^{-\alpha}\sum_{j=0}^{n}\binom{j-\alpha-1}{j}f(t-jh) \tag{7.10}$$

---

　　① **后向有限差分**(backward finite difference)，式 (7.7) 右端表达式就是一种简单的后向有限差分形式。

　　差分运算与差分理论(主要是差分方程)是描述数字系统的数学基础。因此，一维函数或信号数值微分问题，完全可以用数字信号处理中的滤波观点与方法来看待与处理。

　　理想的一阶数字微分滤波函数是[11;387,12;449,41,42,57]

$$D(\omega) = j\omega, \qquad |\omega| \le \pi \tag{7.7h}$$

　　考虑一阶中心差商形式的**数值微分**(numerical differentiation) 式 (7.7d) 和式 (7.7e)。如果取 $t_0 = nh (n \in \mathbb{Z})$，令 $x[n] = f(nh)$ 作为数字微分系统的输入，$y[n] \approx hf'(nh)$ 作为数字微分系统的输出，则得(非因果)差分方程

$$y[n] = \frac{1}{2}x[n+1] - \frac{1}{2}x[n-1] = \sum_{j=-1}^{1}\boldsymbol{d}_1[j]x[n-j] = \boldsymbol{d}_1[n]*x[n] \tag{7.7h}$$

$$y[n] = -\frac{1}{12}x[n+2] + \frac{2}{3}x[n+1] - \frac{2}{3}x[n-1] + \frac{1}{12}x[n-2] = \sum_{j=-2}^{2}\boldsymbol{d}_2[j]x[n-j] = \boldsymbol{d}_2[n]*x[n] \tag{7.7i}$$

这描述了两个具有不同逼近精度的一阶**数字微分器**(digital differentiator)系统：

$$2\text{阶逼近}:\boldsymbol{d}_1 = \left[\frac{1}{2},0,-\frac{1}{2}\right], \qquad 4\text{阶逼近}:\boldsymbol{d}_2 = \left[-\frac{1}{12},\frac{2}{3},0,-\frac{2}{3},\frac{1}{12}\right]$$

对应的两个一阶**数字微分滤波函数**(digital differentiation filtering function)分别是

$$D_1(\omega) = \frac{1}{2}(e^{j\omega}-e^{-j\omega}) = j\sin(\omega), \qquad D_2(\omega) = j\left[\frac{4\sin(\omega)}{3} - \frac{\sin(2\omega)}{6}\right], \qquad |\omega| \le \pi \tag{7.7j}$$

式中 ω 是**数字频率**(digital frequency)变量。

　　对比研究两个不同逼近阶的一阶数字微分器 $D_1(\omega)$、$D_2(\omega)$ 与理想的一阶数字微分器 $D(\omega)$ 的误差，就可在频域考察数值微分方法的逼近性能。

为了引入随后将要考察的概念，首先考虑最简单函数 $f_0(t) \equiv 1$，$t \geq 0$。已经知道，该函数准确的 α 阶导数是①

$$_0D_t^\alpha f_0(t) = \frac{t^{-\alpha}}{\Gamma(1-\alpha)}$$

另一方面，逼近式(7.10)给出逼近值

$$\overline{_0D_t^\alpha}f_0(t) = h^{-\alpha} \sum_{j=0}^n \binom{j-\alpha-1}{j}$$

使用二项式系数求和公式

$$\sum_{j=0}^n \binom{j-\alpha-1}{j} = \binom{n-\alpha}{n} \tag{7.11}$$

以及渐近公式(文献[63]的式(1.18-4))

$$z^{b-a} \frac{\Gamma(z+a)}{\Gamma(z+b)} = 1 + O(z^{-1}) \tag{7.12}$$

对于固定的 t，有

$$\overline{_0D_t^\alpha}f_0(t) = h^{-\alpha} \binom{n-\alpha}{n}$$

$$= \frac{t^{-\alpha}}{\Gamma(1-\alpha)} \frac{n^\alpha \Gamma(n-\alpha+1)}{\Gamma(n+1)}$$

$$= \frac{t^{-\alpha}}{\Gamma(1-\alpha)} (1+O(h)) \tag{7.13}$$

从而对于函数 $f_0(t) \equiv 1$，$t \geq 0$ 有

$$_0D_t^\alpha f_0(t) - {_0\overline{D_t^\alpha}}f_0(t) = O(h)$$

这与关系式(7.8)相同——具有一阶逼近。

考虑 $f_m(t) = t^m$，$m = 1, 2, \cdots$。在这种情形，准确的 α 阶导数是②

$$_0D_t^\alpha f_m(t) = \frac{\Gamma(1+m)}{\Gamma(1+m-\alpha)} t^{m-\alpha}$$

准确导数的逼近式(7.10)成为

$$\overline{_0D_t^\alpha}f_m(t) = t^{m-\alpha} n^\alpha \sum_{j=0}^n \binom{j-\alpha-1}{j} \left(1-\frac{j}{n}\right)^m \tag{7.14}$$

或者，展开二项式，

$$\overline{_0D_t^\alpha}f_m(t) = t^{m-\alpha} \sum_{r=0}^m (-1)^r \binom{m}{r} n^{\alpha-r} \sum_{j=0}^n \binom{j-\alpha-1}{j} j^r \tag{7.15}$$

求和式

---

① 参见图 7.1⁺ 与式(7.3a)。
② 参见式(2.59)。

$$S = \sum_{j=0}^{n} \binom{j - \alpha - 1}{j} j^r \tag{7.16}$$

可以转换成更为方便的形式，其中包含第二类**斯特林数**①$_2S_n^k$。斯特林数$_2S_n^k$是乘幂x^n在(降)

---

① **斯特林数**(Stirling numbers)[1;2-17,3;560,9;143,20;62]，一类**组合数**——(基本组合)计数函数之间相互转换关系的系数。在许多算法研究中都会出现这些组合数。组合学中有三个基本的**计数函数**[1;2-13,3;560]：升阶乘幂函数$\{x^{\uparrow n}\}$；乘幂函数$\{x^n\}$；降阶乘幂函数$\{x^{\downarrow n}\}$。

- **升阶乘幂函数**(increase factorial power function)——**升阶乘多项式**——**升阶乘幂**：

$$x^{\uparrow n} = x(x + 1)(x + 2)\cdots(x + n - 1) = \prod_{k=0}^{n-1}(x + k) = \frac{\Gamma(x + n)}{\Gamma(x)}, \qquad n \geq 1, \; x^{\uparrow 0} = 1 \tag{7.17a}$$

升阶乘幂函数的组合学意义[1;2-16]：将n个可分辨的球，分放于x个有序盒子之中，每个盒子可放入的球数不限，其放法总数等于$x^{\uparrow n}$。$x^{\uparrow n}$读成"x升n次幂"。

- **乘幂函数**(power function)——**幂函数**：

$$x^n = \underbrace{x \cdot x \cdot x \cdot \cdots \cdot x}_{n次}, \qquad 1 \leq n, \; x^0 = 1$$

- **降阶乘幂函数**(decrease factorial power function)——**降阶乘多项式**——**降阶乘幂**：

$$x^{\downarrow n} = x(x - 1)(x - 2)\cdots(x - n + 1) = \prod_{k=0}^{n-1}(x - k) = \frac{\Gamma(x + 1)}{\Gamma(x - n + 1)}, \qquad n \geq 1, \; x^{\downarrow 0} = 1 \tag{7.17b}$$

降阶乘幂函数的组合学意义[1;2-16]：集合$\{1, 2, \cdots, x\}$的n元排列的个数等于$x^{\downarrow n}$。$x^{\downarrow n}$读成"x降n次幂"。

如果把这些计数函数看成代数多项式，三个基本组合计数函数之间是可以互相转换——互相表示。因此存在三组转换关系，每一组转换定义一类组合数。

斯特林数：计数函数$\{x^{\downarrow n}\}$、$\{x^{\uparrow n}\}$与$\{x^n\}$之间的互相转换公式

$$x^{\uparrow n} = \sum_{k=0}^{n} {}_1S_n^k x^k = \sum_{k=0}^{n} \begin{bmatrix} n \\ k \end{bmatrix} x^k, \qquad x^{\downarrow n} = \sum_{k=0}^{n} (-1)^{n-k} \begin{bmatrix} n \\ k \end{bmatrix} x^k$$

$$x^n = \sum_{k=0}^{n} {}_2S_n^k x^{\downarrow k} = \sum_{k=0}^{n} \begin{Bmatrix} n \\ k \end{Bmatrix} x^{\downarrow k}, \qquad x^n = \sum_{k=0}^{n} (-1)^{n-k} \begin{Bmatrix} n \\ k \end{Bmatrix} x^{\uparrow k} \qquad n \in \mathbb{N} \tag{7.17c}$$

式中转换系数$_1S_n^k = \begin{bmatrix} n \\ k \end{bmatrix}$称为第一类斯特林数，$_2S_n^k = \begin{Bmatrix} n \\ k \end{Bmatrix}$称为第二类斯特林数[20;63]。显然，

$$_1S_n^0 = {}_2S_n^0 = \delta_{0,n}, \qquad _1S_n^1 = (n-1)!, \qquad _1S_n^n = {}_2S_n^n = {}_2S_n^1 = 1, \qquad n \in \mathbb{N}$$

斯特林数与组合数——二项式系数$C_n^k = C(n, k)$一样，具有递归关系：

$$C_n^k = C_{n-1}^{k-1} + C_{n-1}^k \; (n \geq 1), \tag{7.17d}$$

$$_1S_n^k = {}_1S_{n-1}^{k-1} + n \cdot {}_1S_{n-1}^k, \qquad _2S_n^k = {}_2S_{n-1}^{k-1} + k \cdot {}_2S_{n-1}^k, \qquad n \geq 1 \tag{7.17e}$$

第一类斯特林数$_1S_n^k$是把升阶乘幂转换成乘幂的展开系数，组合学意义是：n个元素有k个循环排列的方案数$_1S_n^k$。第二类斯特林数$_2S_n^k$则是把乘幂转换为降阶乘幂的展开系数，组合学意义是：把n个不同元素的集合分划成k个非空的不相交子集的方式数(即分法数)。

阶乘多项式 $x^{\downarrow k}$ 求和形式下的展开系数为(见文献[2]的第 24 章)①

$$x^n = \sum_{k=0}^{n} {}_2 S_n^k x^{\downarrow k} \tag{7.17}$$

阶乘幂函数 $\{x^{\downarrow n}\}$、$\{x^{\uparrow n}\}$,在组合分析与有限差分法中的地位,同乘幂函数 $\{x^n\}$ 在数学分析中的地位具有同等重要性,因而使得斯特林数在组合学、离散数学、统计计算等方面有着广泛应用。

最初几个组合数 $C_n^k = C(n,k) = \binom{n}{k}$ 与斯特林数 ${}_1S_n^k = S_1(n,k) = \begin{bmatrix} n \\ k \end{bmatrix}$,${}_2S_n^k = S_2(n,k) = \begin{Bmatrix} n \\ k \end{Bmatrix}$ 取值如下[1:2-17,4:27,20:63,137:1047]:

$$
C_n^k = C(n,k) \qquad
\begin{array}{cccccc}
1 \\
1 & 1 \\
1 & 2 & 1 \\
1 & 3 & 3 & 1 \\
1 & 4 & 6 & 4 & 1 \\
1 & 5 & 10 & 10 & 5 & 1 \\
\cdots & \cdots & \cdots & \cdots & \cdots & \cdots
\end{array}
\qquad \binom{n}{k}
$$

贾宪三角形——帕斯卡三角形

$$
{}_1S_n^k = S_1(n,k) \qquad
\begin{array}{cccccc}
1 \\
0 & 1 \\
0 & 1 & 1 \\
0 & 2 & 3 & 1 \\
0 & 6 & 11 & 6 & 1 \\
0 & 24 & 50 & 35 & 10 & 1 \\
\cdots & \cdots & \cdots & \cdots & \cdots & \cdots
\end{array}
\qquad \begin{bmatrix} n \\ k \end{bmatrix}
$$

第一类斯特林数——类帕斯卡三角形

$$
{}_2S_n^k = S_2(n,k) \qquad
\begin{array}{cccccc}
1 \\
0 & 1 \\
0 & 1 & 1 \\
0 & 1 & 3 & 1 \\
0 & 1 & 7 & 6 & 1 \\
0 & 1 & 15 & 25 & 10 & 1 \\
\cdots & \cdots & \cdots & \cdots & \cdots & \cdots
\end{array}
\qquad \begin{Bmatrix} n \\ k \end{Bmatrix}
$$

第二类斯特林数——类帕斯卡三角形

拉赫数(Lah numbers)[1:2-18] 由计数函数 $\{x^{\uparrow n}\}$ 与 $\{x^{\downarrow n}\}$ 之间的转换关系

$$x^{\downarrow n} = \sum_{k=0}^{n} L(n,k) x^{\uparrow k}, \qquad x^{\uparrow n} = \sum_{k=0}^{n} L'(n,k) x^{\downarrow k}, \qquad n \in \mathbb{N} \tag{7.17f}$$

所定义的系数

$$L(n,k) = (-1)^n L'(n,k), \qquad L'(n,k) = \frac{n!}{k!}\binom{n-1}{k-1} = \frac{n!}{k!} C_{n-1}^{k-1}, \qquad 1 \leqslant k \tag{7.17g}$$

称为拉赫数。拉赫数使我们不得不想起二项式系数 $C(n,k) = C_n^k = \binom{n}{k}$ 与著名二项式定理

$$(1+x)^n = \prod_{i=0}^{n-1}(1+x) = \sum_{k=0}^{n} C_n^k x^k, \quad C_n^k = \binom{n}{k} = \frac{n^{\downarrow k}}{k!}, \qquad n \in \mathbb{N} \tag{7.17h}$$

$$\frac{1}{(1-x)^n} = \prod_{i=0}^{n-1} \frac{1}{1-x} = \sum_{k=0}^{n} G_n^k x^k, \quad G_n^k = \left\langle \begin{matrix} n \\ k \end{matrix} \right\rangle = \frac{n^{\uparrow k}}{k!}, \qquad n \in \mathbb{N} \tag{7.17i}$$

式中 G_n^k 是格林瓦尔数(见式(2.8)和式(2.9))。

长久以来,人们尝试使用不同的符号表示以上各种不同的组合数,但都很难统一起一个符号系统具有令人信服的优点。此种缺陷与混乱在组合学与分析学等中造成的不便着实令人不安(包括《数学辞海》这样的工具书中有关计数函数与某些组合数的符号)。这也表明达成如此统一的符号系统不是一件那么容易的事情。此处的符号表示,是向统一方向发展的小小尝试与努力。

① 原文中使用符号 $\sigma_n^{(k)}$ 表示第二类斯特林数 ${}_2S_n^k$,原文使用符号 $x^{[k]}$ 表示降阶乘多项式 $x^{\downarrow k}$。

人们也使用 $x^{\bar{n}} = [x]^n = x^{n\uparrow}$,$x^{\underline{n}} = [x]_n = x^{n\downarrow}$ 等符号表示组合计数函数。本注译文本中,统一使用符号 $x^{\uparrow n}$,x^n,$x^{\downarrow n}$ 表示三个基本组合计数函数,优点是数学意义明确并顺应了其读写顺序。

$$x^{\downarrow k} = x(x-1)(x-2)\cdots(x-k+1) = \frac{\Gamma(x+1)}{\Gamma(x-k+1)} \tag{7.18}$$

使用式(7.17)和式(7.18)，并进行代换 $x=j$，就获得

$$j^r = \sum_{i=1}^{r} {}_2S_r^i \frac{\Gamma(j+1)}{\Gamma(j-i+1)} \tag{7.19}$$

从而有

$$
\begin{aligned}
S &= \sum_{j=0}^{n} \binom{j-\alpha-1}{j} \sum_{i=1}^{r} {}_2S_r^i \frac{\Gamma(j+1)}{\Gamma(j-i+1)} \\
&= \sum_{i=1}^{r} {}_2S_r^i \sum_{j=i}^{n} \frac{\Gamma(j-\alpha)}{\Gamma(-\alpha)\Gamma(j-i+1)} \\
&= \sum_{i=1}^{r} {}_2S_r^i \sum_{k=0}^{n-i} \frac{\Gamma(k+i-\alpha)}{\Gamma(-\alpha)\Gamma(k+1)} \\
&= \sum_{i=1}^{r} {}_2S_r^i \frac{\Gamma(i-\alpha)}{\Gamma(-\alpha)} \sum_{k=0}^{n-i} \binom{k+i-\alpha-1}{k}
\end{aligned}
$$

利用公式(7.11)，得到

$$S = \sum_{i=1}^{r} {}_2S_r^i \frac{\Gamma(i-\alpha)}{\Gamma(-\alpha)} \binom{n-\alpha}{n-i}$$

从而有

$$S = \sum_{j=0}^{n} \binom{j-\alpha-1}{j} j^r = \sum_{i=1}^{r} {}_2S_r^i \frac{\Gamma(n-\alpha+1)}{(i-\alpha)\Gamma(-\alpha)\Gamma(n-i+1)} \tag{7.20}$$

将式(7.20)代入式(7.15)给出

$$\overline{{}_0D_t^\alpha f_m}(t) = \frac{t^{m-\alpha}}{\Gamma(-\alpha)} \sum_{r=0}^{m} (-1)^r \binom{m}{r} \sum_{i=1}^{r} {}_2S_r^i \frac{n^{\alpha-r}\Gamma(n-\alpha+1)}{(i-\alpha)\Gamma(n-i+1)} \tag{7.21}$$

使用伽马函数的渐近表达式(7.12)，能够写出

$$\frac{n^{\alpha-r}\Gamma(n-\alpha+1)}{\Gamma(n-i+1)} = n^{i-r}\left(n^{\alpha-i}\frac{\Gamma(n-\alpha+1)}{\Gamma(n-i+1)}\right) = n^{i-r}(1+O(n^{-1}))$$

最后得出

$$
\begin{aligned}
\overline{{}_0D_t^\alpha f_m}(t) &= \frac{t^{m-\alpha}}{\Gamma(-\alpha)} \sum_{r=0}^{m} (-1)^r \binom{m}{r} \sum_{i=1}^{r} {}_2S_r^i \frac{1}{(i-\alpha)} n^{i-r}(1+O(n^{-1})) \\
&= \frac{t^{m-\alpha}}{\Gamma(-\alpha)} \sum_{r=0}^{m} (-1)^r \binom{m}{r} {}_2S_r^r \frac{1}{(r-\alpha)} (1+O(n^{-1}))
\end{aligned}
$$

考虑到对于所有 r 存在 ${}_2S_r^r = 1$，并使用求和公式([215：式4.2.2(43)])

$$\sum_{k=0}^{n} \frac{(-1)^m k^m}{a+k} \binom{n}{k} = (-1)^m a^{m-1} \binom{n+a}{n}^{-1}, \qquad m \leqslant n$$

就容易获得

$$\sum_{r=0}^{m} (-1)^r \binom{m}{r} \frac{{}_2S_r^r}{(r-\alpha)} = B(-\alpha, m+1)$$

由此而来，因为对于一个固定的 $t(=nh)$，$O(n^{-1}) = O(h)$，故有

$$\overline{_0D_t^\alpha f_m}(t) = \frac{\Gamma(1+m)}{\Gamma(1+m-\alpha)}t^{m-\alpha} + O(h)$$

$$_0D_t^\alpha f_m(t) - \overline{_0D_t^\alpha f_m}(t) = O(h)$$

这意味着，如果函数 $f(t)$ 能够写成幂级数形式

$$f(t) = \sum_{m=0}^\infty a_m t^m$$

那么分数差分逼近式(7.3)给出 α 阶分数导数，在幂级数收敛域中任何点的一阶逼近①。

加在 $f(t)$ 上的条件还可减弱。

7.5　系数的计算

为了施行分数导数数值计算的分数差分方法，必须算出系数

$$g_k^{(\alpha)} = (-1)^k \binom{\alpha}{k}, \qquad k=0,1,2,\cdots \tag{7.22}$$

式中 α 是分数微分运算的阶数。②

---

① 由此可见，在时域直接证明分数导数的数值差分逼近式(7.3)是一阶逼近，不是那么容易的事情！很自然的一种想法是，在频域考察其逼近性能，会怎么样呢？会变得简单吗？

在 α 阶数值微分公式(7.9)、式(7.10)——格林瓦尔–莱特尼科夫分数导数定义中，取 $t=a+nh$，并令

$$x[n] = f(a+nh), \qquad y[n] \approx h^\alpha \overline{_aD_t^\alpha f}(a+nh), \qquad g_k^{(\alpha)} = \left\langle \begin{matrix}\alpha\\k\end{matrix} \right\rangle = (-1)^k \binom{\alpha}{k} \tag{7.21a}$$

式中 $g_k^{(\alpha)}$ 是一阶逼近的**格林瓦尔–莱特尼科夫加权系数**（参见式(2.8e)）。则得 α 阶数字微分系统的差分方程

$$y[n] = \sum_{k=0}^n g_k^{(\alpha)} x[n-k] \tag{7.21b}$$

对应的 α 阶数字微分滤波函数是

$$G^{(\alpha)}(\omega) = \sum_{k=0}^\infty g_k^{(\alpha)} e^{-jk\omega}, \qquad |\omega| \leqslant \pi \tag{7.21c}$$

理想的 α 阶数字微分滤波函数[11:387,12:449,41,42]是

$$D^{(\alpha)}(\omega) = (j\omega)^\alpha, \qquad |\omega| \leqslant \pi \tag{7.21d}$$

频域误差函数

$$\epsilon^{(\alpha)}(\omega) = G^{(\alpha)}(\omega) - D^{(\alpha)}(\omega), \qquad |\omega| \leqslant \pi \tag{7.21e}$$

反映了 α 阶数值微分公式(7.9)、式(7.10)的逼近性能。

由格林瓦尔–莱特尼科夫系数 $g_k^{(\alpha)}$ 所确定的滤波函数 $G^{(\alpha)}(\omega)$，具有简洁的解析表达形式吗？在数字域（包括数字时域与数字频域）如何理解格林瓦尔–莱特尼科夫分数导数？这些是很有趣很有意义的问题。

读者不妨思考钻研一下，你将得到什么样的结论呢？

关于黎曼–刘维尔分数导数的格林瓦尔–莱特尼科夫逼近是一阶逼近，在文献[124:18]（2015年）中有严格的数学证明。这来自于"Tian W. Y., Zhou H., Deng W. H.. A class of second order difference approximations for solving space fractional diffusion equations. Math. Comp., 2015, 84: 1703−1727"。

② 参见格林瓦尔–莱特尼科夫分数导数的定义式(2.44)或式(7.10)。原文式(7.22)中使用符号 $w_k^{(\alpha)}$。为了表示对格林瓦尔与莱特尼科夫的敬意，注译本中使用符号 $g_k^{(\alpha)}$ 并将其称为（一阶逼近的）格林瓦尔–莱特尼科夫（加权）系数。

可能的计算方法之一是利用递归关系

$$g_0^{(\alpha)} = 1, \qquad g_k^{(\alpha)} = \left(1 - \frac{\alpha+1}{k}\right) g_{k-1}^{(\alpha)}, \qquad k = 1, 2, 3, \cdots \tag{7.23}$$

该方法适合于 α 取值固定时情况。它允许创建一个系数阵列用来求解不同函数的分数微分运算，以及其他类似的重复运算。

然而，在一些问题中（比如系统辨识），必须先求得 α 的最恰当的取值。这就是说，需要考虑 α 的不同取值，以及对于 α 的每一个特定取值，系数 $g_k^{(\alpha)}$ 必须分别地计算出来。在如此情形下，递归关系式(7.23)就不那么适合了。取而代之，可以使用快速傅里叶变换法[105]算出系数 $g_k^{(\alpha)}$。

系数 $g_k^{(\alpha)}$ 可以考虑为函数 $(1-z^{-1})^\alpha$ 的幂级数展开系数：①

$$(1 - z^{-1})^\alpha = \sum_{k=0}^{\infty} (-1)^k \binom{\alpha}{k} z^{-k} = \sum_{k=0}^{\infty} g_k^{(\alpha)} z^{-k} \tag{7.24}$$

进行变量代换 $z = \mathrm{e}^{\mathrm{j}\omega}$，则有

$$(1 - \mathrm{e}^{-\mathrm{j}\omega})^\alpha = \sum_{k=0}^{\infty} g_k^{(\alpha)} \mathrm{e}^{-\mathrm{j}k\omega} = G^{(\alpha)}(\omega) \tag{7.25}$$

系数 $g_k^{(\alpha)}$②用傅里叶变换形式表示为

---

① 原文给出的是 $(1-z)^\alpha$ 与 $z = \mathrm{e}^{-\mathrm{j}\omega}$。为了与数字信号处理等领域的符号一致，注译中将此处数字信号——序列的单位超前算子 z 换成单位延迟算子 z^{-1} 符号并进行变量代换 $z = \mathrm{e}^{\mathrm{j}\omega}$，这并不影响原文所论述内容。注译中对原文相关内容处也进行了相应的符号调整。

值得读者注意的是，注译本中使用 ω 表示数字频率，它与模拟（角）频率 Ω 相对应。频率(frequency)在信息与信号处理、电路与系统等领域是最为基本的概念。

模拟（角）频率 $\Omega = 2\pi f$ 是表征模拟信号（连续时间信号）随时间 t 演进而发生变化快慢程度的物理量。如果时间单位是秒 s，则模拟频率 f 有单位：赫兹 Hz，有量纲 T^{-1}。模拟频率取值不受限制 $\Omega \in \mathbb{R}$。[114~119]

数字频率 ω 是表征数字信号（离散时间信号）随时间演进而发生变化的快慢程度的一种特征量。也可以把数字频率 ω 看成是模拟频率 Ω 用**采样频率**(sampling frequency)f_{S}归一化的结果：

$$\omega = \frac{\Omega}{f_{\mathrm{S}}} = 2\pi \cdot \frac{f}{f_{\mathrm{S}}} \tag{7.24a}$$

因此数字频率 ω 是一个量纲一的标量[114~119]，并且取值受限 $\omega \in [-\pi, \pi]$，或者说数字频率具有 2π 周期性。

② 一阶逼近格林瓦尔-莱特尼科夫系数 $g_k^{(\alpha)}$ 是生成函数 $\varphi^{(\alpha)}(z) = (1-z^{-1})^\alpha$ 的幂级数展开系数！

式(7.24)、式(7.25)为人们在数字域（包括数字时域与数字频域）理解分数导数的格林瓦尔-莱特尼科夫定义，提供了一个绝妙简捷的桥梁。两点后向差分运算的因果数字系统

$$W(z) = 1 - z^{-1} \Leftrightarrow y[n] = x[n] - x[n-1] \tag{7.25a}$$

实现**连续时间信号**(continuous-time signal)[10~12]——模拟信号 $f(t)$ 的一阶导数 $f'(t)$ 的一阶逼近数值微分：

$$hf'(t) \approx f(t) - f(t-h) \xrightarrow{t=nh} hf'(nh) \approx f(nh) - f(n-1)h)$$
$$y[n] = x[n] - x[n-1]$$

如果令数字系统函数为

$$W^{(\alpha)}(z) = (1 - z^{-1})^\alpha = \sum_{k=0}^{\infty} g_k^{(\alpha)} z^{-k}$$

那么，很自然地得到分数 α 阶格林瓦尔-莱特尼科夫导数（式(2.43)）

$$_a D_t^\alpha f(t) = \lim_{\substack{h \to 0 \\ nh = t - a}} f_h^{(\alpha)}(t), \qquad f_h^{(\alpha)}(t) = h^{-\alpha} \sum_{k=0}^{\infty} g^{(\alpha)}[k] f(t - kh) \tag{7.25b}$$

一阶逼近计算的（因果）α 阶微分数字系统（式(7.21b)）：

$$g_k^{(\alpha)} = \frac{1}{2\pi} \int_0^{2\pi} G^{(\alpha)}(\omega) \, \mathrm{e}^{jk\omega} \mathrm{d}\omega \tag{7.26}$$

从技术上来说，系数 $g_k^{(\alpha)}$ 能够用任何快速傅里叶变换的实现方法来计算。因为此时此刻，我们总能获得有限个数的 $g_k^{(\alpha)}$ 系数，所以快速傅里叶变换法总是与"短时记忆"原理（见7.3 节）组合起来使用②。

$$y_\alpha[n] = \sum_{k=0}^{\infty} g^{(\alpha)}[k] x[n-k] \Leftrightarrow Y_\alpha(\omega) = G^{(\alpha)}(\omega) X(\omega) \tag{7.25c}$$

在数字域获得与理解格林瓦尔–莱特尼科夫分数导数，是如此简单明确，十分令人惊讶！在 2.2 节中，人们是从整数阶的微分积统一开始，通过艰苦曲折、细致繁琐的证明与推论，才获得同样结果——格林瓦尔–莱特尼科夫分数导数，而且其数学与几何意义还不是那么明朗。

为了表示敬意，我们将式(7.25)定义的滤波函数

$$G^{(\alpha)}(\omega) = \left[2j\sin\left(\frac{\omega}{2}\right) \exp\left(-j\frac{\omega}{2}\right) \right]^\alpha = 2^\alpha \left| \sin\left(\frac{\omega}{2}\right) \right|^\alpha \exp\left\{ j\frac{\alpha}{2}\left[\pi\mathrm{sgn}(\omega) - \omega \right] \right\} \tag{7.25d}$$

称为**格林瓦尔–莱特尼科夫滤波函数**，对应的数字系统(式(7.25c))称为**格林瓦尔–莱特尼科夫(数字)微分器**。

进一步，考虑二阶逼近的两点对称中心差商公式(7.7a)，有数字微分系统：

$$W(z) = \frac{z - z^{-1}}{2} \Leftrightarrow y[n] = \frac{x[n+1] - x[n-1]}{2} \tag{7.25e}$$

$$\underbrace{\qquad\qquad\qquad\qquad}_{\text{一阶数字微分器}}$$

$$\Downarrow$$

$$\widetilde{W}^{(\alpha)}(z) = \left(\frac{z - z^{-1}}{2} \right)^\alpha = \frac{z^\alpha}{2^\alpha} \sum_{k=0}^{\infty} g^{(\alpha)}[k] z^{-2k} = 2^{-\alpha} T_\alpha(z) G^{(\alpha)}(z^2)$$

$$\Updownarrow \quad \alpha \text{ 阶数字微分器}$$

$$\widetilde{y}_\alpha[n] = 2^{-\alpha} \sum_{k=0}^{\infty} g^{(\alpha)}[k] x[n+\alpha - 2k] \tag{7.25f}$$

显然，上述两个数字微分器是非因果系统。

数字系统式(7.25f)中，除格林瓦尔–莱特尼科夫微分器之外，还涉及对输入序列 $x[n]$ 的**分数延迟**(fractional delay)——**分数时移**(fractional time shifting)[53,54]：

$$T_\alpha(z) = z^\alpha \Leftrightarrow y[n] = x[n+\alpha] = \sum_k \tau_\alpha[k] x[n-k] \tag{7.25g}$$

以及对格林瓦尔–莱特尼科夫系数序列 $g^{(\alpha)}[k]$ 的 2-**零插值运算**(interpolation)

$$G^{(\alpha)}(z^2) \Leftrightarrow g^{(\alpha)}\left[\frac{k}{2}\right] = \begin{cases} g^{(\alpha)}[i], & k = 2i \\ 0, & k = 2i+1 \end{cases}, \quad i \in \mathbb{N} \tag{7.25h}$$

在理论上[42,55~58]，由

$$\widetilde{w}^{(\alpha)}[k] = \frac{1}{2\pi} \int_{-\pi}^{\pi} \widetilde{W}^{(\alpha)}(\omega) \mathrm{e}^{jk\omega} \mathrm{d}\omega = \frac{1}{2\pi} \int_{-\pi}^{\pi} [j\sin(\omega)]^\alpha e^{jk\omega} \mathrm{d}\omega$$

$$= \frac{1}{\pi} \int_0^{\pi} \sin^\alpha(\omega) \cos\left(k\omega + \frac{\pi\alpha}{2} \right) \mathrm{d}\omega, \quad k \in \mathbb{N} \tag{7.25i}$$

算出滤波器系数，能够将分数延迟与插值运算融合在一起，即有 α 阶微分数字系统

$$\widetilde{y}_\alpha[n] = \sum_{k=0}^{\infty} \widetilde{w}^{(\alpha)}[k] x[n-k] \tag{7.25j}$$

② 将式(7.25d)代入式(7.26)，得到一阶逼近格林瓦尔–莱特尼科夫系数的计算公式

7.6 高阶逼近

我们知道，α 阶导数的一阶分数差分逼近式（7.10），可写成形式

$$\overline{_0D_t^\alpha f}(t) = h^{-\alpha} \sum_{k=0}^{[t/h]} g_k^{(\alpha)} f(t-kh) \tag{7.27}$$

式中加权系数

$$g_k^{(\alpha)}, \qquad k=0,1,2,\cdots,n, \qquad n=[t/h]$$

指派给函数值 $f(t-kh)$，它们是函数

$$\varphi_1^{(\alpha)}(z) = (1-z^{-1})^\alpha = [\varphi_1(z)]^\alpha \tag{7.28}$$

泰勒级数展开式中的前 $n+1$ 个系数。

函数 $\varphi_1(z) = 1-z^{-1}$ 中的系数 1 和 -1，同时也是一阶导数的**两点后向差分**逼近式（7.7）中的系数。

现在已经明白，函数 $\varphi_1(z)$ 生成一阶导数的一阶逼近系数，其 α 阶幂函数 $\varphi_1^{(\alpha)}(z) = (\varphi_1(z))^\alpha$ 生成 α 阶导数的一阶逼近系数。

这样一来，我们不禁要问：$(p+1)$ 点后向差分给出一阶导数的 p 阶逼近吗？一阶导数的 $(p+1)$ 点后向差分的 α 次幂会给出 α 阶导数的 p 阶逼近吗？

该问题答案已由鲁比希（Ch. Lubich，1986 年）[127] 给出，他获得式（7.27）形式下的 $p=2,3,4,5$ 和 6 阶逼近，其中系数 $g_k^{(\alpha)} = g_{p,k}^{(\alpha)}$ 是如下对应"**生成**"函数 $\varphi_p^{(\alpha)}(z)$ 的泰勒级数展开式系数。

$$\varphi_1^{(\alpha)}(z) = (1-z^{-1})^\alpha$$

$$\varphi_2^{(\alpha)}(z) = \left(\frac{3}{2} - 2z^{-1} + \frac{1}{2}z^{-2}\right)^\alpha$$

$$\varphi_3^{(\alpha)}(z) = \left(\frac{11}{6} - 3z^{-1} + \frac{3}{2}z^{-2} - \frac{1}{3}z^{-3}\right)^\alpha$$

$$g_k^{(\alpha)} = g^{(\alpha)}[k] = \frac{2^\alpha}{\pi} \int_0^\pi \sin^\alpha\left(\frac{\omega}{2}\right) \cos\left[\left(k-\frac{\alpha}{2}\right)\omega + \frac{\pi\alpha}{2}\right] \mathrm{d}\omega, \qquad k \in \mathbb{N} \tag{7.26a}$$

该式与式（7.25i），以及理想的 α 阶数字微分滤波函数[11;387,12;449,41,42,56~58]（式（7.21d））确定的积分

$$d^{(\alpha)}[k] = \frac{1}{\pi} \int_0^\pi \omega^\alpha \cos\left(k\omega + \frac{\pi\alpha}{2}\right) \mathrm{d}\omega, \qquad k \in \mathbb{N} \tag{7.26b}$$

不是那么容易计算的问题。读者不妨一试。

快速傅里叶变换（FFT）是离散傅里叶变换（DFT）的高效数值算法。对式（7.25）给定的频域函数——一阶逼近格林瓦尔-莱特尼科夫滤波函数 $G^{(\alpha)}(\omega)$ 在 $\omega \in [0,2\pi]$ 内进行 K 点等间距采样：

$$G[n] = G^{(\alpha)}\left(\frac{2\pi n}{K}\right), \qquad n = 0 \sim K-1 \tag{7.26c}$$

然后进行快速傅里叶逆变换（IFFT）

$$g[k] = \frac{1}{K} \sum_{n=0}^{K-1} G[n] \exp\left(\mathrm{j} \cdot \frac{2\pi nk}{K}\right), \qquad k = 0 \sim K-1 \tag{7.26d}$$

就得到有限 K 个加权系数并有 $g[k] \approx g_k^{(\alpha)} = g^{(\alpha)}[k]\ (k=0\sim K-1)$。

值得注意的是，格林瓦尔-莱特尼科夫系数 $g_k^{(\alpha)}$ 是因果无限长序列并有简单的递推算法公式（7.23）！

$$\varphi_4^{(\alpha)}(z) = \left(\frac{25}{12} - 4z^{-1} + 3z^{-2} - \frac{4}{3}z^{-3} + \frac{1}{4}z^{-4}\right)^{\alpha}$$

$$\varphi_5^{(\alpha)}(z) = \left(\frac{137}{60} - 5z^{-1} + 5z^{-2} - \frac{10}{3}z^{-3} + \frac{5}{4}z^{-4} - \frac{1}{5}z^{-5}\right)^{\alpha}$$

$$\varphi_6^{(\alpha)}(z) = \left(\frac{147}{60} - 6z^{-1} + \frac{15}{2}z^{-2} - \frac{20}{3}z^{-3} + \frac{15}{4}z^{-4} - \frac{6}{5}z^{-5} + \frac{1}{6}z^{-6}\right)^{\alpha}$$

在以上每一种情况中，$\varphi_p^{(\alpha)}(z)$ 表达式的右边括号中的系数，是一阶导数的 $(p+1)$ 点后向差分逼近的 p 阶逼近系数①。

---

① 我们将

$$\varphi_p^{(\alpha)}(z) = \left(\sum_{i=0}^{p} \zeta_p[i] z^{-i}\right)^{\alpha} = (\varphi_p(z))^{\alpha}, \qquad \left(\begin{matrix} p = 1 \sim 6 \\ \alpha \in \mathbb{R} \end{matrix}\right) \tag{7.28a}$$

称为 p 阶逼近的**鲁比希生成函数**，其中 $p \in \{1,2,3,4,5,6\}$ 称为逼近阶，α 是运算阶。当 $\alpha = 1$ 时的生成函数 $\varphi_p(z)$ 是通过等距横坐标的**拉格朗日插值多项式**进行差分得到。[1:3-228,4-214,52:247] 具体步骤如下。

（1）给定插值节点：等距横坐标取值 $x_i = -i$，纵坐标取值 $f_i = z^{-i}$，$0 \leqslant i \leqslant p$，构造拉格朗日插值多项式

$$L_p(x) = \sum_{i=0}^{p} \lambda_{pi}(x) z^{-i}, \qquad \lambda_{pi}(x) = \prod_{\substack{j=0 \\ j \neq i}}^{p} \frac{x+j}{j-i}, \qquad 1 \leqslant p \leqslant 6 \tag{7.28b}$$

（2）对 $L_p(x)$ 进行一阶求导并取 $x = 0$ 得

$$\varphi_p(z) = \frac{\mathrm{d}}{\mathrm{d}x} L_p(x) \bigg|_{x=0}, \qquad 1 \leqslant p \leqslant 6 \tag{7.28c}$$

$\varphi_p(z)$ 是一阶导数的 $p+1$ 点**后向差分逼近的系统函数**，具有逼近阶 p。[127]

在 MATLAB 中使用符号运算求出生成函数 $\varphi_p(z)$，其 m 文件如下。

```
syms x z
for p = 1:6
    Lp = 0;
    for i = 0:p
        li = 1;
        for j = 0:p
            if j ~= i
                li = li * (x+j)/(-i+j);%%%λpi(x)
            end
        end
        Lp = Lp + z^(-i) * simple(li); %%%Lp(x)
    end
    dLp(x) = diff(Lp);
    phi{p} = sort(eval(dLp(0)));      %%% φp(z)
end
```

$\varphi_p^{(\alpha)}(z)$ 的泰勒级数展开式

$$\varphi_p^{(\alpha)}(z) = \sum_{k=0}^{\infty} l_{p,k}^{(\alpha)} z^{-k}, \qquad l_{p,k}^{(\alpha)} = \frac{1}{k!} \cdot \frac{\mathrm{d}^k \varphi_p^{(\alpha)}(z)}{(\mathrm{d}z^{-1})^k} \bigg|_{z^{-1}=0}, \qquad \left(\begin{matrix} k \in \mathbb{N} \\ \alpha \in \mathbb{R} \\ p = 1 \sim 6 \end{matrix}\right) \tag{7.28d}$$

式中系数 $l_{p,k}^{(\alpha)}$ 称为 p 阶逼近的**鲁比希加权系数**，或称为 p 阶逼近的**格林瓦尔-莱特尼科夫加权系数**并记为 $g_{p,k}^{(\alpha)} (\equiv l_{p,k}^{(\alpha)})$。显然有

$$l_{p,0}^{(\alpha)} \equiv g_{p,0}^{(\alpha)} = (\zeta_p[0])^{\alpha}, \qquad p = 1 \sim 6, \qquad \alpha \in \mathbb{R}$$

计算形如式(7.27)的**高阶逼近**系数 $g_k^{(\alpha)} = l_{p,k}^{(\alpha)}$ 的最简易、最有效方法，就是快速傅里叶变换法，其方法步骤与7.5节描述的一样[①]。

7.7 高炉墙体内热负荷强度变化的计算

本节研究分数阶导数用于计算高炉墙体内热流强度变化。与依赖于墙体内两个不同点的温度测定的标准方法相对比，本节提出的方法仅仅需要测定墙体内一点的温度数据。给出并分析两种方法——本节方法和传统的有限差分法所得到的结果。紧接着根据对比研究结果，讨论本节方法在相似任务——具有高热阻材料(也即耐火泥)问题求解中拓展应用的可能性。

7.7.1 问题的引入

从操作与技术角度来看，高炉的重要监控参数之一，是其墙体内的**热流量强度**。计算热流量的标准方法，是通过测定墙体内不同两点温度，紧接着模拟(仿真)这些点热流场，并根据该点附近区域温度差算出某些点的热流量(强度)来解决问题。这些方法要求在炉墙内部不同深度的两点，各自安装温度监控器。由于较高工作温度的影响，以及来自墙体内部磨耗之后机械损坏的可能性，必须考虑到存在相当高的故障率问题。镶嵌热耦的更换是复杂麻烦的工作，有时除了暂时关停高炉运行而别无它法，这必定造成生产损失。因而，基于墙体内部两点温度测定的方法，通常是不可用的。我们此处展示一个力图解决上述问题的技术方法。

在此论述两种方法的实施并进行比较。第一种方法(记为**方法 A**)是非传统方法。该方法的根基是利用分数阶导数，仅依据高炉墙体内(某)一点的温度测量就可以有效完成任务。

在 Matlab 中，有限长展开系数 $l_{p,k}^{(\alpha)}$ $(k = 0 \sim K-1)$——卢比奇加权系数可由 taylor、sym2poly 等函数准确求出。但如此泰勒展开法计算开销大，特别当系数序列长度 K 很大时。生成函数 $\varphi_p(z)$ 可由其 p 个零点 z_i $(i = 1 \sim p)$ 分解成一次因式乘积形式，每个一次因式 $(1 - z_i z^{-1})$ 确定一零点-格林瓦尔-莱特尼科夫系数序列。由此可以发展出**零点-卷积算法**准确求解鲁比希加权系数 $l_{p,k}^{(\alpha)}$。

如何快速准确求解高阶逼近的格林瓦尔-莱特尼科夫加权系数——鲁比希加权系数 $l_{p,k}^{(\alpha)}$ 是值得读者深入考量的问题。

每一个有限序列都有一个生成函数！由给定(有限或无限)数列或序列 $\{a_k\}$ 与参量 z 构建的形式幂级数

$$G(z) = \sum_k a_k z^{-k}$$

称为 a_0，a_1，a_2，$\cdots$ 的生成函数。这一函数是表示整个序列的单一的量。组合数 C_n^k 的生成函数是 $(1 - z^{-1})^n$，格林瓦尔数 G_n^k 的生成函数是 $(1 - z^{-1})^{-n}$。

"生成函数的利用，为我们引进了全新的技术领域。而且它广泛地增强了我们求解问题的能力。"[20;84]

① 逼近阶 $p \geqslant 2$ 的情形称为**高阶逼近**(higher-order approximations)。

使用算式(7.26c)、式(7.26d)作用于 p 阶逼近的鲁比希**滤波函数**

$$L_p^{(\alpha)}(\omega) = \varphi_p^{(\alpha)}(e^{j\omega}), \qquad p = 1 \sim 6 \tag{7.28e}$$

可近似算出有限长高阶逼近系数——鲁比希加权系数 $l_{p,k}^{(\alpha)}$，$k = 0 \sim K-1$。其准确值由算法式(7.28d)算出！

关于生成函数 $\varphi_p(z)$、$\varphi_p^{(\alpha)}(z)$ 的**运算特征**(operational characteristics)[19]——**阶频特征函数与相频特征函数**

$$\mu_p^{(\alpha)}(\omega) = \mathrm{dlg}|\varphi_p^{(\alpha)}(e^{j\omega})|/\mathrm{dlg}|\omega| \tag{7.28f}$$

$$\theta_p^{(\alpha)}(\omega) = \arg\{\varphi_p^{(\alpha)}(e^{j\omega})\} \tag{7.28g}$$

有兴趣的读者不妨自己绘制出来进行观察与分析。这对于理解与领悟、掌握与应用生成函数大有裨益！

值得一提的是，使用分数阶导数，根据已知的温度变化特性，就能计算热流量行为的可能性，首先是文献[179]指出来的。第二种方法(记为**方法 B**)就是传统的标准方法，其着眼点是用炉墙内不同两点的测定温度，以及热传导方程的数值求解而获得热流量。方法 B 可用来检验方法 A 的有效性。下面给出这两种方法在质与量上的对比分析。

7.7.2　分数阶微分和积分

为了方便，首先回顾分数导数与分数积分的黎曼-刘维尔定义：

$$_0D_t^\alpha f(t) = \frac{1}{\Gamma(n-\alpha)} \frac{\mathrm{d}^n}{\mathrm{d}t^n} \int_a^t \frac{f(\tau)\mathrm{d}\tau}{(t-\tau)^{\alpha-n+1}}, \qquad 0 \leqslant n-1 < \alpha < n \tag{7.29}$$

式中 n 为整数，$\Gamma(z)$ 是欧拉(高斯)伽马函数，并且 $t>a$。

紧密关联分数阶微分运算的是分数阶积分运算：

$$_0D_t^{-\alpha} f(t) = \frac{1}{\Gamma(\alpha)} \int_a^t \frac{f(\tau)\mathrm{d}\tau}{(t-\tau)^{1-\alpha}}, \qquad \alpha > 0 \tag{7.30}$$

必须熟记于心

$$_0D_t^\alpha({_0D_t^{-\alpha}}f(t)) = f(t), \qquad \alpha > 0 \tag{7.31}$$

这是整数阶导数和积分相同性质的推广。

再回顾分数导数和积分的拉普拉斯变换(第 4 章)。对于任意实数 α，有

$$\mathcal{L}\{_0D_t^\alpha f(t); s\} = s^\alpha F(s) - \sum_{k=0}^{n-1} s^\alpha {_0D_t^\alpha}f(t)\big|_{t=0} \tag{7.32}$$

式中 $F(s)$ 是函数 $f(t)$ 的拉普拉斯变换。在分数阶积分情形($\alpha<0$)，等号右端的求和将会消失。在分数阶导数情形($\alpha>0$)，n 的意义与式(7.29)一样。

7.7.3　热流量的分数阶导数计算法——方法 A

基本关系推导

考虑半无限体(图 7.5)的空间一维热传导问题：

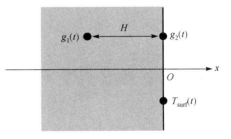

$$\hat{c}\hat{\rho}\frac{\partial T}{\partial t} = \hat{\lambda}\frac{\partial^2 T}{\partial x^2}, \qquad t>0, \ -\infty < x < 0 \tag{7.33}$$

$$T(0,x) = T_0 \tag{7.34}$$

$$T(t,0) = T_{\mathrm{surf}}(t) \tag{7.35}$$

$$\big|\lim_{x\to-\infty} T(t,x)\big| < \infty \tag{7.36}$$

式中，t 是时间变量[s]；x 是热传导方向上的空间坐标[m]；$T(t,x)$ 是温度[K]；$\hat{c}$ 是热容[J kg^{-1} K^{-1}]；$\hat{\rho}$ 是质量密度[kg m^{-1}]；$\hat{\lambda}$ 是热导系数[W m^{-1}K^{-1}][①]。

图 7.5　高炉墙

[①]　此处方括号[ ]中的内容是各物理量的 SI 单位。在 SI 单位制中，规定物理量 q 的单位表示为[q]，量纲表示为 $\dim q$，量值表示为 $\{q\}$[2;24-5,6,117,118,119]。此处的几个物理量的 SI 单位与量纲分别是

$$[t]=s, \qquad [x]=m, \qquad [\hat{c}]=J\ kg^{-1}K^{-1}, \qquad [\hat{\rho}]=kg\ m^{-1}, \qquad [T(t,x)]=K, \qquad [\hat{\lambda}]=W\ m^{-1}K^{-1};$$

$$\dim t = T, \qquad \dim x = L, \qquad \dim\hat{c} = L^2T^{-2}\Theta^{-1}, \qquad \dim\hat{\rho} = M\ L^{-1}, \qquad \dim T(t,x) = \Theta, \qquad \dim\hat{\lambda} = MLT^{-3}\Theta^{-1}.$$

引进辅助函数

$$u(t,x) = T(t,x) - T_0 \tag{7.37}$$

作为问题

$$\hat{c}\hat{\rho}\frac{\partial u}{\partial t} = \hat{\lambda}\frac{\partial^2 u}{\partial x^2}, \qquad t>0, \qquad -\infty < x < 0 \tag{7.38}$$

$$u(0,x) = 0 \tag{7.39}$$

$$u(t,0) = T_{\text{surf}}(t) - T_0 \tag{7.40}$$

$$\left| \lim_{x \to -\infty} u(t,x) \right| < \infty \tag{7.41}$$

的一个解。方程式(7.38)的拉普拉斯变换(关于时间变量 t)生成

$$\hat{c}\hat{\rho}U(s,x) = \hat{\lambda}\frac{\mathrm{d}^2 U(s,x)}{\mathrm{d}x^2} \tag{7.42}$$

对于 $x \to -\infty$,方程式(7.42)的解有界,并为

$$U(s,x) = U(s,0)\exp\left(x\sqrt{\frac{\hat{c}\hat{\rho}}{\hat{\lambda}}s} \right) \tag{7.43}$$

由此求出

$$\frac{\mathrm{d}U}{\mathrm{d}x}(s,x) = U(s,0)\sqrt{\frac{\hat{c}\hat{\rho}}{\hat{\lambda}}s}\exp\left(x\sqrt{\frac{\hat{c}\hat{\rho}}{\hat{\lambda}}s} \right) \tag{7.44}$$

由关系式(7.43)和式(7.44),容易发现

$$\frac{1}{\sqrt{s}}\frac{\mathrm{d}U}{\mathrm{d}x}(s,0) = \sqrt{\frac{\hat{c}\hat{\rho}}{\hat{\lambda}}}U(s,0) \tag{7.45}$$

因而,进行拉普拉斯逆变换,并考虑到式(7.32),就获得

$$_0D_t^{-1/2}\frac{\partial u}{\partial x}(t,0) = \sqrt{\frac{\hat{c}\hat{\rho}}{\hat{\lambda}}}u(t,0) \tag{7.46}$$

再使用性质式(7.31)与分数阶微分算子的线性性质得出

$$\frac{\partial u}{\partial x}(t,0) = \sqrt{\frac{\hat{c}\hat{\rho}}{\hat{\lambda}}}{}_0D_t^{1/2}u(t,0) \tag{7.47}$$

现在借助关系式(7.37)就能返回到函数 $T(t,x)$。考虑条件式(7.35),获得在点 $x=0$ 处热流量计算的基本解析关系:

$$q_A(t) = \sqrt{\hat{c}\hat{\rho}\hat{\lambda}}{}_0D_t^{1/2}g(t), \qquad g(t) = T_{\text{surf}}(t) - T_0 \tag{7.48}$$

式中 $q_A(t) = \hat{\lambda}\dfrac{\partial T}{\partial x}(t,0)$ 是最终热流量。

数值解法

确定热流量问题现在就简化为计算导出式(7.48),当阶数 $\alpha = 1/2$ 时的导数。由于我们关注的是大时间范围内的模拟,因为在这些关系中存在巨大数目的加法运算,以及舍入误差效应的累积,计算分数导数的已知关系(见[179]和[203])不再适用。为降低计算代价,以及在一定程度上消除舍入误差累积,我们应用"短时记忆"原理,参见文献[203]或本书 7.3 节。也就是说,可取逼近

$$q_A(t) \approx \tilde{q}_A(t) = \sqrt{\hat{c}\hat{\rho}\hat{\lambda}}\ _{(t-L)}D_t^{1/2}g(t) \tag{7.49}$$

式中 L 是"记忆长度"。根据文献［203］导出的估计式（见 7.3 节），在我们的应用情况中，该逼近的**赋范误差**（normed error）为

$$\delta_0 = \frac{|q_A(t) - \tilde{q}_A(t)|}{M} = \frac{1}{\sqrt{L}\Gamma(1/2)}, \qquad M = \max_{[0,\infty]}|g(t)| \tag{7.50}$$

这样一来，关于"记忆长度" L 的选择，有约束关系

$$L \geqslant \frac{1}{\pi\delta_0^2} \tag{7.51}$$

式中 δ_0 为**最大允许归一误差**（maximum admissible normalized error）。

为了进行导数 $_{(t-L)}D_t^{1/2}g(t)$ 的近似计算，使用关系（见 7.3 节）

$$_{(t-L)}D_t^{1/2}g(t) = \tau^{-\alpha}\sum_{i=0}^{N(t)}c_i g(t-i\tau), \qquad N(t) = \min\left\{\left[\frac{t}{\tau}\right], \left[\frac{L}{\tau}\right]\right\}, \ c_i = (-1)^i\binom{1/2}{i} \tag{7.52}$$

式中 $[x]$ 表示 x 的整数部分。

对于系数 c_i 的计算，其优势是可以利用递归公式

$$c_0 = 1, c_i = \left(1 - \frac{3}{2i}\right)c_{i-1} \tag{7.53}$$

这来自于二项式系数的性质①。

7.7.4　基于炉墙热场模拟仿真的热流量计算法——方法 B

为了实验验证方法 A 的有效性，我们也实施了标准方法 B 的测验。为发现前文所述方法 A 的真实应用范围，假设墙体材料的热物理性质与温度有关。

根据热环境状态与炉墙维度分析，从炉墙热载荷角度来看，所论问题是可以简化为一维热传导问题。**非平稳热传导问题**②由傅里叶方程描述：

$$\frac{\partial}{\partial t}\left(c(t)\rho(t)T(t,x)\right) = \frac{\partial}{\partial x}\left(\lambda(T)\frac{\partial T(t,x)}{\partial x}\right) \tag{7.54}$$

式中 $-H < x < 0$，具有初始条件

$$T(0,x) = f(x) \tag{7.55}$$

和第一类边界条件

$$\begin{cases} T(t,-H) = g_1(t) \\ T(t,0) = g_2(t) \end{cases} \tag{7.56}$$

式中 H 是两个热耦位置所确定的墙体厚度（见图 7.5）。

为了热分布 $T(t,x)$ 的数值计算，首先需要进行**空间和时间的离散化**③。

---

①　其实这是半阶算子的一阶逼近格林瓦尔-莱特尼科夫(加权)系数：$c_i = g_i^{(1/2)}$。参见式(7.22)、式(7.23)。

②　**非平稳热传导问题**(non-stationary heat conduction)的相关内容读者可参见"**6.3.2 在热传导和物质输运中的应用**"，有兴趣的读者还可阅读《热的解析理论》[34]。

③　**空间和时间的离散化**(spatial and temporal discretization)，亦称**网格剖分**(grid subsection)。[1;4-263]这在信号分析与处理中，人们常称之为**空时采样**(spatial-temporal sampling)，或**网格采样**(grid sampling)。

在空间区域$-H \leqslant x \leqslant 0$，选取 n 点：

$$-H = x_1 < x_2 \cdots < x_{n-2} < x_{n-1} < x_n = 0$$

这些点上的温度将在长度为 τ 的离散时刻区间内测定。内点 x_i 与 $x_{i+1}(i = 2, 3, \cdots, n-2)$ 之间的距离是

$$h = \frac{H}{n-2} \tag{7.57}$$

外点 x_1（或 x_n）与其最近内点 x_2（或 x_{n-1}）之间的距离为 $h/2$。

方程式(7.54)离散化①以后，对于整个**内域**(inner region) $-H < x < 0$，利用**隐式法**②，获得非线性代数方程组：

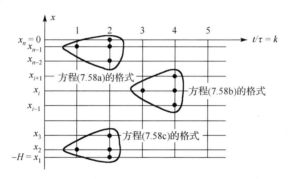

图 7.6*　离散化网格与差分格式——两层四点(隐式)差分格式

---

① 此处除外点，所有内点使用的是**等距网格**(isometric grid)进行离散化(见图 7.6*)：

$$t_k = k\tau, \ k = \overline{0, \infty}; \ x_1 = -H, \ x_i = -H + \left(i - \frac{3}{2}\right), \ i = \overline{2, n-1}, \qquad x_n = 0 \tag{7.57a}$$

② **隐式法**(implicit method)，全称为**隐式差分格式**(implicit difference schemes)[1:4-264]，数值求解偏微分方程的有限差分法中的一种格式。

有限差分法(finite difference method)[1:4-262,59,123]简称差分法，是数值求解常微分方程、偏微分方程，以及积分-微分方程的一种主要的数值方法。其基本思想与步骤是：

(1) 用有限离散点构成网格代替自变量连续变化的定解区域。这一步骤称为网格剖分。比如图 7.6* 中的网格点就是式(7.54)～式(7.56)描述的非平稳热传导定解问题的定解区域，按式(7.57a)离散化得到的网格示意图。

(2) 把连续定解区域上定义的连续函数用网格点上的采样值近似。比如式(7.58)就是实现定解问题式(7.54)～式(7.56)的离散化近似。

(3) 使用适当的数值微分公式把原方程和定解条件中的导数转换成差商，积分使用有限和来近似，于是原方程和定解条件就被近似地转换成(联立的)代数方程组。比如代数方程式(7.58a)～式(7.58c)就是偏微分方程式(7.54)的有限差分近似数值求解算法公式。

(4) 求解代数方程组就得出原方程的定解问题的近似解。

上述有限差分算法也常常称为**差分格式**(difference schemes)。

如果利用已知值，不必求解代数方程组就能由差分格式逐点直接计算下一时刻所有网格点上的值，如此差分格式，称为**显式差分格式**(explicit difference schemes)。否则，必须经过求解(联立的)代数方程组才能由已知值算出下一时刻所有网格点上的解值，如此差分格式，称为**隐式差分格式**。[1:4-264]

显式差分格式是一类每个网格点可独立求解的格式。这种格式计算简便，但为使格式稳定，一般对时间步距限制严格。隐式差分格式一般有较好的稳定性。

代数方程式(7.58a)～式(7.58c)需由高斯消去法联立而不能独立求解，因此它们均为隐式差分格式。

$$-\left(\frac{2\lambda_{1,2}^{(k+1)}}{h}+\frac{\lambda_{2,3}^{(k+1)}}{h}+\frac{Kc(T_2^{(k+1)})}{\tau}\right)T_2^{(k+1)}+\frac{\lambda_{2,3}^{(k+1)}}{h}T_3^{(k+1)}$$

$$=-\frac{Kc(T_2^{(k)})}{\tau}T_2^{(k)}-\frac{2\lambda_{1,2}^{(k+1)}}{h}g_1^{(k+1)} \tag{7.58a}$$

$$\frac{\lambda_{i-1,i}^{(k+1)}}{h}T_{i-1}^{(k+1)}-\left(\frac{\lambda_{i-1,i}^{(k+1)}}{h}+\frac{\lambda_{i,i+1}^{(k+1)}}{h}+\frac{Kc(T_i^{(k+1)})}{\tau}\right)T_i^{(k+1)}+\frac{\lambda_{i,i+1}^{(k+1)}}{h}T_{i+1}^{(k+1)}=-\frac{Kc(T_i^{(k)})}{\tau}T_i^{(k)} \tag{7.58b}$$

$$\frac{\lambda_{n-2,n-1}^{(k+1)}}{h}T_{n-2}^{(k+1)}-\left(\frac{\lambda_{n-2,n-1}^{(k+1)}}{h}+\frac{2\lambda_{n-1,n}^{(k+1)}}{h}+\frac{Kc(T_{n-1}^{(k+1)})}{\tau}\right)T_{n-1}^{(k+1)}$$

$$=-\frac{Kc(T_{n-1}^{(k)})}{\tau}T_{n-1}^{(k)}-\frac{2\lambda_{n-1,n}^{(k+1)}}{h}g_2^{(k+1)} \tag{7.58c}$$

式中

$$T_i^{(k)}=T(k\tau,x_i),\qquad g_1^{(k)}=g_1(k\tau),\qquad g_2^{(k)}=g_2(k\tau)$$

$$\lambda_{i,i+1}^{(k+1)}=\lambda\left(\frac{T_i^{(k+1)}+T_{i+1}^{(k+1)}}{2}\right),\qquad K=h\rho$$

与此同时，从初始条件式(7.55)得出：

$$T_i^{(0)}=f(x_i),\qquad i=2,3,\cdots,n-1 \tag{7.59}$$

　　方程组式(7.58a)~式(7.58c)允许对于选择的所有空间网格点，根据前一时刻这些点上的温度值与已知的边界条件式(7.56)，计算得出这些点下一时刻的温度值。[①]

　　为了求解非线性方程组式(7.58a)~式(7.58c)，我们已经使用了迭代方法，与此同时引出的线性代数方程组由高斯消去法求解。

　　确定 $k+1$ 时刻的温度之后，根据关系

$$q_B^{(k+1)}\equiv\Delta q^{(k+1)}=q^{(k+1)}-q^{(0)} \tag{7.60}$$

$$q^{(k+1)}=2\lambda_{n-1,n}^{(k+1)}\frac{T_n^{(k+1)}-T_{n-1}^{(k+1)}}{h}$$

(式中 $q^{(0)}$ 是点 $x=0$ 在 $t=0$ 时刻的热流量)就能计算出同一时刻在内测量点位置(也即 $x=0$)的热流量强度变化。

7.7.5　解法的比较

　　VSZ Kosice 公司二号炉墙体的 SK-1 耐火泥，是一种具有高热阻(低热传导性)的材料。该类耐火材料的热物理性质如下[103]：

$$\begin{cases}\rho(T)=1750\\\lambda(T)=0.75+\hat{T}\cdot0.35\cdot10^{-3}\\c(T)=870+0.14\cdot\hat{T}\end{cases} \tag{7.61}$$

---

　　① 如此仅涉及两个相继时间层(k 层与 $k+1$ 层)的差分格式，称为**两层差分格式**(two-level difference schemes)，多余两个时间层上网格点的解值的差分格式，称为**多层**(multi-level)**差分格式**。代数方程组式(7.58a)~式(7.58c)均是两层隐式差分格式(见图 7.6*)。这些方程组中的每一个方程涉及四个网格点(见图 7.6*)，因此它们全称是**两层四点隐式差分格式**。由此可见，偏微分方程的有限差分数值近似求解不是一件容易的事情。

式中温度$\hat{T}=T-273$。这些关系用于方法 B(也即测试方法)的计算机实现。温度测量两点(也就是两个热耦)之间距离是 $H=0.15$ m。

对于被测试方法 A 的数值实现,选择

$$\hat{c}\hat{\rho}\hat{\lambda}=c(T_m)\rho(T_m)\lambda(T_m) \tag{7.62}$$

式中 $T_m=450℃$ 为炉墙材料的平均技术温度。可容许的赋范误差为 $\delta_0=0.01$。为了保证达到该精度,必须满足

$$L\geqslant 3184,$$

也即最小"记忆长度"不能短于 3184 秒。选取 $L=3600$ 为计算长度。在式(7.52)中的时间步距 τ(同样是方法 B 的时间步距)选为 $\tau=60$,这正好对应着现实的一分钟时间跨度,也就是说一分钟测量一次温度。

对于形如

$$g_i(t)=T_i+20\sin\left(\frac{2\pi k\tau}{120}\right), \qquad i=1,2; \ k=\overline{0,\infty} \tag{7.63}$$

(即对于不同的测量温度函数 $g_1(t)$ 和 $g_2(t)=T_{\text{surf}}(t)$)的边界条件,文献[204](1995 年)中对比分析了分别使用方法 A 和方法 B,计算得出的耐火墙体中热流量强度变化的结果。

对比分析发现,在温差 300℃ 时,方法 A 计算结果与方法 B 计算结果得以良好匹配。在此种情形其最大相对误差为 15%,从许多工程应用角度来看,这还是可以接受的。

对比分析结果引出结论:基于分数阶导数与仅有单点温度测量的方法 A,可以成功地用于具有低热导性材料的传热模拟分析,因为它在质和量两方面正确反映了材料的热物理过程。

方法 A 得以成功应用的理由是,对于这些材料,用半无限体近似表示墙体,保证了所建模型非常接近被模拟实体的物理特性。

数值仿真实验表明,在材料具有大热导率情况下,方法 A 就不那么有效了;然而,如果由于某些缘故(比如,其中一个热耦发生故障时),只知道炉墙内一点的温度时,它此时仍可以用来粗略估计热流量强度的变化情形。

不能忽略的事实是,同经典方法(有限差分法,**有限元方法**①)相比,分数导数法需要更少的计算。(并且)更有甚者,分数导数法在计算给定点的热流量时,无需沿着墙体的整个厚度计算温度分布。

从一般意义来看,本章研究论证的结果,使我们相信,甚至在诸如热传导此类经典问题

---

① 有限差分法与有限元方法是偏微分方程数值解法的两大类主要算法。

　　有限元方法(finite element method)[1:4-262,284,2:27-152,7:1125,59,123] 求解微分方程,特别是椭圆型偏微分方程边值问题的一种高效能的数值解法,其基础是变分法与函数的分片多项式逼近。有限元方法首先把所求解的微分方程问题转化为变分问题或泛函极值问题,然后把解函数的定义域剖分成有限个称为"单元"的小块,通过单元上的插值逼近得到的结构简单,被称为"有限元空间"的函数集,最后在有限元空间上求解相应的变分问题。

　　有限元方法的特点:灵活、通用、易于编制程序、应用范围广。在科学与工程计算中,有限元方法已经取得了巨大成功,成为不可缺少的数值计算工具。对许多问题,已经有了效能和自动化程度很高的有限元计算软件。

　　有限元方法在东方与西方,被人们从不同的工程实践背景,沿着不同的学术道路,各自独立平行地发展起来。

中，分数阶导数也可以为重要的技术难题，寻找到新的、有效的非传统解决方案。

7.8　有限部分积分与分数导数

为了取代黎曼–刘维尔定义式(7.1)的经典形式，可以使用定义式(6.163)的等价形式。由此而来引出的积分形式，在经典意义下是发散的：

$$_aD_{t}^{\alpha}f(t) = \frac{1}{\Gamma(-\alpha)}\int_{a}^{t}\frac{f(\tau)\,\mathrm{d}\tau}{(t-\tau)^{\alpha+1}}, \qquad \alpha \neq 0,1,2,\cdots \tag{7.64}$$

也就是说，对于 $\alpha>0$，式(7.64)中的积分是一个发散积分。然而，定义一个所谓**发散积分**的有限值(finite-value of a divergent integral)却是可能的，并具有现实的物理意义[213]。

7.8.1　用分数导数进行有限部分积分计算

具有非可积雅可比权函数的有限部分积分式(6.155)，可用分数导数表达为

$$\int_{-1}^{1}\frac{f(t)\,\mathrm{d}t}{(1-t)^{\alpha+1}(1+t)^{\beta+1}} = \Gamma(-\beta)\,_0D_t^{\beta}f_1(t)\,\big|_{t=1} + \Gamma(-\alpha)\,_0D_t^{\alpha}f_2(t)\,\big|_{t=1} \tag{7.65}$$

$$f_1(t) = \frac{f(-t)}{(1+t)^{\alpha+1}}, \qquad f_2(t) = \frac{f(t)}{(1+t)^{\beta+1}}, \qquad \alpha<1, \qquad \beta<1$$

进行分数导数近似计算时，就获得有限部分积分式(7.65)类型的数值估计公式。应用关系式(7.65)，并借助一阶逼近公式(7.3)进行积分式(6.159)至式(6.161)的数值计算，得出结果是一致的(表7.1)。

表 7.1　有限部分积分 I_k 的近似值

$I_k = \int_{-1}^{1}\dfrac{x^k\,\mathrm{d}x}{(1-x^2)^{3/2}}$	I_0	I_2	I_4
$h = 0.01$	0.0075	−3.1366	−4.6807
$h = 0.001$	0.0008	−3.1411	−4.7092
$h = 0.0001$	0.0001	−3.1415	−4.7120
$h = 0.00005$	0.0000	−3.1416	−4.7123
准确值	0.0000	−3.1416	−4.7124

7.8.2　用有限部分积分进行分数导数计算

分数导数不仅能够用来计算有限部分积分的**正则值**(regularized values)，而且问题的另一方面，如果存在数值方法求解有限部分积分，则可立即用来进行分数阶导数的数值计算。

Diethelm(1997 年)建议[40]，使用分数导数求积公式进行有限部分积分的数值求解[41]。

考虑区间[0,1]，这可以容易地转换成任意区间。给定一个整数 m，引入节点 $t_j=j/m$ 的等距网格点，分数导数(7.64)的值肯定能够算出来。

式(7.64)中的有限部分积分，用这一网格点离散化给出

$$_0D_{t_j}^{\alpha}f(t) = \frac{1}{\Gamma(-\alpha)}\int_{a}^{t_j}\frac{f(\tau)\,\mathrm{d}\tau}{(t_j-\tau)^{\alpha+1}} = \frac{t_j^{-\alpha}}{\Gamma(-\alpha)}\int_{0}^{1}\frac{f(t_j-t_j\xi)\,\mathrm{d}\xi}{\xi^{\alpha+1}} \tag{7.66}$$

在等距节点 $0, 1/j, 2/j, \cdots, 1$，使用 Diethelm 一阶复合求积公式计算有限部分积分[41]，引出计算分数阶导数的逼近公式：

$$_0D^\alpha_{t_j} f(t) \approx \frac{t_j^{-\alpha}}{\Gamma(-\alpha)} \sum_{k=0}^{j} \omega_{kj} f\left(\frac{k}{j}\right), \qquad j = 1, 2, \cdots, m \tag{7.67}$$

式中加权系数 ω_{kj}（对于 $j \geqslant 1$）由如下表达式给出：

$$\omega_{kj} = \frac{j^\alpha}{\alpha(1-\alpha)} \cdot \begin{cases} -1, & k = 0 \\ 2k^{1-\alpha} - (k-1)^{1-\alpha} - (k+1)^{1-\alpha}, & k = 1 \sim j-1 \\ (\alpha-1)k^{-\alpha} - (k-1)^{1-\alpha} + k^{1-\alpha}, & k = j \end{cases} \tag{7.68}$$

第8章 分数微分方程的数值求解

整数阶微分方程的数值求解，在数值方法与计算数学中是一个经久不衰的典型主题。然而，尽管近年来列写出大量的分数阶应用问题，但目前数值求解水平远远没有发展到能够满意求解分数阶微分方程阶段。

本章所论述方法的有效性，已经通过一些测试(问题)得以实验性确证。

8.1 初始条件：什么问题需要求解?

现在考虑仅有**齐次初始条件**①的初值问题，它对应着一个动力学过程的起始平衡状态：

---

① **齐次初始条件**——homogeneous initial conditions, 此处关键词是"homogeneous"。
词头"homo-"——(相)同，相(类)似，共同，同质(型)，均匀。
词尾"-ous, -eous"，形容词词尾，表示性状，"富有…的"。
词根"gen(e)"，起源，生殖，生产。
单词 homogeneous，出现在数学的众多分支学科中，基本的中文译义是"齐次的、同次的"，"齐性的"，"齐的"，"均匀的"，"一致的"。此处的"齐 qí"是"整齐"、"相同"、"一致"之意，"次 cì"是"次数 degree"之意。
在代数中，有齐次多项式——各非零项次数都相等的多项式，亦称**同次多项式**[1:1-421,3:17]，**齐次方程**——各非零项次数都相等的代数方程[1:1-96,3:31]，p 次**齐次函数**——满足关系 $f(\alpha x) = \alpha^p f(x)$ 的多元函数[1:1-515,3:288]，**齐次线性方程组**——常数项全为零的线性方程组[1:1-438,3:43]，等等名词与概念。
在泛函分析中，有**齐次算子**(homogeneous operator)概念：对于线性空间算子 T，如果对每一个元素 x 和实数 α 有 $T(\alpha x) = \alpha T(x)$，则称 T 是齐次算子。
在微积分方程中，有齐次线性微分方程、齐次微分方程、齐次偏微分方程、齐次积分方程、齐次边值问题、齐次初值条件等等概念。
齐次线性微分方程[1:3-380,3:365,4:658,7:423,48:32]，对于 n 阶线性微分方程

$$Lu = f \tag{8.1a}$$

如果不含未知函数 $u(t)$ 及其各阶导数 $\mathrm{d}u^i/\mathrm{d}t^i (i=\overline{1,n})$ 的**自由项** $f(t) \equiv 0$，则称为**齐次的**(homogeneous)；否则称为**非齐次的**(inhomogeneous, nonhomogeneous)。
齐次微分方程[1:1-380,4:652,655,7:437,48:39]，能转化为可分离变量方程的一类微分方程。如果微分方程

$$P(x,y)\mathrm{d}x + Q(x,y)\mathrm{d}y = 0 \tag{8.1b}$$

中的函数 $P(x,y)$ 和 $Q(x,y)$ 都是 x 与 y 的同次(比如 m)齐次函数，即

$$P(\alpha x, \alpha y) = \alpha^m P(x,y), \quad Q(\alpha x, \alpha y) = \alpha^m Q(x,y) \tag{8.1c}$$

则称方程式(8.1b)是齐次微分方程。这与齐次线性微分方程是有区别的!
齐次偏微分方程[1:3-433,4:694]，关于(多元)未知函数 $u(x)$ 及其所有偏导数为齐次的(即相同次数的)偏微分方程。如调和方程——位势方程——拉普拉斯方程[1:3-452]

$$\Delta u = \sum_{i=1}^{n} \frac{\partial^2 u}{\partial x_i^2} = 0 \tag{8.1d}$$

就是齐次偏微分方程。齐次方程(组)的自由项 f 必为零。如果 $f \neq 0$，比如 $\Delta u = f$，就是非齐次的。
齐次边值问题[1:3-435]，边界条件关于未知函数及其导数是齐次的(即次数相同的)边值问题。
齐次积分方程[1:3-490,46:219]，对于积分方程，比如沃尔泰拉积分方程式(3.12a)等，如果自由项 $\psi(t) \equiv 0$，则称该方程为齐次的，否则称其为非齐次的。
"齐次，齐次的"在不同背景或不同应用中是有差别的! 这一点读者从上面诸多相关概念中应当领悟出来。

$$f^{(k)}(0)=0, \qquad k=0,1,2,\cdots,n-1 \tag{8.1}$$

式中 $n-1<\alpha<n$，α 是微分方程的阶数。

选择考察齐次初始条件有两个主要理由。第一，它对于所谓序贯分数阶微分方程[153]，与对应的标准分数阶微分方程的初值问题给出等同的解结果，甚至于在初始条件数目不同时亦是如此（见第 4 章，也可参阅文献 [201]）。第二，据作者所知，在下限处令人满意的分数导数近似方法仍是未知不明确的。

8.2 数值求解

本节集中精力从理论角度论述数值求解方法，而不顾及其收敛问题。

所论数值求解是显式的。通过与已知解析解对比，它已得到许多事例的实践验证，其中一些实例将陈述于后。如引入例子所展示那样，所论方法对于不同的重要情形，诸如定常系数方程，非定常系数方程，以及具有不同初始条件数目的**非线性方程**①，都是有效的数值求解方法。这都有力地说明，所论方法具有良好宽广的应用性。

从文献 [127]（Lubich，1986 年）得知，在所有例子中，方程的逼近阶是 $O(h)$。

8.3 数值求解举例

本节给出不同类型分数阶微分方程的一些数值求解方法与结果。同时提供一些具有已知显式解或渐近解实例的对比分析，以此验证所论数值求解法的**可用性**。

8.3.1 弛豫-振荡方程

考虑出现在应用问题中最简单的分数阶微分方程之中的一个初值问题，比如文献 [184] 中：

$$_0D_t^\alpha y(t)+Ay(t)=f(t), \qquad t>0 \tag{8.2}$$
$$y^{(k)}(0)=0, \qquad k=0,1,\cdots,n-1$$

式中 $n-1<\alpha\leqslant n$。当 $0<\alpha\leqslant2$ 时，该方程称为**弛豫-振荡方程**②。

式（8.2）的一阶逼近是

---

① 自然界中最重要的过程由复杂的非线性偏微分方程所描述。其中有流体动力学、气体动力学、黏弹性理论、流变学、化学过程、广义相对论（宇宙学）、量子电动力学、规范场论（在基本粒子中的标准模型）、控制理论等领域的方程。**非线性项**（nonlinear term）的出现相应于**相互作用**（interaction）！

② **弛豫-振荡方程**"Relaxation-oscillation Equation"。"relaxation"，人们通常也译成"**松[张]弛**"。弛豫是指系统从一个定态向另一个定态演化的过程。其物理量 $y(t)$ 随时间变化的规律服从弛豫方程：

$$\frac{dy(t)}{dt}+Ay(t)=y(\infty) \tag{8.2a}$$

其中 A 称为阻尼参数，$\tau=1/A$ 称为弛豫时间，$y(\infty)$ 为新稳定态。弛豫过程中系统状态称为弛豫态。在方程式（8.2）中，取阶数 $\alpha=2$ 时就得到强迫**振荡方程**（oscillation Equation）：

$$y''(t)+Ay(t)=f(t) \tag{8.2b}$$

显然有特解 $y_\Omega(t)=C\sin(\Omega t)$，其中 $\Omega=\sqrt{A}$ 是振荡频率。

$$h^{-\alpha} \sum_{j=0}^{m} g_j^{(\alpha)} y_{m-j} + A y_m = f_m, \qquad m=1,2,\cdots; y_0=0 \tag{8.3}$$

$$t_m = mh, \qquad y_m = y(t_m), \qquad f_m = f(t_m), \qquad m=0,1,2,\cdots$$

$$g_j^{(\alpha)} = (-1)^j \binom{\alpha}{j}, \qquad j=0,1,2,\cdots$$

使用逼近式(8.3)，推出数值求解算法：[①]

$$y_k = 0, \qquad k=1,2,\cdots,n-1$$

$$y_m = -Ah^\alpha y_{m-1} - \sum_{j=1}^{m} g_j^{(\alpha)} y_{m-j} + h^\alpha f_m, \qquad m=n, n+1,\cdots \tag{8.4}$$

对于不同的 α 取值($1 \leqslant \alpha \leqslant 2$)与 $f(t) \equiv H(t)$($H(t)$是赫维赛德函数)，计算结果显示于图 8.1$^+$[②]

---

①　由一阶逼近式(8.3)直接推出的数值求解算法是

$$y_m \approx -Ah^\alpha y_m - \sum_{j=1}^{m} g_j^{(\alpha)} y_{m-j} + h^\alpha f_m$$

$$y_m \approx \frac{1}{1+Ah^\alpha}\left(h^\alpha f_m - \sum_{j=1}^{m} g_j^{(\alpha)} y_{m-j}\right), \qquad m=n, n+1, \cdots \tag{8.4a}$$

对比算法式(8.4)，是有差别的！当然，它们都给出了显式的数值算法。

②　图 8.1$^+$中，"(a)原文图形"与文中叙述内容不相符合。如果按文中取 $f(t) \equiv H(t)$，则由数值算法式(8.4)得到的数据 $y_b(t)$ 绘制而成图形应当如图 8.1$^+$b 所示。在理论上，将 $f(t) \equiv H(t)$ 代入式(8.2)，有解析解

$$y_H(\alpha,t) = \int_0^t (t-\tau)^{\alpha-1} E_{\alpha,\alpha}(-A(t-\tau)^\alpha)\, d\tau = t^\alpha E_{\alpha,\alpha+1}(-At^\alpha) = t^\alpha \sum_{k=0}^{\infty} \frac{(-At^\alpha)^k}{\Gamma(\alpha k+\alpha+1)}, \qquad 0<\alpha\leqslant 2 \tag{8.4b}$$

根据式(1.58)与定理 1.2 立即得到

$$y_H(1,t) = \frac{t-e^{-At}}{At}, \quad y_H(2,t) = \frac{1-\cos\sqrt{A}\,t}{A} \tag{8.4c}$$

如果取 $f(t) \equiv H'(t) = \delta(t)$ 并代入式(8.2)，则得到解析解

$$y_\delta(\alpha,t) = G_2(t) = t^{\alpha-1} E_{\alpha,\alpha}(-At^\alpha)\,(0<\alpha\leqslant 2), \qquad y_\delta(1,t)=\exp(-At^\alpha), y_\delta(2,t)=A\sin(\sqrt{A}t) \tag{8.4d}$$

对应数值解 $y_a(t)$ 如图 8.1$^+$(a)所示(原文图形)。解析解 $y_\delta(\alpha,t)$ 和 $y_H(\alpha,t)$ 图形如图 8.1$^+$(c)和图 8.1$^+$(d)所示。

数值算法式(8.4)的 MATLAB 实现程序如下：

```
1-  A = 1;                          %%% 方程的阻尼参数
2-  da= 1/10; a = 1:da:2;  N = length(a); %%% 阶数取值 1≤α≤2
3-  h = 1/10; t = 0:h:10;  M = length(t); %%% 时间取值 0≤t≤10
4-  [aa,jj] = meshgrid(a,0:M-1);
5-  C = gamma(aa+1)./gamma(aa+1-jj)./gamma(jj+1);  %%% 计算广义二项式系数 C_j^α
6-  g = ((-1).^jj).*C;             %%% 格林瓦尔-莱特尼科夫系数 g_j^(α)
7-  fm = zeros(1,M);
8-  fm(1) = 1/h;                   %%%f(t)=H'(t)=δ(t)对应于图 8.1(a)原文图形
9-  %fm = ones(1,M);              %%%f(t)=H(t)对应于图 8.1(b)
10- y(1,1:N) = 0;                 %%%y_m=0 初始条件
11- for m = 1:M-1
12-     ym = (fm(m)-A*y(m,:)).*h.^a;
13-     for j = 1:m, ym = ym-g(:,j+1).*y(:,m+1-j);   end
14-     y(:,m+1) = ym;
15- end
16- mesh(a,t,y); view(60,48); axis tight;
```

其中语句"8- fm(1) = 1/h;"是数值实现 $\int \delta(t)\,dt$ 而写。这对于 $f(t)=H'(t)=\delta(t)$ 情形至关重要，否则不能得到"原文图形"那样结果。解析解与数值解之差显示于图 8.1$^+$(e)之中。

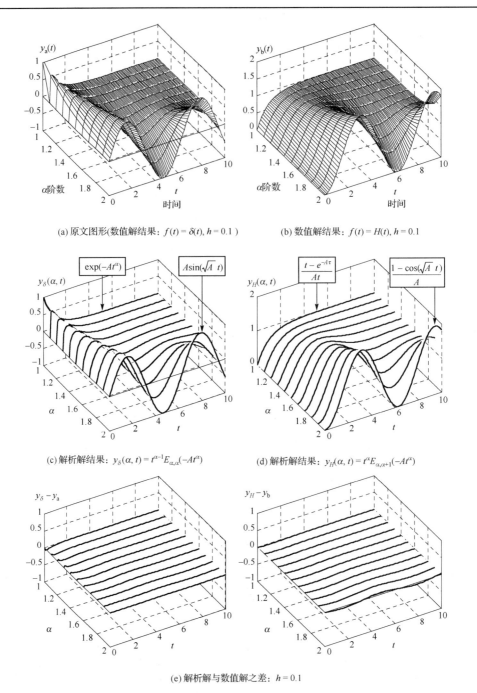

(a) 原文图形(数值解结果: $f(t) = \delta(t)$, $h = 0.1$)　　　　(b) 数值解结果: $f(t) = H(t)$, $h = 0.1$

(c) 解析解结果: $y_\delta(\alpha, t) = t^{\alpha-1} E_{\alpha,\alpha}(-At^\alpha)$　　　　(d) 解析解结果: $y_H(\alpha, t) = t^\alpha E_{\alpha,\alpha+1}(-At^\alpha)$

(e) 解析解与数值解之差: $h = 0.1$

图 8.1[+]　弛豫-振荡方程($1 \leqslant \alpha \leqslant 2$)的解结果: 阻尼参数 $A = 1$

之中。它们与借助分数格林函数求解定常系数两项分数微分方程所得解析解(见 5.3 节)完全一致。初值问题式(8.2)的解析解[①]

$$y(t) = \int_0^t G_2(t-\tau)f(\tau)\mathrm{d}\tau, \quad G_2(t) = t^{\alpha-1}\mathrm{E}_{\alpha,\alpha}(-At^\alpha) \tag{8.5}$$

---

① 式(8.5)来自于式(4.11)与式(5.21)。

8.3.2   定常系数方程：浸入平板的运动

本节考虑来自于 Bagley 和 Torvik 在文献[16]中所论述的分数微分方程初值问题。

大薄平板在牛顿流体中运动的数学模型

第一步，用分数导数表示大薄平板在**牛顿黏性流体**①中运动之基本关系。

考察在半空间牛顿黏滞流体表面以规定横向速度运动的**刚板**(rigid plate)，所引起牛顿流体的运动情形(见图 8.2)。目的是要证明，在流体中任何点上产生的**剪切应力**(shear stress)，可以直接用流体**速度分布**②的分数阶时间导数来表达。

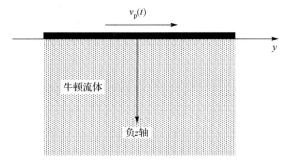

图 8.2   刚板在牛顿流体中运动

流体运动方程为

$$\rho \frac{\partial v}{\partial t} = \mu \frac{\partial^2 v}{\partial z^2}, \qquad 0 < t < \infty, \ -\infty < z < 0 \tag{8.6}$$

式中 ρ 是流体密度，μ 是**流体黏度**③，而 $v(t,z)$ 为横向速度，它是时间 t 和距离 z(从流体–刚板接触界面出发垂直向下)的函数。

假设初始时刻流体处于平衡状态，也即

$$v(0,z) = 0, \qquad -\infty < z < 0 \tag{8.7}$$

以及平板运动的影响对于 $z \to -\infty$ 已经消失：

$$v(t,-\infty) = 0, \qquad 0 < t < \infty \tag{8.8}$$

流体速度在 $z = 0$ 处等于给定的平板速度：

$$v(t,0) = v_p(t) \tag{8.9}$$

使用拉普拉斯变换，获得常微分方程的边值问题：

$$\rho s V(s,z) = \mu \frac{\mathrm{d}^2 V(s,z)}{\mathrm{d}z^2} \tag{8.10}$$

①   **牛顿黏性流体**(Newtonian viscous fluid)   简称**牛顿流体**[2:17-12,47:370,62:230]。牛顿根据实验观察，首先给流体黏度以一种数学描述：在一定温度条件下，一种流体的剪切应力 σ 除以切应变速率 $\mathrm{d}v/\mathrm{d}z$ 等于常数 μ(黏度或黏性系数)。为纪念牛顿，人们将具有剪切应力与产生的切应变速率成正比关系($\sigma \propto \mathrm{d}v/\mathrm{d}z$)的黏性流体称为牛顿流体(图 8.2)。

②   **速度分布**   原文"velocity profile"的翻译，也可译为"速度场"。

③   **黏度**(viscosity)   量度流体黏滞性大小的物理量。流体中相距很近的平行流层(图 8.2)，由于内摩擦使得垂直于流动方向的流层间存在速度梯度 $\mathrm{d}v/\mathrm{d}z$，如果相邻流层接触面 S 上所产生的粘滞力为 F(亦称内摩擦力)，则该流体的黏度 μ 定义为

$$\mu = \frac{F/S}{\mathrm{d}v/\mathrm{d}z}$$

$$V(s,0) = V_\mathrm{p}(s) \tag{8.11}$$

$$V(s,-\infty) = 0 \tag{8.12}$$

式中 s 是**拉普拉斯变换变量**[①]，$V_\mathrm{p}(s)$ 是平板速度的拉普拉斯变换，而 $V(s,z)$ 是流体速度的拉普拉斯变换。

问题式(8.10)~式(8.12)的解是容易求出的，结果为

$$V(s,z) = V_\mathrm{p}(s) \exp\left(z\sqrt{\frac{\rho s}{\mu}}\right) \tag{8.13}$$

对式(8.13)进行微分运算得

$$\frac{\mathrm{d}V(s,z)}{\mathrm{d}z} = \sqrt{\frac{\rho s}{\mu}}\, V_\mathrm{p}(s) \exp\left(z\sqrt{\frac{\rho s}{\mu}}\right) = \sqrt{\frac{\rho s}{\mu}}\, V(s,z) \tag{8.14}$$

知道了流体中的**速度分布** $v(t,z)$，就能获得**剪切应力**

$$\sigma(t,z) = \mu\frac{\partial v(t,z)}{\partial z} \tag{8.15}$$

利用拉普拉斯变换，关系式(8.15)取成形式：

$$\varSigma(s,z) = \mu\frac{\mathrm{d}V(s,z)}{\mathrm{d}z} = \sqrt{\mu\rho s}\, V(s,z) \tag{8.16}$$

式中 $\varSigma(s,z)$ 表示 $\sigma(t,z)$ 的拉普拉斯变换。

比较式(8.16)与式(1.80)可看出：式(8.16)右端是分数导数 ${}_0D_t^{1/2}v(t,z)$ 的拉普拉斯变换乘以 $\sqrt{\mu\rho}$。这样一来，返回到时域，关系式(8.16)就给出

$$\sigma(t,z) = \sqrt{\mu\rho}\,{}_0D_t^{1/2}v(t,z) \tag{8.17}$$

必须注意，对于牛顿流体来说，式(8.17)并不是一个**本构关系**[②]；本构关系是式(8.15)。然而，对于所考虑的特定几何形状(一个半无限流体阔域 semi-infinite fluid domain)和加载(在界面的规定速度)，式(8.17)描述了应力与速度之间的关联。在此种情形，重

---

① 拉普拉斯变换变量 s，简称**拉普拉斯变量**或**拉氏变量**。在信号与系统、电路与系统、控制理论等领域通常称为**复频率**(complex frequency)变量($s = \sigma + \mathrm{j}\varOmega$，$[s]$ = Hz)；在运算微积、分数阶系统理论等领域也称为**运算变量**(operational variable)。

② **本构关系**(constitutive relationship)[1:5-518,2:2-264,19:7,28:36,47:19,64,406]，反映物质宏观性质的一种简单表达式就是本构关系，亦称**本构方程**(constitutive equation)。在许多文献中，往往都不把本构关系与本构方程区别开来。

物质的运动或响应形态多种多样，表现出来的特性也就有方方面面。针对一定物质材料，或物质结构系统，或基本电路元件等，在特定条件下的某类运动或响应(比如力学中的材料或物体结构应变、电学中的基本电路元件或电路网络系统的电气电子响应)，可提出相应的**简化模型**，反映此类运动或响应中某些主要物理量之间所存在的内在本质联系。正是基于此，[19:7]中在论述基本电路元件时，将"constitutive relationship"译成**"禀赋关系"**[19:7,8]。

本构关系(也即禀赋关系)随所考虑的对象与对应的条件而变！本构方程必须反映对象的主要特点，但又要求简单，使得所列出的方程便于进行数学计算。

常见的重要的本构关系列叙于下。

● 胡克定律——弹性体(或结构)——弹簧模型：应力与应变之间具有线性本构关系[6:50,124,201,62:57]

$$\sigma = E\varepsilon,\quad \tau = G\gamma \tag{8.17a}$$

式中 σ 是拉应力，ε 是拉应变，E 是弹性模量(也称杨氏模量)，τ 是切应力，γ 是切应变，G 是切应变系数(也称剪切模量)。

要的是，分数导数用来描述一个现实的物理系统，而其方程的列写却是传统手法。

关系式(8.17)的物理意义是说，任何时刻的一个给定点的应力，依赖于那点速度分布特性的时间历史状况。

现在考虑一块浸没于无限阔域的牛顿流体之中，质量为 M，面积为 S 的**薄刚平板**，它竖直地挂在无质量，**刚度**②为 K，上端点固定的弹簧下端(见图 8.3)。一个竖直向下的力 $f(t)$

- 牛顿黏性定律——黏壶(pot)模型：黏性阻力与应变速率成正比——线性本构关系[6;162,60;230]

$$\sigma = \eta \frac{d\varepsilon}{dt}, \tau = \bar{\eta} \frac{d\gamma}{dt} \tag{8.17b}$$

- 理想气体状态方程——反映物质的热力学状态变化的本构关系：$pV = vRT$。[6;564,60;5]
- 傅里叶传热定律——热流率与温度梯度之间关系：$q = -\lambda \cdot \mathrm{grad}T(\lambda$——热导率)。[6;680,60;232]
- 斐克扩散定律——扩散速率与浓度梯度之间关系：$j = -D \cdot \mathrm{grad}\rho(D$——扩散数)。[6;683,60;232]
- 基本电路元件的线性本构关系——禀赋关系：

电阻：$v = Ri$，电容：$q = Cv$，电感：$\varphi = Li$，电耦：$\varphi = Tq$ (8.17c)

式中 v(电压)、i(电流)、q(电量)和 φ(电通——磁通量)是四个禀赋电路变量。[90,91]

- 蔡氏公理化元件 $C^{(\alpha,\beta)}$ 由禀赋关系定义[91]：

$$v^{(\alpha)}(t) = C^{(\alpha,\beta)} i^{(\beta)}(t), \qquad \alpha \neq \beta, \alpha \in \mathbb{Z}, \beta \in \mathbb{Z} \tag{8.17d}$$

建立本构方程是**理性力学**(rational mechanics)[1;5-514,2;14-3,47;288]研究的重要内容之一。

在建立物质或对象的本构关系(也即禀赋关系)时，为了保证理论的正确性，必须遵循一定的公理，即所谓**本构公理**(constitutive axiom)。本构公理在不同领域范围是有所差别的。

在文献[90，91]中，蔡少棠先生从描述四种**基本电路元件**的基本关系式(8.17c)入手，把本构关系——禀赋关系定义为**两个物理变量对**之间的内在本质的**代数关系**。在文献[91]中，关于物理变量对之间是否存在禀赋关系(本构关系)有十分精辟的论述。不是任意一组物理**变量对**都存在禀赋关系！只有在特定条件下，特定的物理变量对——禀赋变量对，才存在禀赋关系！[19;7-9]在(牛顿)经典力学理论中，力与速度变量对 (F,v) 之间就不存在禀赋关系；而力与加速度变量对 (F,a) 之间就具有禀赋关系：$F = ma$，这就是众所周知的牛顿第二定律；动量 p 与速度 v 变量对具有禀赋关系：$p = mv$。

在爱因斯坦相对论中，变量对 (F,a) 之间所存在的关系

$$F = \frac{m_0 a}{\sqrt{1 - (v/c)^2}} \tag{8.17e}$$

不是禀赋关系。因为涉及了三个相关联的物理变量：力 F，速度 v 与加速度 $a(t) = v^{(1)}(t)$，而不是变量对！但变量对 (p,v) 在相对论中仍然具有禀赋关系：

$$p = \frac{m_0 v}{\sqrt{1 - (v/c)^2}} \tag{8.17a}$$

在电路理论中，电路变量对 (v,φ) 和 (q,i) 之间不存在禀赋关系，因为它们之间不是代数关系，而是微积关系。

至今人们还没有一个统一公认的本构公理体系，各学科自有一套标准。本构关系——禀赋关系问题是一个值得关注与总结、提炼与发展的课题。特别是"分数"世界中，如何建立本构理论？考察蔡先生的"电路本构理论"推广应当是一个有意义探索性课题。

② **刚度**(stiffness)[2;7-241,47;164,62;1]使物体(或结构)产生单位变形所必须的外力值。刚度与物体结构的材料性能、几何形状、边界支持情况以及外力作用形式有关。材料的弹性模量与剪切模量越大，则刚度越大。细杆在受侧向力作用时，刚度很小。但细杆与薄板如果组合得当、边界支持合理，使杆只受轴向力，板只受平面内分力，它们构成的结构体具有较大刚度。

在机械结构中，刚度是指机械零件与构件抵抗形变的能力。在弹性限度范围内，刚度是零件载荷与位移的比例系数，即引起单位位移所需的力。它的倒数称为**柔度**(flexibility)，即单位力引起的位移。

作用于平板下端。假设弹簧不扰动流体，平板面积充分大，以至于在流体中伴随平板运动的速度场与应力可以用关系式(8.17)来刻画。除了允许应用关系式(8.17)以外，平板-流体系统必须在最初时刻处于一个平衡状态——位移和速度必须初始化为零。

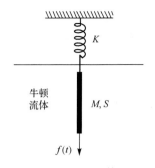

图 8.3　浸没于牛顿流体中的平板

作用在平板上的合力引起的平板**位移** y 由方程

$$My''(t) = f(t) - Ky(t) - 2S\sigma(t,0) \tag{8.18}$$

描述。将关系式(8.17)给出的剪切应力代入并考虑到

$$v(t,0) = y'(t)$$

就得出分数阶微分方程：

$$Ay''(t) + B\,{}_0D_t^{3/2}y(t) + Cy(t) = f(t), \qquad t>0 \tag{8.19}$$

$$A=M, B=2S\sqrt{\mu\rho}, C=K$$

描写系统平衡初始状态的初始条件必须满足：

$$y(0)=0, y'(0)=0 \tag{8.20}$$

Bagley-Torvik 方程的数值求解

考虑非齐次 Bagley-Torvik 方程的初值问题[16]：

$$Ay''(t) + B D_t^{3/2}y(t) + Cy(t) = f(t), \qquad t>0 \tag{8.21}$$

$$y(0)=0, \qquad y'(0)=0 \tag{8.22}$$

取时间步距为 h。式(8.21)~式(8.22)的 ·阶逼近为

$$A\frac{y_m - 2y_{m-1} + y_{m-2}}{h^2} + B\frac{1}{h^{3/2}}\sum_{j=0}^{m}g_j^{(3/2)}y_{m-j} + Cy_m = f_m, \qquad m=2,3,\cdots \tag{8.23}$$

$$y_0 = 0, \qquad \frac{y_1 - y_0}{h} = 0 \tag{8.24}$$

式中，

$$y_m = y(mh), \qquad f_m = f(mh), \qquad m=0,1,2,\cdots ①$$

使用逼近式(8.23)和式(8.24)，推出数值求解算法：

$$y_0 = 0, \qquad y_1 = 0$$

在自然界，动物和植物都需要有足够的刚度以维持其外形。在工程上，有些机械、桥梁、建筑物、飞行器和舰艇就因为结构刚度不够而出现失稳，或在流场中发生颤振等灾难性事故。因此在设计中，必须按规范要求确保结构具有足够的刚度。但对刚度的要求不是绝对的，比如，弹簧秤中弹簧的刚度就取决于被称物体的重量范围，而缆绳则要求在保证足够**强度**(strength)[62;1]的基础上适当减小刚度。

工程构件要能够正常工作，应能满足强度、刚度和**稳定性**(stability)三个方面的要求。

① 严格地说来，式(8.23)中的 $y_m \approx y(mh)$。式(8.23)求出的数值解 $\dot{y}_m$ 是真实解 $y_m = y(mh)$ 的一阶近似：

$$\dot{y}_m = y_m + O(h)$$

因此式(8.23)应当改写为

$$\dot{y}_0 = 0, \dot{y}_1 = 0, A\frac{\dot{y}_m - 2\dot{y}_{m-1} + \dot{y}_{m-2}}{h^2} + B\frac{1}{h^{3/2}}\sum_{j=0}^{m}g_j^{(3/2)}\dot{y}_{m-j} + C\dot{y}_m = f_m, \qquad m=2,3,\cdots \tag{8.23a}$$

$$y_m = \frac{h^2(f_m - Cy_{m-1}) + A(2y_{m-1} - y_{m-2}) - B\sqrt{h} \sum_{j=1}^{m} g_j^{(3/2)} y_{m-j}}{A + B\sqrt{h}}, \qquad m = 2,3,\cdots \quad (8.25)$$

根据式(8.25)的计算结果[①]，与借助分数格林函数求解常系数三项分数微分方程的解析解结果(见 5.4 节)完全一致。式(8.21)与式(8.22)所描述初值问题的解析解是

$$y(t) = \int_0^t G_3(t - \tau) f(\tau) \mathrm{d}\tau \qquad (8.26)$$

$$G_3(t) = \frac{1}{A} \sum_{k=0}^{\infty} \frac{(-1)^k}{k!} \left(\frac{C}{A}\right)^k t^{2k+1} \mathrm{E}_{1/2,2+3k/2}^{(k)}\left(-\frac{B}{A}\sqrt{t}\right) \qquad (8.27)$$

$$\mathrm{E}_{\lambda,\mu}^{(k)}(y) \equiv \frac{\mathrm{d}^k}{\mathrm{d}y^k} \mathrm{E}_{\lambda,\mu}(y) = \sum_{j=0}^{\infty} \frac{(j+k)!}{j!} \frac{y^j}{\Gamma(\lambda j + \lambda k + \mu)}, \quad k = 0,1,2,\cdots$$

对于拉力

$$f(t) = f_*(t) = \begin{cases} 8, & (0 \leqslant t \leqslant 1) \\ 0, & (t > 1) \end{cases}, A = 1, B = 0.5, C = 0.5$$

计算结果如图 8.4 所示[②]。

---

① 在式(8.23)中的 Cy_m 用 Cy_{m-1} 近似才能推出算法公式(8.25)。

由式(8.23)或式(8.23a)推出的一阶逼近数值算法公式应当是

$$\dot{y}_0 = 0, \dot{y}_1 = 0, \dot{y}_m = \frac{h^\beta f_m + A(2\dot{y}_{m-1} - \dot{y}_{m-2}) - Bh^{\beta-\alpha} \sum_{j=1}^{m} g_j^{(\alpha)} \dot{y}_{m-j}}{A + Bh^{\beta-\alpha} + Ch^\beta}, \qquad \begin{pmatrix} m = 2,3,\cdots \\ \beta = 2, \alpha = 3/2 \end{pmatrix} \quad (8.25a)$$

显然，当 $h \to 0$ 时，有 $\dot{y}_m \to y_m$。

② 由式(5.29)，可得

$$G_3(t) = \sum_{j=0}^{\infty} \sum_{k=0}^{\infty} g_{j,k}^{(\beta,\alpha)} t^{\beta(j+k+1)-\alpha j-1} \qquad (8.27a)$$

$$g_{j,k}^{(\beta,\alpha)} = \binom{j+k}{k} \frac{(-1)^{j+k} B^j C^k}{a^{j+k+1} \Gamma(\beta(j+k+1) - \alpha j)}, \qquad \begin{pmatrix} \beta = 2 \\ \alpha = 3/2 \end{pmatrix}$$

这与公式(8.27)是一致的。这是双重无穷级数定义的特殊函数，在具体数值计算时只能取截短的近似形式：

$$\widetilde{G}_3(t) = \sum_{j=0}^{J} \sum_{k=0}^{K} g_{j,k}^{(\beta,\alpha)} t^{\beta(j+k+1)-\alpha j-1}, \qquad \begin{pmatrix} \beta = 2, \alpha = 3/2 \\ 1 \ll J, 1 \ll K \end{pmatrix} \quad (8.27b)$$

$$\widetilde{y}(t) = \int_0^t \widetilde{G}_3(t-\tau) f(\tau) \mathrm{d}\tau = \begin{cases} \sum_{j=0}^{J} \sum_{k=0}^{K} g_{j,k}^{(\beta,\alpha)} \frac{t^a}{a} & 0 \leqslant t \leqslant 1 \\ \sum_{j=0}^{J} \sum_{k=0}^{K} g_{j,k}^{(\beta,\alpha)} \frac{t^a - (t-1)^a}{a} & 1 < t < \infty \end{cases}, \qquad \begin{pmatrix} \beta = 2, \alpha = 3/2 \\ 1 \ll J, 1 \ll K \\ \alpha = \beta(j+k+1) - \alpha j \end{pmatrix}$$

$$(8.27c)$$

读者不妨按数值求解算法公式(8.25)、公式(8.25a)与解析解公式(8.26)或公式(8.27c)编程计算，能否得出如图 8.4 所示的结果？这是一个很有意思、很有意义且简单的事情。

读者还可以探索高阶逼近的数值求解初值式(8.21)-式(8.22)。

在[141](2019 年)中，基于 Simulink 电路仿真求解 Bagley-Torvik 方程是一种好的求解方法。其结果与数值求解法相比具有较高的准确性。对 Bagley-Torvik 方程式(8.21)的输入 $f(t)$ 和分数运算阶进行更换后，求解结果表明，电路模拟仿真法能够求解任意分数阶的微分方程并且具有稳定可靠的求解性能。

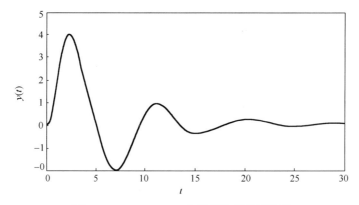

图 8.4　Bagley-Torvik 方程的数值求解结果

8.3.3　不定系数方程：流体中气体溶解问题

下面例子阐明数值求解法用于不定系数分数阶微分方程的求解。

流体中气体溶解问题的数学模型

Babenko 在文献[11]（1986 年）中给出了流体中气体溶解过程（见图 8.5）的数学模型：

$$\frac{\partial}{\partial \tau}\left(V_0 f(\tau/\theta)\cdot P(\tau,0)\frac{M}{RT}\right)=Fd\left.\frac{\partial C}{\partial x}\right|_{x=0} \qquad (8.28)$$

$$-\sqrt{d}\left.\frac{\partial C}{\partial x}\right|_{x=0}={}_0D_\tau^{1/2}(C_S(\tau)-C_0), \qquad 0<\tau<\theta \qquad (8.29)$$

$$C(0,x)=C_0,P(0,x)=P_0=C_0/\kappa, \qquad 0<x<\infty \qquad (8.30)$$

图 8.5　流体中的气体溶解问题公式化图示

式中，V_0 代表初始气体体积；θ 代表气体压缩到零体积所需要的时间；$f(\tau/\theta)$ 代表描述气体体积变化的函数，满足 $f(0)=1$ 和 $f(1)=0$；M 代表气体**摩尔量**（molar weight）；R 代表普适气体常数；d 代表气体在流体中的扩散系数；F 代表气体与流体之间的接触表面（contact surface）面积；$C(\tau,x)$ 代表气体浓度①；$P(\tau,x)$ 代表未知的气体压强。

初始气体压强 $P_0=P(0,x)=C_0/\kappa$，靠近接触表面的压强 $P(\tau,0)$ 等待求解。

Ox 轴方向由接触面向下，接触面为 $x=0$。气体温度 T 假定稳定不变。换句话说，那就是气体压缩过程充分缓慢②。假定流体深度无限。

---

①　初始气体浓度 $C_0=C(0,x)$，式(8.29)中，$C_S(\tau)=C(\tau,0)$ 是气-液界面气体浓度。

②　这是一个准静态**等温过程**（isothermal process）[6;597,28;191,60;146]。气体缓慢溶解于流体中，其气体质量 m 会逐渐减少至零：

$$m=m(\tau)\xrightarrow{\tau\to\theta}0 \qquad (8.30a)$$

但整个过程，由于是充分缓慢压缩的准静态过程，仍然应当满足理想气体状态方程：

$$V_0 f\left(\frac{\tau}{\theta}\right)P(\tau,0)=\frac{m(\tau)}{M}RT \Rightarrow m(\tau)=V_0 f\left(\frac{\tau}{\theta}\right)P(\tau,0)\frac{M}{RT} \qquad (8.30b)$$

由此获得流体中气体等温缓慢溶解过程的数学模型方程(8.28)与界面气体浓度函数

$$C_S(\tau)=C(\tau,0)=\frac{m(\tau)}{V_0 f(\tau/\theta)}=\frac{P(\tau,0)}{RT/M} \qquad (8.30c)$$

方程式(8.28)描述了由于通过接触面的扩散作用，所引起的气体体积内的质量变化情况。气体质量变化依赖于靠近接触面的气体浓度变化，它由方程(8.29)给出。这就使得我们无需考虑 $x>0$ 区域的质量转移。

式(8.28)~式(8.29)，可写成无量纲形式：

$$\frac{\partial}{\partial t}(c(t,0)f(t)) = \lambda \left.\frac{\partial c}{\partial \xi}\right|_{\xi=0}, \qquad 0<t<1 \tag{8.31}$$

$$-\left.\frac{\partial c}{\partial \xi}\right|_{\xi=0} = {}_0D_t^{1/2}(c(t,0)-1) \tag{8.32}$$

$$c(0,\xi) = 1 \tag{8.33}$$

式中

$$t=\frac{\tau}{\theta}, \qquad p=c=\frac{C}{C_0}=\frac{P}{P_0}, \qquad \xi=x\sqrt{d\theta}, \qquad \lambda=\kappa RT\frac{\sqrt{d\theta}}{MV_0}$$

将式(8.32)代入式(8.31)，获得确定靠近接触面处无量纲气体压强 $p(t)\equiv p(t,0)$ 的初值问题：

$$\frac{\mathrm{d}}{\mathrm{d}t}(f(t)p(t)) + \lambda\,{}_0D_t^{1/2}(p(t)-1) = 0, \qquad 0<t<1 \tag{8.34}$$

$$p(0) = 1 \tag{8.35}$$

为了方便，引入函数

$$y(t)=p(t)-1$$

从而将式(8.34)~式(8.35)转变成形式

$$\frac{\mathrm{d}}{\mathrm{d}t}\{f(t)[y(t)+1]\} + \lambda\,{}_0D_t^{1/2}y(t) = 0, \qquad 0<t<1 \tag{8.36}$$

$$y(0) = 0 \tag{8.37}$$

我们得到具有零初始条件的非齐次(根据 $f(t)$ 的出现形式)线性分数微分方程。这样就可发展出与前面例子相同的一套数值求解方法。然而，该问题还能允许我们对于某些特殊情形获得解析解。

某些特殊问题的解析解

如果气体体积变化函数，可展开为**分数幂级数**

$$f(t) = \sum_{n=0}^{\infty} b_n t^{n/2}, \qquad b_0 = 1 \tag{8.38}$$

那么式(8.36)~式(8.37)的解，也能以分数幂级数形式求出(见6.2.2节)

$$y(t) = \sum_{n=1}^{\infty} a_n t^{n/2} \tag{8.39}$$

式中系数 a_n 满足递归关系

$$a_1 = -b_1, \qquad \sum_{k=0}^{n} a_{n+1-k} b_k + \lambda a_n \frac{\Gamma\left(\dfrac{n}{2}+1\right)}{\Gamma\left(\dfrac{n+3}{2}\right)} = -b_{n+1} \tag{8.40}$$

因为解式(8.39)的构造形式，初始条件式(8.37)自动地得到满足。

如果取，例如

$$f(t) = 1-\sqrt{t}, \qquad \lambda = \Gamma\left(\frac{n+3}{2}\right)\bigg/\Gamma\left(\frac{n+2}{2}\right) \tag{8.41}$$

则解结果 $y(t)$ 由有限求和给出。例如[1]，

$$\lambda = \frac{\Gamma(2)}{\Gamma(3/2)} = \frac{2}{\sqrt{\pi}}, \qquad y(t) = \sqrt{t} \qquad (8.42)$$

$$\lambda = \frac{\Gamma(5/2)}{\Gamma(2)} = \frac{3\sqrt{\pi}}{4}, \qquad y(t) = \sqrt{t} + \left(1 - \frac{3\pi}{8}\right)t \qquad (8.43)$$

数值求解过程

考虑初值式(8.36)~式(8.37)。

为了构造一套数值算法，将问题写成形式

$$F(t)y'(t) + G(t)\,_0D_t^{1/2}y(t) + y(t) = -1, \quad 0 < t < 1, y(0) = 0 \qquad (8.44)$$

式中 $F(t) = \frac{f(t)}{f'(t)}$，$G(t) = \frac{\lambda}{f'(t)}$。式(8.44)的一阶逼近是

$$F_m \frac{y_m - y_{m-1}}{h} + G_m h^{-1/2} \sum_{j=0}^{m} g_j^{(1/2)} y_{m-j} + y_m = -1, \ , m = 1, 2, \cdots; y_0 = 0 \qquad (8.45)$$

使用逼近式(8.45)，推出式(8.44)的数值求解算法：

$$y_m = y_{m-1} - F_m^{-1}(G_m\sqrt{h} + h)y_{m-1} - F_m^{-1}h - F_m^{-1}G_m\sqrt{h} \sum_{j=1}^{m} g_j^{(1/2)} y_{m-j}, \quad m = 1, 2, \cdots; y_0 = 0 \qquad (8.46)$$

数值计算结果与8.3.2节获得的解析解结果是一致的。

例如，假设 $f(t) = 1 - \sqrt{t}$，$\lambda = 2/\sqrt{\pi}$，则式(8.44)的解析解是 $y(t) = \sqrt{t}$。这一解析解结果与算法式(8.46)获得的数值解结果(取 $h = 0.001$)对比，显示在图 8.6$^+$ 中①。

1　Babenko 在文献[11](1986年)的107页有一个失误，原文给出的 $p(\tau)$(对应着 $\lambda = 3\sqrt{\pi}/4$)，表达式是 $p(\tau) = 1 + \sqrt{\tau} + (1 - \sqrt{\pi}/2)\tau$，而它应当为 $p(\tau) = 1 + \sqrt{\tau} + (1 - 3\pi/8)\tau$。

① 由逼近式(8.45)直接推出的数值算法公式应当是

$$\dot{y}_0 = 0, \dot{y}_m = \frac{F_m\dot{y}_{m-1} - h - G_m\sqrt{h} \sum_{j=1}^{m} g_j^{(1/2)} \dot{y}_{m-j}}{F_m + G_m\sqrt{h} + h}, \quad m = 1, 2, \cdots \qquad (8.46a)$$

如果用 y_{m-1} 近似方程式(8.44)等号左端的第三项 $y(t)$，则得到另一组数值算法公式

$$\ddot{y}_0 = 0, \ddot{y}_m = \frac{(F_m - h)\ddot{y}_{m-1} - h - G_m\sqrt{h} \sum_{j=1}^{m} g_j^{(1/2)} \ddot{y}_{m-j}}{F_m + G_m\sqrt{h}}, \quad m = 1, 2, \cdots \qquad (8.46b)$$

在逼近式(8.45)中两次用 y_{m-1} 近似 y_m，才能得出原文的算法公式(8.46)：

$$y_0 = 0, y_m = \frac{(F_m - h - G_m\sqrt{h})y_{m-1} - h - G_m\sqrt{h} \sum_{j=1}^{m} g_j^{(1/2)} y_{m-j}}{F_m}, \quad m = 1, 2, \cdots \qquad (8.46c)$$

比较三组算法公式，读者会得到什么启示吗？直接从这三组算法公式能看出或猜测出哪组算法精度最高？

"图 8.6$^+$(a)原文图形"是注译者根据算法公式(8.46)，在 MATLAB 中编程绘制而成。图 8.6$^+$(b)给出了由上述三组数值算法公式计算得到的结果，取

$$f(t) = 1 - \sqrt{t}, \qquad \lambda = \frac{2}{\sqrt{\pi}} \Rightarrow F(t) = 2(t - \sqrt{t}), \qquad G(t) = -4\sqrt{\frac{t}{\pi}}$$

计算 $\dot{y}_m$、$\ddot{y}_m$ 与 y_m 序列的核心程序为

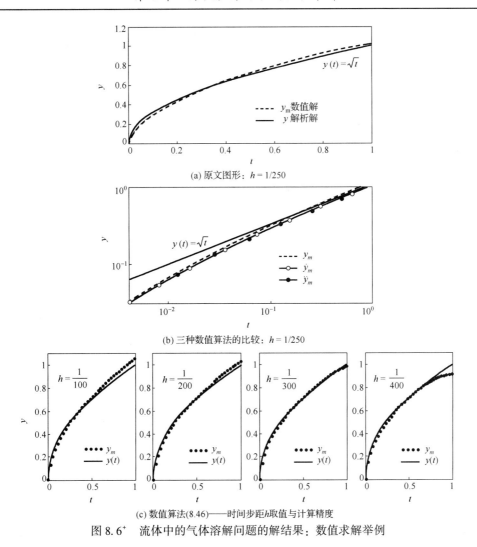

(a) 原文图形：$h = 1/250$

(b) 三种数值算法的比较：$h = 1/250$

(c) 数值算法(8.46)——时间步距 h 取值与计算精度

图 8.6^+　流体中的气体溶解问题的解结果：数值求解举例

```
ym1(1)= 0; ym2(1)= 0; ym(1)= 0;
for m = 2:M
    y1 = F(m) * ym(m-1)-h;
    y2 = (F(m)-h) * ym(m-1)-h;
    y = (F(m)-h-(G(m) * sqrt(h)) * ym(m-1)-h;
    S = 0;
    for j = 1:m-1,
        S = S + g(j+1) * ym(m-j);        %%% g(j+1):一阶逼近格林瓦尔系数
    end
    S = G(m) * sqrt(h) * S
    ym1(m) = (y-S)/(F(m)+G(m) * sqrt(h)+h);
    ym2(m) = (y-S)/(F(m)+G(m) * sqrt(h)); ym(m) = (y-S)/F(m);
end
```

该程序的计算精度与时间步距 h 的取值密切相关，如图 8.6^+(c)所示。这是值得读者思考与研究的问题。

8.3.4 非线性问题：半无限体的辐射冷却

本节针对非线性分数微分方程，研究数值求解法的应用能力，并将小的和大的独立变量 t 所获得的数值解结果与渐近解结果进行对比分析。

问题描述

考虑**半无限体辐射冷却过程**给出的初始边值问题[①]：

$$\frac{\partial u}{\partial t} = \frac{\partial^2 u}{\partial x^2}, \qquad 0 < x < \infty, 0 < t < \infty \tag{8.47}$$

$$\frac{\partial u}{\partial x}(t,0) = \alpha u^4(t,0) \tag{8.48}$$

$$u(t,\infty) = u(0,x) = u_0 \tag{8.49}$$

该问题目的在于，求出 $t > 0$ 时的表面温度 $u(t,0)$。在 7.7 节中，通过 $u(t,x)$ 关于时间 t 的分数导数，已获得 $\frac{\partial u}{\partial x}(t,0)$ 的一个如下表达式，参见式(7.47)：

$$\frac{\partial u}{\partial x}(t,0) = \sqrt{\hat{c}\hat{\rho}/\hat{\lambda}} \, {}_0D_t^{1/2} u(t,0)$$

如果 $u(t,x)$ 满足方程式(8.47)和条件式(8.49)，则该表达式有效。

对于上述问题，有

$$\frac{\partial u}{\partial x}(t,0) = {}_0D_t^{1/2}(u_0 - u(t,0))$$

将该关系代入边界条件式(8.48)，获得非线性分数微分方程给出的一维初值问题：

$$_0D_t^{1/2} y(t) - \alpha \, (u_0 - y(t))^4 = 0, \qquad t > 0 \tag{8.50}$$

$$y(0) = 0 \tag{8.51}$$

式中 $y(t) = u_0 - u(t,0)$，$u(t,0)$ 就是必须求解的表面温度。因此，需求出 $y(t)$。

我们需要这个未知函数的代换，以获得数值算法结构所要求的零初始条件。

渐近解结果

使用幂级数方法，可获得 $y(t)$ 的如下渐近表达式，它们与文献[11](1986 年)中给出的解结果一致[②]：

---

① **半无限体辐射冷却过程**(process of cooling of a semi-finite body by radiation)：假设半无限体内无热源无热宿，遵循**热传导方程**[2:18-323、17-215、6:682、28:846、875、60:232]，即有方程式(8.47)。热辐射发生在其表面，遵循**斯特藩–玻尔兹曼定律**(Stefan-Boltzmann's law)[6:678、736、28:1000、60:113]——总辐射通量随着温度的四次方增长，

$$\Phi_{tot} = \sigma \cdot A \cdot T^4 \quad \text{或} \quad M = \sigma \cdot T^4$$

就获得方程式(8.48)。辐射冷却从表面开始，逐渐向半无限体的纵深发展，并假设在整个辐射冷却过程中半无限体不吸收外来辐射。总之，在该数学模型中，把半无限体当作**理想黑体**看待。初始边值条件式(8.49)表明，初始时刻 $t = 0$，半无限体是等温体 u_0，半无限体最深处 $x \to \infty$ 是等温 u_0 热源。

② 式(8.53)给出的渐近解是单调递减函数且有

$$y(t) \approx \bar{\bar{y}}(t) \xrightarrow{t \to \infty} 0$$

从物理上来看，这是不可能发生的事情。因为 $y(t)$ 是半无限辐射体最深处与(辐射)表面的温差函数

$$y(t) = u(t,\infty) - u(t,0) = u_0 - u(t,0) \xrightarrow{t \to \infty} u_0 \neq 0 \tag{8.53a}$$

表面温度 $u(t,0)$ 最终会趋近于 0 吗？辐射使得表面温度由 u_0 开始逐渐降低。

有兴趣的读者可以思考如何修正式(8.53)，也可以查阅文献[11]。也许式(8.55)是笔误。

使用幂级数方法(见 6.2 节)，可得到式(8.52)和式(8.53)的近似渐近解吗？读者不妨一试身手。

$$y(t) \approx \widetilde{y}(t) = \frac{2\alpha\, u_0^4}{\sqrt{\pi}} t^{1/2}, \qquad t \ll 1 \tag{8.52}$$

$$y(t) \approx \widetilde{\widetilde{y}}(t) = u_0 \left(1 - \frac{1}{\alpha\,\sqrt{\pi}}\right) t^{-1/8}, \qquad t \gg 1 \tag{8.53}$$

后文将使用渐近解式(8.52)和式(8.53)与数值解结果进行对比分析。

数值求解结果

取时间步距 h ，记

$$t_m = mh, y_m = y(t_m), \qquad m = 0, 1, 2, \cdots$$

在式(8.50)中用式(7.3)逼近分数阶导数，就获得式(8.50)~式(8.51)的数值逼近：

$$y_0 = 0;\ h^{-1/2} \sum_{j=0}^{m} g_j^{(1/2)} y_{m-j} - \alpha\,(u_0 - y_m)^4 = 0, \quad m = 1, 2, 3, \cdots \tag{8.54}$$

式中 $g_j^{(1/2)} = (-1)^j \binom{1/2}{j}$ 。①

逼近式(8.54)引出数值求解算法

$$y_0 = 0;\ y_m = h^{1/2} \alpha\,(u_0 - y_{m-1})^4 - \sum_{j=1}^{m} g_j^{(1/2)} y_{m-j}, \quad m = 1, 2, 3, \cdots \tag{8.55}$$

算法式(8.55)容许逐步计算得出 $y_m = y(mh)$ 的大小②。

取 $\alpha = 1, u_0 = 1, h = 0.02$ 时，计算结果如图 8.7⁺所示③。

---

①　原文使用符号 $c_j = (-1)^j \binom{1/2}{j}$ 。为了全书符号统一，用 $g_j^{(\alpha)}$ 表示一阶逼近的 α 阶格林瓦尔-莱特尼科夫系数。

②　算法式(8.55)是累进多点显式差分格式。

③　直接由式(8.54)不能推出式(8.55)。必须用 y_{m-1} 近似取代式(8.54)中 $(u_0 - y_m)^4$ 的 y_m ，即

$$(u_0 - y_m)^4 \xrightarrow{\ y_m \approx y_{m-1}\ } (u_0 - y_{m-1})^4 \tag{8.53b}$$

才能获得数值算法公式(8.55)。如此替代是需要一定条件限制的。对于 $y(t)$ 发生剧烈变化，特别跳变瞬间使用这样替代是不合适的。

式(8.53)给出的渐进解 $\widetilde{\widetilde{y}}(t)$ $(t \gg 1)$ 是单调递减函数，"图 8.7⁺(a)原文图形"中绘制的渐进线却是单调递增曲线！在图 8.7⁺(b)中，也绘出了渐进线（取 $\alpha = 1, u_0 = 1$ ）

$$\widetilde{y}(t) = \frac{2}{\sqrt{\pi}} t^{1/2} (t < 1),\ \widetilde{\widetilde{y}}(t) = \left(1 - \frac{1}{\sqrt{\pi}}\right) t^{1/8} \approx 0.4358\, t^{1/8}, \qquad t \gg 1 \tag{8.55a}$$

由式(8.55)获得 $y_0 = 0$ ， $y_1 = \sqrt{h}$ 。因为在理论上有 $\sum\limits_{j=1}^{\infty} g_j^{(\alpha)} = -1$ ，或根据"短时记忆"原理，有

$$\sum_{j=1}^{m} g_j^{(1/2)} \xrightarrow{\ m \to \infty\ } -1$$

从而 $y_\infty = u_0 = 1$ 。

由算法式(8.55)计算 y_m 序列的核心程序如下。

```
a = 1; u0 = 1; h = 1/50;          %%% α = 1, u0 = 1, h = 0.02
t = 0:h:20; M = length(t);
g = cumprod([1,1-3/2./[1:M]]);    %%% g_j^(1/2)—阶逼近的半阶格林瓦尔-莱特尼科夫系数
```

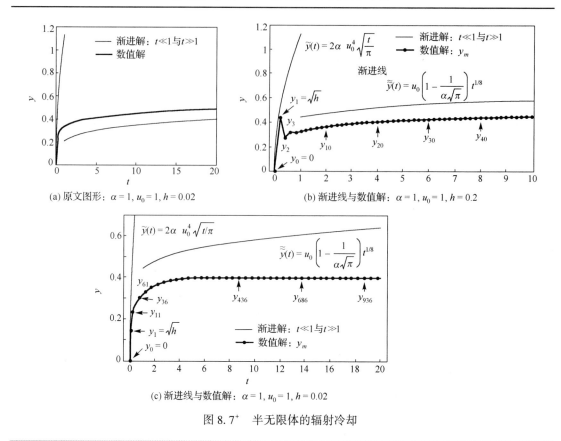

(a) 原文图形：$\alpha = 1$, $u_0 = 1$, $h = 0.02$

(b) 渐进线与数值解：$\alpha = 1$, $u_0 = 1$, $h = 0.2$

(c) 渐进线与数值解：$\alpha = 1$, $u_0 = 1$, $h = 0.02$

图 8.7⁺　半无限体的辐射冷却

```
L = 200;                        %%% L 记忆长度
h2 = sqrt(h);                   %%% h^{1/2}
ym(1) = 0;
for m = 2:M
    S = 0;
    y = h2 * a * (u0 - ym(m-1))^4;
    for j = 1:min(m-1,L)
        S = S + g(j+1) * ym(m-j);   %%% 算法式(8.55)中求和项的计算
    end
    ym(m) = y-S;                %%% 算法式(8.55)中 y_m 的计算
end
```

　　虽然这是很简单的数值迭代程序，但迭代结果却值得深思！在该程序中，减小时间步距 h 取值，从理论上来说，应当提高计算精度，但取 $h = 0.02$ 时，却得到图 8.7⁺(c)所示结果。而没有得到原文图形（图 8.7⁺(a)）那样结果。也没有得到理论上的预测结果：

$$y_m \xrightarrow{m \to \infty} u_0 = 1$$

这是为什么？

　　应该怎样修改算法式(8.55)或程序，才能得到正确的数值解结果呢？

　　很自然的想法是，使用高阶逼近(逼近阶 $p \geqslant 2$)的鲁比希加权系数 $l_{p,j}^{(1/2)}$ 替代算法式(8.55)中的一阶逼近的格林瓦尔-莱特尼科夫加权系数 $g_j^{(1/2)}$。相关内容参见 7.6 节。

　　这一具体的数值求解问题说明，分数微分方程的求解是一个需要深入考量的课题！

8.4 "短时记忆"原理在分数微分方程初值问题中的应用

在前面给出的所有例子中，应用短时记忆原理将会导出简单替换：用 $\sum_{j=1}^{M}$ 取代 $\sum_{j=1}^{m}$，式中 $M=\min\{m,[L/h]\}$，L 是记忆长度。

为了阐明短时记忆原理对干数值求解分数微分方程初值问题的实用性，在图 8.8$^+$ 至图 8.11$^+$ 中展示了问题

$$_0D_t^{3/2}y(t)+y(t)=f(t)，\qquad t>0 \qquad\qquad (8.56)$$
$$y(0)=y'(0)=0$$

的数值解结果。

方程式(8.56)右边的函数 $f(t)$ 分别取如下特定函数。

1. $f(t)\equiv1(t>0)$（见图 8.8$^+$）；
2. $f(t)=te^{-t}(t>0)$（见图 8.9$^+$）；
3. $f(t)=t^{-1}e^{-1/t}(t>0)$（见图 8.10$^+$）；
4. $f(t)=e^{-t}\sin(0.2t)(t>0)$（见图 8.11$^+$）。

数值求解时取时间步距为 $h=0.1$，时间区间为 $0\le t\le50$。读者将会看到，甚至取记忆长度 $L=5$ 时，也都能给出满意的数值精度。①

---

① 分数微分方程式(8.56)的一阶逼近数值求解差分格式是

$$y_0=0;\qquad y_1=0;\qquad \frac{1}{h^{3/2}}\sum_{j=0}^{m}g_j^{(3/2)}y_{m-j}+y_m=f_m，\quad m=2,3,\cdots \qquad (8.56a)$$

式中 $g_j^{(3/2)}$ 是一阶逼近的 3/2 阶格林瓦尔-莱特尼科夫系数。由此有数值求解算法公式

$$h=0.1；f_m=f(mh)，\qquad m=0\sim[50/h]; \qquad\qquad (8.56b)$$

$$y_0=0;\qquad y_1=0;\qquad y_m=\frac{h^{3/2}f_m-\sum_{j=1}^{m}g_j^{(3/2)}y_{m-j}}{1+h^{3/2}}，\quad m=2,3,\cdots \qquad (8.56c)$$

引入"短时记忆"原理，上述数值迭代算法公式变成显式差分格式

$$y_m=\frac{h^{3/2}f_m-\sum_{j=1}^{M}g_j^{(3/2)}y_{m-j}}{1+h^{3/2}}，\quad m=2,3,\cdots \qquad (8.56d)$$

式中 $M=\min\{m,[L/h]\}$，L 是记忆长度。

注译者由上述算法公式，在 MATLAB 中编程重新绘制了原书所给激励 $f(t)$ 条件下，得到四种激励情形的数值解结果如图 8.8$^+$～图 8.11$^+$ 所示。

值得注意的是，注译者的结果与原文结果有出入，特别与**完全记忆**(absolute memory)的解结果差异十分明显。从理论上来说，当记忆长度 L 较大时，应当与完全记忆时的结果很接近。图 8.8$^+$ 与图 8.10$^+$ 情形符合得很好，图 8.9$^+$ 与图 8.11$^+$ 情形的差异十分明显。

在图 8.9$^+$～图 8.11$^+$ 中，为了便于对比分析，注译者添加了激励函数 $y=f(t)$ 曲线（点虚线）。除激励函数 $f(t)\equiv1$ 之外，其他三个激励函数都是快速衰减的，$f(t)\xrightarrow{t\to\infty}0$，因此必有

$$y_m\xrightarrow{m\to\infty}0$$

对于图 8.10$^+$ 情形：$f(t)=t^{-1}e^{-1/t}$，译者得到的所有结果与原书给出结果都有差异。

同时我们也会发现，应用短时记忆原理，在许多情形，将对长时模拟仿真的舍入误差累积效应有所抑制——因为使用了更少数目的求和相加项。

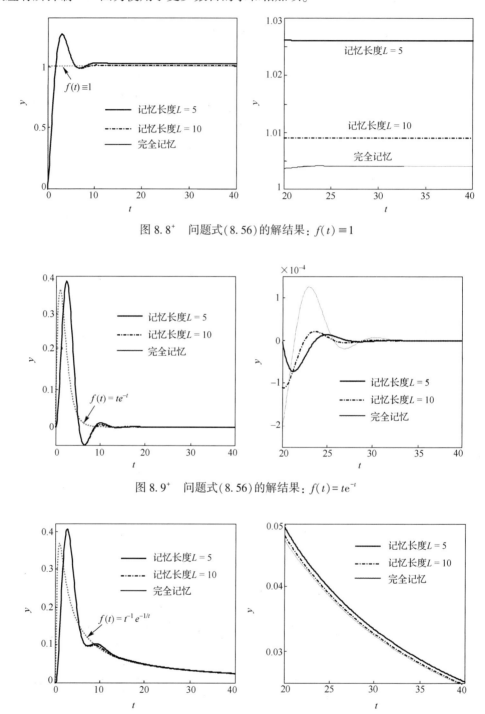

图 8.8⁺　问题式(8.56)的解结果：$f(t) \equiv 1$

图 8.9⁺　问题式(8.56)的解结果：$f(t) = te^{-t}$

图 8.10⁺　问题式(8.56)的解结果：$f(t) = t^{-1}e^{-1/t}$

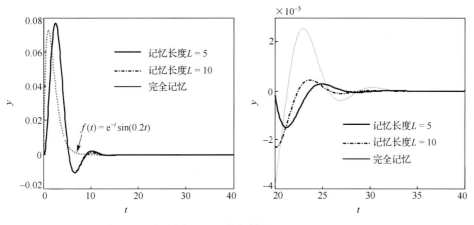

图 8.11$^+$　问题式(8.56)的解结果：$f(t) = \mathrm{e}^{-t}\sin(0.2t)$

第9章 分数阶系统与控制器

当前，在科学和工程不同领域中，不断增多的研究人员，开始研究和论述：使用分数阶方程(包含非整数阶导数与积分的方程)描述动力学系统。

这些分数阶新模型比起以前所使用的整数阶传统模型更具实用性。这一点已得到诸多实例验证，比如[24](卡普途，1969年)，[170](Nonnenmacher 与 Glöckle，1991年)，[70](Friedrich，1991年)中给出的研究成果。考察与研究重要的基本现实物理问题，有助于理解[30](卡普途等，1971年)和[254](Westerlund，1994年)中给出的分数导数概念。分数阶导数和分数阶积分为不同物质材料的**记忆**(memory)和**遗传**(hereditary)性能的描述提供了一个强有力的数学工具。这是分数阶模型比起整数阶模型来所显示出的最大优势，而在整数阶模型中，事实上，物质的记忆与遗传特性效应却被忽略了。

然而，因为缺乏适当的数学方法，**分数阶动力学系统**①的研究仅仅徘徊在控制系统理论与实践的边缘。文献[184](Oustaloup，1988年)，[9](Axtell & Bise，1990年)，[13](Bagley & Calico，1991年)，[110](Kaloyanov & Dimitrova，1992年)，[140](Makroglou，Miller & Skaar，1994年)论述了一些研究者的某些成功尝试，但他们总是尽量避免在时域研究这些问题。

本章针对分数阶动力学系统，使用对于时域分析更有效和易用的工具，也即前一章论述的(时域)方法来解决控制理论问题。重点介绍 $PI^\lambda D^\mu$ 控制器②，包括**分数阶积分器**(integrator)与**分数阶微分器**(differentiator)的概念，并提供一个例子阐明：**分数阶控制器**能够更有效地控制**分数阶动力学系统**的必然性。

将分数阶控制器思想引入动力学系统控制，应归功于 Oustaloup，他发展出了 CRONE 控制器(CRONE 是法文 Commande Robuste d' Ordre Non Entier③ 的缩写)，在其系列著作[183](1983年)、[185](1991年)、[186](1994年)和[187](1995年)中论述了 CRONE 控制器

---

① **分数阶动力学系统**是"fractional-order dynamical systems"的字面直译。近年来人们也将"fractional-order non-linear systems"译成"分数维非线性系统"，将"fractional dynamics"译成"分数维动力学"[26,27]，如罗朝俊，(瑞典)伊布拉基莫夫主编的"非线性物理科学"丛书(北京：高等教育出版社)。

② 分数阶"$PI^\lambda D^\mu$ 控制器"概念是经典控制理论中整数阶 PID 控制理论的推广。

PID 控制也称为 PID 调节(regulating)[1:5-208,29]。在经典控制理论中，PID 调节是控制系统的一种基本调节方式。如图 9.1⁺所示控制系统，给定输入值 w 与被控变量(的实际测量)值 y，PID 控制是将偏差 $e=w-y$ 的**比例**(proportion)、**积分**(integral)与**微分**(differential)信号综合成控制量

$$u = K_P e + K_I \int_0^t e\,dt + K_D \frac{de}{dt}$$

对被控过程进行控制。加大比例系数K_P可以减少系统的静差，但过大会使系统的动态品质变坏，引起被控量y振荡，甚至导致闭环系统不稳定。积分系数K_I控制积分的强弱，减小K_I将减慢消除静差的过程，但可以减少超调而提高稳定性。微分系数K_D控制微分的强弱，增大K_D有助于减少超调，克服振荡，使系统趋于稳定，加快系统的响应速度，减小调整时间，从而改善系统的动态性能。

③ 是"**稳健分数阶控制**，robust fractional-order control"之意。

在不同领域的应用实例。Oustaloup 在对比分析 PID 控制器的过程中，阐明了 CRONE 控制器所具有的独特优势。本章所要考察的 $PI^\lambda D^\mu$ 控制器，是一新类型的分数阶控制器，当用其进行分数系统控制时，比经典 PID 控制器具有更好的控制性能[1]。

9.1　分数阶系统与分数阶控制器

本章是第 4 章内容的自然延拓，将引导读者关注系统对任意输入的响应问题。我们将从分数微积分的纯粹数学方面的考察，转变到分数微积分在控制论中的应用问题研究。

9.1.1　分数阶控制系统

考虑图 9.1⁺所示的**简单的单位反馈控制系统**，其中 $G(s)$ 是**被控系统**的**传输函数**②，$G_c(s)$ 是**控制器**的传输函数，$W(s)$ 是输入，$E(s)$ 是**误差**，$U(s)$ 是控制器的输出，而 $Y(s)$ 是

---

①　因此现在一些文献资料中认为分数阶 $PI^\lambda D^\mu$ 控制器，是本书作者于 1999 年首先提出（Podlubny, Fractional-order systems and controllers. *IEEE Trans. On Automatic Control*, 1999, 44: 208–213）。由此开始，众多学者开展了相关方面的研究。

②　**传输函数**(transfer function)[1:5-394,10,11,12,29,101]，亦称**转移函数**——描述网络性能的一种函数。传输函数在某些领域也称为**系统函数**(system function)。

对于网络或系统，如果输出输入端分别是两个不同的端口（见图 9.2*），则**输出响应信号或函数** $r_o(t) \overset{LT}{\Leftrightarrow} R_o(s)$ 与**输入激励信号或函数** $e_i(t) \overset{LT}{\Leftrightarrow} E_i(s)$ 之比

$$G(s) = \frac{R_o(s)}{E_i(s)} = \frac{输出响应}{输入激励} \tag{9.1a}$$

称为传输函数或系统函数。式中 t 是时间变量，s 是拉普拉斯变量。$g(t) = \mathcal{L}^{-1}\{G(s); t\}$ 称为系统的单位冲激响应。

许多领域使用符号 $H(s)$ 表示传输函数，$h(t)$ 表示单位冲激响应，并有 $h(t) \overset{LT}{\Leftrightarrow} H(s)$。

对于双口网络（见图 9.2*）来说，传输函数通常包括如下四种函数。

- **传输阻抗**：$Z(s) = \dfrac{V_o(s)}{I_i(s)}$。

- **传输导纳**：$Y(s) = \dfrac{I_o(s)}{V_i(s)}$。

- **传输电流比——电流增益**：$A_I(s) = \dfrac{I_o(s)}{I_i(s)}$。

- **传输电压比——电压增益**：$A_V(s) = \dfrac{V_o(s)}{V_i(s)}$。

除了传输函数，人们还用**策动点**(driving-poin)**函数**，简称**策动函数**[1:5-395,101,104]来描述网络性能。策动点是指网络的输入激励与输出响应在同一端口（见图 9.2*）。理论上，网络中的任意指定的端口都可作为策动点。对于电路网络来说，存在如下两种策动点函数：

- **策动点阻抗**：$Z(s) = \dfrac{V(s)}{I(s)}$。

- **策动点导纳**：$Y(s) = \dfrac{I(s)}{V(s)}$。

这两种策动点函数统称**阻纳**(immittance)**函数**。[19;231,29,101,104]传输函数与策动函数统称为**网络函数**。

被控系统的输出。

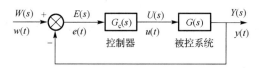

图 9.1⁺　简单的单位反馈控制系统

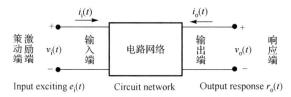

图 9.2*　双口网络的激励响应：传输函数与策动点函数示意图

　　为了与传统方法相对比，考虑**任意实数阶传输函数**。如此系统称为**分数阶系统**，传统整数阶系统作为特例而囊括其中。理解词语"分数阶系统"为"用分数阶数学模型更好描述的系统"①之意至关重要。

9.1.2　分数阶传输函数

　　考虑**分数阶传输函数**(fractional-order transfer function，FOTF)：

$$G_n(s) = \frac{1}{a_n s^{\beta_n} + a_{n-1} s^{\beta_{n-1}} + \cdots + a_1 s^{\beta_1} + a_0 s^{\beta_0}} \tag{9.1}$$

式中 $\beta_k (k=0,1,\cdots,n)$ 为任意实数，$\beta_n > \beta_{n-1} > \cdots > \beta_1 > \beta_0 > 0$，系数 $a_k (k=0,1,\cdots,n)$ 为任意常数。

　　在时域，分数阶传输函数式(9.1)对应于 $n+1$ 项**分数阶微分方程**(PDE)

$$a_n D^{\beta_n} y(t) + a_{n-1} D^{\beta_{n-1}} y(t) + \cdots + a_1 D^{\beta_1} y(t) + a_0 D^{\beta_0} y(t) = u(t) \tag{9.2}$$

式中 $D^\gamma \equiv {}_0D_t^\gamma$ 是关于变量 t 且起始点在 $t=0$ 情形的 γ 阶卡普途分数导数[23,24]：

$$_0D_t^\gamma y(t) = \frac{1}{\Gamma(1-\delta)} \int_0^t \frac{y^{(m+1)}(\tau) \, \mathrm{d}\tau}{(t-\tau)^\delta}, \quad \gamma = m+\delta, \quad m \in \mathbb{Z}, \quad 0 < \delta \leqslant 1 \tag{9.3}$$

　　如果 $\gamma < 0$，则有一个阶数为 $-\gamma$ 的分数积分：

$$_0I_t^{-\gamma} y(t) = {}_0D_t^\gamma y(t) = \frac{1}{\Gamma(-\gamma)} \int_0^t \frac{y(\tau) \, \mathrm{d}\tau}{(t-\tau)^{1+\gamma}}, \quad \gamma < 0 \tag{9.4}$$

　　由式(9.3)定义的分数导数，其拉普拉斯变换是式(2.253)，即有

$$\int_0^\infty \mathrm{e}^{-st} D^\gamma y(t) \, \mathrm{d}t = s^\gamma Y(s) - \sum_{k=0}^m s^{\gamma-k-1} y^{(k)}(0) \tag{9.5}$$

对于 $\gamma < 0$(即一个分数积分)来说，必须去掉上式右边的求和项。

　　此时，值得一提的是，从纯粹数学观点来看，存在不同的方法可以进行整数阶**重积分**(multiple integrals)和**重导数**(multiple derivatives)的内插。得到人们最为广泛认可，并进行了

---

① 原文是"system which are better described by fractional-order mathematical models"。

精心研究的分数导数是**黎曼-刘维尔分数导数定义**①（比如［179，232，153］②）。与黎曼-刘维尔定义相比，卡普途定义的主要优点在于，它更容易理解，诸如 $y(0)=y_0, y'(0)=y_1$ 等此类传统的初始条件。此外，常量的卡普途导数是有界的（也就是说，等于0），而常量的黎曼-刘维尔导数在 $t=0$ 处是无界的。仅有的例外是，在黎曼-刘维尔定义中，将 $t=-\infty$ 取成起始点（下限）。此时，一个常量的黎曼-刘维尔分数导数也是0，在文献［174］（1993年）中就使用了这一点。然而，如果考虑暂态过程，就不能接受将起始点放在 $-\infty$ 处的处置方法，并在如此情形下，卡普途定义比起其他定义，是最为恰当的。

式(9.5)是2.8.5节中所给出的更一般的公式(2.259)——所谓序贯分数导数式(2.170)的拉普拉斯变换——的一个特例。

为求得分数阶微分方程式(9.2)所描述分数阶系统的单位冲激响应与单位阶跃响应，需要算出函数 $G_n(s)$ 的拉普拉斯逆变换。

式(9.1)的拉普拉斯逆变换问题，频繁出现在应用数学，自然科学，工程技术等使用拉普拉斯变换方法的任何领域之中。这一事实，以及在有关拉普拉斯变换研究的数表与手册之中缺乏必要的逆变换公式的事实，激励我们在接下来的两节中，对该问题给出一个一般的求解方法。

9.1.3 米塔-列夫勒型新函数

双参数米塔-列夫勒函数 $E_{\alpha,\beta}(z)$ 是由 Agarwal（1953年）引进的[3]。他的定义后来由文献［65］（1955年）的作者们修正为

$$E_{\alpha,\beta}(z) = \sum_{j=0}^{\infty} \frac{z^j}{\Gamma(\alpha j + \beta)}, \qquad \alpha>0, \qquad \beta>0 \tag{9.6}$$

其 k 阶导数是（见式(5.26)）

$$E_{\alpha,\beta}^{(k)}(z) = \sum_{j=0}^{\infty} \frac{(j+k)!\ z^j}{j!\ \Gamma(\alpha j + \alpha k + \beta)}, \qquad k=0,1,2,\cdots \tag{9.7}$$

我们发现，引进函数

$$\mathcal{E}_k(t,y;\alpha,\beta) = t^{\alpha k+\beta-1} E_{\alpha,\beta}^{(k)}(y\,t^\alpha), \qquad k=0,1,2,\cdots \tag{9.8}$$

---

① 黎曼-刘维尔分数导数定义，即定义式(2.79)——**先积分后求导**：

$$_0D_t^\gamma y(t) = \left(\frac{\mathrm{d}}{\mathrm{d}t}\right)^m \left(\frac{1}{\Gamma(m-\gamma)} \int_0^t \frac{y(\tau)\mathrm{d}\tau}{(t-\tau)^{\gamma-m+1}}\right), \quad m-1 \leqslant \gamma < m, \qquad m \in \mathbb{Z}$$

卡普途分数导数定义式(2.138)——**先求导后积分**

$$_0^C D_t^\gamma y(t) = \frac{1}{\Gamma(m-\gamma)} \int_0^t \frac{y^{(m)}(\tau)\mathrm{d}\tau}{(t-\tau)^{\gamma-m+1}}, \quad m-1 < \gamma \leqslant m, \qquad m \in \mathbb{Z}$$

对照上述两种定义，读者有何感想呢？

② 这是人们常引用的三部专著：

［179］Oldham, Spanier. *The Fractional Calculus*. Academic Press, New York–London, 1974;

［232］Samko, Kilbas, Maritchev. *Integrals and Derivatives of the Fractional Order and Some of Their Applications*. Nauka, ITekhnika, Minsk, 1987 (in Russian);

［153］Miller, Ross. *An Introduction to the Fractional Calculus and Fractional Differential Equations*. John Wiley & Sons Inc., New York, 1993

是很有用的。其拉普拉斯变换在第 1 章曾经(以另外的符号)算出:①

$$\int_0^\infty e^{-st} \mathcal{E}_k(t, \pm y; \alpha, \beta) dt = \frac{k! \, s^{\alpha-\beta}}{(s^\alpha \mp y)^{k+1}}, \quad \mathrm{Re}(s) > |y|^{1/\alpha} \tag{9.9}$$

本章用到 $\mathcal{E}_k(t, y; \alpha, \beta)$ 的另一有用性质——简洁的分数微分性(见 1.2.3 节):

$$_0D_t^\lambda \mathcal{E}_k(t, y; \alpha, \beta) = \mathcal{E}_k(t, y; \alpha, \beta-\lambda), \quad \lambda < \beta \tag{9.10}$$

函数 $\mathcal{E}_k(t, y; \alpha, \beta)$ 的其他性质,比如某些特例,它的渐近行为等,可以从式(9.6)至式(9.8)和米塔-列夫勒函数 $\mathrm{E}_{\alpha,\beta}(z)$ 的已知性质中获得。[65]

9.1.4　一般公式

应用关系式(9.9)可算出式(9.1)的拉普拉斯逆变换,和第 5 章方法一致。

取 $\beta_n > \beta_{n-1} > \cdots \beta_1 > \beta_0 > 0$,则使用式(9.9)得出函数 $G_n(s)$ 的拉普拉斯逆变换的最终表达式为

$$g_n(t) = \frac{1}{a_n} \sum_{m=0}^\infty \frac{(-1)^m}{m!} \sum_{\substack{k_0+k_1+\cdots+k_{n-2}=m \\ k_0 \geq 0, \cdots, k_{n-2} \geq 0}} \binom{m}{k_0, k_1, \cdots, k_{n-2}}$$

$$\times \prod_{i=0}^{n-2} \left(\frac{a_i}{a_n}\right)^{k_i} \mathcal{E}_m\left(t, -\frac{a_{n-1}}{a_n}; \beta_n - \beta_{n-1}, \beta_n + \sum_{j=0}^{n-2} (\beta_{n-1} - \beta_j) k_j\right) \tag{9.11}$$

式中,$\binom{m}{k_0, k_1, \cdots, k_{n-2}}$ 是多项式系数[2:第24章]②。

结合式(9.10)与式(9.11),可进一步获得一些拉普拉斯逆变换。例如,取

$$F(s) = \sum_{i=0}^N b_i s^{\alpha_i} G_n(s) \tag{9.12}$$

式中 $\alpha_i < \beta_n$,$(i = 1, 2, \cdots, N)$,则 $F(s)$ 的拉普拉斯逆变换为

$$f(t) = \sum_{i=0}^N b_i D^{\alpha_i} g_n(t) \tag{9.13}$$

$g_n(t)$ 的分数导数借助公式(9.10)来计算。

9.1.5　单位冲激响应与单位阶跃响应

具有传输函数式(9.1)的分数阶系统,其**单位冲激响应**由式(9.11)给出,也即

$$y_{\mathrm{impulse}}(t) = g_n(t)。$$

为求得**单位阶跃响应** $y_{\mathrm{step}}(t)$,不得不借助式(9.10),对式(9.11)进行积分运算。结果是

---

① 参见式(1.80)。

② **多项式系数**(multinomial coefficients)[1:2-12]一类组合数,它是二项式 $(x_0+x_1)^m$ 展开式系数 $\binom{m}{k}$ 的推广。多项式 $(x_0+x_1+\cdots+x_{n-1})^m$ 的展开式(即多项式定理)[4:27,7:30]中的系数

$$\binom{m}{k_0, k_1, \cdots, k_{n-2}} = \frac{m!}{k_0! \, k_1! \cdots k_{n-2}!}$$

其组合意义参见式(1.74a)和式(1.74b)。

$$y_{\text{step}}(t) = \frac{1}{a_n} \sum_{m=0}^{\infty} \frac{(-1)^m}{m!} \sum_{\substack{k_0+k_1+\cdots+k_{n-2}=m \\ k_0 \geq 0, \cdots, k_{n-2} \geq 0}} \binom{m}{k_0, k_1, \cdots, k_{n-2}}$$

$$\times \prod_{i=0}^{n-2} \left(\frac{a_i}{a_n}\right)^{k_i} \mathcal{E}_m\left(t, -\frac{a_{n-1}}{a_n}; \beta_n - \beta_{n-1}, \beta_n + \sum_{j=0}^{n-2}(\beta_{n-1} - \beta_j)k_j + 1\right) \qquad (9.14)$$

9.1.6　一些特殊情形

为了说明情况，给出式(9.11)和式(9.14)的如下三个特例。

(1) 二项情形

$$G_2(s) = \frac{1}{as^\alpha + b}, \qquad \alpha > 0$$

$$\left.\begin{array}{l} y_{\text{impulse}}(t) = g_2(t) \\ y_{\text{step}}(t) = {}_0D_t^{-1}g_2(t) \end{array}\right\} = \frac{1}{a}\mathcal{E}_0\left(t, -\frac{b}{a}; \alpha, \alpha + \begin{Bmatrix}0\\1\end{Bmatrix}\right) \qquad (9.15)$$

(2) 三项情形

$$G_3(s) = \frac{1}{as^\beta + bs^\alpha + c}, \qquad \beta > \alpha > 0$$

$$\left.\begin{array}{l} y_{\text{impulse}}(t) = g_3(t) \\ y_{\text{step}}(t) = {}_0D_t^{-1}g_3(t) \end{array}\right\} = \frac{1}{a}\sum_{k=0}^{\infty} \frac{(-1)^k}{k!}\left(\frac{c}{a}\right)^k \mathcal{E}_k\left(t, -\frac{b}{a}; \beta - \alpha, \beta + \alpha k + \begin{Bmatrix}0\\1\end{Bmatrix}\right) \qquad (9.16)$$

(3) 四项情形

$$G_4(s) = \frac{1}{as^\gamma + bs^\beta + cs^\alpha + d}, \qquad \gamma > \beta > \alpha > 0$$

$$\left.\begin{array}{l} y_{\text{impulse}}(t) = g_4(t) \\ y_{\text{step}}(t) = {}_0D_t^{-1}g_4(t) \end{array}\right\} = \frac{1}{a}\sum_{m=0}^{\infty} \frac{1}{m!}\left(-\frac{d}{a}\right)^m \sum_{k=0}^{m} \binom{m}{k}\left(\frac{c}{d}\right)^k$$

$$\times \mathcal{E}_m\left(t, -\frac{b}{a}; \gamma - \beta, \gamma + \beta m - \alpha k + \begin{Bmatrix}0\\1\end{Bmatrix}\right) \qquad (9.17)$$

利用式(9.10)对单位阶跃响应进行积分，获得**单位斜坡响应** $y_{\text{ramp}}(t)$。对单位阶跃响应进行两次积分，就获得**二次输入**(parabolic input)的响应。所有这些标准的测试输入信号都频繁地用于控制论的研究，并且上述公式为对应的**系统响应**①提供了显式的解析表达。

---

① 常用的**系统响应**(system response)，主要有如下几种类型。

系统响应类型	系统输入：激励信号 $e_i(t)$	系统输出：时域响应 $r_o(t)$	频域响应 $R_o(j\Omega)$	复频域响应 $R_o(s)$	备　注
单位冲激响应	$\delta(t)$	$h(t)$，$y_{\text{impulse}}(t)$	$H(j\Omega)$	$H(s)$	理论分析
单位阶跃响应	$u(t) = \delta^{(-1)}(t)$	$g(t)$，$y_{\text{step}}(t)$	$G(j\Omega)$	$G(s)$	实验测试
单位斜坡响应	$u^{(-1)}(t) = \delta^{(-2)}(t)$	$\kappa(t)$，$y_{\text{ramp}}(t)$	$K(j\Omega)$	$K(s)$	
说明	$\delta^{(-j)}(t)$，$j \in \mathbb{N}$		$R_o(j\Omega) \overset{\text{FT}}{\Longleftrightarrow} r_o(t) \overset{\text{LT}}{\Longleftrightarrow} R_o(s)$，$s = \sigma + j\Omega$		

在信号与系统、电路与系统等理论研究中，人们更偏爱**单位冲激响应** $h(t)$。[10~12,29,101~104] 时域实验测试中，单位冲激信号 $\delta(t)$ 不易产生，而单位阶跃信号 $u(t) = \delta^{(-1)}(t)$ (也即赫维赛德函数)、单位斜坡信号(unit ramp signal) $u^{(-1)}(t) = \delta^{(-2)}(t)$ 等则是比较容易获得的信号。当然，最易产生与获得的是谐波(特别是正弦、余弦)信号，使用它们容易逐个频率点测试出系统的**频率响应**(frequency response)：

单位冲激响应　　　系统函数

$$H(j\Omega) \overset{\text{FT}}{\Longleftrightarrow} h(t) \overset{\text{LT}}{\Longleftrightarrow} H(s)$$

频率响应　　　　　传输函数

在控制理论与应用中，人们更偏爱**单位阶跃响应**：$g(t) \overset{\text{LT}}{\Longleftrightarrow} G(s)$。

9.1.7　$PI^\lambda D^\mu$ 控制器

就像后文一个例子将要证明那样，一个分数阶系统，更能有效控制的适当手段是使用分数阶控制器。现在我们提出广义化的 PID 控制器，它可称为 $PI^\lambda D^\mu$ 控制器，因为它包含一个 λ 阶积分器与一个 μ 阶微分器，其传输函数具有如下形式：

$$G_c(s) = \frac{U(s)}{E(s)} = K_P + K_I s^{-\lambda} + K_D s^\mu, \qquad \lambda > 0, \qquad \mu > 0 \tag{9.18}$$

在时域，$PI^\lambda D^\mu$ 控制器的输出方程为

$$u(t) = K_P e(t) + K_I D^{-\lambda} e(t) + K_D D^\mu e(t) \tag{9.19}$$

取 $\lambda = 1$ 和 $\mu = 1$，就获得一个经典的 PID 控制器。当 $\lambda = 1$ 和 $\mu = 0$ 时，就给出一个 PI 控制器。当 $\lambda = 0$ 和 $\mu = 1$ 时，就给出一个 PD 控制器。当 $\lambda = 0$ 和 $\mu = 0$ 时，就给出一个增益器。

所有这些 PID 控制器的经典类型，都是式(9.18)所描述的分数 $PI^\lambda D^\mu$ 控制器的特例。然而，$PI^\lambda D^\mu$ 控制器更具灵活性，并且为更好地调节分数阶控制系统的动力学性能提供了可能。

9.1.8　开环系统响应

取消图 9.1⁺ 中的反馈环，获得一个开环系统——$PI^\lambda D^\mu$ 控制器[见式(9.18)]串联分数阶被控系统，其传输函数 $G_n(s)$ 由表达式(9.1)给定。

在时域，该开环系统可用分数阶微分方程

$$\sum_{k=0}^{n} a_k D^{\beta_k} y(t) = K_P w(t) + K_I D^{-\lambda} w(t) + K_D D^\mu w(t) \tag{9.20}$$

描述。因此，所考虑开环系统的传输函数为

$$G_{open}(s) = (K_P + K_I s^{-\lambda} + K_D s^\mu) G_n(s) \tag{9.21}$$

因为式(9.21)与式(9.12)具有相同的结构，所以对于 $G_{open}(s)$，其拉普拉斯逆变换能够利用公式(9.13)来求解。由此而来，所考察的分数阶开环系统的单位阶跃响应为

$$g_{open}(t) = K_P g_n(t) + K_I D^{-\lambda} g_n(t) + K_D D^\mu g_n(t) \tag{9.22}$$

式中 $g_n(t)$ 由式(9.11)给出。

为了求得单位阶跃响应，应当使用公式(9.10)对式(9.22)进行积分。

9.1.9　闭环系统响应

考虑一个如图 9.1⁺ 所示的闭环控制系统——由 $PI^\lambda D^\mu$ 控制器串联分数阶被控系统(其传输函数 $G_n(s)$ 由表达式(9.1)给定)，以及单位反馈回路组成。为了获得该闭环系统的单位冲激响应与单位阶跃响应，第一步，就是在方程式(9.20)中用 $e(t) = w(t) - y(t)$ 取代 $w(t)$，其结果为

$$\sum_{k=0}^{n} a_k D^{\beta_k} y(t) + K_P y(t) + K_I D^{-\lambda} y(t) + K_D D^\mu y(t) = K_P w(t) + K_I D^{-\lambda} w(t) + K_D D^\mu w(t) \tag{9.23}$$

从式(9.23)可获得所考察闭环系统的传输函数

$$G_{closed}(s) = \frac{K_P s^\lambda + K_I + K_D s^{\mu+\lambda}}{\sum_{k=0}^{n} a_k s^{\beta_k + \lambda} + K_P s^\lambda + K_I + K_D s^{\mu+\lambda}} \tag{9.24}$$

最后，由式(9.24)的拉普拉斯逆变换，求出闭环系统的单位冲激响应 $g_{closed}(t)$。这一步可依微分运算的降幂形式，重新排列式(9.24)的分子多项式中的相加项，并利用关系式

(9.11)和式(9.13)来完成。为求得单位阶跃响应，应当利用式(9.10)，对已经获得的单位冲激响应进行积分运算。

9.2　举例

本节举例说明，与传统的 PID 控制器相比，分数阶 $PI^\lambda D^\mu$ 控制器更具实用性。我们考察一个分数阶系统时，把它看作"现实体系"[①]，其整数阶逼近——想象成现实体系的"逼近模型"。需要强调的是，用常规手段获得的模型，首先看起来应能良好地拟合来自于"现实体系"的测试数据。

然而，整数阶 PD 控制器，设计模型的基础，已经证明并不如人们期望的那样适合用来控制如此的分数阶"现实体系"。

改善控制效果的一个好思路，就是使用一个与分数阶"现实体系"具有同样"本性(nature)"的控制器——一个分数阶 PD^μ 控制器。眼下暂时假定，分数阶传输函数已经精确地呈现于我们的面前。

通常，实现上述控制的重点如下：模型结构设定是前提(在我们的例子中，取**二阶微分方程**模型)，接着是确定模型的参量(在我们所考虑的情形中，也就是确定微分方程系数)。根据来自于真实对象的测量数据，进行适当的拟合而求出这些参量。诚然，存在大量的现实系统，用分数阶微分方程来描述，更能准确表征其本性。对于此类系统[②]，经典的整数阶模型，甚至高阶模型都不足以达到分数阶模型所给出的效果。从这个角度来看，下面的例子，将展示出分数阶"现实体系"和整数阶"逼近模型"之间的本性差别所带来的一些可能效应。同时它也指明，发展分数阶模型参数辨识，包括最恰当的模型阶数(但不是真实对象的阶数)确定方法的研究很有必要。

9.2.1　分数阶被控系统

考虑一个**分数阶被控系统**[③]，其传输函数为

$$G(s) = \frac{1}{a_2 s^\beta + a_1 s^\alpha + a_0} \tag{9.25}$$

式中取

$$a_2 = 0.8, \qquad a_1 = 0.5, \qquad a_0 = 1, \qquad \beta = 2.2, \qquad \alpha = 0.9$$

分数阶传输函数式(9.25)，在时域对应着三项分数阶微分方程

$$a_2 y^{(\beta)}(t) + a_1 y^{(\alpha)}(t) + a_0 y(t) = u(t) \tag{9.26}$$

具有零初始条件

$$y(0) = 0, \qquad y'(0) = 0, \qquad y''(0) = 0$$

用式(9.16)求得单位阶跃响应

---

①　原文是"which plays *the role* of 'reality'"，也可把"reality"直接译成"实体"。此处译成"现实体系"是强调被考察的分数阶系统是一个真实复杂结构体系或复杂的现实物理过程。这与紧接着的"逼近模型"是"model"的翻译，添加"逼近"二字而不直译为"模型"，是考虑到该整数模型是实体——现实体系的近似结果。

②　即现实存在的分数阶系统。

③　**分数阶被控系统**(a fractional-order controlled system)参见图 9.1[+]。

$$y(t) = \frac{1}{a_2} \sum_{k=0}^{\infty} \frac{(-1)^k}{k!} \left(\frac{a_0}{a_2}\right)^k \mathcal{E}_k\left(t, -\frac{a_1}{a_2}; \beta - \alpha, \beta + \alpha k + 1\right) \tag{9.27}$$

9.2.2　整数阶逼近

为了进行对比，此处用一个二阶系统逼近所研究的分数阶系统。注意到 $\beta = 2.2$ 和 $\alpha = 0.9$ 分别接近于 2 和 1。当然，期望有一个好的逼近，因此用**最小二乘法**来确定整数阶逼近方程的系数，获得式(9.26)的整数阶逼近系统——二阶常微分方程：

$$\widetilde{a}_2 y''(t) + \widetilde{a}_1 y'(t) + \widetilde{a}_0 y(t) = u(t) \tag{9.28}$$

式中，系数①

$$\widetilde{a}_2 = 0.7414, \quad \widetilde{a}_1 = 0.2313, \quad \widetilde{a}_0 = 1$$

原始的分数阶系统方程式(9.26)与整数阶逼近系统方程式(9.28)所描述系统的单位阶跃响应结果比较如图 9.3+所示。② 图中两条单位阶跃响应曲线所表现出的一致性，看起来好像整数的二阶逼近系统，充分地达成了原始的分数阶系统所描述的控制策略。

---

① 这些系数的确定方法可参见 9.3 节。

② 整数阶逼近模型——二阶常微分方程式(9.28)的解

$$y_a(t) = \frac{\omega_0 - \omega_0 e^{\sigma t} \cos(\omega_0 t) + \sigma e^{\sigma t} \sin(\omega_0 t)}{\widetilde{a}_2 \omega_0 (\sigma^2 + \omega_0^2)} u(t) \tag{9.28a}$$

式中，σ 与 ω_0 分别是方程式(9.28)的特征值

$$\lambda_{1,2} = \sigma \pm j\omega_0 = \frac{-\widetilde{a}_1 \pm \sqrt{\widetilde{a}_1^2 - 4\widetilde{a}_2 \widetilde{a}_0}}{2\widetilde{a}_2} = -0.1560 \pm 1.1509j$$

的实部与虚部。

获得 $y_a(t)$ 的表达式至少有两种方法。一种方法是直接由二阶常微分方程求解方法求出。另一种方法是根据控制理论、线性系统理论或电路分析理论求解。

方程式(9.28)所描述系统的传输函数与单位冲激响应

$$H_a(s) = \frac{1}{\widetilde{a}_2 s^2 + \widetilde{a}_1 s + \widetilde{a}_0} \Leftrightarrow h_a(t) = \frac{e^{\lambda_1 t} - e^{\lambda_2 t}}{\widetilde{a}_2 (\lambda_1 - \lambda_2)} u(t) = \frac{e^{\sigma t} \sin(\omega_0 t)}{\widetilde{a}_2 \omega_0} u(t)$$

因为单位阶跃响应 $y_a(t)$ 是其冲激响应 $h_a(t)$ 的积分，由 $y_a(t) = \int_0^t h_a(\tau) d\tau$ 得出式(9.28a)。

将给定参量 $a_2 = 0.8, a_1 = 0.5, a_0 = 1, \beta = 2.2, \alpha = 0.9$ 代入式(9.27)中，得到

$$y(t) = \frac{5}{4} \sum_{k=0}^{\infty} \frac{(-1)^k}{k!} \left(\frac{5}{4}\right)^k t^{\beta(k+1)} \sum_{j=0}^{\infty} \frac{(j+k)! \left(-\frac{5}{8} t^{\beta-\alpha}\right)^j}{j! \, \Gamma(j(\beta-\alpha) + \beta(k+1) + 1)} \tag{9.28b}$$

图 9.3+中的曲线就是由上述两个表达式 $y_a(t)$（粗实曲线）与 $y(t)$（细实曲线）绘制而成。

由于式(9.28b)或式(9.27)都是无穷级数表达式，必定存在收敛问题，并且在进行具体数值计算时除了收敛问题，还存在数值稳定问题与误差问题——我们只能对无穷级数进行截短：

$$y(t) \approx \widetilde{y}(t) = \frac{5}{4} \sum_{k=0}^{K} \frac{(-1)^k}{k!} \left(\frac{5}{4}\right)^k t^{\beta(k+1)} \sum_{j=0}^{J} \frac{(j+k)! \left(-\frac{5}{8} t^{\beta-\alpha}\right)^j}{j! \, \Gamma(j(\beta-\alpha) + \beta(k+1) + 1)} \tag{9.28c}$$

当取 $K = J = 30$ 时，在大时间范围内，计算得到的结果 $y_a(t)$ 与 $\widetilde{y}(t)$ 曲线示于图 9.3+(b)。可见 $y(t) \approx \widetilde{y}(t)$ 的数值计算是一个值得探讨的问题！

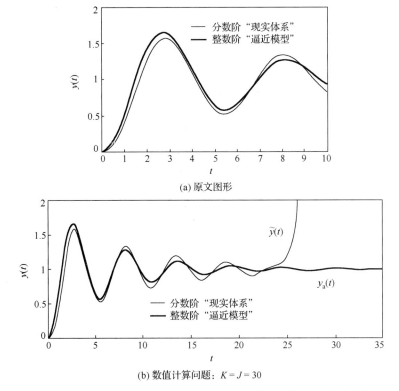

(a) 原文图形

(b) 数值计算问题: $K = J = 30$

图 9.3⁺　分数阶系统的单位阶跃响应(细实曲线)及其逼近(粗实曲线)

9.2.3　整数阶 PD 控制器

由于上述单位阶跃响应对比结果显示出良好的一致性,从而可以用依据逼近式(9.28)所设计出的整数阶控制器,来控制原始的分数阶被控系统式(9.26)。事实上,该方法频繁地用于控制实践之中,比如为现实对象设计控制器时。

设计一个具有传输函数

$$\widetilde{C}_{c}(s) = \widetilde{K} + \widetilde{T}_{d}s \tag{9.29}$$

的整数阶 PD 控制器,使得如图 9.1⁺所示的闭环系统,在其输入端加载单位阶跃信号时,输出端产生一个**稳定性测度**(stability measure)$St = 2$(这等价于要求系统在输入信号后的 2 秒内,必须以单位阶跃的 5% 误差稳定输出直流信号),**阻尼比**(damping ratio)$\xi = 0.4$ 的振荡单位阶跃响应。此时,式(9.29)中的系数取值为 $\widetilde{K} = 20.5$,$\widetilde{T}_{d} = 2.7343$。

为了进行对比,还需要计算**绝对误差积分**(IAE)[①]

$$I(t) = \int_{0}^{t} |e(t)| \, \mathrm{d}t$$

当 $t = 5\mathrm{s}$ 时,$I(5) = 0.8522$。

现在利用上述控制器,设计一个逼近整数阶系统式(9.28)的优化控制器,用于控制被

---

① **绝对误差积分**(the integral of the absolute error, IAE),严格地说来,应当写成 $I(t) = \int_{0}^{t} |e(\tau)| \, \mathrm{d}\tau$。

逼近的分数阶系统(9.26)。

式(9.25)定义的分数阶被控系统，与式(9.29)定义的整数阶 PD 控制器所构成的闭环结构，其微分方程具有形式：

$$a_2 y^{(\beta)}(t) + \widetilde{T}_{\mathrm{d}} y'(t) + a_1 y^{(\alpha)}(t) + (a_0 + \widetilde{K}) y(t) = \widetilde{K} w(t) + \widetilde{T}_{\mathrm{d}} w'(t) \tag{9.30}$$

这是一个四项分数微分方程，利用式(9.17)，求出该系统的单位阶跃响应：

$$y(t) = \frac{1}{a_2} \sum_{m=0}^{\infty} \frac{(-1)^m}{m!} \left(\frac{a_0 + \widetilde{K}}{a_2} \right)^m \times$$

$$\sum_{k=0}^{m} \binom{m}{k} \left(\frac{a_1}{a_0 + \widetilde{K}} \right)^k \left\{ \widetilde{K} \mathcal{E}_m \left(t, -\frac{\widetilde{T}_{\mathrm{d}}}{a_2}; \beta - 1, \beta + m - \alpha k + 1 \right) \right.$$

$$\left. + \widetilde{T}_{\mathrm{d}} \mathcal{E}_m \left(t, -\frac{\widetilde{T}_{\mathrm{d}}}{a_2}; \beta - 1, \beta + m - \alpha k \right) \right\} \tag{9.31}$$

具有同样整数阶 PD 控制器的闭环整数阶(主动逼近)系统，与闭环分数阶(被逼近)系统，在使用优化设计的逼近系统时，它们的单位阶跃响应对比显示于图9.4⁺(a)中。①

---

① 与"现实体系"微分方程式(9.30)相对应的具有经典 PD 控制器的整数阶"逼近模型"的微分方程是

$$\widetilde{a}_2 y''(t) + (\widetilde{T}_{\mathrm{d}} + \widetilde{a}_1) y'(t) + (\widetilde{a}_0 + \widetilde{K}) y(t) = \widetilde{K} w(t) + \widetilde{T}_{\mathrm{d}} w'(t) \tag{9.30a}$$

该整数阶微分方程所描述的闭环控制系统的传输函数

$$\widetilde{H}_{\mathrm{a}}(s) = \frac{\widetilde{T}_{\mathrm{d}} s + \widetilde{K}}{\widetilde{a}_2 s^2 + (\widetilde{T}_{\mathrm{d}} + \widetilde{a}_1) s + (\widetilde{a}_0 + \widetilde{K})} = \frac{r}{s - p} + \frac{r^*}{s - p^*}$$

在 MATLAB 中由函数 residue 部分分式分解得

$$r = a + \mathrm{i}b \approx 1.8440 - 2.0275\mathrm{i}, \qquad p = \sigma + \mathrm{i}\omega \approx -2.0000 + 4.9999\mathrm{i}$$

因此得单位冲激响应

$$\widetilde{h}_{\mathrm{a}}(t) = [r \exp(pt) + r^* \cdot \exp(p^* t)] u(t) = 2 \exp(\sigma t) [a \cos(\omega t) - b \sin(\omega t)] u(t)$$

对 $\widetilde{h}_{\mathrm{a}}(t)$ 积分得到单位阶跃响应

$$\widetilde{y}_{\mathrm{a}}(t) = \int_0^t \widetilde{h}_{\mathrm{a}}(\tau) \, \mathrm{d}\tau = \frac{r}{p} [\exp(pt) - 1] u(t) + \left(\frac{r}{p} \right)^* [\exp(p^* t) - 1] u(t)$$

$$= 2 \mathrm{Re} \left\{ \frac{r}{p} [\exp(pt) - 1] \right\} u(t) \tag{9.31b}$$

将已知参量

$$\widetilde{K} = 20.5, \qquad \widetilde{T}_{\mathrm{d}} = 2.7343, \qquad a_2 = 0.8, \qquad a_1 = 0.5, \qquad a_0 = 1, \qquad \beta = 2.2, \qquad \alpha = 0.9$$

代入式(9.31)，得到具有相同 PD 控制器的分数阶"现实体系"的单位阶跃响应(对无穷级数进行截短处理)

$$y(t) \approx \widetilde{y}(t) = \frac{5}{4} \sum_{m=0}^{M} \frac{(-1)^m}{m!} \left(\frac{215}{8} \right)^m \sum_{k=0}^{m} \binom{m}{k} \left(\frac{1}{43} \right)^k \left\{ 20.5 \cdot t^{2.2(m+1) - 0.9k} \sum_{j=0}^{J} \frac{(j+m)!}{j!} \frac{(-5\widetilde{T}_{\mathrm{d}}/4 \cdot t^{1.2})^j}{\Gamma(1.2j + 2.2m - 0.9k + 3.2)} \right.$$

$$\left. + \widetilde{T}_{\mathrm{d}} \cdot t^{2.2(m+1) - 0.9k - 1} \sum_{j=0}^{J} \frac{(j+m)!}{j!} \frac{(-5\widetilde{T}_{\mathrm{d}}/4 \cdot t^{1.2})^j}{\Gamma(1.2j + 2.2m - 0.9k + 2.2)} \right\} \tag{9.31c}$$

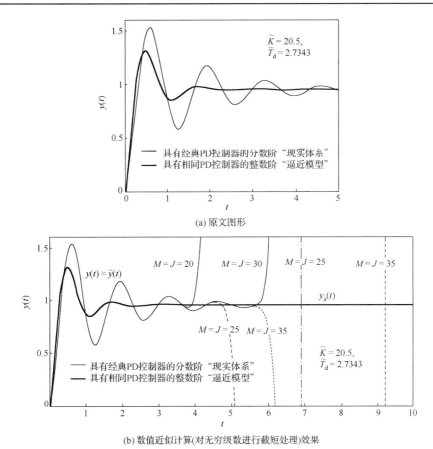

(a) 原文图形

(b) 数值近似计算(对无穷级数进行截短处理)效果

图 9.4$^+$　　在使用设计的逼近系统时，具有同样整数阶控制器的闭环整数阶
（粗实曲线）与闭环分数阶（细实曲线）系统的单位阶跃响应

　　读者看到，具有分数阶被控系统与整数阶控制器(——分数阶系统的整数阶逼近)的闭环结构的动力学性质，显著地劣于具有逼近整数阶系统的闭环结构的动力学性质。该系统稳定得更慢且具有更大的**剩余振荡**(surplus oscillations)。计算结果显示，与整数阶"逼近模型"相比，在 5 秒时间区间内，绝对误差积分(IAE)略大于 76%。此外，具有分数阶被控系统的闭环结构体系，对于控制器参数变化更为敏感。例如，当 $\tilde{T}_d$ 变化到 1 时，具有分数阶系统("现实体系")的闭环结构体系总是不稳定的，而与此同时，具有整数阶系统("逼近模型")的闭环结构体系一直表现出(快速衰减的)稳定性能，如图 9.5$^+$(a)所示[①]。

编程计算该式时需小心谨慎，因为面对的是三重求和！
　　图 9.4$^+$b 绘制出不同截短处理情形下(即 $M = J = 20, 25, 30, 35$ 等)数值近似计算效果。当然，也可用第八章所论述的方法进行数值近似求解而得到稳定的解结果。
　　从图 9.4$^+$b 中所展示的结果，读者会得出什么结论吗? 为什么会有如此结果呢?
　　式(9.31c)中保留的唯一参量 $\hat{T}_d$ 是为了绘制图 9.5$^+$ 而设。改变参量 $\hat{T}_d$ 的取值，可以很方便地考察分数阶被控系统的闭环结构体系，对于控制器参数变化的敏感性(系统响应的稳定性能与剩余振荡现象)。
　　①　在图 9.5$^+$ 中，译者添加绘制了 $\hat{T}_d = 2$(见图 9.5$^+$(b))，$\hat{T}_d = 4$(见图 9.5$^+$(c))时的情形。所使用的计算公式均为式(9.31a)和式(9.31b)。

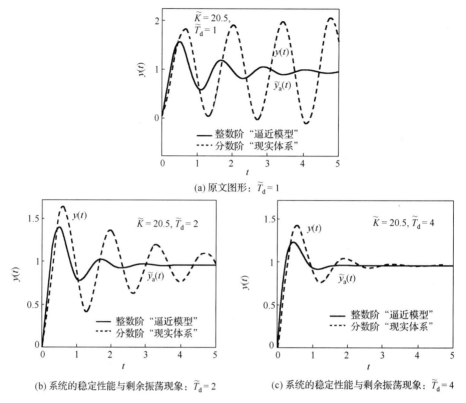

(a) 原文图形：$\widetilde{T}_d = 1$

(b) 系统的稳定性能与剩余振荡现象：$\widetilde{T}_d = 2$　　　　(c) 系统的稳定性能与剩余振荡现象：$\widetilde{T}_d = 4$

图 9.5⁺　在使用设计的整数阶系统时，具有同样整数阶控制器的闭环整数阶
（实曲线）与闭环分数阶（虚曲线）系统的单位阶跃响应

9.2.4　分数阶控制器

我们看到，不顾分数阶或原始系统式（9.26），而直接使用整数阶逼近系统式（9.28）来取代它，再利用为逼近系统所设计的控制器来控制原始分数阶系统，并不总是恰当的。

在上述例子中，另一种可用且更成功的方法是，使用分数阶 PD^{μ} 控制器，此时，其传输函数表示为

$$C_c(s) = K + T_d s^{\mu} \tag{9.32}$$

取 $\alpha < \mu < \beta$。具有传输函数式（9.25）的分数阶系统和具有传输函数式（9.32）的分数阶控制器所构成的闭环控制系统，其微分方程可写成

$$a_2 y^{(\beta)}(t) + T_d y^{(\mu)}(t) + a_1 y^{(\alpha)}(t) + (a_0 + K) y(t) = K w(t) + T_d w^{(\mu)}(t) \tag{9.33}$$

我们感兴趣的问题是该系统的单位阶跃响应。

利用式（9.17）、式（9.13）和式（9.10），可获得方程式（9.33）的解：

$$y(t) = \frac{1}{a_2} \sum_{m=0}^{\infty} \frac{(-1)^m}{m!} \left(\frac{a_0 + K}{a_2}\right)^m \sum_{k=0}^{m} \binom{m}{k} \left(\frac{a_1}{a_0 + K}\right)^k \left\{ K \mathcal{E}_m\left(t, -\frac{T_d}{a_2}; \beta - \mu, \beta + \mu m - \alpha k + 1\right) \right.$$
$$\left. + T_d \mathcal{E}_m\left(t, -\frac{T_d}{a_2}; \beta - \mu, \beta + \mu m - \alpha k + 1 - \mu\right) \right\} \tag{9.34}$$

在图 9.6⁺中，给出了两种闭环结构的单位阶跃响应曲线的对比。图中，虚曲线为用分数阶 PD^{μ} 控制器（$K = \widetilde{K} = 20.5$，$T_d = 3.7343$ 和 $\mu = 1.15$，这些参数值是通过计算仿真实验而获得的）所构成分数阶闭环结构的单位阶跃响应，实曲线是用（为逼近整数阶系统而设计的）传

统(经典)PD 控制器所构成的同一分数阶闭环结构的单位阶跃响应①。

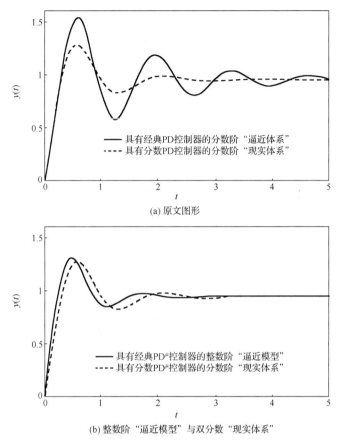

(a) 原文图形

(b) 整数阶 "逼近模型" 与双分数 "现实体系"

图 9.6⁺　具有传统 PD 控制器和具有 PD$^\mu$ 控制器的闭环分数阶系统的单位阶跃响应

可以看出，使用分数阶控制器，分数阶系统控制性能得以改善。

9.3　分数阶系统辨识

本节主要讨论现实动力学系统的分数阶模型的**参数辨识方法**。并用一个**再热炉**(re-heating

---

①　即分数微分方程式(9.30)所描述闭环系统的单位阶跃响应，见式(9.31)。对比微分方程式(9.30)、式(9.30a)和式(9.33)所描述的三个闭环控制系统：

- 具有经典 PD 控制器的分数阶"现实体系"——式(9.30)：

$$a_2 y^{(\beta)}(t) + \tilde{T}_d y'(t) + a_1 y^{(\alpha)}(t) + (a_0 + \tilde{K}) y(t) = \tilde{K} w(t) + \tilde{T}_d w'(t)$$

- 具有经典 PD 控制器的整数阶"逼近模型"：

$$\tilde{a}_2 y''(t) + \tilde{T}_d y'(t) + \tilde{a}_1 y'(t) + (\tilde{a}_0 + \tilde{K}) y(t) = \tilde{K} w(t) + \tilde{T}_d w'(t) \qquad (9.30a)$$

- 具有分数 PD$^\mu$ 控制器的分数阶"现实体系"——式(9.33)：

$$a_2 y^{(\beta)}(t) + T_d y^{(\mu)}(t) + a_1 y^{(\alpha)}(t) + (a_0 + K) y(t) = K w(t) + T_d w^{(\mu)}(t)$$

读者从这三个微分方程中能看出什么吗？

图 9.6⁺(a)为原文图形——两个"现实体系"的单位阶跃响应，图 9.6⁺(b)是整数阶"逼近模型"与最后双分数"现实体系"的单位阶跃响应。这些展示说明了什么问题呢？

furnace)的分数阶模型的参数辨识例子来说明该方法①。

为了确定真实的实验再热炉的传输函数，需要获得一个测量值数集

$$y_i^*, \qquad i=0\sim M$$

为此目的发展出如下三种模型。

第一个模型使用经典的整数阶导数模型。假定系统可用二阶微分方程

$$a_2 y''(t)+a_1 y'(t)+a_0 y(t)=u(t) \tag{9.35}$$

描述。模型方程系数取值

$$a_2=1.8675, \qquad a_1=5.5184, \qquad a_0=0.0063$$

由最小化判据 Q 准则

$$Q=\frac{1}{M-1}\sum_{i=0}^{M}(y_i^*-y_i)$$

而获得。式中 y_i 是第 i 个测试点处模型输出。此时，Q 的最小值为

$$Q_1=1.5\times10^{-3}$$

第二个模型假定系统可用三项分数微分方程描述：

$$b_2 y^{(\alpha)}(t)+b_1 y^{(\beta)}(t)+b_0 y(t)=u(t) \tag{9.36}$$

此时，阶数 α 和 β，以及系数 b_0，b_1 和 b_2 取值分别为

$$\alpha=2.5708, \qquad \beta=0.8372, \qquad b_2=0.7943, \qquad b_1=5.2385, \qquad b_0=1.5560$$

给出判据值

$$Q_2=1.3\times10^{-4}$$

第三种模型所考虑的目标用二项分数微分方程来建模。此类情形，必须使方程式(9.36)中的 $b_2=0$，从而消除 α 阶导数项。剩下两项分数模型：

$$b_1 y^{(\beta)}(t)+b_0 y(t)=u(t) \tag{9.37}$$

参数取值

$$\beta=1.0315, \qquad b_1=6.2868, \qquad b_0=1.8508$$

对应的判据值

$$Q_3=4.3\times10^{-4}$$

使用方程式(9.37)描述的再热炉，其拟合单位阶跃响应结果显示在图9.7中。

上述三种模型对比结果引出有趣的观测结果。

注意，整数阶模型式(9.35)正好是更一般的分数阶模型式(9.36)的一个特例。如果整

---

① **系统辨识**(system identification)[1:5-246,2:24-256]　　利用系统的输入输出数据来确定系统行为的数学模型。

系统分析(system analysis)[1:5-187,2:24-258]　　根据输入函数和系统特性来确定输出函数的特征。

系统控制(system control)[1:5-246,2:24-260]　　根据系统的特性设计控制输入，使输出满足某些预先规定的要求。由于系统辨识是从系统的输入输出来确定系统的动态特性，因此它是上述两个问题的反问题。

系统辨识有三个要素：

(1) 选定一个模型集 $\{M\}$，一般可以根据先验知识或观测的输入输出数据特征确定。

(2) 有一组(或相当数量)输入输出数据。

(3) 一个优良性准则函数，它是系统输出 y 与模型输出 y_M 的一个泛函或某种误差函数 $J(y,y_M)$。系统辨识就是在模型集 $\{M\}$ 中，利用输入输出数据，根据优良性准则选出一个模型，作为系统的数学模型。

系统辨识包括模型结构选择、试验设计、参数辨识(又称参数估计)、模型验证等内容。

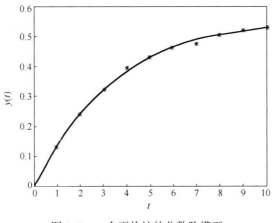

图 9.7　一个再热炉的分数阶模型

数阶模型是三项方程所描述模型之中最好的模型，那么分数阶模型式(9.36)的参数辨识将会给出 $\alpha=2$，$\beta=1$，以及 $b_k=a_k$，$k=0,1,2$。然而，这是不会发生的；这指明了整数阶模型式(9.35)很难以胜过分数阶模型式(9.36)。

整数阶模型与分数阶模型之间的这种差异的现实(例子)注解，不能说明具有更多数目参数(在式(9.36)中，已用五个参数对照式(9.35)中的三个参数)的情形，但是模型的不同"**本性**(nature)"，却能使我们用同样数目的参数获得更高要求的最终模型。这种更高要求的模型可用第三种模型式(9.37)来证实，在此种情形，我们也像式(9.35)那样，用了三个参数，但却得到一个更低的判据 Q 值。

9.4　小结

本章已经阐明了所提出的分数阶 $PI^\lambda D^\mu$ 控制器概念对于分数阶动力学系统的恰当控制是一条好的思路。

当然，$PI^\lambda D^\mu$ 控制器物理实现的特定电路是不可避免的课题，这些电路必须完成卡普途分数阶微分和分数阶积分运算。应当指出，上述**分数积分器**(fractional integrator)和**分数微分器**(fractional differentiator)电路已经在文献[179](1974 年)和文献[180](1983 年)中进行了论述。①

用第 8 章论述的数值方法，求解相应分数阶微分方程的初值问题，它们的数值结果也证实了所有(仿真)计算结果的正确性。

本章所提出的方法，最主要的弱点在于，只能处理**定常系数线性系统**。但另一方面，它却为新类型动力学系统(任意实数阶系统)与新的控制器种类提供了研究思路。

9.3 节所考察的客观实体的分数阶模型参数辨识例子说明，对于动力学系统的分数阶模型和分数阶控制器进行多彩而有益的应用研究，进一步发展客观实体的分数阶数学模型结构辨识的有效方法(如模型参数辨识)，是很有必要的。

---

①　这些特定电路现在人们称为分抗逼近电路。有兴趣的读者可进一步阅读注译者的《分抗逼近电路之数学原理》(北京：科学出版社，2015)[19]。

第10章　分数微积分的应用综述

本章对分数微积分在不同学科领域的应用问题进行简要综述。这不仅涉及许多广为人知的经典领域，比如阿贝尔积分方程和黏弹性力学，也关联着鲜为人知的领域，包括反馈放大器分析、电容理论、分抗、广义分压器、分数阶 Chua–Hartley 系统、电极–电解液界面模型、分数多极点、生物系统的电导问题、神经元的分数阶模型、实验数据拟合，以及其他一些问题。

这个综述不对分数微积分应用问题进行周全的考察，而是有选择地汇集那些来源于不同学科领域，在数学描述上通过类比类推方法就能进一步发展的实际问题。并且，在某些情形，我们也用特殊的应用事例来说明与验证前面章节所论述的方法。

10.1　阿贝尔积分方程

阿贝尔积分方程已得到了很好的研究，并且存在许多可供不同领域应用的技术资源。在众多论述阿贝尔积分方程不同方面的书籍中，必须提到下列专著：

[90] Gorenflo R and Vessella S, *Abel integral equations: analysis and applications*. Lectures Notes in Mathematics, vol. 1461, Springer–Verlag, Berlin, 1991

[84] Gorenflo S, *Abel integral equations with special emphasis on applications*. Lectures in Mathematical Sciences, vol. 13, University of Tokyo, 1996

这两本著作特别专业地论述了阿贝尔方程的具体应用。

有鉴于此，本节主要专注于那些出现在应用问题中，并且能够简化为阿贝尔积分方程的积分方程类型的论述。

10.1.1　一般要点备注

最简单、最著名的分数阶系统例子要追溯到**阿贝尔问题**[1]（见图 10.1*）。积分方程

$$\frac{1}{\Gamma(\alpha)}\int_0^t \frac{\varphi(\tau)\mathrm{d}\tau}{(t-\tau)^{1-\alpha}} = f(t), \qquad t>0, \qquad 0<\alpha<1 \tag{10.1}$$

称为**阿贝尔积分方程**①。其解由如下公式给出，

---

① **阿贝尔积分方程**，源自于阿贝尔问题——质点落体运动轨迹与时间关系问题。具体而言，在竖直平面 (x,y) 内求满足下述条件的曲线 $y=\zeta(x)$：如果一个质量为 m 的质点由曲线上纵坐标为 h（即高度）的点出发，从静止状态开始在重力作用下，无摩擦地沿曲线轨道向下滑动，那么经过时间 $T=f(h)$ 以后到达横坐标轴 Ox。这里函数 f 是事先给定的已知函数。阿贝尔问题的物理过程与质点运动几何关系示意如图 10.1*所示。

读者可参见式（2.80a）与式（2.80b），式（6.72）与式（6.72h）。

假设质点的下滑运动速率为

$$v=v(t), \qquad 0\leqslant t\leqslant T$$

由于质点的起始速度为零：$v(0)=0$，根据能量守恒定律有

$$\frac{1}{2}mv^2=mg(h-\gamma)\Rightarrow v=v(t)=\sqrt{2g}\sqrt{h-\gamma(t)}, \qquad 0\leqslant t\leqslant T \tag{10.1a}$$

$$\varphi(t) = \frac{1}{\Gamma(1-\alpha)} \frac{\mathrm{d}}{\mathrm{d}t} \int_0^t \frac{f(\tau)\,\mathrm{d}\tau}{(t-\tau)^\alpha}, \qquad t>0$$

我们更喜欢写成逆转形式

$$\frac{1}{\Gamma(1-\alpha)} \frac{\mathrm{d}}{\mathrm{d}t} \int_0^t \frac{f(\tau)\,\mathrm{d}\tau}{(t-\tau)^\alpha} = \varphi(t), \qquad t>0 \tag{10.2}$$

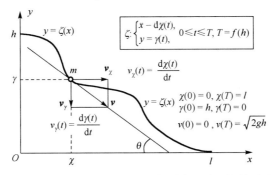

图 10.1*　阿贝尔问题的物理过程与质点运动几何关系示意图

使用分数阶导数算符，方程式(10.1)与方程式(10.2)的形式分别变为

$$_0D_t^{-\alpha}\varphi(t) = f(t), \qquad t>0 \tag{10.3}$$

$$_0D_t^{\alpha}f(t) = \varphi(t), \qquad t>0 \tag{10.4}$$

对应于方程式(10.3)与方程式(10.4)的传输函数分别是

$$g_1(s) = s^{-\alpha} \tag{10.5}$$

$$g_2(s) = s^{\alpha} \tag{10.6}$$

由此而来，对于方程式(10.1)或与此等价的方程式(10.3)所描述的情形，可当成阶数为$-\alpha$的系统进行处理。如果系统的行为由方程式(10.2)或其等价的方程式(10.4)描述，就拥有了一个阶数为α的系统。

在铅垂方向的速率为

$$v_\gamma(t) = \frac{\mathrm{d}\gamma}{\mathrm{d}t} = -\sqrt{2g}\sqrt{h-\gamma}\sin(\theta) \Rightarrow \mathrm{d}t = \frac{\mathrm{d}\gamma}{-\sqrt{2g}\sqrt{h-\gamma}\sin(\theta)}, \qquad 0 \le t \le T \tag{10.1b}$$

设 $\varphi(\gamma) = \dfrac{1}{-\sqrt{2g}\sin(\theta)}$，并对方程式(10.1b)的两边进行积分，得到关于未知函数 $\varphi(\gamma)$ 的积分方程——阿贝尔积分方程(1823 年)：

$$T = f(h) = \int_0^h \frac{\varphi(\gamma)\,\mathrm{d}\gamma}{\sqrt{h-\gamma}} \Leftrightarrow \int_0^y \frac{\varphi(\tau)}{\sqrt{y-\tau}}\mathrm{d}\tau = f(y) \tag{10.1c}$$

阿贝尔方程的一般形式——广义阿贝尔积分方程为

$$\int_0^y \frac{\varphi(\tau)}{(y-\tau)^\alpha}\mathrm{d}\tau = f(y), \qquad 0 < \alpha < 1 \tag{10.1c}$$

这与方程式(10.1)是一致的。

阿贝尔积分方程的求解过程，请读者参见式(6.72c)～式(6.72g)。

10.1.2　一些方程可简化为阿贝尔方程

　　许多应用问题的求解结果所导出的积分方程，初看与阿贝尔积分方程并无相同之处。这一初始印象，为开发这些方程的解析求解或数值求解方法，额外增加了难度。然而，将它们转化为阿贝尔积分方程形式，往往为快速获取解结果提供了方便；这就是此处列出一些可简化为阿贝尔形式方程的典型范例的原因。如此可简化方程的诸多问题类型，连同解结果公式可在文献[245]（1992 年）中找到。

● 具有非移动积分限的方程

（1）考虑方程

$$\int_0^\infty \frac{\varphi(\sqrt{s^2+y^2})}{\sqrt{s^2+y^2}}\mathrm{d}s = \frac{f(y)}{2y} \tag{10.7}$$

记 $\varphi(r)/r = F(r^2)$，则方程式（10.7）可改写为

$$\int_0^\infty F(s^2+y^2)\mathrm{d}s = \frac{f(y)}{2y}$$

进行变量代换 $x=y^2$，$\xi=s^2$，给出

$$\int_0^\infty \xi^{-1/2}F(x+\xi)\mathrm{d}\xi = \frac{f(\sqrt{x})}{\sqrt{x}} \tag{10.8}$$

进一步进行变量代换 $\tau=1/(x+\xi)$，引出

$$\int_0^{1/x} \left(\frac{1}{x}-\tau\right)^{-1/2}\tau^{-3/2}F\left(\frac{1}{\tau}\right)\mathrm{d}\tau = f(\sqrt{x})$$

并记

$$t=\frac{1}{x}, \qquad \psi(\tau)=\tau^{-3/2}F\left(\frac{1}{\tau}\right)$$

从而获得类似方程式（10.1）的积分方程（$\alpha=1/2$）：

$$\int_0^t \frac{\psi(\tau)}{(t-\tau)^{1/2}}\mathrm{d}\tau = f\left(\frac{1}{\sqrt{t}}\right) \tag{10.9}$$

借助式（10.4）可求出方程式（10.9）的解：

$$\psi(t) = \frac{1}{\Gamma(1/2)}{}_0D_t^{1/2}f\left(\frac{1}{\sqrt{t}}\right) \tag{10.10}$$

通过反向变量代换获得方程式（10.7）的分数导数形式的解结果：

$$\varphi\left(\frac{1}{\sqrt{t}}\right) = \frac{t}{\sqrt{\pi}}{}_0D_t^{1/2}f\left(\frac{1}{\sqrt{t}}\right) \tag{10.11}$$

（2）借助同样的一系列变量代换，方程

$$\int_0^\infty \frac{\varphi(\sqrt{s^2+y^2})}{\sqrt{s^2+y^2}}s^2\mathrm{d}s = \frac{f(y)}{2y} \tag{10.12}$$

可简化为阿贝尔积分方程形式①

$$\int_0^t \frac{\psi(\tau)}{(t-\tau)^{-1/2}} \mathrm{d}\tau = tf\left(\frac{1}{\sqrt{t}}\right) \tag{10.13}$$

此种情形下有 $\alpha = 3/2$。使用式（10.4），可得

$$\psi(t) = \frac{1}{\Gamma(3/2)} {}_0 D_t^{3/2}\left(tf\left(\frac{1}{\sqrt{t}}\right)\right) = \frac{2}{\sqrt{\pi}} {}_0 D_t^{3/2}\left(tf\left(\frac{1}{\sqrt{t}}\right)\right) \tag{10.14}$$

再应用关系

$$\varphi(r) = r^6 \psi(r^2)$$

就能返回到 $\varphi(r)$。

（3）方程

$$\int_0^\infty \tau^{1/2} \varphi(t+\tau) \mathrm{d}\tau = f(t) \tag{10.15}$$

与方程式（10.8）一样，并能用同样的方法来求解。

（4）方程

$$\int_0^\infty \mathrm{e}^{-\tau} \tau^{1/2} \varphi(t+\tau) \mathrm{d}\tau = f(t) \tag{10.16}$$

也可简化为类型为式（10.15）的方程。借助明显的变量代换关系

$$y(t) = \mathrm{e}^{-t}\varphi(t)$$

此时方程式（10.15）中的 $f(t)$ 必须用 $\mathrm{e}^{-t}f(t)$ 来替代②。

（5）**泊松积分方程**

$$\int_0^{\pi/2} \psi(r\cos\omega) \sin^{2v+1}\omega \mathrm{d}\omega = f(r) \tag{10.17}$$

也可以简化为阿贝尔方程。

进行变量代换 $x = r\cos\omega$，有

---

① 作系列变量代换

$$t = \frac{1}{y^2}, \qquad \tau = \frac{1}{s^2+y^2} = \frac{1}{s^2+t^{-1}} \Leftrightarrow y = \frac{1}{\sqrt{t}}, \qquad s = \left(\frac{1}{\tau} - \frac{1}{t}\right)^{1/2}, \qquad \mathrm{d}s = -\frac{\tau^{-2}}{2}\left(\frac{1}{\tau} - \frac{1}{t}\right)^{-1/2} \mathrm{d}\tau \tag{10.12a}$$

方程式（10.12）变换成

$$\int_0^t \frac{\tau^{-2}\varphi(1/\sqrt{\tau})}{(t-\tau)^{-1/2}} \mathrm{d}\tau = tf\left(\frac{1}{\sqrt{t}}\right) \tag{10.13a}$$

令

$$\psi(\tau) = \tau^{-2}\varphi\left(\frac{1}{\sqrt{\tau}}\right) \Leftrightarrow \varphi(t) = \frac{1}{t^4}\psi\left(\frac{1}{t^2}\right) \tag{10.13b}$$

可得到方程式（10.13），解为式（10.14）。最后，可得

$$\varphi(t) = \frac{2t^{-4}}{\sqrt{\pi}} {}_0 D_{t^{-2}}^{3/2}(t^{-2}f(t)) \tag{10.13c}$$

② 即有方程

$$\int_0^\infty \tau^{1/2} y(t+\tau) \mathrm{d}\tau = \mathrm{e}^{-t} f(t) \tag{10.16a}$$

$$\int_0^r \left(1 - \frac{x^2}{r^2}\right)^v \psi(x)\,\mathrm{d}x = rf(r)$$

如果记

$$y = \frac{1}{r^2}, \qquad \rho(y) = \frac{1}{\sqrt{y}}f\left(\frac{1}{\sqrt{y}}\right)$$

则可得方程

$$\int_0^{1/\sqrt{y}} (1 - yx^2)^v \psi(x)\,\mathrm{d}x = \rho(y)$$

也可写成

$$\int_0^{1/\sqrt{y}} \left(\frac{1}{y} - x^2\right)^v \psi(x)\,\mathrm{d}x = y^{-v}\rho(y) \tag{10.18}$$

对方程式(10.18)进行一系列变量代换

$$\tau = x^2, \qquad t = \frac{1}{y}$$

如果记

$$\varphi(\tau) = \frac{\psi(\sqrt{\tau})}{\sqrt{\tau}}, \qquad g(t) = 2t^v\rho\left(\frac{1}{t}\right)$$

则可得阿贝尔积分方程

$$\int_0^t (t - \tau)^v \varphi(\tau)\,\mathrm{d}\tau = g(t) \tag{10.19}$$

其解为

$$\varphi(t) = \frac{1}{\Gamma(v+1)} {}_0D_t^v g(t)$$

- **具有移动积分限的方程**

(1) 在大量的应用问题中，都出现了如下类型的积分方程：

$$\int_0^y \frac{\psi(x)}{(y^2 - x^2)^\beta}\,\mathrm{d}x = f(y) \tag{10.20}$$

进行变量代换 $\tau = x^2$，$t = y^2$，并记

$$\varphi(\tau) = \frac{\psi(\sqrt{\tau})}{\sqrt{\tau}}$$

则可得阿贝尔积分方程

$$\int_0^t \frac{\varphi(\tau)}{(t - \tau)^\beta}\,\mathrm{d}\tau = 2f(\sqrt{t}) \tag{10.21}$$

其解为

$$\varphi(t) = \frac{2}{\Gamma(1-\beta)} {}_0D_t^{1-\beta} f(\sqrt{t})$$

因而方程式(10.20)的解为

$$\psi(\sqrt{t}) = \frac{2\sqrt{t}}{\Gamma(1-\beta)} {}_0D_t^{1-\beta} f(\sqrt{t}) \tag{10.22}$$

(2) 在另一些情形，出现了类似于式(10.20)但具有移动的下积分限的方程：

$$\int_x^b \frac{\psi(r)r\,\mathrm{d}r}{(r^2 - x^2)^\beta} = f(x) \tag{10.23}$$

进行变量代换 $\tau = b^2 - r^2, t = b^2 - x^2$。如果记 $\varphi(\tau) = \psi(\sqrt{b^2 - \tau})$，则可得阿贝尔积分方程，

$$\int_0^t \frac{\varphi(\tau)\,\mathrm{d}\tau}{(t-\tau)^\beta} = 2f(\sqrt{b^2 - t}) \tag{10.24}$$

其解为

$$\varphi(t) = \frac{2}{\Gamma(1-\beta)}\,{}_0D_t^{1-\beta}f(\sqrt{b^2 - t})$$

这意味着方程式(10.23)的解为

$$\psi(\sqrt{b^2 - t}) = \frac{2}{\Gamma(1-\beta)}\,{}_0D_t^{1-\beta}f(\sqrt{b^2 - t}) \tag{10.25}$$

（3）方程

$$\int_\theta^{\pi/2} \frac{\rho(\varphi)\,\mathrm{d}\varphi}{(\cos\theta - \cos\varphi)^\beta} = F(\theta) \tag{10.26}$$

也常常出现在应用问题中。它亦可简化成阿贝尔积分方程。

进行变量代换 $\tau = \cos\varphi, t = \cos\theta$，并记

$$y(\tau) = \frac{\rho(\arccos\tau)}{\sqrt{1-\tau^2}}, \qquad f(t) = F(\arccos t)$$

则可得阿贝尔方程

$$\int_0^t \frac{1}{(t-\tau)^\beta} y(\tau)\,\mathrm{d}\tau = f(t) \tag{10.27}$$

解为

$$y(t) = \frac{1}{\Gamma(1-\beta)}\,{}_0D_t^{1-\beta}f(t)$$

因而，方程式(10.26)的解为

$$\rho(\arccos t) = \frac{\sqrt{1-t^2}}{\Gamma(1-\beta)}\,{}_0D_t^{1-\beta}F(\arccos t) \tag{10.28}$$

10.2　黏弹性力学

黏弹性似乎是分数微分与积分算子应用最为广泛的领地。这可能仅有的一个理由是，在该领域已经出版了大量的综述文献(参见[138，136，228])。后文的论述表明，对于黏弹性材料的数学建模，使用分数导数是很自然的事情。同时也将看到，推动分数微积分理论发展的主要动机，可能是不同工程领域中广泛使用**聚合物**①。

---

①　**聚合物**(polymer)[2:12-250]　由组成或结构重复单元通过共价键连接起来的线型长链为基本结构的高分子量化合物。又称**高分子化合物**(macromolecular compound)[2:7-284]，简称**高分子**(macromolecule)。在生命科学中也称为大分子，分子量从几千到几十万甚至几百万。聚合物通常由**单体**(monomer)[2:4-373]经**聚合**(polymerization)而制得。组成(或结构)的重复单元数称为聚合度，当聚合度很大时，即聚合物的分子量很高和具有聚集态结构时，称为高聚物。一般来说，高分子、聚合物、高聚物表达的意义大致相同，可以互相替换使用。

高分子与小分子不同，具有强度、模量，以及黏弹、疲劳、弛豫(松弛)等力学性能，还具有透光、保温、隔音、电阻等光学、热学、声学、电学等物理性能。由此产生了高分子物理学。

我们将考察一系列从整数阶模型推广到分数微积分模型的线性**黏弹性理论**①方法。

10.2.1 整数阶模型

读者知道，对于（绝大多数）固体材料，应力 σ 与应变 ε 之间存在著名关系——**胡克弹性定律**②：

$$\sigma(t) = E\varepsilon(t) \tag{10.29}$$

而对于**牛顿流体**③，则有

---

① **黏弹性理论**（theory of viscoelasticity）[2:16-564,47:366] 力学的分支，研究既有黏性性质又有弹性性质的黏弹性物体，在外界因素作用下内部应力场、应变场与位移场分布规律的学科。**黏性**（viscosity）是流体（液体或气体）抵抗变形或阻止相邻流层产生相对运动的性质。**弹性**（elasticity）[2:21-527] 就是外界因素消失后物体恢复原状的特性。

黏弹性理论成果广泛应用于材料、地质、生物和建筑等领域。

② 中国和世界上现存最早的科学技术文献——东汉学者**郑玄**（127～200）[2:28-269] 注《考工记》[2:12-534] 的《弓人》篇中，曾有记述："每加物一石，则张一尺。"[62:57]

英国物理学家**胡克**（Robert Hooke，1635～1703）[2:10-20,47:211]，1660 年在实验中发现螺旋弹簧伸长量与所受拉伸力成正比。1676 年，为防剽窃，他以字谜形式，将实验结果发表在《关于太阳仪和其他仪器的描述》中。1678 年在他撰写的小册子《势能的恢复——论说明弹跳体能力的弹簧》中公布了谜底："伸长量和力成正比"。

胡克对万有引力定律的发现起了重要作用。1689 年胡克写信给牛顿报告"引力与距离平方成反比"发现，并根据这个想法，指出地球表面抛体的轨道应该是椭圆，而不是牛顿所说那样：一条螺旋线而最终将绕到地心。牛顿对此没有回信，但接受了胡克的观点。后来牛顿将其写入了著名的《自然科学之数学原理》之中，但只字未提胡克的研究成果。这就引出了科学史上著名官司——胡克控告牛顿剽窃成果案。

③ **牛顿流体**（Newtonian fluid）[2:17-12,47:370]，1687 年牛顿首先进行了最简单的剪切流动实验，其原理如图 10.2*（a）所示。在间距为 d 的两平行板之间充满**黏性流体**（viscous fluid）[47:368]，上动板 A 以速率 V 在自己的水平面内等速平移（向右），下静板 B 静止（固定）不动。与上下板表面接触的流体，由于黏性作用附着在两板的内表面上。**黏性**使两板之间的流体向右运动，流动速度 $v = v(y)$ 自上而下逐渐减小到零，

$$v(d) = V \rightarrow v(0) = 0。$$

在这个典型特例中，dv/dy 定量地表示了流体的剪切变形率。牛顿根据实验观测最先指出：两板之间的流体速度分布 $v(y)$ 服从线性规律。作用在上动板的力同板的面积 S、板的运动速度 V 成正比，与间距 d 成反比。

牛顿提出：在流体中取一小块矩形隔离体，如图 10.2*（a）所示，其单位面积上的切应力 τ 与剪切变形率 dv/dy 成正比

$$\tau = \overline{\eta} \frac{dv}{dy} \tag{10.30a}$$

式中 $\overline{\eta}$ 就是实验所用流体的牛顿**黏性系数**（viscous coefficient），又称牛顿黏度（viscosity）。这就是著名的**牛顿黏性定律**。凡是符合此定律的流体称为（理想）牛顿流体，否则是**非牛顿流体**[2:6-375,47:135]。

公式（10.30a）与公式（10.30）是牛顿流体的重要标志，也是确定流体流动时必不可少的**本构方程**（constitutive equations，也可译为禀赋方程）或**本构关系**（constitutive relations）[2:2-264,19:8,47:19]。

自然界中许多流体是牛顿流体，例如水、空气等。自然界与日常生活中更为广泛的是大量的非牛顿流体，依照本构方程的不同可分为三类：

（1）广义牛顿流体——与应力历史无关的非牛顿流体，比如塑性流体、膨胀流体等。

（2）有时效的非牛顿流体——应力不仅同应变速率有关，而且与时间有关的非牛顿流体，分为触变流体和触稠流体两大类。

（3）黏弹性流体——兼有黏性效应与弹性效应的流体。比如高分子流体、很多生物流体（油脂、动物血液等）、中等浓度悬浮体、软纤维和质点悬浮物的流体等物质。这些物质通常条件下能够流动，可看成流体——具有黏性，它们又具有某些固体特性——具有弹性，是一大类比较复杂的非牛顿流体。

$$\sigma(t) = \eta \frac{\mathrm{d}\varepsilon(t)}{\mathrm{d}t} \qquad (10.30)$$

式中 E 和 η 都是常数。

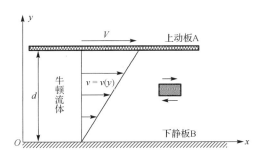

(a) 牛顿剪切流动实验——两平板的平行剪切流动

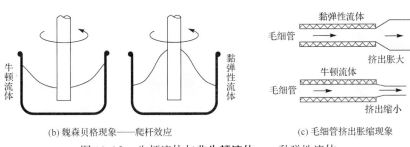

(b) 魏森贝格现象——爬杆效应　　　　　(c) 毛细管挤出胀缩现象
图 10.2*　牛顿流体与**非牛顿流体**——黏弹性流体

关系式(10.29)和式(10.30)并不是普适定律，它们仅仅是理想固体材料和理想流体的数学模型而已，在现实世界中并不存在。事实上，如果用**硬度**(firmness)来对材料进行分类，现实材料组合了这两种极限情形，其性质介于理想固体和理想流体之间。

线性黏弹性力学的整数阶模型发展演进路线如图 10.3⁺所示。胡克弹性元件用**弹簧**符号表示，牛顿黏性元件用**黏壶**符号表示。在**流变学**①中，通常用元件符号来替代表达对应的

非牛顿流体(特别是黏弹性流体)具有许多奇特的力学现象，最著名的当属图 10.2*(b)所示的**魏森贝格效应——爬杆效应**。非牛顿流体法向应力差引起的另一现象是**毛细管挤出胀大**，而牛顿流体从毛细管中流出时直径则会缩小，如图 10.2*(c)所示。如果把管子一端插入流体中，由于虹吸作用，流体会经过管道流出。如果把插入流体中的管端提出液面，牛顿流体就会中断虹吸作用，而黏弹性流体仍然会被吸引上来——产生**开口虹吸效应**[47;137]。今天，**非牛顿流体力学**已成为一门独立的学科——流变学与流体力学的交叉学科。它在化学纤维工业、塑料工业、石油工业、化学工业、轻工业、食品工业等许多领域有广泛的应用。

①　**流变学**(rheology)[2:14-358,47:322]　力学的一个分支。研究材料在应力、应变、温度、湿度、辐射等条件下与时间因素有关的变形和流动的规律。

流变学出现于 20 世纪 30 年代。人们在研究橡胶、塑料、油漆、树脂、玻璃、陶瓷、混凝土以及金属等工业材料性质过程中，在研究岩石、泥土、石油、沥青、矿物等地质材料性质过程中，以及在研究血液、肌肉、骨骼等生物材料性质的过程中，发现古典弹性理论、塑性理论和牛顿流体理论已不能说明这些材料的复杂特性。**麦克斯韦**(Maxwell 1831～1879，著名的英国物理学家，经典电磁理论的奠基者)与**开尔文**(Lord Kelvin 1824～1907，英国物理学家，原名 W. **汤姆孙**)，很早就认识到材料显示出时间效应。麦克斯韦在 1869 年发现，材料可以是弹性的，又可以是黏性的。对于黏性材料，应力不能保持恒定，而是以某一速率减小到零，其速率取决于施加的起始应力值与材料性质。这种现象称为应力松弛。许多学者还发现，应力虽然不变，材料棒却可随时间继续变形。这种性能就是蠕变或流动。经过长期探索，人们终于认识到，**一切材料都具有时间效应**。由此而来产生了流变学，并在 20 世纪 30 年代得到蓬勃发展。

方程。

第一步，将胡克(弹性)元件和牛顿(黏性)元件二者组合起来，得到具有不同性能的黏弹体模型。两种可能的组合是：并联与串联。两个基本元件串联给出黏弹性体的**麦克斯韦模型**，并联得到 **Voigt 模型**①。然而，这两种模型存在明显缺点。

麦克斯韦模型由关系式

$$\frac{\mathrm{d}\varepsilon}{\mathrm{d}t} = \frac{1}{E}\frac{\mathrm{d}\sigma}{\mathrm{d}t} + \frac{\sigma}{\eta} \tag{10.31}$$

描述，对于此种情形，有

$$\sigma = c \implies \frac{\mathrm{d}\varepsilon}{\mathrm{d}t} = c \tag{10.32}$$

流变学从一开始就是建立在材料实验基础之上的学科。因此实验是研究流变学的主要方法之一！

在不同的物理条件(如温度、压力、湿度、辐射，电磁场等)下，以应力、应变与时间 t 等物理变量来定量描述材料状态的方程，称为流变状态方程或**本构方程**。材料的流变特性可用基本流变元件构建的流变模型来模拟。

基本流变元件(basic rheological element)简述于下，表示符号如图 10.3⁺(a)所示。

(1) **胡克弹性元件 H——弹簧**(spring)：用一个物理常量表达弹性体的应力与应变的线性关系。剪切现象中物理常量是剪切弹性模量(modulus of elasticity in shearing) G，拉伸或压缩中，则是**拉压弹性模量**，也即**杨氏模量** E，它们的关系是

$$E = 2G(1+v) \tag{10.30b}$$

式中 v 为泊松比(Poisson's ratio) [2:17-379,47:43、385,62:57]。用胡克元件描述物体刚度的线性本构方程为

$$\sigma = E\varepsilon, \qquad \tau = G\gamma \tag{10.30c}$$

式中 σ 是拉应力，ε 是拉应变，τ 是切应力，γ 是切应变。

(2) **牛顿黏性元件 N——黏壶**(dashpot)，或称阻尼器：在研究黏性流体时，人们使用另一物理量——黏性系数(也即黏度)来表征黏性阻力与应变速率的线性本构关系。在图 10.2⁺(a)所示的剪切实验中，这一常量就是式(10.30a)所描述的牛顿黏度 $\bar{\eta}$，拉压实验中，得到拉压黏度

$$\eta = 3\bar{\eta}, \qquad v = 1/2 \tag{10.30d}$$

黏性阻力用黏壶来模拟。黏壶是一个充满流体的圆筒，其中活塞可在流体黏性阻力作用下运动。黏性阻力与应变速率成正比：

$$\sigma = \eta\frac{\mathrm{d}\varepsilon}{\mathrm{d}t}, \qquad \tau = \bar{\eta}\frac{\mathrm{d}\gamma}{\mathrm{d}t} \tag{10.30e}$$

式中 $\mathrm{d}\varepsilon/\mathrm{d}t$ 是拉压应变速率，$\mathrm{d}\gamma/\mathrm{d}t$ 为剪切应变速率。

式(10.30)是理想的线性黏壶模型的总效应(总和了拉压应变与剪切应变)表示。

(3) **摩擦元件**：理想**塑性固体**(plastic solid)材料用摩擦元件或滑块来模拟。物体的应力与应变超出弹性范围将会进入塑性状态。

随着理论与技术不断向前发展，以及新材料与新物质特性的探索与发现，人们还将逐渐建立新的物质模型，并提出新的本构(或禀赋)关系及其对应的基本流变元件。图 10.3⁺(a)中的**软体元件**(soft-matter element) [85,86]就是新近提出的一种流变元件。

胡克元件 H 与牛顿元件 N 的功能可以分别用**基本电路元件**中的电阻 R 与电感 L 来比拟，因为它们之间存在如下可比拟的**线性本构关系**(linear constitutive relation)，也叫**线性禀赋关系**：

$$\sigma = E\varepsilon \leftrightarrow v = Ri, \qquad \sigma = \eta\frac{\mathrm{d}\varepsilon}{\mathrm{d}t} \leftrightarrow v = L\frac{\mathrm{d}i}{\mathrm{d}t} \tag{10.30f}$$

式中 $v = v(t)$ 与 $i = i(t)$ 分别是电路的**基本本构变量**(basic constitutive variables)：电压与电流。

① **Voigt 模型**，在许多中文文献(比如[2：17-358，47：322，49：273，62：60，63：227])中称为开尔文模型。此处注译者遵从原文称谓。

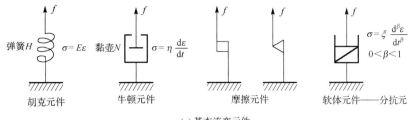

(a) 基本流变元件

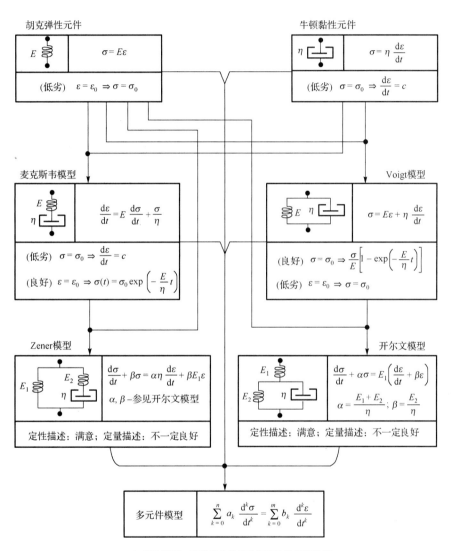

(b) 原文图形: 黏弹性力学线性模型的发展演进图

图 10.3⁺　基本流变元件与典型黏弹性模型

式中 c 是常量。这意味着, 如果应力为常数, 则形变将会无限增长。这就与实验观测不吻合了。

在 Voigt 模型中, σ 与 ε 的关系是

$$\sigma = E\varepsilon + \eta \frac{\mathrm{d}\varepsilon}{\mathrm{d}t} \tag{10.33}$$

由此有

$$\varepsilon = c \implies \sigma = c \tag{10.34}$$

（式中 c 是常量），并且我们看到，黏弹体的 Voigt 模型不能反映实验观测到的**应力松弛**（stress relaxation）现象。

第二步，改进模型性能，需要克服麦克斯韦模型和 Voigt 模型的上述缺点。Voigt 黏弹性元件与胡克弹性元件串联得到黏弹体的**开尔文模型**：

$$\frac{\mathrm{d}\sigma}{\mathrm{d}t} + \alpha\sigma = E_1\left(\frac{\mathrm{d}\varepsilon}{\mathrm{d}t} + \beta\varepsilon\right) \tag{10.35}$$

并联麦克斯韦黏弹性元件与胡克弹性元件就得到黏弹体的 **Zener 模型**：

$$\frac{\mathrm{d}\sigma}{\mathrm{d}t} + \beta\sigma = \alpha\eta\frac{\mathrm{d}\varepsilon}{\mathrm{d}t} + \beta E_1\varepsilon \tag{10.36}$$

式中 α 和 β 对于上述两种模型都为

$$\alpha = \frac{E_1 + E_2}{\eta}, \qquad \beta = \frac{E_2}{\eta}$$

开尔文模型与 Zener 模型，都给出了黏弹体的很好的定性描述，但从定量的角度来看并不令人满意[141,246]。由此，它们存在进一步发展的空间——将几个开尔文或麦克斯韦元件与胡克弹性元件组合起来，可以构造出黏弹性材料的更为复杂的流变模型。这些模型以更为复杂的关系，将应力与应变联系在一起，应力和应变导数的线性组合将出现在这些模型中（比如参见[246]）。沿着这一思路，在最一般的情形下，得出形如

$$\sum_{k=0}^{n} a_k \frac{\mathrm{d}^k\sigma}{\mathrm{d}t^k} = \sum_{k=0}^{m} b_k \frac{\mathrm{d}^k\varepsilon}{\mathrm{d}t^k} \tag{10.37}$$

的模型。对于如此模型的每一个特定情形，最恰当不过的是 $n = m$ 时的模型（该性质起源于开尔文模型与 Zener 模型，对于这两种情形 $n = m = 1$）。

使用式（10.35）、式（10.36）或式（10.37）作为黏弹性材料的应变基本定律，将会导致复杂的高阶微分方程。尽管最终的微分方程均是线性的（由形变基本定律的线性性质确定），但这对于公式化与求解许多应用问题都会造成困难。①

---

① 一种值得探究的解决方案是，采用**类比法**（analogy method），也称**比拟法**[1:1-667,2:13-345,3:123,47;20,66,67]，将黏弹性力学流变模型问题转化为电路网络模型问题。将基本流变元件中的理想弹簧 H（用弹性模量 E 表征）、理想黏壶 N（用黏性系数，即黏度 η 表征）与基本电路元件中的理想电阻 R、理想电感 L 进行对比：

理想弹簧 $E \leftrightarrow$ 理想电阻 R　　　理想黏壶 $\eta \leftrightarrow$ 理想电感 L

$$\sigma = E\varepsilon \leftrightarrow v = Ri, \qquad \sigma = \eta\frac{\mathrm{d}\varepsilon}{\mathrm{d}t} \leftrightarrow v = L\frac{\mathrm{d}i}{\mathrm{d}t} \tag{10.37a}$$

它们有相同形式的**线性本构关系**，并且物理变量之间存在对应关系：

应力 $\leftrightarrow$ 电压　　应变 $\leftrightarrow$ 电流

$$\sigma \leftrightarrow v \qquad \varepsilon \leftrightarrow i \tag{10.37b}$$

因此，我们完全可以采用**类比法**，使用电路分析理论与方法来研究黏弹体的流变性能。

由类比关系式（10.37a）、式（10.37b），弹簧 E 类比电阻 R，黏壶 η 类比电感 L。在麦克斯韦模型式（10.31）中弹簧 E 与黏壶 η 串联，对应着电阻 R 与电感 L 并联，如图 10.4*（a）所示，并有

$$\frac{\mathrm{d}\varepsilon}{\mathrm{d}t} = \frac{1}{E}\frac{\mathrm{d}\sigma}{\mathrm{d}t} + \frac{\sigma}{\eta} \leftrightarrow \frac{\mathrm{d}i}{\mathrm{d}t} = \frac{1}{R}\frac{\mathrm{d}v}{\mathrm{d}t} + \frac{v}{L} \tag{10.37c}$$

流变串联 $E \oplus \eta \leftrightarrow R /\!/ L$ 电路并联。

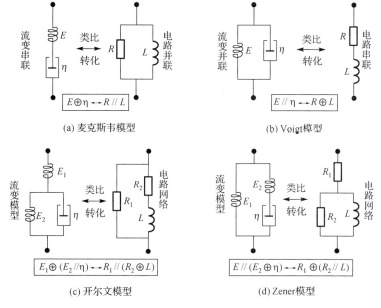

(a) 麦克斯韦模型　　　　　　　(b) Voigt 模型

(c) 开尔文模型　　　　　　　(d) Zener 模型

图 10.4* 黏弹体流变模型与电路网络模型的类比关系与转化规则

　　然而，它们都存在一个**佳解**（nice solution），在保证模型呈线性的同时，还提供了一个高水平的适定性结果。

Voigt 模型式（10.33）中弹簧 E 与黏壶 η 并联，对应着电阻 R 与电感 L 串联，如图 10.4*（b）所示，并有

$$\sigma = E\varepsilon + \eta \frac{\mathrm{d}\varepsilon}{\mathrm{d}t} \leftrightarrow v = Ri + L \frac{\mathrm{d}i}{\mathrm{d}t} \tag{10.37d}$$

流变并联 $E /\!/ \eta \leftrightarrow R \oplus L$ 电路串联。

对于图 10.3*（b）中开尔文模型，即式（10.35），类比电路网络如图 10.4*（c）所示，对应的微分方程为

$$\eta \frac{\mathrm{d}\sigma}{\mathrm{d}t} + (E_1 + E_2)\sigma = \eta E_1 \frac{\mathrm{d}\varepsilon}{\mathrm{d}t} + E_1 E_2 \varepsilon \leftrightarrow L \frac{\mathrm{d}v}{\mathrm{d}t} + (R_1 + R_2) v = L R_1 \frac{\mathrm{d}i}{\mathrm{d}t} + R_1 R_2 i \tag{10.37e}$$

流变模型 $E_1 \oplus (E_2 /\!/ \eta) \leftrightarrow R_1 /\!/ (R_2 \oplus L)$ 电路网络。

Zener 模型，即式（10.36）的类比电路网络如图 10.4*（d）所示，对应的微分方程是

$$\eta \frac{\mathrm{d}\sigma}{\mathrm{d}t} + E_2\sigma = \eta(E_1 + E_2) \frac{\mathrm{d}\varepsilon}{\mathrm{d}t} + E_1 E_2 \varepsilon \leftrightarrow L \frac{\mathrm{d}v}{\mathrm{d}t} + R_2 v = L(R_1 + R_2) \frac{\mathrm{d}i}{\mathrm{d}t} + R_1 R_2 i \tag{10.37f}$$

流变模型 $E_1 /\!/ (E_2 \oplus \eta) \leftrightarrow R_1 \oplus (R_2 /\!/ L)$ 电路网络。

进一步沿着这一类比思路，在最一般的情形下，对黏弹体的流变模型方程式（10.37）进行拉普拉斯变换，可以得到黏弹体模型的"策动点阻抗函数"：

$$M_{(m,n)}(s) = \frac{\Sigma(s)}{E(s)} = \frac{\sum\limits_{k=0}^{m} b_k s^k}{\sum\limits_{k=0}^{n} a_k s^k} \tag{10.37g}$$

式中 $\Sigma(s)$ 和 $E(s)$ 分别是 $\sigma(t)$ 和 $\varepsilon(t)$ 的拉普拉斯变换。令 $Z_{(m,n)}(s) = M_{(m,n)}(s)$ 为电路网络策动点的输入阻抗，就可以获得类比电路网络的结构以及电路微分方程

$$\sum_{k=0}^{n} a_k \frac{\mathrm{d}^k v}{\mathrm{d}t^k} = \sum_{k=0}^{m} b_k \frac{\mathrm{d}^k i}{\mathrm{d}t^k} \tag{10.37h}$$

这与流变微分方程式（10.37）在数学上是同一个问题。

10.2.2　分数阶模型

应当记住，对于固体来说，应力正比于应变的零阶导数，对于流体来说，应力正比于应变的一阶导数。如 [236]（Scott Blair，1947 年）中，一个很自然的假设是，对于"中间（intermediate）"材料来说，应力可能正比于应变的"中间"（非整数）阶导数：

$$\sigma(t) = E \, _0D_t^\alpha \varepsilon(t) \tag{10.38}$$

式中 E 和 α 均是依赖材料的常数。关于该思想是怎样出现的最短概述，可在 Scott Blair（1974 年）的论文 [239] 的附录中读到。

大约在相同的时期，Gerasimov（1948 年）[77] 提出了形变基本定律的类似广义化方法，他使用卡普途分数导数形式写出

$$\sigma(t) = \kappa \, _{-\infty}^{C}D_t^\alpha \varepsilon(t)$$

由于下端点在 $-\infty$ 的卡普途导数与黎曼-刘维尔分数导数一致，上式也可写成①

$$\sigma(t) = \kappa \, _{-\infty}D_t^\alpha \varepsilon(t), \qquad 0 < \alpha < 1 \tag{10.39}$$

式中 κ 是一个材料常数——**广义黏度**（generalized viscosity）。Gerasimov 也考察了两类在两个移动表面之间，黏性流体运动的描述问题。这些问题引出方程

$$\rho \frac{\partial^2 y}{\partial t^2} = \kappa \, D^\alpha \left(\frac{\partial^2 y}{\partial x^2} \right) \tag{10.40}$$

$$\rho x^3 \frac{\partial^2 y}{\partial t^2} = \kappa \frac{\partial}{\partial x} \left(x^3 \frac{\partial}{\partial x} (D^\alpha y) \right) \tag{10.41}$$

$$y = y(x, t); \qquad D^\alpha \equiv \, _{-\infty}D_t^\alpha$$

必须提到的是，Gerasimov 首先简化并求解了特殊应用问题中的**分数阶偏微分方程**。Slonimsky（1961 年）[241] 提出了另外的形变基本定律的广义化公式：

$$\varepsilon(t) = \frac{1}{\kappa} \, _0D_t^{-\alpha} \sigma(t), \qquad \kappa = c; \qquad 0 < \alpha < 1 \tag{10.42}$$

在 $\varepsilon(0) = 0$ 时，Scott Blair 定律与 Slonimsky 定律，即式（10.38）与式（10.42），是等价的。同样对于方程式（10.40），Gerasimov 给出的解结果，与方程式（10.41）在 $t < 0$ 时，未知函数和所有已知函数全为零的条件下的解结果也是等价的；在如此假设条件下，Gerasimov 公式（10.39）等价于 Scott Blair 定律和 Slonimsky 定律。因此，不用分别考虑这些方法，我们可以参照 Scott Blair 定律，即式（10.38）。

根据如前文论述那样将胡克元件和牛顿元件组成复杂的**多元模型**，进行现实材料的黏弹性力学行为特征的建模，就会自然而然地尝试用如此类型的多元模型构建 Scott Blair 黏弹性元件。

这样无限多个经典胡克弹簧和牛顿黏壶，以**自相似结构**（self-similar structures）顺序分层组成如图 10.5+ 和图 10.6+ 所示的黏弹体多元模型——分别由 Schiessel 和 Blumen（1995 年）[233] 与 Heymans 和 Bauwens（1994 年）[106] 提出。这两类模型现在称为黏弹体的**分抗**②模型

---

①　严格地，方程（10.39）应当写成

$$\sigma(t) = \kappa \, _{-\infty}D_t^\alpha \varepsilon(t), \qquad 0 < \alpha < 1 \tag{10.39a}$$

②　**分抗**（fractance）是电路理论中**分数阶阻抗**（fractional-order impedance）的简称 [121]。它是双端（无源）**分数阶运算元件**（fractional-order operational element）——**分抗元**（fractor）在电气电子学、电磁学、电路与系统、自动控制、信号与信息处理等领域的称谓。[19;1]

根据基本流变元件（理想弹簧 E 与理想黏壶 η）同基本电路元件（理想电阻 R 与理想电感 L）的**类比关系**，即式（10.37a）、式（10.37b）：

(见 10.5 节)。调整这些模型中元件参数,就可能得到形如式(10.38)方程所描绘的全体模型。

$$\sigma = E\varepsilon \leftrightarrow v = Ri, \qquad \sigma = \eta \frac{\mathrm{d}\varepsilon}{\mathrm{d}t} \leftrightarrow v = L \frac{\mathrm{d}i}{\mathrm{d}t}, \qquad \sigma \leftrightarrow v, \qquad \varepsilon \leftrightarrow i$$

得到流变模型与电路网络**转化关系**(参见式(10.37c)~式(10.37f)):

流变串联 $E \oplus \eta \leftrightarrow R /\!/ L$ 电路并联,流变并联 $E /\!/ \eta \leftrightarrow R \oplus L$ 电路串联。

我们完全可以采用**类比**(analogue)思维,使用电路理论与分析方法,研究黏弹体的流变性能。这样,图 10.5'(a)所示的 Schiessel-Blumen 黏弹体分抗类模型,在运算性能上等价于如图 10.5⁺(c)所示的 Oldham 分形链**分抗逼近电路**(fractance approximation circuit)[179;148],[19;15,41,105]。图 10.6⁺(a)所示的 Heymans-Bauwen 黏弹体分抗类模型在**运算性能**(operational performance)上等价于如图 10.6⁺(b)所示的分形树分抗逼近电路[19:16]。

此处所说的"**运算性能**"是指,当图 10.5⁺(c)式所示的 Oldham 分形链分抗逼近电路与图 10.6⁺(c)所示的分形树分抗逼近电路中的各个基本电路元件取定某些确定值之后,这两个无源 RL 网络可能实现分数阶微积分运算。比如这两个无源 RL 电路网络中的所有电阻、电感元件的取值全都一样,也即

$$R_i = R, \qquad L_i = L, \qquad i = \overline{0, k} \tag{10.42a}$$

时,它们的输入阻抗是容易求得的。此时如图 10.5⁺(c)所示,Oldham 分形链分抗逼近电路可等价简化成十分简单的**迭代电路**(iterating circuit),输入阻抗(设 $a = R$, $c = Ls$)

$$Z_k(s) = \frac{ac + aZ_{k-1}(s)}{a + c + Z_{k-1}(s)} = F(Z_{k-1}(s)), \qquad k \in \mathbb{N} \tag{10.42b}$$

式中 a, c 可以看成常数,迭代函数 $F(x)$ 是收敛的,也就是说,肯定有

$$Z_k(s) \xrightarrow{k \to \infty} Z(s) \tag{10.42c}$$

由此而来,求解迭代方程 $x = F(x)$,得到极限阻抗

$$Z(s) = \frac{c}{2} \left(\sqrt{1 + \frac{4a}{c}} - 1 \right) \xrightarrow{|a| \gg |c|} \sqrt{ac} = \sqrt{RLs} = I^{(1/2)}(s) = F^{(1/2)} s^{1/2} \tag{10.42d}$$

这说明该无源 RL 网络在低频段($|s| \ll R/L$)具有半阶微分运算特征!由此类比得知对应的 Schiessel-Blumen 黏弹体模型有 $\alpha = 1/2$。

同理,对于如图 10.6⁺(a)所示的 Heymans-Bauwens 黏弹体分抗类模型,进行电路类比,得到的等价电路是一个如图 10.6⁺(b)所示分形电路。当元件取值为式(10.42a)时,该分形电路网络不具有分数阶运算特征!在极限情况下,

$$Z(s) = \frac{R(R + Ls)}{2R + Ls}$$

那么当元件取值不满足条件式(10.42a)时,情况将会怎样呢?读者不妨探试一试。

近年来,国内一些研究者,将本构关系是

$$\sigma(t) = \kappa \frac{\mathrm{d}^\alpha \varepsilon(t)}{\mathrm{d}t^\alpha}, \qquad 0 < \alpha < 1 \tag{10.42e}$$

(式中 κ 是一个常数)的黏弹体建模为一种新的流变模型元件——常系数阿贝尔黏壶(Abel dashpot)[85]——**软体元件**(soft-matter element)[86],并用图 10.3⁺(a)所示的符号来表示。其实,它们是本构方程式(10.38)、式(10.39)、式(10.42)所描述的**广义牛顿黏壶**——"**分抗元**(fractor)[19]"。[87]提出**变系数阿贝尔黏壶模型**:

$$\sigma(t) = (\eta^\gamma e^{-\beta t}) \frac{\mathrm{d}^\alpha \varepsilon(t)}{\mathrm{d}t^\alpha}, \qquad 0 < \alpha < 1 \tag{10.42f}$$

为了更好的描述岩石等的流变过程,齐亚静等 2012 年提出带应变触发的非线性黏壶[88]。为了研究盐岩蠕变过程,吴斐等 2014 年提出**带应变触发的阿贝尔黏壶模型**[89]。

将分数微积分理论引入流变学领域是一个大趋势。从现有研究成果来看,可以预计分数微积分在流变学中将大有作为。如果同分数阶电路与系统进行比拟,对流变学研究应当会有好结果。毕竟电路与系统的设计、制作、调试、测量等比流变学实验问题要容易得多。

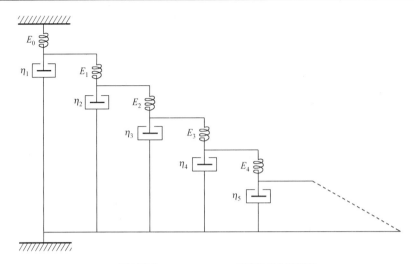

(a) 原文图形：Schiessel-Blumen黏弹体分抗类模型

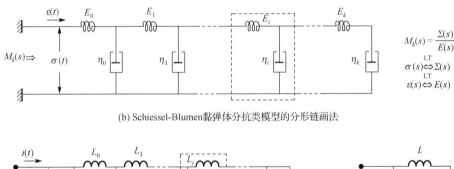

(b) Schiessel-Blumen黏弹体分抗类模型的分形链画法

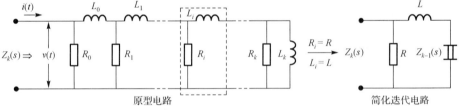

原型电路　　　　　　　　　　　　　　简化迭代电路

(c) Schiessel-Blumen黏弹体分抗类模型的电路类比——Oldham分形链分抗逼近电路

图 10.5$^+$　Schiessel–Blumen 黏弹体分抗类模型及其类比电路

　　现有三种基本元件(胡克弹性元件，牛顿黏性元件，Blair 分抗元件)来构造流变模型，存在两种选择：用多于一种的基本元件构建模型，或仅仅使用 Blair 元件构建模型，因为它已包含了两个作为其特例的元件。

　　Heymans 和 Bauwens 提出，用 Blair 元件替代弹性元件和黏性元件实现广义化经典麦克斯韦模型(见图 10.3$^+$(b)或图 10.4*(a))。另一方面，他们又用 Blair 元件替代黏性元件来广义化 Zener 模型(见图 10.3$^+$(b)或图 10.4*(d))。

　　在 Schiessel，Metzler，Blumen，Nonnenmacher 的论文[233](1987 年)中，所有四种基本的经典模型(麦克斯韦，Voigt，Zener，和开尔文模型)，都用 Blair 元件替代所有的胡克和牛顿经典元件进行广义化，然后仔细研究它们。必须提到的是，比这更早，卡普途和 Mainardi (1971 年)[29]就已使用卡普途分数导数并从形变基本定律方程入手，对黏弹性力学的不同类型的经典模型进行了广义化研究，他们的模型现在称为**四参数模型**。

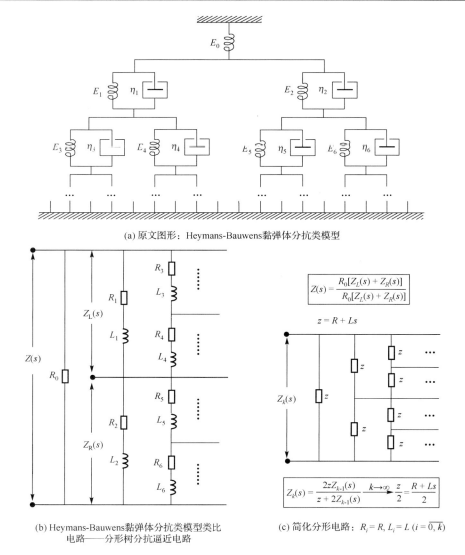

(a) 原文图形：Heymans-Bauwens黏弹体分抗类模型

$$Z(s) = \frac{R_0[Z_L(s) + Z_R(s)]}{R_0[Z_L(s) + Z_R(s)]}$$

$$z = R + Ls$$

$$Z_k(s) = \frac{2zZ_{k-1}(s)}{z + 2Z_{k-1}(s)} \xrightarrow{k \to \infty} \frac{z}{2} = \frac{R + Ls}{2}$$

(b) Heymans-Bauwens黏弹体分抗类模型类比
电路——分形树分抗逼近电路

(c) 简化分形电路：$R_i = R,\ L_i = L\ (i = \overline{0, k})$

图 10.6⁺　Heymans-Bauwens 黏弹体分抗类模型及其类比电路网络

　　胡克定律方程式(10.29)是一个单参数模型，而 Blair 定律方程式(10.38)，是一个双参数模型(参数是 E 和 α)，它们也能够通过在方程两边添加更多的项，包括应力和应变的任意阶导数，作进一步的广义化处理。这样一来，就得到三参数广义 Voigt 模型：

$$\sigma(t) = b_0\,\varepsilon(t) + b_1\,D^\alpha\varepsilon(t) \tag{10.43}$$

三参数广义麦克斯韦模型：

$$\sigma(t) + a_1\,D^\alpha\sigma(t) = b_0\,\varepsilon(t) \tag{10.44}$$

五参数广义 Zener 模型：

$$\sigma(t) + a_1\,D^\alpha\sigma(t) = b_0\,\varepsilon(t) + b_1\,D^\beta\varepsilon(t) \tag{10.45}$$

等等。再进一步，Schiessel，Metzler，Blumen 和 Nonnenmacher(1995 年)[233] 提出了更一般模型。

　　然而，广义 Zener 模型方程式(10.45)能够简化，是因为通过实验观测得知，大多数材料的建模结果有 $\alpha = \beta$[223,18]。另外根据实验观测结果，Bagley 和 Torvik 在理论上证明：如果 $\alpha = \beta$，则五参数模型方程式(10.45)满足热动力学约束条件。该结论引出四参数模型

$$\sigma(t) + a_1 D^\alpha \sigma(t) = b_0 \varepsilon(t) + b_1 D^\alpha \varepsilon(t) \tag{10.46}$$

这就提供了大多数现实材料的一个满意的描述。

记住下面一点是有益的：在图 10.3$^+$(b)所示的黏弹性力学的整数阶模型中，只有 Zener 模型和开尔文模型才有应力导数的最高阶数等于形变导数的最高阶数。

我们看到，四参数模型方程式(10.46)也能在形式上，用相同阶数的分数导数替代一阶导数，从整数阶 Zener 模型和开尔文模型得出。同样，黏弹性力学的最一般线性模型，也能在形式上，用分数导数替代整数阶导数的方法，从式(10.37)得到：

$$\sum_{k=0}^{n} a_k D^{\alpha_k} \sigma(t) = \sum_{k=0}^{m} b_k D^{\beta_k} \varepsilon(t) \tag{10.47}$$

并且有可能在 $n = m$ 和 $\alpha_k = \beta_k (k = 0, 1, 2, \cdots)$ 时得到最佳的结果。

10.2.3　分数微积分相关方法

对于线性黏弹性力学来说，除纯粹的分数微积分方法外，还有两种紧密相关的处理方法必须提及。

前面所考虑的处理方法，是从形变定律的数学描绘角度出发，采用导数"过渡"技巧，将线性黏弹性力学问题，从整数阶模型推广过渡到分数阶情形。然而，黏弹性力学的分数阶模型，也可以从现实材料的所谓**幂律应力松弛**入手。1921 年 Nutting[172] 首先明确地给出公式

$$\varepsilon = a t^\alpha \sigma^\beta \tag{10.48}$$

式中 a，α 和 β 均为模型参数，t 为时间变量。

取 $\beta = 1$，并记 $c_0 = 1/a$，我们看到，对于一个**恒定应变**(即 ε 为常量)，**应力松弛**可用**幂律关系**描述：

$$\sigma(t) = c_0 \varepsilon t^{-\alpha} \tag{10.49}$$

另一方面，对于一个**恒定应力**(即 σ 为常量)，应变为

$$\varepsilon(t) = \frac{\sigma}{c_0} t^\alpha \tag{10.50}$$

如 Nonnenmacher 所指出的[169]，从方程式(10.49)，或方程式(10.50)分别推导得出，函数 $\sigma(t)$ 和 $\varepsilon(t)$ 满足分数微分方程：

$$D^\alpha \sigma(t) = \frac{\Gamma(1-\alpha)}{\Gamma(1-2\alpha)} \frac{\sigma(t)}{t^\alpha} \tag{10.51}$$

$$D^\alpha \varepsilon(t) = \Gamma(1+\alpha) \frac{\varepsilon(t)}{t^\alpha} \tag{10.52}$$

这表明，黏弹性行为的幂律表示与分数导数之间具有密切关系。Bagley[12] 讨论了黏弹性力学中幂律方法与分数微积分方法之间的异同点。

除分数微积分模型和幂律方法外，也存在其他方法，包括卷积型积分法。这类方法，事实上是**沃尔泰拉**①思想[252] 的一种特殊实现，它主要在 Rabotnov([217]，亦可参考教材

---

① **沃尔泰拉**(Volterra Vito, 1860-1940)[1;6-290,3-489,2;23-378,3;686] 意大利数学家，对现代微积分学的发展作出了重要贡献。研究课题涉及数学物理、积分方程、微分方程、泛函分析、集合论、弹性理论、天体力学、数学生物学等领域。

沃尔泰拉是积分方程一般理论的第一个创始人。1896-1897 年，他研究了**第二类沃尔泰拉方程**

[218，219])那里得到发展和推广。其核心就是 Rabotnov 函数 $\ni_\alpha(\beta,t)$ 的应用，而 Rabotnov 函数是 Mittag-Leffler 函数(式(1.68))的一个特例。这意味着，事实上，Rabotnov 理论也关联着分数微积分方法，并隐蔽地包含着分数积分和分数导数。

上面所有求解实际的黏弹性力学问题的关于形变定律的广义化方法，如果恰当地理解其结论，发现它们在实践中是有用的。许多作者，为黏弹性力学的分数阶模型发展和应用，作出了有意义的贡献(按字母顺序排列，这是一个不完全的列表①)：

Beyer H and Kempfle S [19](1995)

Caputo M [22~26](1967-1990)

Caputo M and Mainardi F [29，30](1971)

Enelund M，Fenander Å，Olsson P [58](1997)

Enelund M，Josefson B L [59](1997)

Fenander A [66](1998)

Friedrich Ch [70~73](1991-1995)

Friedrich Ch，Braun H [74](1994)

Gaul L，Kempfle S，Klein P [75](1990)

Gerasimov A N [77](1948)

Glöckle W G，Nonnenmacher T F [80，81，170](1991，1994，1991)

Gross B [97](1947)

Heymans N，Bauwens J-C [106](1994)

Koeller R C [118](1984)

Lee H H，Tsai C-S [122](1994)

Makris M，Constantinou M C[129，130](1991，1993)

Mainardi F [136，138，139，132](1997，1998，1994)

Metzler R，Schick W，Kilian H.-G，Nonnenmacher T F [151](1995)

$$y(t) = f(t) + \lambda \int_a^t k(t,\xi)y(\xi)\mathrm{d}\xi，\qquad a \leqslant t \leqslant b \tag{10.52a}$$

(式中 $y(t)$ 是未知函数，$f(t)$ 是已知的自由项，λ 与 a 为已知常数，$k(t,\xi)$ 是已知的积分核)，并提供了求解的逐次逼近法，巧妙地证明其收敛性，从而得出解的存在性，并指出第一类沃尔泰拉积分方程

$$f(t) = \int_a^t k(t,\xi)y(\xi)\mathrm{d}\xi \tag{10.52b}$$

均可转化为第二类沃尔泰拉方程。他注意到积分方程，是当未知数个数 n 趋于无穷时线性方程组的极限形式。

沃尔泰拉解法——**逐次逼近法**(successive approximation method)[1:3-491,4:763,17:4-138]：设方程(10.52a)有解

$$y(t) = y_0(t) + \lambda y_1(t) + \lambda^2 y_2(t) + \cdots = \sum_{i=0}^{\infty} \lambda^i y_i(t)，\qquad a \leqslant t \leqslant b \tag{10.52c}$$

如果该级数在区间 $[a，b]$ 上关于 t 是一致收敛的，那么把它代入方程式(10.52a)，可得递推公式

$$y_0(t) = f(t)，\qquad y_i(t) = \int_a^t k(t,\xi)y_{i-1}(\xi)\mathrm{d}\xi，\qquad i = 1,2,\cdots \tag{10.52d}$$

式中 $y_i(t)$ 都是 $[a,b]$ 上的连续函数。若 $|\lambda|$ 充分小，则级数式(10.52c)在 $[a,b]$ 上关于 t 绝对且一致收敛。

①　原文列表中无年份。为使读者对相关历史有个时间顺序感知，注译者在各项尾部圆括号中添加了年份。

Nonnenmacher T F ［169］(1991)

Nutting P G ［172］(1921)

Pritz T ［214］(1996)

Rabotnov Yu N ［217~219］(1948，1977，1966)

Rogers L ［223］(1983)

Rossikhin Yu A，Shitikova M V ［228，229］(1997)

Schiessel H，Metzler R，Blumen A，Nonnenmacher T F ［233］(1995)

Scott Blair G W ［236，237，239］(1947，1950，1974)

Slonimsky G L ［241］(1961)

Tseytlin A I ［250］(1984)

……

然而，当今该领域的深入细致发展及其相对其他领域的长足进步，一方面，毫无疑问是 Bagley 及其合作者一系列工作［12~18］的结果，他们从理论与实践两方面，用简洁明了的语言，阐述了分数微积分方法的优势；另一方面，也是工业材料性能的更好表征需求推动的结果。

10.3　反馈放大器的伯德分析

1945 年伯德(Bode H W)在著作《网络分析与反馈放大器设计》中，讲解反馈放大器设计时，考虑一个**频率响应**①表征为[20：式18-5]

---

① **频率响应**(frequency response)[1：5-202,2：17-337,10：162,11，12]　也称**频域特征**(frequency-domain characteristics)——系统对不同频率的正弦信号的稳态响应特征。系统的频率响应是以频率为自变量的复变函数！

考虑下图所示的模拟线性定常系统(也称线性时不变系统)，其中 $x(t)$ 为输入(也称激励)，$y(t)$ 为输出(也叫响应)，$G(s)$ 是传输函数(也称系统函数)。

$$
\begin{array}{ccc}
单位冲激输入\,\delta(t) & (线性定常) & g(t)\,单位冲激响应 \\
\text{输\quad激}\quad x(t) & 系统 & y(t)\quad\text{输\quad响} \\
\text{入\quad励}\quad X(s) & \boxed{g(t)\Leftrightarrow G(s)} & Y(s)\quad\text{出\quad应} \\
X(\mathrm{j}\Omega) & & Y(\mathrm{j}\Omega)
\end{array}
$$

系统的频率响应由系统传输函数 $G(s)$ 计算获得：$G(s)\big|_{s=\mathrm{j}\Omega}=G(\mathrm{j}\Omega)$，也可通过试验测试方法得到 $G(\mathrm{j}\Omega)=Y(\mathrm{j}\Omega)/X(\mathrm{j}\Omega)$。一般地，系统的频率响应由幅频特征与相频特征组成。

幅频特征(amplitude-frequency characteristics)，亦称**幅频响应**：

$$A(\Omega)=|G(\mathrm{j}\Omega)|=\left|\frac{Y(\mathrm{j}\Omega)}{X(\mathrm{j}\Omega)}\right| \tag{10.53a}$$

相频特征(phase-frequency characteristics)，亦称**相频响应**或**相位响应**：

$$P(\Omega)=\mathrm{Arg}\{G(\mathrm{j}\Omega)\}=\mathrm{Arg}\left\{\frac{Y(\mathrm{j}\Omega)}{X(\mathrm{j}\Omega)}\right\} \tag{10.53b}$$

在许多领域，特别是工程技术实践中，人们喜欢用**伯德图**(Bode plot)[20],[1：5-203]——按频率的对数

$$\varpi=\lg\left(\frac{\Omega}{2\pi}\right)\Leftrightarrow\Omega=2\pi\cdot10^{\varpi} \tag{10.53c}$$

(式中 ϖ 称为**频率指数变量**[19]，简称**频指变量**)表现频率特征与相位特征：

$$\Lambda(\varpi)=\lg A(2\pi\cdot10^{\varpi})，\qquad\theta(\varpi)=P(2\pi\cdot10^{\varpi}) \tag{10.53d}$$

$$Z(\Omega) = \frac{R}{E}(j\Omega)^{-n} \qquad (10.53)$$

的系统，对应的传输函数是

$$G(s) = \frac{R}{E}s^{-n} \qquad (10.54)$$

式中 R 与 E 是已知常量[1]，而 n 是一个反馈放大器的**级数**（the number of stages）。在分析中，伯德允许 n 为任意实数，并得出结论：反馈放大器的最佳级数值是非整数[20;§18.9]。这样一来，他事实上使用了分数阶传输函数式（10.54）从事非整数阶系统性能的频域分析。

然而，其后伯德又阐述了怎样选择合适的整数级数，该整数并不必然接近 n 的最佳非整数值。

10.4　分数阶电容器理论

正式提出并考察**分数阶电容（器）模型**问题，最有可能首推 Carlson 和 Halijak[31~34]在 20 世纪 60 年代初期的研究工作[2]。

根据频率响应——伯德曲线 $\Lambda(\varpi)$、$\theta(\varpi)$，可以直观地评价系统（特别是线性定常系统）复现信号的能力与过滤噪声的特性。利用频率响应可以容易地对系统进行性能分析（比如稳定性、瞬态响应、增益、移相等），也可对系统进行设计与优化等。

在研究分抗、分抗逼近电路、分数阶电路与系统时，为了刻画系统的微积分（主要是分数微积分）**运算特征**（operational characteristics），注译者于 2007 年首先提出**阶频特征**（order-frequency characteristics）[19;6]概念。阶频特征定义为

$$\mu(\varpi) = \frac{d\Lambda(\varpi)}{d\varpi} = \frac{d\lg|G(j2\pi \cdot 10^{\varpi})|}{d\varpi} \qquad (10.53e)$$

阶频特征 $\mu(\varpi)$ 与相频特征 $\theta(\varpi)$ 一起构成系统运算性能分析的数学基础。幅频特征 $\Lambda(\varpi)$ 与相频特征 $\theta(\varpi)$ 是系统频域特征分析的数学基础。对于一个给定的电路或系统，现今我们不能再以传统眼光来看待了。不仅要分析其局部频域特点，还应当考察其频域全局的整体综合性能；不仅要考察其幅频特征、相频特征，还应当分析其阶频特征，即微积分运算性能分析。[19;78]

在分抗逼近电路、分数阶电路等的设计与调试、具体应用与实验测试中，必须确切知道分抗值 $F^{(\mu)}$，参见注译附录 A 中的式（A.1）。为此余波、袁晓等[139,140]在 2014 年，引入 F 特征函数：

$$F(\varpi) = \Lambda(\varpi) - \mu(\varpi)\left[\varpi + \lg(2\pi)\right] = \lg\left(\frac{|G(j2\pi \cdot 10^{\varpi})|}{(2\pi \cdot 10^{\varpi})^{\mu(\varpi)}}\right), \qquad \varpi \in R \qquad (10.53f)$$

如此 F 特征 $F(\varpi)$ 由幅频特征 $\Lambda(\varpi)$ 与阶频特征 $\mu(\varpi)$ 共同确定，但它不具有普遍性。F 特征应当具有什么样的基本性质，如何定义一般意义下的 F 特征是值得深入研究的课题！

① 原文中已知常量"R 与 E"使用符号"A 与 B"。本书为了使前后符号一致并避免符号冲突而改用"R 与 E"。基于同样理由并参照传输函数定义式（9.1a），此处式（10.53）、式（10.54）中的符号也进行了相应调整。

② 这里所说"分数阶电容器模型（fractional-order capacitor models）"就是分数算子 s^α（$0<|\alpha|<1$）或理想分抗 $I^{(\alpha)}(s) = F^{(\alpha)}s^\alpha$ 的无源 RC 逼近电路网络模型。其实，Morrison 在[94]（1959 年）早于 Carlson 和 Halijak 等研究该问题并提出 Morrison 分形梯、分形串、分形链等分抗逼近电路（参见图 D.1）。

有兴趣的读者可阅读注译者撰写的《分抗逼近电路之数学原理》（北京：科学出版社，2015）。该书对 Carlson 和 Halijak 模型的运算性能以及数学理解与猜想进行了深入细致的论述，并进行了拓展研究——将 Carlson 和 Halijak 的有理迭代逼近拓展到任意分数阶情形[19;230,112,113,135,136]。

近来，Westerlund 和 Ekstam（1994 年）[255]基于物理定律的修正而提出了**分数电容器理论**（fractional capacitor theory）。显然，他们不知道 Carlson 和 Halijak 的研究工作。由此而引出一类分数阶系统问题。

Westerlund 从 **M. J.** 居里在 1889 年提出的**健忘经验定律**①入手，

$$i(t) = \frac{U_0}{h_1 t^v}, \qquad 0<v<1, \quad t>0 \tag{10.55}$$

式中 h_1 是一个与电容容量和电介质类型有关的常数，而 v 是一个与电容泄漏有关的常数。如此建模电容的传输函数为

$$H(s) = C_\varphi s^v, \qquad 0<v<1 \tag{10.56}$$

式中 C_φ 是一个与通常称之为容量值密切关联的模型常数。②

电容的阻抗由传输函数表示为

$$Z(s) = \frac{1}{C_\varphi s^v}, \qquad 0<v<1 \tag{10.57}$$

Westerlund 曾经用二项形式的传输函数

$$Z(s) = \frac{1}{s^{v_1} C_1 + s^{v_2} C_2} \tag{10.58}$$

成功地拟和了实验数据（式中 $v_1 = 0.82, v_2 = 0.9946$，C_1 和 C_2 均为与前述 C_φ 相同意义的确定常量）。

传统电容理论"分数"修正的 Westerlund 方法，对于不同的科学与工程领域中浩如烟海的各种形如式（10.55）类型的经验定律来说，也是非常有用的。现在，这方面的大多数读物开始用**分形理论**重新表述这类问题。

观察居里健忘经验定律就能推出有趣的结论：电容中电流张弛的表达式（10.55）与黏弹性力学中方程式（10.49）给出的 Nutting 幂律的特例具有同样的形式。

10.5　电路

存在两类电路与分数微积分相关联。

第一类电路是，由传统（整数阶模型）意义下的众多电容和电阻组成的网络结构体系，

《分抗逼近电路之数学原理》的基本目的是试图探索并建立表征与分析、理解与构造分抗（元）、分抗逼近电路以及分数阶电路与系统等的一般数学原理与方法。内容包括：分抗概念及其在蔡氏公理化元件系中的位置关系，简要钩沉分抗逼近电路与分抗有理逼近的发展历程，分抗与分抗逼近电路的性能（包括运算特征与逼近性能）分析，Liu 分形分抗的运算振荡现象与逼近性能分析，半阶分形分抗逼近电路的数学原理，分抗有理逼近的数学原理，以及分抗完美阶数空间的数学理解与思考、问题与猜想。书中引进了许多新概念，一些新思路、新观点、新方法等，虽然取得了一些重要且有价值的研究结果，系统地完成了一些相应的工作，但仅仅是一个开始。

"没有什么深刻的理论，只是在不停地试探与纠错，不断发展前行。"[19;245]

①　**健忘经验定律**（well-forgotten empirical law），这纯粹是一个经验关系。式（10.55）是恒定直流电压 U_0 在 $t=0$ 时刻加载于现实电容两端，所产生电流 $i(t)$ 的测试数据拟合结果。

②　此处 C_φ 就是 v 阶理想分抗元（fractor）的特征量——分抗量（fractance quantity→fractance），现在人们用符号 $F^{(-v)}$ 表示（参见式（10.58a）、"注释附录 A"）。

集体行为表现出非整数阶特性。具有这样性能的电路网络称为**分抗**①。

第二类电路是由经典意义下的电阻和电容再加上分抗元件构成的网络结构体系。

10.5.1　树分抗

第一个与分数微积分运算相关的电路例子是分抗——电路性质介于电阻与电容之间的电路。术语"分抗(fractance)"是 1983 年 Le Méhauté[121] 为了表示具有非整数阶阻抗性质的电气元件而揭出的新名词。

图 10.7+(a)给出了一种**树分抗**元件的结构图，它是无限个自相似电路(包含着阻值为 R 的电阻和容值为 C 的电容)不断复制而得到。

1992 年 Nakagawa 和 Sorimachi[161] 证明：如图 10.7+(a)所示分抗的阻抗值是

$$Z(j\Omega) = \sqrt{R/C}\,\Omega^{-1/2}\exp\left(-\frac{j\pi}{4}\right) \tag{10.59}$$

相对应的分数阶**传输函数**②为

---

①　**分抗**　英文新词(1983 年)"fractance"的国语译名。在注译者所涉及的中文文献中，注译者及其合作者最早使用如此译名，也许亲爱的读者还有更为准确的译名。早在 2003 年，注译者在翻译相关文献时就开始使用"分抗"译名，并开始考虑图 10.7+(c)所示的"分抗元"的电路符号问题。与此同时在本科生与研究生有关课程中讲授分抗、分抗逼近电路、分数微积分等概念与理论，带领研究生开展这方面试探性研究工作[19,55~58,68~77]。

分抗也是电路中分数阶元件——分抗元(fractor)的简称，用它可以设计与构造具有分数微积分运算功能的(线性、非线性)电路与系统——分数阶电路与系统。分数阶电路与系统，分数阶信号与系统、分数阶控制等，是正逐渐显露于世人面前的多学科交叉的、新的研究领域。分数阶系统是二十一世纪的系统。

众所周知的事实是，对于通常意义下的二端无源电路元件：电阻(元)R、电容(元)C、电感(元)L 等，在理想的情况下，它们的阻抗 $Z(s)$ 可以统一表示成

$$Z^{(\mu)}(s) = F^{(\mu)}s^\mu \tag{10.58a}$$

- 当阶数 $\mu = -1$ 时，$F^{(-1)} = C^{-1}$，对应于容性阻抗 $Z^{(-1)}(s) = C^{-1}s^{-1}$——**-1 阶阻抗**，由理想电容元 C 实现，对应的算符 s^{-1} 表示(一阶)积分运算。
- 当阶数 $\mu = 0$ 时，$F^{(0)} = R$，对应于电阻阻抗 $Z^{(0)}(s) = R\,s^0 = R$——**0 阶阻抗**，由理想电阻器件或电阻元 R 实现，对应的算符 s^0 表示恒等运算。
- 当阶数 $\mu = 1$ 时，$F^{(+1)} = L$，对应于感性阻抗 $Z^{(+1)}(s) = L\,s^{+1}$——**+1 阶阻抗**，由理想电感器件或电感元 L 实现，对应的算符 $s^{+1} = s$ 表示(一阶)微分运算。

在式(10.58a)中，(运算)阶数 μ 反映了算符 s^μ 的微积分运算特性(operational characteristics)！以上三种情形是最为经典的基本电路元件——整数阶阻抗器件。

当阶数 μ 为非整数，也即是取 μ 为分数(当然从数学理论上来说可以取为任意实数或复数)时由什么器件来实现呢？分抗元器件！

②　此处所说的"**传输函数**"，更准确地说应当是指"**(输入)阻抗函数**"。

图 10.7+(a)所示自相似的规则分形树电路可用图 10.7+(b)所示的简化的等价电路——迭代电路(iterating circuit)表示，其输入阻抗可由简单的**代数迭代公式**

$$Z_k(s) = \frac{[a+Z_{k-1}(s)] \cdot [a+Z_{k-1}(s)]}{a+b+2Z_{k-1}(s)}, \qquad k \in \mathbb{N}^+, \qquad a = R, \qquad b = \frac{1}{Cs} \tag{10.59a}$$

逐级算出。如果令 $Z_k(s) = x_k$，则有

$$x_k = \frac{(a+x_{k-1})(b+x_{k-1})}{a+b+2x_{k-1}} = F_T(x_{k-1}), \qquad k \in \mathbb{N}^+ \tag{10.59b}$$

由此可画出如图 10.7+(d)所示的 N-S 树分抗**迭代电路**并得到一个**迭代方程**[19:17,95]

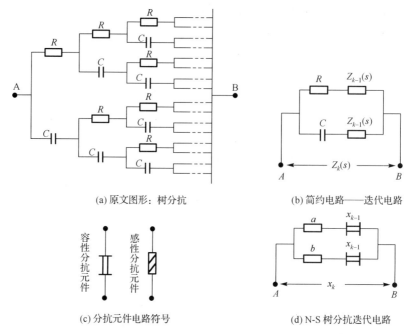

(a) 原文图形：树分抗　　　　　　　(b) 简约电路——迭代电路

(c) 分抗元件电路符号　　　　　　　(d) N-S 树分抗迭代电路

图 10.7+　Nakagawa-Sorimach 分形树分抗逼近电路——N-S 树分抗

$$Z(s)=\sqrt{R/C}\,s^{-1/2} \tag{10.60}$$

　　当然，在实际中无限结构电路必须截短，现实分抗总是有限节（级）结构。然而，如此的多米诺阶梯，只要**节数**足够多还是可以达到所要求的逼近精度。[1]

　　分抗能够用于模拟分数微分运算和积分运算。在电工学中它们也可当作电路的新元件类使用。[2]

$$x=F_{\mathrm{T}}(x)=\frac{(a+x)(b+x)}{a+b+2x}\Leftrightarrow x^2=ab \tag{10.59c}$$

该方程的算术根——正实数解为

$$r_{\mathrm{T}}=\sqrt{ab}=\sqrt{\frac{R}{C}}\,s^{-1/2} \tag{10.59d}$$

也就是 N-S 树分抗逼近电路的**极限阻抗**（式（10.60））

$$Z_k(s)\xrightarrow{k\to\infty}Z_{\mathrm{T}}(s)=r_{\mathrm{T}}(s) \tag{10.59e}$$

有兴趣的读者可阅读笔者的《分抗逼近电路之数学原理》（北京：科学出版社，2015）中相关内容。

①　式（10.59a）、式（10.59b）和式（10.59e）中正整数 $k\in\mathbb{N}^+$ 表示 Nakagawa-Sorimach 树分抗的**节数**（number of stages）。式（10.59e）说明当节数 k 足够大时，该电路性能逼近理想负半阶分抗，因此称图 10.7+（a）所示的电路为 Nakagawa-Sorimach 树**分抗逼近电路**[19;94]，简称 **N-S 分形树分抗**（N-S fractal tree fractance）[19;16]。

　　给定初始阻抗 $Z_0(s)$，由迭代公式（10.59a）就能逐节算出阻抗函数序列：$Z_k(s)$，$k\in\mathbb{N}^+$。由此绘制出 N-S 分形树分抗逼近电路的幅频特征 $\Lambda_k(\varpi)$、相频特征 $\theta_k(\varpi)$、阶频特征 $\mu_k(\varpi)$ 函数曲线如图 10.8* 所示。由此可见，N-S 分形树分抗逼近电路具有负半阶运算性能！这也验证了公式（10.59e）的正确性。

②　此处"电路新元件类"指的是分抗元（fractor）类，电路符号如图 10.7+（c）所示[19]。相关内容可参阅注译附录 A。

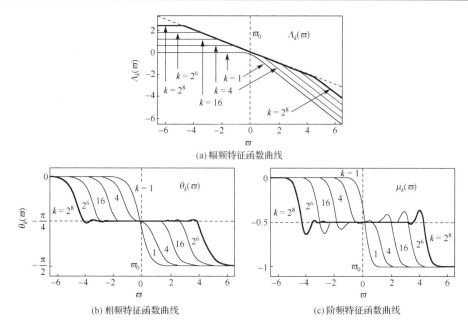

(a) 幅频特征函数曲线

(b) 相频特征函数曲线　　　　　　(c) 阶频特征函数曲线

图 10.8* N–S 分形树分抗的频率特征与运算特征：$Z_0(s)=0$，$\Omega_0=2\pi\Leftrightarrow\varpi_0=0$

10.5.2　链分抗与串分抗①

第二个分抗例子是如图 10.9+ 所示的链分抗，它是由 Carlson 和 Halijak（1964 年）[34]，Oldham 和 Spanier（1974 年）[179]，Oldham 和 Zoski（1983 年）[180]等提出的。②

---

① 原文标题是"10.5.2 Chain Fractance"，此处译文标题"**链分抗与串分抗**（Chain Fractance and Chuan Fractance）"是根据本节论述内容而定的。因为本节前半部分讲解的是文献[179]中"8.3 Analog Differintegration"的内容，论述图 10.9+（b）所示的负半阶**分形链分抗**（fractal chain fractance）逼近电路的参数设计要点，后半部分陈述图 10.9+（a）所示的标度化的**分形串分抗**（fractal chuan fractance）逼近电路的参数设计要点。本节原文内容中存在一些不实与错误，特别是其中所述内容与原始的参考文献不符合。这些在译文中都得到了纠正。

② 通过查找并仔细研读文献[34，179，180]，图 10.9+（a）的"原文图形"应当是图 10.9+（b）所示的 RC **分形链分抗**逼近电路[19;15,104]。Oldham 等人最先比较深入细致地从数学理论上，考察该类电路的特殊情形（见图 10.9+（c））的分数阶运算特性，因此称该类电路为 Oldham I 型分形链分抗逼近电路。

对于图 10.9+（c）所示的 Oldham I 型分形链分抗逼近电路，由其迭代电路写出迭代方程（令 $R=a$，$1/(Cs)=b$）

$$x=F_{\text{Oldham}}(x)=a+\frac{bx}{b+x}\Leftrightarrow x^2=ab+ax \tag{10.61a}$$

解之便求得 Oldham I 型链分抗的极限阻抗为

$$Z_k(s)\xrightarrow{k\to\infty}Z_{\text{OI}}(s)=r_0=\frac{a}{2}\left(1+\sqrt{1+\frac{4b}{a}}\right)=\frac{R}{2}\left(1+\sqrt{1+\frac{4}{RCs}}\right) \tag{10.61b}$$

在极低频率条件下，也即

$$\frac{4}{RC}=4\Omega_0>>|s|\Leftrightarrow\Omega<<4\Omega_0 \tag{10.61c}$$

时，由式（10.61b）可得到式（10.61）的结果：

$$Z_k(s)\xrightarrow{k\to\infty}Z_{\text{OI}}(s)\xrightarrow{\Omega<<4\Omega_0}\sqrt{R/C}\,s^{-1/2} \tag{10.61d}$$

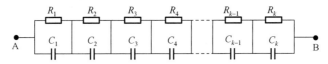

(a) 原文图形：分形串(fractal chuan)分抗逼近电路

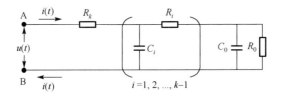

(b) 分形链(fractal chain)分抗逼近电路

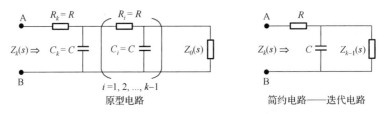

原型电路　　　　　　　　　简约电路——迭代电路

(c) Oldham I 型分形链分抗逼近电路[179:152]

图 10.9⁺　分形串与分形链分抗逼近电路

链分抗由 k 个阻容对链接而成。如果

$$R_i = R, \qquad C_i = C, \qquad i = \overline{1,k-1}, \qquad R_k = R/2, \qquad C_k = 0$$

则如[179]所论证那样，如图 10.9⁺(a)所示结构链分抗的**传输函数**近似等于②

$$G(s) \approx \sqrt{\frac{R}{Cs}} \tag{10.61}$$

并且，在一定时间范围内，即对于

该结果表明：Oldham I 型链分抗逼近电路在低频段具有负半阶运算性能，我们称之为**低频有效**的负半阶分抗逼近电路。

关于 Oldham 分形链分抗逼近电路的阻抗函数 $Z_k(s)$ 问题，请参阅注译附录 B，有兴趣的读者也可阅读《分抗逼近电路之数学原理》(北京：科学出版社，2015)中相关内容。该书对 Oldham 分形链类(共 4 种且仅有 4 种)电路进行了较全面与深入的运算性能与逼近性能分析。

②　此处的"传输函数"，更准确地说，应当是指"(输入)阻抗函数"。在给定条件下，对于图 10.9⁺(a)所示的"原文图形"电路，不可能有式(10.61)的结果！

对于分形串分抗电路，如图 10.9⁺(a)所示，当 $R_i = R$, $C_i = C$, 应当有

$$Z_k(s) = \sum_{i=1}^{k} \frac{R_i}{1 + R_i C_i s} = \sum_{i=1}^{k} \frac{R}{1 + RCs} = \frac{kR}{1 + RCs} \tag{10.61e}$$

显然，这意味着此时串分抗电路是一个普通的无源滤波网络，而不可能具有分抗的分数阶运算性能！只有当图 10.9⁺(a)中，也即式(10.61c)中的电阻 R_i、电容 C_i 取不同值时(见式(10.65))才有可能得到有效的分数阶分抗逼近电路。

其实，早在 1959 年 Morrison[94]就提出了**分形串**(见图 10.9⁺(a))与**分形链**(见图 10.9⁺(b))结构电路实现分数阶分数算子的运算性能，见注译附录 D 的式(D.4b)。

$$6RC \leqslant t < \frac{1}{6}k^2 RC①$$

该链分抗行为正如 1/2 阶分数积分器。通过选择恰当的 R，C 和 k，就可以达到所要求的精度和时间区间长度。

这一思想在 [180]（1983 年）中得到进一步的发展，下面给出 $1-v(0<v<1)$ 阶分数积分器设计技巧。②

首先，选定分数积分阶数 μ 并计算 $v = 1\ \mu$。然后必须选择分数积分运算所进行时间区间的下限 t_m 和上限 t_M。

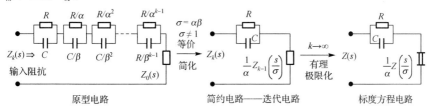

(a) Morrison 分形串分抗逼近电路 [94, 96, 97, 99]：$\alpha \neq 1, \beta \neq 1$

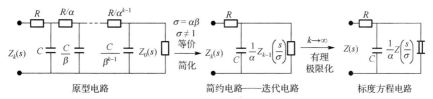

(b) Liu-Kaplan 分形链分抗逼近电路 [113, 180] [94, 96, 97]：$0 < \alpha \leqslant 1, 0 < \beta \leqslant 1$

图 10.10*　标度分形串与分形链分抗逼近电路

选定 v 后，电阻和电容的**几何比值** α 和 β③ 根据如下方程来计算④，

---

① 在 [179：154] 中，针对 Oldham I 型分形链分抗逼近电路，如图 10.9^+（b）或图 10.9^+（c）所示，在理论上给出两组结论公式，即 [179：式 (8.3.12) 和式 (8.3.13)]：

$$U(s) \approx \sqrt{\frac{R}{Cs}}I(s), \qquad 6RC \leqslant \frac{1}{s} \leqslant \frac{1}{6}k^2 RC \tag{10.61f}$$

$$u(s) \approx \sqrt{\frac{R}{C}}\frac{\mathrm{d}^{-1/2}i(t)}{\mathrm{d}t^{-1/2}}, \qquad 6RC \leqslant t \leqslant \frac{1}{6}k^2 RC \tag{10.61g}$$

② 接下来的论述来源于 [180]，是基于**分形串**（fractal chuan）分抗逼近电路（见图 10.9^+（a）和图 10.10^*（a））进行 $1-v(0<v<1)$ 阶分数积分器的设计！其实早在 1959 年 Morrison [94] 就已提出了图 10.10^*（a）所示电路，并称为串联模式电路。因此将图 10.10^+（a）所示电路称为 **Morrison 分形串分抗逼近电路** [94, 96, 97, 99]。

③ **几何比值**（geometric values）α 与 β，也称为标度分形分抗逼近电路（见图 10.10^* 和图 D.1）的元件参量**递进比**（recursive ratio，其意义请参见式 (10.65)，或式 (10.66)、式 (10.67)），或**标度特征参量**（scaling characteristic parameters），而将 $\alpha\beta = \sigma$ 称为标度电路的**标度因子**（scaling factor）。[19, 96~99]

④ 计算公式 (10.62) 也可写成

$$\lg\alpha = \frac{\mu}{1-\mu}\lg\beta \tag{10.62a}$$

$$\lg\beta = \frac{3}{2}v^{2/3} = \frac{3}{2}(1-\mu)^{2/3} \tag{10.62b}$$

式 (10.62a) 来自式 (10.68c)。式 (10.62b) 是考虑逼近误差所选定的结果 [19；180，式 (6.25a)]。由以上两式有

$$\log\beta = \frac{3}{2}v^{2/3}, \qquad \log\alpha = \frac{1-v}{v}\log\beta \qquad (10.62)$$

串分抗的节数 k，在 2% 的误差下，必须满足不等式

$$k+1 \geqslant \frac{5.5+\log(t_M/t_m)-3v^{2/3}}{\log(\alpha\beta)} \qquad (10.63)$$

最大电阻-电容对的值必须满足条件

$$R_1C_1 \approx \frac{111 \cdot t_M\exp(-3v^{2/3})}{\alpha\beta} \qquad (10.64)$$

这样根据器件的可选性就可确定 R_1 和 C_1 的实际取值。剩余元件值为

$$R_i = \frac{R_1}{\alpha^{i-1}}, \qquad C_i = \frac{C_1}{\beta^{i-1}}, \qquad i = \overline{2,k} \qquad (10.65)$$

如树分抗那样，串分抗和链分抗也可用来模拟分数微分和积分运算，且能作为一种新类型的电路元件。①

10.5.3　多孔堤坝的电路模拟模型

Oustaloup(1988 年)[184] 导出通过**多孔分形**[142]**堤坝**水流的**电气类比**模型，该类比电路模型拥有如图 10.9+(a) 所示的串分抗结构②。电阻 R_i 和电容 C_i 使用如下公式计算

$$R_1 = R, \qquad R_i = \frac{R}{\alpha^{i-1}}, \qquad i = \overline{2,k} \qquad (10.66)$$

$$C_1 = C, \qquad C_i = \frac{C}{\beta^{i-1}}, \qquad i = \overline{2,k} \qquad (10.67)$$

式中 α 和 $\beta(\alpha>1,\beta>1)$ 是堤坝**动力学模型**的递进参数。③

$$\lg\sigma = \lg\alpha+\lg\beta = \frac{3}{2}\frac{1}{(1-\mu)^{1/3}}, \qquad 0<\mu<1 \qquad (10.62c)$$

式中 μ 是分数积分阶数，理论上它可取任意实数甚至是复数。标度因子 $|\lg\sigma|$ 取值越大，逼近误差越大，且其运算振荡现象越强！

① 关于式 (10.65) 条件下的分形串分抗与分形链分抗的数学描述及其运算性能分析等，请参阅式 (10.67a) ~ 式 (10.67d) 或注译附录 C 与注译附录 D 中的相关论述。

② 即图 10.10*(a) 所示的 **Morrison 分形串分抗逼近电路**[94]。

在条件式 (10.66) 与式 (10.67) 下，图 10.10* 中的两个标度化分形分抗逼近电路的标度特征量 α 与 β 的取值与电路的网络拓扑结构密切关联。一般来说，标度分形电路的分数阶运算有效性不但与电路的网络拓扑结构密切关联，而且还与标度特征量的取值密切联系。

由式 (10.61c) 知，对于图 10.10*(a) 所示的 Morrison 分形串电路，$\alpha \neq 1$，$\beta \neq 1$。而对于图 10.10*(b) 所示的 Liu-Kaplan 分形链分抗逼近电路，当 $\alpha=1$，$\beta=1$ 时，得到图 10.9*(c) 所示的 Oldham I 型分形链分抗逼近电路，即低频有效的负半阶分抗逼近电路，见式 (10.61d)。

③ 考虑图 10.10*(a) 所示的 Morrison 分形串分抗逼近电路[94]。如此有限 k 节分形串分抗逼近电路，在元件取值为式 (10.66) 和式 (10.67) 条件下的输入阻抗（令 $\alpha\beta=\sigma,RC=\tau,\Omega_0=1/\tau$）

$$Z_k(s) = \sum_{i=1}^{k}\frac{R_i}{1+R_iC_is} = \sum_{i=1}^{k}\frac{1}{\alpha^{i-1}}\frac{R}{1+\frac{\tau}{\sigma^{i-1}}s} = \frac{R}{1+\tau s} + \frac{1}{\alpha}\sum_{i=1}^{k-1}\frac{1}{\alpha^{i-1}}\frac{R}{1+\frac{1}{\sigma^{i-1}}\frac{\tau s}{\sigma}} \qquad (10.67a)$$

或写成标度迭代公式——**Hill 迭代公式**[95]

业已证明，在拉普拉斯变换域中，电路的阻抗函数为①

$$Z_k(s) = \frac{R}{1+\tau s} + \frac{1}{\alpha} Z_{k-1}\left(\frac{s}{\sigma}\right), \qquad k \in \mathrm{N}^+。 \tag{10.67b}$$

如果图 10.10^*(a)所示电路的极限阻抗 $Z_C(s)$ 存在——有理阻抗函数序列 $\{Z_k(s)\,|\,k\in\mathrm{N}^+\}$ 收敛：

$$\lim_{k\to\infty} Z_k(s) = Z_C(s), \tag{10.67c}$$

则得到一个非正则标度方程——**Hill 标度方程**[95]

$$Z(s) = \frac{R}{1+\tau s} + \frac{1}{\alpha} Z\left(\frac{s}{\sigma}\right), \qquad \alpha \neq 1, \qquad \beta \neq 1 \tag{10.67d}$$

该方程便是堤坝的一个可用的**递归动力学模型**(recursive dynamical model)。

显然，电路的极限阻抗 $Z_C(s)$ 是 Hill 标度方程的一个物理可实现的**真实解**(actual solution)！

同理，对于图 10.10^*(b)所示 Liu-Kaplan 分形链分抗逼近电路，得到一个非正则标度方程——**Liu-Kaplan 标度方程**

$$Z(s) = R + \cfrac{1}{Cs + 1\left/\left[\dfrac{1}{\alpha} Z\left(\dfrac{s}{\sigma}\right)\right]\right.}, \qquad \alpha \neq 1, \qquad \beta \neq 1 \tag{10.67e}$$

① 根据图 10.9^+(a)和图 10.10^*(a)所示的分形串分抗逼近电路的结构，由式(10.67a)有($\alpha>1,\beta>1$)

$$\frac{\alpha R}{\alpha-1} \xleftarrow{\infty\leftarrow k} \frac{1-\alpha^{-k}}{1-\alpha^{-1}} R = \sum_{i=1}^{k} \frac{R}{\alpha^{i-1}} \xleftarrow{0<|s|<\Omega_0} Z_k(s) \xrightarrow{\Omega_0<|s|\to\infty} \sum_{i=1}^{k} \frac{\beta^{i-1}}{Cs} = \frac{1-\beta^k}{1-\beta}\frac{1}{Cs} \to 0 \tag{10.68a}$$

由此可知，在条件式(10.66)、式(10.67)下，分形串电路在低频段($0<|s|<\Omega_0$)具有电阻的零阶运算性能，在高频段($\Omega_o<|s|$)可能具有分数阶运算性能。因此，在高频段 Hill 标度方程式(10.67e)降简成正则标度方程

$$Z(s) \approx \frac{1}{\alpha} Z\left(\frac{s}{\sigma}\right), \qquad \Omega_0 < |s| \to \infty \tag{10.68b}$$

并有**近似解析解**(approach analytical solution)

$$Z(s) \approx Z_{\mathrm{Liu}}(s) = \left(\frac{s}{\Omega_0}\right)^{\mu_{\mathrm{Liu}}}, \qquad \mu_{\mathrm{Liu}} = \frac{-1}{1+\lg\beta/\lg\alpha}, \qquad \Omega_0 < |s| \to \infty, \ \alpha>1, \ \beta>1 \tag{10.68c}$$

这是高频有效的分抗逼近电路！式中函数 $Z_{\mathrm{Liu}}(s)$ 称为 **Liu 氏粗解**(Liu's rough solution)，μ_{Liu} 称为 **Liu 氏运算阶**(简称 **Liu 氏阶**，是真实解的运算阶的频域均值)。

如果取 $0<\alpha<1$, $0<\beta<1$，则有

$$\infty \xleftarrow{\infty\leftarrow k} \frac{1-\alpha^{-k}}{1-\alpha^{-1}} R = \sum_{i=1}^{k} \frac{R}{\alpha^{i-1}} \xleftarrow{0\leftarrow|s|<\Omega_0} Z_k(s) \xrightarrow{\Omega_0<|s|\to\infty} \sum_{i=1}^{k} \frac{\beta^{i-1}}{Cs} = \frac{1-\beta^k}{1-\beta}\frac{1}{Cs} \xrightarrow{k\to\infty} \frac{1}{1-\beta}\frac{1}{Cs} \tag{10.68d}$$

这意味着在高频段分形串电路具有 $\mu=-1$ 阶(即电容)运算性能，在低频段电阻电容共同作用而可能具有分数阶运算性能。此时对于 Hill 标度方程可降简成正则标度方程

$$Z(s) \approx R + \frac{1}{\alpha} Z\left(\frac{s}{\sigma}\right) \approx \frac{1}{\alpha} Z\left(\frac{s}{\sigma}\right), \qquad 0\leftarrow|s|<\Omega_0, \ 0<\alpha<1, \ 0<\beta<1 \tag{10.68e}$$

并有近似解析解

$$Z(s) \approx Z_{\mathrm{Liu}}(s) = \left(\frac{s}{\Omega_0}\right)^{\mu_{\mathrm{Liu}}}, \qquad \mu_{\mathrm{Liu}} = \frac{-1}{1+\dfrac{\lg\beta}{\lg\alpha}}, \qquad 0\leftarrow|s|<\Omega_0, \ 0<\alpha<1, \ 0<\beta<1 \tag{10.68f}$$

此种情形得到低频有效的分抗逼近电路。

对于图 10.10^*(b)所示的 Liu-Kaplan 分形链分抗逼近电路，有

$$\frac{1-\alpha^{-k}}{1-\alpha^{-1}} R = \sum_{i=0}^{k-1} \frac{R}{\alpha^i} \xleftarrow{0\leftarrow|s|<\Omega_0} Z_k(s) \xrightarrow{\Omega_0<|s|\to\infty} R \tag{10.68g}$$

这意味着只有在低频段可能具有分数阶运算性能！因为在高频段阻抗几乎恒等于 R。要保证在低频段电阻电容共同作用，必须满足

$$Z(s) = \left(\frac{\Omega_0}{s}\right)^{\lambda}, \qquad \lambda = \frac{1}{1+\frac{\lg\beta}{\lg\alpha}} \tag{10.68}$$

式中 Ω_0 是所谓的过渡频率。式(10.68)的传输函数具有非整数阶$-\lambda$。

最后，利用这一电路模拟装置，获得渗水-堤坝系统的传输函数形式为

$$F(s) = \frac{1}{1+(\tau s)^{1+\lambda}}, \qquad \tau = \left(\frac{M}{\Omega_0}\right)^{\frac{1}{1+\lambda}} \tag{10.69}$$

式中 M 为水的质量。可见传输函数式(10.69)刻画的是一个阶数为 $v=1+\lambda$，$1<v<2$ 的动力学系统。

10.5.4　Westerlund 广义分压器

前文所讨论的树分抗和链分抗，二者都是由经典的整数阶元件(电阻元和电容元)组成，但所显示的性质却介于电阻元与电容元之间。树分抗和链分抗本身也可当作电路的单独元件使用，从而使得电路中包含了分数阶数学模型元件(对应于分数微分方程或分数阶传输函数)。

更进一步，如果电阻元、电容元和电感线圈进行同样的广义化，则也可得分数阶电路。例如 Westerlund 提出如图 10.11 所示的经典分压器广义化结构，就是其中一个例子。

分数阶阻抗 F_1 和 F_2 不仅可以代表 Westerlund 电容，经典电阻和电感线圈的阻抗，也可以表示树分抗与链分抗的阻抗。[①]

$$1 << \frac{1-\alpha^{-k}}{1-\alpha^{-1}} \Rightarrow 0<\alpha<1 \tag{10.68h}$$

与各节电路的特征频率Ω_i满足

$$0<\Omega_i = \frac{1}{R_iC_i} = \sigma^i\Omega_0 < \Omega_0, \qquad 1\leqslant i<\infty \Rightarrow 0<\sigma=\alpha\beta<1 \tag{10.68i}$$

由此而来，Liu-Kaplan 标度方程式(10.67d)在低频段降简成正则标度方程

$$Z(s) \approx \frac{1}{\alpha}Z\left(\frac{s}{\sigma}\right), \qquad 0<|s|<\Omega_0 \tag{10.68j}$$

并有近似解

$$Z(s) \approx Z_{\text{Liu}}(s) = \left(\frac{s}{\Omega_0}\right)^{\mu_{\text{Liu}}}, \qquad \mu_{\text{Liu}} = \frac{-1}{1+\frac{\lg\beta}{\lg\alpha}}, \qquad 0<|s|<\Omega_0, 0<\alpha<1, 0<\beta<1 \tag{10.68k}$$

这是低频有效的分抗逼近电路！总结以上分析得出结论：对于 Morrison 分形串分抗逼近电路，当标度特征参量 $\alpha>1$，$\beta>1$ 时，高频有效，当 $0<\alpha<1$，$0<\beta<1$ 时，低频有效。对于 Liu-Kaplan 分形链分抗逼近电路，只有取 $0<\alpha<1$，$0<\beta<1$ 时，低频有效。它们的平均运算阶——Liu 氏阶，由标度特征参量确定：

$$\mu_{\text{Liu}} = \frac{-1}{1+\frac{\lg\beta}{\lg\alpha}}$$

① **分数阶阻抗**(fractional-order impedance)——分抗(fractance)的相关概念与知识参阅文献[19]。

实现分数算子 s^μ 运算功能的(无源)二端电路元件是**分抗元**(fractor)，并用 $F^{(\mu)}$ 或 F 表示其电路符号与特征值。理想分抗元的阻抗函数

$$Z^{(\mu)}(s) = F^{(\mu)}s^\mu, \qquad 0<|\mu|<1 \tag{10.70a}$$

当运算阶 μ 取整数时，就对应着整数阶元件，比如电阻 $Z^{(0)} = Rs^0$、电容 $Z^{(-1)}(s) = C^{-1}s^{-1}$、电感 $Z^{(+1)}(s) = Ls$。

值得读者朋友特别注意的是，不同运算阶 μ 的分抗元的特征值 $F^{(\mu)}$ 的 SI 单位与量纲是随着阶数 μ 而不同的！相关概念与知识参阅注译附录 A。

分压器电路的传输函数具有一般形式：

$$H(s) = \frac{k}{s^\alpha + k} \tag{10.70}$$

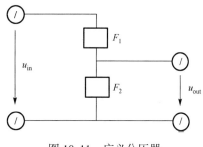

式中 α 取值范围可为 $-2 < \alpha < 2$，而 k 是一个依赖分压器组件值的常量。Westerlund 指出：负的 α 对应着一个高通滤波器，正的 α 对应着一个低通滤波器。他还列出了电阻（R），电容（C）和电感（L）不同组合构成的分压器所对应的传输函数式（10.70）的各种特例。在拉普拉斯变换域中，Westerlund 将阻抗 F_1，F_2 和常数 k，α 取值为：

图 10.11　广义分压器

1）$F_1 = Ls$，$F_2 = C^{-1}s^{-v}$，$k = L^{-1}C^{-1}$，$\alpha = 1 + v$

2）$F_1 = R$，$F_2 = C^{-1}s^{-v}$，$k = R^{-1}C^{-1}$，$\alpha = v$

3）$F_1 = C_1^{-1}s^{-v_1}$，$F_2 = C_2^{-1}s^{-v_2}$，$k = C_1/C_2$，$\alpha = v_2 - v_1$

4）$F_1 = C^{-1}s^{-v}$，$F_2 = R$，$k = RC$，$\alpha = -v$

5）$F_1 = C^{-1}s^{-v}$，$F_2 = Ls$，$k = LC$，$\alpha = -1 - v$

如果输入 $u_{in}(t)$ 是单位阶跃信号，拉普拉斯变换为 $U_{in}(s)$，则输出信号 $u_{out}(t)$ 的拉普拉斯变换 $U_{out}(s)$ 是

$$U_{out}(s) = \frac{ks^{-1}}{s^\alpha + k} \tag{10.71}$$

再反向使用米塔-列夫勒函数 $E_{\alpha,\beta}(t)$ 的拉普拉斯变换公式（1.80），或由式（9.8）定义的函数 $\mathcal{E}_k(t, y; \alpha, \beta)$ 的拉普拉斯变换公式（9.15），得出

$$u_{out}(t) = kt^\alpha E_{\alpha,\alpha+1}(-kt^\alpha) \tag{10.72}$$

或

$$u_{out}(t) = k\mathcal{E}_0(t, -k; \alpha, \alpha+1) \tag{10.73}$$

另一方面，对于不同的 α 取值，在复域通过拉普拉斯逆变换，能够考察解的一些有趣性质。

考虑 $\alpha > 0$。沿着负实半轴割破复平面，并使用**柯西定理**，有

$$u_{out}(t) = \frac{1}{2\pi i} \int_{c-i\infty}^{c+i\infty} \frac{ke^{st}}{s(s^\alpha + k)} ds$$

$$= \sum_m \left[\text{Res} \frac{ke^{st}}{s(s^\alpha + k)} \right]_{s=s_m} - \frac{1}{2\pi i} \int_{ABCDEF} \frac{ke^{st}}{s(s^\alpha + k)} ds \tag{10.74}$$

式中求和项中的 m 取遍围线 ABCDEFA（见图 10.12）所界定区域内积分函数的所有极点

$$s_m = k^{1/\alpha} e^{i\pi(2m+1)/\alpha}$$

这样一来就能写出

$$\int_{ABCDEF} = \int_A^B + \int_B^C + \int_C^D + \int_D^E + \int_E^F$$

当 $R \to \infty$ 时，从 A 到 B 与从 E 到 F 的积分均趋于 0。利用代换 $s = \varepsilon e^{i\eta}$ 可证明：当 $\varepsilon \to 0$ 时，从 C 到 D 的积分趋于 $-2\pi i$。两个剩余的沿负实半轴的积分有

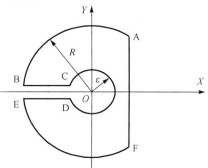

图 10.12　围线 ABCDEFA

$$\int\limits_B^C + \int\limits_D^E = -k\int_0^\infty \frac{e^{-rt}e^{i\pi}dr}{re^{i\pi}(r^\alpha e^{i\pi\alpha}+k)} + k\int_0^\infty \frac{e^{-rt}e^{-i\pi}dr}{re^{-i\pi}(r^\alpha e^{-i\pi\alpha}+k)}$$

$$= 2ik\sin(\pi\alpha)\int_0^\infty \frac{r^{\alpha-1}e^{-rt}dr}{r^{2\alpha}+2kr^\alpha\cos(\pi\alpha)+k^2}$$

$$= \frac{2i\sin(\pi\alpha)}{\alpha}\int_0^\infty \frac{\exp[-(kx)^{1/\alpha}t]dx}{x^2+2x\cos(\pi\alpha)+1} \tag{10.75}$$

式中用了变量代换 $r=(kx)^{1/\alpha}$。

现在回到式(10.74)中的留数求和问题。如果 $0<\alpha<1$，则积分函数在所选择的黎曼曲面叶片上没有极点，在式(10.74)中的留数求和贡献为零。

如果 $1<\alpha<2$，则有两个极点 $s_m(m=0$ 和 $m=-1)$，从而

$$\sum_m \left[\mathrm{Res}\,\frac{ke^{st}}{s(s^\alpha+k)}\right]_{s=s_m} = \sum_{m=0}^1 \lim_{s\to s_m}\frac{(s-s_m)ke^{st}}{s(s^\alpha+k)} = -\frac{2}{\alpha}e^{-\sigma^+ t}\cos(\omega_0^+ t) \tag{10.76}$$

$$\sigma^+ = -k^{1/\alpha}\cos\frac{\pi}{\alpha}, \qquad \omega_0^+ = k^{1/\alpha}\sin\frac{\pi}{\alpha}$$

因为 $1<\alpha<2$，所以 $\sigma^+>0$。

将所有中间结果代入式(10.74)，得出

$$u_{\mathrm{out}}(t) = 1 - \frac{\sin(\pi\alpha)}{\pi\alpha}\int_0^\infty \frac{\exp[-(kx)^{1/\alpha}t]dx}{x^2+2x\cos(\pi\alpha)+1} + \begin{cases}0, & 0<\alpha<1\\ -\dfrac{2}{\alpha}e^{-\sigma^+ t}\cos(\omega_0^+ t), & 1<\alpha<2\end{cases} \tag{10.77}$$

在 $-2<\alpha<0$ 情形，用同样方法，能够求出 Westerlund 广义分压器的单位阶跃响应具有表达式

$$u_{\mathrm{out}}(t) = \frac{\sin(\pi\alpha)}{\pi\alpha}\int_0^\infty \frac{\exp[-(kx)^{1/\alpha}t]dx}{x^2+2x\cos(\pi\alpha)+1} + \begin{cases}0, & -1<\alpha<0\\ \dfrac{2}{\alpha}e^{-\sigma^- t}\cos(\omega_0^- t), & -2<\alpha<-1\end{cases} \tag{10.78}$$

式中

$$\sigma^- = -k^{-1/\alpha}\cos\frac{\pi}{\alpha}, \qquad \omega_0^- = -k^{-1/\alpha}\sin\frac{\pi}{\alpha}$$

我们看到，对于 $1<|\alpha|<2$，Westerlund 广义分压器的单位阶跃响应包含振荡项，其中 $\sigma^\pm$ 起着衰减常数的作用，而 $\omega_0^\pm$ 是**共振频率**。

10.5.5 分数阶 Chua-Hartley 系统

经典蔡氏电路如图 10.13⁺所示①，是三(状态变量的)微

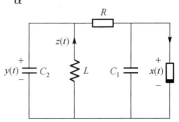

图 10.13⁺　经典蔡氏电路

---

① 　蔡氏电路(Chua's circuit)是一个十分简单的**非线性混沌电路**(nonlinear chaotic circuit)。它是以美国加州大学伯克利分校的华裔科学家蔡少棠先生的姓氏命名。图 10.13⁺所示的经典蔡氏电路只含有 4 个基本电路元件和一个非线性电阻(通常人们称为**蔡氏二极管**)，实验电路制作简单，只通过一个电阻的调节，就可从电路中观察到周期极限环、单涡旋与双涡旋混沌吸引子等非线性物理现象。因此，蔡氏电路已成为数学、物理和实验等多方面演示混沌现象的一个典型范例。[189] [65;86,78]

分方程组所描述的非线性系统：[①]

$$\begin{cases} \dfrac{dx(t)}{dt} = -a_1 x + a_1 y - b_1 g(x) \\[2mm] \dfrac{dy(t)}{dt} = a_2 x - a_2 y + b_2 z \\[2mm] \dfrac{dz(t)}{dt} = -a_3 y \end{cases} \qquad (10.79)$$

式中

$$a_1 = \frac{1}{RC_1}, \qquad a_2 = \frac{1}{RC_2}, \qquad a_3 = \frac{1}{L}, \qquad b_1 = \frac{1}{C_1}, \qquad b_2 = \frac{1}{C_2}$$

$g(x)$ 是分段线性电阻的特征函数，其一般形状如图 10.14 所示。

蔡氏电路的混沌、分叉以及多稳定行为已得到广泛深入细致的研究，无数论文对此电路进行了论述，它是当今得到最为广泛研究的电路之一，如文献[189]。

蔡氏电路也能用如图 10.15 所示的闭环控制框图来表示，蔡氏电阻放在反馈部分，具有

$$G_C(s) = \frac{1}{s}, \qquad G_S(s) = \frac{a_1(s^2 + a_2 s + a_3 b_2)}{s^2 + a_2 s + a_3 b_2 - a_1 a_2} \qquad (10.80)$$

混沌（chaos）[1:5-146,2:10-380,28:,47:215,65:2,78:3] 又称浑沌——确定性动力学系统因对初始值敏感而表现出的不可预测的、类似随机性的运动。

混沌一词在汉语中早已有之。其含义有二：一是古人想象中的世界生成以前的景象；另一个含义为糊涂，不明事理。英语单词 chaos 源自于希腊语 χαος，原始含义类同于汉语混沌的第一个含义，亦指宇宙初开之前情景，先于一切事物而存在的广袤虚无的空间。后来在罗马人的概念中，把混沌解释为原始的无形大块，而世界的造物主将秩序与和谐注入其中。"有物混成，先天地生。"（《老子》）

作为科学术语，"混沌 chaos"特指一种运动状态。混沌概念，至今还很模糊，在数学上存在多种定义。混沌现象的特点大致可归纳为[82:120]：

（1）随机性——混沌现象的重要特征之一；

（2）分维性，具有无穷层次的自相似分形结构；

（3）标度性（标度律）；

（4）普适性（存在混沌普适常数——费根鲍姆常数：$\delta = 4.669201609\cdots$）。

混沌与分形[1:5-146] 理论被认为是 20 世纪人类在认识世界和改造世界的过程中最富有创造性的第三次革命。

"相对论排除了关于绝对空间和时间的牛顿幻觉；量子论排除了对可控测量过程的牛顿迷梦；而混沌理论则排除了拉普拉斯关于决定论的可预测性的狂想。"[78:3]

混沌学（chaology）的出现，是现代科学与现代技术，特别是与计算机技术相结合的产物。浑沌现象无处不在。天文地理，数理化生…混沌之理，概莫能外。简单原因可导致复杂的后果！

近年来，人们已经将整数阶混沌系统的研究拓展到了分数阶混沌系统。整数阶混沌系统是对实际系统的理想化提炼。利用分数阶系统建模更能准确地描述现实系统的固有特征，更好地表达现实系统的物理本性。目前人们对分数阶混沌系统的研究正处于起步阶段，还没有建立起统一的理论体系与研究手段。随着分形分维与分数（阶）微积分理论与应用的向前发展，全面开展分数阶混沌（特别是分数阶混沌电路与系统）的研究必将深化与丰富人们对自然认识与理解。

[①] 图 10.13[+] 与式（10.79）中，x 与 y 均是支路电压变量，z 是支路电流变量。

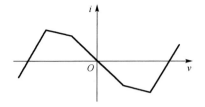

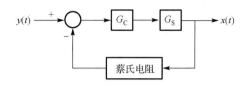

图 10.14 蔡氏电阻的分段线性 i-v 特征曲线　　　　图 10.15 蔡氏电路的反馈控制图

Hartley 等人(1995 年)[102]用一个恰当的立方多项式代替分段线性的非线性函数 $g(x)$，也能产生同样的行为。如果系数取特殊值

$$a_1 = \alpha, \qquad a_2 = 1, \qquad a_3 = \frac{100}{7}, \qquad b_1 = \frac{2\alpha}{7}, \qquad b_2 = 1$$

则得出系统的传输函数

$$G_S(s) = \frac{\alpha(s^2 + s + 100/7)}{s(s^2 + s + 100/7 - \alpha)} \tag{10.81}$$

控制器的传输函数，事实上，取成

$$G_C(s) = \frac{1}{s^{q-1}} \tag{10.82}$$

式中指数 q 可允许为非整数。对于 $q>1$，控制器就变成一个分数阶积分器，而对于 $q<1$，就得到一个分数阶的微分器。

对于这一特殊系统，Hartley 等人(1995 年)[102]给出的计算结果证明，与广泛认同的观点——阶数小于三的连续时间系统不产生混沌——相反，阶数小于三的分数阶系统却能出现混沌行为。特别地，产生混沌的最低指数值为 $q=0.9$。

在时域，该系统可表示为三微分方程组

$$\begin{cases} {}_0D_t^q x(t) = \alpha\, {}_0D_t^{q-1}(y(t) - x(t)) - \dfrac{2a}{7}(4x(t) - x^3(t)) \\[2mm] \dfrac{dy(t)}{dt} = x(t) - y(t) + z(t) \\[2mm] \dfrac{dz(t)}{dt} = -\dfrac{100}{7}y(t) \end{cases} \tag{10.83}$$

其中之一包含两个分数导数[1]。

1　在[102]中所给出的系统

$$\begin{cases} {}_0D_t^q x(t) = \alpha\left(y(t) + \dfrac{x(t) - 2x^3(t)}{7}\right) \\[2mm] {}_0D_t^q y(t) = x(t) - y(t) + z(t) \\[2mm] {}_0D_t^q z(t) = -\dfrac{100}{7}y(t) \end{cases}$$

不等价于如图 10.15 所示的闭环系统(传输函数由式(10.81)和式(10.82)给出)。而它给出的传输函数中只有 s 的非整数幂出现：

$$G_C(s) = \frac{1}{s^q}, \qquad G_S(s) = \frac{\alpha(s^{2q} + s^q + 100/7)}{s^{2q} + s^q + 100/7 - \alpha}$$

我们用两个注记来结束本节。

注 1：对于广义蔡氏电路的物理实现，任何分抗类型都可使用（树分抗，链分抗，Westerlund 电容器，或这些基本分抗的组合）。

注 2：Hartley 等人[102]所作结论：对于分数阶蔡氏电路"不再考虑（一个系统的）阶数的界定问题，而仅需确定微分运算的总项目数，或拉普拉斯变量的最高幂值"，与我们的观测结果——对于分数阶微分方程来说，项目数量比出现在此方程中的导数阶数更为重要——是一致的（见第五章，在那里方程分类是依据项数多少，而不用其导数阶数大小）。

10.6　电分析化学

主要因为 Oldham 及合作者的工作[178，175，96，93，94，176，95，177，114]，使得**电化学**①成为那些分数阶积分和分数阶导数具有强势地位，并带来实际应用结果的领域之一。

尽管电流的半阶分数积分 $_0D_t^{-1/2}i(t)$ 的使用也能在其他作者的研究中发现，如文献[6]和[109]，然而正是 Oldham（1972 年）的论文[175]，明确地在电化学方法领域开启了一个新方向——半阶积分电（解）分析学。后来 Goto 和 Ishii[92]建议使用术语**半阶微分电解分析学**（semidifferential electroanalysis）。

电化学中需要研究的重要科目之一，是确定靠近电极表面被分析的电活性物质浓度。Oldham 和 Spanier[178]提议的方法，允许在一定条件下，用边界（电极表面）关系代替扩散方程问题。基于这一思想，Oldham 提出[175]，在实验中使用函数

$$m(t) = _0D_t^{-1/2}i(t)$$

表示特征，即电流 $i(t)$ 的分数积分，作为观测函数，其值可由测量获得。那么，对应的焦点问题，电活性物质的表面浓度 $C_S(t)$，可用

$$C_S(t) = C_0 - k_0D_t^{-1/2}i(t) \tag{10.84}$$

计算出来。式中 k 是下文将说明的一确定常数，C_0 是整个电解溶剂在初始平衡状态时（可用一固定电势表征）电活性物质的均匀浓度，此时可能所考察的物质无电化学反应发生。

关系式（10.84）通过求解如下经典扩散方程就能获得[96]：

---

① **电化学**（electrochemistry）[2:5-235,84:1]，研究电与化学反应相互作用关系的**物理化学**[2:5-235]分支学科。此领域大部分工作涉及通过电流导致化学变化，以及通过化学反应产生电能方面的研究。在一般情况下，电与化学反应的相互联系通过电池（发生电化学反应的装置）来实现。

电池中发生电化学反应有两种类型。

（1）利用电（流）推动本来不能自发进行的化学反应发生，称为**电解**（electrolysis）[2:5-241]。电解过程中，电能转变成化学能。

（2）电解过程的逆过程——利用自发的化学反应产生电（流），将化学能转变为电能。无论哪种类型的电化学反应都必须通过电池进行。

用于电解的电池称为电解电池——**电解池**（electrolytic cell）[2:5-242]，用于放电的叫作自发电池或化学电池。化学电池和电解池是电化学的直接研究对象。

事实上，电化学领域包括大量的不同现象（比如，电泳、腐蚀等），各类器件（比如电致变色显示器、电分析传感器、各种电池、燃料电池等）和各种技术（金属电镀、电解铝、生产氯气），等等。在物理化学中，电化学是唯一以大工业为基础的学科，有很强的应用背景，与能源、材料、环境等领域密不可分。

$$\frac{\partial C(x,t)}{\partial t} = D_* \frac{\partial^2 C(x,t)}{\partial x^2}, \qquad 0<x<\infty\,;\qquad t>0 \qquad (10.85)$$

$$C(\infty,t) = C_0, \qquad C(x,0) = C_0$$

$$\left[D_* \frac{\partial C(x,t)}{\partial x} \right]_{x=0} = \frac{i(t)}{nAF}$$

式中 D_* 为扩散系数，A 为电极面积，F 为法拉第常量，而 n 为反应中包含的电子数（电活性物质的氧化）。在方程式(10.84)中的常数 k 表示为

$$k = \frac{1}{nAF\sqrt{D_*}}$$

[178] 用拉普拉斯变换法求解并给出了求解过程，它与 7.7.3 节中所用方法非常相同。

该方法有几个有趣的特性。

第一，$m(t)$ 是电流 $i(t)$ 与所通过的电荷 $q(t)$ 之间一个典型的中介关系。$q(t)$ 正是电流的积分：

$$q(t) = {}_0D_t^{-1}i(t)$$

第二，该方法没有涉及电极作用的动力学问题，电极表面的性质问题，等等。在一定程度上，可以说它是"在大方面的"模型化：过程独特性能的作用结果是"嵌入"积分运算的非整数阶特性之中。

第三，取代经典扩散方程式(10.85)，可能的考虑是，当 $0<\alpha<1$ 时，分数阶扩散方程为

$${}_0D_t^\alpha C(x,t) = \widetilde{D}_* \frac{\partial^2 C(x,t)}{\partial x^2}$$

式中 $\widetilde{D}_*$ 是分数扩散系数。表面浓度 $C_S(t)$ 将与 $m_\alpha(t)$ 关联，

$$m_\alpha(t) = {}_0D_t^{\alpha/2}i(t)$$

非常确实和大量的实验证明，建立在电分析化学方法基础上的分数导数，能够成功地用于其他领域，诸如扩散、热传导和质量迁移等，此类问题中将出现同样的基本方程。

10.7　电极–电解液界面

分数阶模型应用的另一方向，是受电池组极限问题研究的促进而发展起来的。由于在电极–电解液界面的微观电化学过程，是以有限速率进行的，从而限制了电流的输出，所以对于电池组来说，总是存在一个限定的电流输出。为突破该限制，使用**多孔电极**(porous electrodes)，因为它们拥有更大的表面积。然而，根据 Wplfe 在 1926 年的研究[113]知道，在金属–电解液界面，对于小的角频率 Ω，其阻抗 $Z(\Omega)$ 不表现出期望的电容行为。对于 $\Omega \to 0$，有

$$Z(\Omega) \propto (i\Omega)^{-\eta}, \qquad 0<\eta<1 \qquad (10.86)$$

或在拉普拉斯变换域表示为

$$Z(s) \propto s^{-\eta} \qquad (10.87)$$

这意味着，在电极–电解液界面存在一个分数阶过程。

η 值密切关联着界面的粗糙度。当界面磨制得无限光滑时，η 趋近于 1。

针对 η 与界面的分形维数 d_s（$2<d_s<3$）之间的关系，已经提出了不同模型。似乎还没有实验能够（进一步）证实或推翻不同研究作者提出的如下模型，因为测定嵌入三维空间中的

现实物体的**分形维数**①困难重重。

Le Mehaute[121] 提出关系

$$\eta = d_s^{-1} \tag{10.88}$$

Nyikos 和 Pajkossy 建议用关系

$$\eta = (d_s - 1)^{-\eta} \tag{10.89}$$

Kaplan 等[113] 发现

$$\eta = 3 - d_s \tag{10.90}$$

　　Kaplan 等所提出的物理模型，使用具有 k 级（层）的**自仿射康托块**——可用 k 级（节）分抗电路，也即类似图 10.7+(a) 那样的电路来建模或表示。②

---

　　①　此处**分形维数**(fractal dimension) 即指公式(10.88)~式(10.90)中的 d_s。

　　分形(fractal)[1:3-364, 2:6-488, 8Z, 83]——部分与整体以某种方式相似的几何形体。或者说，分形是具有扩展（伸缩）对称性(dilation symmetry) 的几何对象。扩展对称性又称自相似(self-similar) 对称性——对一类无穷嵌套的几何对象，适当地取出一部分并放大，其结果与整体对象仍然相似。[82:1] 通俗地说，如果使用不同倍数的放大镜观察具有无穷嵌套的几何对象，观察者看到的结果均相同或相似。观察者不能从自己看到的结果判断放大镜的倍数。也就是说，具有扩展对称性的对象在标度变换下是不变的！没有统一的特征尺度，却有自相似的结构！

　　"fractal"是 1975 年由美国科学家**曼德布劳特**(B B Mandelbrot) 根据拉丁词"fractus（破碎的、破裂的）"创造的一个英语单词，意指某些被传统的欧几里得几何学排除在外的不规则几何形体。汉语将其译为"分形"。并非所有不规则形状的几何体都是分形。自然界出现的诸如云层边界，山脉轮廓，雪花，海岸线等"不规则"几何形体是典型的分形对象。这些几何形体难以用经典几何中的直线、光滑曲面等概念进行描述。同时，许多不同类型的不规则几何对象常常出现在自然科学与工程技术的不同领域。数学中非线性问题的奇异吸引子，流体中的湍流，物理学的临界现象与相变，化学中酶与蛋白质结构，生物细胞生长，电学中的噪声……长期以来，人们试图将它们纳入经典几何框架中进行研究，但由此导出的模型即使在近似的情形，无论在理论上还是在实践中，都难以很好地理解或处理所面对的实际问题。另一方面，我们所观测到的形形色色的不规则几何形体却能提供许多自然现象更好的描述。[1:3-364]

　　为了描述分形的自相似对称性的基本特征，人们引入多个几何变量来刻画这些特征，其中最基本的便是分形维数。分形维数的定义方法有许多种。几何体的维数与测量有直接关系！

　　人们把分形看成嵌于欧几里得空间的点集 S。确定其维数，核心问题是测量一个点集的大小。最简单的办法是用线元 δ、面元 δ^2、或体元 δ^3 去覆盖 S 而得到测量结果[82:3]

$$M_d = N(\delta)\delta^d = \begin{cases} 0, & d > d_f \\ \infty, & d < d_f \end{cases} \tag{10.88a}$$

分形维数 d_f 是测量值 M_d 从 0 过渡到 ∞ 的临界数（具有有限值）：

$$M_f = N(\delta)\delta^{d_f} \Rightarrow d_f = -\frac{\ln N(\delta)}{\ln \delta} = \ln N(\delta)/\ln(1/\delta) \tag{10.88b}$$

　　人们也有直接利用分形的自相似特性来定义与计算分数维数。[82:3] 具有自相似结构的对象，它的分形维数通常不是整数，在特殊情况下也可能为整数。但分形维数总是不大于所嵌置的欧氏空间维数。

　　②　在文献[113]中，Kaplan 等提出的自仿射康托分形块的模型如图 10.16* 所示，其电路建模是 Liu 分形树电路，而不是原文中所说的类似图 10.7+(a) 那样的 N-S 分形树电路。

　　图 10.7+(a) 所示电路的输入阻抗函数序列 $\{Z_k(s): k \in \mathbb{N}\}$ 由简单的代数迭代公式(10.59a)获得，极限阻抗

$$\lim_{k \to \infty} Z_k(s) = Z(s) = \sqrt{R/C}\, s^{-1/2}$$

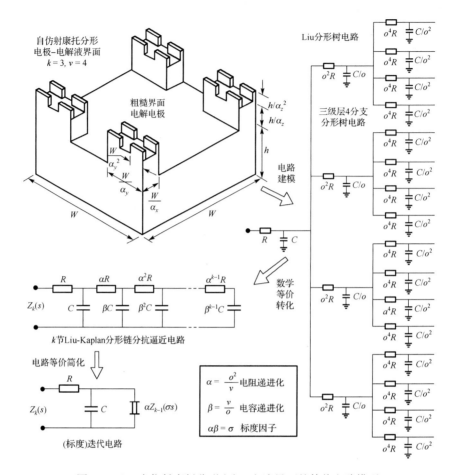

图 10.16* 　自仿射康托分形电极-电液界面的等价电路模型

在一定假设条件下，分抗电路的阻抗具有形式①

图 10.16* 中电路的输入阻抗函数序列由 Liu-Kaplan 标度迭代公式[113],[19,92,96,97]

$$Z_k(s) = R + \cfrac{1}{Cs + \cfrac{1}{\alpha Z_{k-1}(\sigma s)}}, \qquad k \in \mathbb{N}^+ \tag{10.90a}$$

算出。上式中，$k \to \infty$ 时得到非正则的 Liu-Kaplan **标度方程**：

$$Z(s) = R + \cfrac{1}{Cs + \cfrac{1}{\alpha Z(\sigma s)}} \tag{10.90b}$$

进一步的内容请参阅注译附录 C。

①　式（10.91）是方程式（10.90b）的近似解。对于图 10.16* 中的 Liu-Kaplan 分形链分抗逼近电路，由式（10.90a）有

$$\alpha Z_{k-1}(j\sigma\Omega) \xleftarrow{\ 0 \leftarrow \Omega\ } Z_k(j\Omega) \xrightarrow{\ \Omega \to \infty\ } R \tag{10.91a}$$

这意味着非正则的 Liu-Kaplan 标度方程（10.90b）在低频可简化成正则标度方程（regular scaling equation）

$$Z(j\Omega) \approx \alpha Z(j\sigma\Omega) \tag{10.91b}$$

并存在式（10.91）的近似解（可参阅注译附录 C）。

$$Z(\Omega) = \kappa(j\Omega)^{-\eta} \tag{10.91}$$

$$\eta = 2 - \frac{\log(k^2)}{\log\sigma} = 2\left(1 - \frac{\ln k}{\ln\sigma}\right)$$

式中 κ 和 σ 都是常数，并且 $\sigma < k^2$，这暗示 $0 < \eta < 1$。

我们看到，Kaplan 等得到了一个非整数-η 阶的系统模型。

10.8　分数多极点

Engheta(1996 年)[60] 提出了电荷密度的分数阶多极点的一个定义。分数阶多极点概念，是用来表示整数阶点态多极点之间的内插，比如说，点态**单极点**，点态**双极点**，点态**四极点**等之间的内插情形。Engheta 提出的方法，是基于狄拉克 δ 函数的分数阶微分运算（见式（2.160））方法，并且可用整数阶点态多极点电势的分数微分或分数积分，简洁地获得电荷源分布公式。

因为术语**单极点**（monopole）、**双极点**（dipole）和**四极点**（quadrupole）等都关联着 2 的幂数（即 2^0，2^1 和 2^2 等），所以分数阶多极点也称为 2^α 极点。

在三维情形，Engheta 发现，沿着 z 轴，$0 < \alpha < 1$，拥有 2^α 个极点的点态多极点，其电势函数可用下端点 $t = -\infty$ 时的黎曼-刘维尔分数导数表示：

$$\Phi_{2^\alpha,z}(x,y,z) = \frac{ql^\alpha}{4\pi\epsilon} {}_{-\infty}D_t^\alpha\left(\frac{1}{\sqrt{x^2+y^2+z^2}}\right) \tag{10.92}$$

式中 q 是电单极矩，ϵ 是一个已知物理常量——齐次各向同性空间的介电常数。

形式为 l^α（l 具有长度量纲）的常数，是为了获得传统的最终体积电荷密度量纲而引入的常量，单位是 C/m^3。

计算分数导数式（10.92）得出[60]

$$\Phi_{2^\alpha,z}(x,y,z) = \frac{ql^\alpha \Gamma(1+\alpha)}{4\pi\epsilon} \frac{1}{(x^2+y^2+z^2)^{(1+\alpha)/2}} P_\alpha\left(\frac{-z}{\sqrt{x^2+y^2+z^2}}\right) \tag{10.93}$$

式中 $P_\alpha(z)$ 是非整数 α 次第一类勒让德函数[63]。

显然，一个单极点的静态电势函数

$$\Phi_1(x,y,z) = \frac{q}{4\pi\epsilon} \cdot \frac{1}{\sqrt{x^2+y^2+z^2}}$$

与双极点的静态电势函数

$$\Phi_2(x,y,z) = \frac{q}{4\pi\varepsilon} \cdot \frac{\cos\theta}{x^2+y^2+z^2}, \qquad \cos\theta = \frac{z}{\sqrt{x^2+y^2+z^2}}$$

都是函数 $\Phi_{2^\alpha,z}(x,y,z)$ 当 $\alpha = 0$ 与 $\alpha = 1$ 时的特例。

在这一分数微积分应用例子中，考虑的是静态物体问题，并且使用下端点 $t = -\infty$ 时关于空间变量的分数导数是有益的。

在另一论文[61]（1996 年）中，Engheta 给出了包含楔形和锥体结构的例子，它们的电势可表示为电荷分布形态的静电势，其行为特征就象分数阶多极点所表现的那样。对应于分数阶多极点的阶数，依赖着楔形角度大小（在二维情形）或锥体角度大小（在三维情形）。对应电势的等高线图均类似于**断裂力学**①问题中存在边界奇异性处的应力密度图。对于这两种事例，在数值求解过程中，靠近边界奇异点处的解结果的已知局域行为能够有效地被利用。

10.9 生物学

10.9.1 生物系统的电导性

1933 年 Cole 发表论述生物组织细胞膜的电导性研究论文[37]，给出**膜电抗**的表达式：

$$X(\Omega) = X_0 \, \Omega^{-\alpha} \tag{10.94}$$

显然对应的传输函数为

$$g_x(s) = \widetilde{X}_0 \, s^{-\alpha} \tag{10.95}$$

其中 X_0 和 α 都为常数，而 Ω 是电流频率。

Cole 也列出了其他作者通过实验手段获取的不同细胞类型的几个 α 值：

- 几内亚猪肝和肌肉细胞膜：$\alpha = 0.45$；
- 土豆细胞膜：$\alpha = 0.25$；
- Arbacia 卵细胞膜：$\alpha = 0.5$；
- 青蛙肌肉细胞膜：$\alpha = 0.37$；
- 血细胞膜：$\alpha = 0.88$。

10.9.2 神经元的分数阶模型

头脑转动期的开始与结束，所观测到的眼睛急速特征抖动（characteristic jerky movement）称为**眼球震颤**②。它其实是一种反射（reflex），在头脑转动时提供平稳点的视觉定位。当头脑转动开始时，眼睛首先在转动的反方向上慢慢移动，提供视觉定位；这称为前庭视反射[234]。眼球达到运动的极限位置后，迅速返回到一个新的定位点上，然后再次在转动的反方向上慢慢移动。

眼球的这些运动是由前动神经元（premotor neurons）和运动神经元（motoneurons）来控制。这两类神经元共同处理眼球的位置信号。

Anastasio 在论文[5]（1994 年）中指出，用整数阶方法来模拟前动神经元在前庭视反射过程中的行为特征存在缺点，并提议使用分数阶模型——在拉氏变换域中，形式上具有关系

$$\frac{R(s)}{V(s)} = \frac{\tau_1(s\tau_2+1)s^{\alpha_d-\alpha_i}}{s\tau_1+1} \tag{10.96}$$

式中 $R(s)$ 是前动神经元放电速率 $r(t)$ 的拉普拉斯变换，$V(s)$ 是头脑转动角速度 $v(t)$ 的拉普拉斯变换，τ_1 和 τ_2 是模型的时间常量，α_d 是预动器级别上的分数微分阶数，而 α_i 是 Anastasio 模型中分数积分器的阶数。

对方程式(10.96)进行拉普拉斯逆变换，获得 $v(t)$ 与 $r(t)$ 之间的关系。如记

---

① **断裂力学**（fracture mechanics）[2;5-534,47;124] 固体力学的一个分支，它是研究材料与工程结构中裂纹扩展规律的一门学科。工程材料中的各种缺陷可近似看成裂纹。断裂力学在工程中的应用已相当普遍，为了对工程结构作断裂分析，必须先通过试验，获得材料或结构的断裂特性数据。

② **眼球震颤**（nystagmus） 一种不自主的、有节律的眼球摆动。

$$G(s) = R(s)/V(s)$$

式中 $G(s)$ 为 $g(t)$ 的拉普拉斯变换，并假定 $\alpha_i > \alpha_d$。写出

$$G(s) = \frac{\tau_2 s^{\alpha_d - \alpha_i + 1}}{s + \tau_1^{-1}} + \frac{s^{\alpha_d - \alpha_i}}{s + \tau_1^{-1}}$$

再利用米塔-列夫勒函数的拉普拉斯变换式(1.80)，获得

$$g(t) = \tau_2 t^{\alpha_i - \alpha_d - 1} E_{1,\alpha_i - \alpha_d}\left(-\frac{t}{\tau_1}\right) + t^{\alpha_i - \alpha_d} F_{1,\alpha_i - \alpha_d + 1}\left(-\frac{t}{\tau_1}\right) \tag{10.97}$$

故有

$$r(t) = \int_0^t g(t - \tau) v(\tau) \, d\tau \tag{10.98}$$

Anastasio 也提出更一般的假说：因为肌肉与连接组织遍布肌肉骨骼系统，该系统的行为，看起来像具有分数阶积分动力学特征的黏弹材料所表现出的行为特性，所以该系统可以用分数阶微分动力学方法来校正前动神经元和运动神经元模型，从而"分数阶动力学，一般来说，是可以用来表征运动控制系统的行为能力的"[5]。

10.10　分数扩散方程

特殊类型的**多孔介质**①(分形介质)中的扩散建模，是分数阶导数的最有意义的应用研究课题之一。最终方程的阶数关联着多孔材料的所谓分形维数。

为了表示分形体(在**曼德布劳特**②意义下[142])中的迁移过程，Le Mehaute，de Guibert，Delaye 和 Filippi(1982 年)[120]提议使用方程

---

①　**多孔介质**(porous medium)由固体物质组成的骨架和由骨架分隔成大量密集成群的微小空隙所构成的物质。多孔介质内的流体以渗流方式运动，研究渗流力学涉及的多孔介质的物理-力学性质的理论成为渗流力学的基本组成部分。多孔介质的主要物理特性是空隙尺寸极其微小，比表面积数值小很多。多孔介质内的微小空隙可能互相连通，也可能是部分连通、部分不连通。

②　**曼德布劳特**(Benoit B Mandelbrot，1924—2010)，也译作**芒德布罗**，波兰出生的法国和美国数学家、博学家。20 世纪 80 年代初，由他所创立的**分形几何**，提供了研究不规则几何对象的新思想、新概念、新方法和新技巧。这一新兴学科在数学、物理、化学、地质、材料、生命科学、工程技术等诸多领域中已经得到广泛应用。与此同时，不同学科中提出的大量问题又激励着分形几何的深入发展。自 20 世纪 80 年以来，分形几何的理论与实际应用迅速发展，优秀成果不断出现，使得它不仅成为数学学科的一个非常活跃的分支，而且更是前沿科学——非线性领域的一个重要组成部分。

　　分形几何(fractal geometry)[1:3-364,2:6-488,94,95]，亦称**分形分析**(fractal analysis)。1967 年芒德布罗[93]在 *Science* 上发表"How long is the coast of Britain，statistical self-similarity and fractional dimension"，使得人们大为震惊。如果你从飞机上俯视海岸线，就会容易发现，海岸线不是规则的光滑曲线，而是由许多大大小小的半岛与港湾组成。随着观察高度降低——相当于放大倍数增大，那么你就会发现，原来的半岛与港湾又是由许多较小的半岛与港湾组成。当你沿着海岸线漫步时，再来审视脚下的海岸线，则会看到更为精细的结构——具有自相似特征的更细小的半岛与港湾组成了海岸线。

　　因此引出一个很自然的问题：一条海岸线的长度能够精确地测量吗？

　　答案是否定的！

　　人们无法精确地测量一段海岸线长度，因为随着测量的尺子长度(或测量的单位)减小，所量得的海岸线长度会逐渐增大！用 1 米的尺子测量的长度，肯定比 10 米的尺子测量的长度要大许多。

$$_0D_t^{1/d-1}J(t) = LX(t) \tag{10.99}$$

式中 $J(t)$ 是跨越分形界面的宏观流量，$X(t)$ 是局部策动力，L 是常量，而 d 是分形维数。方程式(10.99)由 Le Mehaute 和 Crepy(1983 年)[121] 严格推导得出来的。重要的是，分数扩散方程关联着分形介质中的动力学过程：最终方程的阶数取决于分形体的分形维数，而分形维数是用来表征多孔材料模型的特征参量。

进一步发展就引出两类分数阶偏微分方程。

第一类是分数偏微分方程的广义化，由 Oldham 和 Spanier 提出，用来替代 Fick 定律[178,179]。在这种情形下，Giona 和 Roman 构造了一个方程，最简单的方程形式为[78,79,224]

$$_0D_t^{1/d}P(r,t) = -A\left(\frac{\partial P(r,t)}{\partial r} + \frac{\kappa}{r}P(r,t)\right) \tag{10.100}$$

式中 $P(r,t)$ 是分形体上随机游动的平均概率密度，A 和 κ 都是常量，而 d 是反常扩散指数，它取决于所考察介质的分形维数[255]。

Metzler，Glöckle 和 Nonnenmacher(1994 年)[150] 建议的分数阶扩散方程，是第二类分数扩散方程的一个范例：

$$_0D_t^{1/d_w}P(r,t) = \frac{1}{r^{d_s-1}}\frac{\partial}{\partial r}\left(r^{d_s-1}\frac{\partial P(r,t)}{\partial r}\right) \tag{10.101}$$

式中 d_w 和 d_s 取决于介质的分形维数。

第二类中另外的例子是 R. R. Nigmatullin(1984 年—1986 年)[162,164] 所推出的分数扩散方程形式。在最简单的一维空间情形，Nigmatullin 扩散方程的形式为

$$_0D_t^{\alpha}u(x,t) = \frac{\mathrm{d}^2u(x,t)}{\mathrm{d}x^2} \tag{10.102}$$

由于方程式(10.102)中关于时间导数的阶数 α，能取任意实数值，包括整数 $\alpha=1$ 和 $\alpha=2$，所以称其为分数扩散-波动方程。该名称是 Mainardi[131,135] 提议使用的。对于 $\alpha=1$，方程式(10.102)就变成经典扩散方程，而对于 $\alpha=2$，就变成经典波动方程。对于 $0<\alpha<1$，有所谓的**超慢扩散**(ultraslow diffusion)，而取值 $1<\alpha<2$ 时，对应着所谓的**中间过程**(intermediate processes)。

对于空间一维情形，方程式(10.102)的解已经在第 4 章(见例 4.4)给出。

方程式(10.102)，具有广义函数方法(见 2.4.2 节)意义下的分数导数，Wyss(1986 年)[259] 首先进行了考察研究。后来，Schneider 和 Wyss(1983)[235]，以及 Nonnenmacher 等(1989)[171]，提出了另外的"**分数化**(fractionalization)"方法，并统一了经典扩散与波动方程的形式，从而引出包含关于时间的分数积分的偏积分-微分方程[235]。如此方程的最简单情况是空间一维问题：

$$u(x,t) = u(x,0) + \lambda^2\,_0D_t^{-\alpha}\frac{\partial^2u(x,t)}{\partial x^2} \tag{10.103}$$

海岸线长度的测量不确定性，是其"分形 fractal"结构的固有特性。"fractal"一词，是 1975 年芒德布罗根据拉丁词"fractus 不规则的、分数的、支离破碎的"创造的一个英语单词，意指某些被传统的欧几里得几何学排除在外的不规则几何形状。

也许，"分数阶"现象与过程是具有精细结构的"分形体系"所固有的宏观特性。

该方程的解结果已经在第 4 章(例 4.5)中给出。

方程式(10.103)允许使用整数阶导数中所用的经典初始条件。这一点是不同于具有黎曼-刘维尔分数导数的方程式(10.102)情形。然而，Schneider-Wyss 分数积分微分方程式(10.103)，等价于分数微分方程式(10.102)。在此，分数导数理解为卡普途分数导数(见 2.4.2 节)。

分数扩散-波动方程式(10.102)得到 Mainardi(1994~1996 年)[131,135,133,134,137]，还有 Kochubei(1990 年)[117]，以及 El-Sayed(1996 年)[57]的深入细致研究。

Polack(1991 年)[210]为了使用分数导数建模确定介质中的波动传播，提出了不同类型的方程。在 Polack 的方程中，分数导数项对一个边界可控可观的无穷维线性系统的频谱和冲激响应的影响问题，曾经得到 Matignon 和 d'Andréa-Novel (1995 年)[144]的研究。

10.11　控制理论

第 9 章提供了在控制理论中使用分数导数的一个例子。

应用分数阶控制器到动力学的控制理论中的创意，应当属于 Oustaloup，是他发展了 **CRONE 控制器**(CRONE 是法文 Commande Robuste d'Ordre Non Entier 的首字母缩写①)理论，在他的系列书籍[183，185，186，187]②中阐述了分数导数在控制理论中的应用问题。Oustaloup 通过与 PID 控制器的对照分析，论证了 CRONE 控制器具有的优势。$PI^\lambda D^\mu$ 控制器，在第 9 章有所论述，当用成分数阶系统的控制器时，比起经典的 PID 控制器来说，也表现出更好的性能。

Bagley 和 Calico(1991 年)[13]，Makroglou，Miller 和 Skaar(1994 年)[140]，Axtell 和 Bise(1990 年)[9]，Kaloyanov 和 Dimitrova(1992 年)[110]，Matignon(1996 年)[143]，Matignon 和 d'Andréa-Novel(1996 年和 1997 年)[145,146]的研究工作，也为分数导数在控制理论中使用，提供了非常有益的思路，以及一些研究分数阶控制系统的方法。

近年来，将分数导数与积分应用于整数阶无穷维系统的有界控制问题，得到 Mbodje 和 Montseny(1995 年)[147]，以及 Montseny，Audounet 和 Matignon(1997 年)[159]的研究。

将分数导数与积分应用于控制理论中得到比整数阶方法更好结果，这也为控制理论在广义化经典研究方法和结论理解方面的进一步发展提供了强劲动力。③

10.12　实验数据拟合

本节通过遗传效应(hereditary effect)对钢缆机械性能影响问题的建模实例，论证分数导

---

① 是"稳健分数阶控制(robust fractional-order control)"之意。

② [183]《分数阶线性伺服系统》，*Systèmes asservis linéaires d'order fractionnaire*. Masson，Paris，1983。[185]《CRONE 控制》，*La Commande CRONE*. Hermes，Paris，1991。[186]《稳健性》*La Robustesse*. Hermes，Paris，1994。[187]《分数阶导数：理论，综合与应用》*La Dérivation Non Entière：Théorie，Synthèse et Applications*. Hermes，Paris，1995

③ 近年来，国内陆陆续续有研究者开展了分数阶控制理论与应用研究。有兴趣的读者可以参阅：赵春娜，李英顺，陆涛著. 分数阶系统分析与设计，北京：国防工业出版社，2011；李文，赵慧敏著. 分数阶控制器设计方法与振动抑制性能分析，北京：科学出版社，2014；王春阳，李明秋，姜淑华等著. 分数阶控制系统设计，北京：国防工业出版社，2014。

数能够成功地用作拟合实验测量数据的(数学)工具。我们不考虑噪声数据问题，而集中精力致力于概念的表达。

在一定程度上，本节论述课题紧密关联着9.3节讨论的**系统辨识**①问题。然而，在控制理论中，系统辨识正好是对现实的动力学对象进行有效控制的一个步骤。反之，实验数据拟合，在一般意义下，也可用于建模静态对象，而它通常是在系统建模的最后一步。

10.12.1 经典回归模型的缺点

我们从多项式回归问题入手。多项式回归模型频繁地用来估计采矿运输机器上钢缆的可靠性。为了确定该方法的根本缺陷，有必要回顾如此缆绳性质变化过程的主要特性：

- 在一根缆绳安装以后的一定时期中，观测其性能的增强过程；
- 然后缆绳的性能变得越来越坏，直到断裂；
- 性能增强比性能减弱过程短，性能变化过程曲线形状一般是不对称的。

线性回归法，能够给出第二阶段(缆绳性能减弱时期)的一个粗略估计，但不能描述缆绳性质增强过程。

抛物线回归法，给出一条对称拟合曲线，而这不符合所考虑过程的物理背景。

高阶多项式回归模型，能够给出可测数据时间区间内较好的内插结果，但如果企图用它们预测缆绳性质的变化，将会给出一个坏的结论。

在现实工业实践中，大多情况还是优先选用抛物线回归法，尽管与其物理背景不相符合。后果将会导致缆绳强度的低估和过早更换缆丝。

可以试用另外的回归模型，例如指数型、对数型和组合型等。然而，所有这些回归曲线的类型，事实上各自规定了拟合曲线的一个确切形状，这样一来，摆在研究者/工程师面前的整个任务就是选择哪种形状的问题了。所有这些方法都缺乏必要的灵活性。在参考文献[21](1978年)中，给出了一些有关使用数学模型进行钢缆状态估计和预测的考虑。

10.12.2 分数导数法

试图或多或少获得一根缆绳运行过程的严格数学模型是可能的。无论如何，主要问题在于每一根特定缆绳，改变其性能都有各自确定的非常特殊的原由。把它们融合到一个通用模型中，是太牵强附会了。

这里所引入的不同方法，是应用分数积分描述钢缆机械性质的遗传变化为基础的方法。

给定一个实验测试数据集$\{y_1, y_2, \cdots, y_n\}$，借助满足积分方程

$$y(t) = \sum_{k=0}^{m-1} a_k t^k - a_{m\ 0}D_t^{-\alpha}y(t), \qquad 0 < \alpha \leqslant m \qquad (10.104)$$

的函数$y(t)$进行数据拟合。因此，必须确定式中常量α和$a_k(k=0, 1, \cdots, m)$。为了确定这些参量，我们使用最小二乘法，虽然也可用任何其他判据。关于参量m，它是不小于α的最小整数，因而一旦知道了α，也便知道了m。

方程式(10.104)中的参量具有明显的物理意义，$a_k(k=0, 1, \cdots, m-1)$是拟合函数$y(t)$的初始值及其前$(m-1)$个导数。方程右端的分数阶积分，表示对钢缆所有过去加载状

---

① **系统辨识**(system identification)[1:5-246,2:24-256] 利用系统的输入输出数据来确定描述系统行为的数学模型。

况，直到当前状态的累积作用结果。积分阶数 α 确定钢缆材料的记忆函数形状。忽略分数阶积分项，则得到经典的一般多项式回归模型。

于是问题简化为初值问题

$$_{0}D_{t}^{\alpha}z(t) + a_{m}z(t) = -\, a_{m}\sum_{k=0}^{m-1}a_{k}t^{k} \qquad (10.105)$$

$$z^{(k)}(0) = 0, \qquad k = 0,\ 1,\ \cdots,\ m-1$$

式中辅助未知函数 $z(t)$ 满足

$$z(t) = y(t) - \sum_{k=0}^{m-1}a_{k}t^{k} \qquad (10.106)$$

事实上，对于任何固定参量 $a_{k}(k=0,\ 1,\ \cdots,\ m)$ 组合形式的方程式 (10.105)，零初始条件准予我们使用分数差分法进行数值求解。解出 $z(t)$ 之后，可用关系式 (10.106) 进行反推，并估算最小二乘准则参量值而求出 $y(t)$。参量 $a_{k}(k=0,\ 1,\ \cdots,\ m)$ 集的优化可使用熟知的优化法进行。特别是，此时可采用单纯的无条件优化技术，在 MATLAB 中，有一个标准函数可实现该优化数据拟合①。

10.12.3 举例：Nizna Slana 矿山钢缆

本例是分数阶模型，用于 Nizna Slana 采矿公司运输设备中钢缆性能变化的建模。测试数据集来自于 7 年中每隔 6 个月的 14 次实测结果。

线性回归模型不能反映钢缆在运行初期的性能改善情形。

抛物线回归模型如图 10.17 所示。拟合曲线是对称的，因而不可能给出一个合适的预测，钢缆将会过早更换。

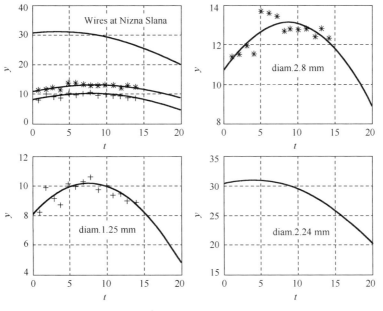

图 10.17 抛物线回归

---

① MATLAB 中有 Curve Fitting Toolbox。

在图 10.18 中，绘制出了三阶多项式回归模型曲线。该结果与所考虑过程的物理现实相矛盾，其中一根钢缆性能减弱之后又变得更好！四阶多项式回归模型情况更为糟糕：所有三根钢缆性能减弱之后都变得越来越好(见图 10.19)。

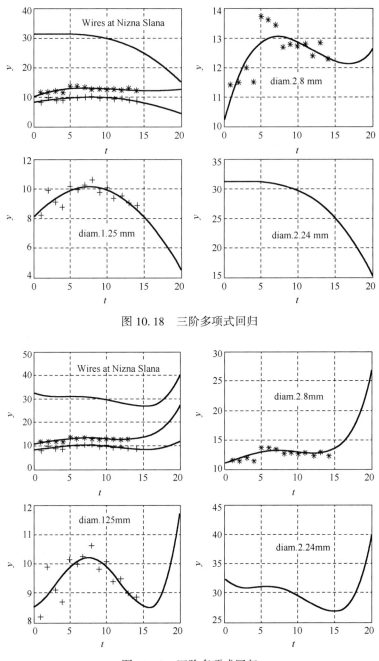

图 10.18　三阶多项式回归

图 10.19　四阶多项式回归

从前面多项式回归建模体验到，最恰当的模型是抛物线回归，尽管它不准确。

最后，图 10.20 中，绘制出了抛物线回归模型

$$y(t) = -0.0330t^2 + 0.5619t + 10.7236$$

与分数微分方程法描述结果的对比情形。计算得出方程式(10.104)的参量为

$$\alpha = 1.32, \qquad m = 2, \qquad a_0 = 10.1955, \qquad a_1 = 1.2760, \qquad a_2 = 0.0457$$

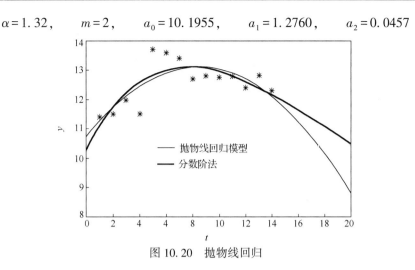

图 10.20　抛物线回归

事实上，分数阶模型给出最小二乘准则的一个下限值(lower value)并不出人意料。更重要的事实是，所有那些本节开头提及的重要特征，在分数阶拟合曲线的形状中都呈现得清清楚楚。

显然，对于不同钢缆，分数阶模型的阶数 α 是不同的，因为它们运行在不同条件之下。为此，每一种情形应当分别使用各自的表述方法。随着现代计算机性能提高，这在计算技术方面不是什么问题。

本节提出数据拟合的分数阶建模法灵活易用。该方法允许我们在钢缆机械性质的进一步测试结果获得之后，应用新数据持续不断提高钢缆性质的预测能力。在方程式(10.104)中，引入更多分数阶项与/或使用另外适当的线性独立函数集替代函数 $t^k(k=0,1,\cdots,n)$ 集，该建模法可以进一步推广。

借助分数微分方程的解结果，拟合实验数据是一种前途被看好的方法，可以应用于科学与工程的诸多领域。

10.13　"分数阶"物理学

前面各节讨论了科学与工程的不同领域中的分数导数应用事例。如此应用事例数量的不断增长，表明建立现实对象的更好数学模型存在着重大需求，同时也表明，分数微积分为现实对象与过程的更适当的数学建模提供了一种可能的实现方法。

除此以外，有关重要物理定律的可能广义化的一些研究工作应当引起关注。

1991 年，Westerlund 提议用分数导数描述各向同性(isotropic)与同质均匀(homogeneous)耗散电介体中的平面电磁波传播，并给出空间一维情形的方程形式：

$$\mu_0\,\varepsilon_0\,\frac{\partial^2 E}{\partial t^2} + \mu_0\,\varepsilon_0 \chi_0\,E^{(v)} + \frac{\partial^2 E}{\partial x^2} = 0 \tag{10.107}$$

式中 E 是电场强度，μ_0、ε_0 和 χ_0 都是常量，$v(1<v<2)$ 是 E 关于时间 t 的微分阶数。

1994 年，Westerlund[254] 提议，将麦克斯韦方程组中的关系式 $D = \varepsilon E$(E 是电场强度，D 是**电通密度**①)，$B = \mu H$(H 是磁场强度，B 是**磁通密度**②)修改为分数阶广义化形式：

①　**电通密度** D，亦称电位移，用来表示静电感应作用在单位面积元上移动的电荷。

②　**磁通密度** B，是传导电流和位移电流所激发的总的**磁感应强度**。因此 B 也称磁感应强度。

$$D = \varepsilon E^{(v-1)}, \qquad B = \mu H^{(v-1)}, \qquad 0 < v < 1 \qquad (10.108)$$

其中包含着分数阶积分(因为 $v-1 < 0$)。

在 1993 年论述电气化学可极化介质的论文[27]中,卡普途提议使用分数阶语式描述电场 E 与电通密度 D 之间的关系。在一维情形,该关系具有如下形式:

$$\gamma D^{(v)} + \alpha D = \sigma E + \varepsilon E^{(v)} \qquad (10.109)$$

式中 γ,α,σ 和 ε 都是常量,而 v 表示 D 与 E 关于时间变量 t 的微分运算的(实数)阶数。注意到关系式(10.109)比关系式(10.108)更一般是有益处的,同时关系式(10.109)具有与黏弹体四参量模型方程式(10.46)一样的形式,同样比方程式(10.108)更具有广泛性。

使用同样的简化假设,在一维情形,卡普途简化麦克斯韦方程为双方程组:

$$\frac{\partial^2 E}{\partial x^2} = -\mu \frac{\partial^2 D}{\partial t^2}, \qquad \gamma D^{(v)} + \alpha D = \sigma E + \varepsilon E^{(v)} \qquad (10.110)$$

式中 μ 也是常量。利用变量分离与卡普途分数导数式(2.253)的拉普拉斯变换,卡普途获得方程组式(10.110)在拉普拉斯逆变换形式下的一个解。

的确如此,麦克斯韦方程已得到修正,希望沿着该方向进一步向前发展。①

Riewe(1996 年,1997 年)[221,222]提出一个包含分数导数的拉格朗日与哈密顿力学公式。具有分数导数的拉格朗日公式,导致运动方程中存在**非保守力**②(比如摩擦力,等等)。Riewe 提出一个修正的哈密顿原理,引入两种标准变换类并使用分数阶力学观点,推导出哈密顿-雅可比方程。另外,他也给出一个分数阶量子力学波动方程,并建议广义化欧拉-拉格朗日方程(其中包含分数导数)。

由 Riewe 推出的(分数阶)公式太多了,在此不作阐述。无论如何,值得宣扬的是,促进 Riewe 分数(阶)力学出现的动机,是众所周知的事实——经典力学方法仅仅处理**保守系统**问题,而在现实的物理世界中,人们看到的几乎所有经典物理过程都是非保守问题,并且展现出**不可逆的耗散效应**③。

---

① 关于麦克斯韦方程的分数阶修正,有兴趣的读者可参阅《分数维动力学:分数阶积分在粒子、场及介质动力学中的应用》[26]的第 4 章内容。

② **非保守力**(non-conservative force) 质点运动时,如果作用于质点的力所做的功,与质点的运动路径无关,只决定于运动的始末位置,那么这种力称为保守力或有势力、势力。保守力的定义也可等价地叙述为:质点沿封闭的路径运动一周时,保守力的功等于零。万有引力、重力、弹性力、静电力等都是保守力,而摩擦力、流体的黏滞阻力等都是非保守力。

如果质点在空间各处均受到确定的保守力的作用,则在空间中形成一个保守力场。在保守力场中有势能的概念。如果自由质点系各质点间的作用力都是保守力,或非自由质点系中的主动力都是保守力而约束力不做功,这样的系统称为**保守系统**(conservative system),亦称守恒系统——机械能守恒的力学系统。在保守力和非定常约束作用下的系统,以及在保守力和非保守力作用下的(力学)系统称为非保守系统(non-conservative system)。

③ **不可逆的耗散效应**(irreversible dissipative effects) 一个系统处于非平衡和开放条件下,在与外界环境交换物质与能量的过程中,通过系统内部能量耗散,经过突变产生和维持的某种新的宏观的时间-空间有序结构,称为**耗散结构**(irreversible structure)[1;5-129,2;9-28,28;524]。它是系统远离平衡态时的相变现象。耗散是指系统维持这种新型结构需要外界输入能量和物质,所以,系统形成耗散结构的过程在时间反演上是不可逆的!结构一词泛指那些包含大量结构单元的复杂系统,在时间、空间与功能上呈现的有序行为。耗散结构一词强调能量耗散在建立有序结构中的积极作用。

　　同样的动机，即希望包含耗散效应，引导着 Westerlund 试图广义化牛顿第二定律[254]。在该条探索道路上，注意到如下事实是有益的。如果 F 是作用力，x 是位移，则弹性体的胡克模型（$F = kx$），粘滞流体的牛顿模型（$F = kx'$），与牛顿第二定律（$F = kx''$）可以看成如下一般关系式的特例：

$$F = kx^{(\alpha)} \tag{10.111}$$

其中 α 可取任何实数。特别是，Westerlund 提议：在方程式（10.111）中，可将 $1 < \alpha < 2$ 情形看成牛顿第二定律的广义化形式。如此形式能够更好地表征物埋现实[254]。

　　上述所讲的卡普途，Riewe，Westerlund 近期研究工作，都是力图发展耗散模型。现将注意力转向更早时期 Scott Blair（1947 年，1950 年，1974 年）[236,237,239] 进行的研究，他把黏弹行为的分数阶模型理解为"不同材料的分离时间尺度"的导入[236]，其基础是"时间的主观判定不能跟随牛顿时间尺度"的观测认识。

　　未来将出现更多的"分数阶"物理理论是可能的。我们用如下两段富有含义的引语来结束本节论述。

　　"如果适宜的话，可以使用牛顿的术语表达我们的概念。而一旦这样做的时候，必须意识到，此时已经转换到另外一种对我们所研究的鲜活机体来说是陌生的语境之中了。"（Scott Blair[238:P85]）

　　"…所有系统，在描述它们的方程中需要分数阶时间导数…系统具有所有早期事件的记忆能力。必须加入早期事件的记录去预测未来…

　　结论显然且不可回避：**没有生命的东西有记忆**。① 用另一种不同的表述，我们可以说：自然以分数阶时间导数方式运行。"（Westerlund[253]）

　　耗散结构在客观世界中无处不在。物理学中的激光就是典型的耗散结构，当外界输入的激发能量较低时，原子像在一般光源中那样独立无规律地发射光子，每个光子的频率和相位不同，整个系统处于无序状态；而当外界输入的激发能量达到某一临界值时，就会突然发出单色性的方向性很强的激光光束，使整个系统成为有序状态。化学反应中的振荡反应也属于时间上的典型耗散结构，在通常不起反应的无形状态下，由于涨落的触发或催化超过某一阈值，会出现方向性的反应与自组织的结构。生物和社会系统都是耗散结构。要吸收养料排出废物，不断进行新陈代谢才能生存，保持稳定的高度组织化的有序结构。因此，耗散结构理论和方法对于自然现象与人类社会、生态系统等等都适用。

　　① *Dead matter has memory*.

附录 分数导数表

附录用简表形式列出了应用中频繁使用的某些函数的黎曼–刘维尔分数导数公式。大多数情况下，微分阶数 α 可以是任何实数，因而用 $-\alpha$ 替代就给出了黎曼–刘维尔分数积分。

表中的公式也可以用于格林瓦尔–莱特尼科夫分数导数、卡普途分数导数计算，以及序贯米勒–罗斯分数导数的计算。如此情形下，阶数 α 应当在 0 与 1 之间取值，根据定义，黎曼–刘维尔分数导数必须是整数阶或分数阶导数的适当组合。

1. 下端为 0 时的黎曼–刘维尔分数导数

$f(t)$	${}_0D_t^\alpha f(t), \qquad t>0$	$\alpha \in \mathbb{R}$
$H(t)$	$\dfrac{t^{-\alpha}}{\Gamma(1-\alpha)}$	
$H(t-a)$	$\begin{cases} \dfrac{(t-a)^{-\alpha}}{\Gamma(1-\alpha)}, & t>a \\ 0, & 0\leq t\leq a \end{cases}$	
$H(t-a)f(t)$	$\begin{cases} {}_aD_t^\alpha f(t), & t>a \\ 0, & 0\leq t\leq a \end{cases}$	
$\delta(t)$	$\dfrac{t^{-\alpha-1}}{\Gamma(-\alpha)}$	
$\delta^{(n)}(t)$	$\dfrac{t^{-\alpha-n-1}}{\Gamma(-\alpha-n)}$	$n \in \mathbb{N}$
$\delta^{(n)}(t-a)$	$\begin{cases} \dfrac{(t-a)^{-n-\alpha-1}}{\Gamma(-n-\alpha)}, & t>a \\ 0, & 0\leq t\leq a \end{cases}$	$n \in \mathbb{N}$
t^v	$\dfrac{\Gamma(v+1)}{\Gamma(v+1-\alpha)}t^{v-\alpha}$	$v>-1$
$e^{\lambda t}$	$t^{-\alpha}E_{1,1-\alpha}(\lambda t)$	
$\cosh(\sqrt{\lambda}t)$	$t^{-\alpha}E_{2,1-\alpha}(\lambda t^2)$	
$\dfrac{\sinh(\sqrt{\lambda}t)}{\sqrt{\lambda}t}$	$t^{1-\alpha}E_{2,2-\alpha}(\lambda t^2)$	
$\ln(t)$	$\dfrac{t^{-\alpha}}{\Gamma(1-\alpha)}(\ln(t)+\psi(1)-\psi(1-\alpha))$	
$t^{\beta-1}\ln(t)$	$\dfrac{\Gamma(\beta)t^{\beta-\alpha-1}}{\Gamma(\beta-\alpha)}(\ln(t)+\psi(\beta)-\psi(\beta-\alpha))$	$\mathrm{Re}(\beta)>0$
$t^{\beta-1}E_{\mu,\beta}(\lambda t^\mu)$	$t^{\beta-\alpha-1}E_{\mu,\beta-\alpha}(\lambda t^\mu)$	$\beta>0, \qquad \mu>0$
$t^{\beta-1}{}_2F_1(\mu,v;\beta;\lambda t)$	$\dfrac{\Gamma(\beta)t^{\beta-\alpha+1}}{\Gamma(\beta-\alpha)}{}_2F_1(\mu,v;\beta-\alpha;\lambda t)$	$\mathrm{Re}(\beta)>0$
$P_m^{-\alpha,0}(2t-1)$	$\dfrac{m!\ t^{-\alpha}}{\Gamma(m-\alpha+1)}P_m^{0,-\alpha}(2t-1),\ 0<t<1$	$m=1,2,\cdots$ $0<\alpha<1$

2. 下端为 $-\infty$ 时的黎曼-刘维尔分数导数

$f(t)$	$_{-\infty}D_t^\alpha f(t), \quad t>0$	$\alpha \in \mathbb{R}$
$H(t-a)$	$\begin{cases} \dfrac{(t-a)^{-\alpha}}{\Gamma(1-\alpha)}, & t>a \\ 0, & t \leqslant a \end{cases}$	
$H(t-a)f(t)$	$\begin{cases} {_a}D_t^\alpha f(t), & t>a \\ 0, & t \leqslant a \end{cases}$	
$\mathrm{e}^{\lambda t}$	$\lambda^\alpha \mathrm{e}^{\lambda t}$	$\lambda>0$
$\mathrm{e}^{\lambda t+\mu}$	$\lambda^\alpha \mathrm{e}^{\lambda t+\mu}$	$\lambda>0$
$\sin(\lambda t)$	$\lambda^\alpha \sin\left(\lambda t+\dfrac{\pi\alpha}{2}\right)$	$\lambda>0$ $\alpha>-1$
$\cos(\lambda t)$	$\lambda^\alpha \cos\left(\lambda t+\dfrac{\pi\alpha}{2}\right)$	$\lambda>0$ $\alpha>-1$
$\mathrm{e}^{\lambda t}\sin(\mu t)$	$r^\alpha \mathrm{e}^{\lambda t}\sin(\mu t+\alpha\varphi)$ $r=\sqrt{\lambda^2+\mu^2}, \qquad \tan\varphi=\dfrac{\mu}{\lambda}$	$\lambda>0$ $\mu>0$
$\mathrm{e}^{\lambda t}\cos(\mu t)$	$r^\alpha \mathrm{e}^{\lambda t}\cos(\mu t+\alpha\varphi)$ $r=\sqrt{\lambda^2+\mu^2}, \qquad \tan\varphi=\dfrac{\mu}{\lambda}$	$\lambda>0$ $\mu>0$

注译附录 A 分数微积算子、分抗与分抗逼近电路及其运算特征

自然界并不完全是整数阶、整数维、纯线性的自然界，更广泛和更现实的是分数阶的世界，是分形分维的世界，是非线性的世界。例如理论上早就发现，无限长均匀 RC 电缆的输入阻抗在低频段具有负半阶算子 $s^{-1/2}$ 的运算功能。这可能是人们最先认识的具有分数阶运算性能的物理实体。近年来随着分数微积分理论与应用研究成为众多领域的热点课题，复杂的分数阶现象与过程的电路建模、数学建模及其深入研究尤显重要与急迫。在此进程中不断涌现的新概念、新观点、新思想等需要逐渐明晰与澄清。

A.1 分抗、微积算子与理想分抗元

分抗（fractance）是分数阶阻抗或导纳（fractional-order impedance or admittance→fractance）的简称。μ 阶**理想分抗函数**（ideal fractance function）

$$I^{(\mu)}(s) = F^{(\mu)} s^{\mu},\ 0 < |\mu| < 1 \tag{A.1}$$

是一无理函数。参量 μ 称为**运算阶**（operational order），是量纲一的量。自变量 s 是拉普拉斯变量，亦称复频率或称**运算变量**（operational variable）。$F^{(\mu)}$ 是与运算阶 μ 关联的常量，表征实现分抗 $I^{(\mu)}(s)$ 的（无源）二端电路元件——理想**分抗元**（fractor）的集总电学特征量。s^{μ} 称为 μ 阶**微积算子**（differintegrals operator）①。当 μ 取真分数时，s^{μ} 称为分数阶微积算子，简称**分数算子**（fractional operator）。理论上 μ 可取任意实数甚至复数。

理想分抗元的电路符号如图 A.1 所示[19]，其集总电学特征量 $F^{(\mu)}$ 称为**分抗量**（fractance quantity），简称**分抗**（fractance）。就像整数阶基本电路元件——电容量 C、电阻量 R、电感量 L、电耦量 T② 等一样，用 $F^{(\mu)}$ 表征 μ 阶理想分抗元件的集总电学特征与运算本质（参见表 A.1）。

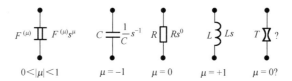

图 A.1　（理想）分抗元与基本电路元件符号及其阻抗表示

---

① 术语 differintegrals，是由 K. B. Oldham 与 J. Spanier 在上世纪 70 年代初期发明的单词，用于替代麻烦啰嗦的"derivatives or integrals to arbitrary order，任意阶导数或微分（运算）"。[179]

需要注意 differintegrals 与 calculus 的区别。其实，术语 differintegrals 可认为是分数阶微积分（fractional-order calculus→fractional calculus 分数微积分）与经典也即传统的整数阶微积分（calculus）的总称。

② **电耦量**（transtance quantity→transtance）T 是无源二端线性电磁耦合效应（electric-magnetic coupling effect）元件——**电耦元**（transtor）的集总电磁特征量 $T = \mathrm{d}\varphi/\mathrm{d}q$。[105,106] 电耦有可能是真正的第四基本电路元件而在蔡氏公理化元件系中取替忆阻 M 的位置。

A.2　分抗或微积算子的有理逼近与分抗逼近电路

理想分抗元现在还不存在。人们通过有限数量的无源整数阶元件(电容 C、电阻 R、电感 L、忆阻 M 等)构建有限规模 k 的电路网络(见图 A.2)——**分抗逼近电路**(fractance approximation circuit),简称为分抗电路或分抗①,在一定频率范围内实现理想分抗元 $F^{(\mu)}$ 或分数算了或微积算了 $s^\mu(0<|\mu|<1)$ 的运算功能。用数学语言来说,就是用收敛的有理阻抗函数序列 $\{Z_k(s),k\in\mathbb{N}\}$②逼近无理分抗函数——**有理逼近**:

$$Z_k(s)=\frac{N_k(s)}{D_k(s)}=\frac{\sum_{i=0}^{n_k}b_{ki}s^i}{\sum_{i=0}^{d_k}a_{ki}s^i}\xrightarrow{k\to\infty}Z(s)\xrightarrow{\text{附加条件}}I^{(\mu)}(s)=F^{(\mu)}s^\mu,\qquad 0<|\mu|<1。\qquad(A.2)$$

式中正整数 k 称为逼近**节数**(section, stage, level)或迭代**步数**(step),正整数数偶 (n_k,d_k) 称为有理函数 $Z_k(s)$ 与对应的无源电路网络的次数(degree)。③

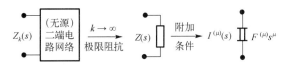

图 A.2　分抗逼近电路与理想分抗元

在正文中已论述过的分抗逼近电路有:N–S 分形树分抗逼近电路(见图 10.7+),Oldham Ⅰ型分形链分抗逼近电路(图 10.9+,图 B.1),Liu 分形树分抗逼近电路与 Liu–Kaplan 分形链分抗逼近电路(见图 10.16*)等。

A.3　极限阻纳与理想逼近、非理想逼近

式(A.2)是分抗或分数算子的**有理逼近**实现的数学表述,其中

$$Z(s)=\lim_{k\to\infty}Z_k(s)$$

称为**极限阻抗**(limiting impedance)。极限阻抗必定是无理函数!

无理的极限阻抗 $Z(s)$ 或极限导纳 $Y(s)$ 等于理想分抗函数 $I^{(\mu)}(s)$ 的逼近称为**理想逼近**。需要附加条件(比如在高频段或低频段)才能使极限阻抗、极限导纳等于或近似等于 $I^{(\mu)}(s)$ 的有理逼近,称为**非理想逼近**。

---

①　使用电阻与电容构建的网络可实现**容性分抗**(capacitive fractance: $-1<\mu<0$),电阻与电感构建的网络可实现**感性分抗**(inductive fractance: $0<\mu<1$)。"无阻不成分抗"——电阻元的存在是构造分抗的必要条件[19;2,138]。

当然,在理论上、技术方面,完全可用非电阻元件,比如忆阻 $M^{[19,90,98]}$、电耦 $T^{[105,106]}$ 等取替分抗逼近电路中的电阻构造新的元件类。这是一个很值得研究探索的课题。

②　对于二端电路网络(见图 A.2),策动点**阻抗**(impedance)$Z_k(s)$ 与**导纳**(admittance)$Y_k(s)=1/Z_k(s)$ 统称为策动点**阻纳**(immittance)[19,103,104]$H_k(s)$ 函数。不失一般性且考虑到习惯,人们通常用 $Z_k(s)$ 表示策动点特性。

③　次数常常可用作表征有理函数电路实现的复杂程度——分抗逼近电路的**复杂度**(complexity)。[19]

Oldham I 型分形链分抗(见图 10.9^+(c),图 B.1)的极限阻抗(式(10.61b))

$$Z_{OI}(s) = \frac{R}{2}\left(1 + \sqrt{1 + \frac{4\Omega_\tau}{s}}\right) \qquad \Omega_\tau = \frac{1}{\tau}, \qquad \tau = RC \tag{A.3}$$

$$\sqrt{\frac{R}{C}} s^{-1/2} \underset{\substack{0 \leftarrow |s| < \Omega_\tau \\ \text{低频有效}}}{\longleftarrow} Z_{OI}(s) \underset{\substack{\Omega_\tau < |s| \to \infty \\ \text{高频无效}}}{\longrightarrow} R \tag{A.4}$$

这种在低频段具有负半阶运算性能的有理逼近称为**低频有效**逼近!显然,Oldham I 型分形链分抗是低频有效的负半阶非理想逼近。

N-S 分形树分抗(见图 10.7^+)的极限阻抗(式(10.59e))

$$Z_{N-S}(s) = \sqrt{\frac{R}{C}} s^{-1/2} \tag{A.5}$$

是**全频有效**的负半阶理想逼近![1]

A.4 运算特征与逼近性能分析的数学基础

将 $s = j\Omega$($j = \sqrt{-1}$,$\Omega \in \mathbb{R}$ 表示模拟角频率)代入式(A.2),得到有理阻抗函数 $Z_k(s)$ 的**频率响应——频域特征**函数

$$\begin{cases} Z_k(j\Omega) = A_k(\Omega) \cdot \exp(jP_k(\Omega)) \\ \qquad A_k(\Omega) = |Z_k(j\Omega)| \\ \qquad P_k(\Omega) = \mathrm{Arg}\{Z_k(j\Omega)\} \end{cases}, \qquad k \in \mathbb{N}, \Omega \in \mathbb{R} \tag{A.6}$$

在许多应用领域与工程实践中,人们通常使用对数坐标表征幅频特征 $A_k(\Omega)$ 与相频特征 $P_k(\Omega)$。令

$$\Omega = 2\pi \cdot 10^\varpi \Leftrightarrow \varpi = \lg\left(\frac{\Omega}{2\pi}\right), \qquad \Omega \in \mathbb{R}^+, \qquad \varpi \in \mathbb{R} \tag{A.7}$$

(式中 ϖ 称为频率指数[2])则得

---

① N-S 分形树分抗逼近电路的运算特征曲线如图 10.8^* 所示。

② 可规定频率指数变量 ϖ 的单位为贝[尔][6;269,114~119]:$[\varpi] = $ B。因为由式(A.7)定义的 ϖ 是对(圆)频率取常用对数,它表示给定(圆)频率 $f = \Omega/(2\pi)$ 到单位频率的对数距离:$\varpi = \lg f$。(圆)频率 f 的单位是赫兹:Hz。因此很显然,ϖ 的单位不应当是频率的单位,而应当即有频率的含义,又有相对于单位频率(即 1 Hz)或系统特征频率之比率的常用对数距离——**频率级**(frequency level)或**频率级差**(frequency level difference)的度量特质。

当然,在许多具体的应用场合(比如声学、电信技术、电路与系统分析、信号分析与处理、控制理论与应用等领域),也可以规定频率指数变量 ϖ 为量纲一的量,或用某一特征频率 $\Omega_\tau = 2\pi f_\tau$ 对频率 $\Omega = 2\pi f$ 进行归一化后的常用对数来定义:

$$\varpi = \lg(\Omega/\Omega_\tau) = \lg(f/f_\tau) \tag{A.7a}$$

并赋予特殊名称的单位:贝[尔](B)。贝[尔]为非 SI 单位,但分贝(dB = 0.1B)是国家法定计量单位。[114,117,118,119]

在科学与工程技术中,"**分贝**(dB),是两个量纲相同的物理量之商的常用对数的 M 倍。"[6;269] 仿此可定义

$$\varpi = \lg\left(\frac{f}{f_\tau}\right) B = 10\lg\left(\frac{f}{f_\tau}\right) dB \tag{A.7b}$$

$$\Lambda_k(\varpi) = \lg A_k(2\pi \cdot 10^\varpi) = \lg |Z_k(\mathrm{j}2\pi \cdot 10^\varpi)|, \qquad \varpi \in \mathbb{R} \tag{A.8a}$$

$$\theta_k(\varpi) = P_k(2\pi \cdot 10^\varpi) = \mathrm{Arg}\{Z_k(\mathrm{j}2\pi \cdot 10^\varpi)\}, \qquad \varpi \in \mathbb{R} \tag{A.8b}$$

为了进行分抗元、分抗逼近电路、分数阶电路与系统等的运算性能分析，特别是表征与刻画它们的运算本质特征(主要指运算阶数与恒相性质)，在传统的幅频特征 $\Lambda_k(\varpi)$ 与相频特征 $\theta_k(\varpi)$ 之上，引入新的**阶频特征**函数[19]

$$\mu_k(\varpi) = \frac{\mathrm{d}\Lambda_k(\varpi)}{\mathrm{d}\omega}, \qquad \varpi \in \mathbb{R} \tag{A.8c}$$

阶频特征函数与相频特征函数，统称为电路与系统的**运算特征**(operational characteristics)函数。对于 μ 阶理想分抗元(阻抗函数是 $I^{(\mu)}(s)$)有

$$\Lambda^{(\mu)}(\varpi) = \lg |I^{(\mu)}(\mathrm{j}2\pi \cdot 10^\varpi)| = \lg F^{(\mu)} + \mu[\varpi + \lg(2\pi)], \qquad \varpi \in \mathbb{R} \tag{A.9a}$$

$$\Theta^{(\mu)}(\varpi) = \arg\{I^{(\mu)}(\mathrm{j}2\pi \cdot 10^\varpi)\} = \frac{\pi\mu}{2}, \qquad \varpi \in \mathbb{R} \tag{A.9b}$$

$$M^{(\mu)}(\varpi) = \frac{\mathrm{d}\Lambda^{(\mu)}(\varpi)}{\mathrm{d}\varpi} = \mu, \qquad \varpi \in \mathbb{R} \tag{A.9c}$$

归一化有限 k 级 N-S 分形树分抗逼近电路的频域特征($\Lambda_k(\varpi)$、$\theta_k(\varpi)$)与运算特征($\theta_k(\varpi)$、$\mu_k(\varpi)$)曲线已由图 10.8* 给出。有限 k 节 Oldham I 型(见图 10.9+(c))与 Liu-Kaplan I 型(见图 10.10*(b))分形链分抗的归一化频域特征与运算特征曲线如图 A.3 所示(图中虚直线是理想分抗情形)。

由式(A.8)、式(A.9)定义的特征函数绘制的曲线图，通常统称为**伯德图**(Bode diagram)。

为了进行对比，在图 A.3 中 Liu-Kaplan I 型分形链分抗的标度特征参量取为 $\alpha = \beta = 2$，$\sigma = \alpha\beta = 4$，Liu 氏运算阶 $\mu_{\mathrm{Liu}} = -\lg\alpha/\lg\sigma = -1/2$。

图 A.3(c)中标示的参量 $K = \lg 4$ 是 Oldham 分形链类分抗逼近电路的固有特征量——**本征 K 指标**①，它反映该类电路的逼近性能。图 A.3(c)中标示的参量

$$W = |\lg\sigma| \tag{A.10}$$

是 Liu-Kaplan 分形链类分抗的运算振荡周期②。

---

① **本征 K 指标**(eigen K-index)[19;53] K_P、K_O 分别表征半阶规则分形分抗相频特征、阶频特征的逼近带宽指数(图 A.3(b)、(c))

$$\begin{cases} B_\mathrm{P}[k] \approx P + K_\mathrm{P}\log_2 k = K_\mathrm{P}\log_2(k/k_\mathrm{P}) \\ B_\mathrm{O}[k] \approx O + K_\mathrm{O}\log_2 k = K_\mathrm{O}\log_2(k/k_\mathrm{O}) \end{cases} \tag{A.10a}$$

随电路节数 k 的二进指数 $\log_2 k$ 增长速率的极限，也即节数 k 的倍增引起逼近带宽增加的量级数：

$$K_\mathrm{P} = \lim_{k \to \infty} \frac{B_\mathrm{P}[k]}{\log_2(k/k_\mathrm{P})}, \qquad K_\mathrm{O} = \lim_{k \to \infty} \frac{B_\mathrm{O}[k]}{\log_2(k/k_\mathrm{P})} \tag{A.10b}$$

对于几乎所有半阶规则分形分抗逼近电路有 $K_\mathrm{P} = K_\mathrm{O} = K$。对于 Oldham 分形链类分抗有 $K = \lg 4B \approx 6\mathrm{dB}$，N-S 分形树分抗(图 10.7+)的 $K = 2\log 4B \approx 12\,\mathrm{dB}$。精确求解逼近带宽指数 $B_\mathrm{P}[k]$、$B_\mathrm{O}[k]$ 涉及逼近的相对误差与逼近精度问题[19;48]，图 A.3(b)、(c)中的标示仅仅是示范图示。

② 对于 Liu-Kaplan 分形链类分抗，逼近带宽指数(见图 A.3(b)、(c))

$$B_\mathrm{P}[k] \approx P + Wk = W(k - k_\mathrm{P})、\qquad B_\mathrm{O}[k] \approx O + Wk = W(k - k_\mathrm{O}) \tag{A.10c}$$

更为详尽内容可参阅[19]中的第四章与本书注译附录 C。

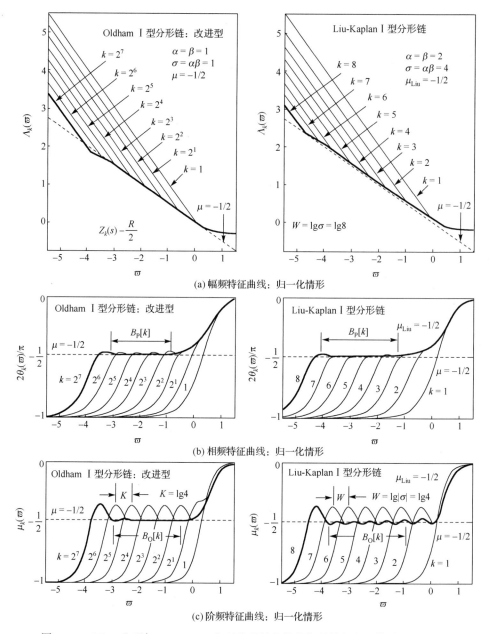

(a) 幅频特征曲线：归一化情形

(b) 相频特征曲线：归一化情形

(c) 阶频特征曲线：归一化情形

图 A.3　Oldham Ⅰ 型与 Liu-Kaplan Ⅰ 型分形链分抗的频域特征与运算特征对比图

将 $s = j\Omega = 2\pi j \cdot 10^{\varpi}$ 代入非正则的 Liu-Kaplan 标度方程式（10.90b）有

$$Z(2\pi j \cdot 10^{\varpi}) = R + \left(C2\pi j \cdot 10^{\varpi} + \frac{1}{\alpha Z(2\pi j \cdot 10^{\varpi + \lg \sigma})} \right)^{-1} \tag{A.11}$$

可见**准周期性**（quasi-periodicity）的**运算振荡现象**（图 A.4）是 Liu-Kaplan 分形链类分抗逼近电路及其对应非正则标度方程式（10.90b）的固有特性。

阶频特征与相频特征一起构成系统运算性能分析的数学基础。幅频特征与相频特征是系统频域特征分析的数学基础。对于一个给定的电路或系统，现今我们不能再以传统眼光来看待。我们不仅要分析其局部频域特点，还应当考察其频域全局的整体综合性能；不仅要考察其幅频特征、相位特征，还应当分析其阶频特征，即微积运算性能分析。

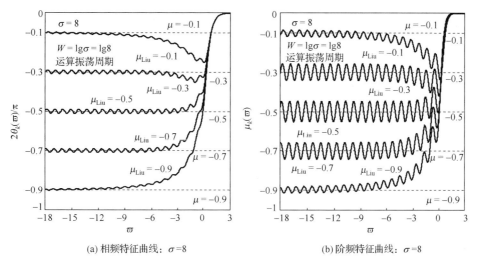

(a) 相频特征曲线：$\sigma = 8$　　　　　(b) 阶频特征曲线：$\sigma = 8$

图 A.4　Liu-Kaplan Ⅰ 型分形链分抗归一化极限阻抗的运算特征曲线图

A.5　微积算子有理逼近函数序列的基本数学性质

分抗逼近的有理阻纳函数序列

$$\left\{ H_k(s) = \frac{N_k(s)}{D_k(s)}, k \in \mathbb{N} \right\}$$

必须具有如下基本数学性质[19;162]。

（1）**计算有理性**（computational rationality）：关于运算变量 s 只能进行加、减、乘、除有理运算，不应当存在任何无理运算。因为应当避免使用分抗元构建新的分抗逼近电路。

（2）**正实性原理**（positive reality principle）：阻纳函数 $H_k(s)$ 是正实函数。这是因果稳定系统的充分必要条件。正实性是物理可实现性的基本要求！

（3）**运算有效性**（operational validity）：有理函数序列 $\{H_k(s), k \in \mathbb{N}\}$ 收敛且有

$$H_k(s) = \frac{N_k(s)}{D_k(s)} \xrightarrow{k \to \infty} H(s) \xrightarrow{\text{附加条件}} I^{(\mu)}(s) = F^{(\mu)} s^\mu, \qquad 0 < |\mu| < 1 \qquad (A.12)$$

极限阻纳函数 $H(s)$ 必须至少在一定频段内具有分数阶运算性能！

运算有效性是分抗逼近的核心问题！

运算有效性可分解为如下三部分。

- **幅频特征的运算有效性**：

$$\Lambda_k(\varpi) = \lg |H_k(\mathrm{j}2\pi \cdot 10^\varpi)| \xrightarrow[\text{附加条件}]{k \to \infty} \Lambda^{(\mu)}(\varpi) = \lg F^{(\mu)} + \mu[\varpi + \lg(2\pi)] \qquad (A.13a)$$

- **相频特征的运算有效性**：

$$\theta_k(\varpi) = \arg\{H_k(\mathrm{j}2\pi \cdot 10^\varpi)\} \xrightarrow[\text{附加条件}]{k \to \infty} \Theta^{(\mu)}(\varpi) = \frac{\pi\mu}{2} \qquad (A.13b)$$

- **阶频特征的运算有效性**：

$$\mu_k(\varpi) = \frac{\mathrm{d}\Lambda_k(\varpi)}{\mathrm{d}\varpi} \xrightarrow[\text{附加条件}]{k \to \infty} M^{(\mu)}(\varpi) = \mu \qquad (A.13c)$$

许多经典的规则结构的半阶分形分抗逼近电路（比如 Oldham 分形链类电路等）完全由其

简单的代数迭代函数或代数迭代方程描述或表征，它们的运算有效性可由迭代方程的正根——极限阻纳的表达式直接判定。

标度化分形分抗逼近电路（比如 Liu-Kaplan 分形链类电路）完全由非正则标度方程描述或刻画，它们的运算有效性可通过近似求解非正则标度方程而判定。

正实性原理要求有理函数

$$H_k(s) = \frac{N_k(s)}{D_k(s)} = \frac{\sum_{i=0}^{n_k} b_{ki} s^i}{\sum_{i=0}^{d_k} a_{ki} s^i} = \kappa \frac{\prod_{i=0}^{n_k-1}(s-z_i)}{\prod_{i=0}^{d_k-1}(s-p_i)} \qquad (k \in \mathbb{N}) \qquad (A.14a)$$

的所有零极点（z_i 与 p_i）分布于左半运算平面（即 s 平面）内。

如果有理逼近函数序列 $\{H_k(s)\}$ 的所有零极点位于运算复平面 s 的负实轴上：

$$z_i \in \mathbb{R}^-(i=0 \sim n_k-1), \quad p_i \in \mathbb{R}^-(i=0 \sim d_k-1), \qquad (A.14b)$$

则称为**强逼近**（strong approximation），否则称为**弱逼近**（weak approximation）。

理想分抗的物理可实现的无源 RC 网络逼近一定是强逼近。比如，N-S 分形树（见图 10.7[+]）、Oldham RC 分形链（见图 10.9[+](c)）、Liu-Kaplan RC 分形链（见图 10.16[*]）等分抗逼近电路的所有零极点都分布于运算复平面 s 的负实轴上[99]，它们都是强逼近。

A.6 "分抗"概念辨析

中文"分抗"一词，随着相关理论与应用向前发展，其含义越来越丰富，具有以下几方面意义。

（1）分抗：**分数阶阻抗或导纳**的简称，是英文新词 fractance 的国语译名[19:2]。这是"分抗——分数阶阻抗"最早赋予的意义和内容。

"阻抗或导纳"统称为**阻纳**（impedance or admittance → immittance）。

（2）分抗：**分抗元 F**（fractor）的简称，就像电阻[元]R、电容[元]C、电感[元]L、电耦[元]T 等分别简称电阻、电容、电感、电耦等一样。[6,105,106,114~119]

（3）分抗：**分抗逼近电路**的简称。比如分形链分抗逼近电路、分形树分抗逼近电路分别简称为分形链分抗、分形树分抗。

（4）分抗：μ 阶（理想）分抗元的集总特征物理量 $F^{(\mu)}$——**分抗量**（fractance quantity → fractance）的简称，就像电阻[量]R、电容[量]C、电感[量]L、电耦[量]T 等分别简称电阻、电容、电感、电耦等一样（见表 A.1）。因此，分抗[量]$F^{(\mu)}$ 是有单位有量纲的量！①

---

① **物理量**（physical quantity）[2:24-5]简称为**量**，也称**可测量**。定义为：物理学中所描述的现象、物体或物质的可以定性区别和定量确定的一种属性。物理量有固定的名称、符号，有时符号带有确定的下标或其他说明性标记。

（物理）量具有如下特点。[6,114~119]

（1）量表达的是现象、物体或物质物理属性。定性区别指的是物理属性上有差异。按照属性上的不同，可以把量分为诸如几何量、力学量、电学量等不同类量。属性相同的量，比如长度、距离、周长、波长等，都可用长度单位表示，称为同类量。

（2）量都是可测量的，并可用单位定量地表达为**量值**。但一切量都又是独立于单位的，即量值与单位选择无关。一个物理量必须是可通过使用测量仪器按照测量规定测量的，即它必须可转换为现象（例如，指针的偏转），这些现象是可以通过物理过程直接到达的。

A.7 分抗[量]的 SI 单位与量纲

理想分抗元的阻抗 $I^{(\mu)}(s)$、复频变量 s 的 SI 单位分别是欧姆(Ω)和赫兹(Hz)[114~119]:

$$[I^{(\mu)}(s)] = \Omega = \mathrm{kg\,m^2\,s^{-3}\,A^{-2}}, \qquad [s] = \mathrm{Hz} = \mathrm{s^{-1}}①$$

因此,由方程式(A.1)得物理量——分抗[量]$F^{(\mu)}$ 的 SI 单位

$$[F^{(\mu)}] = \frac{[I^{(\mu)}(s)]}{[s^\mu]} = \Omega\,\mathrm{s}^\mu = \mathrm{kg\,m^2\,s^{-3+\mu}\,A^{-2}} \qquad (A.15a)$$

与**量纲**(dimension)

$$\dim F^{(\mu)} = \mathrm{ML^2 T^{-3+\mu} I^{-2}} \qquad (A.15b)$$

因此从理论上来说,式(A.15a)与式(A.15b)表征了所有(整数阶与分数阶理想)电路元件电学特征量的 SI 单位与量纲(见表 A.1)!

表 A.1 (理想)电路元件名称与符号、SI 单位与量纲对照表

电路元件	元件特征量		运算阶 μ	SI 单位与量纲			备注
	名称	符号		名称	符号	量纲	
1745 电容[元] capacitor	电容[量] capacitance	C $F^{(-1)}$	-1	法[拉] farad	F $\mathrm{kg^{-1}\,m^{-2}\,s^4\,A^2}$	$\mathrm{M^{-1}L^{-2}T^4I^2}$	整数阶元件
1826 电阻[元] resistor	电阻[量] resistance	R $F^{(0)}$	0	欧[姆] ohm	Ω $\mathrm{kg\,m^2\,s^{-3}\,A^{-2}}$	$\mathrm{ML^2T^{-3}I^{-2}}$	
1831 电感[元] inductor	电感[量] inductance	L $F^{(+1)}$	$+1$	亨[利] henry	H $\mathrm{kg\,m^2\,s^{-2}\,A^{-2}}$	$\mathrm{ML^2T^{-2}I^{-2}}$	

(3) (物理)量具有可作数学运算的特性,可用数学公式表示。同类量可以相加减,不同类量可进行乘除。

(4) 物理量包括标量、向量和张量。

每一个物理量 q 用一个**数值**$\{q\}$ 和它的**单位**$[q]$ 表示:$q = \{q\}[q]$。

单位,是计量单位(unit of measurement)的简称。定义为:在同类量中,约定定义和采用的某一特定量,用以比较并表示该类量中其他量相对于它的大小。可见单位是一类量中的一个特定量,当然也是物理量。每一个物理量的单位有一定的量纲。

物理量量纲(physical dimension)[2:24-6],简称量纲,表示物理量的属性。量纲只用于定性地描述物理量,特别是定性地给出导出量和基本量之间的关系,即只表示量的属性而不是指量的大小。

对于基本量而言,量纲为其自身。以给定量制中基本量的幂的乘积表示量的表达式,称为**量纲式**或**量纲积**。国际单位制(简称 SI)中 7 个基本量的量纲分别用长度 L、质量 M、时间 T、电流 I、温度 Θ、物质的量 N 和光强度 J 表示。任一个导出量 q 的量纲通式为

$$\dim q = \mathrm{L^\alpha M^\beta T^\gamma I^\delta \Theta^\varepsilon N^\zeta J^\eta},$$

式中的指数称为**量纲指数**,它们可以是正数、负数、分数或零。量纲指数均为零的量,称为**量纲一的量**(2019 年以前称为无量纲量,单位为 1)。量纲和单位是两个不同的概念。

① 需要特别注意的是,此处斜体的 s 是复频率变量(亦即运算变量),而正体的 s 是时间的 SI 单位"秒"的符号。

续表

电路元件	元件特征量		运算阶 μ	SI 单位与量纲			备注
	名称	符号		名称	符号	量纲	
1971 忆阻[元] memristor	忆阻[量] memristance	M M_R	?		?	?	记忆元件
忆容[元] memcapacitor	memcapacitance	M_C					
忆感[元] meminductor	meminductance	M_L					
忆耦[元] memtranstor	memtranstance	M_T					
1983 分抗[元] fractor	分抗[量] fractance	$F^{(\mu)}$	$0<|\mu|<1$		$\Omega\cdot s^{\mu}$ $kg\cdot m^2 s^{-3+\mu}A^{-2}$	$ML^2T^{-3+\mu}I^{-2}$	分数阶元件
负半阶分抗[元]		$F^{(-1/2)}$	$-1/2$		$\Omega\cdot s^{-1/2}$ $s^{1/2}F^{-1}$	$ML^2T^{-3.5}I^{-2}$	
容性分抗[元]		$F^{(\mu)}$	$-1<\mu<0$		$s^{1+\mu}F^{-1}$	$ML^2T^{-3+\mu}I^{-2}$	
正半阶分抗[元]		$F^{(+1/2)}$	$+1/2$		$\Omega\cdot s^{1/2}$ $H\cdot s^{-1/2}$	$ML^2T^{-2.5}I^{-2}$	
感性分抗[元]		$F^{(\mu)}$	$0<\mu<1$		$s^{\mu-1}H$	$ML^2T^{-3+\mu}I^{-2}$	
2015 电耦[元] transtor	电耦[量] transtance	T	?		?	?	整数阶元件
2016 分数忆阻[元] fracmemristor[98,135,144,151]	fracmemristance	$M_R^{(\mu)}$					分数阶记忆元件
说明	物理量		$F^{(\mu)}$ $0\le|\mu|\le1$		$[F^{(\mu)}]=\Omega s^{\mu}$ 欧[姆]μ阶秒	$\dim F^{(\mu)}=$ $ML^2T^{-3+\mu}I^{-2}$	

注译附录 B Oldham 分形链分抗逼近电路的输入阻抗函数序列的求解方法

化学家 Oldham 的研究团队，在 20 世纪 60 代末期 70 年代初期，通过大量的精细实验测试发现，众多的复杂电解析化学过程中存在半阶积分、半阶微分电解析(semiintegral, semi-ifferential electroanalysis)过程[92~96,175~180]。该发现从实践层面上证实，在自然界中确实存在具有半阶积分运算性能的现象与效应，并表明它们并非是特殊个例而具有普遍性，从而促使人们不仅从实践层面上，而且从理论层面上开始关注与研究分数阶微积分、分数阶现象与过程、分数阶系统及其建模等课题。在大量实验数据证实与深入理论探讨分析基础之上，Oldham 等人引进一类具有负半阶运算性能的 RC 链电路(见图 10.9⁺(c)和图 B.1)对半阶积分电解析化学过程建模。[179:148] 为了表示敬意，我们称该电路为 Oldham 分形链分抗逼近电路[19,148]。

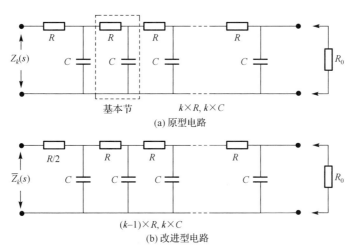

图 B.1 Oldham I 型分形链(fractal chain)分抗逼近电路

Oldham 分形链分抗逼近电路不但可用作半无限长同轴传输线模型，还可用作多孔分形堤坝渗流的电模拟模型、大量分形多孔界面电极电气响应的电模拟模型等等。非常确实和大量的实验证明，建立在电解分析化学方法基础之上的分数阶电路模型，能够成功地应用于其他许多领域，诸如扩散，热传导，质量迁移等复杂现象和过程。因此 Oldham 分形链分抗逼近电路持续不断地受到人们的关注和研究。随着时间的推移，人们不断地运用新观点、新方法、新理论考察 Oldham 分形链分抗逼近电路。

为了考察 Oldham 分形链分抗逼近电路的频域性能、运算性能与逼近性能等，首先必须求得该电路的**输入阻抗函数序列**$\{Z_k(s)\}$($k \in \mathbb{N}$，自然数 k 表示分形链的节数，它可用于表征或刻画电路的规模或复杂度)及其**极限阻抗**

$$Z(s) = \lim_{k \to \infty} Z_k(s) = ?$$

B.1　方法 1：连分式法 (Oldham[179]，20 世纪 70 年代)

观察图 B.1(a) 所示的原型电路，根据串并联结构特点，直接写出输入阻抗函数的连分式形式(考虑输出端口联接电阻 R_0 情形)[179;148]：

$$Z_k(s) = R + \cfrac{1}{Cs + \cfrac{1}{R + \cfrac{1}{\ddots \atop Cs + \cfrac{1}{R + \cfrac{1}{Cs + \cfrac{1}{R_0}}}}}} = R\left\{ 1 + \cfrac{1}{RCs + \cfrac{1}{1 + \cfrac{1}{\ddots \atop RCs\,\cfrac{1}{1 + \cfrac{1}{RCs + \cfrac{R}{R_0}}}}}} \right\} \tag{B.1}$$

为了简化表达式(特别是得到简洁的解析形式)，令

$$RC = \tau, \qquad \tau s = \frac{1}{x} \Leftrightarrow \frac{1}{\tau s} = x, \qquad R_0 = R$$

则有

$$Z_k(s) = R\left[1 + \cfrac{x}{1 + \cfrac{x}{1 + \cfrac{\ddots}{\ddots + \cfrac{x}{1 + \cfrac{x}{1}}}}} \right] = R\left\{ 1 + \underbrace{\frac{x}{1+}\frac{x}{1+} \cdots \frac{x}{1+}\frac{x}{1}}_{2k\text{项}} \right\} \tag{B.2}$$

利用 Wall 恒等式 (1948 年)[179;153],[50;211,148]：

$$\frac{1}{2} + \underbrace{\frac{x}{1+}\frac{x}{1+} \cdots \frac{x}{1+}\frac{x}{1}}_{2k\text{项}} = \frac{\sqrt{4x+1}}{1 + \left(\dfrac{\sqrt{4x+1}-1}{\sqrt{4x+1}+1} \right)^{2k+1}} - \frac{\sqrt{4x+1}}{2} = \frac{\sqrt{4x+1}}{2} f_{2k+1}(x) \tag{B.3}$$

$$f_k(x) = \frac{1 - \left(\dfrac{\sqrt{4x+1}-1}{\sqrt{4x+1}+1} \right)^k}{1 + \left(\dfrac{\sqrt{4x+1}-1}{\sqrt{4x+1}+1} \right)^k} = \tanh(k\theta), \qquad \theta = \mathrm{acoth}\left(\sqrt{4x+1} \right) = \frac{1}{2}\mathrm{acosh}\left(1 + \frac{1}{2x} \right) \tag{B.4}$$

得到输出端开路时的输入阻抗函数

$$Z_k(s) = \frac{R}{2} + \frac{R}{2}\sqrt{1 + \frac{4}{\tau s}} f_{2k+1}\left(\frac{1}{\tau s} \right) \tag{B.5a}$$

$$\overline{Z}_k(s) = Z_k(s) - \frac{R}{2} = \frac{R}{2}\sqrt{1 + \frac{4}{\tau s}} f_{2k+1}\left(\frac{1}{\tau s} \right) \tag{B.5b}$$

与极限阻抗

$$Z_k(s) \xrightarrow{k \to \infty} Z(s) = \frac{R}{2}\left(1 + \sqrt{1 + \frac{4}{\tau s}} \right) \tag{B.6a}$$

$$\overline{Z}_k(s)\xrightarrow{k\to\infty}\overline{Z}(s)=\frac{R}{2}\sqrt{1+\frac{4}{\tau s}}\tag{B.6b}$$

式(B.5b)给出的阻抗函数 $\overline{Z}_k(s)$ 对应着图 B.1(b)所示的改进型 Oldham 分形链电路。改进型相比原型电路仅仅是输入端的第一个电阻阻值减小一半，但逼近性能得到较大改善[19:54]。显然，有

$$\sqrt{\frac{R}{C}}s^{-1/2}\underset{\substack{0\leftarrow|s|\\ \text{低频段}}}{\longleftarrow}Z_i(s)=\frac{R}{2}\left(1+\sqrt{1+\frac{4}{\tau s}}\right)\underset{\substack{|s|\to\infty\\ \text{高频段}}}{\longrightarrow}R\tag{B.7a}$$

$$\sqrt{\frac{R}{C}}s^{-1/2}\underset{\substack{0\leftarrow|s|\\ \text{低频段}}}{\longleftarrow}\overline{Z}(s)=\frac{R}{2}\sqrt{1+\frac{4}{\tau s}}\underset{\substack{|s|\to\infty\\ \text{高频段}}}{\longrightarrow}\frac{R}{2}\tag{B.7b}$$

这一结果意味着，在低频段 Oldham 分形链分抗逼近电路(原型与改进型)具有半阶积分运算性能！我们称之为低频有效的负半阶分抗逼近电路。

B.2　方法 2：传输参量矩阵法(Vowels[107]，1948 年)

图 B.1 所示的有限 k 节 Oldham 分形链分抗逼近电路，由 k 个相同的基本节——双口网络级联而成，因此完全可用**传输参量矩阵理论**[101,102,147]求解其输入阻抗函数。

考虑图 B.2 所示的对称分形链电路。使用**对称 T 型节**作为基本节[107~110]，其传输参量(令 $\tau=RC$)[101:809,102:319]

$$A=\frac{V_i}{V_o}\bigg|_{I_o=0}=1+\frac{\tau s}{2}=\cosh\theta,\qquad B=\frac{V_i}{I_o}\bigg|_{V_o=0}=R\left(1+\frac{\tau s}{4}\right)=u\sinh\theta$$

$$C=\frac{I_i}{V_o}\bigg|_{I_o=0}=\frac{\tau s}{R}=\frac{\sinh\theta}{u},\qquad D=\frac{I_i}{I_o}\bigg|_{V_o=0}=1+\frac{\tau s}{2}=\cosh\theta$$

$$u=\frac{R\sinh(\theta)}{\tau s}=\frac{R}{2}\sqrt{1+\frac{4}{\tau s}},\qquad \theta=\mathrm{acosh}\left(1+\frac{\tau s}{2}\right)$$

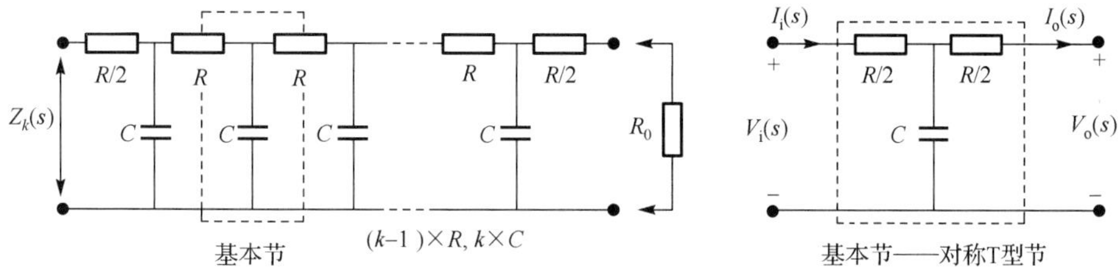

图 B.2　对称的改进 Oldham I 型分形链分抗逼近电路

因此，基本节——对称 T 型节(双口网络)(见图 B.2)的传输参量矩阵①

---

①　任何无源的**对称双口网络**(symmetric two-port network)都存在与式(B.8a)相同形式的传输参量矩阵。对于不同的对称双口网络，传输参量矩阵式中的两个参数 θ、u 是各不一样的![107,108]

双口网络对称条件是 $A=D$。

双口网络称为对称的，意味着网络关于某条中心线具有**镜像对称性**。也即是说，可以画出一条直线将对称网络分割成相同(对称)的两半部分![101:798]根据这一直观概念，上述矩阵形式很容易在理论上得到证明。

$$T = \begin{bmatrix} A & B \\ C & D \end{bmatrix} = \begin{bmatrix} \cosh(\theta) & u\sinh(\theta) \\ \dfrac{\sinh(\theta)}{u} & \cosh(\theta) \end{bmatrix} \tag{B.8a}$$

由于 $\det T = AD - BC = 1$①，对 T 进行特征值分解②[99,107,109,111]

$$T = U \varLambda U^{-1} = \frac{1}{2} \begin{bmatrix} u & -u \\ 1 & 1 \end{bmatrix} \begin{bmatrix} \mathrm{e}^{\theta} & 0 \\ 0 & \mathrm{e}^{-\theta} \end{bmatrix} \begin{bmatrix} 1/u & 1 \\ -1/u & 1 \end{bmatrix} \tag{B.8b}$$

从而有③

$$T^k = \begin{bmatrix} A & B \\ C & D \end{bmatrix}^k = U \varLambda^k U^{-1} = \begin{bmatrix} \cosh(k\theta) & u\sinh(k\theta) \\ \dfrac{\sinh(k\theta)}{u} & \cosh(k\theta) \end{bmatrix} = \begin{bmatrix} A_k & B_k \\ C_k & D_k \end{bmatrix} \tag{B.8c}$$

输出端开路（$R_0 = \infty$）、短路（$R_0 = 0$）时，输入阻抗函数分别为[107,109,110]

$$\overline{Z}_{Ok}(s) = \frac{A_k}{C_k} = u\coth(k\theta) = \frac{R}{2}\sqrt{1 + \frac{4}{\tau s}}\coth\left[k\mathrm{acosh}\left(1 + \frac{\tau s}{2}\right)\right] \tag{B.9a}$$

$$\overline{Z}_{Sk}(s) = \frac{B_k}{D_k} = u\tanh(k\theta) = \frac{R}{2}\sqrt{1 + \frac{4}{\tau s}}\tanh\left[k\mathrm{acosh}\left(1 + \frac{\tau s}{2}\right)\right] \tag{B.9b}$$

---

①　因此该双口网络是**互易网络**（reciprocal network）——将网络的输入激励与输出响应互换位置后，响应的变换与激励的变换之比不因这种换位而有所改变。对于满足这种条件的网络，人们说它是**可逆**（inverse）网络。

对于传输参量矩阵 T 来说，网络互易条件是 $AD - BC = 1$[101:811,102:327]。

互易双口网络的阻抗参量矩阵 z 与导纳参量矩阵 y 是对称矩阵，混合参量矩阵 h 与逆混合参量矩阵 g 是反对称矩阵，传输参量矩阵 T 与 t 是幺模矩阵[101:811]：$\det T = AD - BC = 1$，$\det t = ad - bc = 1$。关于双口网络的互易条件与对称条件，读者可参阅书籍[102]的第 327 页的"无源双口网络的互易、对称条件汇总表"。

并非任何一个网络都具有互易性质。一般来说，完全由线性时不变的二端无源元件电阻、电容、电感（以及电耦[105,106]）、耦合电感器和理想变压器构造的任何双口网络均是互易网络！含有受控电源、非线性元件、时变元件、回转器的网络都不一定具有互易性质。[101:798,103:195]

互易性（reciprocity）也存在某些声学系统、力学系统等中。

②　如果令 $\exp(\theta) = x$，则有

$$T = \begin{bmatrix} A & B \\ C & D \end{bmatrix} = \frac{1}{2} \begin{bmatrix} x + x^{-1} & u(x - x^{-1}) \\ \dfrac{x - x^{-1}}{u} & x + x^{-1} \end{bmatrix}$$

在 MATLAB 的命令窗中输入语句：

```
>>T = [x+1/x, u*(x-1/x); (x-1/x)/u, x+1/x]/2;
>> [U, L] = eig(T)
U = [ u, -u]        L = [ x,   0]
    [ 1,  1]            [ 0, 1/x]
>> inv(U)
ans = [  1/2/u,      1/2]
      [ -1/2/u,      1/2]
```

由此获得矩阵 U、$\varLambda$ 与 U^{-1} 的表达式。

③　该结果也能通过归纳法直接得到。推导过程中需要用到双曲函数的基本公式[4:55]

$$\sinh(x \pm y) = \sin(x)\cosh(y) \pm \cosh(x)\sinh(y), \qquad \cosh(x \pm y) = \cosh(x)\cosh(y) \pm \sinh(x)\sinh(y).$$

式(B.9b)映证了恒等式(B.5b)的正确性。① 显然有

$$\overline{Z}_{Ok}(s) \xrightarrow{k \to \infty} \overline{Z}(s) = \frac{R}{2}\sqrt{1 + \frac{4}{\tau s}}, \qquad \overline{Z}_{Sk}(s) \xrightarrow{k \to \infty} \overline{Z}(s) = \frac{R}{2}\sqrt{1 + \frac{4}{\tau s}} \qquad (B.10)$$

一般情形下，对于 Oldham 分形链分抗逼近电路，人们习惯上选择如图 B.1(a)所示非对称的反 Γ 型 RC 双口网络作为基本节，其传输参量矩阵

$$\dot{T} = \begin{bmatrix} \dot{A} & \dot{B} \\ \dot{C} & \dot{D} \end{bmatrix} = \begin{bmatrix} 1+\tau s & R \\ \dfrac{\tau s}{R} & 1 \end{bmatrix} = \begin{bmatrix} 1+w & R \\ \dfrac{w}{R} & 1 \end{bmatrix} \qquad (B.11)$$

这同样是一个幺模矩阵：$\det \dot{T} = 1$。据此按照上述思路同样可以推出输入阻抗函数的一种解析表达式。其具体求解过程将论述于后。

B.3　方法3：迭代矩阵法(〔19〕，2007 年)

图 B.1(a)所示的 Oldham 分形链分抗逼近电路的原型电路可简化成图 B.3(a)所示的迭代电路。给定一个有理**初始阻抗函数** $Z_0(s)$，输入阻抗由简单的迭代公式

$$Z_k(s) = R + \cfrac{1}{Cs + \cfrac{1}{Z_{k-1}(s)}} = F(Z_{k-1}(s)), \qquad k \in \mathbb{N} \qquad (B.12)$$

计算。这是一个简单的有理迭代过程，生成一个收敛的有理函数序列

$$Z_k(s) \xrightarrow{k \to \infty} Z(s)$$

如果令

$$Z_k(s) = x_k, \qquad R = a, \qquad (Cs)^{-1} = b \qquad (B.13)$$

则式(B.12)关于电路的迭代问题，转化成一个有理的代数迭代过程

$$x_k = a + \cfrac{1}{\cfrac{1}{b} + \cfrac{1}{x_{k-1}}} = a + \frac{bx_{k-1}}{b + x_{k-1}} = F(x_{k-1}), \qquad k \in \mathbb{N}, \qquad a \neq b \qquad (B.14a)$$

式中**迭代函数**(iterating function)

$$F(x) = a + \frac{bx}{b+x}, \qquad x \in \mathbb{R}^+, \qquad a \in \mathbb{R}^+, \qquad b \in \mathbb{R}^+, \qquad a \neq b \qquad (B.14b)$$

---

① 由式(B.2)与式(B.9a)、(B.9b)可得恒等式

$$\frac{1}{2} + \underbrace{\frac{x}{1+} \frac{x}{1+} \cdots \frac{x}{1+} \frac{x}{1}}_{2k\text{项}} = \frac{\sqrt{4x+1}}{2} f_{2k+1}(x) = \frac{\sqrt{4x+1}}{2}\tanh\left[\frac{2k+1}{2}\cosh^{-1}\left(1+\frac{1}{2x}\right)\right] \qquad (B.9c)$$

$$\frac{1}{2} + \underbrace{\frac{x}{1+} \frac{x}{1+} \cdots \frac{x}{1}}_{2k-1\text{项}} = \frac{\sqrt{4x+1}}{2} \Big/ f_{2k}(x) = \frac{\sqrt{4x+1}}{2}\coth\left[k\cosh^{-1}\left(1+\frac{1}{2x}\right)\right] \qquad (B.9d)$$

$$\frac{1}{2} + \underbrace{\frac{x}{1+} \frac{x}{1+} \cdots \frac{2x}{1}}_{2k\text{项}} = \frac{\sqrt{4x+1}}{2} f_{2k}(x) = \frac{\sqrt{4x+1}}{2}\tanh\left[k\cosh^{-1}\left(1+\frac{1}{2x}\right)\right] \qquad (B.9e)$$

式中函数 $f_k(x)$ 由式(B.4)定义。这些恒等式容易进行数值验证。

这些结果表明：根据物理可实现的分形链分抗逼近电路能够获得某些连分式的简洁解析表达式！

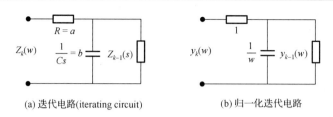

(a) 迭代电路(iterating circuit)　　　　　　(b) 归一化迭代电路

图 B.3　Oldham I 型分形链分抗逼近电路的简化表示——迭代电路

完全刻画了 Oldham 分形链分抗逼近电路的基本特征。[19;42]

$F(x)$ 是一个收敛的迭代函数，其迭代**不动点**由**迭代方程**

$$x = F(x) = a + \frac{bx}{b+x} \tag{B.14c}$$

的正实根

$$r_F = \frac{a}{2}\left(1 + \sqrt{1 + \frac{4b}{a}}\right) \tag{B.14d}$$

确定。这意味着 Oldham 分形链分抗的极限阻抗(将 $a = R$，$b = (Cs)^{-1}$ 代入上式)

$$Z(s) = r_F(s) = \frac{R}{2}\left(1 + \sqrt{1 + \frac{4}{\tau s}}\right), \qquad \tau = RC$$

该结果与方法 1、方法 2 求解得到的极限阻抗(式(B.6)、式(B.10))完全一致！但方法 3 的求解过程与思路特别清晰与简练，并能根据迭代函数 $F(x)$ 在理论上容易证明迭代过程 (B.14a) 及其对应电路的收敛性！

如果取

$$Z_0(s) = \frac{N_0(s)}{D_0(s)} = \frac{b_{00}}{a_{00}}, \qquad Z_k(s) = \frac{N_k(s)}{D_k(s)} \tag{B.15a}$$

则由式(B.12)得

$$Z_k(s) = \frac{N_k(s)}{D_k(s)} = \frac{(1+\tau s)N_{k-1}(s) + RD_{k-1}(s)}{\dfrac{\tau s}{R}N_{k-1}(s) + D_{k-1}(s)}, \qquad k \in \mathbb{N}^+ \tag{B.15b}$$

写成矩阵形式为

$$\begin{bmatrix} N_k(s) \\ D_k(s) \end{bmatrix} = \boldsymbol{\Gamma}\begin{bmatrix} N_{k-1}(s) \\ D_{k-1}(s) \end{bmatrix} = \boldsymbol{\Gamma}^k\begin{bmatrix} N_0(s) \\ D_0(s) \end{bmatrix}, \qquad k \in \mathbb{N}^+ \tag{B.16a}$$

$$\boldsymbol{\Gamma} = \begin{bmatrix} 1+\tau s & R \\ \dfrac{\tau s}{R} & 1 \end{bmatrix} = \begin{bmatrix} 1+w & R \\ \dfrac{w}{R} & 1 \end{bmatrix}, \qquad w = \tau s \tag{B.16b}$$

式中 $w = \tau s$ 是**归一化频率变量**，一个量纲一的量。

显然，$\det \boldsymbol{\Gamma} = 1$。幺模矩阵 $\boldsymbol{\Gamma}$ 称为 Oldham 分形链分抗逼近电路的**迭代矩阵**，它与式(B.11) 给出的非对称 RC 基本节的传输参量矩阵 $\boldsymbol{T}$ 完全一样！

进行特征值分解有 $\boldsymbol{\Gamma} = \boldsymbol{U}\boldsymbol{\Lambda}\boldsymbol{U}^{-1}$：①

---

① 在 MATLAB 的命令窗中输入语句：

$$U = \begin{bmatrix} \dfrac{R\lambda}{\lambda-1} & \dfrac{-R}{\lambda-1} \\ 1 & 1 \end{bmatrix}, \quad \Lambda = \begin{bmatrix} \lambda & 0 \\ 0 & \lambda^{-1} \end{bmatrix}, \quad U^{-1} = \begin{bmatrix} \dfrac{\lambda-1}{R(\lambda+1)} & \dfrac{1}{\lambda+1} \\ \dfrac{-(\lambda-1)}{R(\lambda+1)} & \dfrac{\lambda}{\lambda+1} \end{bmatrix} \tag{B.17a}$$

$$\lambda = 1 + \frac{w}{2}\left(1+\sqrt{1+\frac{4}{w}}\right) \Longleftrightarrow w = \frac{(1-\lambda)^2}{\lambda} \tag{B.17b}$$

式中 $\lambda = \lambda(w) = \lambda(\tau s)$ 是迭代矩阵 $\boldsymbol{\Gamma}$ 的**特征值变量**。

使用特征值变量 λ 表示的**迭代矩阵幂**为[①]

$$\boldsymbol{\Gamma}^k = U\Lambda^k U^{-1} = \begin{bmatrix} \gamma_k & \delta_k \\ \varepsilon_k & \zeta_k \end{bmatrix} = \frac{1}{(1+\lambda)\lambda^k}\begin{bmatrix} \lambda^{2k+1}+1 & \dfrac{R\lambda(\lambda^{2k}-1)}{\lambda-1} \\ \dfrac{(\lambda-1)(\lambda^{2k}-1)}{R} & \lambda^{2k}+\lambda \end{bmatrix} \tag{B.18}$$

由式(B.15a)得输入阻抗函数(使用特征值变量 $\lambda = \lambda(w) = \lambda(\tau s)$ 表示)

$$Z_k(s) = \frac{N_k(s)}{D_k(s)} = \frac{b_{00}\gamma_k + a_{00}\delta_k}{b_{00}\varepsilon_k + a_{00}\zeta_k}, \qquad k \in \mathbb{N}^+$$

$$= R \cdot \frac{b_{00}(\lambda-1)(\lambda^{2k+1}+1) + a_{00}R\lambda(\lambda^{2k}-1)}{b_{00}(\lambda-1)^2(\lambda^{2k}-1) + a_{00}R(\lambda-1)(\lambda^{2k}+\lambda)} \tag{B.19a}$$

如果在图 B.1(a) 所示的原型电路中取 $R_0 = \gamma R \Longleftrightarrow b_{00} = \gamma R$，$a_{00} = 1$，则有

$$Z_k(s) = R \cdot \frac{\gamma(\lambda-1)(\lambda^{2k+1}+1) + \lambda(\lambda^{2k}-1)}{\gamma(\lambda-1)^2(\lambda^{2k}-1) + (\lambda-1)(\lambda^{2k}+\lambda)}, \qquad k \in \mathbb{N}^+ \tag{B.19b}$$

```
>> Gamma = [1+w,R;w/R,1];
>> [U,Lambda] = eig(Gamma)
U = [ (1/2*w+1/2*(4*w+w^2)^(1/2))*R/w,(1/2*w-1/2*(4*w+w^2)^(1/2))*R/w]
    [1,1]
Lambda =
    [ 1+1/2*w+1/2*(4*w+w^2)^(1/2),0]
    [ 0,1+1/2*w-1/2*(4*w+w^2)^(1/2)]
>> U_1 = simplify(inv(U))
  U_1 =
    [ 1/R/(4*w+w^2)^(1/2)*w,-1/2/(4*w+w^2)^(1/2)*w+1/2]
    [-1/R/(4*w+w^2)^(1/2)*w, 1/2/(4*w+w^2)^(1/2)*w+1/2]
```

由此获得矩阵 U、Λ 与 U^{-1} 的表达式。

迭代矩阵 $\boldsymbol{\Gamma}$ 的特征方程[99]

$$\det(\boldsymbol{\Gamma}-\lambda I) = (\lambda-I)^2 - w\lambda = \lambda^2 - (2+w)\lambda + 1 = 0$$

(式中 λ 称为**特征值变量**)具有两个互为倒数的特征值：

$$\lambda_1 = \frac{1}{\lambda_2} = 1 + \frac{w}{2}\left(1+\sqrt{1+\frac{4}{w}}\right), \qquad \lambda_2 = \frac{1}{\lambda_1} = 1 + \frac{w}{2}\left(1-\sqrt{1+\frac{4}{w}}\right)$$

由此得出特征值变量 λ 与归一化频率变量 w 关系式(B.17b)，从而有式(B.17a)。

[①]　迭代矩阵幂 $\boldsymbol{\Gamma}^k$ 也可使用 **Hamilton–Cayley** 展开法获得。[99,111;418]

输出端开路、短路时输入阻抗函数分别为

$$Z_{Ok}(s) = R \cdot \frac{\lambda^{2k+1}(\tau s)+1}{[\lambda(\tau s)-1][\lambda^{2k}(\tau s)-1]}, \qquad Z_{Sk}(s) = R \cdot \frac{\lambda^{2k}(\tau s)-1}{[\lambda(\tau s)-1][(\lambda^{2k-1}(\tau s)+1)]} \qquad (\text{B.20})$$

进一步考察式(B.19a)。由**分圆多项式**①的因式分解形式[19;196,99]

$$\lambda^{2k+1} + 1 = (\lambda+1)\prod_{i=0}^{k-1}\left[\lambda^2 - 2\cos\left(\frac{2i+1}{2k+1}\pi\right)\lambda + 1\right]$$

$$(\lambda-1)(\lambda^{2k}-1) = (\lambda+1)\prod_{i=0}^{k-1}\left[\lambda^2 - 2\cos\left(\frac{i}{k}\pi\right)\lambda + 1\right]$$

与迭代矩阵 $\boldsymbol{\Gamma}$ 的特征方程

$$\det(\boldsymbol{\Gamma}-\lambda\boldsymbol{I}) = \lambda^2 - (2+w)\lambda + 1 = 0 \Leftrightarrow \lambda^2 + 1 = (2+w)\lambda$$

得到($\gamma = \infty$)②

$$\lambda^{2k+1} + 1 = (\lambda+1)\lambda^k\tau^k\prod_{i=0}^{k-1}(s-z_i), \qquad z_i = -\frac{4}{\tau}\sin^2\left(\frac{2i+1}{2k+1}\frac{\pi}{2}\right) \qquad (\text{B.21a})$$

$$(\lambda-1)(\lambda^{2k}-1) = (\lambda+1)\lambda^k\tau^k\prod_{i=0}^{k-1}(s-p_i), \qquad p_i = -\frac{4}{\tau}\sin^2\left(\frac{i}{k}\frac{\pi}{2}\right) \qquad (\text{B.21b})$$

$$Z_{Ok}(s) = R \cdot \prod_{i=0}^{k-1}\frac{s-z_i}{s-p_i}, \qquad k \in \mathbb{N}^+ \qquad (\text{B.21c})$$

同理可得($\gamma = 0$)

$$Z_{Sk}(s)S = R \cdot \prod_{i=0}^{k-2}\frac{s+\frac{4}{\tau}\sin^2\left(\frac{i+1}{k}\frac{\pi}{2}\right)}{s+\frac{4}{\tau}\sin^2\left(\frac{2i+1}{2k-1}\frac{\pi}{2}\right)}, \qquad k \in \mathbb{N}^+ \qquad (\text{B.22a})$$

如果取 $R_0 = R \Leftrightarrow \gamma = 1$，则有

$$Z_k(s) = R \cdot \frac{\lambda^{2k+2}(\tau s)-1}{[\lambda(\tau s)-1][\lambda^{2k+1}(\tau s)+1]} = R\prod_{i=0}^{k-1}\frac{s+\frac{4}{\tau}\sin^2\left(\frac{i+1}{k+1}\frac{\pi}{2}\right)}{s+\frac{4}{\tau}\sin^2\left(\frac{2i+1}{2k+1}\frac{\pi}{2}\right)}, \qquad k \in \mathbb{N}^+$$

$$(\text{B.22b})$$

当 $R_0 = R/2 \Leftrightarrow \gamma = \frac{1}{2}$ 时，得出

$$Z_k(s) = R \cdot \frac{\lambda^{2k+1}(\tau s)-1}{[\lambda(\tau s)-1][\lambda^{2k}(\tau s)+1]} = R\prod_{i=0}^{k-1}\frac{s+\frac{4}{\tau}\sin^2\left(\frac{i+1}{k+\frac{1}{2}}\frac{\pi}{2}\right)}{s+\frac{4}{\tau}\sin^2\left(\frac{2i+1}{2k}\frac{\pi}{2}\right)}, \qquad k \in \mathbb{N}^+ \qquad (\text{B.22c})$$

---

① **分圆多项式**(cyclotomic polynomial)[1:1-391,3:18] 一类重要的整系数多项式。即以 1 的**本原单位根**(简称**原根**，primitive unit root)[1:1-68] 为根的多项式。

分圆多项式在数字信号处理中得到广泛应用。

② 将 $\lambda^2+1 = (2+w)\lambda = (2+\tau s)\lambda$ 代入分圆多项式的因式表达式中[99]：

$$\lambda^2 - 2\lambda\cos\theta_i + 1 = (\tau s + 2 - 2\cos\theta_i)\lambda = \lambda\tau\left(s+\frac{4}{\tau}\sin^2\frac{\theta_i}{2}\right)$$

B.4　方法 4：系数矢量迭代法——归一化迭代函数与阻抗函数（[19]，2013 年）

有理的策动点函数 $Z_k(s)$ 完全由其分子分母多项式系数矢量

$$\boldsymbol{b}_k = [\,b_{k0},\ b_{k1},\ \cdots,\ b_{kn_k}\,], \qquad \boldsymbol{a}_k = [\,a_{k0},\ a_{k1},\ \cdots,\ a_{kd_k}\,], \qquad k \in \mathbb{N}^+ \tag{B.23}$$

确定。

对于 Oldham 分形链类电路，$Z_k(s)$ 的系数矢量 $\boldsymbol{b}_k$、$\boldsymbol{a}_k$ 中的元素不但与初始阻抗的系数矢量 $\boldsymbol{b}_0$、$\boldsymbol{a}_0$ 有关，还与 R、C 有关！为了去除元件值 R、C 的影响，对迭代公式（B.12）进行归一化处理

$$\tau = RC, \qquad w = \tau s = \frac{s}{1/\tau} = \frac{s}{\Omega_\tau}, \qquad y_k(w) = \frac{Z_k(w/\tau)}{R} \tag{B.24}$$

得到 Oldham 分形链分抗逼近电路更一般的数学描述

$$y_{k+1}(w) = 1 + \cfrac{1}{w + \cfrac{1}{y_k(w)}} = 1 + \frac{y_k(w)}{1 + w y_k(w)} = \overline{F}(y_k(w)), \qquad k \in \mathbb{N} \tag{B.25a}$$

式中 w 称为**归一化频率变量**，$y_k(w)$ 称为**归一化阻抗函数**，迭代函数

$$\overline{F}(y) = 1 + \frac{1}{w + 1/y} = 1 + \frac{y}{1 + wy} \tag{B.25b}$$

称为**归一化迭代函数**。

显然，在数学上，$\overline{F}(y)$ 比 $F(x)$ 简练！它是分形链电路拓扑结构的数学描述。$\overline{F}(y)$ 反映了分形链的结构特征与元件特征。归一化迭代电路如图 B.3（b）所示。令

$$y_k(w) = \frac{\overline{N}_k(w)}{\overline{D}_k(w)} = \frac{\sum\limits_{i=0}^{n_k} \beta_{ki} w^i}{\sum\limits_{i=0}^{d_k} \alpha_{ki} w^i}, \qquad \begin{array}{l} \boldsymbol{\beta}_k = [\,\beta_{k0}, \beta_{k1}, \cdots, \beta_{kn_k}\,] \\[2mm] \boldsymbol{\alpha}_k = [\,\alpha_{k0}, \alpha_{k1}, \cdots, \alpha_{kd_k}\,] \end{array}$$

由迭代公式（B.25）有

$$y_{k+1}(w) = \frac{\overline{N}_{k+1}(w)}{\overline{D}_{k+1}(w)} = \frac{\overline{D}_k(w) + w\,\overline{N}_k(w) + \overline{N}_k(w)}{\overline{D}_k(w) + w\,\overline{N}_k(w)} \tag{B.26a}$$

$$\boldsymbol{\alpha}_{k+1} = \overline{\overline{\boldsymbol{\alpha}}}_k + \vec{\boldsymbol{\beta}}_k, \qquad \boldsymbol{\beta}_{k+1} = \overline{\overline{\boldsymbol{\alpha}}}_k + \vec{\boldsymbol{\beta}}_k + \overline{\overline{\boldsymbol{\beta}}}_k = \boldsymbol{\alpha}_{k+1} + \overline{\overline{\boldsymbol{\beta}}}_k, \qquad k \in \mathbb{N} \tag{B.26b}$$

式中

$$\overline{\overline{\boldsymbol{\alpha}}}_k = [\,\boldsymbol{\alpha}_k, 0\,], \quad \overline{\overline{\boldsymbol{\beta}}}_k = [\,\boldsymbol{\beta}_k, 0\,], \quad \vec{\boldsymbol{\alpha}}_k = [\,0, \boldsymbol{\alpha}_k\,], \qquad \vec{\boldsymbol{\beta}}_k = [\,0, \boldsymbol{\beta}_k\,] \tag{B.26c}$$

给定初始输入阻抗（考虑 Oldham 分形链原型电路——图 B.1a）

$$Z_0(s) = \gamma R \Leftrightarrow y_0(w) = \gamma = \frac{\gamma}{1} = \frac{\beta_{00}}{\alpha_{00}}, \qquad \boldsymbol{\beta}_0 = [\,\gamma\,], \qquad \boldsymbol{\alpha}_0 = [\,1\,] \tag{B.27a}$$

则必有

$$n_k = d_k = k, \qquad k \in \mathbb{N}^+ \tag{B.27b}$$

并能由迭代公式（B.26）算出所有 $\boldsymbol{\beta}_k$ 和 $\boldsymbol{\alpha}_k$。

取 $Z_0(s) = R \Leftrightarrow \gamma = 1$ 时，分子分母多项式系数 β_{ki}、α_{ki} 与二项式系数 C_k^i 之间关系如图 B.4

所示。

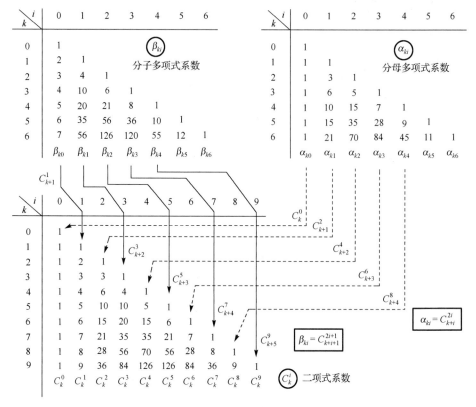

图 B.4　分子分母多项式系数与二项式系数关系图：$Z_0(s) = R \Leftrightarrow \gamma = 1$

仔细观察图 B.4 得到

$$\gamma = 1 \Leftrightarrow \boldsymbol{\beta}_0 = 1,\ \boldsymbol{\alpha}_0 = 1:\ \beta_{ki} = C_{k+i+1}^{2i+1},\ \alpha_{ki} = C_{k+i}^{2i}, \qquad i = 0 \sim k \qquad (\text{B.28a})$$

同理可得

$$\gamma = \infty \Leftrightarrow \boldsymbol{\beta}_0 = 1,\ \boldsymbol{\alpha}_0 = 0:\ \beta_{ki} = C_{k+i}^{2i},\ \alpha_{ki} = C_{k+i-1}^{2i-1}, \qquad i = 0 \sim k \qquad (\text{B.28b})$$

$$\gamma = 0 \Leftrightarrow \boldsymbol{\beta}_0 = 0,\ \boldsymbol{\alpha}_0 = 1:\ \beta_{ki} = C_{k+i}^{2i+1},\ \alpha_{ki} = C_{k+i+1}^{2i}, \qquad i = 0 \sim k \qquad (\text{B.28c})$$

并有（或由式（B.26b）直接得出）

$$\alpha_{ki} = \beta_{ki} - \beta_{(k-1)i} \qquad (\text{B.28d})$$

这组关于分子分母多项式系数的结论，利用迭代公式（B.26a）可归纳证明。

B.5　方法 5：网孔法——差分方程与阻抗函数（Storch[109]，1951 年）

把 Oldham 分形链原型电路（见图 B.1(a)）考虑成图 B.5 所示的 k 节梯形网孔电路[109]，即存在 $k+1$ 个独立节点电压变量 E_j 与 $k+1$ 个独立网孔电流变量 I_j，$j = 0 \sim k$。

输入阻抗函数

$$Z_k(s) = \frac{V_i(s)}{I_i(s)} = \frac{E_k}{I_k} = \frac{RE_k}{E_k - E_{k-1}} \qquad (\text{B.29})$$

是由所有网络元件确定——与每一个网孔都有关！因此，在给定激励电压（已知条件）$V_i(s) = E_k$

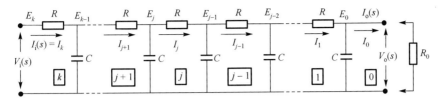

图 B.5　Oldham I 型分形链原型电路——k 节链形网孔电路

条件下，如果能求得所有其他 k 个节点电压 E_j，$j=0\sim k-1$，便可获得 $Z_k(s)$。

第 j 个网孔电流

$$I_j = \frac{E_j - E_{j-1}}{R} = CsE_{j-1} + \frac{E_{j-1} - E_{j-2}}{R}$$

如果令 $w = RCs$，$R_0 = \gamma R$，则有差分方程

$$E_0 = V_o = I_0 R_0, \qquad E_1 = (1 + \gamma^{-1} + w) E_0$$

$$E_j = (2+w) E_{j-1} - E_{j-2}, \qquad j = 2 \sim k \tag{B.30a}$$

这是节点电压的单一递推过程，显然

$$E_j = E_0 \sum_{i=0}^{j} c_{ji} w^i, \qquad j = 1 \sim k \tag{B.30b}$$

从而有

$$Z_k\left(\frac{w}{\tau}\right) = R \cdot \frac{\sum_{i=0}^{k} \beta_{ki} w^i}{\sum_{i=0}^{k} \alpha_{ki} w^i} = R \cdot \frac{\sum_{i=0}^{k} c_{ki} w^i}{\sum_{i=0}^{k} c_{ki} w^i - \sum_{i=0}^{k-1} c_{(k-1)i} w^i}, \qquad k \in \mathbb{N}^+ \tag{B.31a}$$

$$\beta_{ki} = c_{ki}, \qquad \alpha_{ki} = c_{ki} - c_{(k-1)i} \tag{B.31b}$$

将式(B.31b)代入式(B.31a)：

$$\sum_{i=0}^{j} c_{ji} w^i = \sum_{i=0}^{j-1} 2 c_{(j-1)i} w^i + \sum_{i=0}^{j-1} c_{(j-1)i} w^{i+1} - \sum_{i=0}^{j-2} c_{(j-2)i} w^i$$

$$c_{ji} = 2 c_{(j-1)i} + c_{(j-1)(i-1)} - c_{(j-2)i}, \qquad j = 2 \sim k, \qquad i = 0 \sim k \tag{B.32a}$$

$$c_{00} = 1, \qquad c_{10} = 1 + \gamma^{-1}, \qquad c_{11} = 1$$

写成矢量形式是

$$c_j = 2 \overline{\overline{c_{j-1}}} + \overrightarrow{c_{j-1}} - \overline{\overline{\overline{c_{j-2}}}}, \qquad j = 2 \sim k, \qquad i = 0 \sim k \tag{B.32}$$

$$c_0 = [1], \qquad c_1 = [1 + \gamma^{-1}, 1]$$

给定初始条件，即取定 γ 时，差分方程(B.32)有解，比如

$$\gamma = \infty : c_{ji} = C_{j+i}^{2i} \Rightarrow \beta_{ki} = C_{k+i}^{2i}, \qquad \alpha_{ki} = C_{k+i}^{2i-1}, \qquad i = 0 \sim k$$

$$\gamma = 1 : c_{ji} = C_{j+i+1}^{2i+1} \Rightarrow \beta_{ki} = C_{k+i+1}^{2i+1}, \qquad \alpha_{ki} = C_{k+i}^{2i}, \qquad i = 0 \sim k$$

$$\gamma = 0 : c_{ji} = C_{j+i}^{2i+1} \Rightarrow \beta_{ki} = C_{k+i}^{2i+1}, \qquad \alpha_{ki} = C_{k+i+1}^{2i}, \qquad i = 0 \sim k$$

这些解与系数矢量法的解式(B.28)一致。

注译附录 C　粗糙界面电极的电路建模与标度拓展——非正则标度方程

隐秘的秩序无处不在，利用数学，有时候可以把这种秩序揭示出来。

C.1　Liu 分形树分抗的数学等价转化与标度迭代函数、迭代电路

考虑图 10.16* 所示的粗糙界面电极的直接电路建模——Liu 分形树电路。级数为 k，分支数 $v=4$ 时，Liu 分形树电路的输入阻抗可写成连分式

$$Z_k(s) = R + \cfrac{1}{Cs + \cfrac{v}{o^2 R + \cfrac{1}{\cfrac{Cs}{o} + \cfrac{v}{o^4 R + \cfrac{1}{\cfrac{Cs}{o^2} + \cfrac{v}{\ddots \cfrac{Cs}{o^{k-2}} + \cfrac{v}{o^{2(k-1)} R + \cfrac{1}{\cfrac{Cs}{o^{k-1}}}}}}}}}} \tag{C.1}$$

$$= R + \cfrac{1}{Cs + \cfrac{1}{\alpha R + \cfrac{1}{\beta Cs + \cfrac{1}{\alpha^2 R + \cfrac{1}{\beta^2 Cs + \cfrac{1}{\ddots \beta^{k-2} Cs + \cfrac{1}{\alpha^{k-1} R + \cfrac{1}{\beta^{k-1} Cs}}}}}}}} \tag{C.2}$$

式中

$$1 < \alpha = \frac{o^2}{v} < \infty, \qquad 1 < \beta = \frac{v}{o}, \qquad \sigma = \alpha\beta \tag{C.3}$$

由式(C.2)绘制出等价的 Liu-Kaplan Ⅰ 型分形链电路(见图 10.16*)，电阻递进比 α 与电容递进比 β 统称为电路的**标度特征参量**(scaling feature parameters)，而将 $\alpha\beta = \sigma$ 称为**标度因子**(scaling factor)。

Kaplan 等进一步对式(C.2)进行数学等价简化[113]

$$Z_k(s) = R + \cfrac{1}{Cs + \cfrac{1}{\alpha\left\{ R + \cfrac{1}{C(\sigma s) + \cfrac{1}{\alpha R + \cfrac{1}{\beta C(\sigma s) + \cfrac{1}{\ddots \quad \beta^{k-3}C(\sigma s) + \cfrac{1}{\alpha^{k-2}R + \cfrac{1}{\beta^{k-2}C(\sigma s)}}}}}} \right\}}} \tag{C.4a}$$

$$Z_k(s) = R + \cfrac{1}{Cs + \cfrac{1}{\alpha Z_{k-1}(\sigma s)}}, \qquad k \in \mathbb{N}^+ \tag{C.4b}$$

由式(C.4)绘制出图 10.16* 所示的简化的 **标度迭代电路**(scaled iterating circuit)。图 10.16* 中三个电路的电学行为与运算性能完全等价。

进行归一化处理：

$$w = \tau s = \frac{s}{1/\tau}, \qquad y_k(w) = \frac{Z_k(w/\tau)}{R}, \qquad \tau = RC \tag{C.5}$$

得到归一化阻抗函数序列的迭代公式

$$y_k(w) = 1 + \cfrac{1}{w + \cfrac{1}{\alpha y_{k-1}(\sigma w)}} = F(\alpha y_{k-1}(\sigma w)), \qquad k \in \mathbb{N}^+ \tag{C.6a}$$

式(C.5)中量纲一的量 w 称为 **归一化复频率** 或 **归一化运算变量**，量纲一的量 $y_k(w)$ 称为归一化阻抗函数。式(C.6a)中的代数函数

$$F(x) = 1 + \frac{1}{w + 1/x} \tag{C.6b}$$

就是图 10.9*(c)所示的 Oldham I 型分形链分抗逼近电路的归一化迭代函数，见式(B.25b)。

由式(C.6)绘制出归一化的 Liu-Kaplan I 型分形链电路及其(标度)迭代电路，如图 C.1(a) 所示。该电路的频域特征与运算特征曲线已由图 A.3 和图 A.4 给出。

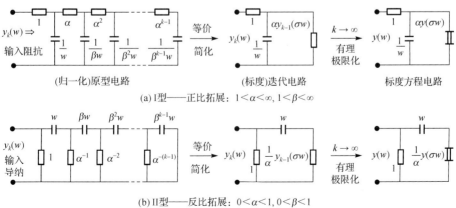

图 C.1 Liu-Kaplan 分形链类分抗逼近电路

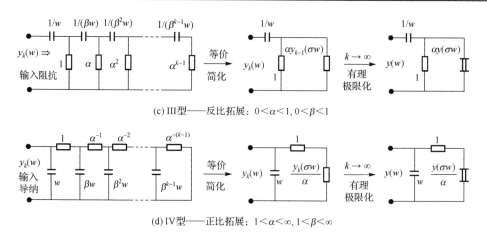

(c) III型——反比拓展：$0<\alpha<1, 0<\beta<1$

(d) IV型——正比拓展：$1<\alpha<\infty, 1<\beta<\infty$

图 C.1　Liu-Kaplan 分形链类分抗逼近电路(续)

C.2　有理极限化与 Liu-Kaplan 标度方程及其真实解

如果由标度迭代算法公式(C.6)获得的有理阻抗函数序列收敛：

$$y_k(w) = \frac{N_k(w)}{D_k(w)} = \frac{\sum\limits_{i=0}^{n_k} \beta_{ki} w^i}{\sum\limits_{i=0}^{d_k} \alpha_{ki} w^i} \xrightarrow[\text{有理极限化}]{k \to \infty} y(w) \tag{C.7}$$

即有

$$\lim_{k \to \infty} y_k(w) = y(w) \tag{C.8}$$

则得到一个非正则标度方程——Liu-Kaplan 标度方程

$$y(w) = 1 + \cfrac{1}{w + \cfrac{1}{\alpha y(\sigma w)}} = F(\alpha y(\sigma w)) \tag{C.9}$$

该标度方程完全刻画了自仿射康托分形电极–电解液界面的电学行为与分数阶运算性能。这是一个难解的**非正则标度方程**(irregular scaling equation)！虽然现在不知道如何解析求解非正则标度方程式(C.9)，但它却是十分美妙的方程！

非正则标度方程式(C.9)来源于(归一化)Liu-Kaplan I型分形链分抗逼近电路，如图 C.1(a)所示，因此该电路的极限阻抗(式(C.8))就应当是方程式(C.9)的一个**真实解**(actual solution)。之所以称其为真实解，是因为阻抗函数序列$\{y_k(w) : k \in \mathbb{N}\}$中的每一个有理函数$y_k(w)$都是物理可实现的，对应着图 C.1(a)所示的有限 k 节 Liu-Kaplan I 型分形链分抗逼近电路或图 10.16*所示的 Liu 氏分形树电路！式(C.8)称为 Liu-Kaplan 标度方程式(C.9)真实解的**有理极限性质**(rational limit property)。

C.3　运算有效性——Liu-Kaplan 标度方程的近似求解

图 C.1(a)所示的有限 k 节归一化 Liu-Kaplan I 型分形链分抗逼近电路，其第 i 节的(归一化)特征频率为

$$\omega_i = \frac{1}{\alpha^i \beta^i} = \sigma^{-i}, \qquad 0 \leq i \leq k-1 \tag{C.10}$$

在极端频率下，有限 k 节输入阻抗 $y_k(w)$（考虑输出开路情形 $y_0(w)=\infty$）满足

$$\frac{\beta-1}{\beta^k-1}\frac{1}{w} \xleftarrow[\text{低频段}]{0\leftarrow|w|<1} y_k(w) \xrightarrow[\text{高频段}]{1<|w|\to\infty} 1 \tag{C.11}$$

这表明，该电路在高频段肯定不具有分数阶运算性能！在低频段（也即各特征频率 ω_i 的邻域范围内）具有分数阶运算性能，必定要求

$$0<\omega_{k-1}<\cdots\omega_1<\omega_0=1 \tag{C.12a}$$

$$1<\alpha<\infty,\ 1<\beta<\infty \Leftrightarrow 1<\sigma=\alpha\beta<\infty \tag{C.12b}$$

从而在低频段（$0<\omega_{k-1}<|w|<\omega_0=1$）电阻电容共同作用下必定有

$$1\ll|y(w)|\ll\frac{1}{|w|}\Rightarrow|w|\ll\frac{1}{|\alpha y(\sigma w)|}\ll1 \tag{C.12c}$$

由此，方程式（C.9）可近似简化为**正则标度方程**

$$y(w)\approx\alpha y(\sigma w), \qquad 0<|w|<\omega_0=1 \tag{C.13a}$$

并有 **Liu 氏近似解**（Liu's approach solution）[113][19;80,96,97,142,143]

$$y(w)\approx y_{\text{Liu}}(w)=\zeta w^{\mu_{\text{Liu}}}, \qquad \mu_{\text{Liu}}=-\frac{\lg\alpha}{\lg\sigma}, \qquad 0<|w|<1 \tag{C.13b}$$

式中 ζ 是一常数，μ_{Liu} 称为 **Liu 氏运算阶**，简称 Liu 氏阶，幂函数 $y_{\text{Liu}}(w)$ 称为 **Liu 氏粗解**（Liu's rough solution）。该结论表明：Liu 氏分形树与 Liu-Kaplan Ⅰ型分形链分抗逼近电路通过调整标度特征参量 α 与 β，可以得到低频有效的任意 Liu 氏阶分抗逼近电路！

在[19]中对 Liu-Kaplan 分形链分抗逼近电路的运算性能与逼近性能，进行了比较深入论述，并指出：Liu 氏近似解（也即粗解）仅仅反映了非正则标度方程式（C.9）真实解的平均运算性能（见图 A.3 和图 A.4），而忽略或掩盖了该方程所描述的分形系统的分数阶现象与过程中许多固有的本质特征，特别是真实解的**运算振荡效应**（operational oscillating effect，见图 A.3 和图 A.4）。

式（C.13b）给定的 Liu 氏运算阶 μ_{Liu} 是真实运算阶 $\mu_k(\varpi)$ 的平均值。

令归一化运算变量

$$w=\text{j}\cdot\omega=\text{j}\cdot10^\varpi \Leftrightarrow \varpi=\lg\omega$$

（式中 ω 是归一化频率，称 ϖ 为归一化频率指数）则由方程式（C.9）得到

$$y(\text{j}\cdot10^\varpi)=1+\cfrac{1}{\text{j}\cdot10^\varpi+\cfrac{1}{\alpha y(\text{j}\cdot10^{\varpi+\lg\sigma})}}=F(\alpha y(\text{j}\cdot10^{\varpi+\lg\sigma})) \tag{C.14}$$

由此可见，如此**准周期性**（quasi-periodicity）的**运算振荡效应**，是非正则标度方程的固有性质①。运算振荡周期

$$W=|\lg\sigma| \tag{C.15}$$

C.4　标度拓展——任意实数阶新型分形分抗与非正则标度方程

对比图 10.9+（c）所示的负半阶 Oldham Ⅰ型分形链与图 10.16*、图 C.1（a）所示的任意

---

①　当然严格的周期性是正则标度方程 $y(w)=\alpha y(\sigma w)$ 的固有性质：$y(\text{j}\cdot10^\varpi)=\alpha y(\text{j}\cdot10^{\varpi+\lg\sigma})$。

Liu 氏阶的 Liu-Kaplan Ⅰ型分形链，对比迭代方程式(B.14)、式(B.25)与标度方程式(C.9)，就会发现：负半阶 Oldham Ⅰ型分形链是 Liu-Kaplan Ⅰ型分形链的特例，而 Liu-Kaplan Ⅰ型分形链是 Oldham Ⅰ型分形链的**标度拓展**(scaling extension)[96,97]。对应的数学描述是，半阶有效的代数迭代方程标度化成非正则标度方程(考虑归一化情形)①：

$$\underset{\text{(代数)迭代方程}}{y(w)=F(y(w))} \xrightarrow[\substack{0<\alpha<\infty,\ \alpha\neq1 \\ 0<\beta<\infty,\ \beta\neq1 \\ \sigma=\alpha\beta\neq1}]{\text{标度拓展}} \underset{\text{非正则标度方程}}{y(w)=F(\alpha y(\sigma w))} \tag{C.16}$$

受此启示，能否将其余三种 Oldham 分形链②以及 Carlson 分形格等有效的负半阶分抗，标度拓展成具有任意阶运算性能的新型分抗逼近电路呢？

C.4.1　低频有效与正比拓展

标度特征参量满足条件式(C.12b)的标度拓展，称为**正比例标度拓展**(scaling extension in direct proportion)，简称**正比拓展**(direct proportion extension)。

图 C.1(a)所示的 Liu-Kaplan Ⅰ型分形链就是图 B.1(a)所示的 Oldham Ⅰ型分形链的正比拓展结果。拓展法则是：**(半阶)低频有效，正比拓展**。将此法则用于低频有效的负半阶 Oldham Ⅳ型分形链电路[19;105]，得到图 C.1(d)所示的 **Liu-Kaplan Ⅳ型分形链电路**[96,97]。考虑输入导纳函数，则得到非正则标度方程

$$y(w)=w+\cfrac{1}{1+\cfrac{1}{\cfrac{1}{\alpha}y(\sigma w)}}=F\left(\frac{1}{\alpha}y(\sigma w)\right) \tag{C.17}$$

该方程在低频段可简化成正则标度方程

$$y(w)\approx\frac{1}{\alpha}y(\sigma w),\qquad |w|<1 \tag{C.18a}$$

并有 Liu 氏近似解(粗解)

$$y(w)\approx y_{\text{Liu}}(w)=\zeta w^{\mu_{\text{Liu}}},\qquad \mu_{\text{Liu}}=\frac{\lg\alpha}{\lg\sigma},\qquad |w|<1 \tag{C.18b}$$

由此得出拓展结论：**正比拓展，(任意 Liu 氏阶的)低频有效**。

C.4.2　高频有效与反比拓展

将高频有效的负半阶 Oldham Ⅱ、Ⅲ型分形链分抗进行标度拓展，得到图 C.1(b)和图 C.1(c)所示的 Liu-Kaplan Ⅱ、Ⅲ型分形链分抗，并有如下非正则的 Liu-Kaplan 标度方程。

---

①　从数学理论上来说，标度拓展不仅仅局限于式(C.16)情形。标度拓展还存在形式为

$$y(w)=F(\alpha^{\pm1}y(\sigma^{\pm1}w)) \tag{C.17a}$$

的非正则标度方程，或其他非正则形式。

②　即图 C.1 中各电路的标度特征参量 $\alpha=\beta=1$，标度因子 $\sigma=\alpha\beta=1$ 时的情形。此时的分形链分抗逼近电路仅仅具有负半阶运算性能并由简单的代数迭代方程——Oldham 迭代方程

$$y(w)=F(y(w))$$

完全描述。相关内容读者可参阅[19]中 5.3.2 节。

II 型（考虑输入导纳情形）：

$$y(w) = 1 + \cfrac{1}{\cfrac{1}{w} + \cfrac{1}{\cfrac{1}{\alpha} y(\sigma w)}} \xrightarrow[\substack{\text{反比拓展} \\ 0<\alpha<1 \\ 0<\beta<1}]{1<|w| \to \infty} y(w) \approx \frac{1}{\alpha} y(\sigma w), \qquad 1<|w|<\infty \qquad (\text{C.19a})$$

$$y(w) \approx y_{\text{Liu}}(w) = \zeta w^{\mu_{\text{Liu}}}, \qquad \mu_{\text{Liu}} = \frac{\lg \alpha}{\lg \sigma}, \qquad 1<|w|<\infty \qquad (\text{C.19b})$$

III 型（考虑输入阻抗情形）：

$$y(w) = \frac{1}{w} + \cfrac{1}{1 + \cfrac{1}{\alpha y(\sigma w)}} \xrightarrow[\substack{\text{反比拓展} \\ 0<\alpha<1 \\ 0<\beta<1}]{1<|w| \to \infty} y(w) \approx \alpha y(\sigma w), \qquad 1<|w|<\infty \qquad (\text{C.20a})$$

$$y(w) \approx y_{\text{Liu}}(w) = \zeta w^{\mu_{\text{Liu}}}, \qquad \mu_{\text{Liu}} = -\frac{\lg \alpha}{\lg \sigma}, \qquad 1<|w|<\infty \qquad (\text{C.20b})$$

标度特征参量满足

$$0<\alpha<1, \qquad 0<\beta<1 \Leftrightarrow 0<\sigma = \alpha\beta<1 \qquad (\text{C.21})$$

的标度拓展称为**反比例标度拓展**，简称**反比拓展**（inverse proportion extension）。

由式（C.19）与式（C.20）得到拓展法则：（半阶）**高频有效，反比拓展**；拓展结论：**反比拓展，（任意 Liu 氏阶的）高频有效**。

C.4.3 全频有效与标度拓展——标度分形格电路与格形标度方程

将标度拓展应用于理想逼近的全频有效的负半阶 Carlson 分形格（fractal lattice）分抗逼近电路[31~34]·[19,68,135,136]（见图 C.2）情形①，得到新型标度化的分形格电路（见图 C.3）与非正则的**格形标度方程**（lattice scaling equation）

---

① 对于图 C.2(a) 所示的归一化的有限 k 节 Carlson 分形格电路，输入阻抗函数[19:18]

$$y_k(w) = \sqrt{\frac{1}{w}} \coth\left(k \operatorname{arccosh}\left(\frac{w+1}{w-1}\right)\right), \quad k \in \mathbb{N}^+ \qquad (\text{C.22a})$$

由此式就能绘制出该负半阶分抗逼近电路的频域特征曲线与运算特征曲线，其阶频特征曲线如图 C.4(a) 所示。该图中标示了 Carlson 分形格电路的本征 K 指标：$K = 2\lg 4$。

为了进行标度拓展并得到非正则标度方程，首先需要推导出计算 Carlson 分形格电路的输入阻抗函数序列的代数迭代函数 $F_{\text{C}}(\cdot)$。

有限 k 节 Carlson 分形格电路，其简化的迭代电路可等价地画成如图 C.2(b) 所示的桥型电路。现在需要求出该桥型电路的输入阻抗 $y_k(w) = V(w)/I(w)$ 的迭代计算公式：

$$y_k(w) = \frac{V(w)}{I(w)} = F_{\text{C}}(y_{k-1}(w)), \qquad k \in \mathbb{N}^+$$

已知变量：$V(w)$，$a=1$，$b = \dfrac{1}{w}$，$y_{k-1}(w)$；未知变量：I_1，I_2，I_3，I_4，I。由图 C.2(b) 有

$$\text{KCL:} \begin{cases} I_1 + I_2 + 0 + 0 - I = 0 \\ 0 + 0 + I_3 + I_4 - I = 0 \end{cases}, \qquad \text{KVL:} \begin{cases} bI_1 + 0 + aI_3 + 0 + 0 = V \\ (b+y_{k-1})I_1 - y_{k-1}I_3 + bI_4 = V \\ 0 + aI_2 + 0 + bI_4 + 0 = V \end{cases} \qquad (\text{C.22a})$$

解之得 $I = \dfrac{a+b+2y_{k-1}}{2ab + (a+b)y_{k-1}} V$。由此

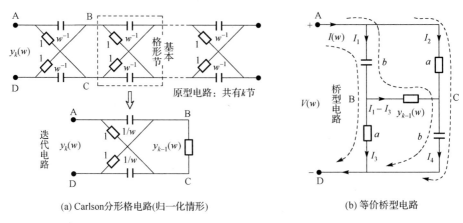

(a) Carlson分形格电路(归一化情形)　　　　　　　　　(b) 等价桥型电路

图 C. 2　Carlson 分形格电路——全频有效负半阶分抗逼近电路

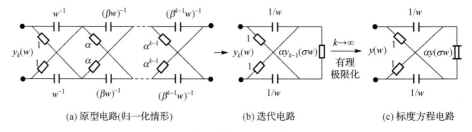

(a) 原型电路(归一化情形)　　(b) 迭代电路　　(c) 标度方程电路

图 C. 3　标度分形格分抗逼近电路

$$y(w)=F_{\mathrm C}(\alpha y(\sigma w))=\frac{2+(1+w)\,\alpha y(\sigma w)}{1+w+2w\alpha y(\sigma w)}, \qquad 0<\alpha<\infty,\ 0<\beta<\infty,\ 0<\sigma=\alpha\beta<\infty \quad (\text{C. }22)$$

根据电路结构特点, 近似求解方程式(C. 22)得到②: 正比拓展, 低频有效

$$y(w)\approx\zeta_{\mathrm{LF}}w^{\mu_{\mathrm{Liu}}}, \qquad 1<\alpha<\infty,\ 1<\beta<\infty,\ 0<|w|<1 \qquad (\text{C. }23)$$

反比拓展, 高频有效

$$y(w)\approx\zeta_{\mathrm{UF}}w^{\mu_{\mathrm{Liu}}}, \qquad 0<\alpha<1,\ 0<\beta<1,\ 1<|w|<\infty \qquad (\text{C. }24)$$

$$y_k(w)=\frac{V(w)}{I(w)}=F_{\mathrm C}(y_{k-1}(w))=\frac{2ab+(a+b)y_{k-1}(w)}{a+b+2y_{k-1}(w)} \qquad (\text{C. }22\mathrm{b})$$

式中代数函数 $F_{\mathrm C}(\,\cdot\,)$ 称为 Carlson(格型)迭代函数。这意味着 Carlson 分形格电路由简单的代数迭代方程(归一化情形)

$$y(w)=F_{\mathrm C}(y(w))=\frac{2+(1+w)y(w)}{1+w+2wy(w)} \qquad (\text{C. }22\mathrm{c})$$

完全描述并有解析解

$$y(w)=\sqrt{\frac{1}{w}} \qquad (\text{C. }22\mathrm{d})$$

这也是归一化极限阻抗。该结果表明规则的 Carlson 分形格电路是全频有效的负半阶理想分抗逼近!

　② 考虑输出端开路情况, 对于图 C. 3(a)所示的有限 k 节标度分形格电路, 在极端频率下,

$$\frac{1-\beta}{1-\beta^k}\frac{1}{2w}=\frac{1}{\displaystyle\sum_{i=0}^{k-1}2\beta^i w}\xleftarrow{\;0\leftarrow|w|<1\;}y_k(w)\xrightarrow{\;1<|w|\to\infty\;}\frac{1}{\displaystyle\sum_{i=0}^{k-1}\frac{2}{\alpha^i}}=\frac{1}{2}\frac{1-\alpha^{-1}}{1-\alpha^{-k}} \qquad (\text{C. }23\mathrm{a})$$

式中 $\mu_{\text{Liu}} = -\dfrac{\lg\alpha}{\lg\sigma}$。

利用 Liu 氏近似解式(C.23)、式(C.24)只能判定标度分形格电路的运算有效性。图 C.2 所示的 Carlson 分形格电路与图 C.3 所示的标度分形格电路的阶频特征曲线如图 C.4 所示。

式(C.23)、式(C.24)与图 C.4 表明，标度拓展 Carlson 分形格电路能够构建出具有任意 Liu 氏运算阶 μ_{Liu} 的分形格分抗逼近电路！

C.5　标度拓展——逼近效益与拓展增益

考虑分形格分抗逼近电路。

如图 C.2 所示，标度拓展前($\alpha=\beta=1$)只能获得负半阶($\mu=-1/2$)运算性能。其阶频特征曲线如图 C.4(a)所示，阶频特征的逼近带宽指数为

$$B_{\text{C}}[k] \approx O_{\text{C}} + K\log_2 k = K\log_2\left(\frac{k}{k_{\text{C}}}\right), \qquad k > k_{\text{C}} > 1 \tag{C.25}$$

式中 k 是电路的节数，$O_{\text{C}} = -K\log_2 k_{\text{C}}$ 是 Carlson 分形格电路所确定的 O 指标，$K = 2\lg4(\text{dB})$ 是本征 K 指标。[19;51]

如果将电路的节数 k 作为电路规模的度量或定义为电路的**复杂度**

$$\zeta_{\text{C}}[k] = k, \qquad k \in \mathbb{N}^+) \tag{C.26}$$

则**逼近效益**(benefit of approximation)[19;54]——逼近带宽指数与复杂度之比

$$\eta_{\text{C}}[k] = \frac{B_{\text{C}}[k]}{\zeta_{\text{C}}[k]} \approx \frac{2\lg4 \cdot \log_2(k/k_{\text{C}})}{k} \xrightarrow{k\to\infty} 0 \tag{C.27}$$

这表明：标度拓展前，随着电路的节数 k 的增加，逼近效益迅速减小并趋于零。

如图 C.3 所示，标度拓展后($\alpha\neq1$，$\beta\neq1$)，为了与标度拓展前进行对比，取

$$\alpha = \beta \neq 1, \qquad \mu_{\text{Liu}} = -\frac{1}{2}$$

对应的阶频特征曲线如图 C.4(b)(正比拓展：$\alpha=\beta=2$)和图 C.4(c)(反比拓展：$\alpha=\beta=1/2$,)所示。由该两图可见，无论正比拓展还是反比拓展，运算振荡周期 $W = |\lg\sigma| = \lg4$，(阶频特

正比拓展($1<\alpha<\infty$，$1<\beta<\infty$)时，

$$\infty \xleftarrow[\infty\leftarrow k]{0\leftarrow|w|<1} y_k(w) \xrightarrow[k\to\infty]{1<|w|\to\infty} y(w) \approx \frac{1}{2}\frac{\alpha-1}{\alpha} \tag{C.23b}$$

这表明，在高频段，电路具有电阻性能；只可能在低频段，电阻电容共同作用使得电路整体具有非整数阶运算性能——低频有效，从而非正则标度方程式(C.22)降简为正则标度方程并有近似解析解

$$y(w) \approx \alpha y(\sigma w) \Rightarrow y(w) \approx y_{\text{Liu}}(w) = \zeta_{\text{LF}} w^{\mu_{\text{Liu}}}, \qquad 1<\alpha<\infty, 1<\beta<\infty, 0<|w|<1$$

反比拓展($0<\alpha<1$，$0<\beta<1$)时，

$$\frac{1-\beta}{2w} \xleftarrow[\infty\leftarrow k]{0\leftarrow|w|<1} y_k(w) \xrightarrow[k\to\infty]{1<|w|\to\infty} 0 \tag{C.23c}$$

在低频段电路具有电容性能，只能在高频段，电阻电容共同作用而具有非整数阶运算性能——高频有效，从而有

$$y(w) \approx \alpha y(\sigma w) \Rightarrow y(w) \approx y_{\text{Liu}}(w) = \zeta_{\text{HF}} w^{\mu_{\text{Liu}}}, \qquad 0<\alpha<1, 0<\beta<1, 1<|w|<\infty$$

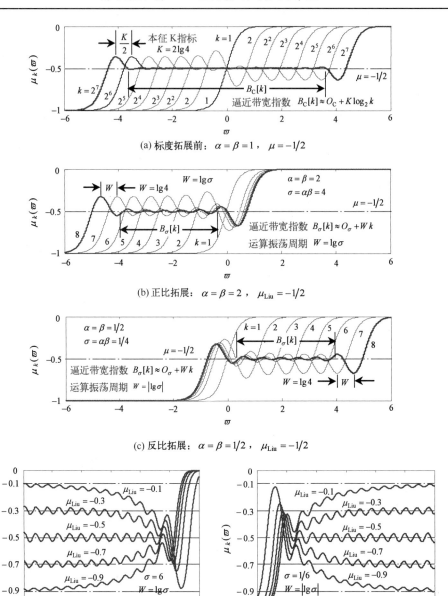

(a) 标度拓展前：$\alpha = \beta = 1$，$\mu = -1/2$

(b) 正比拓展：$\alpha = \beta = 2$，$\mu_{\text{Liu}} = -1/2$

(c) 反比拓展：$\alpha = \beta = 1/2$，$\mu_{\text{Liu}} = -1/2$

(d) 正比拓展：$\sigma = \alpha\beta = 6$

(e) 反比拓展：$\sigma = \alpha\beta = 1/6$

图 C.4　标度分形格分抗逼近电路的运算特征曲线

征的)逼近带宽指数

$$B_\sigma^{(-1/2)}[k] \approx O_\sigma^{(-1/2)} + Wk = O_\sigma^{(-1/2)} + k|\lg\sigma| = |\lg\sigma|(k - k_\sigma^{(-1/2)}), \qquad k > k_\sigma^{(-1/2)} > 1 \quad (\text{C.28})$$

从而逼近效益

$$\eta_\sigma^{(-1/2)}[k] = \frac{B_\sigma^{(-1/2)}[k]}{\zeta_{\text{C}}[k]} \approx \frac{|\lg\sigma|(k - k_\sigma^{(-1/2)})}{k} \xrightarrow{k\to\infty} W = |\lg\sigma| \qquad (\text{C.29})$$

如此标度拓展，使逼近效益得到极大提高，其增益量——**拓展增益**(extension gain)

$$g_\sigma^{(-1/2)}[k] = \frac{\eta_\sigma^{(-1/2)}[k]}{\eta_{\text{C}}[k]} = \frac{B_\sigma^{(-1/2)}[k]}{B_{\text{C}}[k]} \approx \frac{|\lg\sigma|}{2\lg 4} \cdot \frac{k - k_\sigma^{(-1/2)}}{\log_2(k/k_{\text{C}})}, \qquad k > k_\sigma^{(-1/2)} > 1 \quad (\text{C.30})$$

对于图 C.1 所示的 Liu-Kaplan 分形链类分抗逼近电路，也有类似式（C.30）的拓展增益。标度拓展前的 Oldham 分形链类分抗逼近电路（$\alpha=\beta=1$，$\sigma=1$）的逼近效益为

$$\eta_0[k] = \frac{B_0[k]}{\zeta_0[k]} \approx \frac{\lg 4 \cdot \log_2(k/k_0)}{k} \xrightarrow{k \to \infty} 0 \qquad (C.31)$$

标度拓展后的 Liu-Kaplan 分形链类分抗逼近电路（$\alpha \neq 1$，$\beta \neq 1$，$\sigma = \alpha\beta \neq 1$）的逼近效益为

$$\eta_\sigma^{(\mu_{Liu})}[k] = \frac{B_\sigma^{(\mu_{Liu})}[k]}{\zeta_0[k]} \approx \frac{|\lg\sigma|(k - k_\sigma^{(\mu_{Liu})})}{k} \xrightarrow{k \to \infty} W = |\lg\sigma|, \qquad k > k_\upsilon^{(\mu_{Liu})} > 1 \qquad (C.32)$$

C.6 结束语

隐秘的秩序无处不在，利用数学，有时候可以把这种秩序揭示出来。

通过不断的问题转化与问题类比，能将具有标度特征的复杂分形结构体系所表现的分数阶现象与行为，进行电路建模并获得简练的数学描述——非正则标度方程。简约的代数迭代电路与标度迭代电路是人们不断进行物理与数学的凝练与萃取获得的结果。它们所对应的代数迭代方程

$$y(w) = F(y(w))$$

与非正则标度方程

$$y(w) = F(\alpha^{\pm 1} y(\sigma^{\pm 1} w))$$

具有明确的物理意义。因此这些非正则标度方程必定存在具有物理意义的真实解！

非正则标度方程的一个真实解 $y(w)$，是物理可实现（特别是无源电路网络实现）的收敛的**正实有理函数序列** $\{y_k(w)\}$ 的极限——极限阻纳

$$\lim_{k \to \infty} y_k(w) = y(w)$$

这是非正则标度方程真实解的**有理极限性质**。

前文中所论述的**常规标度拓展**[①]是一种行之有效的构建新型任意阶分抗逼近电路的方法，并且能够极大地提高分抗逼近电路的逼近效益，参见式（C.30）。

用数学语言来说，常规标度拓展的出发点是描述半阶分抗逼近电路的迭代方程。常规的标度拓展过程是由描述半阶分抗的简单代数迭代方程，直接标度化生成非正则标度方程：

（半阶有效）
代数迭代方程   非正则标度方程

$$y(w) = F(y(w)) \xrightarrow[\substack{0 < \alpha < \infty, \alpha \neq 1 \\ 0 < \beta < \infty, \beta \neq 1 \\ \sigma = \alpha\beta \neq 1}]{标度拓展} y(w) = F(\alpha^{\pm 1} y(\sigma^{\pm 1} w)) \qquad (C.33)$$

---

① **常规标度拓展**（normal scaling extension）是指此处所论述的标度拓展都是从半阶有效的（包括低频有效、高频有效的 Oldham 分形链类与全频有效的 Carlson 分形格等等）分抗逼近电路出发的标度拓展。之所以称为常规标度拓展，是为了区别那些不是从半阶有效电路出发、或无电路依托的其他有效标度拓展。比如图 10.10* 中的分形串电路，标度拓展前（$\alpha=\beta=1$）不具有分数阶运算性能，但标度拓展却能构建出具有任意 Liu 氏运算阶的分抗逼近电路并对应着非正则的 Hill 标度方程。

在注译附录 D 中将论述几种其他形式的标度拓展。

常规标度拓展法则：

- （半阶）低频有效，正比拓展（$1<\alpha<\infty$，$1<\beta<\infty$）。
- （半阶）高频有效，反比拓展（$0<\alpha<1$，$0<\beta<1$）。
- （半阶）全频有效，既可正比拓展，又可反比拓展。

常规标度拓展结果：

- 正比拓展，低频有效（能够获得任意 Liu 氏运算阶的分抗逼近电路）。
- 反比拓展，高频有效（能够获得任意 Liu 氏运算阶的分抗逼近电路）。

一般地，非正则标度方程是难予解析求解的代数泛函方程！虽然它们是形式简单的代数方程，表征的却是现实的、复杂分形结构的物理体系所具有的分数阶微积分性质。这类简洁的代数泛函方程关涉着物理、化学、生物、信息、电路与系统等多个学科领域中许多复杂系统所具有的过程与现象。

根据标度分形电路结构特点，求出对应的非正则标度方程的**解析近似解**（也即 **Liu 氏粗解**），可以判定电路的运算有效性。但如此近似粗解只反映了对应电路的平均运算效应，而忽略或掩盖了该方程所描述的分形系统的分数阶现象与过程的许多固有的本质特征，特别是**真实解的运算振荡现象**。

基于非正则标度方程真实解的**有理极限性质**，不仅能获得非正则标度方程的精确数值求解方法，进而考察与分析新型标度化分抗逼近电路的逼近性能与运算性能，而且还能探索解析求解对应的非正则标度方程的思路与方法等。

注译附录 D 任意阶分数算子的有理逼近——标度拓展与非正则标度方程

构建任意阶分抗(逼近电路)是分数算子

$$s^{\mu} \xrightarrow[\text{归一化}]{w=\tau s} w^{\mu} = \left(\frac{s}{1/\tau} \right)^{\mu} \tag{D.1}$$

$$\mu = \pm j/n, \qquad j = 1 \sim n-1, \ 2 \leqslant n < \infty, \ n \in \mathbb{N}$$

物理实现的一个崇高目标。

有了分抗器件,再结合有源器件(比如运算放大器、OTA 器件、MOSFET-C、OTA-C、开关电容、CC II 、CCC II 等等),就可实现模拟的分数阶微分和分数阶积分电路;有了分抗器件,就能够实现分数阶电路与系统、实现分数阶控制等等;有了分抗器件,就能用电子信息的理论、技术、方法,很方便地模拟与研究自然界中各种各样的分数阶现象与过程、分形分维现象和过程、非线性动力学系统中的分数阶混沌现象与过程,等等。

在没有分抗元件的条件下,人们只能想方设法借助现有的器件与技术(近似)实现分数算子的运算功能。或者观察分析各种各样的(无机的与有机的)物质材料、器件(或生物器官、组织)、复杂的现实系统及其行为,以及大量的物理(特别是纳米物理)、化学、生物、医学、工程力学等领域的分数阶现象与过程,哪怕只是在一定条件下或在一定频域范围内,建立分抗电路模型都是有益的。

分抗逼近电路的研究与发展历程,主要有两条道路:

- 自然界、科学与实验研究中,各种各样的分数阶现象与过程、分形与自相似复杂结构体系的行为与过程等的直接电路建模。比如均匀分布 RC 网络,半阶 Oldham 分形链分抗,任意 Liu 氏运算阶的 Liu 氏分形树分抗以及 Liu-Kaplan 分形链分抗、半阶 Nak-agawa-Sorimachi 分形树分抗、负半阶 Haba 分形线分抗等就是电路建模方面的很有说服力的典范成果!

- 分数算子的有理逼近——在一定约束条件下[①],通过直接或间接的各种各样的数学技巧[②]实现

$$y_k(w) = \frac{N_k(w)}{D_k(w)} = \frac{\displaystyle\sum_{i=0}^{n_k} \beta_{ki} w^i}{\displaystyle\sum_{i=0}^{d_k} \alpha_{ki} w^i} = g_k \cdot \frac{\displaystyle\prod_{i=0}^{n_k-1} (w - z_{ki})}{\displaystyle\prod_{i=0}^{d_k-1} (w - p_{ki})}, \qquad k \in \mathbb{N} \tag{D.2a}$$

$$y_k(w) \xrightarrow[\text{有理极限化}]{k \to \infty} y(w) \xrightarrow{\text{附加条件}} w^{\mu}, \qquad 0 < |\mu| < 1 \tag{D.2b}$$

---

① 主要指注译附录 A 中提出的微积算子有理逼近函数序列的基本数学性质:计算有理性,正实性原理(物理可实现性的要求),运算有效性等。正实性是物理可实现性(因果性与稳定性)的基本要求!

正实性原理限定式(D.2)中的有理函数序列 $\{y_k(w): k \in \mathbb{N}\}$ 的所有极点必须在左半**运算复平面** w 内:

$$\mathrm{Re}\{p_{ki}\} < 0, \qquad 0 \leqslant i \leqslant n_k, \ k \in \mathbb{N} \tag{D.2a}$$

② 比如 Carlson 迭代逼近、二项式展开、Padé 有理逼近、连分式展开、零极点逼近等等。

所表述的数学问题，得到物理可实现（特别是无源电路实现）的收敛的有理函数序列 $\{y_k(w):k\in\mathbb{N}\}$，进而构建 μ 阶分抗逼近电路。半阶 Carlson 分形格分抗[31,32]与 $\pm 1/n$ 阶 Carlson 迭代逼近[34],[19;218,112,113]、任意阶 Charef 有理逼近[120]与 Oustaloup 有理逼近[19;31]等就是分抗有理逼近的经典范例。

注译附录 C 论述的**常规标度拓展**（式（C.33））

$$
\underset{\substack{0<\alpha<\infty\,,\alpha\neq 1\\0<\beta<\infty\,,\beta\neq 1\\\sigma=\alpha\beta\neq 1}}{\overset{\substack{(\text{半阶有效})\\\text{代数迭代方程}\qquad\qquad\text{非正则标度方程}\\\xrightarrow{\text{标度拓展}}}}{y(w)=F(y(w))\qquad\qquad y(w)=F(\alpha^{\pm 1}y(\sigma^{\pm 1}w))}} \qquad (\text{D.3})
$$

可看成构建任意阶分抗逼近电路的第三条道路。因为存在许多经典的有效半阶分抗逼近电路与半阶算子（见式（D.1））的有理逼近方法，由它们都有可能通过标度拓展而获得新型的任意阶分抗逼近电路及其对应的有效的非正则标度方程！

注译附录 D 将从标度拓展角度，力图全面审察任意阶（分数）算子（见式（D.1））的有理逼近，并进一步推广标度拓展的应用范围。行文大致按时间顺序，归纳总结一些典型的任意阶分抗逼近电路、分数算子有理逼近，并提出新型有效的分抗有理逼近过程及其对应的非正则标度方程。

D.1   Morrison 分形分抗与 Hill 标度方程、Liu–Kaplan 标度方程

早在 1959 年 Morrison[94]构建了四种模式分形分抗逼近电路（见图 D.1）。

- **并联模式——分形梯电路与 Hill 标度方程**

归一化 Morrison 并联模式电路（图 D.1(a)，所有元件以导纳标示）的**输入导纳**

$$
y_k(w)=\sum_{i=0}^{k-1}\frac{1}{\alpha^i+\dfrac{1}{\beta^i w}}=\frac{1}{1+\dfrac{1}{w}}+\frac{1}{\alpha}y_{k-1}(\sigma w)
$$

则有非正则的 **Hill 标度方程**（[95]，1991 年）

$$
y(w)=F_{\text{H-PM}}(\alpha^{-1}y(\sigma w))=\frac{1}{1+w^{-1}}+\alpha^{-1}y(\sigma w)\,, \qquad \alpha\neq 1,\beta\neq 1 \qquad (\text{D.4a})
$$

- **串联模式——分形串电路与 Hill 标度方程**

对于图 D.1(b)所示（所有元件以阻抗标示）的串联模式——**分形串**（fractal chuan）电路，考虑**输入阻抗**，有非正则的 **Hill 标度方程**（[95]，1991 年）

$$
y(w)=F_{\text{H-SM}}(\alpha y(\sigma w))=\frac{1}{1+w}+\alpha y(\sigma w)\,, \qquad \alpha\neq 1,\beta\neq 1 \qquad (\text{D.4b})
$$

显然，以上描述两个结构上互为对偶电路的数学方程，遵循"阻抗为正，导纳为负"——**"阻正纳负"**原则可合并为

$$
y(w)=F_{\text{H}}(\alpha^{\pm 1}y(\sigma w))=\frac{1}{1+w^{\pm 1}}+\alpha^{\pm 1}y(\sigma w)\,, \qquad \alpha\neq 1,\beta\neq 1 \qquad (\text{D.4c})
$$

- **分形链 I 型模式——Liu–Kaplan I 型分形链电路**（[92]，1985 年）

此种情形电路（见图 D.1(c)，所有元件以阻抗标示），考虑输入阻抗，有非正则的 **Liu-**

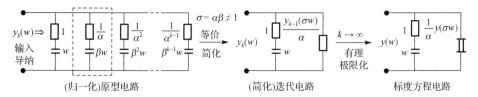

(a) 并联模式(Parallel Mode→PM)——分形梯(fractal ladder)电路: $\alpha \neq 1, \beta \neq 1, \sigma = \sigma\beta \neq 1$,

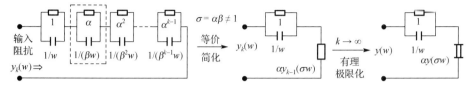

(b) 串联模式(Series Mode→SM)——分形串(fractal chuan)电路: $\alpha \neq 1, \beta \neq 1, \sigma = \sigma\beta \neq 1$,

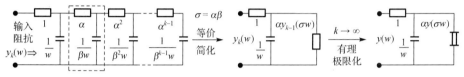

(c) 分形链I型模式——Liu-Kaplan I 型分形链电路: $1 \leqslant \alpha < \infty, 1 \leqslant \beta < \infty, 1 \leqslant \sigma = \sigma\beta < \infty$

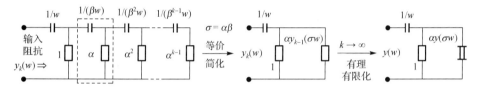

(d) 分形链 II 型模式——Liu-Kaplan III 型分形链电路: $0 < \alpha \leqslant 1, 0 < \beta \leqslant 1, 0 < \sigma = \sigma\beta \leqslant 1$

图 D.1 (归一化)Morrison 分形分抗逼近电路及其标度方程表示

Kaplan 标度方程[92]

$$y(w) = 1 + \cfrac{1}{w + \cfrac{1}{\alpha y(\sigma w)}}, \qquad \begin{pmatrix} 1 \leqslant \alpha < \infty \\ 1 \leqslant \beta < \infty \\ \sigma = \alpha\beta \end{pmatrix} \tag{D.5a}$$

● 分形链 II 型模式——Liu-Kaplan III 型分形链电路([97], 2015 年)

此种情形电路(见图 D.1(d), 所有元件以阻抗标示), 考虑输入阻抗, 有非正则的 **Liu–Kaplan 标度方程**[97]

$$y(w) = \cfrac{1}{w} + \cfrac{1}{1 + \cfrac{1}{\alpha y(\sigma w)}}, \qquad \begin{pmatrix} 0 < \alpha \leqslant 1 \\ 0 < \beta \leqslant 1 \\ \sigma = \alpha\beta \end{pmatrix} \tag{D.5b}$$

以上两种分形链模式, 其实是图 10.9^+(c)所示的负半阶 Oldham 分形链电路[179]的直接常规标度拓展, 得到的具有任意 Liu 氏运算阶(平均运算阶)的 Liu–Kaplan 分形链类分抗逼近电路。

两个 Hill 标度方程, 即方程式(D.4)描述了两个结构上互为对偶电路, 图 D.1(a)所示的并联模式与图 D.1(b)所示的串联模式的分形电路的极限情形。这种对偶性明显地表现在方程的表达形式中——"阻正纳负"。方程式(D.5)也是如此的对偶方程组, 它们完全描述了图 D.1(c)与图 D.1(d)所示的两种元件对偶置换电路[19:105]的结构特征。

D. 2　Oldham 分形链类分抗的标度拓展与 Liu-Kaplan 标度方程

半阶 Oldham 分形链类分抗有且仅有 4 种类型[19;104,96,97]，常规标度拓展也只能得到四种类型的 Liu-Kaplan 分形链分抗逼近电路(见图 D. 2)。

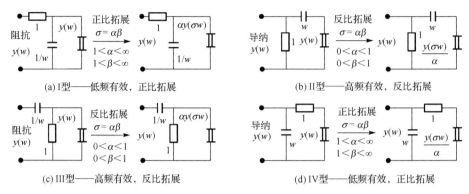

(a) I 型——低频有效，正比拓展　　　　　　(b) II 型——高频有效，反比拓展

(c) III 型——高频有效，反比拓展　　　　　　(d) IV 型——低频有效，正比拓展

图 D. 2　Oldham 分形链的标度拓展——Liu-Kaplan 分形链分抗逼近电路

- **Oldham I 型分形链**(20 世纪 70 年代)**的标度拓展与 Liu-Kaplan 标度方程**(〔92〕，1985 年)

对于 I 型分形链电路(见图 D. 1(c)与图 D. 2(a)，所有元件以阻抗标示)，考虑**输入阻抗**，则有

$$y(w)=F_{\mathrm{I}}(y(w))=1+\cfrac{1}{w+\cfrac{1}{y(w)}} \xrightarrow[\substack{1<\alpha<\infty \\ 1<\beta<\infty \\ \sigma=\alpha\beta}]{\text{正比拓展}} y(w)=1+\cfrac{1}{w+\cfrac{1}{\alpha y(\sigma w)}} \tag{D. 6a}$$

其实，这就获得非正则标度方程式(D. 5a)。

- **Oldham II 型分形链**(2013 年)**的标度拓展与 Liu-Kaplan 标度方程**(〔97〕，2015 年)

对于 II 型分形链电路(见图 D. 2(b)，所有元件以导纳标示)，考虑**输入导纳**，则有

$$y(w)=F_{\mathrm{II}}(y(w))=1+\cfrac{1}{\cfrac{1}{w}+\cfrac{1}{y(w)}} \xrightarrow[\substack{0<\alpha<1 \\ 0<\beta<1 \\ \sigma=\alpha\beta}]{\text{反比拓展}} y(w)=1+\cfrac{1}{\cfrac{1}{w}+\cfrac{1}{\cfrac{1}{\alpha}y(\sigma w)}} \tag{D. 6b}$$

- **Oldham III 型分形链**(2013 年)**的标度拓展与 Liu-Kaplan 标度方程**(〔97〕，2015 年)

对于 III 型分形链电路(见图 D. 1(d)与图 D. 2(c)，所有元件以阻抗标示)，考虑**输入阻抗**，则有

$$y(w)=F_{\mathrm{III}}(y(w))=\cfrac{1}{w}+\cfrac{1}{1+\cfrac{1}{y(w)}} \xrightarrow[\substack{0<\alpha<1 \\ 0<\beta<1 \\ \sigma=\alpha\beta}]{\text{反比拓展}} y(w)=\cfrac{1}{w}+\cfrac{1}{1+\cfrac{1}{\alpha y(\sigma w)}} \tag{D. 7a}$$

- **Oldham IV 型分形链**(2013 年)**的标度拓展与 Liu-Kaplan 标度方程**(〔97〕，2015 年)

对于 IV 型分形链电路(见图 D. 2(d)，所有元件以阻抗标示)，考虑**输入导纳**，则有

$$y(w)=F_{\mathrm{IV}}(y(w))=w+\cfrac{1}{1+\cfrac{1}{y(w)}} \xrightarrow[\substack{1<\alpha<\infty \\ 1<\beta<\infty \\ \sigma=\alpha\beta}]{\text{正比拓展}} y(w)=\cfrac{1}{w^{-1}}+\cfrac{1}{1+\cfrac{1}{\alpha^{-1}y(\sigma w)}} \tag{D. 7b}$$

显然，遵循"阻正纳负"原则，方程式（D.6a）与式（D.6b）、方程式（D.7a）与式（D.7b）能够合并：标度方程右端或迭代函数 F 中，单独出现的运算变量 w 与标度特征参量——电阻递进比 α 的指数 ± 1 取值原则是"阻正纳负"，并有

$$（半阶有效）代数迭代方程 \qquad\qquad 非正则标度方程$$

$$y(w)=F(y(w)) \xrightarrow[\text{阻正纳负}: \alpha^{\pm 1}, w^{\pm 1}]{\text{标度拓展}} y(w)=F(\alpha^{\pm 1}y(\sigma w)) \qquad (D.8)$$

D.3　Carlson 分形格分抗的标度拓展与格形标度方程

图 C.2 所示的 Carlson 分形格电路[32]是全频有效的半阶理想分抗逼近电路。它既可进行正比拓展，得到低频有效的任意 Liu 氏运算阶的分抗逼近电路，也能进行反比拓展，得到高频有效的任意 Liu 氏运算阶的分抗逼近电路，如图 C.3 和图 D.3(a) 所示。对于分形格电路，考虑输入阻抗，有

$$y(w)=F_C(y(w))=\frac{2+(1+w)y(w)}{1+w+2wy(w)} \xrightarrow[\substack{0<\alpha<\infty,\alpha\neq 1\\ 0<\beta<\infty,\beta\neq 1\\ \sigma=\alpha\beta\neq 1}]{\text{标度拓展}} y(w)=\frac{2+(1+w)\alpha y(\sigma w)}{1+w+2w\alpha y(\sigma w)} \qquad (D.9)$$

这是格形标度方程，见方程式（C.22）。

如图 D.3(b) 所示，对负半阶全频有效、理想逼近的 B 型**分形塔电路**[69]进行标度拓展，可得到类似方程式（D.9）形式的非正则标度方程（考虑阻抗形式）

$$y(w)=F_B(y(w))=\frac{2+(1+w)y(w)}{1+w+wy(w)} \xrightarrow[\substack{0<\alpha<\infty,\alpha\neq 1\\ 0<\beta<\infty,\beta\neq 1\\ \sigma=\alpha\beta\neq 1}]{\text{标度拓展}} y(w)=\frac{2+(1+w)\alpha y(\sigma w)}{1+w+w\alpha y(\sigma w)} \qquad (D.10)$$

对于图 D.3(c) 所示的 B 型的对偶——2h 型分形树分抗，考虑输入阻抗，则有

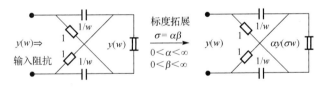

(a) Carlson分形格电路(1961年)的标度拓展(2015年)：正比拓展，低频有效；反比拓展，高频有效

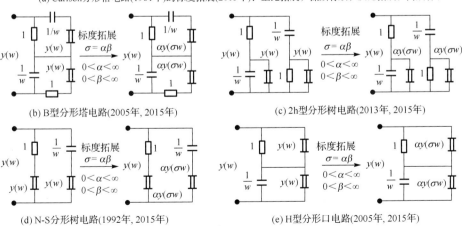

(b) B型分形塔电路(2005年，2015年)　　　　　(c) 2h型分形树电路(2013年，2015年)

(d) N-S分形树电路(1992年，2015年)　　　　　(e) H型分形口电路(2005年，2015年)

图 D.3　五种全频有效、理想逼近的负半阶分形分抗的标度拓展

$$y(w) = F_{2h}(y(w)) = \frac{1+(1+w)\,y(w)}{1+w+2wy(w)} \xrightarrow[\substack{0<\alpha<\infty\,,\,\alpha\neq 1 \\ 0<\beta<\infty\,,\,\beta\neq 1 \\ \sigma=\alpha\beta\neq 1}]{\text{标度拓展}} y(w) = \frac{1+(1+w)\,\alpha y(\sigma w)}{1+w+2w\alpha y(\sigma w)} \qquad (\text{D.11})$$

上述三个非正则标度方程的近似求解已在 C.4.3 节中进行了论述。

虽然以上三个非正则标度方程，在数学表达形式上完全相似，并具有相似的运算性能与逼近性能，但它们各自所描述电路的结构却大不一样！①

① 主要是复杂度与实现代价大不一样。分形格(fractal lattice)电路是单重迭代电路，B 型分形塔(fractal pyramid)与 2h 型分形树(fractal tree)两种电路都是双重迭代电路[19,99]。之所以称为分形塔是因为具体的实现电路结构可绘制成金字塔塔形状。实现这两种双重迭代的电路元件个数是 $4\times 2^{k-1}$，而分形格电路所使用元件个数为 $4k$，但具有相同的收敛速率！因此三者之中分形格电路的逼近效益最高，实现代价最小，考察分形格电路的意义更大。

图 D.3(b)所示的 B 型分形塔电路的**输入阻抗**函数序列迭代公式

$$y_0(w), \qquad y_k(w) = \frac{1}{1+\cfrac{1}{\cfrac{1}{w}+y_{k-1}(w)}} + \frac{1}{w+\cfrac{1}{1+y_{k-1}(w)}} = \frac{2+(1+w)y_{k-1}(w)}{1+w+wy_{k-1}(w)}, \qquad k\in\mathbb{N}^+ \qquad (\text{D.11a})$$

与图 D.3(c)所示的 2h 型分形树电路的**输入导纳**函数序列迭代公式

$$y_0(w), \qquad y_k(w) = \frac{1}{1+\cfrac{1}{\cfrac{1}{w^{-1}}+y_{k-1}(w)}} + \frac{1}{w^{-1}+\cfrac{1}{1+y_{k-1}(w)}} = \frac{2+(1+w^{-1})y_{k-1}(w)}{1+w^{-1}+w^{-1}y_{k-1}(w)}, \qquad k\in\mathbb{N}^+ \qquad (\text{D.11b})$$

都是双分叉连分式迭代结构[50,51]。

B 型分形塔电路(图 D.3(b))与 2h 型分形树电路(图 D.3(c))是结构上互为对偶电路。这种对偶性也明显的表现在输入阻抗表达式(D.11a)与输入导纳表达式(D.11b)之中——它们遵循"阻正纳负"原则，可合并成一个统一的迭代公式。

将式(D.11b)所示的输入导纳形式转化为**输入阻抗**形式是(当然也可直接由电路图 D.3(c)求出)

$$z_0(w) = \frac{1}{y_0(w)}, \qquad z_k(w) = \frac{1}{y_k(w)} = \frac{1}{2w+(1+w)\cfrac{1}{1+w+\cfrac{1}{z_{k-1}(w)}}} = \frac{1+(1+w)z_{k-1}(w)}{1+w+2wz_{k-1}(w)}, \qquad k\in\mathbb{N}^+ \qquad (\text{D.11c})$$

由式(D.11c)写出非正则标度方程式(D.11)。

图 10.7+ 和图 D.3(d)所示的 N-S 分形树电路与图 D.3(e)所示的 H 型**分形口**(fractal kou)电路[161],[19]也是结构上互为对偶电路。考虑**输入阻抗**形式，描述 N-S 分形树电路的数学方程是

$$y(w) = \frac{1}{\cfrac{1}{1+y(w)}+\cfrac{1}{w^{-1}+y(w)}} \xrightarrow[\substack{0<\alpha<\infty\,,\,\alpha\neq 1 \\ 0<\beta<\infty\,,\,\beta\neq 1 \\ \sigma=\alpha\beta\neq 1}]{\text{标度拓展}} y(w) = \frac{1}{\cfrac{1}{1+\alpha y(\sigma w)}+\cfrac{1}{w^{-1}+\alpha y(\sigma w)}}$$

转化成**输入导纳**形式，则有

$$y(w) = \frac{1}{1+\cfrac{1}{\cfrac{1}{y(w)}}} + \frac{1}{w+\cfrac{1}{y(w)}} \xrightarrow[\substack{0<\alpha<\infty\,,\,\alpha\neq 1 \\ 0<\beta<\infty\,,\,\beta\neq 1 \\ \sigma=\alpha\beta\neq 1}]{\text{标度拓展}} y(w) = \frac{1}{1+\cfrac{1}{\cfrac{1}{\alpha^{-1}y(\sigma w)}}+w^{-1}+\cfrac{1}{\alpha^{-1}y(\omega w)}} \qquad (\text{D.11d})$$

描述 H 型分形口电路的数学方程是(考虑**输入阻抗**形式)

D.4　Charef 有理逼近与新颖标度方程

单分数幂奇异函数(single-fractional power singular function)

$$y_P^{(\mu)}(w) = (1+w)^{\pm\mu}, \qquad 0 < \mu < 1 \tag{D.12}$$

的 Charef 有理逼近[120]有如下两种形式。

- **I 型——积分形式：**

$$y_k(w) = \prod_{i=0}^{k-1} \frac{1 + \dfrac{w}{\alpha\sigma^i}}{1 + \dfrac{w}{\sigma^i}} \xrightarrow[\text{高频有效}]{k \to \infty} y(w) \approx y_P^{(\mu)}(w) = (1+w)^{-\mu} \tag{D.13a}$$

- **D 型——微分形式：**

$$y_k(w) = \prod_{i=0}^{k-1} \frac{1 + \dfrac{w}{\sigma^i}}{1 + \dfrac{w}{\alpha\sigma^i}} \xrightarrow[\text{高频有效}]{k \to \infty} y(w) \approx y_P^{(\mu)}(w) = (1+w)^{\mu} \tag{D.13b}$$

它们的极限函数 $y(w)$ 是**新颖标度方程**②

$$y(w) = \frac{1+w/\alpha}{1+w} y\left(\frac{w}{\sigma}\right), \qquad y(w) = \frac{1+w}{1+w/\alpha} y\left(\frac{w}{\sigma}\right) \tag{D.14}$$

的一个真实解。显然，在极端频率，即高频段，

$$y(w) = \frac{1+w/\alpha}{1+w} y\left(\frac{w}{\sigma}\right) \xrightarrow[1 < |w| \to \infty]{} y(w) \approx \frac{1}{\alpha} y\left(\frac{w}{\sigma}\right) \tag{D.15a}$$

$$y(w) \approx y_1(w) = \varsigma_1 w^{\mu_1}, \qquad \mu_1 = -\frac{\lg\alpha}{\lg\sigma}, \qquad 1 < |w| < \infty$$

$$y(w) = \frac{1}{1 + \dfrac{1}{y(w)}} + \frac{1}{w + \dfrac{1}{y(w)}} \xrightarrow[\substack{0 < \alpha < \infty,\ \alpha \neq 1 \\ 0 < \beta < \infty,\ \beta \neq 1 \\ \sigma = \alpha\beta \neq 1}]{\text{标度拓展}} y(w) = \frac{1}{1 + \dfrac{1}{\alpha y(\omega w)}} + \frac{1}{w + \dfrac{1}{\alpha y(\sigma w)}}$$

显然，以上两组方程遵循"阻抗为正，导纳为负"——"**阻正纳负**"原则可合并为

$$y(w) = \frac{1}{1 + \dfrac{1}{y(w)}} + \frac{1}{w^{\pm 1} + \dfrac{1}{y(w)}} \xrightarrow[\substack{0 < \alpha < \infty,\ \alpha \neq 1 \\ 0 < \beta < \infty,\ \beta \neq 1 \\ \sigma = \alpha\beta \neq 1}]{\text{标度拓展}} y(w) = \frac{1}{1 + \dfrac{1}{\alpha^{\pm 1} y(\sigma w)}} + \frac{1}{w^{\pm 1} + \dfrac{1}{\alpha^{\pm 1} y(\sigma w)}} \tag{D.11e}$$

这表明：互为对偶的分形电路可以用相同的数学方程统一描述！它们的运算特性具有互补性[19;118]。

如何近似求解并判断非正则标度方程式(D.9)至式(D.11)等及其对应电路的运算有效性，是很有趣并值得深入探索的问题。

②　**新颖标度方程**(neoteric scaling equation)　无论标度特征量如何取值，方程式(D.14)都是描述高频有效的分抗逼近电路！这与 Hill 标度方程式(D.4)、常规拓展标度方程式(D.6)、方程式(D.7)和方程式(D.9)等的运算有效性(正比拓展低频有效，反比拓展高频有效)不一样，所以称为**新颖标度方程**。另外，该方程组在形式上不符合常规标度拓展的数学形式，即式(D.3)。为了表示对 Charef 的敬意，也可将非正则的新颖标度方程式(D.14)称为 **Charef 标度方程**。此处仅仅对新颖标度方程进行了简单初步的考察与论述。

$$y(w) = \frac{1+w}{1+w/\alpha} y\left(\frac{w}{\sigma}\right) \xrightarrow{1<|w|\to\infty} y(w) \approx \alpha y\left(\frac{w}{\sigma}\right) \quad (\mathrm{D.15b})$$

$$y(w) \approx y_{\mathrm{D}}(w) = \varsigma_{\mathrm{D}} w^{\mu_{\mathrm{I}}}, \qquad \mu_{\mathrm{D}} = \frac{\lg\alpha}{\lg\sigma}, \qquad 1<|w|<\infty$$

D.5　半阶算子的方根连分式展开逼近与奇异标度方程

对于古老的方根连分式展开有理逼近的数学基础——经典恒等关系[50,51,150]

$$\sqrt{1+w^{\pm 1}} = 1 + \sqrt{1+w^{\pm 1}} - 1 = 1 + \frac{w^{\pm 1}}{1+\sqrt{1+w^{\pm 1}}} \qquad (\mathrm{D.16a})$$

$$\sqrt{w^{\pm 1}} = 1 + \sqrt{w^{\pm 1}} - 1 = 1 + \frac{w^{\pm 1}-1}{1+\sqrt{w^{\pm 1}}}, \qquad (\mathrm{D.16b})$$

分别令

$$\sqrt{1+w^{\pm 1}} = y(w), \qquad \sqrt{w^{\pm 1}} = y(w) \qquad (\mathrm{D.17})$$

则得到两个简单的、半阶有效的代数迭代方程:①

$$y(w) = F_{\mathrm{CF-I}}^{\pm}(y(w)) = 1 + \frac{w^{\pm 1}}{1+y(w)} \qquad (\mathrm{D.18a})$$

$$y(w) = F_{\mathrm{CF-II}}^{\pm}(y(w)) = \frac{w^{\pm 1}+y(w)}{1+y(w)} \qquad (\mathrm{D.18b})$$

容易验证，上述两组迭代函数构建的迭代过程

$$y_k(w) = F_{\mathrm{CF-I}}^{\pm}(y_{k-1}(w)), \qquad y_k(w) = F_{\mathrm{CF-II}}^{\pm}(y_{k-1}(w)), \qquad k \in \mathbb{N}^{+} \qquad (\mathrm{D.19})$$

满足计算有理性、正实性原理与运算有效性②。

数学上，直接对半阶有效的迭代方程式(D.18a)和式(D.18b)进行标度拓展，给出一组非正则的**奇异标度方程**(strange scaling equations)

$$y(w) = F_{\mathrm{CF-I}}^{\pm}(\alpha^{\pm 1}y(\sigma w)) = 1 + \frac{w^{\pm 1}}{1+\alpha^{\pm 1}y(\sigma w)}, \qquad 0<\alpha<\infty, 0<\sigma<\infty \qquad (\mathrm{D.20})$$

$$y(w) = F_{\mathrm{CF-II}}^{\pm}(\alpha^{\pm 1}y(\sigma w)) = \frac{w^{\pm 1}+\alpha^{\pm 1}y(\sigma w)}{1+\alpha^{\pm 1}y(\sigma w)}, \qquad 0<\alpha<\infty, 0<\sigma<\infty \qquad (\mathrm{D.21})$$

---

① 由古老的经典恒等式

$$y(w) = w^{\pm 1/2} + 1 = 2 + \frac{w^{\pm 1}-1}{w^{\pm 1/2}+1}, \qquad y(w) = \sqrt{1+w^{\pm 1}} - 1 = \frac{w^{\pm 1}}{2+\sqrt{1+w^{\pm 1}}-1}$$

还可得到两组半阶有效的迭代方程

$$y(w) = F_{\mathrm{CF-III}}^{\pm}(y(w)) = 2 + \frac{w^{\pm 1}-1}{y(w)}, \qquad y(w) = F_{\mathrm{CF-IV}}^{\pm}(y(w)) = \frac{w^{\pm 1}}{2+y(w)}$$

标度拓展得到两组对应的新的非正则标度方程

$$y(w) = F_{\mathrm{CF-III}}^{\pm}(\alpha^{\pm 1}y(\sigma w)) = 2 + \frac{w^{\pm 1}-1}{\alpha^{\pm 1}y(\sigma w)}, \qquad y(w) = F_{\mathrm{CF-IV}}^{\pm}(\alpha^{\pm 1}y(\sigma w)) = \frac{w^{\pm 1}}{2+\alpha^{\pm 1}y(\sigma w)} \qquad (\mathrm{D.18a})$$

② 计算有理性是很显然的。算法式(D.19)的正实性可通过迭代得到的有理函数序列零极点分布[19;183,99]情形(是否在左半运算平面 w 内)给予判定。式(D.17)给定的函数就是迭代方程式(D.18a)和式(D.18b)的解析解！因此，迭代算法式(D.19)中描述的两组迭代过程，前者是半阶算子(低频或高频)有效的非理想逼近，如图 D.4 所示，而后者是全频有效的半阶算子的理想逼近，如图 D.6(a)所示。

考虑奇异标度方程式(D.20)。在极端频率条件 $|w^{\pm 1}|\to 0$ 时，必有平凡解 $y(w)\approx 1$。在极端频率下，如果 $1\ll|y(w)|\ll|w^{\pm 1}|$，方程式(D.20)降简为准正则(quasi-regular)标度方程

$$y(w)\approx\frac{w^{\pm 1}}{\alpha^{\pm 1}y(\sigma w)} \tag{D.22a}$$

并有**近似解析解**(approach analytic solution)：

$$y(w)\approx y^{\pm}_{\text{CF-I}}(w)=\varsigma\, w^{\mu^{\pm}_{\check{\text{CF-I}}}}, \qquad \mu^{\pm}_{\text{CF-I}}=\pm\frac{1}{2} \tag{D.22b}$$

此**解析粗解**(analytic rough solution) $y^{\pm}_{\text{CF-I}}(w)$ 的运算阶 $\mu^{\pm}_{\text{CF-I}}$ 与参量 α、σ 无关[①]！因此，可取 $\alpha=1$(但 $\sigma\neq 1$)，代入方程式(D.20)得非正则的奇异标度方程

$$y(w)=F^{\pm}_{\text{CF-I}}(y(\sigma w))=1+\frac{w^{\pm 1}}{1+y(\sigma w)}, \qquad \sigma\neq 1 \tag{D.23}$$

根据非正则标度方程**真实解**(actual solution)的有理极限性质：

$$y(w)=\lim_{k\to\infty}y_k(w)=\lim_{k\to\infty}F^{\pm}_{\text{CF-I}}(y_{k-1}(\sigma w))=\lim_{k\to\infty}F^{\pm}_{\text{CF-I}}\left(\frac{N_{k-1}(\sigma w)}{D_{k-1}(\sigma w)}\right)$$

给定初始 $y_0(w)$ 取值——简单正实性有理函数或非负实数，比如 $y_0(w)=0$，求得方程式(D.23)的一组真实解，其阶频特征曲线如图 D.4 所示[②]。

从图 D.4 可得知，方程式(D.23)所描述系统的运算振荡周期 $W=2|\lg\sigma|$。这也是奇异标度方程的奇特性之一。绝大多数描述标度化电路的非正则标度方程，真实解的运算振荡周期 $W=|\lg\sigma|$。[③]

虽然运算阶($\mu^{\pm}_{\text{CF-I}}=\pm 1/2$)与标度特征参量 α 无关，见式(D.22b)，但通过仿真实验发

---

　①　这一特征是称方程式(D.20)为"奇异"标度方程的原因之一。因为前面所论述的非正则的 Hill 标度方程式(D.4)、Liu-Kaplan 标度方程式(D.6)与方程式(D.7)、格形类标度方程式(D.9)、新颖标度方程式(D.14)等的运算阶由 Liu 氏关系 $\mu_{\text{Liu}}=\pm\lg\alpha/\lg\sigma$ 严格限定而都不具有如此奇特性质：$\mu^{\pm}_{\text{CF-I}}=\pm 1/2$。

　②　奇异标度方程(strange scaling equation)

$$y(w)=F^{+}_{\text{CF-I}}(y(\sigma w))=1+\frac{w}{1+y(\sigma w)} \tag{D.23a}$$

是高频有效迭代方程 $y(w)=F^{\pm}_{\text{CF-I}}(y(w))$ 的标度拓展。因此进行反比拓展(即 $0<\sigma<1$)。如果取 $y_0(w)=0$，则有

$$y^{+}_1(w)=0,\ y^{+}_1(w)=1+w,\ y^{+}_2(w)=\frac{2+(1+\sigma)w}{2+\sigma w},\ y^{+}_3(w)=\frac{4+(2+\sigma+2\sigma^2)w+\sigma^2 w^2}{4+\sigma(1+2\sigma)w},\cdots \tag{D.23b}$$

由此绘制出图 D.4(a)。

对于低频有效的迭代方程 $y(w)=F^{-}_{\text{CF-I}}(y(w))$，进行正比拓展，标度因子 $1\le\sigma<\infty$，得到奇异标度方程

$$y(w)=F^{-}_{\text{CF-I}}(y(\sigma w))=1+\frac{w^{-1}}{1+y(\sigma w)} \tag{D.23c}$$

并有

$$y_0(w)=0,\ y^{-}_1(w)=\frac{1+w}{w},\ y^{-}_2(w)=\frac{(1+\sigma)+2w}{\sigma+2w},\ y^{-}_3(w)=\frac{1}{w}\frac{\sigma^2+(2+\sigma+2\sigma^2)w+4w^2}{\sigma(1+2\sigma)+4w},\cdots \tag{D.23d}$$

由此绘制出图 D.4(b)。

对比式(D.23b)与(D.23d)给出的两个有理序列，读者会发现什么关联吗？这种关联在图 D.4 中表现出什么样的情景呢？

　③　方程式(D.23)另外的奇特性还有：不遵循一般的"常规标度拓展法则"与"常规标度拓展结论"。

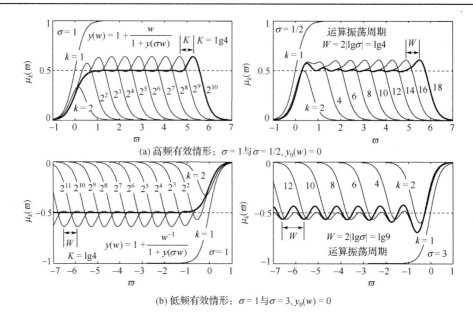

(a) 高频有效情形：$\sigma=1$ 与 $\sigma=1/2$，$y_0(w)=0$

(b) 低频有效情形：$\sigma=1$ 与 $\sigma=3$，$y_0(w)=0$

图 D.4　奇异标度方程 (D.23) 的一组真实解的阶频特征曲线图

现：在方程式 (D.20) 中，调节 α 可以优化逼近性能，如图 D.5 所示。这一特性在常规标度拓展中是不存在的。

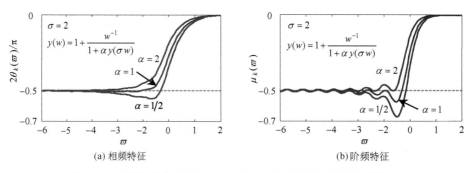

图 D.5　奇异标度方程式 (D.20) 的一组真实解的运算特征曲线图

方程式 (D.20) 所描述的标度拓展，极大地提高了逼近效益。由图 D.4 与图 D.5 的结果，可得拓展增益

$$g_\sigma^\pm[k]=\frac{B_\sigma^\pm[k]}{B_{\mathrm{CF\text{-}I}}^\pm[k]}\approx\frac{W(k-k_{(\alpha,\sigma)}^\pm)/2}{K\log_2(k/k_{\mathrm{CF\text{-}I}}^\pm)}=\frac{|\lg\sigma|}{\lg4}\cdot\frac{k-k_{(\alpha,\sigma)}^\pm}{\log_2(k/k_{\mathrm{CF\text{-}I}}^\pm)},\qquad k>k_{(\alpha,\sigma)}^\pm>1 \qquad (\mathrm{D}.24)$$

对于奇异标度方程式 (D.21)，考虑

$$y(w)=F_{\mathrm{CF\text{-}II}}^+\left(\frac{1}{\alpha}y(\sigma w)\right)=\frac{w+\alpha^{-1}y(\sigma w)}{1+\alpha^{-1}y(\sigma w)},\qquad \begin{pmatrix}0<\alpha<\infty\\0<\sigma<\infty\end{pmatrix} \qquad (\mathrm{D}.25)$$

在极端频率下有

$$\frac{1}{\alpha}y(\sigma w)\underset{\text{低频段}}{\overset{0\leftarrow|w|<1}{\longleftarrow}}y(w)=\frac{w+\alpha^{-1}y(\sigma w)}{1+\alpha^{-1}y(\sigma w)}\underset{\text{高频段}}{\overset{1<|w|\rightarrow\infty}{\longrightarrow}}\frac{w}{\alpha^{-1}y(\sigma w)}$$

因此，在低频段，正比拓展，

$$y(w)\approx\frac{1}{\alpha}y(\sigma w)\Rightarrow y(w)\approx y_{\mathrm{CF\text{-}II}}^-(w)=\varsigma\,w^{\mu_{\mathrm{Liu}}},\qquad 0<|w|<1 \qquad (\mathrm{D}.26\mathrm{a})$$

$$\mu_{\text{Liu}} = \frac{\lg \alpha}{\lg \sigma}, \qquad 1 < \alpha < \infty, \qquad 1 < \sigma < \infty$$

在高频段，反比拓展，

$$y(w) \approx \frac{w}{\alpha^{-1} y(\sigma w)} \Rightarrow y(w) \approx y_{\text{CF-II}}^{+}(w) = \sqrt{\frac{1}{\alpha \sqrt{\sigma}}} w^{\mu_{\text{CF-II}}^{+}}, \qquad 1 < |w| < \infty \qquad (\text{D.26b})$$

$$0 < \alpha < \infty, \qquad 0 < \sigma < 1, \qquad \mu_{\text{CF-II}}^{+} = \frac{1}{2}$$

可见奇异标度方程式（D.25）蕴含着十分丰富的内容。

对于奇异标度方程式（D.25）有迭代算法

$$y_k(w) = \frac{N_k(w)}{D_k(w)} = \frac{\alpha N_{k-1}(\sigma w) + w D_{k-1}(\sigma w)}{\alpha N_{k-1}(\sigma w) + D_{k-1}(\sigma w)}, \qquad k \in \mathbb{N}^+ \qquad (\text{D.27a})$$

该算法的迭代矩阵形式为

$$\begin{bmatrix} N_k(w) \\ D_k(w) \end{bmatrix} = \begin{bmatrix} \alpha & w \\ \alpha & 1 \end{bmatrix} \begin{bmatrix} N_{k-1}(\sigma w) \\ D_{k-1}(\sigma w) \end{bmatrix} = \boldsymbol{\Gamma}_k \begin{bmatrix} N_0(\sigma^k w) \\ D_0(\sigma^k w) \end{bmatrix} \qquad (\text{D.27b})$$

$$\boldsymbol{\Gamma}_k = \begin{bmatrix} \gamma_k(w) & \delta_k(w) \\ \varepsilon_k(w) & \zeta_k(w) \end{bmatrix} = \prod_{i=0}^{k-1} \boldsymbol{\gamma}_i, \qquad \boldsymbol{\gamma}_i = \begin{bmatrix} \alpha & \sigma^i w \\ \alpha & 1 \end{bmatrix}, \qquad k \in \mathbb{N}^+ \qquad (\text{D.27c})$$

从而得

$$y_k(w) = \frac{N_k(w)}{D_k(w)} = \frac{\gamma_k(w) N_0(\sigma^k w) + \delta_k(w) D_0(\sigma^k w)}{\varepsilon_k(w) N_0(\sigma^k w) + \zeta_k(w) D_0(\sigma^k w)} = \frac{\gamma_k(w) y_0(\sigma^k w) + \delta_k(w)}{\varepsilon_k(w) y_0(\sigma^k w) + \zeta_k(w)}, \qquad k \in \mathbb{N}^+$$

$$(\text{D.27d})$$

根据真实解的有理极限性质，由算法式（D.27a）~式（D.27d）；容易获得奇异标度方程式（D.25）的一组真实解

$$y_0(w) = \frac{0}{1} = 0, \qquad y_a(w) = \lim_{k \to \infty} y_k(w) = \lim_{k \to \infty} \frac{\delta_k(w)}{\zeta_k(w)} \qquad (\text{D.28a})$$

$$y_0(w) = \frac{1}{1}, \qquad y_b(w) = \lim_{k \to \infty} y_k(w) = \lim_{k \to \infty} \frac{\gamma_k(w) + \delta_k(w)}{\varepsilon_k(w) + \zeta_k(w)} \qquad (\text{D.28b})$$

$$y_0(w) = \frac{1}{0} = \infty, \qquad y_c(w) = \lim_{k \to \infty} y_k(w) = \lim_{k \to \infty} \frac{\gamma_k(w)}{\varepsilon_k(w)} \qquad (\text{D.28c})$$

由真实解式（D.28b）绘出的运算特征曲线如图 D.6 所示。

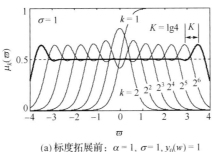

(a) 标度拓展前：$\alpha = 1$, $\sigma = 1$, $y_0(w) = 1$

图 D.6 奇异标度方程式（D.25）的一组真实解式（D.28b）的阶频特征曲线图

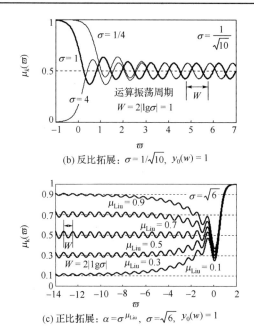

(b) 反比拓展: $\sigma = 1/\sqrt{10}$, $y_0(w) = 1$

(c) 正比拓展: $\alpha = \sigma^{\mu_{Liu}}$, $\sigma = \sqrt{6}$, $y_0(w) = 1$

图 D.6 奇异标度方程式(D.25)的一组真实解式(D.28)的阶频特征曲线图(续)

奇异标度方程式(D.20)和方程式(D.21)包含着十分丰富的内容![150]

D.6 结束语

部分典型分抗逼近的标度拓展及其数学描述——非正则标度方程罗列于表 D.1 中。

D.6.1 非正则标度方程的解析真实解与一次子系统的运算局域化特征

表 D.1 中罗列的每一个非正则标度方程,都表征了(任意)实数 μ 阶算子

$$w^\mu = (\tau s)^\mu, \qquad \mu = \pm j/n, \qquad j = 1 \sim n-1, \qquad 2 \leqslant n < \infty, \qquad n \in \mathbb{N}$$

的一种非理想的有理强逼近(strong approximation)过程——由标度迭代

$$y_0(w) \in [0, \infty], \qquad y_k(w) = F(\alpha^{\pm 1} y_{k-1}(\sigma^{\pm 1} w)), \qquad k \in \mathbb{N}^+$$

生成收敛的有理逼近函数序列

$$y_k(w) = \frac{N_k(w)}{D_k(w)} = g_k \cdot \prod_{i=0}^{k-1} E_i(w) \xrightarrow[\text{有理极限化}]{k \to \infty} y(w) \xrightarrow[\text{非理想逼近}]{\text{附加条件}} w^\mu \qquad (\text{D.29a})$$

$$E_i(w) = \frac{w - z_i}{w - p_i} = \frac{w + 10^{o_i}}{w + 10^{\chi_i}}, \qquad o_i \in \mathbb{R}, \qquad \chi_i \in \mathbb{R}, \qquad i = 0 \sim k-1 \qquad (\text{D.29b})$$

式中 g_k 是增益常数,实数 o_i 是零点频率指数,实数 χ_i 是极点频率指数,并有[99,149,150]

$$\begin{cases} o_i \xrightarrow{\iota < i \to \infty} o - i\lg\sigma \Rightarrow o_i \approx o - i\lg\sigma \\ \chi_i \xrightarrow{\iota < i \to \infty} \chi - i\lg\sigma \Rightarrow \chi_i \approx \chi - i\lg\sigma \end{cases}, \qquad i > \iota \in \mathbb{Z}^+ \qquad (\text{D.30})$$

式中 ι 是一个较小的正整数。

式（D.29）给出了有效非正则标度方程 $y(w)=F(\alpha^{\pm1}y(\sigma^{\pm1}w))$ 的一个物理可实现的**解析真实解**（analytic actual solution）：

$$y(w)=\lim_{k\to\infty}y_k(w)=G\cdot\prod_{i=0}^{\infty}E_i(w)\qquad(\text{D.31})$$

一次子系统 $E_i(w)$ 的运算特征函数——相频特征函数（取 $w=\mathrm{j}\cdot10^{\varpi}$，$\varpi\in\mathbb{R}$）

$$\vartheta_i(\varpi)=\mathrm{Arg}\{E_i(\mathrm{j}\cdot10^{\varpi})\}=\arctan\left(\frac{10^{\varpi+\mathcal{X}_i}-10^{\varpi+o_i}}{10^{o_i+\mathcal{X}_i}+10^{2\varpi}}\right)$$

$$=\arctan\left(\sinh\left(\frac{o_i-\mathcal{X}_i}{2}\ln10\right)\middle/\cosh\left(\left(\varpi-\frac{o_i+\mathcal{X}_i}{2}\right)\ln10\right)\right)\qquad(\text{D.32a})$$

与阶频特征函数

$$u_i(\varpi)=\frac{\mathrm{d}\lg|E_i(\mathrm{j}\cdot10^{\varpi})|}{\mathrm{d}\varpi}=\frac{10^{2\varpi}(10^{2o_i}-10^{2\mathcal{X}_i})}{(10^{2\varpi}+10^{2o_i})(10^{2\varpi}+10^{2\mathcal{X}_i})}$$

$$=\frac{\sinh((o_i-\mathcal{X}_i)\ln10)}{\cosh\left[2\left(\varpi-\frac{o_i+\mathcal{X}_i}{2}\right)\ln10\right]+\cosh[(o_i-\mathcal{X}_i)\ln10]}\qquad(\text{D.32b})$$

都具有偶对称性（对称中心是 $\dfrac{o_i+\mathcal{X}_i}{2}$）与局域化特性（见图 D.7）。

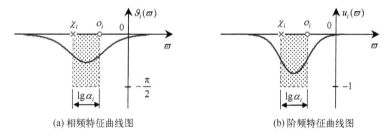

(a) 相频特征曲线图　　　　　　　　(b) 阶频特征曲线图

图 D.7　一次子系统 $E_i(w)$ 的运算特征曲线及其运算局域化特征

如果令 $o_i-\mathcal{X}_i=\lg\alpha_i$，$\varpi_i=\dfrac{o_i+\mathcal{X}_i}{2}$，则有

$$\vartheta_i(\varpi)=\vartheta(\varpi-\varpi_i)，\qquad u_i(\varpi)=u(\varpi-\varpi_i)\qquad(\text{D.33})$$

$$\vartheta(\varpi)=\arctan\frac{\sinh\left(\dfrac{\ln\alpha_i}{2}\right)}{\cosh(\varpi\ln10)}，\qquad u(\varpi)=\frac{\sinh(\ln\alpha_i)}{\cosh(2\varpi\ln10)+\cosh(\ln\alpha_i)}$$

因此，调节零极点比

$$\alpha_i=\frac{10^{o_i}}{10^{\mathcal{X}_i}}=\frac{z_i}{p_i}\qquad(\text{D.34})$$

就能控制一次子系统 $E_i(w)$ 的运算特征曲线的形状。

D.6.2　非正则标度方程的固有运算振荡效应

正是一次子系统 $E_i(w)$ 的运算局域化特性：

$$\int_{\varpi}\vartheta_i(\varpi)\,\mathrm{d}\varpi=\frac{\pi}{2}(o_i-\chi_i)=\frac{\pi}{2}\lg\alpha_i,\qquad \int_{\varpi}u_i(\varpi)\,\mathrm{d}\varpi=o_i-\chi_i=\lg\alpha_i \qquad (\mathrm{D}.35)$$

使有理逼近函数 $y_k(w)$，以及对应的非正则标度方程的有意义真实解式（D.31），在频域产生了准周期性的运算振荡现象：

$$\theta_k(\varpi)=\sum_{i=0}^{k-1}\vartheta_i(\varpi)\xrightarrow{k\to\infty}\theta(\varpi)=\sum_{i=0}^{\infty}\vartheta(\varpi-\varpi_i) \qquad (\mathrm{D}.36\mathrm{a})$$

$$\mu_k(\varpi)=\sum_{i=0}^{k-1}u_i(\varpi)\xrightarrow{k\to\infty}\mu(\varpi)=\sum_{i=0}^{\infty}u(\varpi-\varpi_i) \qquad (\mathrm{D}.36\mathrm{b})$$

运算振荡效应是所有一次子系统的集体行为！

由式（D.30）得

$$\varpi_i\approx\frac{o+\chi}{2}-i\lg\sigma,\qquad i>1$$

则有

$$\begin{cases}\theta(\varpi)\approx\widetilde\theta(\varpi)=\sum_{i=0}^{\infty}\vartheta\left(\varpi+i\lg\sigma-\frac{o+\chi}{2}\right)\\[2mm]\mu(\varpi)\approx\widetilde\mu(\varpi)=\sum_{i=0}^{\infty}u\left(\varpi+i\lg\sigma-\frac{o+\chi}{2}\right)\end{cases} \qquad (\mathrm{D}.36\mathrm{c})$$

任何一个**集总参量元件**（element with lumped parameters→ELP）构建的分抗逼近电路或源自于物理可实现系统的非正则标度方程（如表 D.1 中），必定存在具有准周期性运算振荡效应的真实解：

$$y(w)=F(\alpha^{\pm1}y(\sigma^{\pm1}w))\xrightarrow{w=\mathrm{j}\cdot10^{\varpi}}y(\mathrm{j}\cdot10^{\varpi})=F(\alpha^{\pm1}y(\mathrm{j}\cdot10^{\varpi\pm\lg\sigma})) \qquad (\mathrm{D}.37)$$

D.6.3　非正则标度方程及其分抗逼近电路的极限-渐进行为：分数阶分布参量元件

固有的准周期性运算振荡效应的周期 $W=|\lg\sigma|$ 与强度（也即振荡幅度）与标度因子 σ 几乎正相关[19;84]。这种正相关可由式（D.36c）的傅里叶级数展开很精确地求出来。为降低运算振荡效应，从数学理论上就必须满足

$$W=|\lg\sigma|\to0\Leftrightarrow\begin{cases}\sigma=\alpha\beta\to1\\\alpha\to1\\\beta\to1\end{cases} \qquad (\mathrm{D}.38)$$

从而失去标度拓展优势，可能得到半阶运算性能。在保证 Liu 氏运算阶关系

$$\mu_{\mathrm{Liu}}=\pm\frac{\lg\alpha}{\lg\sigma} \qquad (\mathrm{D}.39)$$

的条件下，非正则标度方程及其对应的分抗逼近电路会有什么样的**极限-渐进行为**（limit-asymptotic behaviors）呢？

研究极限-渐进行为，很自然地通过类比转化引出构建**分数阶分布参量元件**（Fractional-Order Element with Distributed Parameters→FO-EDP）的物理实现理论与构造问题。这是分数阶元件研究与发展的一个值得关注的新方向。

表 D.1　部分典型的半阶分抗有理逼近过程的标度拓展及其数学描述

类型		阻纳函数	归一化迭代函数 $F(y)$（半阶算子的有理逼近）	标度拓展法则	非正则标度方程 $y(w)=F(\alpha^{\pm 1}y(\sigma^{\pm 1}w))$（任意阶算子的有理逼近）	运算有效性 标度拓展与有效频段	运算有效性 粗解运算阶与振荡周期	标度方程类型
Morrison 分形分抗	并联模式	导纳函数	$\left\langle \dfrac{1}{1+1/w}+y \right\rangle$	$0<\alpha$ $0<\beta$ $\alpha\neq 1$ $\beta\neq 1$	$y(w)=\dfrac{1}{1+1/w}+\dfrac{1}{\alpha}y(\sigma w)$	正比拓展 低频有效 反比拓展 高频有效	$\mu_{\text{Liu}}=\dfrac{\lg\alpha}{\lg\sigma}$ $W=|\lg\sigma|$	Hill 标度方程
	串联模式		$\left\langle \dfrac{1}{1+w}+y \right\rangle$		$y(w)=\dfrac{1}{1+w}+\alpha y(\sigma w)$			
	Ⅰ 型	阻抗函数	$1+\dfrac{1}{w+\dfrac{1}{y}}$	低频有效 正比拓展 $1<\alpha$ $1<\beta$	$y(w)=1+\dfrac{1}{w+\dfrac{1}{\alpha y(\sigma w)}}$	正比拓展 低频有效	$\mu_{\text{Liu}}=-\dfrac{\lg\alpha}{\lg\sigma}$ $W=|\lg\sigma|$	Liu-Kaplan 标度方程
	Ⅲ 型		$\dfrac{1}{w}+\dfrac{1}{1+\dfrac{1}{y}}$	高频有效 反比拓展 $0<\alpha<1$ $0<\beta<1$	$y(w)=\dfrac{1}{w}+\dfrac{1}{1+\dfrac{1}{\alpha y(\sigma w)}}$	反比拓展 高频有效		
Liu-Kaplan 分形链	Ⅱ 型	导纳函数	$1+\dfrac{1}{\dfrac{1}{w}+\dfrac{1}{y}}$		$y(w)=1+\dfrac{1}{\dfrac{1}{w}+\dfrac{\alpha}{y(\sigma w)}}$		$\mu_{\text{Liu}}=\dfrac{\lg\alpha}{\lg\sigma}$ $W=|\lg\sigma|$	
	Ⅳ 型		$w+\dfrac{1}{1+\dfrac{1}{y}}$	低频有效 正比拓展 $1<\alpha$ $1<\beta$	$y(w)=w+\dfrac{1}{1+\dfrac{\alpha}{y(\sigma w)}}$	正比拓展 低频有效		
Carlson 格形		阻抗函数	$\dfrac{2+(1+w)y}{1+w+2wy}$	全频有效 $0<\alpha$ $0<\beta$	$y(w)=\dfrac{2+(1+w)\alpha y(\sigma w)}{1+w+2w\alpha y(\sigma w)}$	正比拓展 低频有效 反比拓展 高频有效	$\mu_{\text{Liu}}=-\dfrac{\lg\alpha}{\lg\sigma}$ $W=|\lg\sigma|$	格形 标度方程
Charef 有理逼近	Ⅰ 型	阻纳函数	$\left\langle \dfrac{1+w}{1+w/\alpha}y \right\rangle$	$0<\alpha$ $0<\beta$ $\alpha\neq 1$ $\beta\neq 1$	$y(w)=\dfrac{1+w}{1+w/\alpha}y\left(\dfrac{w}{\sigma}\right)$	高频有效	$\mu_{\text{Liu}}=-\dfrac{\lg\alpha}{\lg\sigma}$ $W=|\lg\sigma|$	新颖 标度方程
	D 型		$\left\langle \dfrac{1+w/\alpha}{1+w}y \right\rangle$		$y(w)=\dfrac{1+w/\alpha}{1+w}y\left(\dfrac{w}{\sigma}\right)$		$\mu_{\text{Liu}}=\dfrac{\lg\alpha}{\lg\sigma}$ $W=|\lg\sigma|$	
方根 连分式 展开 逼近	Ⅰ 型	阻纳函数	$1+\dfrac{w^{\pm 1}}{1+y}$	$0<\alpha$ $0<\beta$	$y(w)=1+\dfrac{w^{\pm 1}}{1+\alpha^{\pm 1}y(\sigma w)}$	$\mu^{\pm}_{\text{CF-I}}=\pm\dfrac{1}{2}$, $\mu^{\pm}_{\text{CF-II}}=\pm\dfrac{1}{2}$ $W=2|\lg\sigma|$		奇异 标度方程
	Ⅱ 型		$\dfrac{w^{\pm 1}+y}{1+y}$	全频有效 $0<\alpha$ $0<\beta$	$y(w)=\dfrac{w^{\pm 1}+\alpha y(\sigma w)}{1+\alpha y(\sigma w)}$	$\mu^{\pm}_{\text{CF-II}}=\pm\dfrac{\lg\alpha}{\lg\sigma}$, $W=2|\lg\sigma|$		
说明			$\langle F\rangle$ 无效代数 迭代函数	标度特征参量	标度因子 $\sigma=\alpha\beta$	标度拓展结果	平均运算阶	

注译附录 E　分数微积分的应用实现问题

　　什么是分数阶积分？什么是分数阶导数也即分数阶微分？它们的几何意义是什么？物理意义又是什么？这些看似简单的问题，却很难用简洁易懂的言语回答。"注译序言"中简要钩沉了分数微积分发展历程并绘制出"'分数微积分'理论与应用先驱-英雄时序榜"，从中可看出回答这些问题是需要智慧的。读者从第 2 章所论述的分数导数、分数积分定义多样性也可领略到回答上述几个看似简单问题的难度。虽然如此，但这并不妨碍当今分数微积分理论与应用的蓬勃向前发展。与整数阶微分算子相比，分数阶微分算子的**非局域性质**，对于描述现实世界中具有记忆-遗传性质的复杂体系行为与复杂过程等①具有明显优势。

　　分数微积分理论是传统的整数微积分理论的推广。在三百多年的发展历程中，这种"推广"极其艰难。早期由于分数微积分理论没有得到物理、力学、几何等背景的支持，加之分数阶微积分在物理上与经典的牛顿整数阶体系存在某些冲突②，以及实践中具体**应用实现**与**数值计算**上的难度③，发展极其缓慢。[124]

　　"对自然的深入研究是数学发现最丰富的源泉。这种研究在提供一个确定的研究对象的同时，不仅具有排除模糊的问题和盲目的计算的优点；它还是形成分析本身的、发现我们想弄清的、自然科学应当永远保留的那些基本原理的可靠方法：这些就是再现于一切自然作用之中的基本原理。"[34:5]傅里叶的这种认识，对学习与理解分数微积分理论与应用具有现实的指导意义。

　　数学使我们能够定量描述现实的自然和广袤的宇宙，当正确应用时，这是一个非常有用的工具。但自然和宇宙是物理的而不是数学的实体，两者之间存在很大区别。仅凭数学不足以构成所有事物的基本理论。数学不是支配自然的物理定律的根源，它是描述自然物理定律如何表现的工具。科学必须以观察和测量为基础，任何理论都必须遵循这样的观念，否则就不可能取得进展。

　　"实践是检验真理的唯一标准。"学习与掌握分数微积分理论与应用，需要深入到现实的**具体问题**、**应用实现**、**数值计算**等之中，才能领略其奥妙。针对不同的现实对象，引入分数微积分往往会产生出意料之外的结果，甚至出现新现象、新效应等等。这也正是探索、研究、应用、发展分数微积分的魅力所在。

---

　　①　比如反常扩散、黏弹性力学、流体力学(特别是非牛顿流体问题)、复杂的信号处理与系统辨识、量子力学、社会-经济过程的研究与预判、分形体系的行为与动力学过程等等。

　　②　特别是整数阶导数的**局域性**(即**定域性**)与分数阶导数的**非局域性**之间的矛盾冲突，物理上因果性与非因果的考量，等等。

　　③　本书中读者已经领略了许多描述现实问题的分数微分方程，一般是很难给出解析解的。即使是线性分数微分方程的解析解也大多包含特殊函数，比如米塔-列夫勒函数、赖特函数、超几何函数等等。这些特殊函数对应的无穷级数收敛速度很慢，实际应用中它们的计算也是相当困难。分数微分方程的高效数值模拟已成为当前相关领域研究的前沿课题[121~127]。

E.1　分数微积分定义式与数值算法实现

19世纪上半叶，刘维尔、黎曼在经典的整数阶微积分理论中，由柯西公式与微积分基本定理，得到分数阶积分与分数导数或分数阶微分的定义式。

由整数阶柯西积分公式(2.85)，直接推广得到任意分数阶积分①

$$
{}_aI_t^\alpha f(t) = {}_aD_t^{-\alpha}f(t) = \frac{1}{\Gamma(\alpha)}\int_a^t \frac{f(\tau)\,\mathrm{d}\tau}{(t-\tau)^{1-\alpha}},\ \alpha \in \mathbb{R}^+ \tag{E.1}
$$

根据积分–微分的可逆性②，就得到黎曼–刘维尔分数阶导数：

$$
{}_aD_t^\alpha f(t) = \frac{\mathrm{d}^q}{\mathrm{d}t^q}\left({}_aI_t^{q-\alpha}f(t)\right)
$$

$$
= \frac{\mathrm{d}^q}{\mathrm{d}t^q}\left(\frac{1}{\Gamma(q-\alpha)}\int_a^t \frac{f(\tau)\,\mathrm{d}\tau}{(t-\tau)^{1-(q-\alpha)}}\right),\ \alpha \in \mathbb{R}^+,\ q \in \mathbb{N}^+,\ q-1 \leqslant \alpha < q \tag{E.2}
$$

这种定义式可概括为**积分–求导定义式**③。

与传统的整数阶导数(微分)和整数阶积分一样，黎曼–刘维尔分数阶导数(微分) ${}_aD_t^\alpha f(t)$ 与分数阶积分 ${}_aD_t^{-\alpha}f(t) = {}_aI_t^\alpha f(t)$ 的运算顺序也不可交换！但仍然满足微积分基本定理：④

$$
{}_aD_t^\alpha\left({}_aD_t^{-\alpha}f(t)\right) = {}_aD_t^\alpha\left({}_aI_t^\alpha f(t)\right) = f(t),\ \alpha \in \mathbb{R}^+ \tag{E.3}
$$

分数微积分的目的之一就是在适当的广义上保持微积分基本定理成立！

经典微积分中的基本性质直接不谨慎地推广到分数阶情形是容易犯错误的典型例子。比如整数阶导数具有**局域点态特性**，而非整数阶导数具有**非局域特性**。再比如非零常数 c 的整数阶导数为零，而它的黎曼–刘维尔分数阶导数却是非零的幂函数(参见式(2.141))：

---

①　通常称为**黎曼–刘维尔分数积分定义**[134:13]。关于黎曼–刘维尔积分(E.1)的基本性质与应用读者可参阅[134]。从信号与系统角度来看，就是积分核——积分系统的单位冲激响应

$$
h^{(\alpha)}(t) = t^{\alpha-1}/\Gamma(\alpha)
$$

与函数或输入信号 $f(t)$ 的线性卷积运算：

$$
{}_aI_t^\alpha f(t) = {}_aD_t^{-\alpha}f(t) = h^{(\alpha)}(t) * f(t)。
$$

②　**积分–微分的可逆性**——微分算子 D 是积分算子 I 的**左逆算子**，即

$$
DIf(t) = f(t)。
$$

这是众所周知的**微积分基本定理**。但一般 $IDf(t) \neq f(t)$。也即整数阶微分与整数阶积分的运算顺序不可交换：$DIf(t) \neq IDf(t)$。由 $DIf(t) = f(t)$，必有

$$
D^q I^q f(t) = f(t),\ q \in \mathbb{N}^+。
$$

③　更具体地说是先进行分数 $q-\alpha$ 阶积分，然后进行传统的整数 q 阶求导运算。为叙述简便可称黎曼–刘维尔定义式(E.2)为先积后导定义式。

④　参见式(2.106)、式(2.108)。然而

$$
{}_aD_t^{-\alpha}\left({}_aD_t^\alpha f(t)\right) = {}_aI_t^\alpha\left({}_aD_t^\alpha f(t)\right) = f(t) - \sum_{j=1}^k \left[{}_aD_t^{\alpha-j}f(t)\right]_{t=a}\frac{(t-a)^{\alpha-j}}{\Gamma(\alpha-j+1)},\ \alpha \in \mathbb{R}^+,\ k-1 \leqslant \alpha < k
$$

一般地，有

$$
{}_aD_t^\alpha\left({}_aD_t^{-\alpha}f(t)\right) \neq {}_aD_t^{-\alpha}\left({}_aD_t^\alpha f(t)\right)\ \text{或}\ {}_aD_t^\alpha\left({}_aI_t^\alpha f(t)\right) \neq {}_aI_t^\alpha\left({}_aD_t^\alpha f(t)\right),\ \alpha \in \mathbb{R}^+
$$

　　　　先积分后微分　　　　先微分后积分　　　　先积分后微分　　　　先微分后积分

读者牢记这一点，对于理解与领悟分数微积分概念与理论、掌握与实现分数微积分的具体应用是十分重要的。

$$_aD_t^{\alpha}c = \frac{c}{\Gamma(1-\alpha)}t^{-\alpha}$$

这一事实在应用中会产生理解上的矛盾。

19 世纪下半叶，格林瓦尔、莱特尼科夫从分析学角度引入分数阶导数与分数阶积分。其出发点是将整数 q 阶积分（见式(2.21)，存在约束条件：$nh=t-a$）

$$_aD_t^{-q}f(t) = \lim_{\substack{h\to 0 \\ nh=t-a}} h^q \sum_{j=0}^{n} g_j^{(-q)}f(t-jh) = {}_aI_t^q f(t), q \in \mathbb{N}^+$$

$$\underline{\text{有约束的黎曼求和-极限形式}}$$

与整数 q 阶导数（见式(2.4)，添加约束条件：$nh=t-a$，$n>q$）

$$_aD_t^q f(t) = \frac{\mathrm{d}^q}{\mathrm{d}t^q}f(t) = \lim_{h\to 0}\frac{1}{h^q}\sum_{j=0}^{q}g_j^{(q)}f(t-jh) = \lim_{\substack{h\to 0 \\ nh=t-a}} h^{-q}\sum_{j=0}^{n}g_j^{(q)}f(t-jh)$$

$$\underline{\text{无约束的差商-极限形式}} \qquad \underline{\text{有约束的差商-极限形式}}$$

统一定义为（存在约束条件：$nh=t-a$）①

$$_aD_t^q f(t) = \lim_{\substack{h\to 0 \\ nh=t-a}} h^{-q} \sum_{j=0}^{[(t-a)/h]} g_j^{(q)}f(t-jh), q \in \mathbb{Z} \qquad (E.4)$$

用实数 α 替代上式中的整数 q，得到格林瓦尔-莱特尼科夫分数阶积分定义式

$$_aD_t^{-\alpha}f(t) = \lim_{h\to 0} h^{\alpha} \sum_{j=0}^{[(t-a)/h]} g_j^{(-\alpha)}f(t-jh) = \lim_{h\to 0} A_h^{(-\alpha)}f(t), \alpha \in \mathbb{R}^+ \qquad (E.5)$$

与格林瓦尔-莱特尼科夫分数阶导数定义式

$$_aD_t^{\alpha}f(t) = \lim_{h\to 0} h^{-\alpha} \sum_{j=0}^{[(t-a)/h]} g_j^{(\alpha)}f(t-jh) = \lim_{h\to 0} A_h^{(\alpha)}f(t), \alpha \in \mathbb{R}^+ \qquad (E.6)$$

格林瓦尔-莱特尼科夫定义式(E.5)、(E.6)，不仅在理论研究中得到广泛应用，而且也为黎曼-刘维尔分数阶定义式(E.1)、(E.2)提供了一种简单的**一阶逼近数值算法——**（左）**标准格林瓦尔-莱特尼科夫逼近算法**[124:10,160~163]：

$$A_h^{(\alpha)}f(t) = h^{-\alpha} \sum_{j=0}^{n} g_j^{(\alpha)}f(t-jh), \alpha \in \mathbb{R} \qquad (E.7)$$

对于现实物理世界与工程技术应用中的绝大多数函数，黎曼-刘维尔定义式与格林瓦尔-莱特尼科夫定义式等价：

$$_aD_t^{\alpha}f(t) = {}_aD_t^{\alpha}f(t)$$

这对于应用问题表述，分数微积分的数值计算以及分数微分方程初值问题的物理意义理解等十分重要。这允许使用标准格林瓦尔-莱特尼科夫公式(E.7)近似计算这两类分数导数与分

---

① 添加或引入约束条件

$$nh \approx t-a, n = \left[\frac{t-a}{h}\right], t \in [a,b]$$

对于统一积分与微分（即导数）的分析学定义式是至关重要的一步！

　　积分结果表征函数的整体性态——非局域特性，而传统的整数阶导数是表征函数的局域点态性质。此处的约束条件是限定函数或信号 $f(t)$ 整体性态存在的区间 $[a,t]$ 而不是某一局部的定点。因此添加约束条件已（在无形中）把非局域性引进到导数的定义之中了！

数积分。

黎曼–刘维尔定义式，在分数微积分理论发展进程中，以及在纯数学研究中的应用发挥着重要作用。不幸的是，对于许多现实物理世界中的问题，根据黎曼–刘维尔定义式所列写出分数微分方程的初始条件中，包含着物理上不易理解的分数导数（见式（2.137）、（2.139））、从而得出的解结果实际上也会令人茫然。[134]应用问题所要求的分数导数定义中，应当包含物理上可埋解可检测的初始条件，也即包含 $f'(a)$，$f''(a)$ 等诸如此类具有明确物理与数学意义的整数阶初始条件。

卡普途分数导数定义式（2.138）——**求导–积分定义式**①

$$
{}^C_a D^\alpha_t f(t) = {}_a D^{-(q-\alpha)}_t \{f^{(q)}(t)\} = {}_a I^{q-\alpha}_t \{f^{(q)}(t)\}
$$

$$
= \frac{1}{\Gamma(q-\alpha)} \int_a^t \frac{f^{(q)}(\tau)\,\mathrm{d}\tau}{(t-\tau)^{1-(q-\alpha)}},\ \alpha \in \mathbb{R}^+,\ q \in \mathbb{N}^+,\ q-1 < \alpha \leq q \qquad (E.8)
$$

卡普途定义主要优点在于，具有卡普途分数导数的分数微分方程的初始条件形式与整数阶微分方程的初始条件形式相同。另外它的一个优点是对于非零常数 c 的分数导数是零：

$$
{}^C_a D^\alpha_t c = 0
$$

对于卡普途分数导数，可用格林瓦尔–莱特尼科夫公式（E.6）逼近，也可用插值逼近[124;93]。

为了满足不同应用需要与约束条件，人们构造出不同的分数算子定义形式。将这些不同定义的分数阶算子应用于同一个函数往往将导致不同的结果。到目前为止分数阶导数没有统一的定义（也许这是不可能的或没必要的事情）。更令人不安的是，随着时间的推移人们还会根据不断实践、理论与应用的要求提出新的定义形式。值得反复强调的是，没有单一的分数微积分，就像没有单一的几何一样。[127;102]

E.2　高效高精度数值算法与实现

从各种各样的定义看出，与整数阶微分算子的局域化特性不同，分数阶微分算子具有非局域性，非常适合描述现实世界中具有"**记忆–遗传性质**"的物质材料、复杂的结构体系等。分数微积分已成为描述各类复杂动力学与物理行为的重要工具。分数阶微积分方程已被广泛地应用于反常扩散、黏弹性力学、流体力学、材料力学、电磁场论与电动力学、统计力学、量子力学、信号（包括图像、视频等）分析与处理、系统建模与辨识、经济运行分析与预测、分形理论、混沌系统、控制与决策、神经网络与智能计算等等领域。然而，分数微积分方程的解析解很难显式给出，即使是线性分数阶微分方程的解析解也大多包含着特殊函数，特别是新型特殊函数，比如**米塔–列夫勒函数** $E_{\alpha,\beta}(z)$②、赖特函数 $W(z;\alpha,\beta)$ 等。

---

① 或简称**先导后积**定义式。这与**先积后导**的黎曼–刘维尔定义式（E.2）具有对应关系。

② **米塔–列夫勒函数**[155~157],[152~159]，近年来受到人们广泛关注并得到深入细致的研究。在本书中看到：米塔–列夫勒函数很自然地出现在分数（阶）积分方程或分数（阶）微分方程的解结果中（参见 1.2.2 节、1.2.4 节、3.3 节；第 4 章、第 5 章）。特别是，在动理方程的分数广义化、随机游走（random walks）、莱维飞行（Lévy flights）、超扩散运输（super-diffusive transport）、分数欧姆定律以及复杂系统等研究中，更是如此。

这些新型特殊函数对应的级数不仅收敛慢而且结构复杂，在实际应用中计算起来也是相当困难。因此，对分数微积分方程进行高效的数值求解①等已成为当前相关领域的前沿论题。[26,27,124]

一种高阶逼近算法是使用**鲁比希加权系数**$l_{p,j}^{(\alpha)}(p=1\sim6)$②替代格林瓦尔-莱特尼科夫加权系数：

$$A_{p,h}^{(\alpha)}f(t)=h^{-\alpha}\sum_{j=0}^{n}l_{p,j}^{(\alpha)}f(t-jh)\,,p=1\sim6 \tag{E.9a}$$

$$B_{p,h}^{(\alpha)}f(t)=h^{-\alpha}\sum_{j=0}^{n}l_{p,j}^{(\alpha)}f(t+jh)\,,p=1\sim6 \tag{E.9b}$$

另一种高阶逼近算法是使用 Meerschaert 等[160~162]提出的**位移逼近公式**

$$A_{h,i}^{(\alpha)}f(t)=h^{-\alpha}\sum_{j=0}^{\infty}g_{j}^{(\alpha)}f(t-(j-i)h)\,(\alpha\in\mathbb{R}^{+},i\in\mathbb{N}) \tag{E.10a}$$

$$B_{h,i}^{(\alpha)}f(t)=h^{-\alpha}\sum_{j=0}^{\infty}g_{j}^{(\alpha)}f(t+(j-i)h)\,(\alpha\in\mathbb{R}^{+},i\in\mathbb{N}) \tag{E.10b}$$

(式中参量 i 称为位移量)的线性组合来实现[124:19]。

标准格林瓦尔-莱特尼科夫公式(E.7)直接应用于某些空间分数微分方程的求解，得到的差分格式是不稳定的。理论上直接使用位移逼近公式(E.10)会降低逼近阶。由此引出一系列的高阶逼近理论与算法问题。[124]与此同时，快速高精度计算鲁比希加权系数$l_{p,j}^{(\alpha)}$③，也是一个值得深入探索与研究的问题。[163:48,164]

E.3　数字实现与物理模拟实现问题

分数微积分的具体应用实现④，不仅是数学领域的一个主题⑤，还是一个工程技术问

米塔-列夫勒函数在分数阶系统中的重要性就像指数函数在整数阶系统中一样。

"We like to refer to the classical Mittag-Leffler function as **the Queen Function of Fractional Calculus**, and to consider all the related functions as her court."[154:2]分数微积分的女王函数，可见该新型特殊函数在分数微积分理论与应用中的重要作用与独特地位！

米塔-列夫勒函数类的表示、快速有效高精度计算、显示、应用是近年来一个研究热点。今天看来，随着分数微积分理论与应用的不断向前发展，米塔-列夫勒函数类的重要性，无论如何强调都不过分。掌握这些特殊函数有助于分数微积分理论与应用知识的学习。

①　求解分数阶微分方程的数值算法主要有[124]：(1)有限差分法(参见第7、8章)；(2)有限元方法；(3)谱方法(参见6.4节)；(4)级数逼近法：变分迭代法、Adomian 分解法、同伦摄动法、微分转换等；(5)移动网格法；(6)矩阵转化法等等。

②　关于鲁比希加权系数在本书7.6节中进行了论述。

③　对于鲁比希加权系数，存在简单的递推关系吗？

④　**分数微积分的具体应用实现**，主要是指各种各样的分数阶微积算子，比如I^{α}、D^{α}、D^{α}、${}^{c}D^{\alpha}$、$\mathcal{D}^{\alpha}$等算符及其变换域中算子s^{α}、$(\mathrm{j}\Omega)^{\alpha}$等，以及与分数微积分关联的特殊函数的表示与(快速)计算等等在具体应用问题中的实现，分数阶微积分方程问题的求解，现实的分数阶系统的实现、分数阶控制系统的实现等等。

⑤　比如各种各样分数算子的数值逼近理论与算法、分数微积分方程的数值求解理论与算法、分数阶差分方程理论与应用[59,124]、新型特殊函数的快速计算与显示[152~159]等。

题、一个物理问题。说它是"工程技术问题"是指可以使用工程技术的手段来完成所需的分数阶微积分运算、求解分数阶微积分方程等。比如设计与构建分数阶数字微积器、分数阶数字滤波器[122]、分数阶系统的数字虚拟仿真与测试等技术来完成所需的与分数阶微积分相关计算任务，以及计算程序设计与软件研制等[163]。说它是"物理问题"是指(理想)分数阶元件(Fractional-Order Elements)、分数阶系统(Fractional-Order systems)等的物理实现、模拟电路实现及其制造等理论方法与应用。

更通俗简单地说，分数微积分的具体应用实现，存在多种有效快速的可行方式。比如

- **数学实现**——主要是指数值算法：Numerical Algorithms。
- **工程技术实现**——主要是指数字系统软硬件的设计与构建、仿真与测试等等：Digital Implementions。
- **物理的模拟电路实现**——主要是指直接使用模拟分数阶元件与系统的实现：Analog Realizations。

分抗元、分抗逼近电路、各种模拟分数阶元件等是物理模拟实现的基础。物理的模拟电路实现是最贴近现实复杂体系的分数阶过程与现象的本质。①

分数阶元件，主要是指具有分数阶微分、分数阶积分运算功能的(无源或/与有源)模拟电路元器件——分数阶电路元件。一般地，分数阶元件是具有两根与两根以上(金属)导体引出端线的电路元器件类的总称。使用分数阶元件可以设计与构建具有分数阶微积分运算功能的(线性、非线性)电路与系统——分数阶电路与系统。最简单的具有两根引出端线的(无源)分数阶元器件称为分抗元(fractor)。

分数阶元件的物理实现与电路实现，早在上世纪五六十年代就引起了相关学者的关注与试探性研究[31~34,92~96,113,179,241],[19,94,110,127,128]。1920年赫维赛德在考察传输线理论时引入分数微分，并在其著作《电磁理论》(3卷，1893—1921年)中指出：理论上无限长的均匀 RC 电缆的输入阻抗与 $\sqrt{1/s} = s^{-1/2}$(在数学上称为负半阶算子或半阶积分算子)成正比。也就是说，半无限长 RC 传输线系统对被传输的电信号具有半阶(亦即半次)积分运算功能。这可能是人们最先发现具有分数阶运算性能的物理实体系统，同时，这也为人们提供了一个 RC 链型分抗逼近电路的范例。

针对分数微积分理论与应用研究在众多学科与工程技术领域的持续高涨与深入发展，迫切需要设计与制造具有分数微积分运算功能的微型化(固体)模拟电路元器件——模拟分数阶元件。集总量元件构建的标度化分形分抗逼近电路，虽然通过设置固定、改变或调节标度特征量，理论上在一定频率段可实现任意**真分数阶**(proper fractional-order)微积分运算

---

① 模拟电路中的基本电路变量——电压 v、电流 i、电荷 q、磁通 φ 等容易检测的物理量变化规律，与自然界以及工程技术中许多物理现实系统的变化规律十分相似。描述这些物理量变化的微积分方程在许多情况下完全一致。因此，在电路(理论)发展的初期，人们常常仿照处理古典力学系统的方法来分析电路。后来，由于模拟电路的构建与检测都比处理其他物理系统更为便捷可靠，人们就使用模拟电路来建模与仿真其他物理系统[2:5~258,19,90,91,101~104]比如，简单的经典蔡氏电路(图10.13)已成为数学、物理和实验等多方面演示混沌过程与现象的典型范例。[101,102,189],[65;86,78]在蔡氏电路中使用分数阶元件就能在理论与实践两个层面上，很容易地考察与分析分数阶系统的混沌行为(参见 **10.5.5 分数阶 Chua-Hartley 系统**)。[101,102],[78]

模拟电路的一些理论与计算方法，还被广泛地应用于机械学、自动控制、声学、光学、黏弹性动力学等等诸多领域。

功能，但具体应用存在不易微型化、固有的运算振荡现象、稳定性欠佳、窄的有效运算频带宽度等诸多缺陷。因此，探索与研究宽频带、无运算振荡现象（或弱的运算振荡现象）的微固体片式化任意（真）分数阶（定阶与变阶）分布参量元件物理实现的理论基础与方法、制造与测试等课题是一个新的方向。需要寻找并建立标度特征参量控制的运算特征与非均质阻容分布参量元件等多层结构体的分布特性之间内在数学关系；分布特性函数与结构体的拓扑组态、几何形态函数、电磁参量函数之间内在关系；各功能材料层内电势与电流分布方程、结构体内部的非正则标度方程及其求解理论与算法等等。

　　分数微积分的具体应用实现，不仅限于数值算法实现、数字实现、物理的模拟电路实现——模拟实现等。在"量子计算"、"量子信息"意义下，分数微积分的具体应用实现又将会是怎样一番情景呢？

　　微观结构下（特别是在纳米尺度下）的规则分形结构体存在分数阶过程与现象吗？它们会离散量子化吗？半量子数是大量规则量子簇或量子凝聚态的分数阶现象的极限结果吗？

中英文词汇对照表

A

Abel's integral equation   阿贝尔积分方程

Abel's dashpot   阿贝尔黏壶

admittance   导纳

analytic function   解析函数

analytic continuation   解析开拓，解析延拓

analytic rough solution   解析粗解

applied fractional calculus   应用分数微积分

approach analytical solution   近似解析解

arbitrary order   任意阶

asymptotic expansions   渐近展开

auxiliary function   辅助函数

B

Babenko's method   巴本孔法

Banach space   巴拿赫空间

backward difference quotient   后向差商

backward finite difference   后向有限差分

Bessel equation   贝塞尔方程

basic rheological element   基本流变元件

benefit of approximation   逼近效益

binomial series   二项级数

boundary value problem   有界边值问题

C

capacitive fractance   容性分抗

Caputo's fractional derivative   卡普途分数导数

cardinal number   基数

Carlson's fractal lattice fractance circuit   卡尔森分形格分抗电路

Cauchy singular integral equations   柯西奇异积分方程

causality principle   因果性原理

calculus of variations   变分法，变分学

catastrophe theory   突变理论，突变论

chain fractance circuit   链分抗电路

chaology   混沌学

chaos   混沌

Chua's chaotic circuit   蔡氏混沌电路

chuan fractance circuit   串分抗电路

constitutive axiom   本构公理

constitutive relationship   本构关系，禀赋关系

constructing solution   构造解

continued fraction expansion   连分式展开，连分数展开

controlled system   被控系统

controller   控制器

contour integral   围线积分，围道积分

cooling by radiation   辐射冷却

creep theory   蠕变理论

Curie's well-forgotten empirical law   居里健忘经验定律

D

damping ratio   阻尼比

dashpot   黏壶，阻尼器

deterministic problem of solution   定解问题

deterministic condition of solution   定解条件

difference equation   差分方程

differintegrals operator   微积算子

direct proportion extension   正比拓展

Dirichlet conditions   狄利克雷条件

Dirichlet theorem   狄利克雷定理

divergent integral   发散积分

driving-point function   策动点函数

E

eigen function   本征函数

eigen K-index   本征 K 指标

enhanced rheological models   增强流变模型

element with lumped parameters   集总参量元件

element with distributed parameters   分布参量元件

elliptic type partial differential equation   椭圆类偏微分方程

essential singularity   本性奇点

Euler integral   欧拉积分

Euler complementary formula   欧拉互补公式

K

Kelvin's viscoelastic element　开尔文黏弹性元件

kernel function　核函数

L

lattice circuit　格形电路

lattice scaling equation　格形标度方程

Lagrangian mechanics　拉格朗日力学

Laguerre polynomials　拉盖尔多项式

Legendre polynomials　勒让德多项式

Letnikov theorem　莱特尼科夫定理

limit-asymptotic behaviors　极限-渐近行为

limiting impedance　极限阻抗

limiting immittance　极限阻纳

linear fractional differential equations　线性分数微分方程

Liu's fractal tree fractance circuits　刘氏分形树分抗电路

Liu-Kaplan fractal chain fractance circuits　刘-卡普兰分形链分抗电路

M

mass transfer　物质输运，质量转移

Maxwell's viscoelastic element　麦克斯韦黏弹性元件

Mellin convolution　梅林卷积

Mellin transform method　梅林变换法

membrane reactance　膜电抗

memory length　记忆长度

memristance　忆阻，忆阻量

memristor　忆阻元，忆阻

meromorphic function　亚纯函数，半纯函数

multiple derivatives　（多）重导数

multiple integrals　（多）重积分

multi-parameter Mittag-Leffler function　多参量米塔-列夫勒函数

N

neopolarograms　新颖极谱

neoteric scaling equation　新颖标度方程

nonhomogeneous deformation　非均匀形变

nonhomogeneous differential equation　非齐次微分方程

non-integrable singularity　非可积奇异性，非可积奇点

nonlinear chaotic circuit　非线性混沌电路

normal scaling extension　常规标度拓展

normalized complex frequency　归一化复频率

numerical differentiation　数值微分

numerical evalution　数值计算，数值估算

numerical solution　数值求解，数值解法，数值解

O

Oldham fractal chain fractance circuits　奥尔德姆分形链分抗电路

open-loop system　开环系统

operational oscillating effect　运算振荡效应

order of appximation　逼近阶

order-frequency characteristics　阶频特征（函数）

outer operation，外运算

P

physical causality principle　物理因果性原理

physical interpretation　物理解释，物理诠释

physical realization　物理实现

PID controller　比例积分微分控制器

Peano axiom　佩亚诺公理

Poisson's integral equation　泊松积分方程

porous electrodes　多孔电极

porous fractal dyke　多孔分形堤坝

positive reality principle　正实性原理

potential function　位势函数

potential theory　位势论

power-law relationship　幂律关系

power-law stress relaxation　幂律应力松弛

Q

quadrature formulas　求积公式

Q-closed system　Q 闭系统

Q-metrics　Q 度量，Q 测度

Q-negative　Q 负性的，Q 负的，Q 负定（的）

Q-neutral　Q 中性（的）

Q-orthogonality　Q 正交性

Q-positive　Q 正性的，Q 正的，Q 正定（的）

quasi-periodicity　准周期性

R

ramp response　斜坡响应

rational mechanics　理性力学

rational limit property　有理极限性质

relaxation-oscillation equation　弛豫-振荡方程

reciprocal gamma function　逆伽马函数

recurrence relationship　递推关系

regular kernel function　正则核函数

regular scaling equation　正则标度方程

reheating furnace　再热炉

relaxation processes　弛豫过程，松弛过程，张弛
过程

Riemann-Liouville fractional derivative　黎曼-刘维尔
分数阶导数

Riemann's sum　黎曼和，黎曼求和

Riesz potential　里斯位势

Riesz fractional potential　里斯分数位势

Riesz potential operator　里斯位势算子

right fractional derivatives　右分数导数

right fractional integrals　右分数积分

rheology　流变学

rheological element　流变元件

Rodrigue formula　罗德里格斯公式

S

scaled iterating circuit　标度(化)迭代电路

scaling equation　标度方程

　　Hill's scaling equation　希尔标度方程

　　irregular scaling equation　非正则标度方程

　　quasi-regular scaling equation　准正则标度方程

scaling extension　标度拓展

scaling factor　标度因子

self-affine Cantor block　自仿射康托块

semidifferential electroanalysis　半(阶)微分电解分析

semidintegral electroanalysis　半(阶)积分电解分析

semi-infinite body　半无限体

semi-infinite fluid domain　半无限流体阔域

sequential fractional derivative　序贯分数微分

singular integral equations　奇异积分方程

singularity　奇异性，奇异点

spatial-temporal sampling　空间时间采样

spatial and temporal discretization　空间与时间离
散化

static fractal　静态分形

Stirling numbers　斯特林数

strange scaling equation　奇异标度方程

stress relaxation　应力松弛

successive approximation method　逐次逼近法

suplus oscillations　剩余振荡

symbolic calculus method　符号演算法

symmetric difference quotient　对称差商

system identification　系统辨识

T

term-by-term inversion　逐项反演

transcendental function　超越函数

transcendental meromorphic function　超越亚纯函数

transcendental operation　超越运算

transtance　电耦，电耦量

transtor　电耦元

tree fractance　树分抗

two-parameter Mittag-Leffler function，双参量米塔-
列夫勒函数

U

unbounded functions　无界函数

uniqueness theorem　唯一性定理

unity-feedback control system　单位反馈控制系统

universal equation　泛定方程

V

vestibule-ocular reflex　前庭视反射

viscoelastic field　黏弹力场

viscoelastic element　黏弹(性)元件

viscoelasticity　黏弹性，黏弹性力学

Volterra integral equations　沃尔泰拉积分方程

W

weakly singular kernel　弱奇异核

weighted Chebyshev polynomials　加权切比雪夫多
项式

weighted Jocobi polynomials　加权雅可比多项式

well-posed　适定的

Weyl fractional integrals　外尔分数积分

Z

Zener's viscoelastic element　齐纳黏弹元件

zero-order impedance　零阶阻抗

参 考 文 献

[1]　N. H. Abel. Resolution d'un problème de mécanique, *Oeuvres compèltes de Niels Henrik Abel*, vol. 1, pp. 97 −101.

[2]　M. Abramowitz and I. A. Stegun, *Handbook of Mathematical Functions*, Nauka, Moscow, 1979 (references in the text are given to this Russian translation; original publication: Nat. Bureau of Standards, Appl. Math. Series, vol. 55, 1964).

[3]　R. P. Agarwal. A propos d'une note de M. Pierre Humbert, *C. R. Séances Acad. Sci.*, 1995, 236(21): 2031 −2032.

[4]　M. A. Al−Bassam. Some existence theorems on differential equations of generalized order. *Journal für Reine und Angewandte Mathematik*, 1965, 218: 70−78.

[5]　T. J. Anastasio. The fractional − order dynamics of brainstem vestibule − oculomotor neurons. *Biological Cybernetics*, 1994, 72: 69−79.

[6]　C. P. Andrieux, L. Nadjo, J. M. Savéant. Electrodimerization 1. One−electron irreversible dimerization. Diagnostic criteria and rate determination procedures for voltammetric studies. *J. Electroanal. Chem. And Interfacial Electro-chem.*, 1970, 26: 147−186.

[7]　N. Kh. Arutyunyan. Plane contact problem of the creep theory. *Prikl. Mat. Mekh.*, 1959, 23: 901−924 (in Russian).

[8]　R. Askey. Inequalities via fractional integration. *Lect. Notes in Math.*, 1975, 457: 106−115

[9]　M. Axtell, M. E. Bise. Fractional calculus applications in control systems. *Proc. Of the IEEE 1990 Nat. Aerospace and Electronics Conf.*, New York, 1990: 563−566.

[10]　T. Ya. Azizov, I. S. Iokhvidov. *The Foundations of the Theory of Linear Operators in the Indefinite Metric Spaces*, Nauka, Moscow, 1986(in Russian).

[11]　Yu. I. Babenko. *Heat and Mass Transfer*, Khimiya, Leningrad, 1986(in Russian).

[12]　R. L. Bagley. Power law and fractional calculus model of viscoelasticity. *AIAA Journal*, 1989, 27(10): 1412 −1417.

[13]　R. L. Bagley, R. A. Calico. Fractional order state equations for the control of viscoelastically damped structures. *J. Guidance*, 1991, 14(2): 304−311.

[14]　R. L. Bagley, P. J. Torvik. Fractional calculus − a different approach to the analysis of viscoelastically damped structures. *AIAA Journal*, 1983, 21(5): 741−748.

[15]　R. L. Bagley, P. J. Torvik. A theoretical basis for the application of fractional calculus to viscoelastici-ty. *Journal of Rheology*, 1983, 27(3): 201−210.

[16]　R. L. Bagley, P. J. Torvik. On the appearance of the fractional derivative in the behavior of real materials. *J. Appl. Mech.*, 1984, 51: 294−298.

[17]　R. L. Bagley, P. J. Torvik. Fractional calculus in the transient analysis of viscoelastically damped struc-tures. *AIAA Journal*, 1985, 23(6): 918−925.

[18]　R. L. Bagley, P. J. Torvik. On the fractional calculus models of viscoelastic behavior. *Journal of Rheology*, 1986, 30: 133−155.

[19]　H. Beyer, S. Kempfle. Definition of physically consistent damping laws with fractional derivatives. *Z. angew. Math.*, 1995, 75(8): 623−635.

[20] H. W. Bode. *Network Analysis and Feedback Amplifier Design*, Tung Hwa Book Company, Shanghai, China, 1949.

[21] J. Boroska. Possibilities for using mathematical methods for evaluation and prediction of the state of transport steel wires. *Uhli*. 1978, 1: 21-24 (in Slovak).

[22] F. Bella, P. F. Biagi, M. Caputo, et al. Very slow moving crustal strain disturbances. *Tectonophysics*, 1990, 179: 131-139.

[23] M. Caputo. Linear model of dissipation whose Q is almost frequency independent - II. *Geophys. J. Rstr. Soc.*, 1967, 13: 529-539.

[24] M. Caputo. *Elasticitá e Dissipazione*, Zanichelli, Bologna, 1969.

[25] M. Caputo. The rheology of an anelastic medium studies by means of the observation of the splitting of its eigen frequencies. *J. Acoust. Soc. Am.*, 1989, 86(5): 1984-1987.

[26] M. Caputo. The splitting of the free oscillations of the Earth caused by the rheology. *Rnnd. Fis. Acc. Lincei*, 1990, ser. 9, vol. 1: 119-125.

[27] M. Caputo. Free modes splitting and alterations of electrochemically polarizable media. *Rnnd. Fis. Acc. Lincei*, 1990, ser. 9, vol. 4: 89-98.

[28] M. Caputo. *Lectures on Seismology and Rheological Tectonics*. Univ. degli studi di Roma "La Sapienza", 1992 -1993.

[29] M. Caputo, F. Mainardi. Linear models of dissipation in anelastic solids. *Rivista del Nuevo Cimento*(Serie II), 1971, 1(2): 161-198.

[30] M. Caputo, F. Mainardi. A new dissipation model based on memory mechanism. *Pure and Applied Geophysics*, 1971, 91(8): 134-147.

[31] G. E. Carlson. Investigation of fractional capacitor approximations by means of regular Newton processes. *Kansas State University Bulletin*, 1964, 48(1), special report no. 42.

[32] G. E. Carlson. C. A. Halijak. Simulation of the fractional derivative operator $\sqrt{s}$ and the fractional integral operator $1/\sqrt{s}$. *Kansas State University Bulletin*, 1961, 45(7): 1-22.

[33] G. E. Carlson. C. A. Halijak. Approximation of fixed impedances. IER *Trans. On Circuit Theory*. 1962, CT-9 (3): 302-303.

[34] G. E. Carlson. C. A. Halijak. Approximation of fractional capacitors $(1/s)^{1/n}$ by a regular Newton process. IER *Trans. On Circuit Theory*. 1964, CT-11(2): 210-213.

[35] A. Carpinteri, F. Mainardi(eds.). *Fractals and Calculus in Continuum Mechanics*. Springer-Verlag, Vienna -New York, 1997.

[36] A. M. Chak. A generalization of the Mittag-Lefler function. *Mat. Vesnik*, 1967, 19(4): 257-262.

[37] K. S. Cole. Electric conductance of biological systems. *Proc. Cold Spring Harbor Symp. Quant. Biol.*, Cold Spring Harbor, New York, 1933: 107-116.

[38] G. Dahlquist. On accuracy and unconditional stability of linear multistep methods for second order differential equations. *BIT*, 1978, 18: 133-136.

[39] H. D. Davis. *The Theory of Linear Operators*. Principia Press, Bloomington, Indiana, 1936.

[40] K. Diethelm. An algorithm for the numerical solution of differential equations of fractional order. *Electronic Transactions on Numerical Analysis*, ISSN 1068-9613, 1997, 5(March): 1-6.

[41] K. Diethelm. Numerical approximation of finite-part integrals with generalized compound quadrature formulae. *Hildesheimer Informatikberichte*, ISSN 0941-3014, no. 17/95, June 1995.

[42] G. Doetsch. Anleitung zum Praktischen Gebrauch der Laplace transformation. Oldenbourg, Munich, 1956 (Russian translation: Fizmatgiz, Moscow, 1958).

[43] L. Dorcak, J. Prokop, I Kostial. Investigation of the properties of fractional-order dynamical systems. *Proc. Of*

the 11th Int. Conf. on Process Control and Simulation ASRTP' 94, Kosice – Zlata Idka, September 19 – 20, 1994, pp. 58–66.

[44] S. Dugowson. *Les Différentielles Métaphysiques: Histoire et Philosoph ie d e la Généralisation de l' Ordre de Détivation.* Thèse de Doctorat, University of Paris, 1994.

[45] M. M. Dzhrbashyan. *Integral Transforms and Representations of Functions in the Complex Domain*, Nauka, Moscow, 1966 (in Russian).

[46] M. M. Dzhrbashyan, A. B. Nersesyan. Criteria of expansibility of functions in Dirichlet series. *Izv. Akad. Nauk Arm. SSR, ser. Fiz. –mat.*, 1958, 11(5): 85–106.

[47] M. M. Dzhrbashyan, A. B. Nersesyan. On the use of some integro differential operators. *Dokl. Akad. Nauk SSSR*, 1958, 121(2): 210–213.

[48] M . M. Dzhrbashyan, A. B. Nersesyan. Expansions in special biorthognal systems and boundary – value problems for differential equations of fractional order. *Dokl. Akad. Nauk SSSR*, 1960, 132(4): 747–750.

[49] M. M. Dzhrbashyan, A. B. Nersesyan. Expansions in some biorthognal systems and boundary–value problems for differential equations of fractional order. *Trudy Mosk. Mat. Ob.*, 1961, 10: 89–179.

[50] M. M. Dzhrbashyan, A. B. Nersesyan. Fractional derivatives and the Cauchy problem for differential equations of fractional order. *Izv. Akademii Nauk Arm. SSR*, 1968, 3(1): 3–29.

[51] A. M. A. El–Sayed. Fractional differential equations. *Kyungpook Math. J.*, 1988, 28(2): 119–122.

[52] A. M. A. El – Sayed. Fractional derivative and fractional differential equations. *Bull Fac. Sci.*, Alexandria Univ., 1988, 28: 18–22.

[53] A. M. A. El–Sayed. On the fractional differential equations. *Apll. Math. and Comput.*, 1992, 49: 2–3.

[54] A. M. A. El–Sayed. Linear differential equations of fractional order. *Apll. Math. and Comput.*, 1993, 55: 1 –12.

[55] A. M. A. El – Sayed. Multivalued fractional differential equations. *Apll. Math. and Comput.*, 1994, 80: 1 –11.

[56] A. M. A. El – Sayed. Fractional order evolution equations. *J. of Frac. Calculus*, Vol. 7, May 1995, pp. 89 –100.

[57] A. M. A. El–Sayed. Fractional order diffusion–wave equation. *Int. J. of Theor. Phys.*, 1996, 35: 311–322.

[58] M. Enelund, Å. Fenander, P. Olsson. Fractional integral formulation of constitutive equations of viscoelasiticity. *AIAA Journal*, 1997, 35(8): 1356–1362.

[59] M. Enelund, B. L. Josefson. Time–domain finite element analysis of viscoelastic structures with fractional derivatives constitutive equations. *AIAA Journal*, 1997, 35(10): 1630–1637.

[60] N. Engheta. On fractional calculus and fractional multipoles in electromagnetism. *IEEE Trans. On Antennas and Propagations*, 1996, 44(2): 554–566.

[61] N. Engheta. Electrostatic "fractional" image methods for perfectly conducting wedges and cones. *IEEE Trans. On Antennas and Propagations*, 1996, 44(4): 1565–1574.

[62] A. Erdélyi (ed.). *Tables of Integral Transforms*, vol. 1, McGraw–Hill, New York, 1954.

[63] A. Erdélyi (ed.). *Higher Transcendental Functions*, vol. 1, McGraw–Hill, New York, 1955.

[64] A. Erdélyi (ed.). *Higher Transcendental Functions*, vol. 2, McGraw–Hill, New York, 1955.

[65] A. Erdélyi (ed.). *Higher Transcendental Functions*, vol. 3, McGraw–Hill, New York, 1955.

[66] Å. Fenander. Modal synthesis when modeling damping by use of fractional derivatives. *AIAA Journal*, 1998, 34(5): 1051–1058.

[67] H. E. Fettis. On the numerical solution of equations of the Abel type. *Math. Comp.*, 1964, 18(84): 491 –496.

[68] G. M. Fikhtengoltz. *Course of Differential and Integral Calculus.* Vol. 2, Nauka, Moscow, 1969.

[69] C. Fox. The *G* and *H* functions as symmetrical Fourier kernels. *Trans. Am. Math. Soc.* , 1961, vol. 98: 395 −429.

[70] Ch. Friedrich. Relaxation and retardation functions of the Maxwell model with fractional derivatives. *Rheologica Acta*, 1991, vol. 30: 151−158.

[71] Ch. Friedrich. Rheological material functions for associating comb−shaped or H−shaped polymers: a fractional calculus approach. *Philosophical Magazine Letters*, 1992, 66(6): 287−292.

[72] Ch. Friedrich. Mechanical stress relaxation in polymers: fractional integral model versus fractional differential model. *J. Non−Newtonian Fluid Mech.* , 1993, 46: 307−314.

[73] Ch. Friedrich. Linear viscoelastic behavior of branched plybutadiene: a fractional calculus approach. *Acta Polymer.* , 1995, 46: 385−390.

[74] Ch. Friedrich, H. Braun. Linear viscoelastic behavior of complex polymeric materials: a fractional mode representation. *Colloid and Polymer Science*, 1994, 272: 1536−1546.

[75] L. Gaul, S. Kempfle, P. Klein. Transientes Schwingungsverhalten bei der Dämpfungsbeschreibung mit nicht ganzzahligen Zeitableitungen. *Z. angew. Math. Mech.* , 1990, 70(4): T139−T141.

[76] I. M. Gelfand, G. E. Shilov. *Generalized Functions*. Vol. 1, Nauka, Moscow, 1959(in Russian).

[77] A. N. Gerasimov. A generalization of linear laws of deformation and its application to inner friction problems. *Prikl. Mat. Mekh.* , 1948, vol. 12: 251−259(in Russian).

[78] M. Giona, H. E. Roman. A theory of transport phenomena in disordered systems. *Chemical Engineering Journal*, 1992, 49: 1−10.

[79] M. Giona, S. Gerbelli, H. E. Roman. Fractional diffusion equation and relaxation in complex viscoelastic materials. *Physica A*, 1992, 191: 449−453.

[80] W. G. Glöckle, T. F. Nonnenmacher. Fractional integral operators and Fox functions in the theory of viscoelasticity. *Macromolecules*, 1991, 24: 6426−6436.

[81] W. G. Glöckle, T. F. Nonnenmacher. Fractional relaxation and the time−temperature superposition principle. *Rheologica Acta*, 1994, 33: 337−343.

[82] R. Gorenflo. Abel integral equations: application−motivated solution concepts. *Methoden Verfahren Math. Phys.* , 1987, 34: 151−174.

[83] R. Gorenflo. Fractional calculus: some numerical methods. In Carpinteri and Mainardi [35].

[84] R. Gorenflo. Abel integral equations with special emphasis on applications. *Lectures in Mathematical Sciences*, vol. 13, University of Tokyo, 1996.

[85] R. Gorenflo, Y. Kovetz. Solution of an Abel type integral equation in the presence of noise by quadratic programming. *Numer. Math.* , 1966, 8: 392−406.

[86] R. Gorenflo, Yu. Luchko. *An Operational Method for Solving Generalized Abel Integral Equations of Second Kind*. Preprint no. A−6/95, Department of Mathematics and Informatics, Free University of Berlin, 1995.

[87] R. Gorenflo, Yu. Luchko, S. Rogosin. *Mittag−Leffler Type Functions: Notes on Growth Properties and Distribution of Zeros*. Preprint no. A−97−04, Department of Mathematics and Informatics, Free University of Berlin, 1997.

[88] R. Gorenflo, F. Mainardi. Fractional calculus: integral and differential equations of fractional order. In Carpinteri and Mainardi [35].

[89] R. Gorenflo, R. Rutman. On ultraslow and on intermediate processes. In P. Rusev, I. Dimovski and V. Kiryakova (eds.), *Transform Methods and Special Functions*, SCT Publishers, Singapore, 1995.

[90] R. Gorenflo, S. Vessella. *Abel Integral Equations: Analysis and applications*, Lecture notes in Mathematics, vol. 1461, Springer−Verlag, Berlin, 1991.

[91] R. Gorenflo, Vu Kim Tuan. Singular value decomposition of fractional integration operators in L_2−spaces with

weights. J. Inverse and Ill-Posed Problems, 1995, 3: 1-9.

[92] M. Goto, D. Ishii. Semidifferential electroanalysis, *J. Electronal. Chem. and Interfacial Electrochem.*, 1975, 61: 361- 365.

[93] M. Goto, K. B. Oldham. Semiintegral electroanalysis: shapes of neopolarograms. *Anal. Chem.*, 1973, 46 (12): 2043-2050.

[94] M. Goto, K. B. Oldham. Semiintegral electroanalysis: studies on the neopolarographic plateau. *Anal. Chem.*, 1973, 46(11): 1522-1530.

[95] M. Goto, K. B. Oldham. Semiintegral electroanalysis: the shapeof irreversible neopolarograms. *Anal. Chem.*, 1976, 48(12): 1671-1676.

[96] M. Grenness, K. B. Oldham. Semiintegral electroanalysis: theory and verification. *Anal. Chem.*, 1972, 44: 1121-1129.

[97] B. Gross. On creep and relaxation. *J. Appl. Phys.*, 1947, 18: 212-221.

[98] A. K. Grünwald. Ueber " begrenzte "derivationen und deren anwendung. *Zeitschrift f. Mathematik u. Physik*, 1867, 12(6): 441-480.

[99] J. Hadamard. *Lectures on Cauchy's Problem in Linear Partial Differential Equations*. Yale Univ. Press, New Haven, 1923.

[100] S. B. Hadid, Yu Luchko. An operational method for solving fractional differential equations of an arbitrary real order. *Panam. Math. J.*, 1996, 6(1): 57-73.

[101] T. T. Hartley, F. Mossayebi. Control of Chua's circuit. *J. Circuits, Syst., Comput.*, 1993, 3(1): 173 -194.

[102] T. T. Hartley, C. F. Lorenzo, H. K. Qammer. Chaos in fractional order Chua's system. *IEEE Trans. on Circuits and Systemd-I: Fundamental Theory and Applications*, 1995, 42(8): 485-490.

[103] P. Hašek. *Tables for Thermal Devices*, VŠB Ostrava, 1984 (in Czech).

[104] X. F. He. Dimensionality in optical spectra of solids: analysis by fractional calculus, *Solid State Comm.*, 1987, 61(1): 53-55.

[105] P. Henrici. Fast Fourier methods in computational complex analysis. *SIAM Review*, 1979, 21(4): 481 -527.

[106] N. Heymans, J. C. Bauwens. Fractal rheological models and fractional differential equations for viscoelastic behavior. *Rheologica Acta*, 1994, 33: 210-219.

[107] P. Humbert, R. P. Agarwal. Sur la function de Mittag - Leffler et quelques - unes de ses généralisations. *Bulletin des Sciences Mathématiques*, 1953, 77(10): 180-185.

[108] P. Humbert, P. Delerue. Sur une extension à deux variables de la fonction de Mittag - Leffler. *C. R. Acad. Sci. Paris*, 1953, 237: 1059-1060.

[109] J. C. Imbeaux, J. M. Savéant. Convolutive potential sweep voltammetry I. Introduction, *J. Electroanal. Chem. and Interfacial Electrochem.*, 1973, 44: 169-187.

[110] G. Kaloyanov, J. M. Dimitrova. Theoretical - experimental determination of the area of applicability of a system " PI(I) - controller - object with non - integer astaticity ". *Izv. Vysshykh Utchebnykh Zav. - Elektromekhanika*, 1992, 2: 65-72(in Russian).

[111] L. V. Kantorovich, G. P. Akilov. *Functional Analysis*, Nauka, Moscow, 1986(in Russian).

[112] L . V. Kantorovich, V. I. Krylov. *Approximate Methods of the Higher Analysis*, Fizmatgiz, Moscow - Leningrad, 1962(in Russian).

[113] T. Kaplan, L. J. Gray, S. H. Liu. Self-affine fractal model for a metal-electrolyte interface. *Phys. Review B*, 1987, 35(10): 5379-5381.

[114] A. M. Keightley, J. C. Myland, K. B. Oldham, et al. Reversible cyclic voltammetry in the presence of prod-

uct. *J. Electroanal. Chem.* , 1992, 322: 25–54.

[115] S. Kempfle, L. Gaul. Global solutions of fractional linear differential equations. *Proc. of ICIAM '* 95, *Zeitschrift Angew. Math. Mech.* , 1996, vol. 76, suppl. 2: 571–572.

[116] V. Kiryakova. *Generalized Fractional Calculus and Applications*, Pitman Research Notes in Math. , no. 301, Longman, Harlow, 1991.

[117] A. N. Kochubei. *Fractional order diffusion Equations. J. Diff. Equations*, Vol. 26, 1990, pp. 485–492 (English translation form Russian).

[118] R. C. Koeller. Applications of fractional calculus to the theory of viscoelasticity. *Trans. ASME Journal of Appl. Mech.* , 1984, 51: 299–307.

[119] G. A. Korn, T. M. Korn. *Mathematical Handbook*, 2nd ed. . McGraw-Hill, New York, 1968.

[120] A. Le Mehaute, A. de Guibert, M. Delaye, et al. Note d' introduction de la cinétique des échanges d' énergies et de matières sur les interfaces fractales. *C. R. Acad. Sci. Paris.* Vol. 294, ser. II, 1982, pp. 835 –838.

[121] A . Le Mehaute, G. Crepy. Introduction to transfer and motion in fractal media: the geometry of kinetics. *Solid State Ionics.* 1983, 9–19: 17–30.

[122] H. H. Lee, C. S. Tsai. Analytical model of viscoelastic dampers for seismic mitigation of structures. *Computers and Structures*, 1994, 50(1): 111–121.

[123] G. W. Leibniz. *Mathematische Schiften.* Georg Olms Verlagsbuchhandlung, Hildesheim, 1962

[124] A. V. Letnikov. Theory of differentiation of an arbitrary order. *Mat. Sb.* , 1868, vol. 3, pp. 1–68 (in Russian).

[125] A. V. Letnikov. On the historical development of theory of differentiation of an arbitrary order. *Mat. Sb.* , 1868, vol. 3, pp. 85–112 (in Russian).

[126] A. V. Letnikov. Treatment related to the theory of the integrals of the form $\int_a^x (x - u)^{p-1} f(u) \, du$. *Mat. Sb.* , 1872, vol. 7, pp. 5–205 (in Russian).

[127] Ch. Lubich. Discretized fractional calculus. *SIAM J. Math. Anal.* , 1986, 17(3): 704–719.

[128] Yu. F. Luchko, H. M. Srivastava. The exact solution of certain differential equations of fractional order by using operational calculus. *Computers Math. Applic.* , 1995, 29(8): 73–85.

[129] N. Makris, M. C. Constantinou. Fractional–derivative Maxwell model for viscous dampers. *ASCE Journal of Structural Engineering*, 1991, 117(9): 2708–2724.

[130] N. Makris, G. F. Dargush, M. C. Constantinou. Dynamic analysis of generalized viscoelastic fluids. *ASCE J. Eng. Mech.* , 1993, 119(8): 1663–1679.

[131] F. Mainardi. On the initial value problem for the fractional diffusion – wave equation. In S. Rionero and T. Ruggeri (eds.) : *Waves and Stability in Continuous Media*, World Scientific, Singapore, 1994, pp. 246–251.

[132] F. Mainardi. Fractional diffusive relaxation in anelastic solids. *J. Alloys and Compounds*, 1994, 211/212: 534–538.

[133] F. Mainardi. Fractional diffusive waves in viscoelastic solids. In J. L. Wegner, F. R. Norwood (eds.), *Nonlinear Waves in Solids*, ASME/AMR, Fairfield NJ, 1995, pp. 93–97.

[134] F. Mainardi. The time fractional diffusion-wave equation. *Radiofizika*, 1995, 38: 20–36.

[135] F. Mainardi. Fractional relaxation–oscillation and fractional diffusion–wave phenomena. *Chaos, Solitons and Fractals*, 1996, 7: 1461–1477.

[136] F . Mainardi. Applications of fractional calculus in mechanics. In P. Rusev, I. Dimovski, V. Kiryakova (eds.), *Transform Methods and Special Functions*, Varna' 96, SCT Publishers, Singapore, 1997.

[137] F. Mainardi. The fundamental solutions for the fractional diffusion–wave equation. *Appl. Math. Lett.* , 1996, 9(6): 23–28.

[138] F. Mainardi. Fractional calculus: some basic problems in continuum and statistical mechanics, in Carpinteri and Mainardi [35].

[139] F. Mainardi, E. Bonetti. The application of real–order derivatives in linear viscoelasticity. *Rheologica Acta*, 1988, 26(suppl.): 64–67.

[140] A. Makroglou, R. K. Miller, S. Skaar. Computational results for a feedback control for a rotating viscoelastic beam. *J. of Guidance, Control and Dynamics*, 1994, 17(1): 84–90.

[141] N. N. Malinin. *Applied Theory of Plasticity and Creep*, Mashinostroenie, Moscow, 1975.

[142] B. Mandelbrot. *The Fractal Geometry of Nature*. Freeman, San Francisco, 1982.

[143] D. Matignon. Stability results on fractional differential equations with applications to control processing. *Computational Engineering in Systems Applications*, Lille, France, July 1996, IMACS, IEEE–SMC, vol. 2: 963–968.

[144] D. Matignon, B. d'Andréa–Novel. Spectral and time–domain consequences of an integro–differential perturbation of the wave PDE, *3rd Int. Conf. on Math. and Numer. Aspects of Wave Propagation Phenomena*, Mandelieu, France, April 1995, INRIA, SIAM, pp. 769–771.

[145] D. Matignon, B. d'Andréa–Novel. Some results on controllability and observability of finite–dimensional fractional differential systems. *Computational Engineering in Systems Applications*, Lille, France, July 1996, IMACS, IEEE–SMC, vol. 2: 952–956.

[146] D. Matignon, B. d'Andréa–Novel. Observer–based controllers for fractional differential systems. *36th IEEE Conf. on Decision and Control*, San Diego, California, December 1997, IEEE–CSS, SIAM, pp. 4967–4972.

[147] B. Mbodje, G. Montseny. Boundary fractional derivative control of the wave equation. *IEEE Trans. Aut. Control*, 1995, 40: 378–382.

[148] A. C. McBride. *Fractional Calculus and Integral Transforms of Generalized Functions*. Res. Notes in Math. , vol. 31, Pitman Press, San Francisco, 1979.

[149] S. I. Meshkov. *Viscoelastic Properties of Metals*, Metallurgia, Moscow, 1974.

[150] R. Metzler, W. G. Glöckle, T. F. Nonnenmacher. Fractional model equation for anomalous diffusion. *Physica A*, 1994, 211: 13–24.

[151] R. Metzler, W. Schick, H. – G. Kilian, et al. Relaxation in filled polymers: a fractional calculus approach. *J. Chem. Phys.* , 1995, 103: 7180–7186.

[152] M. W. Michalski. Derivatives of noninteger order and their applications. *Dissertationes Mathematicae*, CCCXXVIII, *Inst. Math.* , *Polish Acad. Sci.* , Warsaw, 1993.

[153] K. S. Miller, B. Ross. *An Introduction to the Fractional Calculus and Fractional Differential Equations*, John Wiley & Sons Inc. , New York, 1993.

[154] G. N. Minerbo, M. E. Levy. Inversion of Abel's integral equation by means of orthogonal polynomials. *SIAM J. Numer. Anal.* , 1969, 6(4): 598–616.

[155] G. M. Mittag–Leffler. Sur la nouvellefonction $E_\alpha(x)$. *C. R. Acad. Sci. Paris*, 1903, 137: 554–558

[156] G. M. Mittag–Leffler. Sopra la funzione $E_\alpha(x)$. *Rend. Acc. Lincei*, 1904, ser. 5, 13: 3–5.

[157] G. M. Mittag–Leffler. Sur lareprésentation analytique d'une branche uniforme d'une fonction monogène. *Acta Mathematica*, 1905, 29: 101–182.

[158] D. Mo, Y. Y. Lin, J. H. Tan, et al. Ellipsometric spectra and fractional derivative spectrum analysis of polyaniline films. *Thin Solid Films*, 1993, 234: 468–470.

[159] G. Montseny, J. Audounet, D. Matignon. Fractional integrodifferential boundary control of the Euler –

Bernoulli beam. *36ᵗʰ IEEE Conf. on Decision and control*, San Diego, California, December 1997, IEEE-CSS, SIAM, pp. 4973–4978.

[160] M. A. Naimark. *Linear Differential Operators*, Nauka, Moscow, 1969 (in Russian).

[161] M. Nakagawa, K. Sorimachi. Basic characteristics of a fractance device. *IEICE Trans. Fundamentals*, 1992, E75–A(12): 1814–1819.

[162] R. R. Nigmatullin. To the theoretical explanation of the "universal response", *Phys. Sta. Sol. (b)*, 1984, 123: 739–745.

[163] R. R. Nigmatullin. On the theory of relaxation for systems with "remnant memory". *Phys. Sta. Sol. (b)*, 1984, 124: 389–393.

[164] R. R. Nigmatullin. The realization of the generalized transfer equation in a medium with fractal geometry. *Phys. Sta. Sol. (b)*, 1986, 133: 425–430.

[165] R. R. Nigmatullin. Fractional integral and its physical interpretation. *Soviet J. Theor. and Math. Phys.*, 1992, 90(3): 354–367.

[166] R. R. Nigmatullin., Ya. E. Ryabov. Cole – Davidson dielectric relaxation as a self – similar relaxation process. *Phys. Solid State*, 1997, 39(1): 87–90.

[167] K. Nishimoto. *An Essence of Nishimoto's Fractional Calculus*, Descartes Press, Koriyama, 1991.

[168] T. F. Nonnenmacher. Fractional integral and differential equations for a class of Lévy–type probability densities. *J. of Physics A: Math. And Gen.*, 1990, 23: L697–L700.

[169] T. F. Nonnenmacher. Fractional relaxation equations for viscoelasticity and related phenomena. *Lect. Notes in Physics*, vol. 381, Springer–Verlag, Berlin, 1991, pp. 309–320.

[170] T. F. Nonnenmacher, W. G. Glöckle. A fractional model for mechanical stress relaxation. *Philosophical Magazine Letters*, 1991, 64(2): 89–93.

[171] T. F. Nonnenmacher, D. J. F. Nonnenmacher. Towards the formulation of a non–linear fractional extended irreversible thermodynamics. *Acta Physica Hungarica*, 1989, 66: 145–154.

[172] P. G. Nutting. A new general law of deformation. *Journal. of the Franklin Institute*, 1921, 191: 679– 685.

[173] L. Nyikos, T. Pajkossy. *Electrochem. Acta*, 1985, 30: 1533.

[174] M . Ochmann, S. Makarov. Representation of the absorption of nonlinear waves by fractional derivatives. *J. Amer. Acoust. Soc.*, 1993, 94(6): 3392–3399.

[175] K. B. Oldham. A signal–independent electroanalytical method. *Anal. Chem.*, 1972, 44(1): 196– 198.

[176] K. B. Oldham. Semiintegration of cyclic voltammograms. *J. Electroanal. Chem.*, 1976, 72: 371–378.

[177] K. B. Oldham. Interrelation of current and concentration at electrodes. *J. Appl. Electrochem.*, 1991, 21: 1068–1072.

[178] K. B. Oldham, J. Spanier. The replacement of Fick's law by a formulation involving semidifferentiation, *J. Electroanal. Chem. and Interfacial Electrochem.*, 1970, 26: 331–341.

[179] K. B. Oldham, J. Spanier. *The Fractional Calculus*. Academic Press, New York–London, 1974.

[180] K. B. Oldham, C. G. Zoski. Analogue instrumentation for processing polarographic data, *J. Electroanal. Chem.*, vol. 157, 1983, pp. 27–51.

[181] O . V. Onishchuk, G. Ya. Popov. On some problems of bending of plates with cracks and thin inclusions. *Izv. Akad. Nauk SSSR, Mekhanika Tverdogo Tela*, 1980, 4: 141–150(in Russian).

[182] T. J. Osler. Open questions for research. *Lecture Notes in Mathematics*, 1975, 457: 376–381.

[183] A. Oustaloup. *Systèmes asservis linéaires d'order fractionnaire*. Masson, Paris, 1983.

[184] A. Oustaloup. Form fractality to non integer derivation through recursivity, a property common to these two concepts: a fundamental idea for a new process control strategy. *Proc. Of the 12ᵗʰ IMACS World Congress*, Paris, July 1988, 3: 203 –208.

[185] A. Oustaloup. *La Commande CRONE*. Hermes, Paris, 1991.

[186] A. Oustaloup. *La Robustesse*. Hermes, Paris, 1994.

[187] A. Oustaloup. *La Dérivation Non Entière: Théorie, Synthèse et Applications*. Hermes, Paris, 1995.

[188] E. Pitcher, W. E. Sewell. Existence theorems for solutions of differential equations of non‒integer order. *Bull. Amer. Math. Soc.*, 1938, 44(2): 100‒107.

[189] I. Pivka, V. Spany. Boundary surfaces and basin bifurcations in Chua's circuit. *J. Circuits, Syst., Comput.*, 1993, 3(2): 441‒470.

[190] Yu. I. Plotnikov. *Steady‒state vibrations of plane and axesymmetric stamps on a viscoelastic foundation*. Ph. D. thesis, Moscow, 1979(in Russian).

[191] I. Podlubny. *Discontinuous Harmonic and Biharmonic Problems for a Sector and a Strip*. Ph. D. thesis, Odessa State University, Odessa, 1989(in Russian).

[192] I. Podlubny. Orthogonal with non‒integrable weight function Jacobi polynomials and their application to singular integral equation in elasticity and heat conduction problems. In *Computational and Applied Mathematics II*(eds.: W. F. Ames, P. J. van der Houwen), North‒Holland, Amsterdam, 1992, pp. 207‒216.

[193] I. Podlubny. A united form of solution of singular integral equations of the first kind with Cauchy's kernel. *Transactions of the Technical University of Kosice*, 1993, 3(4): 379‒383.

[194] I. Podlubny. Riesz potential and Riemann‒Liouville fractional integrals and derivatives of Jacobi polynomials. *Appl. Math. Lett.*, 1997, 10(1): 103‒108.

[195] I. Podlubny, J. Misanek. The use of fractional derivatives for modelling the motion of a large thin plate in a viscous fluid. *Proc. of the 9th Conf. on Process Control*, Tatranske Matliare, May 1993, STU Bratislava, pp. 274‒278.

[196] I. Podlubny, J. Misanek. The use of fractional derivatives for modelling adiabatic process of solution of gas in fluid. *Proc. Of the 9th Conf. on Process Control*, Tatranske Matliare, May 1993, STU Bratislava, pp. 279‒282.

[197] I. Podlubny, J. Misanek. The use of fractional derivatives for solution of heat conduction problems. *Proc. Of the 9th Conf. on Process Control*, Tatranske Matliare, May 1993, STU Bratislava, pp. 270‒273.

[198] I. Podlubny. Fractional derivatives: a new stage in process modeling and control. *4th International DAAAM Symposium*, Brno Czech Republic, Sept. 1993, pp. 263‒264.

[199] I. Podlubny, I. Kostial. Fractional derivative based process models and their applications, *4th International DAAAM Symposium*, Brno Czech Republic, Sept. 1993, pp. 265‒266.

[200] I. Podlubny. The use of derivatives of fractional order for process modeling and simulation: the present state and perspectives. *Proc. of Int. Sci. Conf. MICROCAD SYSTEM'93*, Kosice, Nov. 1993, p. 29 and p. 64.

[201] I. Podlubny. *The Laplace Transform Method for Linear Differential Equations of the Fractional Order*. Inst. Exp. Phys., Slovak Acad. Sci., no. UEF‒02‒94, Kosice, 1994.

[202] I. Podlubny. *Fractional‒Order Systems and Fractional‒Order Controllers*. Inst. Exp. Phys., Slovak Acad. Sci., no. UEF‒03‒94, Kosice, 1994.

[203] I. Podlubny. Numerical methods of the fractional calculus. *Trans. of the Technical University of Kosice*, 1994, 4(3‒4): 200‒208.

[204] I. Podlubny, L. Dorcak, J. Misanek. Application of fractional‒order derivatives to calculation of heat load intensity change in blast furnace walls. *Trans. of the Technical University of Kosice*, 1995, 5(2): 137‒144.

[205] I. Podlubny. Analytical solution of linear differential equations of the fractional order. *Proc. of the 14th World Conf. on Computation and Applied Mathematics*, Atlanta, Georgia, USA, July 1994, Late Papers volume, (ed.: W. F. Ames): 102‒106.

[206] I. Podlubny. Numerical solution of initial value problems for ordinary fractional - order differential equations. *Proc. of the 14th World Conf. on Computation and Applied Mathematics*, Atlanta, Georgia, USA, July 1994, Late Papers volume, (ed.: W. F. Ames): 107-111.

[207] I. Podlubny. Basic mathematical tools for the analysis of dynamic systems of non-integer order. *Proc. of the 11th Int. Conf. on Process Control and Simulation*, Sept. 1994, Kosice-Zlata Idka, pp. 305-311.

[208] I. Podlubny. Solution of linear fractional differential equations with constant coefficients. In P. Rusev, I. Dimovski, V. Kiryakova (eds.), *Transform Methods and Special Function*, SCT Publishers, Singapore, 1995, pp. 217-228.

[209] I. Podlubny. Numerical solution of ordinary fractional differential equations by the fractional difference method. In S. Elaydi, I. Gyori, G. Ladas (eds.), *Advances in Difference Equations*. Gordon and Breach, Amsterdam, 1997, pp. 507-516.

[210] J. D. Polack. Time domain solution of Kirchhoff's equation for sound propagation in visco-thermal gases: a diffusion process. *SFA J. Acoustique*, 1991, 4: 47-67.

[211] G. Ya. Popov. Some properties of classical polynomials and their application to contact problems. *Prikl. Math. Mekh.*, 1963, 27: 821-832(in Russian).

[212] G. Ya. Popov. On the method of orthogonal polynomials in contact problems of the theory of elasticity. *Prikl. Math. Mekh.*, 1969, 33(3): 518-531.

[213] G. Ya. Popov. *Stress Concentration near Punches, Cuts, Thin Inclusions and Supporters*. Nauka, Moscow, 1982 (in Russian).

[214] T. Pritz. Analysis of four-parameter fractional derivative model of real solid materials. *J. of Sound and Vibration*. 1996, 195(1): 103-115.

[215] A. P. Prudnikov, Yu. A. Brychkov, O. I. Marichev. *Integrals and Series*, vol. 1, Nauka, Moscow, 1981.

[216] A. P. Prudnikov, Yu. A. Brychkov, O. I. Marichev. *Integrals and Series*, vol. 2, Nauka, Moscow, 1983.

[217] Yu. N. Rabotnov. Equilibrium of an elastic medium with after-effect. *Prikl. Mat. Mekh.*, 1948, 12(1): 53-62 (in Russian).

[218] Yu. N. Rabotnov. *Elements of Hereditary Solid Mechanics*, Nauka, Moscow, 1977 (in Russian).

[219] Yu. N. Rabotnov. *Creep of Structural Elements*. Nauka, Moscow, 1966 (in Russian).

[220] K. Rektorys. *Handbook of Applied Mathematics*. Vols. I, II. SNTL, Prague, 1988(in Czech).

[221] F. Riewe. Nonconservative Lagrangian and Hamiltonian mechanics. *Phys. Rew. E.*, 1996, 53(2): 1890-1899.

[222] F. Riewe. Mechanics with fractional derivatives. *Phys. Rew. E.*, 1997, 55(3): 3581-3592.

[223] L. Rogers. Operators and fractional derivatives for viscoelastic constituitive equations. *J. of Rheology*, 1983, 27: 351-372.

[224] H. E. Roman. Structure of random fractals and the probability distribution of random walks. *Phys. Rew. E.*, 1995, 51(6): 5422-5425.

[225] H. E. Roman, P. A. Alemany. Continuous-time random walks and the fractional diffusion equation. *J. Phys. A: Math. Gen.*, 1994, 27: 3407-3410.

[226] B. Ross. A brief history and exposition of the fundamental theory of the fractional calculus. *Lecture Notes in Mathematics*, vol. 457, Springer-Verlag, New York, 1975, pp. 1-36.

[227] B. Ross. Fractional calculus: an historical apologia for the development of a calculus using of non-integer orders. *Mathematics Magazine*, 1997, 50(3): 115-122.

[228] Yu. A. Rossikhin, M. V. Shitikova. Applications of fractional calculus to dynamic problems of linear and nonlinear hereditary mechanics of solids. *Appl. Mech. Rew.*, 1997, 50(1): 15-67.

[229] Yu. A. Rossikhin, M. V. Shitikova. Applications of fractional derivatives to the analysis of damped vibrations

of viscoelastic single mass system. *Acta Mech.* , 1997, 120: 109−125.

[230] B. Rubin. *Fractional Integrals and Potentials.* Pitman Monographs and Surveys in Pure and Applied Mathematics, vol. 82, Longman, Harlow, 1996.

[231] R. S. Rutman. On the paper by R. R. Nigmatullin "Fractional integral and its physical interpretation". *Theor. Math. Phys.* , 1994, 100(3): 1154−1156.

[232] S. G. Samko, A. A. Kilbas, O. I. Maritchev. *Integrals and Derivatives of the Fractional Order and Some of Their Applications.* Nauka, I Tekhnika, Minsk, 1987(in Russian).

[233] H. Schiessel, R. Metzler, A. Blumen, et al. Generalized viscoelastic models: their fractional equations with solutions. *J. Phys. A: Math. Gen.* , 1995, 28: 6567−6584.

[234] R. F. Schmidt, G. Thews. *Human Physiology.* Springer−Verlag, Berlin−Heidelberg−New York, 1983.

[235] W. R. Schneider, W. Wyss. Fractional diffusion and wave equations. *J. Math. Phys.* , 1989, 30: 134−144.

[236] G. W. Scott Blair. The role of psychophysics in rheology. *J. of Colloid Science*, 1947, 2: 21−32.

[237] G. W. Scott Blair. Some aspects of the search for invariants. *British Journal for Philosophy in Science*, 1950, 1: 230−244.

[238] G. W. Scott Blair. *Measurements of Mind and Matter.* Dennis Dobson, London, 1950.

[239] G. W. Scott Blair. Psychoreology: links between the past and the present. *J. of Texture Studies*, 1974, 5: 3−12.

[240] A. M. Sedletskii. Asymptotic formulas for zeros of a function of Mittag−Leffler type. *Analysis Mathematica*, 1994, 20: 117−132(in Russian).

[241] G. L. Slonimsky. On the law of deformation of highly elastic polymeric bodies. *Dokl. Akad. Nauka SSSR*, 1961, 140(2): 343−346(in Russian).

[242] W. Smit, H. de Vries. Rheological models containing fractional derivatives. *Rheologica Acta*, 1970, 9: 525−534.

[243] H. M. Srivastava. On an extension of the Mittag−Leffler function. *Yokohama Math. J.* , 1968, 16(2): 77−88.

[244] H. M. Srivastava. A certain family of sub−exponential series. *Int. J. Math. Educ. Sci. Technol.* , 1994, 25(2): 211−216.

[245] H. M. Srivastava, R. G. Buschman. *Theory and Applications of Convolution Integral Equations.* Kluwer Academic Publishers, Dordrecht−Boston−London, 1992.

[246] Z. Sobotka. *Rheology of Materials and Constructions*, Academia, Prague, 1981(in Czech).

[247] G. Szegö. *Orthogonal Polynomials.* Amer. Math. Soc. , New York, 1959 (Russian translation with additions: Moscow, Fizmafiz, 1962).

[248] A. N. Tikhonov, V. Ya. Arsenin. *Methods of Solution of Ill−Posed Problems.* Nauka, Moscow, 1986 (in Russian).

[249] E. C. Titchmarsh. *Introduction to the Theory of Fourier Integrals.* Clarendon Press, Oxford, 1937(Russian translation: GTTI, Moscow, 1948).

[250] A. I. Tseytlin. *Applied Methods of Solution of Boundary Value Problems in Civil Engineering.* Stroyizdat, Moscow, 1984 (in Russian).

[251] E. Vitasek. *Numerical Methods.* SNTL, Prague, 1987 (in Czech).

[252] V. Volterra. *Leçons sur la Théorie Mathématique de la Lutte pour la Vie.* Paris, Gauthier−Villars, 1993 (Russian translation: Moscow, Nauka, 1976).

[253] S. Westerlund. Dead matter has memory! *Physica Scripta*, 1991, 43: 174−179.

[254] S. Westerlund. *Causality.* Report no. 940426, University of Kalmar, 1994.

[255] S. Westerlund, L. Ekstam. Capacitor theory. *IEEE Trans. on Dielectrics and Electrical Insulation*, 1994, 1

(5)：826-839.

[256]　A. Wiman. Über den fundamentalsatz in der teorie der funktionen $E_\alpha(x)$. *Acta Math.*, 1905, 29：191-201.

[257]　A. Wiman. Über die nulstellen der funktionen $E_\alpha(x)$. *Acta Math.*, 1905, 29：217-234.

[258]　E. M. Wright. On the coefficients of power series having exponential singularities. *J. London Math. Soc.*, 1933, 8：71-79.

[259]　W. Wyss. The fractional diffusion equation. *J. Math. Phys.*, 1986, 27(11)：2782-2785.

注译参考文献

〔1〕 《数学辞海》编委会，数学辞海．太原：山西教育出版社，2002.

〔2〕 《中国大百科全书》总编委会．中国大百科全书(第二版)．北京：中国大百科全书出版社，2012.

〔3〕 谷超豪．数学词典．上海：上海辞书出版社，1992.

〔4〕 《数学手册》编写组．数学手册．北京：高等教育出版社，1979.

〔5〕 王竹溪，郭敦仁．特殊函数概论．北京：科学出版社，1979.

〔6〕 斯托克．物理手册．吴锡真，李祝霞，陈师平，译．北京：北京大学出版社，2004.

〔7〕 埃伯哈德·蔡德勒．数学指南——实用数学手册．李文林，译，北京：科学出版社，2012.

〔8〕 G. B. Arfken, H. J. Weber. Mathematical Methods for Physicists (6th ed). 北京：世界图书出版公司北京公司，2010.

〔9〕 谭琳．Γ函数札记．杭州：浙江大学出版社，1997.

〔10〕 A. V. Oppenheim, A. S. Willsky. 信号与系统(第 2 版)．刘树棠，译．西安：西安交通大学出版社，2005.

〔11〕 A. V. Oppenheim, R. W. Schafer, J. RBuck. 离散时间信号处理(第 2 版)．刘树棠，黄建国译．西安：西安交通大学出版社，2001.

〔12〕 S. K. Mitra. Digital Signal Processing—A Computer–Based Approach(2nd ed.). Singapore：McGraw–Hill Higher Education, 2002.

〔13〕 V. J. Katz. 数学史通论(第 2 版)．李文林，邹建成，胥鸣伟，译．北京：高等教育出版社，2004.

〔14〕 R. 柯朗，F. 约翰．微积分和数学分析引论．张鸿林，刘嘉善，林建祥，译．北京：科学出版社，2001.

〔15〕 徐品方，张红．数学符号史．北京：科学出版社，2006.

〔16〕 R. 柯郎，H. 罗宾，I. 斯图尔特．什么是数学：对思想和方法的基本研究(增订版)．左平，张饴慈，译．上海：复旦大学出版社，2005.

〔17〕 莫里斯·克莱因．古今数学思想(四册本)．张理京，朱学贤，万伟勋等，译，上海：上海科学技术出版社，2002.

〔18〕 莫里斯·克莱因．数学与知识的探求．刘志勇，译，上海：复旦大学出版社，2005.

〔19〕 袁晓．分抗逼近电路之数学原理．北京：科学出版社，2015.

〔20〕 D. E. Knuth. 计算机程序设计艺术：第 1 卷，基本算法(第 3 版)．苏运霖，译．北京：国防工业出版社，2002.

〔21〕 W. Rudin. 泛函分析(原书第 2 版)．刘培德，译．北京：机械工业出版社，2004.

〔22〕 许天周．应用泛函分析．北京：科学出版社，2002.

〔23〕 狄拉克．量子力学原理．陈咸亨，译．北京：科学出版社，1979.

〔24〕 P. A. M. Dirac. The Principles of Quantum Mechanics (4th ed.). 北京：科学出版社，2008.

〔25〕 潘文杰．傅里叶分析及其应用．北京：北京大学出版社，2000.

〔26〕 V. E. Tarasov. Fractional Dynamics：Applications of Fractional Calculus to Dynamics of Particles, Fields and Media. 北京：高等教育出版社，2010.

〔27〕 I. Petráš. Fractional–Order Nonlinear Systems：Modeling, Analysis and Simulation. 北京：高等教育出版社，2011.

〔28〕 《中国大百科全书》总编委会．中国大百科全书·物理学．北京·上海：中国大百科全书出版

社，1987.

〔29〕 郑大钟. 线性系统理论(第 2 版). 北京：清华大学出版社，2002.

〔30〕 H. H. Sun, B. Onaral, Yuan-Ying Tsao. Application of the positive reality principle to metal electrode linear polarization phenomena. IEEE Trans. on Biomedical Engineering, 1984, 31(10)：664-674.

〔31〕 梁昆淼. 数学物理方法. 北京：人民教育出版社，1978.

〔32〕 郑建华. 复分析. 北京：清华大学出版社，2000.

〔33〕 曹则贤. 物理学咬文嚼字之六十五：空空，如也. 物理，2014，43(9)：631-635.

〔34〕 傅里叶. 热的解析理论. 桂质亮，译. 北京：北京大学出版社，2008.

〔35〕 牛顿. 自然哲学之数学原理. 王克迪，译. 北京：北京大学出版社，2006.

〔36〕 伽利略. 关于托勒密和哥白尼两大世界体系的对话. 周煦良，译. 北京：北京大学出版社，2006.

〔37〕 赫胥黎. 进化论与伦理学(全译本，附《天演论》). 宋启林，译. 北京：北京大学出版社，2010.

〔38〕 爱因斯坦. 狭义与广义相对论浅说. 杨润殷，译. 北京：北京大学出版社，2006.

〔39〕 库兹涅佐夫. 爱因斯坦传：生死不朽. 刘盛际，译. 北京：商务印书馆，1995.

〔40〕 许陈静，左玉河，宋广波，等. "男神"胡适. 环球人物，2015，4：24-39.

〔41〕 袁晓，陈向东，李齐良，等. 微分算子与子波构造. 电子学报，2002，30(5)：769-773.

〔42〕 袁晓，张红雨，虞厥邦. 分数导数与数字微分器设计. 电子学报，2004，32(10)：1658-1665.

〔43〕 G. 波利亚. 数学与猜想：数学中的归纳与类比(第一卷). 李心灿，王日爽，李志尧，译. 北京：科学出版社，2001.

〔44〕 G. 波利亚. 数学与猜想：合情推理模式(第二卷). 李志尧，王日爽，李心灿，译. 北京：科学出版社，2001.

〔45〕 Serway & Jewett. Principles of Physics(3rd ed., 影印本). 北京：清华大学出版社，2004.

〔46〕《中国大百科全书》总编委会. 中国大百科全书·数学. 北京●上海：中国大百科全书出版社，1988.

〔47〕《中国大百科全书》总编委会. 中国大百科全书·力学. 北京●上海：中国大百科全书出版社，1985.

〔48〕 丁同仁，李承治. 常微分方程教程(第二版). 北京：高等教育出版社，2004.

〔49〕 顾宜. 材料科学与工程基础. 北京：化学工业出版社，2002.

〔50〕 W. B. Jones, W. J. Throm. Continued fractions：Analytic theory and applications. Encyclopedia of Mathematics and its Applications. Addison-Wesley, Reading, 1980, 11.

〔51〕 檀结庆. 连分式理论及其应用. 北京：科学出版社，2007.

〔52〕 J. H. Mathews, K. D. Fink. 数值方法(MATLAB 版). 陈渝，周璐，钱方，译. 北京：电子工业出版社，2002.

〔53〕 沈燮昌. 复变函数逼近论. 北京：科学出版社，1992.

〔54〕 T. I. Laakso, V. Välimäki, M. Karjalainen, et. al. Splitting the unit delay：Tools for fractional delay filter design. IEEE Signal Processing Magazine, Jan. 1996：30~60.

〔55〕 Shu-Hui Tu, Yuh－Shyan Hwang, Jiann－Jong Chen, et. al. OTA－C Arbitrary－Phase－Shift Oscillators. IEEE Trans. on Instrumentation and Measurement, 2012, 61(8)：2305-2319.

〔56〕 滕旭东，袁晓，赵元英，等. 数字分数微分器系数的快速算法. 电子科技大学学报，2004，33(4)：457-460.

〔57〕 张恒，袁晓，帅晓飞，等. 分数演算的 G-L 数值算法中加权系数求解. 四川大学学报(自然科学版)，2007，44(4)：831-834.

〔58〕 任毅，袁晓. Lommel 函数与数字分数微分器系数的快速算法. 四川大学学报(自然科学版)，2008，45(1)：53-58.

〔59〕 程金发. 分数阶差分方程理论. 厦门：厦门大学出版社，2011.

〔60〕 赵凯华，罗蔚茵. 新概念物理教程：热学(第二版). 北京：高等教育出版社，2005.

〔61〕 刘正君. MATLAB 科学计算与可视化仿真宝典. 北京：电子工业出版社，2009.

〔62〕 秦世伦. 材料力学. 成都：四川大学出版社，2011.

〔63〕 谢希文，过梅丽. 材料科学基础. 北京：北京航天航空大学出版社，2005.

〔64〕 包伯成. 忆阻电路导论. 北京：科学出版社，2014.

〔65〕 包伯成. 混沌电路导论. 北京：科学出版社，2013.

〔66〕 周光垌，严宗毅，许世雄，等. 流体力学(第二版，上册). 北京：高等教育出版社，2000(2009 重印).

〔67〕 周光垌，严宗毅，许世雄，等. 流体力学(第二版，下册). 北京：高等教育出版社，2000(2009 重印).

〔68〕 Pu Yifei, Yuan Xiao, Liao Ke, et al. A recursive net-grid-type analog fractance circuit for any order fractional calculus. Proc. of IEEE International Conference on Mechatronics and Automation. Canada：IEEE，2005：1375-1380.

〔69〕 Pu Yifei, Yuan Xiao, Liao Ke, et al. Structuring Analog fractance circuit for 1/2 order fractional calculus. Proceedings of ASICON 2005, IEEE, Oct. 2005：1136-1139.

〔70〕 Pu Yifei, Yuan Xiao, Liao Ke, Zhou Jiliu. Implement any fractional order multiplayer dynamics associative neural network. Proceedings of ASICON Oct. 2005, IEEE, Oct. 2005：789-793.

〔71〕 Pu Yifei, Yuan Xiao, Liao Ke, Zhou Jiliu, Zhang Ni. A recursive two-circuits series analog fractance circuit for any order fractional calculus. Proceedings of SPIE - The International Society for Optical Engineering, v 6027 I, ICO20：Optical Information Processing, 2006, p 60271Y.

〔72〕 廖科，袁晓，蒲亦非，等. 1/2 阶分数演算的模拟 OTA 电路实现. 四川大学学报(工程科学版)，2005，37(6)：150-154.

〔73〕 蒲亦非，袁晓，廖科，等. 一种实现任意分数阶神经型脉冲振荡器的格形模拟分抗电路. 四川大学学报(工程科学版)，2006，38(1)：122-128.

〔74〕 周激流，袁晓，廖科，等. 一种可变阶次模拟分抗电路的实现方案. 四川大学学报(工程科学版)，2007，39(3)：141-144.

〔75〕 Liao Ke, Yuan Xiao, Pu Yifei, et al. One-nth order fractance implementation using regular Newton process. Journal of Sichuan University (Natural Science Edition)，2006，43(1)：104-108.

〔76〕 任毅，袁晓. 二项展开法实现分数阶模拟分抗电路. 四川大学学报(自然科学版)，2008，45(5)：1100-1104.

〔77〕 邹道，袁晓. 任意阶分抗的 Padé 有理逼近法. 四川大学学报(自然科学版)，2013，50(2)：293-298.

〔78〕 刘崇新. 分数阶混沌电路理论及应用. 西安：西安交通大学出版社，2011.

〔79〕 李文，赵慧敏. 分数阶控制器设计方法与振动抑制性能分析. 北京：科学出版社，2014.

〔80〕 王春阳，李明秋，姜淑华. 分数阶控制系统设计. 北京：国防工业出版社，2014.

〔81〕 郝柏林. 从抛物线谈起——混沌动力学引论. 上海：上海科技教育出版社，1993.

〔82〕 杨展如. 分形物理学. 上海：上海科技教育出版社，1996.

〔83〕 张济忠. 分形(第 2 版). 北京：清华大学出版社，2011.

〔84〕 巴德，福克纳. 电化学方法——原理与应用. 邵元华，朱果逸，懂献堆等译. 北京：化学工业出版社，2011.

〔85〕 张伟民. 一种采用分数阶导数的新流变模型理论. 湘潭大学自然科学学报. 2001，23(1)：30-36.

〔86〕 殷德顺，任俊娟，成亮，等. 一种新的岩土流变模型元件. 岩石力学与工程学报，2007，26(9)：1899-1903.

〔87〕 周宏伟，王春萍，段志强，等. 基于分数阶导数的盐岩流变本构模型. 中国科学：物理学 力学 天文学，1012，42(3)：310-318.

〔88〕 齐亚静，姜清辉，无志俭，等. 改进西原模型的三维蠕变本构方程及其参数辨识. 岩石力学与工程学报, 2012, 31(2)：347-355.

〔89〕 吴斐，刘建锋，边宇，等. 盐岩的分数阶导数蠕变模型. 四川大学学报(工程科学版), 2014, 46(5)：22-27.

〔90〕 L. O. Chua. Memristor - The missing circuit element. IEEE Trans. Circuit Theory, 1971, CT-18(5)：507-519.

〔91〕 L. O. Chua. Nonlinear Circuit Foundations for Nanodevices, Part I：The Four-Element Torus. Proc. IEEE, 2003, 91(11)：1830-1859.

〔92〕 S. H. Liu. Fractal model for the ac response of rough interface. Phys Rev Lett 1985, 55：529-32.

〔93〕 B. B. Mandelbrot. How long is the coast of Britain, statistical self similarity and fractional dimension. Science, 1967, 155：636-638.

〔94〕 R. Morrison. RC constant-argument driving-point admittances. IRE Transactions on Circuit Theory, 1959(9)：310-317.

〔95〕 R. M. Hill, L. A. Dissadot, R. R. Nigmatullin. Invariant behaviour classes for the response of simple fractal circuits. Journal of Physics Condensed Matter, 1991, 3(48)：9773.

〔96〕 袁晓，冯国英. 粗糙界面电极的电路建模与 Liu-Kaplan 标度方程. 中国电子学会电路与系统分会第二十六届学术年会论文集，湖南·长沙(2015.10)：140-148.

〔97〕 袁晓，冯国英. Oldham 分形链分抗类与新型 Liu-Kaplan 标度方程. 中国电子学会电路与系统分会第二十六届学术年会论文集，湖南·长沙(2015.10)：295-300.

〔98〕 Pu Yifei, Yuan Xiao. Fracmemristor：Fractional-Order Memristor. IEEE Access, 2016, 4：1872-1888.

〔99〕 袁子，袁晓. 规则 RC 分形分抗逼近电路的零极点分布. 电子学报, 2017, 45(10)：2511-2520.

〔100〕 许良英，李宝恒，赵立中，等. 爱因斯坦文集(3 卷增补本). 北京：商务印书馆, 2009.

〔101〕 Charles K. Alexander, Mathew N. O. Sadiku. Fundamentals of Electric Circuits. 北京：清华大学出版社, 2000.

〔102〕 王勇，龙建忠，方勇，等. 电路理论基础. 北京：科学出版社, 2005.

〔103〕 M. E. Van Valkenburg. 网络分析. 杨行峻，郑君理，杨为理，译. 北京：科学出版社, 1982.

〔104〕 倪治中. 网络与滤波器. 成都：成都科技大学出版社, 1994.

〔105〕 Shang Dashan, Chai Yisheng, Cao Zexian, et al. Toward the complete relational graph of fundamental circuit elements. Chin. Phys. B, 2015, 24(6)：109-114.

〔106〕 Jianxin Shen, Junzhuang Cong, Yishen Chai, et al. A non-volatile memory based on nonlinear magnetoelectric effects. Physical Review Applied, 2016, 6, 021001.

〔107〕 R. E. Vowel. Matrix methods in the solution of ladder networks. J. IEE, 1948, 95(III)：40-50.

〔108〕 E. W. Tschudi. Admittance and transfer function for an n-mesh RC filter network. Proc. IRE, 1950, 38：309-310.

〔109〕 L. Stroch. The multisection RC filter network problem. Proc. IRE, 1951, 39：1456-1458.

〔110〕 S. C. Dutta Roy, B A Shenoi. Distributed and lumped RC realization of a constant argument impedance. J. of the Franklin Institue, 1966, 282(5)：318-329.

〔111〕 张贤达. 矩阵分析与应用(第 2 版). 北京：清华大学出版社, 2013.

〔112〕 何秋燕，袁晓. Carlson 迭代与任意阶分数微积分算子的有理逼近. 物理学报, 2016, 65(16)：160202.

〔113〕 He Qiuyan, Yu Bo, Yuan Xiao. Carlson iterating rational approximation and performance analysis of fractional operator with arbitrary order. Chin. Phys. B, 26, 4 (2017) 040202.

〔114〕 中华人民共和国国家标准 GB3100-93, GB31001-93, GB31002-93. 国际技术监督局, 1993.

〔115〕 胡友秋. 电磁学单位制. 合肥：中国科学技术大学出版社, 2012.

〔116〕 张常山 . 国际单位制与基本物理常数 . 南京：东南大学出版社，2014.

〔117〕 黎洪波，利来友，陈勇辉 . 图书编辑校对实用手册(第 3 版). 桂林：广西师范大学出版社，2014.

〔118〕 Bureau International desPoids et Mesuers. The international system of units (SI)，8th ed.，2006.

〔119〕 Bureau International desPoids et Mesuers. Draft of the ninth SI Brochure. 10 Nov. 2016.

〔120〕 A. Charef，H. Sun，Y. Tsao，et al. Fractal systems as represented by singularity function. IEEE Transactions on Automatic Control. 1992，37(9)：1465-1470.

〔121〕 Richard Herrmann. Fractional Calculus：An introduction for physicists. World Scientific Publishing Co. Pte. Ltd. 2011.

〔122〕 Sheng Hu，Chen YangQuan，Qiu TianShuan. Fractional processes and fractional-order signal processing. Springer-Verlag London Limited 2012.

〔123〕 Tadesz Kaczorek，Krzysztof Rogowski. Fractional linear systems and electrical circuits. Springer International Publishing Switzerland 2015.

〔124〕 孙志忠，高广花 . 分数阶微分方程的有限差分方法 . 北京：科学出版社，2015.

〔125〕 C. Pozrikidis. The fractional Laplacian. Boca Raton，CRC Press，2016.

〔126〕 XiaoJun Yang，Dumitru Baleanu，H M Srivastava. Local fractional integral transform and their applications. San Diego，Elsevier，2016.

〔127〕 BruceJ. West. Fractional Calculus View of Complexity Tomorrow's Science. Boca Raton，CRC Press，2016.

〔128〕 A. Kh. Gil'mutdinov，P. A. Ushakov，R. El-Khazali. Fractal elements and their applications. Springer International Publishing Switzerland 2017.

〔129〕 J. T. Machado，V. Kiryakova，F. Mainardi. A poster about the recent history of fractional calculus. Fractional Calculus and Applied Analysis，2010，13(3)：329-334.

〔130〕 J. T. Machado，V. Kiryakova，F. Mainardi. A poster about the old history of fractional calculus. Fractional Calculus and Applied Analysis. 2010，13(4)：447-454.

〔131〕 J. T. Machado，V. Kiryakova，F. Mainardi. Recent history of fractional calculus. Commun Nonlinear Sci Numer Simulat. 2011，16，1140-1153.

〔132〕 J. T. Machado，M. S. F. G. Alexandra，J. J. Trujillo. On development of fractional calculus during the last fifty years. Scientometrics，2014，98：577-582.

〔133〕 D. Valério，J. T Machado，V. Kiryakova. Some pioneers of the applications of fractional calculus. Fractional Calculus & Applied Analysis，2014，17：552-578.

〔134〕 Kai Diethelm. The analysis of fractional differential equations：An application-oriented exposition using differential operators of Caputo type. Springer-Verlag Berlin Heidelberg 2010.

〔135〕 Pu Yifei，Yuan Xiao，Yu Bo. Analog circuit implementation of fractional-order memristor：Arbitrary-order lattice scaling fracmemristor. IEEE Trans. on CAS-I，2018，65(9)：2903-2916.

〔136〕 余波，何秋燕，袁晓 . 任意阶标度分形格分抗与非正则标度方程 . 物理学报，2018，67(7)：070202.

〔137〕 格里兹特恩，赖兹克 . 积分、级数和乘积表：英文 . 北京：世界图书出版公司北京公司，2007.

〔138〕 F. W. J. Olver，D. W. Lozier，R. F. Boisvert，C. W. Clark. NIST Handbook of Mathematical Functions. New York：Cambridge University Press，2010.

〔139〕 余波，袁晓，陶磊 . 分抗逼近电路的 F 特征分析原理与应用实例 . 电子与信息学报，2015，37(增)：21-24.

〔140〕 余波，何秋燕，袁晓，等 . 分抗的 F 特征逼近性能分析原理与应用 . 四川大学学报：自然科学版，2018，55：301.

〔141〕 张德茂，袁晓，高小龙 . 基于 Simulink 电路模拟仿真求解 Bagley-Torvik 方程 . 四川大学学报：自然科学版，2019，56：253.

〔142〕 袁晓, 余波, 蒲亦非. 粗糙界面电极的电路建模与数学描述——新型标度方程. 第一届分数阶系统与控制会议(FOSCC2019)论文集: B03-8, 中国济南, 2019. 12.

〔143〕 袁晓, 余波, 蒲亦非. 典型分抗逼近的标度拓展及其数学描述——非正则标度方程. 第一届分数阶系统与控制会议(FOSCC2019)论文集: B03-9, 中国·济南, 2019. 12.

〔144〕 Y. F. Pu, N. Zhang, and H. Wang, Fractional-Order Memristive Predictor: Arbitrary-Order String Scaling Fracmemristor Based Prediction Model of Trading Price of Future, IEEE Intelligent Systems, vol. 35, no. 2, pp. 65-77, 2020.

〔145〕 He QiuYan, Pu YiFei, Yu Bo, Yuan Xiao. Scaling Fractal-Ladder Fractance Approximation Circuits of Arbitrary-Order, Front Inform Technol Electron Eng 2018 19(1): 1-5.

〔146〕 He QY, Pu YF, Yu B, Yuan X. Scaling fractal-Chuan fractance approximationcircuits of arbitrary order. Circuits, Systems, and Signal Processing, 2019, 38(11): 4933-4958.

〔147〕 易舟, 袁晓. 分形分抗逼近电路零极点的数值求解与验证. 太赫兹科学与电子信息学报, 2017, 15(1): 98-103.

〔148〕 高小龙, 袁晓, 施卜椿. Oldham分形链与Liu-Kaplan分形链分抗的阻纳函数求解. 太赫兹科学与电子信息学报, 2019, 17(3): 474-481.

〔149〕 施卜椿, 高小龙, 袁晓. 标度分形分抗逼近电路的零极点分布规律. 四川大学学报(自然科学版), 2019, 56(1): 57-64.

〔150〕 郭钊汝, 何秋燕, 袁晓, 等. 任意阶算子的有理逼近——奇异标度方程. 四川大学学报(自然科学版), 2020, 57(3): 495-504.

〔151〕 Pu Yifei, Yu Bo, Yuan Xiao. Ladder Scaling Fracmemristor: A Second Emerging Circuit Structureof Fractional-Order Memristor. IEEE Design and Test, 2020, PP(99): 1-1.

〔152〕 R. Hilfer, H. J. Seybold. Computation of the generalized Mittag-Leffler function and its inverse in the complex plane. Integral Transforms Spec. Funct. 17(9), 637-652 (2006).

〔153〕 H. Haubold, A. M. Mathai, R. K. Saxena. Mittag-Leffler functions and their applications, J. Appl. Math. 2011, Art. ID 298628, 51 pages.

〔154〕 R. Gorenflo, A. A. Kilbas, F. Mainardi, S. V. Rogosin. Mittag-Leffler functions, related topics and applications, Springer Monographs in Mathematics. Springer, Heidelberg, 2014. doi: 10. 1007/978-3-662-43930-2. http: //link. springer. com/10. 1007/978-3-662-43930-2.

〔155〕 M. Popolizio, R. Garrappa. Fast evaluation of the Mittag-Leffler function on the imaginary axis. ICFDA'14 International Conference on Fractional Differentiation and Its Applications 2014, Catania, 2014: 1-6.

〔156〕 R. Garrappa, M. Popolizio. Computing the Matrix Mittag-Leffler Function with Applications to Fractional Calculus. Journal of entific Computing, 2018, 77(1): 1-25.

〔157〕 V. V. Saenko. Singular points of the integral representation of the Mittag-Leffler function (2020) 1-11. arXiv: 2004. 08164. http: //arxiv. org/abs/2004. 08164.

〔158〕 V. V. Saenko. Two forms of the integral representations of the Mittag-Leffler function (2020). arXiv: 2005. 11745. http: //arxiv. org/abs/2005. 11745.

〔159〕 V. V. Saenko. The calculation of the Mittag-Leffler function. arXiv: 2006. 14916v1 〔math. CA〕 26 Jun 2020.

〔160〕 M. M. Meerschaert, C. Tadjeran. Finite difference approximations for fractional advection-dispersion flow equations. J. Comput. Appl. Math. , 2004, 172, 65-77.

〔161〕 M. M. Meerschaert, H. P. Scheffler, C. Tadjeran. Finite difference methods for two-dimensional fractional dispersion equation. J. Comput. Ahys. , 2006, 211: 249-261

〔162〕 C. Tadjeran, M. M. Meerschaert. A second-order accurate numerical approximation for the fractional diffusion equation. J. Comput. Ahys. , 2006, 213: 205-213

〔163〕 薛定宇. 分数阶微积分学与分数阶控制. 北京: 科学出版社, 2018

〔164〕 白鹭, 薛定宇, 孟丽. 求解线性Caputo分数阶微分方程的高精度数值算法. 数学的实践与认识, 2020, 50(14): 207-214

注 译 后 记

注译 Igor Podlubny 的经典著作"Fractionl Differential Equations"（Academic Press，San Diego，1999）不是一项轻松的工作，对注译者提出的挑战几乎是无止境的事情。因为这个仅仅是"分数微积分"问题，特别是具体的应用，牵涉广泛，几乎与所有能够使用经典微积分的领域都有联系。这个注译本远非完善。尽管已尽我所能，但由于自身局限，肯定还有这样或那样的问题存在，还望读者原谅并不吝指正。

出版该注译本的初衷与目的，是为亲爱的读者展示分数微积分概念与基本理论、应用原理与如何解决千变万化的具体现实问题等等，为读者结合自己专业特点开展相关方面的探索性研究与应用提供一个起点。一切是为了亲爱的读者学习与应用分数微积分去解决各自的专业问题。

"我们的科学进步如此之快，以至于大多数原始论文很快失去了它们当前的意义而显得过时。但另一方面，通过阅读原始论文来了解理论的形成过程，总是有一种特殊的吸引力；而这样的研究，往往比起同时代许多人最终圆满完成的系统表述，对于其实质能提供更深刻的理解。"[100:1-262] 在这种意义下，初学分数微积分的读者，在系统阅读相关经典书籍时，如果还能寻来那些经典的原始论文研读，是大有裨益的。特别对于刚刚开始读研的学子来说，这将会是一个历练自己的绝好时机，同时还会学到前人们如何解决新老问题的思维方式与基本技巧。密切结合各自的专业特点，使用分数微积分尝试解决具体问题。

"如果你能计算，你就能理解了。"编写程序，快速高精度数值实现并显示出来，是学习与掌握分数阶微积分理论与应用的绝好方法。具体实践是学习与应用分数微积分不可或缺的手段。

你有效成功解决的问题越多，那么能够有效解决下一个问题的可能性就越大。

衷心感谢电子工业出版社的同仁们，她们精细而又辛勤地进行了语言文字润色与编排改进优化，并提出许多有益建议，其周到细致的工作作风，严谨认真的工作态度令人难以忘怀。

在本书的注译与出版过程中，爱妻何丽女士付出了许多辛勤劳动，感谢她长期的支持与帮助、理解与鼓励。

谨以此注译本献给敬爱的父亲袁英先生和母亲陈隆惠先生，感激父母的育养教化导引之恩。

本书的出版得到国家重点研发项目课题"面向开庭全过程的多模态记录和融合比对分析技术及装备研究（2018YFC0830300）"，国家自然科学基金面上项目"分数阶 Hopfield 神经网络的理论研究（61571312）"的资助。

谢谢，亲爱的读者。

袁　晓

2020 年 12 月 26 日

谨识于四川大学望江校区桃林村舍